軍中驕子

黃埔一期

縱橫論

陳予歡 著

目次

導　論

一、選題緣起

引子：孫中山先生關於創辦黃埔軍校暨第一期生的闡述：

「革命軍是救國救民的軍人，諸君都是將來革命軍的骨幹，都擔負得救國救民的責任，便要從今天起，先在學問上加倍去奮鬥；將來畢業之後，組織革命軍，……所以要諸君不怕死，步革命先烈的後塵，更要用這500人做基礎，造成我理想上的革命軍。有了這種理想上的革命軍，我們的革命便可以大功告成，中國便可以挽救，四萬萬人便不致滅亡。所以革命事業，就是救國救民。我一生革命，便是擔負這種責任。諸君都到這個學校內來求學，我要求諸君，便從今天起，共同擔負這種責任。」①

關於黃埔軍校研究，在內地發源於二十世紀八十年代初期史學界，在臺灣應當早些，最初是官方的紀念活動，學者自主研究也限於個別。一段時期曾為現代軍事史及其軍事教育史的熱點領域，直至二十世紀九十年代中期起，由於黃埔軍校史及其人物研究向縱深擴展而涉及意識形態敏感問題，許多研究機構及研究學者因而卻步，囿於檔案、資料、資訊抑或條件等緣由，近十多年來基本處於緩進狀態，實際成為現代軍事歷史領域研究的難點問題。在該領域縱深性研究到橫向比較研究方面，較長一段時期研究的熱點，顯然偏重前六期廣州黃埔軍校和武漢分校時期，其他分校的研究基本難有涉及或展開，對於黃埔軍校及其分校的認識與感觀，也停留和遲滯於文史資料和回憶傳記，長期未能形成有

組織的研究方向和隊伍，因此也就致使研究領域和涉論方向難以為繼或缺乏深度。怎樣才能拓寬視野和加大力度，排除或削弱歷史學、學術史研究領域中政治因素之影響作用，面對問題無法破解或明晰，至今仍是研究者面臨的難點和困惑。在研究方法上，也經歷了一個從中共黨史、軍校史、斷代史、中國革命史、民國史到多學科、多領域的變化發展過程，逐漸涉及社會學、軍事教育學、政黨學以及地方史等方方面面。值得欣慰的是：臺灣著名學者陳永發、蔣永敬、呂芳上教授等關於黃埔軍校與國民革命的早期論著，以及曾慶榴教授著《共產黨人與黃埔軍校》、容鑒光先生著《黃埔軍校第一期研究總成》、黃振涼教授著《黃埔軍校之成立及其初期發展》等，筆者近年來順勢出版了黃埔軍校第二至四期生研究專著。這些年來該領域研究取得了長足進展，鼓舞了有志研究者後繼有人。同時也為黃埔軍校研究向縱深與橫向拓展延伸，作出了嘗試和引導作用。

二、選題目的與意義

黃埔軍校第一期學員，對於現代中國社會以及國共兩黨發展進程，均有重要的歷史與現實作用。對於中國國民黨方面，黃埔軍校在大陸建校 25 年中，第一期學員更是佔有極其重要的歷史地位和作用，開創了中國國民黨一黨專制的軍事武力，在國民革命軍中形成了黃埔中央嫡系將領的核心與主導力量，被譽為「天之驕子」興衰榮辱於民國軍政界，此外，對國民黨的統治機器——軍政警憲特以及宣傳輿論等方面，相當長時期具有舉足輕重的份量與影響；在中共方面，建黨初期和早期的軍事骨幹均出自第一期，中共早期的武裝鬥爭及根據地建設，更是離不開第一期生開創性的示範與指引，據查第一期學員中共黨員及左翼人士有百餘名，為中共建立軍隊、政權及其軍事發展進程起到了至關重要的作用和影響。因此，研究黃埔軍校及其人物，對於探索現代中國軍事、政治、政黨乃至經濟社會發展軌跡，將民國軍事史研究向更為深廣層面拓

展，以及現代中國軍事教育發展史、學術史等方面，均有重要的現實意義和歷史價值。

三、黃埔軍校研究概要

（一）關於黃埔軍校史及其人物的研究現狀

「黃埔軍校史及其人物研究」是一個既有歷史研究價值，又有現實意義的科學選題，同時又是涉及軍事學、社會學、政黨學以及教育學等諸多方面的綜合性課題。從目前學術界的研究狀況來看，無論是從事中共黨史、中國革命史和現代中國史研究的學者，還是臺灣方面從事黃埔軍校史、歷史學或中國國民黨史研究的專家，其研究的視野和重點主要集中在前六期生群體涉及的方方面面。

歷史地、具體地、科學地評價軍事歷史人物——軍事將領，是民國軍事歷史及其人物研究必然遇到的問題，也是執政黨必須面對的現實問題。黃埔軍校第一期生的將帥群體，是現代中國政治、軍事社會一個特殊引領群體，集中了當時較有影響和重要的軍事將領。從他們在民國二十四年的歷史發展軌跡及其以後的事態加以考察，我們至少可以確認：黃埔軍校將領在二十世紀二十年代北伐國民革命這段歷史轉折時期，對於中國國民黨及其國民革命軍、對於中共軍隊建設與發展，曾經起到了關乎生存發展的作用和深遠歷史影響。從古今中外的軍事歷史加以考察，似乎沒有那所軍校對國家歷史和執政黨的發展與成長，發生過如此重要的作用和影響，對於中國國民黨和國民革命軍尤為甚之。筆者認為：歷史學本身，就是記載史實傳承真理延續和平遠離戰爭的行動者和實施者。歷史學絕不會因為人們漠視而消散迷惘，它可以「告諸往而知來者」，迴避往往讓人重蹈覆轍。歷史學應當成為保持獨立學術品格，不趨時應景，不譁眾取寵，不受現實政治和意識形態干擾的主陣地。

　　從總體上看，黃埔軍校研究雖然歷經多年，但在研究層面上仍處於起步階段，其研究的廣度與深度均十分有限。儘管如此，其中許多成果和結論為此研究打下了基礎，尤其是海峽兩岸學者對於前六期學員在政黨或政治層面的論斷，依舊是我們今天研究方法上的準繩和標杆。

　　從具體研究方向看，海峽兩岸學者研究與論述重點，仍舊是黃埔軍校前六期及北伐時期的歷史作用和影響；二是間有論及的，多是對個別一期生傳記、評述、考證；三是對北伐戰爭以後歷史階段一期生情況，缺少整體追述和記載，即使對相關內容的涉論深度和廣度均有欠缺；四是在史料發掘應用以及史論等諸多方面，仍有較大的探討、研究空間與拓展餘地。

（二）關於民國軍事史和國共兩軍發展史的研究現狀

　　第一期生的成長歷程貫穿於民國軍事史和武裝部隊發展史當中，因此，這方面的論著與成果是其中記述或涉論的重要一環。首先是民國軍事史，從二十世紀八十年代開始，經過海峽兩岸前輩先賢的艱苦努力，有了綱領性和基礎方面的研究論著，主要有：姜克夫的《民國軍事史略稿》（六冊）、李新總編的《中華民國史》、高銳主編的《中國軍事史略》等；其次是軍事教育史，主要有：賈若瑜主編的《中國軍事教育通史》、史餘生主編的《中國近代軍事教育史》等；再次是武裝部隊發展史，存乎於海峽兩岸由國共兩黨各自編寫的武裝部隊發展史，構成了民國軍事力量史料的主幹部分。國民革命軍發展史主要有：蔣緯國總編著《國民革命軍戰史——北伐統一》第二部（第 1-4 卷，臺灣黎明文化事業股份有限公司 1980 年 10 月）；蔣緯國總編著《國民革命軍戰史——抗日禦侮》第三部（第 1-10 卷，臺灣黎明文化事業股份有限公司 1978 年 10 月 31 日）；王多年總編著《國民革命軍戰史——反共戡亂》第四部（第 1-5 卷，臺灣黎明文化事業股份有限公司 1982 年 6 月 25 日）；陳訓正編《國民革命軍戰史初稿》（成書於二十世紀三十年代）、臺灣國防部史政局編纂《北伐簡

史》、戚厚傑等編著《國民革命軍沿革實錄》、曹劍浪編著《中國國民黨軍簡史》（修訂本，解放軍出版社 2010 年 1 月）上中下冊等。前四部記載了國民革命軍 1925 年至 1949 年發展沿革概貌，後兩部書對國民革命軍有了較為全面的介紹。中國人民解放軍發展史主要有：中國人民解放軍軍事科學院軍事歷史研究部編著的《中國人民解放軍戰史》、中國人民解放軍歷史資料叢書編審委員會編纂的《中國人民解放軍歷史資料叢書》等。

已有論著和成果，起到了綱領性和基礎鋪墊作用，但在資料信息量和實際運用過程仍感遺缺太多，空檔較大。一是涉及第一期生所屬軍事集團之軍、師部隊序列沿革相關資料尤為缺乏；二是涉論第一期生在某一軍事領域相關研究成果，基本沒有現成「模式」可資借鑒；三是第一期生在某一部隊沿革發展過程中的作用或影響，只有少數人的個別回憶有現成資料可資追溯記述，絕大多數成員僅有粗淺不一之概貌。因此只能「撮其主要而述之」。

（三）關於中國共產黨和中國國民黨之政黨研究現狀

第一期生當中不少人，後來成為國共兩黨發展史上休戚相關的重要成員。其中一些人，還在中國共產黨或中國國民黨地方歷史曾有過重要作用和影響。因此政黨研究現狀特別是地方組織情況，對於第一期生而言也顯得尤為重要。第一期生主體涉論於 1924 年 6 月至 1949 年 9 月期間政黨發展史，歸宿或結局則分離於大陸和海內外。

從已有成果看，中共黨史及其地方組織史的基礎性史料出版較為充足，中共黨史是中華人民共和國歷史的主要構成部分，並形成專門學科獨立於中國現代史之重要一翼，中共黨史資料之研究成果是前所未有豐富。反觀中國國民黨歷史研究現狀，在整體和局部上，都存在一些遺缺和不足。臺灣與海外學者對於中共歷史研究成果，這些年出版了一系列專著，例如：王健民先生的《中國共產黨史》（四大冊）等，代表了臺灣方面觀點。儘管海峽兩岸學者各持己見，總之是推進了史學觀點的交

流、溝通與切磋，達成共識的是，只有通過不斷交流，才能推進兩岸學界認同。所幸的是，第一期生涉及的政黨內容相對淺薄，而且主要集中於軍隊黨務和政治工作，因此，只能依據現有史料，作出概貌性介紹。

四、基本研究思路及研究難點

（一）宏觀研究思路

　　黃埔軍校創設於 1924 年 6 月，是中國現代史上第一所具有革命意義的軍事學校，它的誕生與發展，是國共兩黨第一次合作的開端及里程碑。黃埔軍校的產生與第一期學員的引領和發展，為長時期封閉的中國軍事教育領域，注入了先進的革命的軍事學術思想和軍事技術知識。第一期生當中許多在國共兩黨的軍隊中擔當重任，成為獨當一面的將帥英才，不少還在軍政機構參予戰略與策劃，不同程度地影響著軍隊建設乃至戰爭進程，在國家軍事歷史上發揮過極其重要的作用。將第一期生資料和情況，形成專題研究論著，無疑是一件很有意義的事情。

　　第一期生所處民國軍閥混戰群雄爭霸、革命與反革命交織一體的特殊歷史時期，第一期生在當時戰爭環境下，曾經成為引領歷史進步潮頭的「軍事精英群體」，通過對第一期生 706 名學員個人生平經歷，根據檔案資料、圖書刊物、個人回憶、家屬撰稿以及各種途徑的資訊材料，形成各項專題論述，對於現代中國著名軍事歷史人物成長歷程進行全面總結，是一部可資愛國主義傳統教育和具有現實價值的黃埔軍校研究論著書籍。

（二）基本研究思路

　　一是通過《陸軍軍官學校詳細調查表》反映的第一期生基本情況，由表及裏地考慮與分析當時政治、軍事、經濟、人際社會與之關聯的方方面面；二是透過第一期生之背景、素質、結構分析，論述民國時期武裝

部隊職業軍人的成長歷程；三是根據第一期生的人文地理分佈，窺視和勾勒出鄉土情緣與人傑地靈之間的內在因果關係；四是參照其他著名軍校成才情況，比較與分析第一期生的民國軍政階層「獨樹一幟」將校之路；五是依據《國民政府公報》頒令任將校職官及授勳情況，整體比較與局部分析第一期生在其中佔據位置及其影響；六是按照第一期生著述出版情況，集中反映該群體對於軍事領域之學術貢獻；七是參考國民革命軍各部隊序列沿革及其發展史，剖析第一期生與保定軍校生的黃埔軍校後三期生歷任高級軍職之脈絡與情勢；八是中國國民黨黨員在第一期生所占比重的考慮與分析；九是中共第一期學員所占比重的考慮與分析；十是留居大陸第一期生及遷移臺灣及海外的第一期生活動情況綜述；十一是歷史上「黃埔嫡系」第一期生群體在民國時期高級軍政階層的考慮與分析；十二是第一期生—軍事將領群體對現代中國軍事、政治之歷史作用與影響的綜合分析。

（三）研究的難點

本選題是跨學科、跨時段（100 餘年）的綜合性研究課題，加上現有研究基礎相對薄弱，缺乏資料和研究經費，所有這些為本研究增添了諸多困難。具體分析起來，還存在著以下幾方面難點：

一是在現有或相關研究成果中尚無類似先例；二是在選材、量化、分析、比較過程與繁雜瑣碎史料資訊之取捨應用；三是在總結、歸納、分析、比較已有相關成果及涉論基礎上，進行全方位、多視角、深層面的剖析和考慮；四是在史論著述方面形成獨特的專題研究成果，遇到的難度會更大。

五、主要觀點和課題刷新

緣於沒有先例可循，因此在形成研究論著後，有可能在某些方面刷新課題。

　　一是分析和考慮黃埔軍校第一期生的個體情況和綜合素質，作出定量比較與分析判斷，提出整體情況的總結報告，有助於拓寬軍事教育歷史的研究視野；二是將第一期生作為研究對象和群體，為更深入地研究經受正規軍事教育的人民解放軍將領和國民革命軍將領，對近現代中國軍事教育歷史的發展進程以及人物史跡綜合資料方面，提供參考史料和新鮮成果。三是對具有深遠歷史影響黃埔軍校及其第一期生為題材的史料發掘和運用，開啟了史學專題研究新路子，因此應當有所突破與具有刷新意義，同時也有專題研究價值和資料存史價值。四是學術研究必然是一個綜合創新的過程，沒有刷新（因為創新屬於高層面範疇）就談不上學術的進步，歷史研究的刷新往往比起其他學科還要難，因為要突破前人積累的學術起點，無論是史料挖掘、整理考辨，還是視野拓展、知識更新、基礎理論與研究方法的改進，須臾也離不開比較、分析之基本功，都需花費辛勞，在第一期生研究選題上同樣面臨學術難點，力求在研究方向和深度方面有所刷新。

六、資料的積累與運用。

　　從歷史實際出發，佔有大量的黃埔軍校及其軍事史料，這是軍事和軍校歷史研究的第一步，而且是十分重要的一步。列寧曾說過：「從事實的全部總和、從事實的聯繫去掌握事實」。②這樣才能真實而全面的展現黃埔軍校史及其人物，在中華民族軍事歷史遺產當中應有的位置。筆者在十多年前整理並出版了《黃埔軍校將帥錄》，已對第一期生的基本情況有所論及，如今這部書有幸成為廣為引徵的工具書，同時也再次成為本研究課題的基礎素材。

　　歸納起來，資料的積累與運用主要有以下幾方面：一是考證和確認黃埔軍校第一期學員學籍。依據掌握的各種不同版本的《黃埔軍校同學錄》，以《同學錄》學籍檔案為主要收錄依據，堅持做到逐一核對、多方

印證、論據確鑿、避免訛傳、減少漏誤。二是以《陸軍軍官學校詳細調查表》為基本材料資料，對涉及的問題及其方方面面作出分析、考究、判斷和論述。三是確認第一期生的獲任將官（含直接任命和上校晉任者）和上校軍官身份。根據《國民政府公報》頒令任命高級軍官名單，確認任命將官及上校的任官資格與時間，依據掌握的個人傳記、背景資料和資訊情況擬定本書收編大目。四是確認第一期生的任官資格，根據相關圖書所列民國時期中高級之特任官、簡任官、薦任官任免情況和資訊資料，按照規範確定應列範圍。五是依據第一期生生平服役之軍事集團或部隊序列，對於民國時期處於動盪和戰爭狀態的各個軍事集團、派系、地方軍閥部隊之興衰存亡，很大程度維繫於主官的升遷與變革，各個時期軍隊諸如番號、隸屬、等級、地域、主官等情況變更頻繁，不同軍事集團、派系和地方軍閥分屬部隊的編制沿革及改編整編情況錯綜複雜，有鑒於此，弄清和理順所述一期生任職之部隊序列依存關係，有助於從籍貫、學歷、地域及親緣諸方面關係上核准述者身份與資歷，並從撰稿內容和形式上展開的政治、軍事、社會、地域、親緣背景資料，有助於讀者瞭解認識軍隊將領及其所在部隊沿革的內在規律與必然聯繫。六是根據上述第一期生學籍、將校身份、任官資格以及傳主服役軍事集團或部隊序列等四項要素的確定，按照以往收集、積累、整理和研究得出的傳記基礎資料與背景情況，再參照各時期歷史檔案資料、個人回憶錄、家屬撰稿、地方史志、人物傳記、職官年表、軍隊序列沿革和各地文史資料等為補充內容，經過核對、篩選、分析、比較和確認等五個過程，最後運用掌握的諸項資訊資料情況撰寫出各項專題論點初稿，然後經過考慮、研究和論述，形成本研究論著。

注釋：

① 《孫中山全集》第十卷，中華書局，1986 年，第 300 頁。
② 《列寧全集》第二十三卷，人民出版社，1990 年，第 279 頁。

第一章

黃埔軍校第一期學員的基本概貌

　　軍事教育是清朝末期和民國初期蓬勃興起的軍事現代化過程。所謂軍事教育，是指以軍人個體及軍事武裝集團為對象的培養合格軍事人才及強有力作戰群體的一種特殊的專門教育，它既包括專門以培養軍隊骨幹為目的的軍校教育，也包括提高官兵整體素質的部隊訓練。但是從培養對象的重要性和內容的專門性來看，軍校教育具有重要的地位。清末民初的軍事教育，從私相傳授兵家術略，到民間設館習武論兵，逐步形成是以袁世凱為首的北洋新軍軍事教育，此時軍事教育的主導者雖然是北洋軍系，但是卻是以中央政權的名義實施的，通過國家軍事教育統領機構以及北洋軍系軍事教育思想的實現，使得北洋軍系軍事教育在組織、財力、物力和人力上得到充分的保障和強化。由於北京政府實際為北洋軍事集團把持並控制，更使得這一時期的軍事教育具有國家實施和軍閥私屬的雙重性，即表面上是國家實施之軍事教育，但實質卻是北洋軍事集團所為之私屬教育。儘管如此，這一時期軍事教育之蓬勃發展，卻使軍事教育從單一軍事集團軍閥私有，整體地、全面地朝著軍事教育國家化、中央集權化的方向演化和邁進，從根本上加快了中華民族軍事教育現代化的步伐。

　　這一過程的變化與發展，實際也是對過去民族軍事歷史遺產或軍事歷史文明之繼承和褒揚過程，是中國軍事教育史上的重要轉捩點。因為，民國初期以後軍事教育凸現以下幾方面顯著特點：一是軍事教育管理正規化，設置專門機構和任用專門人才，專司軍事教育之職；二是軍

官教育規範化，形成軍事教育和訓練一體化，覆蓋面達到高、中、低全面和多層次的軍事教育網路；三是軍事教育制度系統化，各兵種、多層次的各種軍事條令、軍校條例的頒佈和施行，使得軍事教育有章可循，趨向制度化和規範化。所有這一切，將中國軍事教育從中世紀愚昧、落後引向現代文明，無疑奠定了中華民族軍事教育現代化之格局。黃埔軍校作為孫中山創辦的第一所具有現代革命意義的軍事學校，從歷史源頭上追溯，實際的清末民初中華軍事遺產之繼承與發揚，是中華民族源遠流長的「傳統說教」與現代思想之有機結合。因此，我們有理由認為，承載中華民族文明的軍事教育寶貴遺產，正是通過偉大革命先驅者孫中山之倡導，以及國共合作時期領導人的參與和開拓，在黃埔軍校實現了傳統與現代的歷史性傳承。

第一節　學員數量考證和學籍辨認情況的說明

筆者在二十年前編纂出版的《黃埔軍校將帥錄》，曾對第一期生進行過較系統地梳理和介紹，限於當時資料與水平，未能全面、完整和準確的反映第一期生整體情況，或有遺漏或有謬誤，現在看來存有一些不足和遺憾。該書出版後，至今仍是反映學員最多、資料信息量較豐的黃埔軍校人物專題工具書。經過這些年的資料徵集和整理，不斷有黃埔軍校遺屬後裔、知情者、愛好者和研究學者，對黃埔軍校人物資料進行了補充和訂正，提供了許多新鮮資料和資訊。此外，有關黃埔軍校史及其人物的圖書和資料，不斷得到發掘和應用。諸如此類，對進一步展開第一期生方方面面的考慮和研究，準備了較為充足的素材和論據。鑒於第一期生在黃埔軍校發展史上的重要性和特殊性，將第一期生史料進行彙集和總結，變得水到渠成順理成章了。

根據《中央陸軍軍官學校史稿》第一卷第一篇所載：「1924年2月10日分配各省區招考學生名額，擬定招學生324名，東三省熱河察哈爾

共 50 名，直隸山東山西陝西河南四川湖南湖北安徽江蘇浙江福建廣東廣西每省 12 名，共 168 名，湘粵滇豫桂五軍各 15 名，本黨先烈家屬 20 名，尚餘 11 名另招備取生 30 名至 50 名」。

1924 年 3 月 27 日廣州黃埔軍校舉行第一期生入學考試，4 月 28 日第一期學生考試發榜，其中：正取生 350 名，備取生 100 名。5 月 1 日第一期生開始報到，5 月 5 日第一期正取生進校，分別編成第一隊、第二隊、第三隊，合組為編成學生總隊，鄧演達兼任總隊長，嚴重任副總隊長，先期開始新兵訓練。5 月 10 日第一期備取生進校，共計 120 名，編為第四隊。與先期入校的第一、第二、第三隊合稱為第一總隊，總計學生人數 500 餘人。1924 年 6 月 15 日委任呂夢熊、茅延楨、金佛莊、李偉章為第一、第二、第三、第四隊隊長。1924 年 8 月 17 日軍校進行第一期甄別試驗，及格者 447 名（不堪繼續修業、飭令退學者計 19 名，尚可造就、留校察看者計 33 名）。1924 年 11 月 19 日湘軍講武堂（準確名稱：大本營軍政部陸軍講武學校）正式並歸黃埔軍校，計學生 158 人，編為第六隊，該隊畢業生待遇同第一期。

1924 年 11 月 30 日第一期生考試完畢，及格者 456 人。1925 年 5 月 19 日為第一期畢業生頒發畢業證書，1925 年 6 月 25 日軍校第一期學生補行畢業儀式，畢業生共計 645 人。

關於黃埔軍校第一期學員數量，歷來流傳有多種記載與計算。一是，根據《中央陸軍軍官學校史稿》〔第二冊〕（1934 年編纂，該表係「根據本校畢業生調查科刊制之黃埔同學總名冊之統計表」）記述為 645 名；二是，根據《陸軍軍官學校第一至四隊學生詳細調查表》（以下簡稱〔詳細調查表〕），該表係陸軍軍官學校 1924 年 7 月編輯，臺灣出版的〔近代中國史料叢刊〕第三輯第 57 輯，由臺北文海出版社有限公司印行，該書記載為 530 名，其中：第一隊李武，第三隊杜驥才、張少勤、李博，第四隊陳德仁、徐文龍，係《黃埔軍校同學錄》（湖南省檔案館校編湖南人民出版社 1989 年 7 月，以下簡稱《同學錄》）遺漏，但是該《詳

細調查表》遺缺第二隊王錫鈞、石鳴珂、石真如，第四隊張世希、王敬久五人，另加上第六隊 146 名，總計為 676 名；三是，根據《黃埔軍校同學錄》（湖南省檔案館校編湖南人民出版社 1989 年 7 月）第一期學員錄為 639 名，第一期補錄名單 58 名，總計 697 名；四是根據《黃埔同學總名冊》（第一集）及附表，記載第一期學員為 645 名；五是，參考《黃埔軍校第一期研究總成》（容鑒光編著）第一期學員包括畢業、肄業總計達 717 名，其中沒畢業者 72 名。綜上所述，歷史上的第一期學員應為 706 名。

　　為了統一表述，本書根據史料分析、比較和確定，按照 1934 年黃埔軍校成立十年時編纂審定的《中央陸軍軍官學校史稿》第一期畢業生 645 名為基準，以各種原因未畢業者作輔助說明，對 706 名第一期學員進行全方位、多視角、深層面的分析、考量和研究。

第二節　歷史資料的披露：第一期生基本情況、入學背景、入學及入黨介紹人

　　下面向讀者展示的這份《黃埔軍校第一期學員入學背景情況一覽表》，實際包括兩方面內容，一是《詳細調查表》記載反映的第一至第四隊學員基本情況；二是第六隊學員基本情況。由於下表反映的學員實際還涉及到第一期生學籍身份之分辨和認證問題。因此，有必要具體詳列各隊學員數以及補缺情況。其中：第一隊，《詳細調查表》列 129 人，補列《同學錄》6 人：陳德法、李潔、李冕南、鄧毓玫、夏明瑞、程繼汝，共計 135 人；第二隊，《詳細調查表》列 129 人，補列《同學錄》4 人：石鳴珂、石真如、王錫鈞、謝瀛濱，共計 133 人；第三隊，《詳細調查表》列 139 人，補列《同學錄》1 人：徐敦榮，共計 140；第四隊，《詳細調查表》列 133 人，補列《同學錄》6 人：張世希、劉柏芳、韋日上、王敬久、李杲、甘迺柏，共計 139 人。第一至四隊總計 547 人。第六隊，

《同學錄》列 146 人，《同學錄》補錄 9 人：樊益友、甘傑彬、賈焜、張渤、臧本燊、毛宜、蔡毓如、王建業、李卓，此外，補列遺漏學員 1 人：金仁先；追認第一期學籍 3 人：李驤騏、湯季楠、岳岑，共計 13 人。上述三項總計 706 名。

由於《詳細調查表》涉及的內容較多，為了便於考量、分析和敘述，筆者將其內容歸類分成多個表格，獨立成篇加以反映。本表需要說明的是：第一至第四隊學員情況，主要是按照原表情況輯錄而成，部分學員的出生年月和入學前的受教育情況，則是參考後來的傳記資料補充記載於表中，使原表得到了充實和訂正；第六隊的學員情況，因不具有《詳細調查表》的基本情況，絕大部分情況是參考傳記、簡歷以及其他資料補充而成。

下表《黃埔軍校第一期學員入學背景情況一覽表》的排列，是根據《中央陸軍軍官學校史稿》和《黃埔軍校同學錄》，別號及生卒年係根據《黃埔軍校將帥錄》，該表格後三項內容根據《陸軍軍官學校第一至四隊學生詳細調查表》原載。再由於下表是在《詳細調查表》基礎上，根據資料歸納整理，讀者可透過第一期生原籍、住址、入學前受教育等基本情況，結合入學介紹人和入學介紹人的聯繫情況，窺視出當時社會特定情況及其外部和內在的因果關係。筆者試圖通過歷史資料的披露，將第一期生學員蘊涵的各種政治、經濟以及社會、人際關係加以說明，揭示屬於那個時代的某些規律性和特質的內涵。

黃埔軍校第一期學員入學背景情況一覽表

附表 1　第一期第一隊（共 135 名）

序號	姓名	別號	出生年月	籍貫及原住址	入學前受教育情況	入學軍校介紹人	加入國民黨時間及介紹人
1	唐嗣桐 [在學任本隊第一分隊分隊長]		1899 年	陝西蒲城縣興市鎮，通信處：本縣興市鎮積興成號收轉甜水井	陝西榆林中學肄業，四川講武堂畢業	于右任	未入
2	何盼	欷臣	1902 年	直隸定縣縣城東關，通信處：北京絨線胡同京師公立第七小學陳奕濤轉交	直隸第九中學畢業，北京平民大學預科，北京人藝戲劇專門學校，北京世界語專門學校肄業	于樹德、王法勤、韓麟符、于蘭渚	1924.3 入國民黨，于樹德、陳奕濤
3	楊其綱		1900 年	直隸衡水縣西徐家莊，通信處：津浦路德州西冀縣官道李鎮慶和成號	保定育德中學畢業，北京世界語專門學校肄業	李立三、王法勤、于樹德、于方舟	1923.12.21 入國民黨，何子靜、賈行青
4	董釗	介生	1903.7.12	陝西長安縣東桃園，通信處：陝西省城內五味什字藻露堂轉交	陝西省立第三中學畢業	于右任、焦易堂	1924.2.5 入國民黨，韓麟符、張保泉
5	林芝雲	蓋南	1900 年	湖南湘潭縣城內衙前，通信處：湘潭城內衙前直街三區自治公所轉交	湘潭縣立中學畢業	譚延闓	1924.5.15 入國民黨，譚延闓
6	王國相	裕民 國象	1894.9.16	山西右玉縣城內，通信處：山西左雲縣義順成號	太原國民師範學校	王用賓	1924.3.29 入國民黨，王用賓
7	黃承謨		1903 年	福建上杭縣城西十字街豸史坊第三進本宅	上杭縣立中學校畢業，福建陸軍精武學校畢業，福建礦業專門學校肄業	丁立夫	1922 冬入國民黨，林壽昌

8	黃彰英	潤柏	1900 年	廣東化縣旺灌坡，通信處：化縣壺垌協德公司轉交	中等教育	林樹巍	1924.5.4 入國民黨，林樹巍
9	謝維幹	伯仙	1900 年	廣東文昌縣第七區，通信處：瓊州海口阜成豐旅館轉交	中等教育	符蔭、林伯山	1924.1 入國民黨，鄧鶴琴、王昌璘
10	王治歧	鳳山治歧	1900 年	甘肅天水縣新陽鎮	甘肅省立第三中學畢業，上海中法國立通惠工商學校工科肄業三年	李希蓮、張宸樞	1924.3.10 入國民黨，李希蓮、張宸樞
11	張鎮國		1901 年	原籍廣東新會，現住江門水南新張家莊，通信處：江門上步街瑞成樓	棣南學校國文專修科及廣州石室聖心中學畢業	林樹巍、張祖傑	1924.5.15 入國民黨，林樹巍、張祖傑
12	徐石麟	石林	1900 年	原籍安徽望江縣，現寓江蘇金壇縣北門同興和號轉交	安徽安慶六邑中學畢業，上海大學文學系肄業二年	袁家聲、薛子祥	1924.4.10 入國民黨，柏文蔚、譚惟洋
13	劉鑄軍	又軍	1901 年	廣東興寧縣徑心圩，通信處：汕頭至安街大中公司轉或梅縣南口圩萬通號轉交	縣立中學肄業，西江陸海軍講武學校肄業	戴戟	1924.5 入國民黨，呂夢熊
14	竺東初		1904 年	浙江奉化縣城內竺宅	中學教育	張席卿、吳嶼	1924.5.15 入國民黨蔣中正
15	印貞中		1898 年	浙江浦江縣古唐，通信處：浦江黃宅市轉交古塘	浙江第九中學肄業，浙軍幹部學校將校科畢業	陳肇英	1924.1 在廣州浙江嘉湖會館加入國民黨，陳肇英
16	李安定[在學任本隊第二分隊分隊長]	於一	1901.6.23	廣東興寧縣新陂圩下樓，通信處：興甯縣上鹽鋪奕興真號或新坡學校	縣立中學肄業，清文學校畢業，西江陸海軍講武堂肄業	西江陸海軍講武堂選送	原缺

17	譚輔烈 [在學任本隊第三分隊分隊長]	為公	1902.9.28	江蘇高郵縣樊川鎮潘季莊，通信處：泰縣小泟鎮譚曾烈轉交	江蘇高郵縣立第一高等小學畢業，西江陸海軍講武堂肄業	西江陸海軍講武堂選送	原缺
18	李伯顏	金章 金璋	1899 年	原籍山東寄籍山西榮河縣，通信處：廣州市天平街六號工業學校轉交	廣東隨宦中學及廣東法政專門學校法律科畢業	劉景薪、杜羲	1924.3 入國民黨，許崇清
19	趙勃然		1900 年	陝西華縣南廟前，通信處：本縣西關複盛合轉瓜坡鎮增盛德號	陝西體育中學畢業，上海東亞體育專科學校肄業	于右任	1924.5.9 入國民黨，王登雲
20	李紹白		1900 年	陝西橫山縣石灣鎮，通信處：山西汾州府轉陝北綏德縣石灣	陝西榆林中學及北京政府內務部高等警官學校畢業	于右任	1924.2 入國民黨，于右任
21	劉仲言	鼎 逢智	1903.8.25	陝西三原城西關，通信處：三原縣民治小學校轉交	縣立中學畢業	于右任	1923 年入國民黨，于右任
22	韋祖興		1900 年	廣西貴縣東門口泰隆號	縣立中學畢業	施正甫	1924.3 入國民黨，陳達材
23	賀衷寒	乳名願生 君山 忠漢	1898.2.14 [1900.1.5]	湖南岳陽縣榮家灣賀耕九 [今鹿角鎮牛皋村]	忠信高等小學畢業，武昌旅鄂湖南中學肄業，上海外國語學校肄業一年	詹大悲	1924.5.15 入國民黨，詹大悲
24	魏炳文	朗軒 耀斗	1901.12.9	陝西長安縣安沼賓，通信處：陝西鄠縣秦渡鎮聚鑫樓轉交	陝西渭北中學肄業	于右任、石宜川	1924.5.15 入國民黨，于右任、石宜川
25	胡信	克文 元忠	1903.10.15	江西興國縣城北瑤崗上胡家	興國縣立中學及廣州新亞英文中學肄業	胡謙	1924.3 入國民黨，胡謙
26	林大塤		1903 年	廣東防城縣那良圩北大村，通信處：防城那良圩林瑞記轉交	廣東省立欽州中學畢業	李濟深	1924.5.15 入國民黨，李濟深、陳濟棠

27	傅維鈺	潤金	1900 年	安徽英山縣城本邑西河土門潭	本邑高等小學畢業，安徽省立第一師範學校肄業三年	傅慧初	1924.4.10 入國民黨，柏文蔚、譚惟洋
28	王公亮		1903 年	四川敘永縣新豐街鑫發榮號	建國大學畢業，西江陸海軍講武堂肄業	西江陸海軍講武堂選送	1923 年入國民黨，任一鳳、符國光
29	馮毅	冀侯	1899 年	湖南湘鄉縣新嘉鎮，通信處：湘鄉縣城時和泰賓館轉交	湖南省立第一中學畢業	譚延闓	1924.5 入國民黨，朱一鵬、陳賡
30	胡仕勳 [在學任本隊第四分隊分隊長]		1894 年	廣東高要縣城天官里胡第	廣東陸軍講武堂肄業，廣東高等學校畢業	投考錄取後由李綺庵、王仁榮補具保證	原缺
31	周秉璀		1903 年	廣東惠陽縣白芒花良井大湖洋鄉，通信處：廣州東山孤兒院前街十二號轉交	省立惠州中學肄業	李濟深	1924.5.15 入國民黨，鄧演達
32	陳謙貞	琴仙	1898 年	湖南道縣北鄉江村	湖南省立第六中學畢業	原載：中央執行委員會	1924.3 入國民黨，胡仕貞
33	王太吉 [泰吉]	仲祥又名南陽郎	1905 年	陝西臨潼縣北田鎮尖角村，通信處：本縣雨金鎮大德生號收轉	陝西省立第三中學畢業	于右任	1924.3 入國民黨，于右任
34	鄔與點		1904 年	原籍湖北陽新縣，現居江西豐城縣，通信處：江西樟樹杜家園	浙江省立第一師範學校畢業	夏聲	1920 年入國民黨，夏聲
35	梁漢明	少辛星海	1900.12.22	廣東信宜縣大師坡，通信處：信宜鎮隆塘怡昌店轉交	廣州聖三一英文專門學校畢業	林樹巍	1924.5.4 入國民黨，林樹巍
36	姚光鼐	鼐	1902 年	安徽秋浦縣下鄉相望堡，通信處：安慶張家灘劉源順號轉交	安徽省立第一師範學校肄業	薛子祥、廖梓英	1924.4.10 入國民黨，柏文蔚

37	李園	廷銓	1902 年	浙江富陽縣場口鎮包恒泰號轉交禮門	浙江三才中學畢業	嚴光盛〔伯威〕	1924.3 入國民黨，鈕永建、嚴光盛
38	陸汝疇	大洲	1904 年	廣西容縣龍膽村陸公館	原載：普通	徐啓祥	1924.5.15 入國民黨，徐啓祥、劉玉山
39	陳選普		1903 年	湖南臨武縣城内	湖南第七聯合中學畢業，廣東公路工程學校肄業	鄒永成	1923 年入國民黨，鄒永成
40	劉疇西	仇西梓榮	1896.4.29	湖南長沙縣靖港	湖南省立第一師範學校二部師範畢業	夏曦	1924.2 入國民黨，陳昊南、郭亮
41	游步仁	步瀛	1902 年	湖南寶慶縣桃花坪匡家鋪郵遞遊耀美堂	湖南省第一農業學校農科畢業	譚影竺、戴曉雲	1924.1 入國民黨，夏曦、夏明翰
42	劉慕德		1903 年	陝西臨潼縣新豐鎮東南鄉漢蔚堡救世堂	陝西臨潼高等小學畢業	于右任	1924.5 入國民黨，于右任
43	李武		1905 年	廣東信宜縣城内十字街蘭桂書屋，通信處：本城内十字街廣益棧	信宜高等小學畢業，信宜縣立中學肄業	林樹巍	1924.4.6 入國民黨，林樹巍
44	郝瑞徵	瑞徵雲五	1899.3.25	陝西興平縣本邑城内進盛亨號	陝西省立第一中學肄業三年	于右任	1920 年入國民黨，焦易堂
45	唐同德〔在學任本隊第三分隊副分隊長〕		1899 年	安徽合肥縣西南三鎮區江家橋村，通信處：合肥南鄉桃溪鎮蕭濟生寶號轉交唐述善堂收	北洋陸軍第十師軍士特別教育班肄業，福建陸軍隨營學校畢業	許濟	1922 年於福建水口入國民黨，陸學文、張海洲
46	徐會之	亨	1900 年	湖北黃岡縣團風鎮宋家坳，通信處：團風鎮邵洪順號轉交	本縣國民學校、漢口中學畢業，湖北甲種工業學校肄業兩年，湖北中法專科學校一年肄業	原載：湖北國民黨支部	1924.1 入國民黨，馬念一、包一宇〔即包惠僧〕

47	白龍亭 [在學任本隊第四分隊副分隊長]		1897 年	山西五台縣白家莊，通信處：本縣東冶鎮新泰成號轉交	山西陸軍學兵團及山西陸軍斌業中學畢業，山西陸軍軍官學生隊肄業	于右任、王用賓	1924 年入國民黨，王用賓、陳振麟
48	容海襟		1904.6.11	廣東中山縣南屏鄉，通信處：澳門新花園兵房對面孫[中山]宅	澳門英文學校肄業一年	孫中山、廖仲愷	1924.3.27 入國民黨，楊殷
49	王逸常	純熙	1899 年	安徽六安縣城外灄水之西，通信處：六安城北外何隆昌號轉交	蕪湖第二甲種農業學校暨本科畢業，上海大學社會學系肄業一年	于右任	1923 年秋上海國民黨第五分部入黨，周頌西、曾伯興
50	張坤生	誠厚	1898 年	陝西三原縣東關渠岸，通信處：本邑城內南街復興長號轉交	省立第一甲種工業學校肄業，四川陸軍講武堂畢業	于右任	在本校入黨
51	徐象謙 [向前]	子敬 立人	1900.12.18	山西五台縣永安村，通信處：五台縣東冶鎮寶和店轉交	山西省立國民師範學校畢業	趙連登、苗培成	1924.3.29 入國民黨，王用賓、陳振麟
52	周天健		1906.9.20	浙江奉化縣城內東門小路街武廟旁周純房	寧波四明高級中學畢業	周日耀	1924.5.15 國民黨、蔣介石、周日耀
53	蔡粵		1899 年	湖南華容縣黃龍浣，通信處：縣城東門外第二號和春藥號轉交	湖南育才中學畢業	覃振、劉德昭、尹桂庭	1924.5 在本校入黨，姜果蒙、劉桓犁
54	甘達朝		1902 年	廣東信宜縣雙山村	信宜縣立中學畢業，廣州市小馬站廉伯英文專修學校肄業一年	廖仲愷、林樹巍	1924.5.4 入國民黨，林樹巍
55	蔣先雲	湘耘 巫山	1894 年	湖南新田縣大坪塘，通信處：新田縣熊長泰號轉交大坪塘	湖南省立第三師範學校畢業	毛澤東、夏曦	1923.11 入國民黨，夏曦、夏明翰

56	石祖德	蘊煒 蘊琛	1899.9.9	原籍浙江諸暨縣，現住杭州西河坊巷二十七號，通信處：杭州清河坊爵祿旅館	杭州私立安定中學畢業，上海文生氏英文專門學校肄業一年	胡公冕、宣中華	1924.3.5 入國民黨，胡公冕、宣中華
57	項傳遠	望如	1902.12.26	山東廣饒縣大營莊，通信處：濟南大部政司街齊魯書社轉交	山東正誼中學畢業，山東公立商業專門學校肄業	王樂平	1923.5.15 入國民黨，王樂平
58	李子玉		1899 年	山東長清縣季北李家樓，通信處：本縣城內複盛合號轉交	本省師範學校畢業，山東武術傳習所畢業	孟民言	1924.2 入國民黨，王樂平
59	陳文寶		1900 年	廣西貴縣城東門口泰隆號	廣西潯州中學畢業	施正甫	1924.3.17 國民黨，陳達材
60	范振亞[在學任本隊第五分隊分隊長]	一文	1896.8.27	江西臨川縣六水橋範宅	臨川縣立中學畢業，援贛軍講習所肄業兩年、贛軍軍官團肄業一年	彭素民、饒寶書	1914 年入中華革命黨，1920 年入國民黨，饒寶書鍾震西
61	何復初	旭初	1900 年	江西清江縣，住縣屬樟樹鎮觀上圩	江西第一師範學校預科畢業	周道萬	1924.5 國民黨，范振亞〔本隊分隊長〕
62	穆鼎臣	鼎成 鴻賓	1894.4.24[調查表載 1896 年生]	陝西渭南縣善慶屯，又載：渭南白楊鄉穆家屯村人，通信處：本縣西關裕厚德花行轉交	本鄉高等小學、陝西省立第三中學畢業，又載：省立三原甲種紡織專門學校畢業	江偉藩	1924 年入國民黨，于右任
63	鄧春華	君實	1900.5.14	廣東臨高縣和祥市，通信處：本縣和舍市益昌號轉交	華美中學及法政專門學校	謝殿光、丘海雲	1924.5.15 入國民黨，謝殿光、丘海雲
64	伍翔	一飛	1901 年	福建泉州晉江縣，通信處：上海法租界永安街太安里十一號	上海民立中學畢業	張拱宸、伏彪	1923.10.4 入國民黨，張拱宸、凌毅

65	蕭洪	翼青	1899 年	湖南嘉禾縣，通信處：嘉禾縣城南景福號轉交	湖南公立商業學校畢業，北京法政大學經濟科肄業一年	李大釗、譚熙鴻、石瑛	1924.2 入國民黨、王亞明、杜定鴻、鄭深瑞
66	鍾斌	彬 中兵 熾昌	1901.9.1	廣東興寧縣龍田合水，通信處：興寧龍田廖雲茂轉交	興寧中學及廣東公路工程學校畢業	劉漢傑	1924.5.15 入國民黨，劉漢傑、范振亞
67	張其雄	石傑 書倉	1901 年	湖北廣濟縣靈西鄉張得先號，通信處：廣濟西門張萬順號轉交	武昌第一師範學校、武昌中華大學、上海大學肄業	廖乾五	1923.10 入國民黨，于右任
68	林斧荊	公俠 中俠	1900.4.5	原籍福建閩侯縣，現住福州南關外濂浦鄉，通信處：廣州光孝街中德學校李偉業先生轉交	福建水產學校、福建護法區清文傳習所及注音字母傳習所畢業	劉通	1921.3 入國民黨，陳群、李文濱
69	朱一鵬	海濱	1897 年	湖南湘鄉縣，通信處：廣州高第街湘軍總司令部軍務處	縣立中學畢業	譚延闓	1924.1 入國民黨，譚延闓
70	鄭漢生		1904 年	廣東香山縣三鄉，通信處：新加坡星波堪街四號養正學校轉交	新加坡養正學校、廣州南武中學肄業，朱執信學校中學肄業四年	郭淵谷、曾醒	1924.3.14 入國民黨，郭淵谷、朱志開
71	陳皓	大明	1897 年	湖南祁陽縣四歧鄉	湖南第六中學畢業，西江陸海軍講武堂肄業	西江陸海軍講武堂選送	原缺
72	田毅安		1898 年	陝西臨潼縣櫟陽，通信處：櫟陽高等小學校轉交	陝西省立甲種工業學校畢業	于右任	1924 年 入國民黨，于右任
73	龍慕韓 [在學任本隊第六分隊分隊長]	漢臣	1902.9.10	安徽懷寧縣城內火神廟三十號	湖北第一師範學校畢業	茅延楨	未入

74	古謙		1902 年	廣東茂名縣紅花坡，通信處：高州信宜鎮隆圩怡昌店轉交	信宜縣立中學肄業	劉震寰	1924.5.15 入國民黨，陸英光
75	卲倫 [在學任本隊第六分隊副分隊長]		1899 年	江西銅鼓縣貴德鄉，通信處：銅鼓縣至誠高等小學校收轉	江西省立第二中學畢業，中央直轄陸軍第四師軍官補習所肄業	彭素民、劉伯倫	1924.5.15 入國民黨，彭素民、劉伯倫
76	伍文生	猶群 獶群	1899 年	湖南耒陽縣城南松茂堂	衡州道南中學及廣州中央陸軍講武學校肄業	毛澤東、夏曦、袁達時	1924.5.15 入國民黨，李漢藩、譚鹿鳴
77	鄧文儀	雪冰 子羽	1904.12.18	湖南醴陵縣東鄉，通信處：醴陵東三區白兔潭致中和號轉交	縣立淥江中學畢業	魯易	1924.5.15 入國民黨，蔣先雲、譚鹿鳴
78	譚鹿鳴		1902 年	湖南耒陽縣南鄉余慶圩譚宅，通信處：耒陽縣城內譚氏祠轉譚經德堂交	湖南省立第三中學畢業	路孝忱	1923.8.30 入國民黨，鄧鶴鳴
79	劉長民		1898 年	廣西桂林縣南鄉六塘崩山底村，通信處：桂林南鄉六塘圩金昌蘭記轉交	廣西公立法政專門學校政治經濟本科畢業	蘇無涯、蒙卓凡	1921 年入國民黨，朱乃斌
80	羅煥榮		1901 年	廣東博羅縣埔前圩，現住廣州河南福龍東街惠豐號，通信處：博羅埔前圩福晉堂	紫金樂育師範及廣州市立師範學校第二部肄業	譚平山	1923.4 入國民黨，朱乃斌
81	睦宗熙		1905 年	江蘇丹陽縣呂城	丹陽縣立第三高等小學畢業江蘇省立第一商業學校肄業兩年半	茅祖權、鈕惕生	1924.1.10 入國民黨，邢少梅、黃叔和
82	江霽	晴初	1904.11.12	安徽霍丘縣葉家集通信處：上海法租界蒲柏路明德里二十二號	上海澄衷中學肄業	管鵬	1923.10.1 入國民黨，管鵬

83	王爾琢	蘊璞	1901.2.20	湖南石門，通信處：石門縣城王文次轉交；國立廣東大學農科學生姜輔極轉交	湖南省會員警教練所畢業，湖南公立工業專門學校中學部畢業	譚延闓	1924.5.15 入國民黨，譚延闓、魯滌平
84	廖子明	月初	1901 年	廣東連縣，通信處：連縣城新民社	連縣中學畢業	何克夫、王度	1924.5.15 入國民黨，何克夫、王度
85	潘學吟	競武競武	1901 年	廣東新豐縣沙田約羊石村，通信處：英德縣東鄉白沙市惠生醫局收轉	省立韶州中學畢業	李傑	1924.5.15 入國民黨，葉衍蘭
86	曾擴情	朝笏慕沂	1895.2.14	四川威遠縣，現住縣屬新仁區高後灣，通信處：本縣勸學所	北京朝陽大學法科畢業	譚熙鴻、李大釗、石瑛、丁惟汾、譚克敏	1921.6.10 入國民黨，曾叔實、劉紹斌、董鉞
87	康季元		1898 年	浙江奉化康家宅，通信處：寧波二十條橋毛瑞興柴行轉交	原載：中等教育	毛秉禮、張席卿	未入
88	廖偉[在學任本隊第七分隊分隊長]		1901 年	廣東欽縣，通信處：欽縣城魚寮街天生堂號	縣立高等小學畢業	鄧演達	1924.5.15 入國民黨，鄧演達
89	蔡敦仁		1903 年	江蘇銅山縣，通信處：徐州北柳泉市東蔡家	銅山縣立師範學校畢業一年	顧子揚、劉雲昭	1923.8 在徐州支部入黨，顧子揚
90	尚仕英[士英]	辛友華友	1902 年	陝西洋縣城東街長發祥號	本縣高等小學及陝西漢中中學畢業，上海英文專門學校畢業一年	于右任	1924.5 入國民黨，呂夢熊
91	劉蕉元	焦元	1903 年	廣東大埔縣，通信處：廣州河南寶崗裕棧煙店	汕頭回瀾中學畢業，廣州河南宏英英文學院畢業一年	鄒魯	1924.5.15 入國民黨，蕭宜林

92	顧浚	浚嘉茂哲文	1894 年	四川宣漢縣南壩場	四川綏定聯合中學畢業，北京新民工業專門學校肄業一年，德國柏林大學外國學生補習班肄業	戴季陶	1923.12.23 在柏林國民黨，邵元冲
93	周品三	品山振亞釜釜	1900 年	浙江諸暨縣南門外三達步，通信處：諸暨南門外新同茂水果行	廣州大元帥府衛士隊士官訓練班	盧振柳	1923.10.16 入國民黨，盧振柳
94	陳琪	凹居	1894.10.26	浙江諸暨縣嶺口鎮	浙軍幹部學校肄業	張席卿	1924.5.15 入國民黨，周品三、楊步飛
95	唐星		1898 年	浙江嘉興縣，通信處：廣州錦榮街二十九號	廣東海軍學校畢業，市民大學肄業	黃廷英、黃沙述	1924.5.15 入國民黨，黃廷英、黃沙述
96	周惠元		1902 年	四川雙流縣，通信處：成都少城支機石街二十二號	成都聯合中學畢業，天津南開學校及北京師範大學肄業一年	李守常、譚熙鴻	1924.3.2 入國民黨，紀人慶、陳明德
97	蔣森		1899 年	湖南衡陽縣栗江市，通信處：衡陽栗江市蔣勝隆號	湖南省立甲種工業學校畢業	胡思清	1924.1.3 入國民黨，劉榮夏、劉況
98	羅群	君羊	1901 年	江西萬安縣仁里村，通信處：萬安勸學所轉交	北京中國大學法律預科畢業	彭素民、徐蘇中	1915 年入國民黨，曾振五
99	周振強	健夫莊	1903.3.29	浙江諸暨縣，住諸暨南區豐江周，通信處：諸暨南區安華鎮萬和號轉交豐江周	本縣高等小學畢業	楊庶堪	1923 年入國民黨，盧振柳
100	楊挺斌	廷斌	1903 年	廣東梅縣鬆口鎮灘頭村，通信處：汕頭鬆口樂閒商號	梅縣師範學校畢業	葉劍英	1924.5.15 入國民黨，葉劍英
101	李培發		1900 年	陝西臨潼縣斜口鎮金湯堡，通信處：臨潼縣內東油房王伯安轉	陝西省立第三中學畢業	于右任	1924 年入國民黨，于右任

102	趙榮忠		1898 年	山西五台縣五級村，通信處：五台縣五級村永裕厚號轉交	山西陸軍學兵團及山西陸軍斌業中學畢業，山西陸軍軍官學生隊肄業	趙連登、苗培成、王用賓	1924.3 入國民黨，王用賓、陳振麟
103	楊步飛[在學任本隊第七分隊副分隊長]	敬孝翁宇若鵬	1899 年	浙江諸暨縣西鄉楊家樓，通信處：諸暨草塔鎮三和堂轉楊家樓	原載：曾受中學相等教育	盧振柳	1923.11.24 入國民黨，盧振柳
104	陳公憲		1901 年	廣西蒼梧縣，通信處：梧州永安街益壽堂	廣西省立第二中學肄業	陸涉川	1924.5.15 入國民黨，陸涉川
105	李繩武		1902.4.21	廣西桂林南鄉會仙廖家村，通信處：桂林六塘圩陳福源號轉交	廣西省立第三中學畢業	蘇無涯、蒙卓凡	1924.3 入國民黨，朱乃斌
106	沈利廷		1903 年	廣東羅定泗綸鄉	羅定中學畢業	王柏齡	1924.5.15 入國民黨黎民瞻、黎天珍
107	吳興泗		1902 年	湖北京山縣鳳凰坡	湖北省立第一師範學校畢業，上海高等英文專門學校及惠靈英文專門學校肄業	詹大悲、張知本	1923.1 入國民黨，孫鏡
108	郭劍鳴		1902 年	江蘇銅山縣東南鄉房村市小奡圩，通信處：江蘇徐州中學校顧子揚轉交	徐州初級中學畢業	劉雲昭、顧子揚	1923.8 入國民黨，顧子揚
109	劉釗	鋤強	1900.3.14	江蘇奉賢縣邑城之北門外	中法國立通惠工商專門學校商科肄業	汪精衛	1923 年夏入國民黨，張拱宸
110	郭遠勤		1903 年	廣東番禺縣，住址香港九龍新填地長安街門牌二十號三樓，通信處：廣州市河南龍導尾吉慶里門牌十二號轉交	中學畢業	盧振柳	1922.3.3 入國民黨，陳炳生

111	劉希程	曦晨	1905.8.2	河南唐河縣源潭鎮興玉源場院內	唐河縣立師範學校肄業一年	劉積學、劉榮棠	1924.5.5 入國民黨,劉積學、劉榮棠
112	宋希濂	蔭國	1906 年	湖南湘鄉縣二十部溪口熊山凹宋其實堂,通信處:湘鄉谷水新華書局轉交	湖南長郡公學中學部修學三年	譚延闓、彭國鈞、謝晉	1924.5.17 入國民黨,彭國鈞、謝晉
113	戴文	子荷	1900.7.1	湖南寶慶縣東鄉寶勁局冰塘,通信處:寶慶東鄉兩市塘張鴻順號轉交冰塘	湖南陸軍講武堂肄業	譚延闓、戴岳	1924.5 入國民黨,呂夢熊、周得三
114	陳卓才		1901 年	廣西蒼梧縣,住梧州三角咀,通信處:梧州三角咀和益柴行	廣西省立第三中學畢業	蘇無涯、施正甫	1924.5.15 入國民黨,蘇無涯、陸涉川
115	謝翰周	竹青	1898 年	湖南寶慶縣黑田鋪,通信處:寶慶黑田鋪謝義發號或謝寶善堂	寶慶中學畢業,湖南工業專門學校肄業	魯易、任一鳳	1924.3 入國民黨,何超
116	陳平裘		1902 年	湖南道縣城外北鄉江村	湖南省立第六中學畢業	譚延闓	1923 年入國民黨,譚延闓
117	張君嵩	嶽嵩嶽中	1898 年	廣東合浦縣屬之南康圩,通信處:南康圩張謙益號轉交	縣立初級中學畢業,援閩粵軍講習所肄業	李濟深	1920.5 入國民黨,陳銘樞
118	宋雄夫		1899 年	湖南寧鄉縣西城外溜子洲,通信處:寧鄉縣西城外三川潭宋三才堂轉交	西江陸海軍講武堂修業	西江陸海軍講武堂選送	原缺
119	郭冠英		1902 年	江西泰和縣冠朝村,通信處:泰和冠朝圩義成隆號轉交	本縣泰和測繪養成所肄業,江西省立第六中學畢業	葉紉芳	1924.2.20 入國民黨,郭森甲
120	余程萬	石堅	1901 年	廣東臺山縣城,住址廣州市流水井三十七號寓,通信處:廣州市惠愛中路番禺高等小學校轉交	番禺師範學校完全科、廣東鐵路專門學校測繪科畢業	謝英伯	1924.5.15 入國民黨,鄭漢生、沈壽桐

121	毛煥斌		1903 年	陝西三原縣東鄉西毛堡，通信處：上海打鐵濱黃河路一三〇號	陝西省立第一中學畢業	于右任	1924.2.10 國民黨，韓麟符
122	蔣孝先	嘯劍	1898.4.2	浙江寧波奉化縣溪口鎮	浙江第四師範學校畢業	張家瑞	原缺
123	羅奇	振西	1903.10.26	廣西容縣城內辛里	容縣中學畢業，廣州法政專門學校肄業兩年，廣東全省公路處工程學校預科畢業	劉崛	1924.1 入國民黨，劉崛、徐世強
124	馮劍飛		1899 年	貴州盤縣城外，住址貴陽城內福德街	貴州模範中學畢業，大同大學、東吳大學、廈門大學肄業	原載：自行投考	1924 年入國民黨，靳經緯、韓覺民
125	顏逍鵬	龍田海謨	1900.11.21	湖南茶陵縣堯水鄉，通信處：茶陵縣城外七總街周祥和號轉交	湖南長沙岳雲中學畢業	岳森[宏群]	1924.5.15 入國民黨，馬耘吾、唐葉和
126	譚作校		1903 年	廣西桂林南鄉大中立家崗村，通信處：桂林南鄉湯塘高國合校轉交	廣西省立第三中學畢業，	蘇無涯、蒙卓凡	1924.3 入國民黨，朱乃斌
127	丘宗武	發堂	1902.5.11	廣東澄邁縣金江市萬福仁號，通信處：廣州市線香街廣昌號轉	廣東澄邁第一高等小學畢業，廣東海軍學校修業	劉震寰	1924.5.15 入國民黨，符和琚
128	陳國治		1905.9.30	廣西岑溪縣筋竹圩，通信處：岑溪縣筋竹圩義和號轉交	廣西省立第二中學肄業	蒙卓凡、蘇無涯	1924.5.15 入國民黨，蒙卓凡、范振亞
129	陸汝群		1901 年	廣西容縣城一里龍膽村陸公館	廣東海軍學校畢業	胡漢民	原載：尚未入黨但現在願意入黨
130	陳德法	民具	1901.2.3	浙江諸暨縣同升堂轉陳蔡來記號	《第一隊調查表》原缺	原缺	原缺
131	李潔	孚傑蓬仙	1902.6.4	江蘇漣水	原缺	原缺	原缺
132	李冕南	原缺	原缺	原缺	原缺	原缺	原缺

133	鄧毓玫	含光	1899 年	陝西咸陽	陝西三原師範學校、關中自治研究所畢業，陝西講武堂肄業	原缺	原缺
134	夏明瑞	原缺	原缺	原缺	原缺	原缺	原缺
135	程汝繼		原缺	原缺	1924.5.21 因事被關禁閉，後被開除學籍	原缺	原缺

附表 2　第一期第二隊（共 133 名）

序號	姓名	別號	出生年月	籍貫及原住址	入學前受教育情況	入學軍校介紹人	加入國民黨年月及介紹人
136	李樹森 [在學任本隊第一分隊分隊長]	朝賓 朝斌	1898.2.14 [又 1898.3.6]	湖南湘陰縣沙田圍 [今沙田鄉]，住址長沙貢院西街靖州試館内，通信處：長沙司馬礄育英學校轉交	西江陸海軍講武堂肄業	戴戟	1924.5.15 入國民黨，曹石泉、鄺悌
137	申茂生 [在學任本隊第一分隊副分隊長]	睦耕	1896.9.20	湖南衡陽縣，住址長沙南門外碧湘街湘清別墅第九號，通信處：湖南省城南門外里仁坡黃復隆號轉交	西江陸海軍講武堂肄業	戴戟	1924.5.16 入國民黨，孫常鈞、宋雄夫
138	王家修		1901 年	江蘇沛縣東關外王宅	北京成達中學肄業一年，徐州中學肄業兩年半	顧子揚、劉雲昭	1923.10.20 入國民黨，顧子揚
139	江鎮寰	震寰 又名 趙尊三	1903 年	直隸玉田縣劉家橋村，通信處：北京崇文門内美國同仁醫院王銳錚先生轉交	直隸省第三師範學校畢業	李永聲、王法勤、于樹德、于蘭渚	1924.3.8 入國民黨，李永聲、王法勤
140	林英	雅齋 贊謨	1900.7.6	廣東文昌縣忠厚嶺村，通信處：白延市雙昌號轉交	文昌縣立中學畢業	黃明堂	1921 年入國民黨，邢詒昺、傅佑欣
141	趙履強		1903 年	浙江嵊縣甘霖鎮，通信處：上海法租界打鐵濱二三三號轉交	嵊縣縣立高等小學校畢業	竺鳴濤、邵力子	1924.5.15 入國民黨，周駿彥、徐桂八

142	杜成志	子才 子材	1904.1.11	廣東南海縣大鎮市岡頭圩同安號，通信處：廣州同興街新廣隆號轉交	南海縣立高等小學畢業	胡漢民	1921年入國民黨，馬湘君
143	王雄	惠吾 鏡波	1901年	廣東文昌縣南會文新市新科村或義隆號轉交	縣立文昌中學畢業	黃明堂	1924.5.2入國民黨，陳善、林贊謨
144	丘飛龍	家秀 結山	1898年	廣東澄邁縣丘家村，通信處：澄邁縣金江市泰興號轉交	廣東高等師範學校附屬師範班預科肄業一年	劉爾崧、阮嘯仙、張善銘	1923.9入國民黨，徐成章、李訓仁
145	呂昭仁		1901年	廣西陸川縣官田，通信處：陸川南街南昌〔號〕轉交	陸川縣立中學肄業三年	黃紹竑	1924.5.15入國民黨，茅延楨、曹石泉
146	宣俠父	古漁 堯火 劍魂	1898.12.5	浙江諸暨縣北鄉長瀾村，通信處：諸暨姚公埠轉長瀾村	浙江省立甲種水產學校畢業，日本北海道帝國大學水產部肄業兩年	宣中華、胡公冕	1924.1入國民黨[黨證字154]，沈玄廬
147	孫樹成	健吾	1901年	江蘇徐州銅山縣柳泉市青山泉圩，通信處：徐州北柳泉圩銅山縣立第五小學校轉交	江蘇省立第十中學肄業一年，銅山師範學校畢業	顧子揚、劉雲昭	1923.8.5入國民黨，顧子揚
148	黎崇漢		1903年	廣東文昌縣抱羅圩北錦簡村，通信處：海口大街阜成豐客棧轉	文昌縣立中學畢業	林秉銓	1923.10.20入國民黨，林秉銓
149	劉先臨		1902年	河南唐河縣東北賈營村，通信處：源潭鎮興玉源號轉交	河南省立第三師範學校肄業四年半	樊鍾秀	1924.5.16入國民黨，劉積學、劉榮棠
150	何昆雄	昆雄 子偉	1904年	湖南資興縣黃皮塘，通信處：資興東鄉鄉立第一高等小學校轉	湖南私立岳雲中學畢業，漢口明德大學商科修業兩年	鄧永成、林祖涵	1924.5.16入國民黨，曹日暉、李奇忠
151	凌拔雄	孟彪	1895年	湖南長沙縣東鄉朱家灣，通信處：長沙貢院西街凌廣泰號轉交	本縣高等小學畢業，粵軍第一師學兵營肄業	原缺	1924.5.16入國民黨，趙自選

152	嚴霈霖[在學任本隊第二分隊副分隊長]	沛霖	1901 年	陝西幹縣東鄉南北村，通信處：本縣楊家莊德福寶號轉交	陝軍第一混成團幹部教練所及陝西陸軍講武堂畢業	于右任	1924.1.25 入 國民黨，吳希貞
153	王體明		1901 年	廣東東莞縣虎門海南柵，通信處：虎門海南柵幼育學校轉交	本縣高等小學畢業	楊華馨、盧鶴軒	1924.5.16 入 國民黨，王體端
154	董煜	叔明觀壽載群	1899.12.14	廣東化縣尖岡圩	化縣初級中學畢業	林樹巍	1924.2 入 國民黨，郭瘦真、郭壽華
155	張作猷		1903 年	福建永定縣太平里高陂鄉，通信處：福建永定大甲〔轉交〕	九江南偉烈大學中學部畢業	藍玉田、鍾文才	1924.4.15 入 國民黨，藍玉田、張伯雄
156	張本清	文英	1902 年	湖南晃縣龍市侗族	貴州省立模範中學畢業，湖南平民大學二年級肄業	羅邁、鄒永成	1924.5 入 國民黨，陳賡、趙枏
157	丁炳權	御伯	1896.11.26	湖北雲夢隔蒲潭朱家祠堂丁村，通信處：雲夢隔蒲潭洪興祥號轉交	湖北省立甲種工業學校畢業	居正、孫鐵人、喻育之	1921 年入國民黨，居正、孫鐵人
158	唐際盛	繼盛	1898 年	湖北黃陂縣三合店	武昌中華大學中學部及長沙湖南第一師範學校第二部畢業	惲代英、韓覺民	1923 年入國民黨，夏曦
159	程式	明都	1899 年	四川江津縣七星鎮板橋，通信處：永川松漑協生榮號轉交	四川江津中學畢業，上海南方大學修業，上海大學肄業	曾貴吾	1921 年入國民黨，鄧塏
160	李模	作耕	1902.2.19	湖南新化縣龍溪鋪，通信處：寶慶縣北路龍溪鋪〔轉交〕	湖南省立第一中學畢業	鄒永成、劉白	1924.5 入 國民黨，曹石泉、趙枏
161	俞濟時	良楨濟世	1903.6.14	浙江奉化縣，通信處：奉化縣城內朝東閶門〔轉交〕	奉化縣立中學畢業	馮啓民、吳嵋	1924.5.15 入 國民黨，馮啓民、吳嵋

162	鄭子明		1899 年	陝西高陵縣，通信處：本縣恒順通號轉交	陝西省立渭北中學畢業	于右任	1924.5 入國民黨，于右任
163	朱耀武		1905.4.16	山西右玉縣第五區朱家莊村，通信處：右玉縣第五區公所轉交朱家莊村	山西省立第七中學畢業，山西工業專門學校肄業	王用賓	1924.3 入國民黨，王用賓
164	陳子厚		1904 年	湖南湘鄉縣，通信處：湘鄉漱水十六都大樂圩郵局轉交	湖南兗澤中學肄業兩年半	譚影竹、郭亮	1923.11.10 入國民黨，龔際飛
165	蕭翼勉		1901.12.1	廣東興甯縣黃塘圩，通信處：興甯縣金帶街榮華布號轉交	興甯縣葉塘高等小學畢業，興民中學肄業三年	蕭君勉、葉仲浦	1924.5.15 入國民黨，蕭君勉、唐占光
166	黃維	悟我培我	1903.2.28	江西貴溪縣城內北後街，通信處：貴溪城內開源公司〔轉交〕	貴溪縣立初級師範學校畢業	趙幹、劉伯倫	1923.10 入國民黨，趙幹、劉伯倫
167	馮聖法〔在學任本隊第三分隊分隊長〕	森法	1901.6.29	浙江臨浦縣祝家塢村，通信處：臨浦轉店口郵局	上海吳淞中國公學肄業兩年	盧振柳	1924.3.8 入國民黨，盧振柳
168	鄭述禮		1903 年	廣東瓊州府臨高縣蘭河村，通信處：臨高書帶草堂收轉	廣東省立工業學校預科畢業繼續肄業兩年	吳雲青、周文雍	1924.1 入國民黨，黃國梁、歐祥雲
169	洪顯成〔在學任本隊第三分隊副分隊長〕	鐵魂	1899.2.27	浙江浦江縣，通信處：浦江縣東鄉海塘村	杭州師範學校畢業，東路討賊軍憲兵教練所肄業	陳肇英、金佛莊	1922 年加入福州國民黨支部，陳肇英
170	羅毅一	萬恒	1899 年	貴州赤水縣城內正街	貴州省立中學畢業	凌霄、王度、李元著	1924.5 入國民黨，邱安民、張彌川
171	伍文濤	樹帆樹藩靜波	1899 年	貴州黎平縣中潮村中朝所正街〔一說從江人〕	貴州南明中學畢業，南京東南大學補習一年	韓覺民、靳經緯	1924.5 入國民黨，宋思一、劉漢珍
172	賈韞山	惠亭輝亭朝文	1895.4.2	江蘇徐州銅山縣棠梨鄉洞山口，通信處：徐州中學顧子揚收轉雙祥行	江蘇銅山師範學校肄業兩年	劉雲昭、顧子揚	1923.5 在徐州加入國民黨，顧子揚

173	胡博		1900 年	廣東梅縣城內折田，通信處：汕頭梅縣萬福公司〔轉交〕	梅縣東山中學及廣東公立農業專門學校預科畢業	葉劍英、熊耿	1924.5 入國民黨，茅延楨
174	杜心樹	心如	1898 年	原籍湖南湘鄉縣，寄籍河南魯山縣，通信處：北京騾馬市中州會館〔轉交〕	縣立中學畢業，北京陸軍部陸軍講武堂測量科肄業，中州法政專門學校預科畢業	何孟雄、金佛莊	1924.2 入國民黨，李大釗、何孟雄
175	鄭炳庚	煥平	1900.3.14	浙江青田縣五都陳山村，通信處：青田縣城西門外尹保衡收轉	杭州三才中學及杭州體育專門學校畢業，浙江公立醫藥專門學校肄業兩年	戴任、盧振柳	1924.3.7 入國民黨，戴任、盧振柳
176	李榮	榮	1904 年	浙江縉雲縣東鄉後塘，通信處：永康壺鎮後塘	縣立高等小學畢業，杭州印刷工業專門學校肄業	竺鳴濤、邵力子	1924.5.10 入國民黨，邵力子、竺鳴濤
177	李國幹	國幹 國基	1899.6.25	廣東梅縣石坑，通信處：梅縣樹湖里洪氏宗祠轉交公塘圩	廣東梅縣東山中學畢業	李濟深	1924.5. 入國民黨，吳子泰、宋思一
178	陳拔詩	撥詩	1900 年	廣西郁林縣陳村人，通信處：廣州西關下九甫福拱里正和興寶號轉交	廣西省立第九中學畢業，慕黎英文專門學校肄業	廣東西路討賊軍總司令部送	1923 年入國民黨，劉君羆
179	賀聲洋	沉洋 靖亞	1904 年	湖南臨澧縣佘市鄉，通信處：石門縣上街呂源興號轉交	湖南公立工業學校附屬中學畢業	譚延闓	1924.5 入國民黨，林永言、石盛祖
180	王步忠		1903 年	江西吉安縣永福鄉甘溪村，通信處：吉安縣永陽市長茂祥號轉甘溪	吉安縣立高等小學畢業	梁祖蔭、張書訓、蕭友松	1922 年在桂林加入國民黨，梁祖蔭
181	孫常鈞 [在學任本隊第四分隊分隊長]	敬業	1896 年	湖南長沙縣城北門外十間頭第五號，通信處：長沙城司馬礄育英學校	西江陸海軍講武堂肄業	戴戟	1923.11 入國民黨，程潛

182	郭景唐 [在學任本隊第四分隊副分隊長]	又載郭景	1901 年	陝西武功縣仁義和	縣立國民中學軍業，陝西陸軍講武堂肄業	于右任	1924.2.15 入國民黨，焦易堂
183	李延年	吉甫 吉浦	1903.3.11	山東廣饒縣大王橋	山東省立第十中學及山東公立商業專門學校畢業	王樂平、延瑞祺	1924.2.10 入國民黨，王樂平、延瑞祺
184	龔少俠	豐泰	1901.8.10	原籍河南，現寓居廣東樂會縣文坡裏，通信處：瓊州嘉積祥泰店〔轉交〕	縣立中學畢業，廣東公路工程學校肄業	趙傑、樊鍾秀	1923.8 入國民黨，徐成章、歐祥雲
185	胡遯	遁	1901 年	四川雲陽，通信處：雲陽縣城內大梯子胡慶合〔號〕轉交	重慶商業專門學校及戲劇專門學校肄業	譚熙鴻、李大釗、石瑛、丁惟汾、譚克敏	1924.3.3 入國民黨，陳銘德、王亞明
186	董仲明〔朗〕	嘉智 中月	1893.6.27	四川簡陽縣龍泉驛董家河，通信處：簡陽龍泉驛郵政代辦所游益齋先生轉交	縣立中學畢業	鄧中夏、劉伯倫	1923.8.17 入國民黨，葉楚傖、劉伯倫
187	郭樹械	士珍	1898 年	山西崞縣第三區上莊村，通信處：本縣原平鎮恒興店〔轉交〕	山西陸軍學兵團肄業，山西斌業中學畢業，山西陸軍幹部學校肄業	王用賓、趙連登	1924.3.29 入國民黨，王用賓、陳振麟
188	黃珍吾	實循 種強 靜山	1901.12.15	廣東瓊州文昌縣中一區衙前村，通信處：文昌縣便民市永安號或萬隆號	本鄉明智學堂軍業，文昌縣立初級中學肄業	譚元貴、沈鴻栢、張永福、朱振英、符兆光	1922.12.5 入國民黨，沈鴻栢
189	李源基		1900 年	廣西容縣，通信處：本縣東圩街李榮山行館〔轉交〕	縣立中學畢業	徐啓祥	1924.5.15 入國民黨，茅延楨、曹石泉
190	許永相	勗三	1899 年	浙江諸暨縣南區硯石埠許家村，通信處：諸暨王家井鎮周恒姓號轉交	縣立中學肄業兩年，浙江體育專門學校畢業	胡公冕、應山三	1924.3.5 入國民黨，胡公冕

191	桂永清	率真	1899.2.16	江西貴溪縣鷹潭鎮樓底村	江西公立國語講習所肄業，江西省立第一中學畢業，廣東中央陸軍教導團半年	徐蘇中、彭素民	1924.2.4 入國民黨，桂玉馨、張光祖
192	韓雲超	奉光競伯	1901 年	廣東文昌縣北九區昌梅村，通信處：瓊州羅豆市郵政支局轉交昌梅村	省立瓊崖中學及上海暨南學校畢業	馮熙周	1924.1.24 入國民黨，馮熙周
193	李漢藩	意產子木	1901.3.1	湖南耒陽縣泚江南鄉新坡洞營子山，通信處：耒陽泚江郵局轉交營子山	衡陽私立成章中學畢業	毛澤東、夏曦、袁達時	1923.8.30 入國民黨，鄧鶴鳴
194	鍾洪		1900 年	廣東興寧縣石馬，通信處：興甯石馬學校〔轉交〕	縣立石馬初級中學畢業	李濟深	1924.3.15 入國民黨，曹石泉、李及蘭
195	張德容 [在學任本隊第五分隊分隊長]	海如	1901.12.1	陝西武功縣，通信處：縣城内永豐積號〔轉交〕	縣立初等小學肄業三年	于右任	1924.5.14 入國民黨，于右任
196	袁滌清	滌青	1904.6.14	廣東南海縣銀市，通信處：南海銀市隆昌號〔轉交〕	本縣私立國民小學高級班及廣東公立公路工程專門學校畢業	陳叔舉	1924.5.16 入國民黨，董煜、陳叔舉
197	鄭洞國	桂庭	1901.12.15	湖南石門縣，通信處：石門磨市陳和春號〔轉交〕	石門中學畢業，長沙湖南商業專門學校肄業一年	譚延闓	1924.5.15 入國民黨，王聲聰、呂敬藩
198	陳文山	兆南	1901 年	福建漳平縣，通信處：福建漳平永福天生堂〔轉交〕	漳平縣立中學畢業	林森	1924.5.16 國民黨，張伯雄、曹日暉
199	曹日暉 [日章]	善均耀卿耀三	1903 年	湖南永興縣永興烏泥鋪	湖南省立第三中學畢業，廣東中央陸軍教導團數月	周況、李鴻柄	1924.5.16 入國民黨，李漢藩、桂永清
200	王克勤		1905 年	陝西省臨潼縣人，通信處：三原縣通順號轉交	縣立中學修業	于右任	1924.5.8 入國民黨，于右任
201	朱炳熙		1898 年	浙江青田縣人，現居溫州登選坊	溫州省立第四中學畢業，寧波工業專門學校修業兩年	張兆辰、凌昭	1924.3 加入國民黨，張兆辰、凌昭

202	蔣伏生		1896.7.23	湖南祁陽縣桂榜山，通信處：祁陽城外祥口達記轉交	旅鄂湖南中學畢業，上海外國語學校修業一年	詹大悲	1924.5 入國民黨，詹大悲
203	柴輔文		1898 年	浙江寧海縣西鄉鎮頭莊，通信處：浙江甯海趙源泉號轉交	浙江省立第一師範學校畢業，國立東南大學肄業	楊賢江、董蘅	1924.5 入國民黨，楊賢江、董蘅
204	李蔚仁	尉仁	1898 年	廣東興甯縣第八區新陂圩，通信處：興寧新陂圩新陂學校轉交	縣立中學肄業一年	李濟深	未入黨
205	張際春		1899.12.20	湖南醴陵縣東一區珊田仲，通信處：醴陵縣城黃和盛號〔轉交〕	醴陵縣立中學畢業	毛澤東、夏曦	1924.4 入國民黨，阮嘯仙、張善銘
206	陳應龍	昌奕 美山	1901.12.1	廣東文昌縣潭深村，通信處：瓊州文昌潭生市寶昌號〔轉交〕	廣州中學校畢業	陳宗舜、陳善	1923 年入國民黨，陳宗舜、張權
207	謝清灝		1903 年	廣東梅縣，通信處：梅縣下市謝群和〔號〕轉交	梅縣省立中學修業兩年	葉劍英、熊耿	1924.5 入國民黨，葉劍英、熊耿
208	史仲魚 [在學任本隊第六分隊分隊長]	重魚 恒春	1893 年	陝西省華縣，通信處：華縣城內西關恒盛合號〔轉交〕	陝西第二師範學校預科畢業，四川講武堂肄業一年，陝西靖國軍軍官團畢業	楊虎臣	1924.4.26 入國民黨，于右任、王宗山
209	李均煒		1902.11.23	廣東德慶縣城內十字街，通信處：德慶縣城內大街德安號或南和號轉交	廣東省立第四師範學校本科三年	李濟深	1924.5 入國民黨，許可信、陳天民
210	劉赤忱	赤枕	1901 年	湖北廣濟縣第十區劉受垸，通信處：湖北武穴高等小學校轉交	湖北省立甲種工業學校畢業	居正、孫鏡、張懷九〔知本〕	1920.4 國民黨〔藍天蔚〕第二次介紹人：茅延楨、許用修
211	熊敦	肇勳 永清 克堯	1899 年	江西貴溪縣之江滸山市橋村	江西省立第四師範學校肄業四年	趙幹、鄧鶴鳴	1923.10 入國民黨，洪宏義
212	吳重威		1901 年	江西萍鄉，通信處：萍鄉縣城內湘東西區高等小學校〔轉交〕	萍鄉縣立中學畢業，江西省立法政專門學校法律預科肄業一年	鍾震岳、李向渠	1924.5 入國民黨，鍾震岳、姚唯

213	陳文清		1899年	廣西武宣縣通挽區伏柳村，通信處：廣西貴縣山東石龍圩全和堂轉通挽區自治公所	縣立桐嶺高等小學畢業	廖元震、覃壽喬	1924.5.5入國民黨，廖元震、覃壽喬
214	林冠亞		1903年	廣東文昌縣邁洲村，通信處：文昌白延市源豐隆號〔轉交〕	瓊州華美中學肄業兩年	趙傑、樊鍾秀	1924.5入國民黨，陳善、林英
215	李青		1903年	湖南桂陽縣，通信處：桂陽縣城南門外錦豐號轉交	縣立中學畢業，省立工業專門學校肄業	李國柱、鄒永成	1924.5入國民黨，李國柱、鄒永成
216	唐震	宸	1903年	廣東興寧縣附城西門外，通信處：興甯縣朱紫街合茂昌號轉交	本縣附城高等小學及縣立中學畢業	姚雨平、黃煉百	1924.5入國民黨，姚雨平、黃煉百
217	蔡鳳翁	原載鳳翕	1906年	廣東瓊州府萬寧縣保定村，通信處：萬寧縣城天和堂〔轉交〕	本縣高等小學畢業，縣立中學肄業	劉震寰	1924.6入國民黨，劉震寰
218	洪劍雄	善效祥文	1902年	廣東澄邁縣，通信處：澄邁縣城內泰興號〔轉交〕	廣東高等師範學校附屬中學畢業	譚平山	1923.8.26入國民黨，徐成章、李訓仁
219	陳天民	無懷	1905年	廣東臺山縣海晏流崗村	廣東高等師範學校附屬中學畢業	藍餘熱、洪劍雄	1924.2入國民黨，賴玉潤、洪劍雄
220	王懋績		1901年	江西萍鄉，通信處：萍鄉縣南溪高等小學校〔轉交〕	萍鄉縣立初級中學畢業	彭武歇	1924年3月在廣州入國民黨，鍾震岳
221	李良榮	良安原姓林出嗣李	1901.12.15	福建同安，通信處：福建同安縣兌山鄉	縣立中學肄業一年	許卓然	1924.5入國民黨，茅延楨、許用修
222	余海濱[在學任本隊第六分隊副分隊長]		1895年	湖北光化縣人，現僑屬廣東肇慶城內塘基頭，通信處：肇慶城內塘基頭第一號門牌余寓〔轉交〕	湖北陸軍講武堂步兵科肄業	戴戟	1924.5入國民黨，茅延楨

223	焦達梯	達悌島松	1901年	湖南瀏陽縣北鄉焦家橋均嘉坊，通信處：長沙北門外新河慶昌厚號代轉	湖南長郡中學畢業，湖南平民大學肄業兩年	羅邁、鄒永成、覃振	1920.8.13入國民黨，覃振
224	郭濟川	渠川	1900年	江西泰和縣冠朝村，通信處：泰和縣冠朝圩郵局轉交	縣立高等小學畢業，江西省立第一中學肄業一年	茅延楨、曹石泉	1924.5入國民黨，郭森甲、翁吉雲
225	葛國樑	國梁	1899年	安徽舒城縣，通信處：廣州市百靈街八十一號〔轉交〕	本縣高等小學畢業，縣立中學肄業兩年	譚惟洋、李乃璟	1924.5入國民黨，張秋白、李乃璟
226	周士第	士梯力行平	1899.10.23	原籍河南商城縣，現籍廣東樂會縣中原圩新昌村，通信處：樂會縣中原市永生藥房〔轉交〕	省立瓊崖中學畢業，湖南湘軍講武堂畢業	趙傑、樊鍾秀	1922.4入國民黨，陳梅、龔少俠
227	陳堅		1901年	安徽寧國縣西大街	安徽省立第一中學畢業	柏文蔚、楊虎	1916年加入上海國民黨支部，楊虎
228	侯又生	新望爵	1901.6.10	廣東梅縣水南堡灣下基善樓，通信處：梅縣城內十字街寶延煥〔號〕轉交	梅縣師範學校畢業	盧振柳	1923.11.17入國民黨，廖德流
229	酆悌	力餘	1901.8.30〔又1903.8.30〕	湖南湘陰縣東鄉袁家鋪老灌塘，通信處：湘陰縣東鄉袁家鋪老灌塘酆春林堂〔轉交〕	湖南省立第一中學畢業	許崇智	1924.4入國民黨，許崇智
230	許繼慎	紹周謹生旦如	1900年	安徽六安縣蘇家埠成春堂藥號	安慶省立第一甲種工業專門學校及上海大學肄業	薛子祥、岳相如	1923.3入國民黨，柯慶施、張炎
231	唐澍	東園	1901年	直隸易縣南賈莊，通信處：定興縣姚村萬昌號轉交南賈莊轉交	直隸第二師範學校肄業兩年	張繼、王法勤、李大釗	1924.3.2入國民黨，張湛明、向伯虎
232	蔡任民	華珍	1896年	河南新蔡縣蔡老莊，通信處：本縣城北街濟和堂〔轉交〕	河南省立第一中學畢業，日本東京日華學校肄業半年	于右任、樊鍾秀	1924.5.15入國民黨，曹石泉、呂敬瑢

233	鍾煥全	之覺	1903.12.18	江西萍鄉，通信處：萍鄉城內城隍街鍾氏宗祠〔轉交〕	江西省立第八中學畢業	朱培德	1923.5.16 入 國民黨，茅延楨、曹石泉
234	彭干臣[號黃春山]	干臣耐寒曠濤何檥	1899 年	安徽英山縣黃家坊彭上壪，通信處：英山縣金恒聚號轉交	安徽省立師範學校修業四年	管鵬、張炎	1924.4.10 入 國民黨，柏文蔚、譚惟洋
235	陳志達	達夫	1898 年	浙江奉化縣柏坑鎮，通信處：寧波奉化康嶺郵局轉交	浙江省立第四師範學校畢業	吳嵋、王登雲	1924.5.16 入 國民黨，張席卿、周駿彥
236	萬全策[在學任本隊第七分隊分隊長]		1901 年	廣西蒼梧縣冠蓋鄉思務村，通信處：蒼梧縣大坡山圩同興號轉思務村	廣西省立第一師範學校畢業、西江陸海軍講武堂肄業	鄧演達	1924.5.16 入 國民黨，茅延楨
237	張人玉[在學任本隊第七分隊副分隊長]	在華	1898 年	浙江省金華縣舍塢，通信處：浙江省金華城內仁壽堂轉交仁德堂	浙江省立第七中學畢業及浙江陸軍幹部教導隊畢業	張光祖、吳次山	1924.2 入 國民黨，張光祖、吳次山
238	陳鐵	永楨志堅	1899.9.3	貴州遵義縣南鄉西坪，通信處：遵義縣團溪場楓香坪趙國泉先生代收轉西坪	貴州遵義縣立中學畢業，湖南陸軍第一師學兵隊肄業	張善銘、劉爾崧	1924.5.15 入 國民黨，曹石泉、蔣先雲
239	陳沛	度侯	1898.10.29	廣東茂名縣椰子坡仔鄉，通信處：廣州市茂名留會轉交	廣東公立農業專門學校農科畢業	賴翰伯	1924.6.13 入 國民黨，廖仲愷
240	呂佐周		1901 年	江西上饒縣南鄉，通信處：上饒城內西街泰昌店〔轉交〕	江西省立第十中學畢業	何臧	1924.5.16 入 國民黨，茅延楨、曹石泉
241	李玉堂	堯階瑤階	1900.5.4	山東廣饒縣大王橋河西	本縣高等小學及山東公立工業專門學校金工科畢業	王樂平、延瑞祺	1924.2.8 入國民黨，王樂平、延瑞祺

242	周鳳歧	恭先	1903 年	陝西高陵，通信處：陝西高陵城內西街泰和成號〔轉交〕	陝西省立渭北中學畢業	于右任、吳希真	1924.5 入國民黨，于右任、吳希真
243	李及蘭	治方自芳	1902.11.14	廣東陽山縣大崀區，通信處：陽山城南順昌號轉大崀區祥昌號	廣東省立第一中學修業兩年	張善銘、馮菊坡	1924.2.16 入國民黨，朱節山、邱凌霄
244	陳劼	樹英建禎	1897 年	湖南長沙東鄉純化鎮八區，通信處：長沙老照壁偉倫紙局轉交	長沙明德中學畢業，漢口明德大學肄業一年	譚延闓	1924.5.15 入國民黨，桂永清、李漢藩
245	甘杜		1901.8.27	廣西蒼梧縣，通信處：梧州山腳興隆社第八十五號轉交	廣西省立第二中學肄業	蒙卓凡、蘇無涯	1923.12 入國民黨，蒙卓凡
246	吳斌	乘雲	1900.2.19	廣東茂名縣梁分界圩，通信處：茂名分界益隆號	廣東公立警監專門學校畢業	林樹巍	1924.4 入國民黨，林樹巍
247	趙枏	枏	1901 年	湖南衡山縣瓦鋪市	縣立高等小學畢業，衡山第二中學肄業四年	毛澤東、施存統	1923.12 入國民黨，毛澤東、夏曦
248	羅倬漢		1900 年	廣東興寧縣，通信處：興寧興民中學校轉交	興寧興民中學畢業	羅翼群	1924.5 入國民黨，羅翼群
249	馬勵武	克強	1904 年	陝西華縣，通信處：華縣城內西關玉興魁號〔轉交〕	縣立中學畢業，北京中國大學肄業一年	于右任	1924.5 入國民黨，原缺
250	趙子俊[在學任本隊第八分隊分隊長]		1889 年	湖北武昌小東門內，通信處：武昌文華大學童子軍收轉	攻鄂軍軍士教導隊肄業	廖仲愷	1923.12 在漢口加入國民黨，廖乾吾、包惠僧
251	湯家驥[在學任本隊第八分隊副分隊長]		1900 年	陝西鄠縣東南鄉郭家寨，通信處：本縣槐芽鎮萬興德號〔轉交〕	本縣高等小學畢業，陝軍幹部教練所及直隸邯鄲軍官講習所畢業	于右任、王宗山	1924.5 入國民黨，于右任、王宗山

252	梁廣烈	光梁	1900 年	廣東雲浮縣，通信處：雲浮縣城西街均和號或廣州長壽大街福和號〔轉交〕	雲浮縣立中學畢業	孫甄陶、黃振家	1924.5 入 國 民黨，陳東榮、鄧漢鍾
253	白海風	雁秋　蒙族名：都固仁倉都楞倫	1899 年	内蒙古卓盟喀喇沁右旗人，住熱河建平 [遼寧] 縣業柏壽北三家，通信處：熱河建平縣業壽柏街複合商號轉〔交〕北三家	本旗高等小學畢業，熱河師範學校修業兩年	王法勤、李永聲、于蘭渚、韓麟符、陳鏡湖、于樹德	1924.2 在 天 津加入國民黨，韓麟符、陳鏡湖
254	宋思一		1899 年	貴州貴定縣第六區都六	貴州省垣中學畢業，上海大同大學數學科肄業兩年	惲代英、靳經緯	1920 年入國民黨，惲代英、靳經緯
255	顧希平	西平　西萍	1899.10.26	江蘇淮陰縣北鄉王營鎮顧大村	江蘇省立第八師範學校本科畢業	許崇灝、王壽南	1924.3 入 國 民黨，沈姬鎧、伏彪
256	郭德昭		1905 年	安徽英山縣，住本縣城南門外馬家塹	本縣高等小學畢業，縣立初級中學肄業	柏文蔚、譚惟洋	1924.4 入 國 民黨，譚惟洋、劉侯武
257	張隱韜	寶駒　遠韜　仁超	1901 年	直隸南皮縣城東郝家馬村	縣立中學肄業	于樹德、于方舟	1923.11 入 國 民黨，何孟雄、鄭業
258	文志文	思進　華國	1901 年	湖南益陽縣，通信處：益陽二堡德新紙行〔轉交〕	湖南育才中學畢業，信義大學肄業一年	王紹佑、周潤芝	1924.5.15 入 國民黨，劉農亥、夏曦
259	梁錫祐	錫古　錫富	1902 年	廣東梅縣鬆口堡，通信處：鬆口曲字街梁雙盛號〔轉交〕	梅縣鬆口高等小學畢業，廣益中學修業	姚雨平、梁龍	1924 年入國民黨，葉劍英
260	嚴武	維揚	1901.6.25	安徽廬江縣，通信處：現寓廣州大東路東皋大道内仁興街法國洋房八號〔又上海聯合通訊社〕；又址：中央直轄第一軍連陽靖邊司令部辦事處，現住廣大路。	上海南洋公學補習生初級一年，入粵援贛第四軍潮州軍官講習所速成班及粵軍第二軍桂林教導團畢業	顧祝同、沈存中、曾則生、錢大鈞	1923.12.26入國民黨，柏文蔚、楊虎

261	李之龍	在田 赤顯	1896.12.10	湖北沔陽縣杜家窯鄉，通信處：武昌六碼頭濟州公司李靜塵轉交	山東煙臺海軍學校畢業	廖乾五、劉芬	1923.7 入國民黨，譚平山、張瑞成
262	甘麗初	日如	1901 年	廣西容縣辛上里古友堂，通信處：容縣城內西街裕豐號轉交	縣立中學畢業，廣東省立農業專門學校肄業一年	徐啓祥	1924 年入國民黨，徐振民、崔履璋
263	黃鰲	昭軍 鈞德 半石	1901.5.5	湖南臨澧縣合口，通信處：津市合口王聚泰貴行〔轉交〕	湖南省立工業專門學校畢業，湖南群治大學肄業一年	石盛祖	1919 年入國民黨，林祖涵
264	李奇忠	奇中 洪廣	1905 年	湖南資興縣東鄉平石，通信處：資興東鄉派報社轉交	湖南省立第三中學及湖南廣雅英數專門學校畢業，湖南公立工業專門學校修業一年半	林祖涵、鄒永成	1924.5.15 入國民黨，林祖涵、鄒永成
265	石鳴珂		1900 年	四川南部	原缺	原缺	原缺
266	石真如		1895 年	四川重慶	原缺	原缺	原缺
267	王錫鈞	克廉	1905.11.8	湖南寧鄉	原缺	原缺	原缺
268	謝瀛濱		1901 年	廣東從化	原缺	原缺	原缺

附表3　第一期第三隊（共 140 名）

序號	姓名	別號	出生年月	籍貫及原住址	入學前受教育情況	入學介紹人	加入國民黨年月及介紹人
269	蕭乾〔在學任本隊第一分隊分隊長〕	坤和 明烈	1901 年	福建汀州城內，通信處：汀州城內蕭屋塘邊門牌二十一號	福建省立工業專門學校畢業，粵軍第一師學兵營及西江陸海軍講武堂肄業	西江陸海軍講武堂選送	1924.5.15 入國民黨，鄧演達、金佛莊
270	韓之萬〔涵〕	石安	1901.3.21	江蘇阜寧縣八灘鎮，現遷居漣水縣韓大沙	縣立高等小學及縣立初級師講習所畢業	鈕永建	1924.5 入國民黨，王柏齡、金佛莊
271	黎曙東	明甫	1901 年	陝西涇陽縣，通信處：本縣城內正興盛號轉	縣立中學畢業	于右任、焦易堂	1924.2 入國民黨，韓麟符、張寶泉

272	郭安宇		1901 年	河南許州石固鎮，通信處：許州石固鎮工讀學校〔轉交〕	縣立中學畢業，上海東方大學肄業	劉積學、宋聘三	1924.5 入國民黨，鄧演達、金佛莊
273	陳以仁		1898 年	江西石城縣屏山市坳頭村	縣立中學畢業，北京大學經濟科肄業	譚熙鴻、李大釗	1924.1 入國民黨，譚熙鴻、李大釗
274	杜聿昌		1899 年	陝西米脂縣十坰坪，通信處：陝北綏德縣周家龠轉十坰坪	陝西榆林中學畢業，北京警官學校肄業一年	于右任	1924.2.1 入國民黨，于右任、謝持
275	李仙洲	守瀛	1902.8.9	山東長清縣，通信處：濟南齊魯書社	縣立高等小學及山東武術傳習所畢業	王樂平、孟民言	1924.2.29 入國民黨，王樂平、孟民言
276	陳克		1898 年	廣東瓊州府瓊山縣第十八區沙港村，通信處：瓊山縣第十八區會文市義隆號或綸興號〔轉交〕	廣東高等師範學校肄業，西江陸海軍講武堂肄業半年	西江陸海軍講武堂轉送	1921.8.30 入國民黨，邢森洲
277	孫元良		1903.3.17	四川華陽縣，現住：成都大壩巷第五號	四川成都聯合中學畢業，國立北京法政大學肄業	李大釗、譚熙鴻、丁惟汾、石瑛	1924.3 入國民黨，譚克敏、紀雲慶
278	王連慶	璧如 野如	1899 年	江蘇漣水縣王七莊，通信處：阜甯縣北沙鄉郵政支局轉交	縣立第一高等小學及省立第三農業學校畢業	王壽南、顧祝同	1924.5 入國民黨，王壽南、沈存中
279	楊溥泉	本祖 宗光 文淵	1900 年	安徽六安縣戚家橋堡，通信處：六安縣西南鄉鮑家店楊恒壽昌藥號〔轉交〕	省立第二模範小學及省甲種工業學校初中畢業，省立第一高級師範學校肄業	薛子祥、岳相如	1924.12 入國民黨，薛子祥、袁興周
280	曹淵	溥泉 新寬	1900 年	安徽壽縣瓦埠南務農村，通信處：壽縣瓦埠鎮立小學校〔轉交〕	蕪湖安徽公立職業學校修業兩年半	管鵬、李雨村	1924.4 入國民黨，柏文蔚、譚惟洋

281	江世麟	錫麟	1893 年	浙江義烏縣下田莊，通信處：義烏蘇溪鎮萬盛亨記轉交下田市	縣立高等小學畢業、浙江體育專門學校修業	沈定一、陳維儉	1924.3 入國民黨，沈定一、陳維儉
282	廖運澤	彙川	1902.7.26	安徽鳳台縣東鄉廖家灣，通信處：蚌埠洛河街黑泥窯郵局轉交廖家灣	上海私立工惠學校畢業，安徽省會職業師範學校肄業	袁家聲、廖子英	1924.1 入國民黨，袁家聲、廖子英
283	鮑宗漢	啓經	1896 年	安徽巢縣炯煬鎮，通信處：巢縣炯煬鎮鮑長發號〔轉交〕	巢縣縣立中學畢業，西北軍軍士教導團畢業	李次宋、沈氣含	1924.5.15 入國民黨，鄧演達、金佛莊
284	閻奎耀	挨要	1903 年	陝西榆林道葭縣烏龍鋪閻家峁村，通信處：本縣烏龍鋪轉交	縣立乙種農業學校肄業四年，縣立中學畢業	于右任	未入
285	楊耀	覺天	1903 年	陝西靖邊縣頭道溝村，通信處：本縣郵局轉交	本縣高等小學畢業，縣立中學肄業	于右任	無入
286	鄭凱楠 [在學任本隊第二分隊分隊長]	肯南	1893 年	江蘇江寧縣，通信處：南京三牌樓和會街五十二號	江蘇陸軍軍士學校肄業	陳復	1924.5.15 入國民黨，鄧演達、陳復
287	邢鈞		1904 年	廣東文昌縣排港村，通信處：瓊州文昌東郭市源盛隆號〔轉交〕	省立第六師範學校畢業	符蔭、黎棠英	1924.2.2 入國民黨，郭秀華、王先嘉
288	周誠	城	1904 年	陝西渭南縣，通信處：本縣高等小學校轉交	縣立中學修業，陝西陸軍學兵團畢業	于右任	1923 冬入國民黨，劉允臣、于右任
289	官全斌		1898 年	四川威遠縣鎮西鎮二甲坡，通信處：四川威遠縣勸學所轉交	四川嘉定中學畢業，北京平民大學肄業	謝持、王了人	1924.3.15 入國民黨，謝持、王了人
290	張運榮		1902 年	廣東瓊州文昌縣藍田村，通信處：文昌煙墩市榮記〔轉交〕	縣立中學畢業	張權、陳善	1920.5 入國民黨，張道五、傅楫漢

291	潘德立	志仁	1898 年	湖南湘鄉縣，通信處：住長沙文星橋第十六號	省立乙種農業專門學校獸醫畜產專科及湖南省立第二師範學校畢業	譚延闓	1924.5.15 入國民黨，鄧演達、金佛莊
292	成嘯松		1902 年	湖南湘鄉，通信處：湘鄉縣虞塘郵局轉交	縣立初級中學肄業兩年	潘石堅、謝重潘	1924.5 入國民黨，鄧演達、金佛莊
293	劉雲龍	子潛	1905 年	陝西蒲城縣興市鎮後劉家村，通信處：本縣興市鎮中街積興成寶號	省立體育專門學校畢業	于右任	1924.5.23 入國民黨，于右任、王宗山
294	李強之	亞夫	1903 年	廣西容縣鼎屯，通信處：容縣如意華〔號〕轉交	廣西省立容縣中學畢業	徐啓祥	1924.5 入國民黨，鄧演達
295	楊啓春	兆春成羔開山	1904 年	陝西橫山縣，通信處：橫山縣城內豐盛德〔號〕代交	縣立高等小學畢業，橫山中學肄業一年	于右任	1924.5 入國民黨，金佛莊
296	張禪林	彈林	1901 年	江西樂安縣城內	上海文生氏英文學校畢業	徐蘇中、彭素民	1920 年入國民黨，徐蘇中
297	何基		1903 年	江西貴溪縣龍崗村，通信處：本縣城外同和號〔轉交〕	江西省立甲種工業學校畢業	洪宏義、趙幹	1924 年入國民黨，鄧演達、金佛莊
298	黃德聚		1898 年	福建閩侯縣，住福州城內，通信處：福州城內開元樓經院巷	福建省立第一學校及福建私立法政專門學校政治經濟本科畢業	劉通	1924.5.14 入國民黨，蔣中正、鄧演達
299	黃杰	冰雪達雲	1901.12.1	湖南長沙東鄉蜘蛛壩羅網，通信處：東鄉梨市王祥興〔號〕轉	縣立第二高等小學畢業，長沙岳雲中學肄業一年	陳嘉佑	1924.5.14 入國民黨，鄧演達、金佛莊
300	李夢筆		1901 年	陝西武功縣大莊鎮張兔村，通信處：武功縣城南大街天玉成〔號〕轉交	陝西甲種農業專門學校及陝西省立法政專門學校預科畢業	于右任	未入

301	杜驥才		1903 年	陝西臨潼縣櫟陽鎮大劉村，通信處：櫟陽城內大興通號〔轉交〕	縣立高等小學畢業，臨潼中學修業兩年	于右任	1924.4.20 入國民黨，焦易堂、
302	雷雲孚		1901 年	陝西榆林道橫山縣波羅堡城內	本縣高等小學畢業，省立榆林中學肄業兩年	于右任	原缺載
303	張少勤		1896 年	湖北沔陽縣東鄉接陽，現住武昌，通信處：湖北武昌過街樓後街二十二號本宅	省立甲種農業專門學校畢業，西江陸軍講武堂肄業	李濟深	1924.5 入國民黨，鄧演達、金佛莊
304	梁幹喬	昭桂幹喬	1902.8.25	廣東梅縣鬆口大塘唇，通信處：鬆口碗街泰生米店〔轉交〕	本縣鬆口國民小學畢業，梅縣平山中學肄業	鄒魯、梁龍	1924.5.15 入國民黨，鄧演達、葉劍英
305	夏楚鍾	楚中貴難國楠	1901.5.23	湖南益陽，通信處：益陽縣鮓埠鎮武潭詹恒豐〔號〕轉交	湖北省立甲種工業專門學校畢業	周潤芝、王紹佑	1924.5.15 入國民黨，鄧演達、金佛莊
306	韓紹文		1899 年	江西贛縣牛嶺，通信處：江西信豐城內永和興號轉牛嶺	本鄉國民學校、高等小學及省立第三中學畢業，國立北京法政大學政治科肄業	李大釗、譚熙鴻	1923.9.20 入國民黨，紀人慶、張六師
307	鄭坡	蓉湖	1901 年	浙江奉化縣蕭王廟，通信處：浙江奉化蕭王廟恒茂廬〔號轉交〕	寧波甲種工業專門學校及浙江體育專門學校本科畢業	陳益欽、陳空如	原缺載
308	謝聯		1900 年	廣西來賓縣城內西門街謝寓	縣立高等小學及省立桂林師範學校畢業	劉震寰	1924.5.15 入國民黨，鄧演達、金佛莊
309	王之宇	蕭琴	1905.1.29	河南洛陽縣城南八里堂村，通信處：河南開封城內旗纛街三十號〔轉交〕	河南留學歐美預備學校畢業，河南中州大學理科肄業	劉積學、宋聘三	1924.5.15 入國民黨，鄧演達、金佛莊
310	覃學德		1901 年	廣西貴縣郭北一里獨寨村，通信處：本縣城圩心街和昌號轉	貴縣高等小學肄業，廣西省立第八中學畢業	施正甫	1924.3.18 在廣東入國民黨，陳達材

311	潘國驄		1899 年	廣西容縣城內，通信處：容縣城內廣榮號〔轉交〕	容縣縣立中學畢業，廣西省立農業專門學校肄業一年	徐啓祥	1924.5.15 入國民黨，鄧演達、金佛莊
312	韓忠		1899 年	廣西修仁縣城內北門街韓誠泰本號	廣西修仁縣立高等小學畢業，修仁縣立中學肄業，桂林省立第二師範學校畢業	劉震寰	1921.10 入國民黨，李銘勳、施正宗
313	楊晉先		1902 年	四川巴縣鹿角場，通信處：重慶臨江門外丁字口街楊家院〔轉交〕	縣立中學畢業，無錫實業專門學校木工、建築兩科及上海亞東醫科大學畢業	施復亮、趙冶人	1922 年入國民黨，文郁周、鄧及剛
314	容保輝		1905 年	廣東香山縣南屏鄉	香山縣立高等小學畢業，香港皇仁中學肄業	孫中山、廖仲愷	1924.3.21 入國民黨，楊殷、卓永福
315	樊崧華	崧華	1900 年	浙江縉雲城內，通信處：浙江縉雲縣城內東門	浙江省立甲種水產學校畢業	胡公冕、宣中華	1924.1 入國民黨，沈定一
316	趙清廉		1900 年	陝西商縣城東趙家原，通信處：商縣城內悅盛成〔號〕轉交	縣立高等小學及陝西陸軍憲兵教練所畢業	于右任	未入
317	李博		原缺	陝西三原，通信處：陝西三原縣城西關天合生號〔轉交〕	縣立高等小學畢業，陝西省立第三師範學校肄業兩年	于右任	未入
318	馬師恭	子敬	1902.6.20	陝西綏德縣楊家溝，通信處：米脂縣扶風寨郵局轉交	綏德縣立中學修業	于右任	原缺載
319	樊秉禮		1903 年	陝西橫山縣野包梁，通信處：陝北橫山縣和合昌〔號〕轉交	本縣高等小學畢業，縣立中學修業一年	于右任	1924 年入國民黨，于右任
320	譚肇明		1899 年	陝西臨潼縣閻良鎮譚家堡，通信處：三原縣大程鎮譚家堡轉	上海美立三育中學畢業，上海大學專門部數學科肄業兩年	于右任	1924 年入國民黨，于右任

321	王慧生[在學任本隊第三分隊分隊長]		1899 年	貴州貴定縣，通信處：上海靜安寺路一九三號王公館	貴定高等小學及四川成都強國中學肄業	何應欽	1924.5.14 入國民黨，何應欽、王柏齡
322	柳野青		1901 年	湖北黃陂縣柳家壪，通信處：黃陂柿子樹店柳復順〔號〕轉交	吳淞中國公學中學部及武昌中華大學肄業	廖乾五	1924.5 入國民黨，季方、劉宏宇
323	邢國福		1901 年	廣東文昌縣，通信處：泰國暹京耀華力大馬路萬成利號	廣東省立文昌中學畢業，上海南方大學肄業	林業明、鄭心廣	1920 年入國民黨，鄭心廣、邢詒昺
324	鄧經儒	緯群	1898.4.22	廣東電白縣，通信處：電白縣屬蛋場圩郵局轉交	電白縣立第一高等小學及縣立中學畢業	林樹巍、謝維屏	1924.5 入國民黨，鄧演達、金佛莊
325	樓景越	景樾廷秀廷秀庭	1893.11.12	浙江諸暨縣牌鎮，通信處：諸暨牌鎮永和樓	諸暨縣立中學、浙江陸軍第一師第二團學兵連軍士連及北京內務部警官高等學校畢業	吳皋明、蔣鱉	1912 年入國民黨[原載如此]，陳英玉、蔣鑣
326	薛文藻		1900 年	廣東遂溪縣第六區樂民廈村，通信處：遂溪縣樂民市濟安堂〔轉交〕	遂溪縣立高等小學及中學畢業	林樹巍	1921.11 在遂溪縣國民黨分部入黨，陳景星，1924.3.5 重新入國民黨廣州市建國宣傳學校特別區，陳榮位
327	葉幹武	幹武	1899 年	廣東梅縣柴黃堡，通信處：汕頭梅縣水車圩葉永華號轉交	梅縣縣立東山中學畢業	葉劍英	1924.5.15 入國民黨，葉劍英、金佛莊
328	孫天放②		1902 年	安徽省懷遠縣，現住本縣南鄉高塘鎮，通信處：本縣城內聚豐號轉交	安徽省立第一師範學校肄業兩年	管鵬	1923 年入國民黨，管鵬

329	蔡光舉		1901 年	貴州遵義縣老城西門溝蔡宅	貴州模範中學畢業，廈門大學文科修業	靳經緯、魯純仁	1922 年 在 四川入國民黨，1924.3.1 在上海第三區第四區國民黨分部重新登記
330	劉漢珍	漢楨月松	1901 年	貴州貴定縣第九區可處寨，通信處：貴州安順大箭道福昌益號	貴州安順中學畢業	惲代英、靳經緯	1924.3 入國民黨，惲代英、靳經緯
331	關麟徵	雨東玉書志道	1905.4.7	陝西鄠縣 [今戶縣] 真華村，通信處：本縣大王鎮鼎盛益號轉交真華村	陝西省立第三中學肄業	于右任	1924.5.12 入國民黨，鄧演達、王宗山
332	王汝任		1903 年	陝西臨潼縣鐵鏟鎮莊古王村，通信處：西安城內東大街適道中學校〔轉交〕	咸林中學肄業三年	楊彪、于右任	1919 年入國民黨，楊彪、管張之
333	韓浚 [浚]	德照仲錦青藜	1899.5.13	湖北黃岡縣團風，通信處：湖北黃岡團風郵局轉交	縣立平民學校中學部畢業，北京政府交通部鐵道管理學校肄業	鄧演達、張難先	1924.5.15 入國民黨，鄧演達、金佛莊
334	張耀明		1903.12.14	陝西臨潼縣城西北鄉張家村，通信處：陝西臨潼新豐三育學校〔轉交〕	本縣新豐三育學校畢業，省立第一中學肄業	于右任、王宗山、金佛莊	1924.5 入國民黨，于右任
335	陳泰運	化淳化醇	1897 年	貴州舊縣 [一說貴定]，通信處：貴州貴定舊縣城內	貴陽南明中學及貴州省立國學講習所畢業，國立東南大學肄業三年	靳經緯	1920 年入國民黨，陳開運
336	甘競生	競生雄烈	1904.2.11	廣西蒼梧縣長行鄉，通信處：梧州北山腳興隆社八十五號〔轉〕	廣西省立第二中學肄業	馬曉軍	1920 在 梧 州國民黨支部入黨，馬曉軍

337	葉或龍 [在學任本隊第四分隊分隊長]		1901 年	湖南醴陵縣南鄉豆田葉宅，通信處：醴陵南鄉豆田郵局〔轉交〕	湖南長沙高等小學修業，長沙廣雅中學畢業，西江陸海軍講武堂肄業	李濟深	1924.5 入國民黨，鄧演達
338	林朱樑	朱梁	1899.5.13	廣東合浦縣干體鄉，通信處：合浦干體學校轉交	廣東省立廉州中學及廣東陸軍測量學校畢業	李濟深	1924.5 入國民黨，鄧演達、金佛莊
339	馮士英	世英	1899.6.11	四川渠縣城，通信處：四川渠縣城利和生〔號〕轉	上海浦東中學肄業三年半	謝持、劉其淵	1918.8 入國民黨，羅平安、成卓
340	朱祥雲		1900 年	陝西武功縣東南鄉三廠鎮朱家，通信處：陝西盩厔縣德盛魁〔號〕轉三廠鎮朱家	聖心大學拉丁文哲學專科畢業，上海震旦大學特科肄業兩年	于右任、焦易堂	1923.11 入國民黨，于右任、焦易堂
341	李正華		1901 年	湖南鄮縣西鄉八合圍，通信處：湖南鄮縣王家坡	湖南省立第三中學畢業	謝晉、劉況	1924.1.2 入國民黨，王祺、鄒永成
342	張彌川	彌川伯泉	1896.6.7	湖北黃陂縣，通信處：湖北京漢路祁家灣西平安集	湖北省立中學肄業	邱鴻鈞、田士捷	1924.5 入國民黨，鄧演達、金佛莊
343	梁文琰	華盛文炎	1902.11.13	廣東茂名縣，通信處：廣州茂名留學會〔轉交〕	廣東茂名中學畢業	莫紹宣、李懌豪	1917 年入國民黨，林樹巍
344	陳賡	庶康傳瑾王庸	1903.2.27	湖南湘鄉縣二都，通信處：湘鄉二都柳樹鋪羊吉安陳立本堂交	縣立中學畢業，廣州大元帥府軍政部陸軍講武學校肄業	譚延闓	1923.12 入國民黨，夏曦、劉春仁
345	朱然		1901 年	湖南汝城縣津江村彎內	本縣高等小學畢業，縣立中學肄業兩年	徐蘇中、彭素民	1924.5.15 入國民黨，蔣中正、鄧演達
346	張忠頫		1898 年	四川榮縣，通信處：本縣東街天香閣	成都中學畢業，北京法政大學肄業	李大釗、譚熙鴻	1924.2 入國民黨，李大釗、譚熙鴻
347	黃奮銳	無咎	1903 年	廣東惠陽縣，通信處：廣州珠光西悅華米店轉交	惠州中學肄業兩年	姚雨平、羅俊	1924.4.30 入國民黨，姚雨平、林海山

348	徐宗垚	宗堯 中嶽	1900.12.24	安徽霍邱縣南鄉 顧家店，通信 處：六安縣西鄉 顧家店〔轉交〕	南京中學畢業， 上海南方大學英 文系肄業兩年	管鵬、凌 苑	1923.10.20 入 國民黨，曾貫 吾、黃俊
349	羅照		1900 年	廣西容縣辛里鵬 沖，通信處：容 縣城內西街祥榮 號轉鵬沖	縣立中學畢業， 廣東公路處工程 學校修業	劉崱	1924.5 入國民 黨，劉崱、蘇 無涯
350	王定一		1903 年	陝西臨潼縣交口 鎮，通信處：交 口鎮悅盛德花莊	臨潼縣立小學畢 業，本縣中學肄 業兩年	于右任	1924 年入國民 黨，于右任
351	劉保定 [在學任 本隊第 四分隊 副分隊 長]	一之	1899 年	湖南新化縣時雍 鎮錫溪村，通信 處：湖南新化白 溪圳上久大場裕 發泰號〔轉交〕	新化縣立中學畢 業	譚延闓	1924.5.15 入 國民黨，鄧演 達、金佛莊
352	王訒曲 [闓秋]	應樹 應澍 潤秋	1901 年	湖南臨澧縣合 口，通信處：湖 南津市上合口廣 大生〔號〕	湖南省立甲級工 業專門學校畢業	石盛祖	1919.4 入國民 黨，林祖涵、 徐新
353	伍瑾璋		1899 年	湖南長沙縣清泰 鄉賽頭市山坡 段，通信處：湖 南省城壽星街 五十六號左宅	湖南長郡中學修 業三年	許崇智	1919.8.10 在 福建將樂縣加 入國民黨，許 崇智、蔣國斌
354	楊麟	寧 谷九 谷九	1901 年	四川銅梁縣，現 家住成都，通信 處：漢口城內河 街邱家巷謙泰復 號轉	成都高等師範學 校附屬中學畢 業，上海復旦大 學文科肄業	謝持	1921 年入國民 黨，蕭參
355	賈伯濤		1903.6.17	湖北大冶人，現 住揚州太平橋， 通信處：上海愛 多亞路修德里 三十三號或揚州 太平橋西南首	揚州初級師範學 校肄業	田桐、張 知本	1924.5.16 入 國民黨，鄧演 達、金佛莊
356	王馭歐		1899 年	湖南祁陽縣西區 元株山，通信 處：湖南祁陽縣 前街干泰盛號轉	旅鄂湖南中學畢 業，湖南公立工 業專門學校肄業	廖湘芸、 羅邁	1924.5.16 入 國民黨，鄧演 達、金佛莊

357	譚其鏡	谿明	1903.4.25	廣東羅定縣，通信處：羅定較場文遠堂	本縣第三高等小學及羅定縣立專修學校畢業	譚啓秀、譚志賢	1924 年入國民黨，鄧演達、金佛莊
358	潘佑強	龍如季剛	1899.4.24	湖南湘鄉縣，寓長沙西鄉嶽麓山側韓家祠，通信處：長沙城吏家巷周紹濂堂	湖南岳雲中學畢業，湖南省立高等工業專門學校肄業	譚延闓	1924.5.16 入國民黨，鄧演達、金佛莊
359	周士冕	士城民鐸功九	1902.5.28	江西永新縣大庵村，通信處：江西永新潞江郵局轉大庵村	江西省立第六中學畢業，上海大學社會學系肄業一年	何世楨、葉楚傖	1924.1 在 上海入黨，何世楨、葉楚傖
360	梁冠那		1898 年	廣東德慶縣城東門外惠積街	廣東無線電專門學校及廣東省立宣講員養成所畢業	譚平山、吳紹基	1923.5 入國民黨，黃覺群
361	王作豪		1903 年	廣東羅定縣康寧甲蓮塘村，通信處：羅定縣城內遠昌號轉交	廣東省立羅定中學修業四年	張啓榮、黃元白	1924.5.15 入國民黨，鄧演達、金佛莊
362	鍾煥群		1901 年	江西萍鄉，通信處：萍鄉城內城隍街樂洋堂側鍾氏宗祠	省立萍鄉中學畢業，萍鄉工業專科學校肄業	李明揚、朱培德	1924 年入國民黨，鍾震岳
363	梁廷驤		1903 年	廣東雲浮縣鵬石堡龍境鄉，通信處：雲浮縣城西街仁和號收轉	雲浮縣立中學畢業	陳又山	1924.5.15 入國民黨，鄧演達、金佛莊
364	李捷發 [在學任本隊第五分隊分隊長]	珍山	1897 年	山西霍縣城北張村，通信處：本縣城內芝立久〔號〕轉	山西陸軍學兵團肄業，山西斌業中學畢業，山西陸軍幹部學校肄業	王用賓	1924.3.30 入國民黨，王用賓、趙連登
365	袁守謙	企止	1902.11.13	湖南長沙縣東鄉尊陽鎮，通信處：湖南長沙東鄉團山郵局轉交	湖南長沙廣雅學校專修部畢業	譚延闓	1924.5.18 入國民黨，鄧演達、金佛莊
366	蔣國濤	孝宗	1899.6.27	浙江奉化縣溪口鎮	本縣高等小學及奉化縣立高級中學畢業	蔣介石、張席卿	1924.5.3 入國民黨，蔣介石

367	甘清池		1899.10.19	廣東信宜縣雙山村，通信處：信宜縣雙山村郵局〔轉交〕	廣東省立高州中學畢業	林樹巍	1921 年入國民黨，林樹巍
368	蕭振武		1901 年	湖南寧遠縣南鄉十里鋪，通信處：本邑天堂圩代辦郵寄所轉	寧遠高等小學畢業，湖南蘋州中學修業	譚延闓、岳森	1923.3 入國民黨，楊紀武、李慎獨
369	張瑞勳		1905 年	廣東番禺縣沙灣司岐山鄉張克慎堂，通信處：廣州河南海幢寺福軍軍司令部轉交	公立中等學校畢業，廣東陸軍測量學校肄業	李福林、練炳章	1924.5.15 入國民黨，鄧演達、金佛莊
370	吳迺憲	乃憲　勁夫	1898.12.4	廣東瓊山縣傳桂村，通信處：瓊州海口海南書局轉交	縣立中學肄業，廣東省公路處工程專門學校畢業	陳樹人	1916.6 入國民黨，徐天炳、徐成章
371	羅寶鈞		1902 年	廣東興寧縣雞公橋村，通信處：興甯縣龍田圩下街孚泰號轉	本邑輯五小學畢業	盧振柳	1923.11.26 入國民黨，盧振柳
372	李焜		1903 年	湖南安化縣一鄧鎮長樂盤潤村，通信處：安化縣城內小淹廣泰和號	湖南省立工業專門學校中學部畢業	羅邁、毛澤東、夏曦	1923.12.6 入國民黨，張翼鵬、鄧永成
373	霍揆彰	嵩山	1900.3.14	湖南酃縣西鄉八合團，通信處：本縣西鄉王家渡轉山口市	湖南省立第三中學畢業	謝晉、劉況	1924.5 入國民黨，鄧演達、金佛莊
374	侯鏡如	心朗　靜軒	1901.11.16	河南永城縣薛湖集侯樓村，通信處：永城縣薛湖集郵局轉交	河南省留學歐美預備學校畢業，中州大學理科肄業	劉積學、宋聘三	1924.5 入國民黨，鄧演達、金佛莊
375	伍誠仁 [在學任本隊第六分隊分隊長]	克齋	1895.6.24	福建蒲城縣城內前街，通信處：廣州靖海門吉昌街廣和藥材行〔轉交〕	蒲城縣立中學肄業兩年，粵軍第一師學兵營畢業，西江陸海軍講武堂肄業	李濟深	1924.5.13 入國民黨，鄧演達、金佛莊

376	何學成		1893 年	廣東香山縣人世居欖鎮車公廟直街十九號	廣州中學畢業	潘歌雅、祈耿寰	1924.5.15 入國民黨，鄧演達、沈存中
377	譚寶燦		1898 年	廣東羅定縣石圍堡，通信處：羅定街豬圩恒益當鋪轉交	羅定應元高等小學及廣東省立第三中學畢業	劉震寰、譚啓秀	1924.5.15 入國民黨，譚啓秀
378	邱安民		1900 年	湖北黃陂縣，住本縣西鄉方家集新街，通信處：黃陂縣西鄉方家集新街邱宅	湖北省立第一中學畢業	王度、邱鴻鈞	1924.1 入國民黨，孫鏡、伍薌梧
379	張樹華	范良	1899 年	福建永定縣太平里高陂鄉，通信處：永定太平里高陂鄉明達高等小學校〔轉交〕	縣立中學畢業	藍玉田、鍾文才	1924 登記時入國民黨，藍玉國、鍾文才
380	李其實		1902 年	廣西桂林縣南鄉六塘圩廣存濟〔號〕	廣西省立第三中學畢業	蘇無涯、蒙卓凡	1924.3 入國民黨，朱乃斌
381	李鈞		1901.4.12	廣東萬寧縣扶峰村，通信處：萬寧縣城天和堂轉交	廣東省立瓊崖中學畢業，廣東省立警監專門學校肄業	丘海雲、符和琚	1924.5 入國民黨，蔣介石、鄧演達
382	孫以惊	一中德清	1904 年	安徽壽縣城內南關外八里鋪，通信處：本縣南關外和合糧棧及合豐糧棧轉均可	壽縣高等小學畢業，縣立初級中等學校肄業兩年	柏文蔚、譚惟洋	1924.3.29 入國民黨，柏文蔚、譚惟洋
383	尹榮光	曜南	1897 年	湖南茶陵縣茶鄉嶷山，通信處：茶陵縣腰政市信櫃轉	湖南省立第一中學畢業	譚延闓	1921 冬入國民黨，洪給伯
384	張遴選		1897 年	陝西乾縣東區三姓村，通信處：陝西西安敬業中學校轉	縣立高等小學及中學畢業，北京國立法政大學政治科肄業三年	于右任、王宗山	1923.12 入國民黨，焦易堂、吳希真
385	胡東臣	棟臣棟城	1900 年	廣西修仁縣城內東門街	廣西省立第二師範學校本科畢業	蘇無涯	1921 年入國民黨，李銘勳
386	譚計全		1905.11.20	廣東臺山縣，通信處：臺山廣海城益壽堂轉	廣東高等師範學校附屬中學肄業	曹桂生、趙亮行	1924.5 入國民黨，鄧演達、金佛莊

387	王副乾	南強	1903年	廣東東莞縣厚街鄉，通信處：廣州市永漢北路王家巷十一號	縣立東莞中學畢業	林國楨、方雲棠	1924.5入國民黨，鄧演達、金佛莊
388	謝永平	夢閒	1904年	廣東開平縣城內西門，通信處：廣州東山培正學校梁卓琴轉交	縣立高等小學畢業	朱乃斌、任一鳳	1924.1入國民黨，朱乃斌、任一鳳
389	陳武	翊中	1905.3.30	廣東瓊州瓊山第十八區沙港村，通信處：瓊山第十八區會文新市編興號〔轉交〕	縣立高等小學及本縣初級中學畢業，西江陸海軍講武堂畢業	西江陸海軍講武堂轉送	未入
390	杜從戎[在學任本隊第七分隊分隊長]	光國 步仁	1901.11.3	湖南臨武縣城內杜宅，通信處：臨武縣學生聯合會轉交	縣立中學畢業，粵軍第一師學兵營肄業，西江陸海軍講武堂修業兩年	李濟深	1924.5.13入國民黨，鄧演達、金佛莊
391	何文鼎	靖周 維周	1901.11.1	陝西盩厔[今周至]縣西鄉青花堡，通信處：本縣亞柏鎮祥盛興號轉交	縣立中學畢業，陝西陸軍第一師騎兵團軍士教練所肄業	于右任	1924.5.13入國民黨，金佛莊、劉宏宇
392	范馨德		1898年	廣西全縣，通信處：桂林大榕江轉西延梅溪口范廉讓堂	廣西陸軍小學及陸軍速成學堂修業	金佛莊	1924.5入國民黨，蔣介石、王柏齡
393	黎庶望		1903年	廣東省羅定縣芮塘圩億盛棧〔轉交〕	本縣高等小學及羅定中學畢業	馮軼裴	1924.5入國民黨，金佛莊、鄧演達
394	鄒范		1899年	湖南新寧縣水頭村，通信處：新甯大有榮布號〔轉交〕	縣立中學畢業	譚延闓	1924.5入國民黨，金佛莊
395	趙自選		1902年	湖南瀏陽縣柏嘉山，通信處：長沙東鄉柏林嘉山儲英高等小學校	本縣高等小學及長沙第一師範學校畢業	羅學瓚、唐自剛	1922.5長沙入國民黨，何叔衡、夏曦

396	趙廷棟		1900 年	陝西武功縣薛固鎮南永豐老堡。通信處：陝西興年桑鎮天自德號	陝西省立健本學校畢業	于右任	1924.5 入國民黨，于右任
397	李就	楚瀛	1905.10.30	廣東連縣三江高良圩，通信處：廣州東山龜崗十七號	廣東省立第一中學肄業	鄧魯、許崇清	1924.5.16 入國民黨，鄧演達、金佛莊
398	張紀雲		1898 年	浙江奉化縣溪口鎮剡界嶺，通信處：奉化溪口鎮天生號轉交	浙江省立第四師範學校畢業	吳峒、王登雲	1924.5.15 入國民黨，王登雲、周駿彥
399	吳秉禮		1900 年	廣東瓊州府瓊山縣蛟龍村，通信處：瓊州海口俊勝號	縣立中學畢業	孫恩陶、藍餘熱	1924.3 入國民黨，陳定平、王鈞
400	郭一予		1903 年	湖南瀏陽縣普跡滸山，通信處：瀏陽普跡學務處轉交	本縣高等小學、縣立中學及長沙第一師範學校畢業	夏明翰、陳清河	1924.1.20 國民黨，何叔衡、夏曦
401	胡魁梧	素白凡	1898.12.29	江西清江縣蛟湖圩，通信處：清江縣蛟湖圩郵局〔轉交〕	本縣高等小學及縣立中學畢業	彭素民	1921.1 入國民黨，徐蘇中
402	陳述		1897 年	浙江浦江縣古塘，通信處：浦江縣黃宅市正泰昌寶號轉古塘	本縣高等小學畢業，浙江省立第一中學肄業兩年	王柏齡、俞飛鵬	1924.5.15 入國民黨，王柏齡、俞飛鵬
403	郭禮伯	君鳴禮陽	1905.2.14	江西南康縣城北郭家塘，通信處：南康縣隆利油行〔轉交〕	本縣國民小學及縣立中學畢業	李明揚	1921 年入國民黨，彭程萬、李明揚
404	蔣魁		1898 年	廣西桂林縣南鄉良豐圩蔣家村，通信處：桂林南鄉良豐圩林源昌意記轉蔣家村	廣西省立第三中學畢業	劉善繼	1924.5.18 入國民黨，劉善繼、朱乃斌

405	鍾偉	志達	1902.2.8	廣東東莞縣虎門太平小捷滘鄉，通信處：東莞虎門太平鄧龍記轉交	東莞虎門高等小學畢業	盧振柳	1923.1.12 入國民黨，盧振柳
406	杜聿明	光亭光庭	1904.12.22	陝西榆林道米脂縣東區呂家嶮，通信處：米脂縣崇盛東〔號〕轉交	米脂縣立高等小學及陝西省立榆林中學畢業	于右任	末入
407	杜聿鑫		1903 年	陝西米脂縣東區呂家嶮，通信處：米脂縣崇盛東〔號〕轉交	本縣高等小學畢業，縣立中學肄業一年	于右任	原缺載
408	徐敦榮	志民	1898.11.18	湖南寧湘（疑係寧鄉）[一說 1892 年生]	原缺	原缺	原缺

附表 4　第一期第四隊（共 139 名）

序號	姓名	別號	出生年月	籍貫及原住址	入學前受教育情況	入學介紹人	加入國民黨年月及介紹人
409	鄧瑞安 [在學任本隊第一分隊分隊長]		1891 年	江西瑞州府高安縣北城縣下街	本縣筠陽中學及江西員警學校畢業，駐潮[州]贛軍軍官講習所肄業，廣州國語[方言]學校及桂林贛軍將校團畢業	盧振柳	1924.1 在廣州第十一區分黨部登記並領黨證，熊公福、李協和[烈鈞]
410	丁琥	玉虎	1899 年	江蘇東台縣南安豐市	本縣高等小學畢業，縣立中學兩年修業	劉雲昭、伏彪	1924.5.15 重新登記入黨，葛昆山、蔣中正、沈應時
411	鄭承德 [在學任本隊第二分隊分隊長]		1899 年	陝西幹縣西區小鄭村，通信處：本邑甲級師範學校	本縣高等小學及陝西陸軍教育團畢業	于右任	1924.5.15 入國民黨，王宗山

412	李靖難	壽臣	1898 年	雲南大姚縣城內文明坊	雲南省立中學畢業，駐粵滇軍幹部學校肄業	李宗黃、甘芳	1922 年在桂林入黨，胡思舜，改組後 1924.5.15 入黨，蔣中正、鄧演達
413	王廷柱	伯礎	1905.2.8	陝西雒南縣城內宏道堂	本縣高等小學畢業，縣立中學肄業三年	楊伯康、于右任	1924.5.15 入國民黨，蔣中正、李伯康
414	趙敬統		1902 年	河南鞏縣趙溝村，通信處：偃師城內同升公轉交趙溝村	本縣高等小學及河南私立東嶽學校體育科畢業，上海藝術師範大學肄業	于右任、樊鍾秀、劉群士、宋聘三	1924.5.15 入國民黨，廖仲愷、蔣介石
415	張雄潮		1904 年	浙江嵊縣，寓杭垣 [杭州市] 草市街承興公司	上海南方大學肄業	曾貴吾 [其吾]	1924.5 入國民黨，祁光華、韓人舉
416	范漢傑	韶賓其迭	1896.10.20	廣東大埔縣三河壩梓里源豐號，通信處：廣州泰康路永安里二號三樓；清水濠長裕號轉	廣東陸軍測量學校畢業	鄒魯、劉震寰	1924.5.15 入國民黨，劉震寰
417	李銑		1903.2.22	安徽合肥城內西門罋灣巷李宅	合肥縣立第一高等小學畢業，安徽省立第二中學肄業	張秋白、張拱辰	1923.2 入國民黨，管昆南、李次宋
418	宋文彬	質夫	1901 年	直隸遵化縣，通信處：北京朝陽門老君堂三十九號；朝陽門南水關四十七號郭筱常轉交	北京公立第三高等小學畢業	王法勤、李永聲、于樹德、于蘭渚	1923.12.30 入國民黨，鄭業、曹儒謙
419	任文海		1902 年	四川灌縣新場，通信處：成都東馬棚街十九號	縣立中學畢業，四川公立機械講習所肄業	謝持	1924.5.15 入國民黨，蔣中正、李偉章

420	凌光亞	公陸	1904.6.10	貴州貴定縣城內南街	貴定高等小學畢業，貴陽南明中學肄業	胡思舜、凌霄	1924.5.15 入 國民黨，蔣中正、胡思舜
421	耿澤生		1904 年	四川越嶲縣城內北街福祿巷	成都儲才中學畢業，上海聖約翰大學肄業	劉慧生、劉泉如	1924.5.15 入 國民黨，蔣介石、李偉章
422	吳展	鵬昌 凌霄 修翎	1903 年	安徽舒城南鄉，通信處：舒城內郭文運號轉交	安徽省立第一中學畢業	嚴重、劉宏宇	1924.5.15 入 國民黨，鄧演達
423	陳德仁		1903 年	陝西葭縣通鎮	縣立中學畢業	于右任	1924.6.10 入 國民黨，蔣介石
424	曾昭鏡 [在學任本隊第三分隊分隊長]	月川澈清	1900 年	廣東始興縣東湖坪村	始興縣立高等小學畢業	盧振柳	1923.11.28 入國民黨，盧振柳
425	潘樹芳		1901 年	湖北鄂城縣華鎮	縣立中學畢業，省立乙種工業專門學校肄業	劉芬、楊庶堪	1924.5.15 入 國民黨，蔣介石、沈存中
426	洪君器		1900 年	安徽巢縣長源鎮洪瞳村	縣立高等小學畢業	王懋功、張治中	1924.3 入 國民黨，王懋功、張治中
427	劉傑	承漢	1895 年	廣西柳州馬平縣四區上里麥村，通信處：柳州小南門嘉裕轉四區小山圩致和堂轉麥村	廣西省立第四中學畢業	劉震寰	1924.5.15 國 民黨，蔣中正
428	刁步雲		1899 年	山東諸城縣回州師古堂	本縣高等小學畢業	王樂平、王子容	1924.1.5 入國民黨，王樂平
429	王世和	忠淼	1898 年	浙江寧波奉化縣溪口鎮，通信處：溪口鎮王五泰號	本縣高等小學畢業	蔣中正	1924.5.15 入 國民黨，戴季陶

430	蔣超雄	清我	1903.12.18	江蘇武進縣東安鎮圩柯村，通信處：上海英租界孟納拉路延慶里第三家	武陽公學畢業，韶州講武堂肄業	茅祖權、鈕永建	1924.1.10 入國民黨，邢少梅、黃叔和
431	宣鐵吾	惕我	1896.10.13	浙江諸暨縣小東鄉屠家塢，通信處：杭州琵琶街文化印書局	本縣高等小學肄業	胡公冕、徐樹桐	1924.1.5 入國民黨，沈定一、倪憂天
432	王敬安		1898 年	陝西醴泉縣趙村鎮	北京朝陽大學法科畢業	于右任	1924.3.28 入國民黨，于右任、焦易堂
433	李正韜	正心	1899 年	河南鎮平縣侯集街頂村店，通信處：上海英三馬路小花園普明醫院轉交	縣立初級中學畢業	于右任、滿超然	1924.5.15 入國民黨，滿超然
434	周啓邦	啓邦梅村枚	1901 年	江蘇吳縣城內木瀆東街，通信處：上海新聞麥根路福星里六十一號交黃小村先生轉	吳淞省立水產專門學校肄業	葉楚傖、邵力子	1923 年入國民黨，張秋人
435	趙定昌	踵武	1903.12.7	雲南迤西順寧縣城內文明坊街萬順號	順寧縣立中學及四川瀘州隨軍學校畢業	徐德	1924.51.16 入國民黨，李宗黃
436	陳廷璧	秀山廷璧	1898 年	雲南昆明城內小東門內馬家店巷七號	縣立中學肄業，昆明滇軍講習所肄業	周自得、楊友棠	1924.5.15 入國民黨，周自得、楊友棠
437	王彥佳		1899 年	廣東東莞縣虎門南柵鄉，通信處：虎門廣濟圩合盛隆店轉交	東莞虎門高等小學畢業	李福林、練炳章	原缺載

438	唐雲山	民山	1895.10.25	廣東肇慶府高要縣城內，通信處：廣州法廳側福恩里五號；惠愛東路榨粉街均興商店	高要縣立中學畢業	李福林	1922.11 在福州入國民黨，李福林、練炳章
439	李文亞		1890 年，自填 25 歲	廣東鶴山縣屬雄墊鄉三才里，通信處：廣州河南海幢寺粵軍第三軍司令部	西江陸海軍講武堂肄業	李福林	1922 年在福建入國民黨，李福林、練炳章
440	鄭燕飛[在學任本隊第三分隊副分隊長]	遠飛	1898 年，自填 23 歲實際 26 歲	廣東五華縣城內同裕興號，通信處：廣州黃沙述善前街第三十號二樓	本縣高等小學畢業，廣東東路討賊軍第二路司令部學兵團及廣東憲兵教練所肄業一年	盧振柳	1923.11.28 入國民黨，盧振柳
441	王仲廉	介人介仁	1903.4.29	江蘇蕭縣王寨西北王莊	蕭縣縣立第二高等小學畢業，徐州中學初級部畢業	劉雲昭、顧子揚	1924.5.15 入國民黨，劉雲昭、顧子揚
442	牟廷芳	庭芳	1903 年	貴州郎岱縣下營盤大寨	本縣高等小學畢業，縣立初級師範學校肄業一年，上海南洋中學肄業一年半	安健	1924.3.15 入國民黨，何應欽
443	李岑		1903 年	江蘇漣水縣北鄉城內雙橋北首李家大圩	江蘇省立第六師範學校畢業	茅祖權、周學文	1924.1 入國民黨，茅祖權、汪鉞
444	方日英		1900 年	廣東香山縣城內	香山縣立高等小學畢業	盧振柳	1924.5 入國民黨，姚觀順

445	傅權		1899 年	陝西城固縣城內東街義利恒號轉東原公	本縣高等小學畢業，陝西陸軍幹部教練所兩年畢業，陝西體育學校畢業，上海東亞體育專門學校肄業一年半	于右任	1924.5.15 入國民黨，于右任
446	張淼五		1898 年	廣東梅縣堯唐，通信處：堯唐大同公學校	縣立東山中學畢業	廖仲愷、張民達	1924.5.13 入國民黨，張民達
447	冷相佑	相佑	1902 年	山東郯城縣青竹村，通信處：郯城神山鎮郵局轉交	郯城縣立高等小學畢業，山東省立第五中學肄業	張葦村、宋聘三、劉積學	1924.1 入黨未領黨證，張葦村
448	趙志超		1899 年 [滿族]	吉林省城北七家子趙宅，通信處：吉林省城後新街縣立第一女子小學校校長駱靜儀轉交	吉林省立巡警學校畢業	李希蓮、董耕雲	原缺載〔吉林省出席國民黨一大代表〕
449	劉幹	幹	1901 年	原籍陝西綏德，寄居江蘇江寧縣城北糖坊橋二十九號門牌，通信處：廣州大本營參軍處副官劉鉞轉交	本縣高等小學畢業	盧振柳	1920 年已入國民黨，因黨證遺失需補領，蔣介石
450	任宏毅	傑三	1899 年	山西離石縣城內武廟街，通信處：離石縣城內同升慶號	山西省立第一中學畢業	王用賓	1924 年入國民黨，王用賓
451	田育民		1900 年	河南洛陽府龍虎灘，通信處：洛陽城經司門牌或龍虎灘黃文遂收轉	河南省立第一中學畢業	樊鍾秀	1924.5 入國民黨，李樂水

452	朱鵬飛		1898 年	原籍甘肅蘭州，寄居安徽太平府西大街王義和號	本縣高等小學及初級中學畢業	王柏齡、徐希三	1924.5.15 入國民黨，蔣中正、王柏齡
453	周鴻恩	雨蒼	1902 年	雲南嶍峨縣城西門內上街坊	雲南省立第一中學畢業	周自得	1924.6.3 入國民黨，周自得
454	徐文龍 [在學任本隊第四分隊分隊長]		1898 年	浙江永嘉縣	浙江志願軍及教導隊畢業	盧振柳	1924.2.12 入國民黨，戴任
455	周世霖		1901 年	四川鄰水縣豐禾鄉丁字街口致和齋	本縣豐禾鄉立高等小學及四川省立第一中學畢業，上海南洋中學及上海東亞體育專門學校肄業	謝持、劉泉如	1924.2.29 入國民黨，劉泉如、謝持
456	容有略	建雄天碩	1905.9.19	廣東香山縣南屏鄉	甄賢高等小學畢業，香港英文學校肄業一年	廖仲愷	1924.3.27 入國民黨，楊殷、楊匏安
457	何貴林		1901 年	陝西關中道武功縣，通信處：武功縣城內南街成德和號	本縣高等小學畢業	于右任、焦易堂	1924.2 入國民黨，焦易堂、王宗山
458	張耀樞		1900 年	雲南騰沖縣城內三保東街	騰沖縣立高等小學及五屬聯合中學畢業	楊美廷	1924.5.15 入國民黨，孫中山、蔣中正
459	張汝翰		1900 年	陝西幹縣王樂鎮	本省第二中學畢業	于右任、王宗山	1924.5.7 入國民黨，于右任、王宗山
460	李殿春		1900 年	山東廣饒縣西李莊	山東省立第五中學畢業，山東省公立工業專門學校肄業一年	王樂平、丁惟汾	1924.2.23 入國民黨。王樂平、延瑞祺

461	王君培	寧華	1898 年	吉林長春縣大嶺鎮，通信處：南滿鐵路范家屯站北大嶺鎮福順和號	吉林省立第一師範學校畢業，北京朝陽大學法律科、北京戲劇專門學校及北京世界語專門學校肄業	譚熙鴻、李大釗、石瑛	1924.2.5 入國民黨，黃日葵、劉銘勳
462	張達	雪中雪衷	1899.7.3	江西樂平縣城內，通信處：南昌惠外蓼洲頭樂平試館	江西省立第一中學畢業，上海大陸商業專門學校本科三年級	周道萬	1924.4.28 入國民黨，何變桂、周維城
463	彭善	楚珩恒楚	1902.3.5	湖北黃陂縣南鄉彭郁文壪，通信處：黃陂橫店車站送郁文壪	湖北武昌聖約翰中學畢業，武昌私立法政專門學校肄業	黃昌谷	1924.5.15 入國民黨，蔣中正
464	蕭灑	雅齋	1895 年	河南許昌縣石固嘉禾寨	河南省立第一中學畢業	于右任、劉積學	1924.5.15 入國民黨，蔣中正、廖仲愷
465	戴翔天		1901 年	原籍安徽無為，寄居無湖城內東門大街門牌一號	安徽省立蕪湖第二甲種農業專門學校畢業，北京中國大學法預科畢業、法本科修業一年，內務部警官高等學校正科修業一學期	張秋白	1924.1.25 入國民黨，廖仲愷、蔣中正
466	段重智	若愚	1899.9.11	安徽英山縣城內瓦寺前廟後壪	本縣高等小學畢業，本省英山中學肄業	柏文蔚	1924.3.20 入國民黨，劉侯武、譚惟洋
467	周公輔		1900 年	陝西富平縣美原鎮永升魁號	本縣高等小學畢業	于右任	1924.4 入國民黨，于右任

468	張慎階 [在學任本隊第二分隊副分隊長]	淑勤	1901 年	廣東豐順縣北勝雁洲，通信處：汕頭北溪新渡口昌合益記	粵軍總部憲兵教練所畢業	盧振柳	1922 年在福建入國民黨，羅翼群、盧振柳
469	李字梅	自迷自梅	1898 年	安徽六安縣南鄉第二鎮八灘堡李家後套，通信處：六安蘇家埠泰和祥藥室	縣立初級中學肄業	宋世科	1924.5.16 入國民黨，宋世科
470	蔡炳炎	子遺潔宜	1901 年	安徽合肥縣城内東門外胡家淺，通信處：合肥城内十字街華昌布莊	本縣初級中學畢業，廣東東路討賊軍總指揮部學兵營肄業	張秋白、李乃璟、凌毅	1924.5.16 入國民黨，張秋白、李乃璟、凌毅
471	邱士發	是膺	1905 年 [又 1899 年]	廣東陽山縣，現寓廣州西關黃沙述善前街十號二樓	本縣高等小學畢業，受過軍事教育	盧振柳	1923.10.10 入國民黨，盧振柳
472	李文淵		1901 年	雲南迤西鶴慶縣北區逢密村	雲南省立北區第四高等小學及迤西麗江六屬聯合中學畢業	李宗黃	1924 年入國民黨，李宗黃
473	蔡昆明	錕明至一	1899 年	廣東瓊山縣屬群善村，通信處：瓊州三江市郵局交永活生號	本縣高等小學畢業，建國粵軍軍士教練所畢業	王柏齡	1924.5 入國民黨，蔣中正、鄧演達
474	袁嘉猷		1903 年	雲南順寧縣城内完廟街十一號，通信處：廣州大東門西橫街十三號	本縣高等小學畢業	李根澐	1924.5.7 入國民黨，蔣中正
475	劉明夏	禹平	1903.10.19	湖北京山縣永灘河全盛美號	北京聖心教會小學畢業，上海澄衷中學肄業兩年	詹大悲、孫鏡	1924.5 入國民黨，詹大悲、孫鏡

476	陳金俊		1901 年	江蘇鹽城縣秦南倉周德隆號	江蘇省立第六中學肄業	陳群、楊華馨	1923 年入國民黨，陳群、楊華馨
477	盧盛棼	盛棻芳山棻	1898.12.8	江西南康縣塘江圩生福街盧復盛號	唐江樂群高等小學肄業四年，江西省立第四中學肄業，江西省立第二師範學校肄業五學期	盧師諦、歐陽豪	1924.5 入國民黨，盧漢輔、盧樹奇
478	嚴崇師	敬安	1901.3.13	陝西幹縣陽洪店，通信處：本縣城内正街長順生號	本縣高等小學畢業	于右任	1924.5 入國民黨，王宗山
479	楊伯瑤	蔭春	1894 年[彞族]	貴州大定縣鍾慶場土司寨	原載：只知中國文字	孫中山、安健[舜卿]	1924.5 入國民黨，安舜卿[安健]
480	賈春林		1899 年	陝西榆林道綏德縣義合鎮	陝北聯合縣立榆林中學畢業	楊虎臣、于右任	1924.5 入國民黨，楊虎臣、于右任
481	陸傑		1898 年	江西贛縣城内南大街白衣庵背，通信處：贛州城内州前街壽興隆號轉交	本縣高等小學畢業，江西豫章法政專門學校肄業	譚熙鴻、李大釗、譚克敏、石瑛	1924.3 入國民黨，紀人慶、王維新
482	楊顯	耀庭耀廷	1902 年	陝西淳化縣方里鎮，通信處：三原縣北大街天成行寶號轉	本縣高等小學畢業，縣立中學畢業，陝軍第一師第一旅學兵邊肄業	于右任	1924.5.25 入國民黨，于右任
483	雷德		1901 年	江西修水縣西平鎮全豐市路北口	贛軍隨營學校畢業	鍾世英	1924.1.2 入國民黨，藍仲和、黃復
484	李秉聰	秉聰	1900 年[韓國人]	黑龍江拜泉縣城内北大街路東廣順永號	黑龍江省青岡縣高等小學畢業	王秉謙、李希蓮、田銘章	1924.1.3 入國民黨，張雲南、陳海亭

485	雷克明		1901 年	陝西武功縣東南鄉薛固鎮燒香台雷家堡，通信處：興平縣西南鄉桑鎮德懋堂寶號	本縣高等小學畢業，師範並專門教育	于右任、焦易堂	1924.3 入 國 民黨，焦易堂
486	于洛東		1903 年	山東昌邑縣於家村，通信處：昌邑城東官道部	本縣國民學校及高等小學畢業	王樂平、于洛塵	1924.2 入 國 民黨，丁惟汾、王樂平
487	柏天民	天明	1900 年	雲南嵋峨縣城內永安街	縣立中學畢業	楊希閔	1924.5.15 入 國民黨，蔣中正
488	張志衡		1905 年	江蘇無錫縣泰伯市	國民高等小學畢業，江蘇宜興中學肄業一年	顧忠琛	1924.3.9 入國民黨，顧忠琛
489	李榮昌		1901 年	陝西城固縣城內新街苗家巷	本縣高等小學畢業	于右任	1924.5.15 入 國民黨，于右任
490	趙雲鵬	化民榮鵬	1902 年	陝西臨潼縣新豐鎮	縣立中學肄業一年	于右任	1924.5 入 國 民黨，于右任
491	徐經濟	子材	1901 年	陝西臨潼縣南樂〔藥〕陽鎮南街	省立第一甲種工業學校畢業	于右任	1924.5.15 入 國民黨，于右任
492	馬維周	步益步迅成祥	1904 年	陝西武功縣貞元鎮天義成號	省立甲級師範學校及中學畢業	于右任	1924.5.15 入 國民黨，于右任
493	黎青雲		1901 年	陝西臨潼縣新豐鎮零口三義成號	本縣高等小學畢業，縣立師範學校肄業	于右任	1924.5.15 入 國民黨，于右任
494	劉鴻勳	子勤	1901 年	陝西城固縣城內正街石牌樓上坐東向西第二家〔劉宅〕	本縣高等小學畢業，上海化學工業專門學校肄業	于右任	1924.5.15 入 國民黨，蔣中正
495	黃梅興	敬中	1903.6.24	廣東平遠縣東石坳上	本縣高等小學畢業，廣東粵軍總部憲兵教練所肄業	鄧演達	1924.5.15 入 國民黨，鄧演達
496	馮洵	達飛文孝國琛	1898.7.31	廣東連縣東陂街文明里第六號，通信處：連縣城東陂街森昌號	連縣縣立中學及廣東陸軍測量學校畢業，西江陸海軍講武堂修業	西江陸海軍講武堂選送	未入

497	王鳳儀		1899 年	浙江嵊縣葛竹村，通信處：奉化亭下鎮轉	縣立中學畢業，日本高等商業學校肄業兩年	蔣中正	原缺載
498	劉雲 [在學任本隊第四分隊分隊長]	隨吾宏才	1899 年	湖南宜章縣笆籬堡車回村，通信處：廣東坪石均和安號	縣立中學畢業，曾隨湖南工學團赴法國勤工儉學，留學法國飛機學校畢業，西江陸海軍講武堂肄業	西江陸海軍講武堂選送	1923.10 於駐法國巴黎國民黨通信處，周恩來
499	孔昭林	兆林	1899 年	山西五台東冶鎮西街	山西陸軍學兵團畢業，山西陸軍斌業學校肄業，山西陸軍軍官學校畢業	王用賓	1924.3 入國民黨，王用賓
500	何志超		1903 年	甘肅清水縣東南鄉新興堡北街萬盛合號	本縣高等小學及陝西體育師範學校畢業，上海東亞體育專門學校肄業一年	焦易堂、于右任	1924.3 入國民黨，靳介塵
501	萬少鼎	壽鼎周到	1899 年 [又 1900]	湖南湘陰縣樟樹港 [今安靜鄉合興村]	1920 － 1923 赴法國勤工儉學，法國方登布魯公學肄業，法國佛賽貝飛機專門學校畢業	俞飛鵬	1918 年入國民黨，萬黃裳（其父親）
502	榮耀先	一介廉登若先	1895 年，自填 24 歲	內蒙古歸化土默特旗，通信處：歸化城土默特高等小學校轉交〔蒙古族〕	本地高等小學、中學及歸化城土默特高等學堂 [原名啟運書院] 畢業，北京蒙藏專門學校肄業一年	王法勤、韓麟符、于蘭渚、陳鏡湖	1924.3 在天津入國民黨尚未領黨證，韓麟符、陳鏡湖

503	周澤甫		1899 年	廣西蒼梧縣冠蓋鄉大坡山福記	縣立中學肄業	李濟深	1924.5.16 入 國民黨，李濟深
504	王文彥	人俊	1902.6.16	貴州興義縣景家屯，通信處：上海靜安寺路一九三號寓所	本縣高等小學畢業，貴陽南明中學修業三年，上海大同大學英文專修科預科畢業	李烈鈞	1924.4.3 入國民黨，韓覺民、周遺琴
505	張開銓	玉階	1904 年	湖北黃岡縣還和鄉下大村，通信處：湖北黃州團風上巴河轉交	湖北省立第一師範學校附屬小學畢業，第一師範學校肄業一年	項英、包一宇	1924.5.15 入 國民黨，熊本旭
506	曹利生	野夫	1904.12.2	四川富順縣自流井大橫桶	縣立自流井高等小學及四川蓉城敘屬中學畢業，上海大學高中二年級肄業	謝持、朱叔癡	1924.5 入 國民黨，謝持、朱叔癡
507	陳圖南	式正	1903 年	浙江奉化縣剡源區剡團，通信處：奉化康嶺鎮轉剡團	本縣剡源高等小學畢業，上海澄衷中學修業兩年	費公俠、竺鳴濤	1924.5.15 入 國民黨，蔣中正
508	王鑣 [勳]	叔銘	1904.11.12	山東諸城縣中城陽村，通信處：濟南齊魯書社	本縣國民學校及高等小學畢業	王樂平、王履齋、楊泰峰、丁惟汾	1923.11 入國民黨，王樂平、王履齋
509	卜世傑		1896 年	陝西渭南縣河北田市鎮卜家村，通信處：本縣天順德號或德厚生號	縣立中學畢業	江偉藩	1924.5.15 入 國民黨，江偉藩
510	石美麟	頌閣	1903 年	貴州後坪縣灌水場中街	省立中學畢業，北京平民大學預科畢業，北京朝陽大學法學本科修業兩年	譚熙鴻、李大釗、丁惟汾、譚克敏、石瑛	1923.1.12 入 國民黨，譚克敏、丁惟汾

511	孫懷遠		1903 年	安徽合肥縣北鄉青龍場，通信處：上海南成都路寶松坊九〇八號	南京晏智高等小學、北京正志中學、上海安徽公學畢業，上海同濟大學肄業	柏文蔚、張秋白、黃毅	1924.3.10 入國民黨，柏文蔚、楊虎
512	饒崇詩	廣予	1899 年	廣東興寧縣城內北門洋墊墘，通信處：佛山東勝社謙益棧；興寧縣城內楨華齋號	縣立中學畢業，清文傳習所畢業	鄧演達	1924.5.28 入國民黨，蔣中正
513	俞墉	哲人	1903 年	浙江餘姚縣彰橋鎮俞家村	浙江省立第四中學畢業兩年	胡公冕、季方	1923.4 入國民黨，張拱辰、費公俠
514	陳綱	剛	1902 年	福建建寧縣城內安遠司	福建寧化遠司高等小學及廈門中華中學畢業	林森	1924.3 入國民黨，林虎、藍玉田
515	王萬齡	松崖	1899.8.25	雲南騰沖縣東陳滿金邑下村，通信處：騰沖縣城內五堡街恒玉和號	本縣高等小學畢業	劉國祥、李宗黃、楊友棠、胡盈川、周自得、楊華馨	1924.5.7 入國民黨，劉國祥、李宗黃、楊友棠、胡盈川、周自得、楊華馨
516	鄭南生		1903 年	四川南江縣城內大河口新街	本縣高等小學畢業，北京彙文學校及上海滬江大學肄業	謝持	1924.4 入國民黨，李代斌
517	馮樹淼		1904 年	陝西蒲城縣興市鎮南鄉雷坊村旺鎮十五里	蒲城縣立高等小學畢業，省城第一體育師範學校肄業	于右任	1924.5.10 入國民黨，于右任
518	馮春申	春紳石秋	1902 年	雲南鶴慶縣北區大登街，〔白族〕	本縣高等小學及縣立中學畢業	李宗黃	1924.5.10 入國民黨，李宗黃
519	何紹周	如	1903 年	貴州興義縣城內泥漕街	本縣高等小學畢業，貴陽南明中學修業三年，雲南陸軍軍士隊畢業	范石生	1924.5 入國民黨，馮劍飛、宋思一

520	高致遠		1901 年	陝西三原縣城內西關	本縣民治兩等學校畢業，浙江南潯中國體育學校肄業	于右任	1924.5.10 入 國民黨，于右任
521	仝仁	茲春	1903 年	河南孟縣城外占諫莊	本縣高等小學及縣立美術專門學校畢業	樊鍾秀、劉群士	1924 年入國民黨，樊鍾秀、劉群士
522	莊又新	莊又新	1904.5.27	浙江奉化縣城內，通信處：上海寶昌路寶康里六十七號	上海同義公學畢業	蔣中正	1924.5.15 入 國民黨，蔣中正
523	胡宗南	琴齋壽山	1895.6.26	浙江孝豐縣鶴溪	孝豐縣立高等小學及湖州公立吳興中學畢業	戴任、沈定一、胡公冕、宣中華	1924.3 入 國民黨，胡公冕
524	陶進行	敏初	1896 年	陝西雒南〔洛南〕縣石家坡公義合號	本縣高等小學及縣立中學畢業	楊伯康	1924 年入國民黨，于右任
525	王文偉		1900 年	廣東東莞縣虎門南柵鄉，通信處：虎門廣濟圩合盛隆店轉交	東莞虎門高等小學畢業	李福林、練炳章	原缺載
526	高起鵾	起鯤	1897 年	雲南普洱縣城南城內下街高寓	雲南省立第四師範學校畢業，雲南陸軍軍士隊肄業	劉國祥	1923.12 入國民黨，劉國祥
527	薛蔚英	粲三燦三	1903 年	山西離石縣磧口鎮興順長號	山西省陸軍學兵團畢業，山西陸軍斌業學校修業	王用賓、陳振麟	1924.3 在 上 海入黨，王用賓、陳振麟
528	曾繁通	潛英特生	1906 年	廣東蕉嶺縣新鋪圩榮泰堂，通信處：廣州小馬站十一號宗聖公祠	本縣高等小學畢業，縣立中學肄業半年	粵軍總司令部	1924.2 入 國民黨，賴特才
529	冷欣	容庵	1899.9.16	江蘇興化縣城內西門	杭州浙江省立工業專門學校、杭州之江大學文科畢業	鈕永建、嚴伯威	1924.1 入 國民黨，鈕永建、嚴伯威

530	余安全		1902 年	雲南鎮南縣沙橋村	本縣初級小學、高等小學及縣立中學畢業	宋榮昌、徐孝植	1924.5 入國民黨，徐堅
531	馬志超	承武 國華	1902 年	甘肅平涼，現寓陝西潼關縣正西區，通信處：華陰縣敷水鎮	陝西潼關縣立高等小學畢業	于右任	入黨年月缺載，介紹人：于右任
532	張偉民	贊華 亮宗	1904.4.22	廣東梅縣堯塘，通信處：廣州迴欄橋慎和隆號	梅縣縣立高等小學畢業	張民達、莫雄	1924.5 入國民黨，張民達、莫雄
533	侯霈釗		1905.7.15	江蘇無錫縣城內大市橋下青果巷	無錫東吳第八高等小學、上海銀行學社及慕爾堂英文專修夜校畢業，	顧忠琛	1924.3.10 入國民黨，顧忠琛、顧旭泉
534	許錫絿	錫球	1907.7.31	廣東番禺縣，現寓省城高第街一七九號	番禺縣立高等小學畢業	許崇浩、許崇智、許崇濟 [許濟]、許崇清、許崇年	未入
535	張鼎銘		1900 年	湖南芷江縣城內張致大號	湖南省立第二甲種農業專門學校畢業，北京平民大學及戲劇專門學校肄業	李大釗、石瑛、譚克敏、譚熙鴻	1924.2 入國民黨，舒木楨
536	顧濟潮		1899 年	江蘇漣水縣城內張家巷顧祝榮寓所	本鄉國民學校、高等小學及初級師範學校畢業	許崇灝、王壽南	1924.3.18 入國民黨，伏彪
537	譚煜麟		1908.8.7	原籍福建龍溪，現寓廣州市文德路聚賢坊十六號，通信處：番禺石子頭永盛號轉交	番禺公立高等小學及縣立中學畢業	張國森、葉劍英	1924.6.20 入國民黨，張國森

538	李武軍		1902 年	廣西容縣燕塘陵瑞莊	容縣縣立中學畢業，廣東大學農科肄業	劉震寰	1924.5.15 入 國民黨，劉震寰
539	董世觀		1905 年	浙江象山縣城內昌國街	浙江省立第五中學肄業	蔣介石	原缺載
540	王惠民		1903 年	陝西合陽縣富平村，通信處：本縣城內南街萬盛泰號轉交	本縣高等小學畢業，陝西體育專門學校及上海東亞體育專門學校肄業	于右任	1924.2.19 入 國民黨，于右任
541	劉國勳	榮九	1902 年	雲南普洱縣城內，通信處：滇軍總司令部軍務處	雲南省立師範學校畢業	周自得、李宗黃、劉國祥、楊友棠、楊華馨、胡盈川	1923.12 入 國民黨，周自得、李宗黃、劉國祥、楊友棠、楊華馨、胡盈川
542	張世希	適兮	1902.4.16	原籍江蘇江寧，生於安徽桐城	南京正誼中學畢業，上海大學社會系肄業	原缺	原缺
543	劉柏芳	伯芳	1902 年	湖北鄂城	原缺	原缺	原缺
544	韋日上	義光	1896 年	廣西柳州〔一說柳江〕	省立師範學校、廣州大本營軍政部陸軍講武學校畢業	原缺	原缺
545	王敬久	又平	1901.8.9	江蘇豐縣邀帝鄉，寄居本縣劉王樓村	私立徐州江北中學〔後改名徐州中學〕	顧子揚	1924.5 入 國民黨，顧子揚
546	李杲	岳陽	1896.1.22	四川安嶽〔一說 1894.12.8 生〕	桑蠶學校肄業，四川陸軍速成學堂畢業	原缺	原缺
547	甘迺柏	乃佰乃柏	1898.4.4	廣西容縣	原缺	原缺	原缺

附表 5　第一期第六隊（共 158 名）

序號	姓名	別號	別字	出生年月	籍貫	入學前受教育情況
548	謝遠灝	浩然		1898.3.30	江西興國	贛軍講武堂畢業，大本營軍政部陸軍講武學校肄業並任隊長
549	歐陽瞳	含華		1902 年	湖南宜章	宜章縣立初級師範學校及大本營軍政部陸軍講武學校肄業
550	張伯黃	伯簧		1899 年	湖南湘陰	本縣師範學校畢業，大本營軍政部陸軍講武學校肄業
551	謝任難	蔭南		1899 年	湖南耒陽	縣立中學畢業，大本營軍政部陸軍講武學校肄業
552	李光韶	應龍	禾民	1900 年	湖南醴陵	醴陵瀞江中學、妙高峰中學高中部畢業，大本營軍政部陸軍講武學校肄業
553	丁德隆	冠洲		1903.3.4	湖南攸縣	長沙育才中學畢業，大本營軍政部陸軍講武學校肄業
554	黃振常	滌強		1902 年	湖南醴陵	本縣高等小學畢業，大本營軍政部陸軍講武學校肄業
555	何章傑	時達彎初	牧蘇	1896.1.10 1895.12.8	湖南長沙	縣立高等小學及長沙楚怡中學畢業，大本營軍政部陸軍講武學校肄業
556	周建陶	泰祺	奉祺	1901.9.3	湖南醴陵	大本營軍政部陸軍講武學校肄業
557	侯克聖	欽明		1895 年	江西新淦	江西省立南昌中學、上海南方大學畢業，大本營軍政部陸軍講武學校肄業
558	劉嘉樹	智山		1903 年	湖南益陽	大本營軍政部陸軍講武學校肄業
559	胡煥文	樹人		1902 年	湖南益陽	益陽初級農業專門學校肄業，廣州大本營軍政部陸軍講武學校肄業
560	劉味書	嘯生		1901.10.17	湖南醴陵	醴陵縣立初級師範學校及大本營軍政部陸軍講武學校肄業
561	左權	自林紀權	叔仁孳麟	1904.3.15	湖南醴陵	醴陵北區聯合高等小學、醴陵縣立中學〔原淥江書院〕畢業，大本營軍政部陸軍講武學校肄業
562	劉梓馨	傅巍	梓仁	1901 年	湖南湘潭	長沙省立第二中學畢業，大本營軍政部陸軍講武學校肄業
563	劉子俊	墨林		1902 年	湖南桃源	省立桃源學校畢業，大本營軍政部陸軍講武學校肄業
564	劉詠堯	武琨則之	詠堯泳堯	1907.8.6	湖南醴陵	北京朝陽大學肄業，大本營軍政部陸軍講武學校肄業
565	劉鎮國	松軒		1905 年	湖南寶慶〔又邵東〕	長沙雅各中學及大本營軍政部陸軍講武學校肄業
566	袁樸	茂松	周大興	1902.10.23 父煜南，母劉氏	湖南新化	私塾啓蒙，長沙私立岳雲中學畢業，大本營軍政部陸軍講武學校肄業

567	傅鯤翼	作師		1903.10.5	湖南醴陵	縣立初級師範學校畢業，大本營軍政部陸軍講武學校肄業
568	吳瑤	伯華		1902.4.21	浙江遂昌	寧波省立甲種商業專門學校畢業，大本營軍政部陸軍講武學校肄業
569	何祁	小宋		1900 年	湖南永興	大本營軍政部陸軍講武學校肄業
570	傅正模	俊	鏡磨漢卿	1903.2.20	湖南醴陵	瀏陽金江高等小學肄業，長沙長郡高級中學畢業，大本營軍政部陸軍講武學校肄業
571	王振斅	幼庵		1901 年	湖南攸縣	攸縣縣立中學畢業，大本營軍政部陸軍講武學校肄業
572	朱孝義	德珍		1903 年	湖南汝城	縣立初級師範學校畢業，大本營軍政部陸軍講武學校肄業
573	蕭運新	造初	造物	1900 年	湖南藍山	大本營軍政部陸軍講武學校肄業
574	陳明仁	子良		1902.4.7	湖南醴陵	長沙兌澤中學畢業，大本營軍政部陸軍講武學校肄業
575	李默庵	宗白	年三霖生	1904.10.7 父笠雲 母王氏	湖南長沙北山坪村	鄉立完全小學、長沙楚怡學校高小部肄業，長沙師範學校第二部畢業，大本營軍政部陸軍講武學校肄業
576	劉嶽耀	子耕		1903 年	湖南醴陵	大本營軍政部陸軍講武學校肄業
577	王夢	敏修	猷傑	1901 年	湖南長沙	王勁修胞弟，省立長沙第一中學及湖南第一師範學校畢業，大本營軍政部陸軍講武學校肄業
578	盧志模	子範		1897 年	江西萬載	江西省立甲種工業專門學校及大本營軍政部陸軍講武學校肄業
579	王禎祥	楨祥		1900 年	湖南醴陵	縣立中學及初級師範學校畢業，大本營軍政部陸軍講武學校肄業
580	曾國民	求是		1903.12.4	湖南新化	長沙岳雲中學畢業，大本營軍政部陸軍講武學校肄業
581	余劍光	冠仁		1895 年	廣西容縣[又融安]	廣西省立柳州師範學校畢業，大本營軍政部陸軍講武學校肄業
582	李禹祥	元瑞		1903.12.7	湖南藍山	藍山縣立中學畢業，大本營軍政部陸軍講武學校肄業
583	劉璠	資航	資舫	1904.5.1	湖南益陽	益陽縣立中學畢業，大本營軍政部陸軍講武學校肄業
584	史宏烈	劍峰	潛峰	1902 年	江西南昌	大本營軍政部陸軍講武學校肄業
585	藍運東	皋伯		1898 年	湖南醴陵	醴陵縣立第二中學及初級師範學校畢業，大本營軍政部陸軍講武學校肄業
586	蘇文欽	日晴金城	關重日新	1905 年	湖南醴陵	醴陵縣立中學畢業，大本營軍政部陸軍講武學校肄業
587	劉基宋	季文		1903 年	湖南桂陽	大本營軍政部陸軍講武學校肄業

588	鄭振華	作民		1901.9.23	湖南新田	縣立初級師範學校、大本營軍政部陸軍講武學校肄業
589	王勁修	健飛		1901.5.24	湖南長沙	大本營軍政部陸軍講武學校肄業
590	劉佳炎			1899 年	湖南醴陵	醴陵縣立中學畢業，大本營軍政部陸軍講武學校肄業
591	吳高林	皋麐	志騫	1898 年	江西萍鄉	大本營軍政部陸軍講武學校肄業
592	徐克銘	頡芬		1903 年	湖南益陽	縣立初級中學畢業，大本營軍政部陸軍講武學校肄業
593	游逸鯤	先聲		1902 年	湖南醴陵	大本營軍政部陸軍講武學校肄業
594	熊建略	道南	綏雲	1897 年	江西新建	南昌師範學校畢業，大本營軍政部陸軍講武學校肄業
595	易珍瑞	介如		1902 年	湖南醴陵	醴陵私立高等小學肄業，大本營軍政部陸軍講武學校肄業
596	張穎	湧秋		1902 年	湖南益陽	大本營軍政部陸軍講武學校肄業
597	楊良	德慧		1899 年	湖南寶慶	大本營軍政部陸軍講武學校肄業
598	鄧子超	其善	德崇	1897 年	江西石城	大本營軍政部陸軍講武學校肄業
599	何光宇	立中		1899 年	湖南桃源	本縣高等小學畢業，大本營軍政部陸軍講武學校肄業
600	彭戢光	厲操		1902.12.20	湖南湘鄉	大本營軍政部陸軍講武學校肄業
601	文輝鑫	一天		1905 年	湖南湘潭	大本營軍政部陸軍講武學校肄業
602	袁策夷	仲賢	達三	1903.4.4	湖南長沙 [一說望城]	長沙第一高等小學及長郡中學畢業，湖南省立第一甲種工業學校機械科肄業，大本營軍政部陸軍講武學校肄業
603	陳大慶	養浩		1904.11.4	江西崇義	崇義縣大江普育高等小學畢業，大本營軍政部陸軍講武學校肄業
604	陳濼新			1905 年	湖南益陽	大本營軍政部陸軍講武學校肄業
605	劉楚傑			1903 年	湖南長沙	縣立初級中學畢業，大本營軍政部陸軍講武學校肄業
606	黃再新	振新		1896 年	湖南醴陵	本縣高等小學及長沙長郡中學畢業，大本營軍政部陸軍講武學校肄業
607	鄧白珏	白珏		1903 年	湖南永興	大本營軍政部陸軍講武學校肄業
608	梁愷	克怡		1906.3.21 [原載 22 歲]	湖南耒陽	大本營軍政部陸軍講武學校肄業
609	曾廣武	純祖		1901.4.25	湖南湘鄉 [又衡陽]	衡陽初級師範學校、大本營軍政部陸軍講武學校肄業
610	陳牧農	節文	節文	1901.4.2	湖南桑植	大本營軍政部陸軍講武學校肄業
611	劉進	漸吉	健一	1905.2.9	湖南攸縣	大本營軍政部陸軍講武學校肄業
612	艾啓鍾	啓鍾		1894 年 [原載 20 歲]	江西貴溪	大本營軍政部陸軍講武學校肄業

613	劉戡	麟書		1907.10.23 父劉運籌， 為辛亥革命 先驅者	湖南桃源 朝陽鄉	湖南省立第二中學、湖南省立高等工業專門學校畢業，大本營軍政部陸軍講武學校肄業
614	彭華興	夏盛		1902 年	湖南芷江	縣立高等小學畢業，大本營軍政部陸軍講武學校肄業
615	賀光謙	撝吉		1899 年	湖南醴陵	商業專科學校畢業，大本營軍政部陸軍講武學校肄業
616	馬輝漢			1899 年	湖南長沙	初級師範學校畢業，大本營軍政部陸軍講武學校肄業
617	陳純道	高美		1903 年 [又 1904 年]	湖南湘陰 沙田圍	縣立高等小學畢業，大本營軍政部陸軍講武學校肄業
618	趙能定	涇甫		1904 年	江西南昌	大本營軍政部陸軍講武學校肄業
619	葉謨	劍華		1906.7.22 [原載 20 歲]	湖南醴陵	醴陵初級師範學校、大本營軍政部陸軍講武學校肄業
620	楊潤身	潤之	功超	1900 年 [原載 23 歲]	湖南醴陵	醴陵縣立中等學校畢業，大本營軍政部陸軍講武學校肄業
621	詹賡陶	心傳		1901 年	湖南新寧	初級師範學校畢業，大本營軍政部陸軍講武學校肄業
622	劉顯簧	顯黃		1904 年	湖南耒陽	大本營軍政部陸軍講武學校肄業
623	彭繼儒	鎮藩		1899 年 [原載 24 歲]	湖南湘鄉	湘鄉縣立初級中學、大本營軍政部陸軍講武學校肄業
624	張際鵬	輝雲		1905.11.3 [原載 20 歲]	湖南醴陵	大本營軍政部陸軍講武學校肄業
625	楊光鈺	振蒙	相之	1903.3.14	湖南醴陵	大本營軍政部陸軍講武學校肄業
626	朱元竹	滌潛	滌晉	1903 年 [原載 20 歲]	湖南醴陵	縣立高等小學畢業，大本營軍政部陸軍講武學校肄業
627	彭傑如	資僧	芝生	1902.9.11 [原載 23 歲]	湖南益陽	大本營軍政部陸軍講武學校肄業
628	蕭贊育	銘圭	化之	1904.3.28 父吉生， 母梁氏 為長子， 弟六個	湖南邵陽 惟一鄉大坪村	原載籍貫湖南湘鄉，潤溪高等小學校畢業，大本營軍政部陸軍講武學校肄業
629	蔣鐵鑄	鋤非		1901 年	湖南新田	縣立初級中學及大本營軍政部陸軍講武學校肄業
630	黃雍	劍秋		1899 年 [原載 24 歲]	湖南平江 城關鎮	縣立中等學校畢業，大本營軍政部陸軍講武學校肄業
631	黃子琪			1907.10.23 [原載 20 歲]	廣西荔浦	大本營軍政部陸軍講武學校肄業

632	李士奇	特夫		1901.12.18	江西宜黃	江西省立甲等工業專門學校肄業，大本營軍政部陸軍講武學校肄業
633	谷樂軍	自維		1897.11.14 [原載28歲]	湖南耒陽	耒陽初級師範學校畢業，大本營軍政部陸軍講武學校肄業
634	張雁南	展程		1899年 [原載24歲]	湖南醴陵	大本營軍政部陸軍講武學校肄業
635	潘耀年			1898年 [原載25歲]	廣東增城	廣州市立中學畢業，大本營軍政部陸軍講武學校肄業
636	李文	質吾	作彬	1904.12.22 [原載21歲]	湖南新化	縣立中學畢業，大本營軍政部陸軍講武學校肄業
637	胡琪三	石泉		1900年	湖南益陽	縣立初級師範學校、大本營軍政部陸軍講武學校肄業
638	劉雲騰	雨人		1901年	湖南新田	大本營軍政部陸軍講武學校肄業
639	彭寶經	伯文		1898年	湖南桂陽	縣立初級中學肄業，大本營軍政部陸軍講武學校肄業
640	蔡升熙 [申熙]	升熙 旭初	劉輯明	1905.3.6 [原載21歲]	湖南醴陵	醴陵縣立中學畢業，大本營軍政部陸軍講武學校肄業
641	張迪峰			1902年 [原載21歲]	湖南醴陵	醴陵縣立初級師範學校畢業，大本營軍政部陸軍講武學校肄業
642	陳顯尚			1900年	湖南醴陵	大本營軍政部陸軍講武學校肄業
643	陳烈	石經		1902.2.23	廣西柳城	大本營軍政部陸軍講武學校肄業
644	陳啓科	惠立 慧和	宇一 啓科	1905.3.20 [原載21歲]	湖南長沙	縣立初級中學畢業，大本營軍政部陸軍講武學校肄業
645	劉立道			1898年 [原載25歲]	廣西桂林	大本營軍政部陸軍講武學校肄業
646	朱繼松			1899年	湖南湘鄉	大本營軍政部陸軍講武學校肄業
647	李萬堅	勁松		1902年	湖南醴陵	大本營軍政部陸軍講武學校肄業
648	李隆光	謙剛	龍光 仲武	1903年	湖南醴陵	醴陵縣立中學畢業，大本營軍政部陸軍講武學校肄業
649	李人幹	人幹		1896年 [原載26歲]	湖南醴陵	醴陵縣立初級師範學校肄業，大本營軍政部陸軍講武學校肄業
650	李向榮			1899年 [原載24歲]	江西永豐	廣東陸地測量學校畢業，大本營軍政部陸軍講武學校肄業
651	李強	健民		1905.1.4 [原載22歲]	江西遂川	大本營軍政部陸軍講武學校肄業
652	張策			1904年	江西安義	大本營軍政部陸軍講武學校肄業
653	張烈			1901年 [原載22歲]	湖南醴陵	大本營軍政部陸軍講武學校肄業
654	劉國協			1901年 [原載22歲]	湖南醴陵	醴陵縣立高等小學畢業，大本營軍政部陸軍講武學校肄業

655	劉柏心	人俊		1902.12.12 [原載 23 歲]	湖南寶慶 一說邵陽	湖南省立工業專門學校修業，廣州大本營軍政部陸軍講武學校肄業
656	劉銘	湘泉		1902 年	湖南桃源	桃源縣立高等小學堂畢業，大本營軍政部陸軍講武學校肄業
657	劉靜山	逢良		1902 年 [原載 21 歲]	湖南益陽	益陽縣立高等小學堂畢業，大本營軍政部陸軍講武學校肄業
658	劉作庸			1898 年	湖南寧鄉	大本營軍政部陸軍講武學校肄業
659	程邦昌	凡		1901 年	湖南醴陵	大本營軍政部陸軍講武學校肄業
660	何清	茂時	洋若	1898 年 [原載 25 歲]	湖南資興	大本營軍政部陸軍講武學校肄業
661	曾紹文			1901 年 [原載 25 歲]	湖南資興	大本營軍政部陸軍講武學校肄業
662	羅鐏			1897 年 [原載 26 歲]	湖南寶慶	寶慶縣立初級師範學校畢業，大本營軍政部陸軍講武學校肄業
663	文起代	盛熙		1903.1	湖南益陽	益陽縣立初級中學、大本營軍政部陸軍講武學校肄業
664	高振鵬	定猷		1902 年 [原載 26 歲]	湖南長沙	大本營軍政部陸軍講武學校肄業
665	邱企藩			1903 年	湖南江華	大本營軍政部陸軍講武學校肄業
666	鍾畦			1904 年 [原載 19 歲]	湖南寶慶	寶慶縣立高等小學校畢業，大本營軍政部陸軍講武學校肄業
667	鍾烈謨			1902 年 [原載 22 歲]	江西修水	修水縣立高等小學校畢業，大本營軍政部陸軍講武學校肄業
668	黃錦輝			1902 年	廣西桂林	桂林省立第三中學畢業，大本營軍政部陸軍講武學校肄業
669	黃第洪	立存		1902 年	湖南平江	大本營軍政部陸軍講武學校肄業
670	黃鶴	萼樓	鶴樓	1897.9.24 [原載 24 歲]	湖南湘陰武穆鄉青山中山村	湘陰縣城仰高峰高等小學校、長沙兌澤中學畢業，湖南群治大學肄業，大本營軍政部陸軍講武學校肄業
671	楊炳章			1900 年 [原載 23 歲]	湖南耒陽	耒陽縣立初級師範學校畢業，大本營軍政部陸軍講武學校肄業
672	馮得實	子誠		1902 年 [原載 21 歲]	湖南道縣	道縣縣立高等小學校畢業，大本營軍政部陸軍講武學校肄業
673	史書元 [庶元]	施元 邃然	銘 革非	1902.10.17 [原載 23 歲]	湖南醴陵	醴陵縣立初級中學畢業，大本營軍政部陸軍講武學校肄業
674	義明道			1903 年 [原載 23 歲]	湖南永明	永明縣立初級中學校畢業，大本營軍政部陸軍講武學校肄業
675	李振唐			1900 年	湖南嘉禾	大本營軍政部陸軍講武學校肄業
676	李鐵軍	培元	虞午	1902.3.23[原載 24 歲]	廣東梅縣	大本營軍政部陸軍講武學校肄業
677	溫忠	德威		1902 年	湖南醴陵	大本營軍政部陸軍講武學校肄業

678	唐金元	煥屏	文泉	1895 年 [原載 26 歲]	湖南醴陵	醴陵縣立初級師範學校畢業，大本營軍政部陸軍講武學校肄業
679	張鎮	真甫	真夫	1898.12.5 [原載 24 歲]	湖南常德	常德縣立中學畢業，大本營軍政部陸軍講武學校肄業
680	張良萃	健南	建南	1903.1.13 [1902.11.26] [原載 23 歲]	江西吉安	大本營軍政部陸軍講武學校肄業
681	譚孝哲			1902 年	湖南安仁	大本營軍政部陸軍講武學校肄業
682	王祈	晉君		1900 年 [原載 23 歲]	湖南衡陽	大本營軍政部陸軍講武學校肄業
683	張鳳威			1901 年	江西南昌	大本營軍政部陸軍講武學校肄業
684	李昭良	卻非		1898 年 [原載 25 歲]	湖南醴陵	醴陵縣立初級師範學校畢業，大本營軍政部陸軍講武學校肄業
685	張本仁	滿弓		1898 年 [原載 25 歲]	湖南醴陵	醴陵縣立初級中學校畢業，大本營軍政部陸軍講武學校肄業
686	楊光文			1898 年	湖南醴陵	大本營軍政部陸軍講武學校肄業
687	王鍾毓			1899 年	四川敘永	大本營軍政部陸軍講武學校肄業
688	陳家炳	愛光		1905.11.30 [原載 22 歲] 父陳在椿	廣東文昌 文教市文明村	鄉立起鳳初級小學堂、廣東省立甲種農業專門學校畢業，大本營軍政部陸軍講武學校肄業
689	羅欽			1900 年	湖南寶慶	大本營軍政部陸軍講武學校肄業
690	袁榮			1901 年	雲南呈黃	呈黃縣立高等小學堂畢業，滇軍隨營學校、大本營軍政部陸軍講武學校肄業
691	胡屏三			1899 年	湖南嘉禾	大本營軍政部陸軍講武學校肄業
692	彭兆麟			1904 年	江西萍鄉	大本營軍政部陸軍講武學校肄業
693	王邦禦	恢美	嵂美	1902.10.28 [原載 27 歲]	江西安福	大本營軍政部陸軍講武學校肄業
694	李驥騏	仁清		1898 年	湖南湘鄉 泉塘鄉繁育村	大本營軍政部陸軍講武學校肄業
695	樊益友			原缺	陝西雒南	原缺
696	甘傑彬			原缺	原缺	原缺
697	賈焜			原缺	原缺	原缺
698	金仁先	照之	仁宣	1901.3.6	湖北英山 黃林沖村	安慶蠶桑專門學校肄業，黃埔軍校第一期第三隊肄業，返鄉任教員，1924年加入中國共產黨，後於國民革命軍第四軍供職，北伐汀泗橋戰役右手負傷返原籍

699	張渤	鐵舟		原缺	江蘇阜寧	原黃埔軍校第一期第四隊學員，在學期間探親不歸被開除，1936 年第一期同學證明確認其學籍並畢業
700	臧本燊			原缺	原缺	原黃埔軍校第一期第三隊學員
701	毛宜	葆節		原缺	浙江奉化	原黃埔軍校第一期第三隊學員，1924 年 8 月 1 日因病逝世，8 月 4 日與吳秉禮同開追悼會，係毛思誠之子
702	蔡毓如			1906 年	江蘇常州	原黃埔軍校第一期第三隊學員，未畢業即離校返鄉
703	王建業			1905 年	原缺	原黃埔軍校第一期第四隊學員，未畢業即離校返鄉
704	李卓			原缺	原缺	原黃埔軍校第一期第四隊學員，未畢業即離校返鄉
705	湯季楠	嗣龍		1898.7.8	湖南湘潭	大本營軍政部陸軍講武學校肄業，1936 年黃埔軍校畢業生調查處批准第一期學籍
706	岳岑	武屛	武平	1902.9.7	湖南邵陽	大本營軍政部陸軍講武學校肄業

個別第一期生學籍及身份確認的補充說明：

上表所列 706 名第一期生，除前面所說資料記載其第一期生學籍情況外，仍有個別第一期生的學籍和身份的認定，需要在此加以說明：

李驤騏，依據：一是在其本人撰寫文章《憶國民軍訓》③說明：「我在 1928 年到 1930 年在日本留學期間，和賀衷寒、蕭贊育、潘佑強、杜心如（均為第一期生）等又恢復了黃埔同學的關係」；二是黃雍撰寫的《黃埔學生的政治組織及其演變》④記載：「訓練總監部內又成立國民軍訓處，由復興社初保潘佑強任處長，後又改為杜心如，李驤騏任副處長（均為黃埔一期學生，日本步兵學校畢業）」；三是中央各軍事學校畢業生調查處 1933 年《黃埔同學總學冊》第一集記載其為第一期生；四是其於大本營軍政部陸軍講武學校肄業，是黃埔軍校第一期第六隊學員，因未畢業離隊在《黃埔軍校同學錄》記載為第二期生，據上述情況判斷，應屬第一期生同學證明並追認學籍；五是其於 1943 年 1 月及 1945 年 2 月（據《[國

民政府公報 1935.4 － 1949.9] 頒令任命將官上校及授勳高級軍官一覽表》記載）相繼獲任陸軍步兵上校、陸軍少將，非第一期生資望難於獲任。

　　岳岑，依據：一是《湖南軍事將領》⑤記載其「1924 年考入黃埔軍校第一期」；二是《黃埔 1 － 4 期在台同學通訊錄》（臺灣 1992 年 6 月版本）列其系第一期生；三是其於大本營軍政部陸軍講武學校肄業，是黃埔軍校第一期第六隊學員；四是其於 1936 年 3 月任陸軍步兵上校（據《[國民政府公報 1935.4 － 1949.9] 頒令任命將官上校及授勳高級軍官一覽表》記載），屬於較早任上校的黃埔軍校生，如無第一期生資格難於授任；五是其於 1942 年 6 月任中央陸軍軍官學校教育處處長，據此判斷這時已獲確認一期生資格，否則不會任命此職務。

　　金仁先，依據：一是《中國工農紅軍第四方面軍人物志》及《中國工農紅軍第四方面軍烈士名錄》⑥均記載其：「1924 年考入黃埔軍校」；二是湖北英山縣《英山縣誌》⑦編纂委員會編纂《英山縣誌──人物志》（中華書局 1998 年 12 月）第 743 頁記載其：「1924 年畢業於黃埔軍校第一期」。

　　湯季楠，依據：一是在其撰寫《記大本營陸軍講武學校》⑧記載：「抗日戰爭〔爆發〕前不久，由於劉詠堯（時任中央各軍事學校畢業生調查處處長）的拉攏，在南京補辦登記手續，取得黃埔軍校第一期的學籍。這次參加登記的只有一部分人，為數並不多」；二是《陸海空軍官佐任官名簿》（南京國民政府軍事委員會銓敘廳 1936 年 12 月編制）第一冊第 112 頁記載其：「黃埔軍校第一期生」；三是其系大本營軍政部陸軍講武學校第一期肄業，綜上所述可以確認其第一期生身份。

　　甘酒柏，依據：一是據《中央訓練團將官班同學通訊錄》（南京中央訓練團總團 1946 年印行）記載其畢業學校：「黃埔軍校第一期」；二是《陸海空軍官佐任官名簿》（南京國民政府軍事委員會銓敘廳 1936 年 12 月編制）第一冊第 54 頁記載其：「黃埔軍校第一期生」；三是參加 1946 年 12 月 3 日在南京黃埔軍校第一期學員會餐並 81 人合影；四是綜上所述三點判斷，其於抗日戰爭勝利後獲追認黃埔軍校第一期學籍，繼而於

1947 年 6 月獲任陸軍步兵上校，再于 1948 年 3 月獲任陸軍少將，如無第一期生資望難於短時間內連任上校和少將。

　　黃埔軍校第一期生，根據史載目前能夠確認的有 706 人。筆者在整理史料過程中，還發現不少回憶文章或各種史料指認為第一期生的，由於證據不足或其他緣由暫付闕如。歷史上的第一期生曾作為「金字招牌」，在職業軍官或形形色色許多人心目當中，佔據之份量不言而喻，只要是沾上點邊都會硬往上靠的「升官快捷方式」，儘管有時「可望不可及」也要「創造條件往上擠」，因為這是那個時代所追崇與渴求的「名份」。不能排除在上述 706 人名單當中，有個別人係通過某種「手段」或「門路」獲取第一期生資格。但是關於第一期生學籍、資格及身份的考究與印證，經過這些年來前輩先賢和無數研究者的共同努力，從理論考據方面應當不存在太大爭議了。因此，我們只能依據現有史料說明情況，儘量避免謬誤或遺缺。

第三節　關於「畢業證書」版本情況介紹

　　根據現有資料顯示：目前海峽兩岸留存於世的《黃埔軍校第一期學員畢業證書》共有七件，其中：留存於大陸計有：賈伯濤（收藏於黃埔軍校同學會）、蔡升熙和潘學吟（收藏廣東革命歷史博物館）；收藏於臺灣「國軍歷史文物館」的有：王錫鈞、容有略；收藏於第一期生在臺灣家屬的有：伍誠仁、俞濟時。據筆者掌握的情況，畢業證書的留存於世，較之保定軍校要好得多。先後於保定軍校畢業的九期學員總計 6963 名，目前留存於世的僅有第六期工兵科鄧演達的一張畢業證書。

　　上述七張畢業證書存在著兩種版本，其中：王錫鈞（第二隊）、伍誠仁（第三隊）、俞濟時（第二隊）、潘學吟（第一隊）四人的證書落款日期為：1924 年 11 月 30 日；賈伯濤（第三隊）、蔡升熙（第六隊）、容有略（第四隊）三人的畢業證書落款日期為：1925 年 3 月 1 日給。兩種版本的畢業證書，涉及第一期所有五個隊學員。

附表 6　兩種畢業證書版本比較一覽表

序	比較項目	王、伍、俞、潘四人畢業證書	賈、蔡、容三人畢業證書
1	畢業證書的稱謂	中國國民黨陸軍軍官學校畢業證書	卒業證書
2	證書落款年月日	中華民國十三年十一月三十日	中華民國十四年三月一日給
3	證書四角圓圈內	親愛精誠	三民主義
4	證書底版隱形字	黃底白字小篆書體自右至左豎排兩段分立：革命尚未成功同志仍須努力	底版中部橫排：陸軍軍官學校結業證 黃底白字描紅邊隸書體上下端邊緣自右至左橫排：革命尚未成功同志仍須努力
5	孫文落款與印章	總理孫文（篆書體陰刻章）	海陸軍大元帥陸軍軍官學校總理孫文 [無章]
6	蔣中正落款印章	校長蔣中正（印章文：陸軍軍官學校校長）	校長蔣中正（陽刻章）
7	廖仲愷落款印章	黨代表廖仲愷（陰刻章）	黨代表廖仲愷（陽刻章）
8	騎縫存根手寫文	埔字第號	無存根
9	證書中下方圖案	無，有花紋粗邊	斧頭、鐮刀、步槍交叉圖案，有雙花紋細邊
10	畢業證書的款式及圖案分佈	左為青天白日國民黨黨旗，右為青天白日滿地紅國旗，兩旗交叉上端中間為孫中山正面頭像。兩旗較大顏色偏深，整個證書為藍色寬線條鑲邊	左為青天白日國民黨黨旗，右為青天白日滿地紅國旗，兩旗交叉上端中間為孫中山正面頭像。兩旗較小顏色偏淺，整個證書為藍色細線條括邊
11	畢業證書的規格	0.42m×0.20m	0.53m×0.40m

　　根據第一期生侯又生、蘇文欽、王逸常、曹利生、廖運澤、蔣超雄等六人的辨認和考證，兩種版本證書均係第一期生畢業證書，當時確實存有換發證書一事。同一期學員出現兩種不同版本和樣式的畢業證書，是二十世紀二十年代中期大革命期間局勢急劇動盪變化的特殊歷史現象。主要原因有：一是各地軍隊急需初級指揮員，第一期生為黃埔軍校首屆畢業生，未及修業期滿即已派赴部隊任職的學員不在少數；二是大本營軍政部陸軍講武學校第一期學員編入黃埔軍校為第六隊學員，造成部分學員需要補發畢業證書；三是部分第一期生隨部隊參加第一次東征作戰等等。

　　第一期生當年除發有「畢業證書」外，還向畢業學員發給「畢業證章」，現留存於世的、據筆者所見的僅有第一期生張穎的「畢業證章」⑨。

此外，關於第一期生「畢業證書」的頒發時間，沒見有史載資料說明「畢業證書」的確切發放日期。據中國第二歷史檔案館編《蔣介石年譜初稿》第 359 - 360 頁所載：「於梅縣梅城……發第一期學生畢業證書」，蔣介石說：「今天發給你們的畢業文憑，要請你們注意，現在總理雖然已死，但是總理在日曾親眼見過這畢業文憑的式樣，現在也是總理發給你們的的一樣。我本來預備在潮州舉行畢業式，因為軍事上的關係，只可從簡，先將文憑發給你們等到省之後，再舉行正式的畢業典禮。」由於戰事倥傯和軍事險惡，蔣介石是在戰地所說，第一期生不可能全體集中，有回憶文章稱「僅為部分代表領受」。第一期生是在 1925 年 6 月 25 日於黃埔軍校操場集會補行畢業式，據中國第二歷史檔案館編《蔣介石年譜初稿》第 379 頁（檔案出版社 1992 年 12 月）記載，並留下了第一期學生畢業合影（原照片收藏于廣州黃埔軍校舊址紀念館）。

第四節　關於《陸軍軍官學校學生詳細調查表》的綜合分析

由中國國民黨陸軍軍官學校部署，再由陸軍軍官學校入學試驗委員會組織填報，形成於 1924 年 7 月的《陸軍軍官學校學生詳細調查表》，是黃埔軍校第一期第一至四隊學員在當年入學之際，由個人親筆填寫的基本情況簡歷表格。該表設置的主要欄目有：學員年齡、籍貫住址、通信地址、家族成員、出身背景、生活狀況、技能特長、煙酒嗜好、政治與宗教信仰、經受教育、學前履歷、為何入校、入學介紹人及職業住址、何時入黨（中國國民黨）、入學介紹人及職業住址等十七項內容，涉及範圍基本覆蓋了個人履歷情況的方方面面。

該表格每頁均注明印刷：廣州市龍藏街羅洪記承印。由此可以判斷，該空白原始表格，是黃埔軍校的工作人員設計繪製後，交給駐省城辦事處，然後在廣州市老城中心區，今越秀區龍藏街一個印刷小作坊承印，從表格設計與字體版式來看，應是木刻範本簡單印刷而成，採用字

體是二十世紀二十年代初期開始流行的老宋體字樣。表格後的「說明」
事項有四條：（一）本表每人填寫十張；（二）除成績備考二欄外均須親
筆填寫；（三）家族欄內父母名姓下並須填明存亡兄弟姐妹僅填人數；
（四）家族生活狀況欄下填明貧中富及地產之有無數量等。

　　1990 年 4 月該《詳細調查表》作為臺灣文海出版社有限公司主持編
纂的《近代中國史料叢刊三編》的第五十七輯出版面世，該書還在版權頁
標明：「行政院新聞局出版事業登記證局版台業字：第○四九九號」，說明
是經過臺灣官方認可的「正史」出版物。由於該表涉及內容較多，反映資
料豐富，學員背景與社情信息量較大，存有較高的史料與研究價值，是
進行黃埔軍校史及其軍校第一至四期學員研究的基本素材。該書流傳大陸
後，即引起黃埔軍校研究學者的重視和關注，學員家屬後代或知情者，更
是來人來函索要複印件，獲得者無不將其視作前輩先賢之傳世珍物。

　　綜觀該表涉及情況，歸納起來主要有以下幾方面特點：

（一）學員親筆書寫，史料珍貴難得。

　　筆者對《陸軍軍官學校詳細調查表》所載 530 份獨立表格，認真逐
一流覽過數遍，在用筆、字跡、行文、敘述、條理等諸多方面判斷，該
表格應可認定：絕大多數表格是第一期生當年入學之際親筆填寫的。例
如：第二隊學員張隱韜所填表格字跡，對比河北省南皮縣發現的《張隱
韜日記》親筆字體風格，可認定完全是同一人書寫的。又如：第三隊學
員閻揆要填表字跡，對照筆者收藏的，其在 1984 年 5 月 8 日回復第六
隊學員黃振常之女黃蘭英（前北京大學教授）信函，雖然時隔六十年，
字裏行間書寫痕跡，仍可辨認同出其筆。再如第四隊學員趙定昌、曹利
生，筆者於二十世紀九十年代初期建立聯繫並通信，細緻觀摩倆老十多
封來信，與他們各自填寫的表格字體，進行追尋、搜索和臨摹，仍能較
清晰分辨與當年書體風骨極相似，特別是各自書寫的名字，簡直是形神
交映如出一轍。

如此類推，留存於世的530篇《陸軍軍官學校詳細調查表》，絕大部分出自第一期生當年神來之筆，那可真是極其罕有和十分珍貴的學籍檔案資料了，第一期生如同他們各自留下的英名或劣跡，以及他們神韻風骨般的書體字跡，為後世與研究者奉獻了一份難能可貴的「厚禮」。

在此欣慰之餘，我們還應當冷靜地意識到，絕不排除他人代筆或越俎代庖私相許諾，因為畢竟有部分學員的文化程度並不高，有些甚至精通文字書寫困難，這種程度讓人懷疑個別人填寫內容的真偽成份。但是，綜觀全表，仍舊不失為直觀可信的社會與人文遺產。

（二）涉及人物史跡較多，反映資訊情況較廣。

從上表的「入學介紹人」和「入黨介紹人」兩欄內容，我們可以看到：一是反映了第一期生在入學前的「政治面目」，即有無政黨身份的情況，這可能是民國以來，個人履歷表格涉及政黨情況的首例；二是由學員獨立思考並親筆填寫的「入學介紹人」，反映出當局對學員入學前之「社會關係」和「政治背景」的高度重視；三是須要學員對自己的「政治身份」加以說明，表格是通過學員自我填報「加入國民黨年月」和「入學介紹人」，反映出當局和軍校對於學員「政治素質」方面的要求，用我們「火紅的年代」時髦的話講，就是必須「根正苗紅」，突出反映了從那個年代開始，政黨對於吸收自己隊伍內部成員，有了「素質」、「成份」和「政治背景」的意識形態領域的標杆或尺度，各種學員的思想也無不打上「階級的烙印」，或者說某種「政治團體的印記」；四是由於上述內容的記述，使表格反映或涉及的史跡和人物寬泛，具有信息量較大、社情人際脈絡廣泛的突出特點。

（三）披露家族成員情況，揭示地域親緣關係。

在《詳細調查表》最後的「說明」中，特別提到：「家族欄內父母姓名並須填明存亡，兄弟姐妹僅填人數」。此欄對於披露第一期生家族

成員情況，揭示地域親緣關係，起到了「綱舉目張」和「脈絡清晰」的效應。因為，我們從其父輩、兄長、母姓再聯繫上述其他內容，可以清楚地看到家族成員對其的「政治」、「經濟」或者「進步因素」的作用和影響。這是《詳細調查表》提供給有心讀者和研究者的重要線索和資訊。

（四）涵蓋學前任職履歷，記錄求學從業軍旅。

第一期生的學前經歷，是該表格設置上的一項重要內容。除了少部分人，在入學前已經有了較為豐富的社會閱歷和軍旅生涯，絕大多數學員都有經受程度不同的文化教育，即時下所說的「學歷教育」。根據《詳細調查表》顯示，經受各類普通學歷教育的情況如下：一是經受高等教育累計 88 人，其中：畢業 18 名，肄業 70 名；二是經受專科〔專門〕學校教育累計 76 名，其中：畢業 32 名，肄業 44 名；三是經受初、中級師範教育 65 名；四是經受高級中學教育 171 名；五是經受專門職業教育 16 名；六是經受初級中學教育 39 名，其中：畢業 24 名，肄業 15 名；七是經歷初、高等小學教育 71 名。經受軍事學校、講武堂教育 74 名，經受教育無可考 6 名。入學前曾經從業的有 458 名，占第一期生總數 64.87%，其中：各類學校任教 112 名，投身軍旅警界等 193 名，其他社會各界從業 153 名。

（五）個別學員冒名頂替，部分內容虛擬填報。

由於第一期生招生與錄取有名額數量的控制，一部分投考者難免落榜被拒門外，還有一些人甚至冒名頂替也要擠進軍校學習。例如：當年應試落榜的鄭洞國，就是冒充曾報兩次名的黃鰲，隱瞞真實姓名「混入」軍校的，在《詳細調查表》中湖南石門的「黃鰲」名下，填寫該表的就是鄭洞國，由於兩人被編入同隊，每日出操點名再難瞞過，才得以恢復原來姓名⑩；又如：孫天放最初是冒「胡天放」（即胡允恭）之名入

學的⑪。以上兩例是胸懷「革命理想」初衷入學者，但是不排除有個別人，因受某些個人目的或利益關係趨使，填寫虛假內容和謊報真情。

注釋：

① 《一覽表》排列根據《中央陸軍軍官學校史稿》和《黃埔軍校同學錄》，別號及生卒年係根據《黃埔軍校將帥錄》，該表格後三項內容根據《陸軍軍官學校第一至四隊學生詳細調查表》原載。

② 《調查表》載胡天放。據：胡允恭《關於黃埔軍校和中山艦事件》〔載《金陵叢談》第 39 頁，人民出版社，1985 年〕「孫天放係冒胡允恭〔天放〕之名入學」。

③ 李驤騏著，《文史資料選輯》第 148 輯《憶國民軍訓》，中國文史出版社，1999 年。

④ 黃雍著，《文史資料選輯》第 11 輯《黃埔學生的政治組織及其演變》，中國文史出版社，1999 年。

⑤ 陳永芳編著，《湖南軍事將領》湖南省新聞出版局 1995 年准予印行，第 172 頁。

⑥ 金仁先條目，中國工農紅軍第四方面軍戰史編輯委員會編纂，《中國工農紅軍第四方面軍人物志》解放軍出版社，1998 年 10 月，第 499 頁，中國工農紅軍第四方面軍戰史編輯委員會編纂，《中國工農紅軍第四方面軍烈士名錄》，解放軍出版社 1993 年 6 月，第 142 頁。

⑦ 金仁先條目，湖北英山縣《英山縣誌》編纂委員會編纂，《英山縣誌——人物志》，中華書局 1998 年 12 月，第 743 頁。

⑧ 湯季楠著，湖南省政協文史資料委員會編纂《湖南文史資料》第 24 輯《記大本營陸軍講武學校》，湖南人民出版社，1990 年，第 98 頁。

⑨ 張穎的「畢業證章」，見廣州近代史博物館編撰《近代廣州教育軌轍》2006 年 3 月，第 137 頁，原件收藏於廣州近代史博物館。

⑩ 鄭洞國著，《我的戎馬生涯——鄭洞國回憶錄》，團結出版社 1992 年 1 月，第 22、30 頁。

⑪ 胡允恭著，《金陵叢談》，人民出版社 1985 年，第 39 頁。

第二章

軍事教育與政治訓練之實踐結合

　　有關黃埔軍校的創建，海內外專家與研究學者，已經作出了許多總結性論斷。臺灣的研究學者黃振涼先生認為：「孫中山創建黃埔軍校之原因主要有四點，一是孫中山畢生革命經驗與體認；二是陳炯明部粵軍兵變事發後，遂使孫中山立志重組一支受過嚴格政黨訓練，絕對服從主義的黨軍；三是蘇俄革命成功經驗，給予孫中山先生直面啟示；四是國內客觀環境因素的配合，五四以來國內知識份子及青年的覺醒」。①

　　筆者認為，黃振涼先生總結的原因固然重要，但是忽略了在此前崛起的中共這股不可渺視之政治力量支持。因為中共早期領導人李大釗、陳獨秀、林伯渠等，對孫中山的建立和訓練革命軍和創建黃埔軍校的軍事思想之形成與發展，起到了重要作用。更為重要的是，以周恩來為首的一批中共政治實幹者，對黃埔軍校實施孫中山倡導的軍事與政治訓練並重特別是「重視革命精神的培育」，一系列卓有成效的政治攻勢，更是起到強有力的作用力、震撼力和影響力。我們可從以下幾方面的分析與考慮，可以看到孫中山先生新民主主義建軍思想和黃埔軍校建立革命軍隊戰略決策之形成緣由及脈絡：一是孫中山以黃埔軍校「用這五百人做基礎，造成我理想上的革命軍，來挽救中國的危亡」，這是孫中山創建黃埔軍校的目的和原因；二是孫中山以培養革命的「三民主義」為信仰的革命軍骨幹，倡導並實施「武力與國民結合」來組建革命軍，這是孫中山建立革命軍隊的根本宗旨；三是孫中山主張革命軍骨幹「要有高深的學問做根本」，以

「造成中華民國的基礎」，這是孫中山重視政治、軍事理論的學習，期望黃埔軍校造就革命軍隊，這是孫中山的建立革命政權的政治思想。

綜上所述，孫中山建立黃埔軍校的初衷和宏願，決不是零星片斷的，而是系統的、完整的、先進的和持久的。

孫中山先生前此在廣東建立革命政權，均因各種歷史原由與局限而夭折，特別是 1922 年 6 月陳炯明部粵軍兵變，使其遭遇了「依靠武力堅持北伐」政治主張最為沉痛失敗。共產國際代表馬林向孫中山提出兩點建議：一要有一個好的政黨，即改組國民黨，使之成為能聯合各階層尤其是工農群眾的政黨；二要建立軍官學校，使之成為革命武裝的核心。

與孫中山的建軍思想密不可分，是孫中山積累數十年革命鬥爭經驗和在俄國十月革命經驗啟發下，逐步形成完整的建軍思想所作出的戰略決策，是孫中山建立新型政黨軍隊的偉大軍事構想。創辦「革命黨」自己的黃埔軍校，正是孫中山先生這一軍事構想的具體實踐和嘗試。

第一節　國民革命浪潮：催促第一期生在急風暴雨中成長

從孫中山先生在日本創辦的培訓軍事人才的青山軍事學校，在東京市郊大森創辦了「浩然廬」軍事訓練班，是孫中山最早主持建立的旨在造就革命軍將領的軍事教育機構。孫中山先生那時在日本進行的軍事教育之最初嘗試，時間雖短但是意義深遠，這是孫中山先生以軍事推動政治目標達到「改造國家、拯救國民」的開端。

在黃埔軍校建立之前，孫中山先生在廣東建立的革命政權，已經組建了廣州大本營軍政部陸軍講武學校，校長是中國國民黨資深元老程潛，教育長是日本士官學校出身的李明灝。同時存在的軍校有：駐粵桂軍軍官學校，主持教務的是張治中，還有建立於廣東肇慶的西江講武堂、建國湘軍軍官學校和建國贛軍軍官學校等等。在同一革命政權下

的廣東，同時存在著多所陸軍軍官學校，黃埔軍校誕生與建立的外部環境，在當時說來並不妙。

（一）中國國民黨一大代表和早期領導人推薦第一期生入學情況

考察近百年來古今中外軍事教育史，沒有一所初級軍官學校的學員招生，驚動並引起政黨、軍界乃至政治家、軍隊將領、社會各界名流的共同關注，親自履行推薦介紹入學和參與招生職責，黃埔軍校可算是第一例。誠然，關於推薦介紹入學與學員自我填報，歷來存在著兩個方面的不同說法和理解。筆者不揣淺識，斗膽剖析這一特殊歷史現象之緣由。

首先，1924 年 1 月 20 日中國國民黨第一次全國代表大會在廣州召開，孫中山先生致開會詞明確提出：「我們現在得了廣州一片乾淨土，集合各省同志，聚會一堂，是一個很難得的機會。……革命軍起，革命黨成」。②「惟當時各省多在軍閥鐵蹄之下，不易公開招生，故預先委託本黨第一次全國代表大會代表回籍後代為招生」。③據此，中國國民黨一大代表以及各中央執行委員、監察委員們，擔負著為黃埔軍校第一期推薦和招收學員之重要使命。雖然，我們今天無從獲知：當年推薦或介紹第一期生入學，究竟履行怎樣手續或簽署填寫了那些文件，也就是說，他們究竟有多大的能量或作用，影響並左右第一期生決定千里迢迢奔赴廣州報考黃埔軍校。但是，我們可以通過對歷史事件的考察和對回憶文章中考究，中國國民黨一大代表及其早期領導人，確實在當時的特殊歷史條件下，起到過重要的作用與影響。

其次，入學前的第一期生，許多具有相當於高小中學以上的文化教育程度，在辛亥以來前輩先賢的革命精神感召和薰陶下，不少人親身經歷或耳聞目睹了所在居住地的國民革命運動風雲變幻。在《詳細調查表》中，我們可以從第一期生獨自填寫內容的許多方面，比較充分地認識並判斷，絕大多數第一期生在入學之際，具有相當的革命理想和覺悟。他們通過與革命黨有聯繫的宗族兄弟、親戚朋友，或者直接受到

中國國民黨一大代表、早期領導人的教誨和引導，或許在他們的認知領域中感受到當時的革命黨人傳播真理和拯救社會的「真理化身」。總而言之，從《詳細調查表》中我們看到，只有極個別人（馮劍飛在介紹入學一欄中自填係「自行投考」；李安定、王公亮、宋雄夫、蕭幹、陳克、陳武、馮洵（達飛）、劉雲自填西江陸海軍講武堂選送；陳謙貞自填入學介紹系中央執行委員會；凌拔雄沒填寫入學介紹人；陳拔詩填寫「西路討賊軍總司令部選送」；柏天民自填駐粵滇軍總司令部介紹；曾繁通自填寫粵軍總司令部介紹）沒有填寫入學介紹人，而絕大多數學員均根據自己的意願，或是事前介紹人與被介紹人的口頭約定，填報自己信賴或崇敬的知名人士作為入學介紹人。筆者經過反覆查閱和考證，認為這樣的推斷，是有比較充分的史料依據和理論根據的。

再次，從第一期生填寫的《詳細調查表》關於「介紹人欄」具體內容分析，中國國民黨一大代表總計有 197 名，其中有 76 名參與介紹學員入學，占代表總數之 38.6%；中國國民黨一大產生的中央執行委員、候補執行委員、中央監察委員、候補監察委員共計 51 名，其中：有 26 名參與介紹學員入學，占所有委員之 51%。兩項資料指標均超過了三分之一或一半以上，可見，中國國民黨一大代表和兩個中央機構組成成員，一方面是，參與推薦和介紹之比例是相當高的，另一方面，被第一期生自我填報為介紹人的機率也是相當高的，據下表統計，第一期生計有 382 人次填寫了 93 名介紹人。

附表 7　中國國民黨一大代表④、第一屆中央執行委員、
候補執行委員及中央監察委員介紹入學黃埔軍校第一期情況一覽表

序號	介紹入姓名	籍貫	介紹人當時任職情況	被介紹入學的第一期生
1	孫中山 [文]	廣東香山	中國國民黨總理，廣州大元帥府大本營大元帥，廣州黃埔中央陸軍軍官學校總理	容海襟、容保輝、容有略、楊伯瑤
2	廖仲愷 [恩煦]	廣東歸善 [今惠陽]	孫中山指派國民黨一大代表〔廣東省〕，國民黨第一屆中央執行委員、常務委員、政治委員會委員，工人部部長，農民部部長，軍需總監，廣州大本營財政部部長，廣東省省長	容海襟、甘達朝、趙子俊、容保輝、張淼五、容有略
3	蔣中正 [介石] ⑤	浙江奉化	前建國粵軍總司令部參謀長，廣州大本營參謀長及軍事委員會委員，黃埔軍校籌備委員會委員長、入學試驗委員會委員長，黃埔軍校校長	周天健、蔣國濤、王世和、王鳳儀、莊又新、董世觀、
4	胡漢民 [展堂] 原名和鴻	廣東番禺	國民黨第一屆中央執行委員，時任廣州大本營總參議，國民黨中央政治委員會委員	陸汝群、杜成志
5	許崇智 [汝為]	廣東番禺	國民黨第一屆候補中央監察委員，前廣東東路討賊軍總司令，時任中央直轄建國粵軍總司令	豐悌、伍瑾璋、許錫球
6	于右任 [伯循]	陝西三原〔一說涇陽〕	孫中山指派國民黨一大代表〔陝西省〕，國民黨第一屆中央執行委員，前陝西靖國軍總司令，討賊軍西北第一路軍總司令，時兼任上海大學校長	唐嗣桐、董釗、趙勃然、李紹白、劉仲言、魏炳文、王泰吉、劉慕德、郝瑞徵、白龍亭、王逸常、張坤生、田毅安、尚仕英、李培發、毛煥斌、嚴霈霖、鄭子明、郭景唐、張德容、王克勤、蔡任民、周鳳岐、馬勳武、湯家驥、黎曙東、杜聿昌、閻奎耀、楊耀、周誠、劉雲龍、楊啓春、李夢筆、杜驥才、雷雲孚、趙清廉、李博、馬師恭、樊秉禮、譚肇明、關麟徵、王汝任、張耀明、朱祥雲、王定一、張遜選、何文鼎、趙廷棟、杜聿明、杜聿鑫、鄭承德、王廷柱、趙敬統、陳德仁、王敬安、李正韜、傅權、

				何貴林、張汝翰、蕭灑、周公輔、嚴崇師、賈春林、楊顯、雷克明、李榮昌、趙雲鵬、徐經濟、馬維周、黎青雲、劉鴻勳、何志超、馮樹淼、高致遠、馬志超、王惠民
7	王樂平 [者塈]	山東濟南	孫中山指派國民黨一大代表〔山東省〕，前北京政府國會參議院議員，山東濟南齊魯書社社長，1922 年 1 月以中國代表團國民黨代表身份出席在莫斯科召開的遠東各國共產黨及民族革命團體第一次代表大會	項傳遠、李延年、李玉堂、李仙洲、刁步雲、李殿春、于洛東、王鑪 [叔銘]
8	丁惟汾 [鼎丞] 又作鼎臣	山東日照	孫中山指派國民黨一大代表〔山東省〕，前北京政府第一屆國會眾議院議員，國民黨第一屆中央執行委員，國民黨北京執行部籌備委員	曾擴情、胡遜、孫元良、李殿春、王鑪 [叔銘]、石美麟
9	楊泰峰 [泰鋒]	山東商河	國民黨一大山東省代表，前國民黨山東省臨時黨部籌備委員，廣州大本營參議，國民黨山東省黨部黨務整理委員、執行委員	王鑪 [叔銘]
10	顧子揚 [聲振]	江蘇銅山	國民黨一大江蘇省代表，前徐州中學校長及銅山縣教育會會長，國民黨徐州支部長及江蘇省臨時黨部執行委員	蔡敦仁、郭劍鳴、王家修、孫樹成、賈韞山、王仲廉
11	譚延闓 [組庵]	湖南茶陵	國民黨第一屆中央執行委員，前湖南督軍、湘總司令、湖南省省長及國民黨湖南支部長，時任駐粵湘軍總司令，廣州大元帥府大本營內政部部長、建設部部長及大本營秘書長	林芝雲、馮毅、朱一鵬、王爾琢、宋希濂、戴文、陳平裳、賀聲洋、鄭洞國、陳劫、潘德立、劉保定、潘佑強、袁守謙、蕭振武、尹榮光、鄒范
12	陳樹人〔韶〕	廣東番禺	孫中山指派國民黨一大代表〔廣東省〕，時任中國國民黨黨務部部長，廣東省長公署政務廳廳長	吳迺憲
13	謝英伯 〔原名華國〕	廣東嘉應 [今梅縣]	國民黨一大廣東省代表，原北京政府眾議院議員，廣州大元帥府大本營秘書，前中國社會主義青年團廣東地方執行委員會婦女運動委員會委員長	余程萬
14	譚熙鴻 [仲逵]	江蘇吳縣	孫中山指派國民黨一大代表〔北京特別區〕，時為國立北京大學秘書兼生物學教授，國立浙江大學農學院院長，國民黨中央農民部部長	蕭洪、曾擴情、周惠元、胡遜、陳以仁、孫元良、韓紹文、張忠頰、王君培、陸傑、石美麟、張鼎銘

15	譚克敏 [時欽]	貴州平越 [今福泉]	國民黨一大北京特別區代表，前國立北京大學哲學系教員，國民黨中央黨部秘書	曾擴情、胡遜、孫元良、陸傑、石美麟、張鼎銘
16	張拱宸 [拱辰]	江蘇青浦 [今屬上海市]	國民黨一大上海特別區代表，前上海外國語學校及上海大學社會科學部教員，國民黨上海特別區執行部籌備委員，廣州大本營參議	王治歧、伍翔、李銑
16	譚惟洋 [維洋]	安徽安慶	國民黨一大上海特別區代表，前中國國民黨安徽支部長，大本營參議及北伐第二軍總司令部顧問	葛國樑、郭德昭、孫以悰
18	朱之洪 [叔癡]	四川巴縣 [今屬重慶市]	國民黨一大上海特別區代表，孫中山委派中國民黨上海臨時支部籌備委員，中國國民黨上海特別區執行部常務委員，中國國民黨本部參議	曹利生
19	葉楚傖 [小鳳] 原名單葉	江蘇吳縣	孫中山指派國民黨一大代表〔上海特別區〕，原上海民國日報主筆，國民黨第一屆中央執行委員，國民黨上海執行部常務委員兼青年婦女部部長	周士冕、周啓邦
20	石瑛 [蘅青] 又名順松	湖北陽新	中國國民黨第一屆中央執行委員，前北京政府眾議院議員，原國立北京大學教授	蕭洪、曾擴情、胡遜、孫元良、王君培、陸傑、石美麟、張鼎銘
21	伏彪	江蘇淮陰	孫中山指派國民黨一大代表〔上海特別區〕，前國民黨江蘇省臨時支部籌備委員，國民黨江蘇省臨時黨部黨務指導委員	伍翔、丁琥
22	何世楨 [毅之] 又字思毅	安徽望江	孫中山指派國民黨一大代表〔上海特別區〕，前東吳大學法科教授〔美國密歇根大學法學博士〕，上海大學法科教授兼上海租界律師	周士冕
23	劉震寰 [顯臣]	廣西柳州 一說馬平	中國國民黨第一屆候補中央監察委員，前駐粵桂軍總司令，中央直轄廣東西路討賊軍總司令	古謙、丘宗武、蔡鳳翕、謝聯、韓忠、譚寶燦、范漢傑、劉傑、李武軍
24	延瑞祺 [國符]	山東廣饒	孫中山指派國民黨一大代表〔北京特別區〕，原北京大學政治科學生，國民黨北方區執行部籌備委員，國民黨北京執行部組織部幹事	李延年、李玉堂
25	夏聲 [先文]	湖北黃岡	孫中山指派國民黨一大代表〔漢口特別區〕，時任廣州大元帥府禁煙督辦公署幫辦	鄔與點
26	許卓然 [寄生]	福建晉江	國民黨一大福建省代表，前泉州警備司令，時任中國國民黨福建省臨時黨部籌備委員	李良榮

27	蒙卓凡	廣西桂林	國民黨一大廣西省代表，國民黨廣西黨務特派員，廣西省黨部執行委員，廣州民國通訊社社長	劉長民、李繩武、譚作校、陳國治、甘杜、李其實
28	施正甫	廣西賓陽	國民黨一大廣西省代表，建國桂軍西路討賊軍總司令部秘書兼國民黨特派員，駐粵桂軍辦事處黨務指導委員	韋祖興、陳文寶、陳卓才、覃學德
29	徐啓祥 [啓詳]	廣西桂平	國民黨一大廣西省代表，國民黨廣西臨時黨部指導委員，廣西省臨時參議會議員	陸汝疇、李源基、甘麗初、李強之、潘國驄
30	劉崛 [尊權] 號美廷、玉山	廣西容縣龍山村	孫中山指派國民黨一大代表〔廣西省〕，廣東護法軍政府大元帥府諮議，廣州大本營參議	羅奇、羅照
31	蘇無涯	廣西平南	孫中山指派國民黨一大代表〔廣西省〕，前國民黨中央黨務討論會委員，國民黨廣西梧州支部長	劉長民、李繩武、陳卓才、譚作校、陳國治、甘杜、李其實、胡東臣
32	周自得	雲南嵋峨	國民黨一大雲南省代表，駐粵建國滇軍總司令 [楊希閔] 部參謀長	陳廷璧、周鴻恩、王萬齡、劉國勳
33	楊華馨 [華罄]	雲南騰沖	國民黨一大雲南省代表，前國民黨雲南支部長，駐粵建國滇軍總司令部秘書長兼滇軍總部黨務整理委員，廣州大元帥府諮議	王體明、陳金俊、王萬齡、劉國勳
34	劉國祥 [國詳]	雲南普洱	國民黨一大雲南省代表，國民黨雲南省臨時黨部籌備委員，國民黨雲南省黨部執行委員	王萬齡、高起鵾、劉國勳
35	李宗黃 [伯英]	雲南鶴慶	孫中山指派國民黨一大代表〔雲南省〕，國民黨第一屆候補中央執行委員，廣州大本營軍事參議，駐粵建國滇軍第二軍總參謀長、代理軍長	李靖難、李文淵、王萬齡、馮春申、劉國勳
36	楊友棠 [美廷]	雲南昆明	孫中山指派國民黨一大代表〔雲南省〕，前駐粵建國滇軍總司令部特別黨部執行委員，廣州大本營軍政部參事，廣州衛戍司令部參謀主任	陳廷璧、張耀樞、王萬齡、劉國勳
37	胡盈川	雲南昭通	孫中山指派國民黨一大代表〔雲南省〕，國民黨雲南省臨時黨部籌備委員，廣州大本營軍事參議	王萬齡、劉國勳
38	羅邁	湖南長沙	國民黨一大湖南省代表，前中華革命黨湖南支部總務科長，國民黨湖南省臨時支部特派員，湖南省臨時黨部籌備委員，廣州大本營參謀，兼廣東虎門要塞司令部參謀	張本清、焦達梯、王馭歐、李焜

39	鄒永成 [器之] 又名敬芳	湖南新化	國民黨一大湖南省代表，廣州大元帥府中將高等顧問，兼中央直轄第三軍第一縱隊司令	陳選普、何昆雄、張本清、李模、李青、焦達梯、李奇忠
40	陳嘉佑 [嘉佑] 又名護黃	湖南湘陰	國民黨一大湖南省代表，前湖南討賊軍湘東第一軍軍長，時任駐粵湘軍第五軍軍長兼第八師師長	黃杰
41	戴季陶 [天仇] 又名傳賢，別名良弼	原籍浙江吳興生於四川廣漢	孫中山指派國民黨一大代表〔浙江省〕，國民黨第一屆中執委、常務委員兼宣傳部部長	顧浚
42	劉伯倫 [拜農]	江西銅鼓	國民黨一大江西省代表，國民黨上海執行部農工部秘書，前中國社會主義青年團南昌臨時地方委員會書記，中共上海大學黨小組成員⑥，中共上海地方執行委員會第三組（西門組）組長	帥倫、黃維、董仲明
43	徐蘇中 [蘇中]	江西臨江	國民黨一大江西省代表，前中華革命黨江西支部長，晨鐘日報記者，國民黨中央黨務討論會委員	羅群、桂永清、張禪林、朱然
44	洪宏義	江西臨川	國民黨一大江西省代表，前江西省立第四師範學校教授、校長，國民黨江西省臨時黨部整理委員、執行委員	何基
45	胡謙 [寅文] 又字戇忱	江西興國	國民黨一大江西省代表，前廣州大本營陸軍部代理次長，時任北伐討賊軍第三軍軍長	胡信
46	周道萬 [道腴] 又號象垣	江西南昌 [一說萬年]	國民黨一大江西省代表，廣州大元帥府大本營參議，國民黨江西省黨部指導委員，粵軍總司令部秘書，廣州大本營內政部參議	何復初、張達 [雪中]
47	劉況	湖南湘陰	孫中山指派國民黨一大代表〔湖南省〕，前建國湘軍第五軍〔陳嘉佑〕司令部參謀，兼該軍國民黨特派員，廣州大本營參議	李模、李正華、霍揆彰
48	戴任 [笠夫] 又號立夫	浙江永嘉	國民黨一大浙江省代表，前廣州大元帥府參軍處參軍，廣州大本營參軍	鄭炳庚、胡宗南
49	王法勤 [勵齋]	河北高陽	國民黨第一屆中央執行委員，前北京政府參議院議員，兼任國民黨中央黨務審查會委員	何盼、楊其綱、唐澍、白海風、宋文彬、榮耀先
50	苗培成 [告寶]	山西晉城	國民黨一大山西省代表，原山西平民中學校長，時任國民黨山西省臨時黨部執行委員兼宣傳部部長	徐象謙、趙榮忠

51	劉景新［景薪］又字大易	綏遠五原	孫中山指派國民黨一大代表〔山西省〕，美國哥倫比亞大學哲學博士，前廣州大元帥府參議	李伯顏
52	趙連登	山西五台	國民黨一大山西省代表，前北京大學文科生參與五四運動，太原國民師範學校教員，山西晚報社社長兼總編輯，國民黨山西省臨時黨部籌備委員	徐象謙、趙榮忠、郭樹械
53	江偉藩［緯蕃］	陝西紫陽	國民黨一大陝西省代表，前廣東護法軍政府陸海軍大元帥府參議，國民黨陝西臨時支部籌備委員	穆鼎丞、卜世傑、
54	焦易堂［希孟］	陝西武功	孫中山指派國民黨一大代表〔陝西省〕，國民黨陝西省臨時黨部執行委員	黎曙東、朱祥雲、何貴林、雷克明、何志超
55	路孝忱［丹甫］	陝西長安	孫中山指派國民黨一大代表〔陝西省〕，1923 年任中國國民黨本部軍事委員會委員，時任中央直轄山（西）陝（西）建國討賊軍總司令	譚鹿鳴
56	張葦村［行海］	山東郯城［今蒼山］	孫中山指派國民黨一大代表〔山東省〕，國民黨第一屆候補中央執行委員，國民黨山東省黨部黨務整理委員	冷相佑
57	茅祖權［詠熏］	江蘇海門	孫中山指派國民黨一大〔江蘇省〕，原北京政府護法國會眾議院議員，國民黨第一屆候補中央執行委員	睦宗熙、蔣超雄、李岑
58	劉雲昭［漢川］	江蘇蕭縣	孫中山指派國民黨一大代表〔江蘇省〕，前北京政府國會眾議院議員，國民黨江蘇省臨時黨部籌備委員	蔡敦仁、郭劍鳴、王家修、孫樹成、賈韜山、丁琥、王仲廉
59	凌毅［蕉庵］	安徽定遠	國民黨一大安徽省代表，前北京政府眾議院議員，國民黨中央宣傳委員會委員，國民黨安徽省執行部黨務整理委員	徐宗垚、蔡炳炎、孫懷遠
60	楊虎［嘯天］	安徽寧國	國民黨一大安徽省代表，前北伐第二軍第一師師長，廣州大本營參軍兼海軍處處長	陳堅
61	張秋白［亞伯］	安徽舒城	孫中山指派國民黨一大代表〔安徽省〕，前北京政府參議院參議，國民黨第一屆候補中央執行委員，1922 年 1 月以中國代表團國民黨代表身份出席在莫斯科召開的遠東各國共產黨及民族革命團體第一次代表大會	李銑、戴翔天、蔡炳炎、孫懷遠
62	李次宋［乃璟］	安徽巢縣	國民黨一大安徽省代表，國民黨安徽省臨時支部黨務特派員及籌備委員，國民黨廣州特別區執行委員	葛國樑、鮑宗漢、蔡炳炎

63	柏文蔚 [烈武]	安徽壽縣	孫中山指派國民黨一大代表〔安徽省〕，前安徽淮上軍總司令，國民黨第一屆中央執行委員，時任北伐討賊軍第二軍軍長	陳堅、郭德昭、孫以悰、段重智、孫懷遠
64	劉泉如 [全儒]	四川慶符	國民黨一大四川省代表，前上海大學社會科學部教授，國民黨上海特別區臨時黨部籌備委員，國民黨四川省臨時黨部籌備委員	耿澤生、周世霖
65	劉詠闓 [慧生] 又名泳愷，別號公潛	四川成都	國民黨一大四川省代表，前廣州大元帥府諮議，時任廣州大本營內政部第二局局長	耿澤生
66	楊庶堪 [滄白]	四川巴縣	國民黨第一屆候補中央監察委員，前中華革命黨政治部副部長、四川省省長，大元帥府秘書長	周振強、潘樹芳
67	謝持 [銘三] 原名振心，又字愚守	四川富順	孫中山指派國民黨一大代表〔四川省〕，國民黨第一屆中央監察委員，前國民黨中央黨部黨務部部長	宮全斌、馮士英、楊麟、任文海、周世霖、曹利生、鄭南生
68	張知本 [懷九]	湖北江陵	國民黨第一屆候補中央執行委員，前北京政府參議院參議，上海法政大學教授，廣州大本營參議	吳興泗、劉赤忱、賈伯濤
69	孫鏡 [鐵人]	湖北京山	國民黨一大湖北省代表，國民黨中央黨務部副部長，時任國民黨上海執行部調查部秘書	劉赤忱、劉明夏、丁炳權
70	詹大悲 [質存] 原名培瀚	湖北蘄春	孫中山指派國民黨一大代表〔湖北省〕，時任廣州大本營秘書及宣傳委員	賀衷寒、吳興泗、蔣伏生、劉明夏
71	宋聘三 [品三] 原名五詔，別號話珊	河南禹城 [一說永城]	孫中山指派國民黨一大代表〔河南省〕，前國民黨河南省臨時支部執行委員，國民黨上海特別區執行部執行委員、常務委員	郭安宇、王之宇、侯鏡如、趙敬統、冷相佑
72	劉榮棠	河南唐河	孫中山指派國民黨一大代表 [河南省]，前國民黨天津執行部籌備委員及河南臨時支部黨務特派員，國民黨河南省黨部執行委員	劉希程
73	祁耿寰 [醒塵]	遼寧遼陽	孫中山指派國民黨一大代表〔奉天〕，時任廣州市公安局督察長，駐粵建國豫軍總司令部參謀長	何學成
74	王秉謙 [治安]	奉天錦西	國民黨一大奉天代表，原北京政府參議院議員，護法軍政府大元帥府參議，國民黨奉天省臨時宣傳委員	李秉聰

75	趙志超	吉林長春	國民黨一大吉林省代表，前廣東護法軍政府參議，時任廣州大元帥府軍事委員會委員	後為黃埔軍校第一期第四隊學員
76	李希蓮	吉林長春	孫中山指派國民黨一大代表〔吉林省〕，前北京政府第一屆國會參議院議員，國民黨吉林省臨時支部籌備委員，上海外國語學校教員	王治歧、趙志超、李秉聰
77	董耕雲〔話年〕	吉林長春	孫中山指派國民黨一大代表〔吉林省〕前北京政府國會眾議院議員，國民黨長春分部籌備委員	趙志超
78	田銘章〔銘璋〕	黑龍江綏化	孫中山指派國民黨一大代表〔黑龍江省〕，孫中山委派國民黨東北黨務特派員，國民黨黑龍江臨時支部支部長	李秉聰
79	李烈鈞〔協和〕原名烈訓，別號俠黃	江西武寧	國民黨第一屆中央執行委員，前孫中山北伐軍大本營參謀總長兼北伐中路軍總司令，廣州大元帥府參謀總長	王文彥
80	鄒魯〔海濱〕原名澄生	廣東大埔	國民黨第一屆中央執行委員兼青年部部長，前廣東高等師範學校校長，廣東省長公署財政廳長	劉蕉元、梁幹喬、李就〔楚瀛〕
81	汪精衛〔兆銘〕	祖籍浙江山陰，生於廣東三水	國民黨第一屆中央執行委員、常務委員，前國民黨上海執行部總理，國民黨上海臨時執行委員會委員、常務委員，國民黨章程審查委員會委員，國民黨中央改組委員會委員，中央宣傳部部長	劉釗
82	居正〔覺生〕原名之駿，號梅川	湖北廣濟	國民黨第一屆中央執行委員、常務委員，前上海國民黨本部總務部主任，國民黨上海臨時執行委員會執行委員，廣州大元帥府參議	丁炳權、劉赤忱
83	張繼〔溥泉〕	河北滄縣	國民黨第一屆中央監察委員，前國民黨北方執行部主持人及北京支部長，國民黨中央宣傳部部長	唐澍、
84	覃振〔理鳴〕原名道讓	湖南桃源	國民黨第一屆中央執行委員，前北京政府國會議員，國民黨武漢支部長及武漢執行部常務委員	蔡粵、焦達梯
85	樊鍾秀〔醒民〕	河南寶豐	國民黨第一屆候補中央監察委員，時任駐粵豫軍討賊軍總司令，駐粵建國豫軍總司令，孫中山指派國民黨兩廣、雲南、福建執行部候補監察委員	劉先臨、龔少俠、林冠亞、周士第、蔡任民、趙敬統、田育民、仝仁
86	劉通〔伯瀛〕	福建閩侯	孫中山指派國民黨一大代表〔福建省〕，時任廣州大本營建設部秘書長	林斧荊、黃德聚

87	王用賓［太莛］又名利臣	山西猗氏	孫中山指派國民黨一大代表⑦，前中國國民黨本部參議兼北方黨務特派員，時任廣州大本營參議及奉派北方軍事委員	王國相、白龍亭、趙榮忠、朱耀武、郭樹棫、李捷發、任宏毅、孔昭林、薛蔚英
88	凌霄［漢舟］	貴州貴定	國民黨一大貴州省代表，時任大本營大元帥府參軍，兼駐粵滇軍第五師司令部參謀長	羅毅一、凌光亞
89	王度	貴州貴陽	國民黨一大貴州省代表，前廣東南韶連督辦〔何克夫〕公署秘書長兼粵北黨務特派員，廣州大本營參軍處參軍	廖子明、羅毅一、邱安民
90	李元著（著）	貴州貴陽	孫中山指派國民黨一大代表〔貴州省〕，廣州大本營參議	羅毅一
91	丁超五［立夫］	福建邵武	孫中山指派國民黨一大代表〔福建省〕，前北京政府眾議院國民黨議員	黃承謨
92	林森［子超］號長仁、天波	福建閩侯	中國國民黨第一屆中央執行委員，前廣東護法軍政府外交部長、參議院議長，孫中山委任福建省省長，廣州大本營建設部部長兼珠江治河督辦	陳文山、陳綱
93	何世楨［毅之］又字思毅	安徽望江	孫中山指派國民黨一大代表〔上海特別區〕，前東吳大學法科教授，美國密歇根大學法學博士，上海大學法科教授	周士冕

　　再往下具體分析起來，我們不妨就第一期生填寫得較多的介紹人，作出定向分析和推測：辛亥革命資深元老于右任先生，以其德高望重、慈祥寬厚的人望，獲得第一期生廣泛擁戴，入學推薦介紹人欄竟有 76 名學員填寫了于右任先生，占學員總數 10.8%；中國國民黨湖南元老級資深人物譚延闓，填寫他為介紹人的 17 名第一期生均系湖南省籍，鄉情親緣和地域觀念此時發生了明顯功效；中國國民黨一大代表、北京大學教授譚熙鴻居於第三位，計有 12 人填寫其為介紹人，值得注意的是：根據《黃埔軍校將帥錄》記述的簡歷顯示，12 人在入學前均有在北京學習經歷，先後就讀於北京朝陽、法政、平民、師範大學等校，這種情形至少說明兩個問題，一是證明第一期生是填寫介紹人的主動方，而介紹人則是互動方，當時的入學介紹人，實際起到了舉薦和擔保的作用，因此在多數情況下是一種認同或贊許。再從具體情況分析，屬於第一期生單方

面「一廂情願」之情形較難發生。從另一方面也充分證實了，介紹人譚熙鴻當年在北京是威望較高、享有聲譽的著名教授，受到年輕一代的第一期生敬重和推崇，因此他作為介紹人是當之無愧的。

（二）中國國民黨早期領導人介紹第一期生入學的歷史貢獻與分析

綜觀上表，我們至少可以看到以下幾方面突出特點：

一是當時所有最著名的中國國民黨早期領導人，都直接參與了第一期學員舉薦和介紹事宜。

二是國民黨各地知名組織者或領導人，對招收原籍學員入學同樣起到重要的作用。

三是一批具有國民革命思想的高級將領，推薦所屬部隊初級軍官轉入黃埔軍校學習，也起到積極推進作用。

四是部分中國國民黨一大代表，雖然沒有直接介紹學員入學，但對軍校招生和建設諸方面，起到了重大作用與影響。例如：程潛是他是孫中山指派國民黨一大湖南省代表，當時任廣州大本營軍政部部長，在湖南軍政界、學界有著廣泛影響，其主持開辦的大本營軍政部陸軍講武學校以及第一期學員，被編為第六隊後確認為第一期生資格，這批學員後來成為第一期生中最有影響和重要的組成部分。

第二節　國共合作結碩果：
中共早期領導人參與第一期生推薦入學和招生事宜

根據《詳細調查表》入學與入黨介紹人記載，我們可以清楚看到：中共早期的著名領導人，有相當一部分人參與了第一期招生與推薦入學的活動和事務。從下表歸納情況顯示，參與推薦第一期生入學以及招生事宜的中共早期領導人及民主人士有 41 人，被推薦介紹入學的第一期生累計有 123 人次，約占第一期學員總數的 17% 左右。

附表 8　中共早期領導人及民主人士介紹入學黃埔軍校第一期情況一覽表

序號	介紹入姓名	籍貫	介紹人當時任職情況	被介紹入學的第一期生
1	李大釗 [守常]	河北樂亭	孫中山指派國民黨一大代表〔北京特別區〕並為大會主席團成員，國民黨第一屆中央執行委員，中共第二屆和第三屆中央委員，前北京大學教授，參與國民黨一大宣言起草並受命擔負國共兩黨北方區實際領導工作	蕭洪、曾擴情、周惠元、胡遜、唐澍、陳以仁、孫元良、韓紹文、張忠頫、王君培、陸傑、石美麟、張鼎銘
2	譚平山 [聘三] 又名鳴謙	廣東高明	國民黨第一屆中央執行委員、常務委員，兼中國國民黨中央組織部部長，中共第三屆中央委員及中央局委員，前中共廣東支部書記	羅煥榮、洪劍雄、梁冠那
3	林祖涵 [伯渠]	湖南臨澧	國民黨一大湖南省代表，國民黨第一屆候補中央執行委員，前國民黨中央黨部總務部副部長，1921 年經李大釗、陳獨秀介紹加入中國共產黨	何昆雄、李奇忠
4	毛澤東 [潤之]	湖南湘潭	國民黨一大湖南省代表，國民黨第一屆候補中央執行委員，國民黨上海執行部文書科代理主任、組織部秘書，時為中共第三屆中央委員、中央局委員和秘書、中共中央組織部部長	蔣先雲、伍文生、李漢藩、張際春、趙枬、李煜
5	惲代英 [但一] 筆名遽軒	原籍江蘇武進生於湖北武昌	國民黨上海特別區執行部宣傳部秘書，上海新建設雜誌編輯，中國社會主義青年團第二屆中央委員、中央局成員，參與創辦《中國青年》任主編	唐際盛、宋思一、劉漢珍
6	廖乾吾 [幹五] 原名正元，又名華龍	生於陝西平利寄居湖北漢口	國民黨一大漢口特別區代表，協助林伯渠組建國民黨漢口執行部，中共漢口地方執行委員會委員	張其雄、李之龍、柳野青
7	夏曦 [蔓伯] 化名勞俠	湖南益陽	國民黨一大湖南省代表，國民黨湖南組織籌備處負責人，國民黨湖南臨時黨部委員、書記長，中國社會主義青年團第二屆中央委員，中共湖南區執委會委員及湖南學生聯合會幹事部主任	劉疇西、蔣先雲、伍文生、李漢藩、張際春、李煜
8	袁達時 [正道] 又名大石、篤實	湖南湘潭	國民黨一大湖南省代表，中國勞動組合書記部上海分部幹事、主任，中共三大代表，中國社會主義青年團安源地方委員會書記	蔣先雲、伍文生、李漢藩

9	沈定一 [玄廬] 原名宗傳， 別字叔言	浙江蕭山	孫中山指派國民黨一大代表 [浙江省]，國民黨第一屆候補中央執行委員，上海共產主義小組成員，中國社會主義青年團發起人之一，前浙江省第二屆議會議員，國民黨上海執行部候補執行委員及浙江省黨部執行委員	江世麟、胡宗南
10	宣中華 [廣文] 原名鍾華	浙江諸暨	國民黨一大浙江省代表，國民黨浙江省黨部執行委員，1922 年 1 月以中國代表團杭州工會代表身份出席在莫斯科召開的遠東各國共產黨及民族革命團體第一次代表大會	石祖德、宣俠父、樊崧華、胡宗南
11	韓麟符 [瑞五] 又名致祥	原籍山西榆次生於熱河赤峰	國民黨一大直隸省代表，國民黨第一屆候補中央執行委員，前天津學生聯合會副會長，中共北京地方執行委員會民族工作委員會委員	何盼、白海風、榮耀先
12	陳鏡湖 [印潭] 號小秋，化名 李鐵然	熱河建平 （今屬遼寧）	國民黨一大直隸省代表，前國民黨直隸省臨時黨部黨務指導委員，天津南開大學文科學生並創辦《天津向明學會半月刊》，天津學聯會常務委員	白海風、榮耀先
13	夏明翰	祖籍湖南衡陽生於湖北秭歸	湖南省學生聯合會幹事長，湖南長沙工團聯合會供職，中共湖南區執行委員會委員，中共長沙地方委員會書記	郭一予
14	于方舟 [蘭渚] 又名芳洲	河北寧河	國民黨第一屆候補中央執行委員，國民黨天津市黨部黨務部部長，中共天津地方委員會委員長	何盼、楊其綱、江鎮寰、白海風、張隱韜、宋文彬、榮耀先
15	彭素民 [自珍]	江西清江	國民黨第一屆候補中央執行委員、中央常務委員，黃埔軍校入學試驗委員會委員，國民黨中央總務部部長、中央宣傳部部長，中央農民部部長	范振亞、帥倫、羅群、桂永清、張禪林、朱然、胡魁梧〔素〕
16	胡公冕	浙江永嘉	國民黨一大浙江省代表，中國社會主義青年團杭州地方執行委員會執行委員〔1922.6 － 1923.9〕，前杭州浙江省立第一師範學校體育教員，黃埔軍校第一期衛兵長	石祖德、宣俠父、許永相、樊崧華、宣鐵吾、俞墉、胡宗南
17	于樹德 [永滋]	河北靜海	孫中山指派國民黨一大代表〔直隸省〕，國民黨第一屆中央執行委員，中共三大代表，國民黨中央黨部對外委員會委員，北京執行部執行委員	何盼、楊其綱、江鎮寰、白海風、張隱韜、宋文彬
18	謝晉 [鄮晉]	湖南衡陽	孫中山指派國民黨一大代表〔湖南省〕，駐粵湘軍總司令部黨務處處長	宋希濂、李正華、霍揆彰
19	李永聲 [錫九] 又名立三	河北安平	孫中山指派國民黨一大代表〔直隸省〕，前北京政府眾議院議員，國民黨直隸省臨時執行委員會籌備委員，中共天津地方委員會宣傳部主任	楊其綱、江鎮寰、白海風、宋文彬

20	茅延楨［貞本］別號致祥	安徽壽縣	中共上海區地方執行委員會第一次會議代表，黃埔軍校第一期第二隊上尉隊長	龍慕韓、郭濟川
21	魯易［其昌］	湖南常德	中國社會主義青年團廣東瓊崖地方執行委員會執行委員，香港《香江晨報》社編輯，中共廣東區地方執行委員會工作人員	鄧文儀、謝翰周、
22	葉劍英［宜偉］	廣東梅縣	前建國粵軍第二軍第八旅參謀長、第二師參謀長，黃埔軍校籌備委員會委員及軍校教授部副主任	楊挺斌、胡博、謝清灝、葉幹武、譚煜麟
23	劉爾崧［季嶽］又名海	廣東紫金	國民黨中央執行委員會工人部幹事，廣州工人代表大會執行委員會主席，中共三大代表，中共廣東區地方執行委員會工人運動委員會書記	丘飛龍、陳鐵
24	阮嘯仙［熙朝］別字瑞宗，別號晃曦	廣東河源	國民黨中央農民部組織幹事，國民黨廣州臨時區黨部執行委員會常務委員，中共三大代表，中共廣東區地方執行委員會國民運動委員會委員，中國社會主義青年團廣州地方委員會書記	丘飛龍
25	張善銘	廣東大埔	廣東新學生社主任，中共廣東區地方執行委員會國民運動委員會委員，	丘飛龍、陳鐵、李及蘭
26	郭亮［靖嘉］	湖南長沙	湖南長沙工團聯合會總幹事，中共湖南區地方執行委員會委員兼工農部部長，	陳子厚
27	金佛莊〔燦〕別號輝卿	浙江東陽［一說金華］	前浙江陸軍第二師營長，1922年秋為中共杭州小組三名黨員之一，以浙江省代表出席中國共產黨三大，黃埔軍校第一期第三隊上尉隊長	洪顯成、杜心樹、張耀明、范馨德
28	周文雍	廣東開平	時任國民黨廣州市區分部執行委員，畢業于廣東省立甲種工業學校並當選學生會會長及青年團支部書記，廣州市學生聯合會委員兼文書部副主任	鄭述禮
29	何孟雄［正國］號坦如	湖南酃縣	中共北方區委委員及北京地方執行委員會書記，中共三大代表，時任中國勞動組合書記部北京分部負責人，負責北方區委國民運動委員會工作	杜心樹［心如］
30	鄧中夏	湖南宜章	中共第三屆候補中央執行委員，共青團中央執行委員，中共中央工會運動委員會書記，參與創辦《中國青年》雜誌，時在國民黨上海特別區農工部供職，中共上海區執行委員會委員長	董仲明
31	楊賢江［英甫］又名庚甫	浙江餘姚	中共上海地方執行委員會委員兼國民黨運動委員會負責人，參與組織國民黨上海執行部並任委員，上海大學社會學系兼職教員	柴輔文

32	曹石泉 [淵泉] 筆名家鈺	廣東瓊海 [今海南]	原廣州孫中山陸海軍大元帥府副官,廣東海防陸戰隊第二營營長,黃埔軍校第一期第二隊區隊長	郭濟川
33	馮菊坡	廣東順德	以中國代表團共產黨員代表身份出席在莫斯科召開的遠東各國共產黨及民族革命團體第一代表大會,中共廣東區執行委員會代理委員長、工人部部長,中共三大代表,國民黨中央工人部秘書	李及蘭
34	施存統 [複亮]	浙江金華	中共上海區地方執行委員會委員長,中國社會主義青年團第二屆中央執行委員,上海大學社會科學部教員,國民黨上海特別區黨部執行委員	趙枬、楊晉先
35	魯純仁 [任予]	貴州貴陽	原復旦大學文科學生,上海大學社會部工作人員,中國共產黨上海地方執行委員會上海大學小組成員	蔡光舉
36	羅學瓚 [榮熙]	湖南湘潭	中共湘區地方執行委員會委員,湖南外交後援會文書主任,湖南青年救國會主席,湖南長沙湘江中學教員	趙自選
37	項英 [德隆] 化名江鈞	湖北武昌	國民黨湖北支部籌備委員,中共第三屆中央執行委員及中共中央駐鄂委員,中共武漢區地方執行委員會委員兼組織部部長	張開銓
38	洪劍雄 [祥文] 原名善效	廣東澄邁	原廣州學生聯合會執行委員,《新瓊崖評論》編輯,黃埔軍校第一期第二隊學員	陳天民
39	季方 [正成]	江蘇海門	國民黨上海執行部總務部書記,黃埔軍校第一期少校特別官佐	俞墉
40	劉芬 [伯垂]	湖北鄂城	國民黨一大湖北省代表,國民黨中央秘書處書記長,中共漢口地方執行委員會委員	李之龍、潘樹芳
41	趙幹 [幹] 原名性和 又名醒儂	江西貴溪 [一說南豐]	國民黨一大江西省代表,國民黨江西省臨時支部黨務特派員,國民黨江西省黨部執行委員、常務委員兼組織部部長,中國社會主義青年團南昌地方委員會委員長,中共南昌特別支部書記	黃維、熊敦、何基

　　從上表顯示情況,我們可以看到,中共早期一些著名領導人參與了黃埔軍校第一期生入學推薦與招生事宜,最為充分、直接和真實的反映中共參與推薦與招生這一歷史事實。如果將上表中眾多在現代中國叱吒風雲歷史人物活動,統一定格在 1924 年上半年廣州(廣東)這一特定歷

史環境之中，在今天看來仍舊是震撼中國影響深遠的一代中華民族精英群體之偉大壯舉。

1923 年起受中共較大影響與作用的高等學校——上海大學，承擔了上海周邊鄰近各省第一期生報名、投考、復試和招生事宜。該校是 1922 年 10 月 22 日由私立東南高等師範專科學校擴大成立的，1923 年初起名義上由於右任兼任校長，實際上是中共秘密黨員邵力子任代理校長並主持校務，1923 年 4 月鄧中夏任校務長，實際主持校務工作，總務長為楊明齋，教務長為瞿秋白，一批中共黨員擔任該校教員。上海大學在 1924 年前後實際是中共培養幹部儲備人才重要陣地。辛亥革命先驅于右任先生，在此成為聲譽與威望最為廣泛、推薦學員最多的國民黨早期著名領導人。

1924 年中共著名領導人毛澤東也在上海大學主持黃埔軍校第一期生學員復試工作的。⑧並且有 6 名湖南省籍第一期生，填寫毛澤東為入學介紹人，說明毛澤東當年在北京學習的進步學生和湖南省籍革命青年當中，享有威望與名聲，蔣先雲和趙枬是由毛澤東介紹加入中共，李漢藩、伍文生、張際春青年時代追求真理和參加革命的歷程，毛澤東曾是啟蒙教師和革命引路人。

第一期生自填的入學介紹人，無論是以那種思維方式進行填寫，都是對介紹人的慕名與崇敬心態填報的，同時也反映出推薦入學介紹人在當時社會之知名度、影響力和威望，這一點是確鑿無疑的。例如：中國共產黨早期卓越領導人李大釗，作為中國共產黨和中國國民黨北方區主要負責人之一，受到曾在北京學習和活動的第一期生的敬重和擁戴，從上表反映共有 13 名填寫李大釗為入學介紹人；中共浙江早期地方組織領導人宣中華，當年在其活動的浙江地區青年享有廣泛聲望，胡宗南、石祖德等 4 名浙江省籍第一期生均填寫其為入學介紹人；當年粵軍著名青年將領、後為中國人民解放軍創建人、領導人和軍事家葉劍英，也成為 5 名廣東省籍客家青年填寫的入學介紹人；中共早期漢口地方組織領導人

廖乾吾，被第一期生風雲人物李之龍等名湖北省籍青年填寫為入學介紹人；此外，還有一大批中共早期地方領導人以及進步民主人士，均在其開展革命活動和享有聲望的區域，對所在地進步青年和學生產生了不可低估的感召和影響作用，因此紛紛成為所在地第一期生填寫入學介紹人的最佳人選，並在《詳細調查表》中留下了記錄，也為中共在黃埔軍校發展史上留下了珍貴史實。

第三節　民國知名人士：舉薦莘莘學子入讀黃埔軍校

根據《詳細調查表》提供的介紹人姓名與線索，筆者追尋和搜集到入學介紹人當時任職及其相關情況，從下表反映的 204 名民國時期各界知名人士，有一部分是活躍於各地鼎鼎有名社會活動家、軍界耆宿和將校、地方辛亥革命先賢、中國國民黨基層組織籌備員、或在所在地有影響的教員、進步學生代表以及其他人士。他們在第一期生心目中，形同「革命」的啟蒙或引路人，緣於他們當時在所在地的影響和聲望，第一期生才得以打開認識與思想的天窗，也許有些是不經意的填寫，但它反映出渴求入學者的認知、心態與思想軌跡。經過多方面的尋找與搜索，仍有一些不甚知名（以筆者淺識）的入學介紹人，無法獲得其基本情況，只好暫付闕如，存疑待考。

附表 9　民國初期各界知名人士介紹入學情況一覽表（按姓氏筆劃為序）

序號	介紹入姓名	籍貫	介紹人當時任職情況	被介紹入學的第一期生
1	于洛塵	山東	青島膠澳中學教員	于洛東
2	馬曉軍［翰東］又名漢東	廣西容縣	廣西田南道警備司令部司令兼廣西省會員警廳廳長及廣西撫河（設梧州）招撫使，廣西第七警備司令部司令，廣州大元帥府大本營參軍處參軍	甘競生
3	尹桂庭	湖南	湖南軍界	蔡粵
4	方雲棠	廣東東莞	廣州政界供職	王副乾

5	毛秉禮 [懋卿] 又名洪文	浙江奉化 溪口	原浙江省立警官學校學生，黃埔軍校軍需部官佐，（蔣中正原配髮妻毛福美的娘家兄長，中華人民共和國成立後任第四屆全國政協委員）	康季元
6	王了人	四川威遠	上海吳淞同濟大學教授	官全斌
7	王子容	山東濟南	時任山東時務報社主筆	刁步雲
8	王仁榮	廣東	原缺	胡仕勳
9	王紹佑	湖南益陽	廣東大學師範院教員	文志文、夏楚鍾 [中]
10	王柏齡 [茂如] 又名壽南	江蘇江都	前廣州大本營高級參謀，粵軍總司令部監軍，黃埔軍校籌備委員會委員	沈利廷、顧希平、王連慶、陳述、朱鵬飛、蔡昆明、顧濟潮
11	王浚山	陝西	原缺	張耀明
12	王登雲 [宗山]	陝西醴泉	前廣州大元帥府大本營英文秘書，黃埔軍校籌備委員會委員，黃埔軍校校長辦公廳英文秘書	陳志達、湯家驥、張遴選、張紀雲、何貴林、張汝翰
13	王履齋	山東諸城	原山東濟南法政中學學生	王鑱 [叔銘]
14	王懋功 [東成] 又字東臣	江蘇銅山	前廣東東路討賊軍第一軍〔軍長黃大偉〕第一旅旅長，廣州大本營參軍	洪君器
15	鄧演達 [擇生]	廣東惠陽	前任廣東西路討賊軍第一師第三團團長，受籌備委員李濟深委託參與籌辦黃埔軍校，黃埔軍校入學試驗委員會委員	廖偉、萬全策、韓浚、黃梅興、饒崇詩
16	鄧鶴鳴	原籍江西高安，生於波陽	國民黨江西臨時黨部籌備委員，中華全國學生聯合會委員，中國共產黨南昌支部幹事會成員，中共南昌支部創始人之一，參與籌組中共江西地方黨組織和國民黨黨部	熊敦
17	丘海雲	廣東澄邁	瓊州澄邁政界供職	鄧春華、李鈞
18	馮啓民	浙江	西江陸海軍講武堂教官	俞濟時
19	馮軼裴 [寶楨]	廣東新會	粵軍第二軍第四師司令部參謀長，廣東江門警備隊第一獨立團團長，建國粵軍總司令部參謀處長	黎庶望
20	馮熙周 [尊廷] 又名夙謙	廣東文昌	前廣東討賊軍瓊崖總司令，廣州大本營秘書	韓雲超
21	包惠僧 [一宇] 又字晦生 學名道享	湖北黃岡	國民黨湖北支部副主任，國民黨中央宣傳部幹事，國民黨中央黨部學員訓練班委員，中共一大代表，中共北京區執行委員會委員兼秘書，中共武漢支部書記及漢口地方執行委員會委員長	張開銓
22	盧師諦 [錫卿]	原籍江西南康寄籍四川成都	前四川靖國聯軍副總司令，廣東軍政府中央直轄第三軍軍長，廣州大元帥府禁煙督辦公署會辦	盧盛枌

23	盧振柳 [無難]	福建龍溪	廣東東路討賊軍第六路參謀長，建國粵軍第二軍總司令部參謀，廣州大元帥府大本營參軍，兼任大本營衛士大隊大隊長	周品三、楊步飛、郭遠勤、馮聖法、侯又生、羅寶鈞、鍾偉、鄧瑞安、曾昭鏡、鄭燕飛、方日英、劉幹、徐文龍、張慎階、邱士發
24	盧祥麟	浙江	浙江軍界供職	鄭炳庚
25	盧鶴軒	廣東	時在粵漢鐵路總巡處供職	王體明
26	葉仲浦	廣東梅縣	粵軍總司令部軍械處供職	蕭冀勉
27	葉紉芳	江西	上海學界供職	郭冠英
28	甘芳 [繼昌] 又號濟蒼	雲南鹽豐	滇桂聯軍第二軍〔軍長范石生〕第六旅旅長，駐建國滇軍第三旅旅長	李靖難
29	田桐 [梓琴]	湖北蘄春	孫中山指定修改黨章起草委員，前南京政府參議院議員，護法軍政府大元帥參議兼宣傳處處長	賈伯濤
30	田士捷 [沛卿]	江蘇江陰	大元帥府海軍「肇和」艦艦長，廣州大本營參軍處參軍	張彌川
31	石宜川	陝西淳化	陝西陸軍補充第三團團長	魏炳文
32	石盛祖	湖南長沙	國民黨中央執行委員會農民部幹事	黃鰲、王認曲
33	任一鳳	廣西	廣州建國宣傳學校教員，國民黨廣州建國宣傳學校特別區常務委員	謝翰周、謝永平
34	劉漢傑	廣東興寧	廣東大學法科學生	鍾斌
35	劉宏宇 [慧凡]	湖北羅田	前北京政府陸軍第十師兵站司令部參謀主任，黃埔軍校第一期第三隊副隊長及特別官佐	吳展
36	劉其淵	四川	原缺	馮士英
37	劉積學 [群式] 又名群士	河南新蔡	前廣東護法軍政府國會眾議院議員，河南自治籌備處處長，國民黨河南省支部長、臨時黨部籌備委員	劉希程、郭安宇、王之宇、侯鏡如、趙敬統、冷相佑、蕭灑、仝仁
38	劉善繼	廣西桂林	國立法科大學學生	蔣魁
39	劉德昭	湖南	湖南學界	蔡粵
40	孫甄陶 [恩陶]	福建閩侯	原廣東高等師範學校學生，國民黨中央黨部青年部秘書	梁廣烈、吳秉禮
41	安健 [舜卿] 又字舜欽	貴州朗岱〔彝族〕	前廣東護法軍政府參議，廣州大本營諮議，孫中山指派川邊宣撫使	牟廷芳、楊伯瑤
42	朱乃斌	廣西桂林	國民黨廣州市臨時區分部執行委員，廣州建國宣傳學校校長	謝永平
43	朱振英	廣東瓊山	星洲埠同文報社社長	黃珍吾
44	朱培德 [益之]	雲南鹽興	中央直轄滇軍總司令兼北伐中路軍前敵總指揮，廣州大本營參軍兼代理軍政部長，建國滇軍第一軍軍長	鍾煥全、鍾煥群
45	許濟 [崇濟]	廣東番禺	東路討賊軍第五旅旅長	唐同德

46	許崇年	廣東番禺	時任中央直轄建國粵軍總司令部稽查處處長	許錫球
47	許崇濟 [許濟] 又名佛航	廣東番禺	時任中央直轄建國粵軍第一軍第二師第七旅旅長，前廣州大元帥府參軍處科長	許錫球
48	許崇浩	廣東番禺	前廣東全省沙田清理處處長，廣東省長公署參議	許錫球
49	許崇清 [志澄] 又名芷澄	廣東番禺	廣東全省教育行政委員會政務委員，廣東省會 [廣州市] 教育局局長，國民黨廣東省臨時黨部籌備員	李就〔楚瀛〕、許錫球
50	許崇灝 [公武] 號大隱廬主	廣東番禺	廣東東路討賊軍警備司令，廣州大本營中央財政委員會委員，建國粵軍總司令部高等顧問	顧希平、顧濟潮
51	嚴重 [立三]	湖北麻城	建國粵軍第一軍第一師第三團團附兼第二營營長，黃埔軍校入學試驗委員會委員，黃埔軍校第一期教授部戰術教官	吳展
52	嚴光盛 [伯威]	湖北沔陽	黃埔軍校第一期特別官佐	李園、冷欣
53	何臧 [紹九]	江西貴溪	中央直轄第一軍司令部中校副官，建國贛軍混成第一旅司令部副官長	呂佐周
54	何克夫 [筱園] 又名知止	原籍廣東番禺生於廣東連縣	廣東連陽綏靖處處長，中央直轄粵軍第一混成旅旅長	廖子明
55	何應欽 [敬之]	貴州興義	前黔軍總司令 [盧燾] 部參謀長，廣州大元帥府大本營軍事參議，黃埔軍校第一期戰術總教官	王慧生
56	冷遹 [御秋]	江蘇丹徒	廣東護法軍政府總參議兼內政部代部長，前北京政府將軍府平威將軍，上海中華職業教育社社長	韓之萬
57	吳嵎 [杲明]	浙江寧波	黃埔軍校第一期上尉特別官佐	竺東初、俞濟時、陳志達、張紀雲、樓景樾
58	吳雲青	廣東瓊崖	廣東省立工業專門學校就學	鄭述禮
59	吳次山	浙江	廣州市小北門外講武堂	張人玉
60	吳希貞 [聘儒] 名希真、庠生	陝西幹縣	前討袁軍西路軍司令，靖國軍左路第一支隊司令，陝西省臨時議會議員，國民黨陝西省臨時黨部籌備委員	周鳳岐
61	吳紹基	廣東	國民黨廣州市第十二區分部委員	梁冠那
62	宋世科	安徽六安	廣東東路討賊軍暫編第一統領部統領	李字梅〔自迷〕
63	宋榮昌 [耀初]	雲南昆明	原駐粵建國滇軍總司令部參議，黃埔軍校籌備委員會委員、入學試驗委員會委員及軍醫部主任	余安全

64	應山三 [時泮] 原名振	浙江仙居 [又武義]	粵軍總司令部廣州行營參謀處參謀，建國粵軍第二軍總司令部副官，前浙江省長公署衛隊隊長	許永相
65	張權	廣東文昌	瓊崖旅省學會〔會館〕負責人	張運榮
66	張炎	安徽六安	上海統計專門學校學生	彭千臣
67	張書訓	江西	原缺	王步忠
68	張民達	廣東梅縣	前國民黨南洋聯絡委員，廣東東路討賊軍第八旅旅長，建國粵軍第二師師長	張淼五、張偉民
69	張永福 [祝華] 又名叔耐	廣東饒平	中國國民黨南洋支部長，星洲埠前同德報社社長及新國民日報主筆，北伐軍大本營諮議	黃珍吾
70	張兆辰 [星白]	浙江縉雲	時在浙江軍界供職	朱炳熙
71	張光祖	浙江金華	國民黨廣州市長堤第五區、第六區分部常務委員	張人玉
72	張啓榮	廣東羅定	廣東軍界供職	王作豪
73	張國森 [張猛]	廣東新會	廣東東路討賊軍粵軍部步兵團團長	譚煜麟
74	張治中 [文白]	安徽巢縣	前駐粵桂軍總司令部參謀，建國桂軍第四師司令部參謀長兼桂軍軍官學校學員大隊大隊長	洪君器
75	張祖傑	廣東新會	廣東政界供職	張鎮國
76	張家瑞 [席卿]	浙江奉化	黃埔軍校籌備委員會委員，入學試驗委員會委員，黃埔軍校校長辦公室少校中文秘書	竺東初、康季元、陳琪、蔣孝先、蔣國濤
77	張難先 [義癡] 又名輝灃	湖北沔陽	廣東西江善後督辦公署參議，廣東肇慶西江講武堂教官，廣西梧州善後處參議	韓浚
78	李傑	湖南平江	駐粵湘軍總司令部軍務處副官	潘學吟
79	李向渠	湖南安化	廣東東莞虎門要塞司令部參議	吳重威
80	李國柱	湖南嘉禾	討賊軍第八路司令，中央直轄第一軍第六旅旅長，廣州大元帥府軍事委員會委員及參議官	李青
81	李懌豪	廣東茂名	原缺	梁文琰
82	李明揚 [師廣] 又名健	安徽蕭縣	廣西護國軍總指揮部高級參謀，贛軍第一梯團司令，駐粵贛軍第一旅旅長，駐粵建國贛軍司令	鍾煥群、郭禮伯
83	李雨村	安徽壽縣	國民黨安徽壽縣臨時黨部籌備委員，前安徽蕪湖公立職業學校教員	曹淵

84	李濟深 [任潮]	廣西蒼梧	討賊軍第四軍第一師師長，西江善後督辦公署督辦，黃埔軍校籌備委員會委員	林大墳、周秉璀、張君嵩、李國幹、鍾洪、李蔚仁、李均煒、張少勤、葉彧龍、林朱樑、伍誠仁、杜從戎、周澤甫
85	李根澐 [根沄]	雲南騰沖	滇軍混成旅旅長，建國滇軍第三軍第七師師長	袁嘉猷
86	李綺庵	廣東臺山	國民黨美洲支部長，原廣東討賊軍第二路司令，廣東非常大總統府諮議，國民黨中央僑務委員會委員	胡仕勳
87	李鴻柄	湖南	時在贛軍供職	曹日暉
88	李福林 [登同] 原名兆桐	廣東番禺	前廣東路討賊軍第三軍軍長，建國粵軍第三軍軍長，廣東全省警備處處長，廣州市市政廳廳長	張瑞勳、王彥佳、唐雲山、李文亞、王文偉
89	杜羲 [宥前] 號友荃、仲宓	河北靜海	廣州非常大總統府參議，北伐警備軍參謀長兼討逆軍中路軍參謀長	李伯顏
90	楊伯康	陝西雒南	陝西陸軍山（西）陝（西）軍第一混成旅旅長	王廷柱、陶進行
91	楊虎臣 [虎城] 又名虎冬	陝西蒲城	前陝西靖國軍第三路司令，陝西靖國軍蒙邊司令，委派代表姚丹峰出席國民黨一大	史仲魚、王汝任、賈春林
92	沈氣含	原缺	國民黨廣州特別區黨部區分部供職	鮑宗漢
93	沈應時 [存中] 別號聲夏	江蘇崇明	前建國粵軍總司令部參議，黃埔軍校籌備委員會委員	嚴武
94	沈鴻　 [鴻柏]	廣東文昌	國民黨麻六甲埠支部長，前瓊州明新實業公司董事	黃珍吾
95	邱鴻鈞 [伯衡] 又作丘鴻鈞	湖北黃陂	前東路討賊軍第二軍第三旅旅長，廣州大本營參軍	張彌川、邱安民
96	邵力子 [仲輝] 原名夙壽，又名聞泰	浙江紹興 [一說浙江餘姚]	國民黨上海執行部工農部秘書，上海共產主義小組成員，前上海民國日報社記者，兼上海大夏大學教授，	趙履強、李榮、周啓邦
97	陸涉川	廣西蒼梧	廣州西路討賊軍總司令部秘書	陳公憲
98	陳復 [孔熙] 又名孔西	江蘇海門	前建國粵軍總司令部參謀處副官，建國粵軍第二軍總司令部參謀，黃埔軍校第一期第一隊副隊長	鄭凱楠
99	陳善	廣東文昌	國民黨廣東區支部供職	陳應龍、張運榮
100	陳群 [人鶴]	福建閩侯	廣州大本營黨務處處長，大本營宣傳委員會委員	陳金俊
101	陳文山	廣東雲浮	廣東東路討賊軍第三軍第十旅旅長	梁廷驤
102	陳叔舉	廣東	原缺	袁滌清

103	陳宗舜［瑞垣］又名昂德，別號剛叟	廣東文昌	前文昌縣縣長，時任廣東東路討賊軍前敵總指揮部參議，第一路司令部秘書	陳應龍
104	陳空如	浙江	廣州大本營參謀處供職	鄭坡
105	陳振麟	山西離石	前北京政府參議院參議員、上海國會議員，國民黨山西省臨時黨部籌備委員，山西省參議會參議	薛蔚英
106	陳益欽	浙江	上海市區芝罘路眼科醫院醫師	鄭坡
107	陳清河	湖南	時任中學教員	郭一予
108	陳維儉［廉齋］原名惟儉	浙江平湖	浙江省會員警廳督察長	江世麟
109	陳肇英［雄夫］又名元隆	浙江浦江	粵東路討賊軍第一路司令官暨駐粵湘軍講武學校校長	印貞中、洪顯成
110	周況	湖南	時在贛軍供職	曹日暉
111	周日耀	浙江奉化	廣東省長公署農技士	周天健
112	周學文	江蘇	時為上海大學學生	李岑
113	周潤芝	湖南益陽	廣州鹽運使署秘書	文志文、夏楚鍾［中］
114	孟民言	山東長清	山東青島膠澳中學學監兼國文教員	李子玉、李仙洲
115	岳森［宏群］	湖南邵陽	時任駐粵湘軍總司令部參謀長	顏逍鵬、蕭振武
116	岳相如［冠卿］	安徽鳳台	正陽、長淮貞警廳廳長，安徽六安討伐張勳淮軍總指揮，壽縣、鳳台淮上討馬［聯甲］自治軍司令	許繼慎、楊溥泉
117	林業明［煥廷］	廣東順德	前廣東護法軍政府秘書處秘書，創辦上海民智書局及華強書局，中國國民黨上海本部財政部部長	邢國福
118	林國楨	廣東	廣州政界供職	王副乾
119	林秉銓	廣東文昌	國民黨廣東臨時黨部總務部錄事，廣東省會公安局印花稅部職員	黎崇漢
120	林柏山	廣東文昌	廣東學界	謝維幹
121	林樹巍［拯民］	廣東信宜	前廣東高雷討賊軍總司令兼高雷綏靖處處長，廣東西路討賊軍粵軍第五師師長，建國桂軍第五師師長	黃彰英、張鎮國、梁漢明、李武、甘達朝、董煜、吳斌、鄧經儒、薛文藻、甘清池
122	歐陽豪	江西吉安	中央直轄第三軍司令部參謀，前江西憲兵司令官	盧盛枌
123	竺鳴濤［明道］	浙江嵊縣	國民黨日本東京總支部成員，少年革命再造黨組織者之一，廣東江防司令部參謀	趙履強、李榮、陳圖南
124	練炳章［郁文］	廣東歸善［今惠陽］	前廣東東路討賊軍第三軍軍長，建國粵軍第三軍司令部參謀長兼建國粵軍講武堂教育長，廣州大本營諮議，	張瑞勳、王彥佳、王文偉
125	羅俊	廣東惠陽	廣東惠州安撫使署參謀長	黃奮銳

126	羅翼群 [逸塵] 原名道賢	廣東興寧	前廣東東路討賊軍第二軍司令部參謀長兼第九師師長，廣州大本營兵站總監、軍需總局局長	羅倬漢
127	范石生 [筱泉] 別號小翁	雲南河西	中央直轄駐粵建國滇軍第二軍軍長，廣州大元帥府中央財政委員會委員，廣東禁煙督辦公署會辦	何紹周
128	鄭心廣	廣東文昌	泰國曼谷僑商鄭汝常 [心平] 胞兄，國民黨中央執行委員會派駐暹羅總支部特派員	邢國福
129	俞飛鵬 [樵峰]	浙江奉化	前建國粵軍總司令部審計處代處長，孫中山指定黃埔軍校籌備委員會委員	陳述、萬少鼎
130	姚雨平 [宇龍] 原名士雲，別號立人	廣東平遠	大本營中央直轄警備軍司令，前惠州安撫使，廣東東江治河督辦公署督辦	唐震、梁錫祜、黃奮銳
131	胡思舜 [思清]	雲南大姚	中央直轄建國滇軍第五師師長	蔣森、凌光亞
132	費公俠	浙江嘉興	浙江省立第二師範學校教務長	陳圖南
133	趙傑	廣東文昌	豫魯招撫使署供職	龔少俠、林冠亞、周士第
134	趙治人	四川	上海大學供職	楊晉先
135	趙亮行	原缺	原缺	譚計全
136	鍾文才	福建永定	廣東軍界供職	張作猷、張樹華
137	鍾世英 [奏凱]	江西分宜	廣州大本營參謀部警備司令官，贛軍先鋒司令及東路軍總指揮部參議，海軍警備隊司令部顧問	雷德
138	鍾震岳 [嵩昂]	江西萍鄉	前閩贛邊防督辦公署秘書長，駐粵贛軍司令部軍需正，廣州大元帥府參謀處秘書	吳重威
139	鈕永建 [惕生] 別字孝直	江蘇松江 [今上海]	孫中山指派上海國民黨黨務聯絡特使，前廣州大元帥府參謀次長兼兵工廠廠長	睦宗熙、韓之萬、蔣超雄、冷欣
140	饒寶書	江西臨川	國民黨廣東支部供職	范振亞
141	凌昭	浙江	國民黨上海市區分部供職	朱炳熙
142	唐自剛	湖南湘潭	湖南長沙湘江中學教員	趙自選
143	徐德	雲南順寧	廣州江防司令部司令官	趙定昌
144	徐孝植	雲南鎮南	駐粵滇軍第三師司令部軍法處軍法官	余安全
145	徐希三	安徽太平	原缺載	朱鵬飛
146	徐樹桐	浙江	原載：未詳	宣鐵吾
147	莫雄 [志昂] 原名仁	廣東英德	前中央直轄第一軍第一旅旅長，廣東東路討賊軍第七旅旅長	張偉民
148	莫紹宣	廣東茂名	教員	梁文琰
149	袁家聲 [子金]	安徽壽縣	前安徽淮上軍討馬〔聯甲〕自治軍總司令，柏文蔚北伐討賊軍第二軍司令部顧問	徐石麟、廖運澤

150	郭淵毅	廣東香山	國民黨海外同志會總理	鄭漢生
151	錢大鈞 [慕尹]	江蘇吳縣	粵軍第一師司令部參謀，建國粵軍第二軍總司令部參謀等職，黃埔軍校入學試驗委員會委員	嚴武
152	顧忠琛 [藎忱]	江蘇無錫	前江蘇軍政府參謀廳廳長，國民黨本部軍事委員會委員，北伐討賊軍第四軍軍長	張志衡、侯靄釗
153	顧祝同 [墨三]	江蘇漣水	廣東東路討賊軍總司令（許崇智）部參謀處（參謀長蔣介石）副官、代理副官長，建國粵軍總司令（許崇智）部參議，黃埔軍校第一期戰術教官	嚴武、王連慶
154	曹桂生	原缺	原缺	譚計全
155	梁龍 [雲從]	廣東梅縣	前北京法政大學校長，國立廣東大學法學院院長	梁幹喬、梁錫祜
156	梁祖蔭	江西	廣州大本營軍政部軍法處處長	王步忠
157	符蔭	廣東文昌	廣東軍界供職	謝維幹、邢鈞
158	符兆光	廣東文昌	星洲埠同文報社編輯部長	黃珍吾
159	符和琚	廣東文昌	文昌教育界供職	李鈞
160	蕭友松 [挹森]	江西萬安	前任建國粵軍第一軍總司令部參謀，黃埔軍校少校戰術教官	王步忠
161	蕭君勉	廣東興寧	粵軍總司令部軍械處供職	蕭冀勉
162	黃元白 [增耄]	廣東羅定	北京政府國會眾議院議員，前日本慶應大學政治學博士，廣東省臨時參議會議員	王作豪
163	黃廷英	浙江諸暨	交通傳習所畢業，國民外交後援會廣州辦事處秘書	唐星
164	黃沙述	原缺	原缺	唐星
165	黃昌谷 [貽蓀]	湖北蒲圻	廣州大元帥府行營金庫長，大元帥府秘書處秘書兼廣州大本營會計司司長	彭善
166	黃明堂 [德明]	廣東欽州 [今廣西]	中央直轄建國粵軍第二軍 [後編為第四軍] 軍長，廣東南路討賊軍總司令	林英、王雄
167	黃紹竑 [季寬]	廣西容縣	孫中山指派中央直轄西路討賊軍第五師師長，廣西善後督辦（李宗仁）會辦，廣西全省綏靖處督辦（李宗仁）公署會辦兼第二軍軍長，新桂系集團三首領之一	呂昭仁
168	黃振家	原缺	廣東高等師範學校學生	梁廣烈
169	黃練百 [練百]	廣東惠陽	大本營中央直轄警備軍司令部參謀	唐震
170	傅慧初	安徽英山	上海學界	傅維鈺

171	喻育之	湖北黃陂	前福建北伐軍指揮部軍法處處長，孫中山派駐滬黨務聯絡員，國民黨上海特別區幹事，國民黨湖北省臨時黨部籌備委員	丁炳權
172	彭國鈞 [泉舫] 原名深梁	湖南安化	前湖南省臨時議會議員，國民黨湖南省黨部改組委員會特派委員，駐粵湘軍總司令部秘書	宋希濂
173	彭武勣 [武揚] 又名公葳	江西萍鄉	駐粵贛軍總司令部參謀，駐粵滇軍第一軍 [軍長朱培德] 軍官學校教育長，建國滇軍第一軍第一師第二團團長	王懋績
174	曾醒 [女]	福建福州	原廣州執信女子學校校長，時任國民黨中央執行委員會婦女部代部長及廣東臨時黨部婦女部部長	鄭漢生
175	曾則生 [兢存] 又繁仁、忠恕	廣東鎮平 [今蕉嶺]	孫中山桂林大本營軍士教導隊隊長，廣東東路討賊軍步兵團團附，建國粵軍第四軍獨立旅代旅長	嚴武
176	曾貴吾 [其吾]	四川	南方大學設於上海宜昌路政治科訓練班教員、事務主任，國民黨上海區臨時分部執行委員	程式、張雄潮
177	董蘅 [亦湘]	江蘇武進	國民黨上海執行部供職，前商務印書館助理編輯，中共上海地方執行委員會第二組（商務印書館）組長，上海大學社會學系兼職教員	柴輔文
178	蔣鰲	江蘇	軍界供職	樓景樾
179	覃壽喬	廣西武宣	中央直轄贛軍第一梯團團長	陳文清
180	謝重潘	湖南	湘軍第四軍總司令部軍需正	成嘯松
181	謝維屏 [辰宸]	廣東電白	孫中山指派四邑高雷軍事委員，廣東東路討賊軍警備第二團團長，北伐軍第二支隊司令	鄧經儒
182	謝殿光	廣東臨高	瓊州那大政界供職	鄧春華
183	韓覺民	貴州普定	上海《新建設》雜誌社主任，上海大學社會系教員，後接部中夏任上海大學校務長	唐際盛、伍文濤
184	滿超然	河南鎮平	建國豫軍討賊軍總司令 [樊鍾秀] 部副官長	李正韜
185	藍玉田	福建建寧	建國粵軍總司令部供職	張作猷、張樹華
186	藍餘熱 [疑係藍裕業]	廣東興寧 又大埔	原廣東高等師範學校學生，時在國民黨中央黨部供職	陳天民、吳秉禮
187	賴翰伯	原缺	廣東西路討賊軍第三師營長	陳沛
188	靳經緯	貴州安順	上海《新建設》雜誌社編輯	伍文濤、宋思一、蔡光舉、劉漢珍、陳泰運

189	廖元震	廣西武宣	中央直轄第七軍警衛團團長	陳文清
190	廖梓英 [子英]	安徽淮南	前柏文蔚淮上軍第一軍司令部參謀，《建設日報》編輯，北伐討賊軍第二軍顧問	姚光鼐、廖運澤
191	廖湘芸 [湘沄]	湖南祁陽 [又安化]	前護法湘軍縱隊司令，廣州大元帥府參軍處參軍，廣東東莞虎門要塞司令，駐粵桂軍第二師師長	王馭歐
192	熊耿 [籟生]	廣東梅縣	廣州大本營撫河船務管理局代理局長，粵海防司令部秘書長	胡博、謝清灝
193	管鵬 [昆南] 又名應鵬	安徽壽縣	國民黨中央執行委員會宣傳委員會委員，國民黨安徽總支部籌備處處長	江霽、彭干臣、曹淵、孫天放、徐宗垚
194	譚元貴	廣東瓊山	國民黨南洋芙蓉埠支部長	黃珍吾
195	譚啓秀 [啓秀]	廣東羅定	前粵軍第二路軍第三統領，中央直轄廣東西路討賊軍第一路司令	譚其鏡、譚寶燦
196	譚志賢	廣東羅定	廣東省立第一中學教員，廣東省政府財政廳科員	譚其鏡
197	譚影竹 [影竺]	湖南瀏陽	湖南省工團聯合會委員，中國共產黨長沙地方委員會書記及中共長沙鉛印活版工會支部書記	游步仁、陳子厚
198	潘石堅	原缺	西路討賊軍第六師第二十一團營長	成嘯松
199	潘歌雅	原缺	廣州市公安局警備科科長	何學成
200	黎棠英	原缺	廣州軍界供職	邢鈞
201	薛子祥	安徽壽縣	柏文蔚北伐討賊軍第二軍司令部顧問	徐石麟、姚光鼐、許繼慎、楊溥泉
202	戴岳 [希鵬] 原名哲人，別號笠庭	湖南邵陽	駐粵湘軍第一混成旅旅長，中央直轄建國湘軍第二師師長，駐粵湘軍總司令部國民黨臨時黨部籌備委員	戴文
203	戴戟 [孝悃] 又名光祖	安徽旌德	前粵軍第一師第四團團附、團長，廣東肇慶西江陸海軍講武堂堂長	劉鑄軍、譚輔烈、陳皓、李樹森、申茂生、孫常鈞、余海濱
204	戴曉雲 [述人]	湖南衡陽	湖南省工團聯合會委員，中國社會主義青年團湖南湘區委員會書記，前任青年團團長沙地方委員會書記及衡陽、耒陽地方負責人，青年團二大代表	游步仁

　　從上表所反映的情況，我們至少看到以下幾方面特點：一是介紹人幾乎遍及全國各省，涉及社會各界名流。其中：中國國民黨在各地的籌備人或組織者，例如：田桐、劉積學、張永福、陳振麟、曾醒、管鵬等；中國國民黨海外支部領導人李綺庵、馮熙周、鄭心廣、沈鴻柏等；

二是中共地方黨團組織早期領導人，也參與第一期生推薦與招生事宜，例如：董亦湘、鄧鶴鳴、譚影竹、戴曉雲等；三是進步民主人士，如鄧演達、邵力子、包惠僧、羅翼群、范石生；四是各地社會各界名流，如：冷遹、喻育之、張難先、許崇清等；五是各地軍事派系或集團高級將領，如黃紹竑、朱培德、許崇智、姚雨平等；六是在黃埔軍校任職任教的將校軍官，如：李濟深、何應欽、王柏齡、俞飛鵬、顧祝同、張治中、錢大鈞等；七是廣東和廣西地方軍事派系將領，如李福林、馬曉軍、張民達、何克夫等。

　　從上表反映出的基本情況，我們至少可以看出一些規律性和傾向性的端倪。

　　一是政治傾向方面，歷史上的軍事教育機構，似乎從未表現出比較明顯的政治方面原因的傾向，到了辛亥革命以後，隨著西方民主政治觀念的傳入，才開始有了滋生政黨的土壤。真正具有組織、目標現代意義、以及政治路線的政黨誕生，大致是從孫中山組建中華革命黨為開端，到了改組後的中國國民黨，政黨與執政的結合才表現出明顯的政治傾向現實性和功利性。中國國民黨和中國共產黨是中國現代社會幾乎同時崛起的兩大政黨，然而在二十世紀二十年代初期，中國國民黨因為有了民主革命先驅者孫中山先生，在許多方面還是比較中國共產黨擁有較為廣泛的基礎和影響，因此在第一期生推薦和招生方面之政治傾向，起著主導作用和影響的因素還是來自於中國國民黨，中共於當時所起作用與影響次於前者，這是歷史存在之事實。

　　二是地域鄉情方面，在過去舊中國，凡是涉及社會基礎和人文變遷的事情，都會與此發生關聯。在封閉而禁錮的封建社會形態中，倚仗本地宗族親緣、朋黨親友、地域鄉情滋生的地方勢力，以及逐漸擴張和膨脹的宗族勢力集團，影響和滲透著社會組織的方方面面，特別是在軍閥、集團、派系、會黨甚至政黨結成的年代，地域鄉情更是無孔不入的深入侵蝕社會生活的各個角落。第一期生的舉薦、介紹和招生，同樣貫

穿著這張有形無形之網路，幾乎可以肯定，所有學員的推薦、介紹、投考和入學的緣由均與此有關。

　　三是部屬延攬方面，有相當一部分第一期生，具有學前社會經歷和任職，這種服務社會和任職經歷，使得他們有機會與社會流行或時髦的事務發生聯繫，特別是他們曾經服役和任職的駐粵外省軍隊，由於長官的引薦和提攜，一部分第一期生是通過部屬延攬途徑進入黃埔軍校學習。

　　四是師生舉薦方面，第一期生有相當部分人的文化教育程度較高，經歷過各個階段學歷或專科教育的學員也不在少數，當年各地從事文化教育事業的教授、學者和社會名流，實際也是當時國民革命運動的開拓者、先驅者或引領人，這種師生關係或者文化教育層面的求學關係，也使得第一期生進入黃埔軍校的機遇相當高。因此，通過師生或求學關係入學者也不在少數。

第四節　政黨與軍事的首次結合：開創民族軍事教育先河

　　受到西方資產階級民主政治的影響，中國的政黨從近代開始參與國家的政治規劃，包括政治設計和政治制度的比較與選擇。孫中山先生在1914 年改組成立了中華革命黨，二十世紀二十年代初演進為中國資產階級民主政黨—國民黨。由此可以推測，從現代中國開始，政黨才與軍事甚或軍隊發生了關聯。從黃埔軍校的創建開始，政黨的組織及其成員，才開始進入軍校、軍隊乃至軍事領域。所有這一切的政治變革，意味和預示著西方資本主義國家的政黨模式，參與甚至主導國家軍政事務之理念的開端。具有現代意義的政黨或政治勢力集團，第一次以社會「進步力量」的姿態，開始影響、作用和主導國家政體的走向與趨勢。中國國民黨在二十世紀二十年代初期崛起，成為影響並左右當時中國軍政的最大政黨。

　　以孫中山為總理的中國國民黨，以黃埔軍校為契機，開創了現代中國的政黨與軍事的首次結合，也就是說，政黨依仗政治強勢力量（歷史

的評述：政黨對進步或落後的作用力並不是對等的），為推行政黨的政治路線、政治制度，締造和組建武裝力量甚至國家意義之軍隊，實現政黨既定的治理國家之最終目標。政黨介入軍事的最初切入口，是通過軍事教育和軍校教育兩種途徑實施的。中國國民黨正是通過創辦初級軍官學校推行政黨軍事教育這一途徑，著力締造了屬於其執政黨的軍事力量。政黨與軍事之結合體黃埔軍校，開創了現代政黨與民族軍事教育相結合之先河。

早期執政廣東的中國國民黨與第一期生加入國民黨情況簡述：

> 廣東是孫中山先生進行辛亥革命和國民革命運動的中心和策源地，孫中山及其革命黨人在廣東有著深厚的政治基礎和社會影響，早期執政於廣東的中國國民黨，更是以廣東為根據地，造成了「革命大勢」。黃埔軍校是孫中山先生倡導下建立的「一文一武」現代教育機構，廣東大學——中山大學與黃埔軍校是二十世紀二十年代中期最有影響的、承載革命與時代精神的兩所學校。投考黃埔軍校如同進入廣東大學，同樣是當時廣東革命青年和有志學子追求和嚮往的目標。

1924 年 1 月中國國民黨一大在廣州召開，標誌著作為中國資產階級民主政黨的中國國民黨，進入到一個新的歷史時期。在黃埔軍校招生與報考之際，中國國民黨一大代表和第一屆中央執行委員會組成人員的大多數人均在廣州，奉命返回本省的中國國民黨地方領導人，在其活動的區域內，開展了秘密或半秘密狀態的黃埔軍校學員招生和推薦報考事宜，在這種情形下，形成了黃埔軍校的生源是來自全國各地四面八方的效應。於是，被推薦報考黃埔軍校的青年，在此前後也相繼辦理了加入中國國民黨的必要手續，儘管此時的中國國民黨地方組織尚未建立完

善，人員尚未充實，但是，二十世紀二十年代初期的中國社會與老百姓
當中，中國國民黨的知名度和影響力連同號召力，確實比組建之初和萌
芽狀態的中共要超前許多，這是一個必須面對的歷史事實。況且，《詳細
調查表》所指向的入黨介紹人，明確顯示是加入中國國民黨的介紹人。
在下表顯示的情況看，在國共合作的特殊歷史情況下，一些中共早期領
導人成為第一期生填報加入中國國民黨的介紹人，從另一側面反映了當
時的某些歷史特徵。

　　從《詳細調查表》提供的資訊，我們可以看到，入黨介紹人的情
形與入學介紹人基本相近，所不同的情況是，由於入黨介紹人是集中于
本表反映，因此彙集有 391 名民國知名人物的當時任職和基本情況，表
格顯得過於冗長。經過筆者的資料收集和整理，基本反映出當年這些曾
對第一期生髮生某種影響和關聯的人物情況，他們當中有些人的資料情
況，首次披露於出版物，對於啟發和誘導人們對某些民國人物的再認
識，對於後人或有志研究者，或許是新鮮資料和發掘線索，引發人們作
進一步的研究和探討，希望能起到「穿針引線」之功效。

附表 10　學員自填入國民黨介紹人情況一覽表（按姓氏筆劃為序）

序號	介紹人姓名	籍貫	介紹人當時任職情況	被介紹入國民黨第一期生
1	丁惟汾 [鼎丞] 又作鼎臣	山東日照	前北京政府第一屆國會眾議院議員，孫中山指派國民黨一大代表〔山東省〕，國民黨第一屆中央執行委員，國民黨北京執行部籌備委員	于洛東、石美麟
2	萬黃裳 [雲階] 別號石夫	湖南湘陰	前中華革命黨湖南支部參議，廣州大元帥府秘書長，大本營秘書及軍需總監，中央直轄建國粵軍總司令部參議	萬少鼎
3	于右任 [伯循]	陝西三原〔一說陝西涇陽〕	前陝西靖國軍總司令、討賊軍西北第一路軍總司令，國民黨第一屆中央執行委員，當時兼任上海大學校長	李紹白、劉仲言、魏炳文、王太吉 [泰吉]、劉慕德、穆鼎丞、張其雄、田毅安、李培發、鄭子明、張德容、王克勤、史仲魚、周鳳岐、湯家驥、杜聿昌、周誠、劉雲龍、

				樊秉禮、譚肇明、張耀明、朱祥雲、王定一、趙廷棟、王敬安、傅權、張汝翰、周公輔、賈春林、楊顯、李榮昌、趙雲鵬、徐經濟、馬維周、黎青雲、馮樹淼、高致遠、陶進行、馬志超、王惠民
4	于樹德[永滋]	河北靜海	孫中山指派國民黨一大代表〔直隸省〕，國民黨第一屆中央執行委員，中共三大代表，原任天津法政學堂教員，1922年1月以中國代表團天津新中學會代表身份出席在莫斯科召開的遠東各國共產黨及民族革命團體第一次代表大會	何盼
5	馬湘[天相]吉堂、修鈿	廣東新寧〔臺山〕	華僑討袁先鋒敢死隊員，廣州大元帥府衛士隊副隊長，廣州大本營侍衛副官，大本營參軍處副官	杜成志
6	馬念一	湖北漢口	以中國代表團青年團員代表身份出席在莫斯科召開的遠東各國共產黨及民族革命團體第一次代表大會，後以留日學生代表身份出席在南京召開的中國社會主義青年團第二次代表大會，時任中國社會主義青年團武漢地方委員會委員長	徐會之
7	馬耘吾	湖南茶陵	駐粵湘軍總司令部參議官	顏逍鵬
8	文郁周	四川重慶	重慶教育界服務	楊晉先
9	毛澤東[潤之]	湖南湘潭	國民黨一大湖南省代表，國民黨第一屆候補中央執行委員，國民黨上海執行部文書科代理主任、組織部秘書，時為中共第三屆中央委員、中央局委員和秘書。	趙柟
10	王度	廣東連縣	廣東連陽綏靖處參謀	廖子明
11	王鈞	廣東瓊山	粵軍第三軍獨立團團長	吳秉禮
12	王祺[淮君]	湖南衡陽	前湖南護國軍總司令部秘書長，廣州大本營軍政部秘書	李正華
13	王了人	四川威遠	上海吳淞同濟大學教授	官全斌
14	王樂平	山東濟南	前北京政府國會議員，孫中山指派國民黨一大代表〔山東省〕，山東濟南齊魯書社社長	項傳遠、李延年、李玉堂、李仙洲、刁步雲、李殿春、于洛東、王鑣〔叔銘〕

15	王用賓 [太蕤] 又名利臣	山西猗氏	孫中山指派國民黨一大代表，前中國國民黨本部參議兼北方黨務特派員，時任廣州大本營參議及奉派北方軍事委員	王國相、白龍亭、徐象謙 [向前]、李子玉、趙榮忠、朱耀武、郭樹械、李捷發、任宏毅、孔昭林、薛蔚英
16	王亞明	四川	北京法政大學校學生	蕭洪、胡遜 [胡道]
17	王先堯	廣東文昌	國立廣東法科大學學生	邢鈞
18	王體端 [莊持]	廣東東莞	前粵軍第一軍第一師第一旅旅長，建國粵軍第二軍司令部顧問	王體明
19	王聲聰 [覺仁]	廣東文昌	黃埔軍校第一期第二隊中尉區隊長	鄭洞國
20	王昌瑋	廣東	廣東新會教育界供職	謝維幹
22	王法勤 [勵齋]	河北高陽	國民黨第一屆中央執行委員，前北京政府參議院議員，兼任國民黨中央黨務審查會委員	江鎮寰
23	王柏齡 [茂如] 又名壽南	江蘇江都	前廣州大本營高級參謀，粵軍總司令部監軍，黃埔軍校籌備委員會委員	韓之萬、王連慶、王慧生、范馨德、陳述、朱鵬飛
24	王維新	江西贛縣	北京法政大學學生	陸傑
25	王登雲 [宗山]	陝西醴泉	前廣州大元師府大本營英文秘書，黃埔軍校籌備委員會委員，黃埔校校長辦公廳英文秘書	趙勃然、史仲魚、湯家驥、劉雲龍、關麟徵、張紀雲、鄭承德、丁琥、何貴林、張汝翰、嚴崇師
26	王履齋	山東諸城	原山東濟南法政中學學生	王鏞 [叔銘]
27	王懋功 [東成] 又字東臣	江蘇銅山	前廣東東路討賊軍第一軍〔黃大偉〕第一旅旅長，廣州大本營參軍	洪君器
28	鄧塏	四川	成都志成法政專門學校教員	程式
29	鄧及剛	四川重慶	重慶教育界服務	楊晉先
30	鄧漢鍾	廣東雲浮	廣州聖三教會學校肄業學生	梁廣烈
31	鄧演達 [擇生]	廣東惠陽	前任廣東西路討賊軍第一師第三團團長，受籌備委員李濟深委託參與籌辦黃埔軍校，黃埔軍校入學試驗委員會委員	周秉璋、廖偉、蕭乾、郭安宇、鮑宗漢、鄭凱楠、潘德立、成嘯松、李強之、何基、黃德聚、黃杰、張少勤、梁幹喬、夏楚中、謝聯、王之宇、潘國驄、鄧經儒、關麟徵、韓浚、葉彧龍、林朱樑、張彌川、朱然、劉保定、賈伯濤、王馭歐、譚其鏡、潘佑強、王作豪、梁廷驤、袁守謙、張瑞勳、霍揆彰、侯鏡如、伍誠仁、何學成、李鈞、譚計全、王副乾、杜從戎、黎庶望、李就 [楚瀛]、李靖難、吳展、蔡昆明、黃梅興

32	鄧鶴鳴	原籍江西高安，生於波陽	國民黨江西臨時黨部籌備委員，中華全國學生聯合會委員，中共南昌支部幹事會成員，中共南昌支部創始人之一，參與籌組中共江西地方黨組織和國民黨黨部	譚鹿鳴、李漢藩
33	鄧鶴琴	廣東	廣東新會教育界供職	謝維幹
34	丘海雲	廣東澄邁	瓊州澄邁政界供職	鄧春華
35	馮啓民	浙江	西江陸海軍講武堂教官	俞濟時
36	馮劍飛	貴州盤縣	前廈門大學文科生，黃埔軍校第一期第一隊學員	何紹周
37	馮熙周 [尊廷] 又名夙謙	廣東文昌	前廣東討賊軍瓊崖總司令，廣州大本營秘書	韓雲超
38	包惠僧 [一宇] 又字晦生 學名道享	湖北黃岡	國民黨湖北支部副主任，國民黨中央宣傳部幹事，國民黨中央黨部學員訓練班委員，中共一大代表，中共北京區執行委員會委員兼秘書，中共武漢支部書記及漢口地方執行委員會委員長	趙子俊、徐會之
39	盧漢輔	江西南康	中央直轄第三軍〔軍長盧師諦〕司令部少校候差	盧盛粉
40	盧樹奇	江西南康	中央直轄第三軍〔軍長盧師諦〕司令部少校候差	盧盛粉
41	盧振柳 [無難]	福建龍溪	廣東東路討賊軍第六路參謀長，建國粵軍第二軍總司令部參謀，廣州大元帥府大本營參軍，兼任大本營衛士大隊大隊長	周品三、周振強、楊步飛、馮聖法、羅寶鈞、鍾偉、曾昭鏡、鄭燕飛、張慎階、邱士發
42	盧祥麟	浙江	浙江軍界供職	鄭炳庚
43	葉劍英 [宜偉]	廣東梅縣	前建國粵軍第二軍第八旅參謀長、第二師參謀長，黃埔軍校籌備委員會委員	楊挺斌、謝清灝、梁錫祜、梁幹喬、葉幹武
44	葉衍蘭	廣東曲江	教育界供職	潘學吟
45	葉楚傖 [小鳳] 原名單葉	江蘇吳縣	孫中山指派國民黨一大代表〔上海特別區〕，原上海民國日報主筆，國民黨第一屆中央執行委員，國民黨上海執行部常務委員兼青年婦女部部長	董仲明、周士冕
46	石宜川	陝西淳化	陝西陸軍補充第三團團長	魏炳文
47	石盛祖	湖南	國民黨中央執行委員會農民部幹事	賀聲洋
48	任一鳳	廣西	廣州建國宣傳學校教員，國民黨廣州建國宣傳學校特別區常務委員	王公亮、謝永平
49	伍藭梧 [藭梧]	湖北黃陂	上海政界供職	邱安民

50	伏彪	江蘇東台	孫中山指派國民黨一大代表〔上海特別區〕	顧希平、顧濟時
51	劉況 [伯倫]	湖南湘陰	，孫中山指派國民黨一大代表〔湖南省〕，前建國湘軍第五軍〔陳嘉佑〕司令部參謀，兼該軍國民黨特派員廣州大本營參議	蔣森
52	劉崐 [尊權] 號美廷、玉山	廣西容縣	孫中山指派國民黨一大代表〔廣西省〕，廣州大本營參議	陸汝疇、羅奇、羅照
53	劉雲昭 [漢川]	江蘇蕭縣	前北京政府國會議員，孫中山指派國民黨一大代表〔江蘇省〕	王仲廉
54	劉允臣	陝西富平	原中學教員，國民黨陝西支部成員	周誠
55	劉漢傑	廣東興寧	廣東大學法科學生	鍾斌
56	劉漢珍 [月松]	貴州普定	前貴陽南明中等學校工科學生，黃埔軍校第一期第三隊學員	伍文濤
57	劉農荄	廣東	廣東大學師範院學生	文志文
58	劉伯倫 [拜農]	江西銅鼓	國民黨一大江西省代表，國民黨上海執行部農工部秘書，中國社會主義青年團南昌臨時地方委員會書記，中共上海大學黨小組成員⑨，中共上海地方執行委員會第三組（西門組）組長	帥倫、黃維、董仲明
59	劉君寵	廣西岑溪	國立 [北京] 高等師範學校學生	陳拔詩
60	劉宏宇 [慧凡]	湖北羅田	前北京政府陸軍第十師兵站司令部參謀主任，黃埔軍第一期第三隊副隊長、特別官佐	柳野青、何文鼎
61	劉國祥 [國詳]	雲南普洱	國民黨雲南省臨時黨部籌備委員，國民黨一大雲南省代表，國民黨雲南省黨部執行委員	王萬齡、高起鷗、劉國勳
62	劉紹斌	四川	政界供職	曾擴情
63	劉侯武	廣東潮陽	原廣東東路討賊軍總司令部秘書，汕頭《晨報》社社長，討賊軍第二軍總司令〔柏文蔚〕部參謀兼軍務處處長	郭德昭、段重智
64	劉春仁	湖南瀏陽	安化縣立甲種師範學校教員	陳賡
65	劉泉如 [全儒]	四川慶符	前上海大學社會科學部教授，國民黨上海特別區臨時黨部籌備委員，國民黨一大四川省代表，國民黨四川省臨時黨部籌備委員	周世霖
66	劉榮夏	湖南	廣州大本營軍政部科員	蔣森
67	劉榮棠	河南唐河	孫中山指派國民黨一大代表 [河南省]，國民黨河南省支部執委	劉希程、劉先臨
68	劉桓	湖南	湖南學界供職	蔡粵

69	劉積學 [群式] 又名群士	河南新蔡	前廣東護法軍政府國會眾議院議員，河南自治籌備處處長，國民黨河南省支部長、臨時黨部籌備委員	劉希程、劉先臨
70	劉銘勳	廣西	疑似劉崟	王君培
71	劉善繼	廣西桂林	國立法科大學學生	蔣魁
72	劉震寰 [顯臣]	廣西柳州一說馬平	前駐粵桂軍總司令，國民黨第一屆候補中央監察委員，中央直轄廣東西路討賊軍總司令	蔡鳳翁、范漢傑、李武軍
73	向伯虎	直隸定興	上海大學學生	唐澍
74	呂夢熊 [辛俶]	湖南常寧	前湘軍第三混成旅步兵團營長，駐粵建國湘軍總司令部參謀，黃埔軍校第一期第一隊隊長	劉鑄軍、尚仕英、戴文、
75	呂敬藩 [全仁]	安徽	黃埔軍校第一期第二隊少尉副區隊長	鄭洞國、蔡任民
76	孫鏡 [鐵人]	湖北京山	國民黨一大湖北省代表，時任國民黨上海執行部調查部秘書	吳興泗、丁炳權、邱安民
77	孫常鈞	湖南長沙	前駐粵湘軍第二旅步兵連連長，黃埔軍校第一期第二隊第四分隊分隊長、學員	申茂生
78	安健 [舜卿] 又字舜欽	貴州朗岱〔彞族〕	前廣東護法軍政府參議，廣州大本營諮議，孫中山指派川邊宣撫使	楊伯瑤
79	延瑞祺 [國符]	山東廣饒	原北京大學政治科學生，孫中山指派國民黨一大代表〔北京特別區〕，國民黨北京執行部組織部幹事	李延年、李玉堂、李殿春
80	成卓	四川渠縣	四川軍界供職	馮士英
81	朱一鵬	湖南湘鄉	前湖南討賊軍總司令部軍務委員，廣州大本營禁煙督辦公署科員，黃埔軍校第一期一隊學員	馮毅
82	朱乃斌	廣西桂林	國民黨廣州市區分部執行委員，廣州建國宣傳學校校長	劉長民、羅煥榮、李繩武、譚作校、李其實、謝永平、蔣魁
83	朱之洪 [叔癡]	四川巴縣	孫中山委派國民黨上海臨時支部籌備委員，國民黨一大上海特別區代表，國民黨上海執行部常務委員，國民黨四川省臨時黨部執行委員兼組織部長	曹利生
84	朱節山	廣東陽山	廣東省立第一中學學生	李及蘭
85	朱志開	廣東香山	國民黨廣州建築業分部	鄭漢生
86	江偉藩 [緯蕃]	陝西紫陽	國民黨一大陝西省代表，國民黨陝西臨時支部籌備委員，前廣東護法軍政府陸海軍大元帥府參議	卜世傑
87	祁光華	浙江嵊縣	上海南方大學社會科學生	張雄潮
88	紀人慶	江西贛縣	北京法政大學學生	周惠元、韓紹文、陸傑

89	紀雲夔	四川成都	北京法政大學學生	孫元良
90	許可信	廣東陽江	建國粵軍第四軍司令部副官	李均煒
91	許用休 [伯孚]	安徽合肥	前廣東西江陸海軍講武堂副官，黃埔軍校第一期第二隊中尉副隊長	劉赤忱、李良榮
92	許崇清 [志澄] 又名芷澄	廣東番禺	廣東全省教育行政委員會政務委員，廣東省會 [廣州市] 教育局局長，國民黨廣東省臨時黨部籌備員	李伯顏
93	許崇智 [汝為]	廣東番禺	前廣東東路討賊軍總司令，國民黨第一屆候補中央監察委員，中央直轄建國粵軍總司令	酆悌、伍瑾璋
94	邢少梅	廣東瓊山	上海律師事務處書記	睦宗熙、蔣超雄
95	邢詒昺 [詒炳]	廣東文昌	國民黨瓊州文昌支部負責人、文昌縣長	林英、邢國福
96	邢森洲 [衛華] 譜名穀榮	廣東文昌	1923 年廣州大元帥府大本營指派南洋華僑宣慰員並國民黨特派員	陳克
97	阮嘯仙 [熙朝] 別字瑞宗，別號晃曦	廣東河源	國民黨中央農民部組織幹事，國民黨廣州臨時區黨部執行委員會常務委員，中共三大代表，中共廣東區地方執行委員會國民運動委員會委員，中國社會主義青年團廣州地方委員會書記	張際春
98	嚴光盛 [伯威]	湖北沔陽	黃埔軍校第一期特別官佐	李園、冷欣
99	何超	湖南	湘軍警備司令部供職	謝翰周
100	何子靜	原缺	北京大學學生，參加俄羅斯研究會	楊其綱
101	何世楨 [毅之] 又字思毅	安徽望江	孫中山指派國民黨一大代表 [上海特別區]，前東吳大學法科教授〔美國密歇根大學法學博士〕，上海大學法科教授兼上海租界律師	周士冕
102	何慶施 [乃康] 原名尚惠，又名思敬	安徽歙縣	1922 年 1 月以中國代表團社會主義青年團身份出席在莫斯科召開的遠東各國共產黨及民族革命團體第一次代表大會，中共安慶支部書記及安徽安慶地區黨團負責人	許繼慎
103	何克夫 [筱園] 又名知止	原籍廣東番禺生於廣東連縣	廣東連陽綏靖處處長，中央直轄粵軍第一混成旅旅長	廖子明
104	何應欽 [敬之]	貴州興義	前黔軍總司令 [盧燾] 部參謀長，廣州大元帥府大本營軍事參議，黃埔軍校第一期戰術總教官	王慧生、牟廷芳

105	何叔衡	湖南寧鄉	中共湘區執行委員會委員兼組織委員，湖南區執委會委員兼組織部部長，前湖南長沙湘江學校校長，國民黨湖南省臨時黨部籌備委員	趙自選、郭一予
106	何孟雄 [正國] 號坦如	湖南酆縣	中共北方區委委員及北京地方執行委員會書記，中共三大代表，時任中國勞動組合書記部北京分部負責人，負責北方區委國民運動委員會工作	杜心樹 [心如]、張隱韜
107	何燮桂	江西	江西軍界供職	張達 [雪中]
108	吳嶼 [杲明]	浙江寧波	黃埔軍校第一期上尉特別官佐	俞濟時
109	吳子泰 [鎮皮]	廣東梅縣	黃埔軍校第一期管理部上尉副主任	李國幹
110	吳次山	浙江	廣州市小北門外講武堂供職	張人玉
111	吳希貞 [希真]	陝西幹縣	前陝西省臨時議會議員，國民黨陝西省臨時黨部籌備委員	嚴霈霖、周鳳岐、張遴選
112	宋世科	安徽六安	廣東東路討賊軍暫編第一統領部統領	李宇梅〔自迷〕
113	宋思一	貴州貴定	前上海大同大學數理科學員，黃埔軍校第一期第二隊學員	伍文濤、李國幹、何紹周
114	宋雄夫	湖南寧鄉	前中央直轄第二軍第四旅司令部委員，黃埔軍校第一期第一隊學員	申茂生
115	張權	廣東文昌	瓊崖旅省學會〔會館〕負責人	陳應龍
116	張炎	安徽六安	上海統計專門學校學生	許繼慎
117	張雲南	黑龍江拜泉	上海國會職員	李秉聰
118	張六師 [陸師]	江西	北京學界供職	韓紹文
119	張民達	廣東梅縣	廣東東路討賊軍第八旅旅長，建國粵軍第二師師長	張淼五、張偉民
120	張兆辰 [星白]	浙江縉雲 [一說青田]	前浙軍混成旅旅長，廣東護法軍政府大元帥府參議，廣州衛戍總司令部參議，時任廣東東路討賊軍總司令部參謀長	朱炳熙
121	張光祖	浙江金華	國民黨廣州市長堤第五區、第六區分部常務委員	桂永清、張人玉
122	張伯雄	江蘇武進	黃埔軍校軍士教導隊學員	張作猷、陳文山
123	張葦村 [行海]	山東郯城 [今蒼山]	孫中山指派國民黨一大代表〔山東省〕，國民黨第一屆候補中執委，國民黨山東省黨部黨務整理委員	冷相佑
124	張國森 [猛]	廣東新會	廣東東路討賊軍粵軍部隊步兵團團長	譚煜麟

125	張治中 [文白]	安徽巢縣	前駐粵桂軍總司令部參謀，建國桂軍第四師〔師長伍蕭岩〕參謀長兼桂軍軍官學校大隊長	洪君器
126	張保泉 [寶泉]	直隸	國民黨天津特別區代表	董釗、黎曙東
127	張拱宸 [拱辰]	江蘇青浦	前上海外國語學校及上海大學社會科學部教員，國民黨上海特別區執行部籌備委員國民黨一大上海特別區代表，廣州大本營參議	伍翔、劉釗、俞墉
128	張祖傑	廣東新會	廣東政界供職	張鎮國
129	張秋人 [慕韓] 別號秋專	浙江諸暨	中共上海區委候補委員，中國社會主義青年團第二屆候補委員、團農工部主任，上海大學社會學系教員，前中共湖南衡州〔陽〕省立第三師範學校支部書記兼英文教員	周啓邦
130	張秋白 [亞伯]	安徽舒城	孫中山指派國民黨一大代表〔安徽省〕，國民黨第一屆候補中央執行委員，前北京政府參議院議員，1922年1月以中國代表團國民黨員代表身份出席在莫斯科召開的遠東各國共產黨及民族革命團體第一次代表大會，	葛國樑、蔡炳炎
131	張家瑞 [席卿]	浙江奉化	黃埔軍校籌備委員會委員，入學試驗委員會委員，第一期少校中文秘書	陳志達
132	張宸樞	甘肅臨夏	國民黨一大甘肅省代表，國民黨甘肅省臨時黨部籌備委員，前北京政府護法國會眾議院議員，上海外國語學校教員	王治岐
133	張海洲	安徽	東路討賊軍總司令部供職	唐同德
134	張善銘	廣東大埔	廣東新學生社主任，中共廣東區地方執行委員會國民運動委員會委員	張際春
135	張湛明	直隸易縣	上海大學學生	唐澍
136	張道五	廣東文昌	廣東瓊州政界供職	張運榮
137	張瑞成 [達權]	廣東新會	中國社會主義廣州地方執行委員會執行委員，國民黨廣州市區分黨部秘書，廣州市工聯會幹事	李之龍
138	張翼鵬 [毓琨] 別號麓森	湖南醴陵	前湖南都督〔譚延闓〕府參謀長，駐粵建國湘軍總司令〔譚延闓〕部總參議，廣州大本營高級參謀	李焜
139	張彌川 [彌川]	湖北黃陂	黃埔軍校第一期第三隊學員	羅毅一

140	李大釗 [守常]	河北樂亭	孫中山指派國民黨一大代表〔北京特別區〕並為大會主席團成員，國民黨第一屆中央執行委員，中共第二屆和第三屆中央委員，前北京大學教授，參與國民黨一大宣言起草並受命擔負國共兩黨北方區實際領導工作	杜心樹 [心如]、陳以仁、張忠頫
141	李及蘭	廣東陽山	黃埔軍校第一期第二隊學員	鍾洪
142	李文濱	福建	大本營黨務處黨務科主任	林斧荊
143	李樂水	河南洛陽	駐粵建國豫軍總司令〔樊鍾秀〕部秘書長	田育民
144	李代斌	四川南江	上海浦東中學教員	鄭南生
145	李永聲 [錫九] 又名立三	河北安平	孫中山指派國民黨一大代表〔直隸省〕，前北京政府眾議院議員，國民黨直隸省臨時執行委員會籌備委員，中共天津地方委員會宣傳部主任	江鎮寰
146	李漢藩	湖南耒陽	前湘南學生聯合會總幹事，黃埔軍校第一期第二隊第四分隊學員	伍文生、曹日暉、陳劼
147	李訓仁	廣東澄邁	前南洋僑商，國民黨南洋總支部執行委員	丘飛龍、洪劍雄
148	李偉章 [文煥]	湖北漢陽	黃埔軍校第一期第四隊隊長	任文海、耿澤生
149	李次宋 [乃璟]	安徽巢縣	國民黨安徽省臨時支部黨務特派員及籌備委員，國民黨一大安徽省代表，國民黨廣州特別區執行委員	葛國樑、李銑、蔡炳炎
150	李希蓮	吉林長春	孫中山指派國民黨一大代表〔吉林省〕，前北京政府第一屆國會參議院議員，國民黨吉林省臨時支部籌備委員，上海外國語學校教員	王治岐
151	李國柱 [石琴]	湖南嘉禾	討賊軍第八路司令，中央直轄第一軍第六旅旅長	李青
152	李奇忠	湖南資興	黃埔軍校第一期第二隊學員	何昆雄
153	李宗黃 [伯英]	雲南鶴慶	孫中山指派國民黨一大代表〔雲南省〕，國民黨第一屆候補中執委，廣州大本營軍事參議，駐粵建國滇軍第二軍總參謀長、代理軍長兼軍官團團長	趙定昌、李文淵、王萬齡、馮春申、劉國勳
154	李明揚 [師廣] 原名敏來、遜吾，又名健	安徽蕭縣 [原載江蘇蕭縣]	前贛軍第一梯團司令、第一旅旅長，駐粵建國贛軍司令	郭禮伯
155	李紹勳	廣西桂林	廣西學界供職	韓忠

156	李濟深 [任潮]	廣西蒼梧	討賊軍第四軍第一師師長，西江善後督辦公署督辦，黃埔軍校籌備委員會委員	林大塤、周澤甫、
157	李烈鈞 [協和] 原名烈訓，別號俠黃	江西武寧	前孫中山北伐軍大本營參謀總長，廣州大元帥府參謀總長，國民黨第一屆中執委	鄧瑞安
158	李銘勳	廣西桂林	廣西桂林學界供職	胡東臣 [棟臣]
159	李慎獨	湖南寧遠	駐粵建國湘軍第二縱隊司令部軍需長	蕭振武
160	李福林 [登同] 原名兆桐	廣東番禺	前廣東東路討賊軍第三軍軍長，建國粵軍第三軍軍長，廣東全省警備處處長，廣州市市政廳廳長	唐雲山、李文亞
161	杜定鴻	湖南	北京法政大學校學生	蕭洪
162	楊虎 [嘯天]	安徽寧國	國民黨一大安徽省代表，前北伐第二軍第一師師長，廣州大本營參軍兼海軍處長	陳堅、嚴武、孫懷遠
163	楊殷 [孟揆] 又名夢霙	廣東香山	國民黨廣州市第四區分部執行委員會委員兼秘書，廣州工人代表會執行委員會顧問	容海襟、容保輝、容有略
164	楊友棠 [美廷]	雲南昆明	前駐粵建國滇軍總司令部特別黨部執行委員，廣州大本營軍政部參事，孫中山指派國民黨一大代表〔雲南省〕，廣州衛戌司令部參謀主任	陳廷璧、王萬齡、劉國勳
165	楊華馨 [華罄]	雲南騰沖	國民黨一大雲南省代表，前國民黨雲南支部長，駐粵建國滇軍總司令部秘書長兼滇軍總部黨務整理委員，廣州大元帥府諮議	陳金俊、王萬齡、劉國勳
166	楊紀武	湖南寧遠	駐粵建國湘軍總司令部參謀	蕭振武
167	楊伯康	陝西雒南	陝西陸軍山陝軍第一混成旅旅長	王廷柱
168	楊步飛	浙江諸暨	前廣州大元帥府衛士大隊衛士，黃埔軍校第一期第一隊第七分隊分隊長	陳琪
169	楊虎臣 [虎城] 又名虎冬	陝西蒲城	前陝西靖國軍第三路司令，陝西靖國軍蒙邊司令，委派代表姚丹峰出席國民黨一大	王汝任、賈春林
170	楊賢江 [英甫] 又名庚甫	浙江余姚	中共上海地方執行委員會委員兼國民黨運動委員會負責人，參與組織國民黨上海執行部並任委員，上海大學社會學系兼職教員	柴輔文

171	楊匏安 [匏庵] 原名錦燾	廣東香山	中共廣州粵漢鐵路支部書記，國民黨廣州市第十區分部執行委員兼秘書，國民黨中央組織部〔部長譚平山〕秘書	容有略
172	汪鋮	江蘇漣水	上海大學社會科學生	李岑
173	沈壽桐	廣東臺山	原缺	余程萬
174	沈應時 [存中] 別號聲夏	江蘇崇明	前建國粵軍總司令部參議，黃埔軍校籌備委員會委員	王連慶、何學成、潘樹芳
175	沈定一 [玄廬] 原名宗傳，別字叔言	浙江蕭山	孫中山指派國民黨一大代表 [浙江省]，國民黨第一候補中央執行委員，上海共產主義小組成員，中國社會主義青年團發起人之一，前浙江省第二屆議會議長，國民黨上海執行部候補執行委員及浙江省黨部執行委員	宣俠父、江世麟、樊崧華、宣鐵吾
176	沈姬鎧	江蘇淮陰	建國粵軍總司令部軍事委員	顧希平
177	沈鴻　[鴻柏]	廣東文昌	國民黨麻六甲埠支部長，前瓊州明新實業公司董事	黃珍吾
178	蘇無涯	廣西平南	前國民黨中央黨務討論會委員，國民黨廣西梧州支部長，孫中山指派國民黨一大代表〔廣西省〕	陳卓才、羅照
179	邱安民	湖北黃陂	前廣東東路討賊軍第三旅司令部軍需，廣東虎門要塞司令部副官，黃埔軍校第一期第三隊學員	羅毅一
180	邱凌霄	廣東陽山	廣東省立第一中學學生	李及蘭
181	邵力子 [仲輝] 原名夙壽，又名聞泰	浙江紹興 [一說浙江余姚]	上海大學代理校長兼教員（時為中共秘密黨員），前上海民國日報社記者，國民黨上海執行部工農部秘書，兼上海大夏大學教授	李榮
182	邵元沖 [翼如]	浙江紹興	國民黨第一屆候補中央執行委員，粵軍總司令部秘書長	顧浚
183	鄒魯 [海濱] 原名澄生	廣東大埔	前廣東省財政廳長，國民黨第一屆中央執行委員兼青年部部長，廣東高等師範學校校長	范漢傑
184	鄒永成 [器之] 又名敬芳	湖南新化	國民黨一大湖南省代表，兼中央直轄第三軍第一縱隊司令	陳選普、李青、李奇忠、李正華、李焜
185	陸學文	安徽	廣東東路討賊軍總司令部供職	唐同德
186	陸英光	廣東信宜	原缺	古謙
187	陸涉川	廣西蒼梧	廣東西路討賊軍總司令部秘書	陳公憲、陳卓才
188	陳復 [孔熙] 又名控西	江蘇海門	黃埔軍校第一期第一隊副隊長	鄭凱楠

189	陳梅	廣東文昌	駐廣州西堤八邑會館豫魯招撫使署供職	周士第
190	陳善	廣東文昌	國民黨廣東區支部供職	王雄、林冠亞
191	陳賡 [庶康] 又號傳瑾	湖南湘鄉	黃埔軍校第一期三隊學員	馮毅、張本清
192	陳群 [人鶴]	福建閩侯	廣州大本營黨務處處長，大本營宣傳委員會委員	林斧荊、陳金俊
193	陳天民	廣東臺山	黃埔軍校第一期第二隊學員	李均煒
194	陳開運	貴州貴定	原缺	陳泰運
195	陳東榮	廣東雲浮	廣東高等師範學校學生	梁廣烈
196	陳達材 [達才]	廣東欽縣	廣東西路討賊軍第一師第二旅司令部參謀	韋祖興、陳文寶、覃學德
197	陳叔舉	廣東	原缺	袁溎清
198	陳宗舜 [瑞垣] 又名昂德，別號剛叟	廣東文昌	前文昌縣縣長，時任廣東東路討賊軍前敵總指揮部參議，第一路司令部秘書	陳應龍
199	陳定平 [德士] 又名宗儒	廣東瓊山	建國粵軍總司令部衛士團團長，粵軍第一軍第二旅第四團團長（保定二步）	吳秉禮
200	陳英玉	浙江吳興	浙江陸軍供職	樓景越
201	陳奕清	直隸	京師公立第七小學教員	何盼
202	陳昺南	湖南長沙	長沙靖港學務委員會會長	劉疇西
203	陳濟棠 [伯南]	廣東防城	廣東西路討賊軍第一師第二旅旅長	林大壩
204	陳炳生	廣東番禺	國民黨上海特別區工農部委員，前中華海員工業聯合總會（設香港）第一屆委員會會長	郭遠勤
205	陳榮位	廣東遂溪	國民黨廣州建國宣傳學校學生	薛文藻
206	陳振麟	山西離石	前北京政府參議院參議員、上海國會議員，國民黨山西省臨時黨部籌備委員	白龍亭、徐象謙 [向前]、趙榮忠、郭樹械、薛蔚英
207	陳海亭	黑龍江綏化	上海國會職員	李秉聰
208	陳維儉 [廉齋] 原名惟儉	浙江平湖	浙江省會員警廳督察長	江世麟
209	陳銘樞 [真如]	廣東合浦	廣東西江粵軍第六軍第一縱隊司令，粵軍第一師第一旅第四團團長，建國粵軍第一軍第一師第一旅旅長	張君嵩
210	陳銘德	四川長壽	前北京法政大學政治經濟科學生，成都《新川報》總編輯	周惠元、胡逊〔遜〕
211	陳景星	廣東遂溪	遂溪縣縣長	薛文藻

212	陳肇英 [雄夫] 又名元隆	浙江浦江	廣東東路討賊軍第一路司令暨駐粵湘軍講武學校校長	印貞中、洪顯成
213	陳鏡湖 [印潭] 號小秋，化名 李鐵然	熱河建平 （今屬遼 寧）	前天津南開大學文科學生，國民黨一大直隸省代表	白海風、榮耀先
214	卓永福	廣東香山	原缺	容保輝
215	周日耀	浙江奉化	廣東省長公署農技士	周天健
216	周自得	雲南嶍峨	國民黨一大雲南省代表，駐粵建國滇軍總司令 [楊希閔] 部參謀長	陳廷璧、周鴻恩、王萬齡、劉國勳
217	周品三	浙江諸暨	黃埔軍校第一期第一隊第六分隊學員	陳琪、戴文
218	周恩來 [翔宇]	原籍浙江 紹興生於 江蘇淮安	前國民黨巴黎通訊處〔分部〕籌備員，國民黨駐歐洲支部特派員，駐歐支部執行部總務科主任、代理部長③	劉雲
219	周頌西	原缺	上海大學社會學科教員	王逸常
220	周駿彥 [忱琴]	浙江奉化	前浙江省立商科專門學校校長，黃埔軍校軍需部主任	趙履強、陳志達、張紀雲
221	周維城	江西	江西軍界供職	張達 [雪中]
222	周遺琴	貴州興義	上海《新建設》雜誌社新聞記者	王文彥
223	孟民言	山東長清	山東青島膠澳中學學監，兼國文教員	李仙洲
224	季方 [正成]	江蘇海門	國民黨上海執行部總務部書記員，黃埔軍校第一期少校特別官佐	柳野青
225	居正 [覺生] 原名之駿，號 梅川	湖北廣濟	國民黨第一屆中央執行委員、常務委員，前上海國民黨本部總務部主任，國民黨上海臨時執行委員會執行委員，廣州大元帥府參議	丁炳權
226	林森 [子超] 號長仁、天波	福建閩侯	前廣東護法軍政府外交部長、參議院議長，孫中山委任福建省省長，廣州大本營建設部長兼珠江治河督辦	陳綱
227	林永言	湖南	廣州大本營軍政部科員	賀聲洋
228	林壽昌	福建廈門	原福建學生軍司令，時為上海青年會幹事主任	黃承謨
229	林秉銓	廣東文昌	前國民黨廣東支部錄事，省會公安局印花稅部職員	黎崇漢
230	林樹巍 [拯民]	廣東信宜	前廣東高雷討賊軍總司令兼高雷綏靖處處長，廣東西路討賊軍粵軍第五師師長，建國桂軍第五師師長	黃彰英、張鎮國、梁漢明、李武、甘達朝、吳斌、梁文琰 [華盛]、甘清池、

231	林祖涵 [伯渠]	湖南臨澧	國民黨一大湖南省代表，國民黨第一屆候補中央執行委員，前國民黨中央黨部總務部副部長，1921 年經李大釗、陳獨秀介紹加入中國共產黨	黃鰲、李奇忠、王認曲
232	林海山	廣東惠陽	國民黨駐惠州安撫使署特派員	黃奮銳
233	林贊謨 [英]	廣東文昌	黃埔軍校第一期第二隊學員	王雄、林冠亞
234	歐祥雲	廣東	廣東省立甲種工業學校學生	鄭述禮、龔少俠
235	竺鳴濤 [明道]	浙江嵊縣	江防司令部供職	李榮
236	練炳章 [郁文]	廣東歸善 [今惠陽]	前廣東東路討賊軍第三軍軍長，建國粵軍第三軍司令部參謀長兼建國粵軍講武堂教育長，廣州大本營參謐議，	唐雲山、李文亞
237	羅平安	四川渠縣	四川軍界供職	馮士英
238	羅翼群 [逸塵] 原名道賢	廣東興寧	前東路討賊軍第二軍參謀長兼第九師師長，廣州大本營兵站總監、軍需總局局長	羅倬漢、張慎階
239	范振亞	江西臨川	駐粵贛軍第二混成旅步兵第六連連長，黃埔軍校第一期第一隊第五分隊長	何復初、鍾斌、陳國治
240	茅延楨 [貞本] 別號致祥	安徽壽縣	中共上海區地方執行委員會第一次會議代表，黃埔軍校第一期第二隊上尉隊長	呂昭仁、胡博、李源基、劉赤忱、李良榮、余海濱、鍾煥全、萬全策、呂佐周
241	茅祖權 [詠薰]	江蘇海門	原北京政府護法國會眾議院議員，孫中山指派國民黨一大〔江蘇省〕，國民黨第一屆候補中央執行委員	李岑
242	鄭業	直隸	北京大學學生	張隱韜、宋文彬
243	鄭心廣	廣東文昌	泰國曼谷僑商鄭汝常 [心平] 胞兄，國民黨中央僑務委員會派駐暹羅總支部特派員	邢國福
244	鄭漢生	廣東香山	黃埔軍校第一期第一隊學員	余程萬
245	鄭深瑞	湖南	北京法政大學校學生	蕭洪
246	金佛莊 [燦] 別號輝卿	浙江東陽 [一說金華]	前浙江陸軍第二師營長，中共三大代表，黃埔軍校第一期第三隊上尉隊長	蕭乾、韓之萬、郭安宇、鮑宗漢、潘德立、成嘯松、楊啓春、何基、黃杰、張少勤、夏楚中、謝聯、王之宇、潘國驄、鄧經儒、葉幹武、韓浚、林朱樑、張彌川、劉保定、賈伯濤、王馭歐、譚其鏡、潘佑強、王作豪、梁廷驤、袁守謙、張瑞勳、霍揆彰、侯鏡如、伍誠仁、譚計全、王副乾、

				杜從戎、何文鼎、黎庶望、鄒范、李就 [楚瀛]
247	俞飛鵬 [樵峰]	浙江奉化	前建國粵軍總司令部審計處代處長，孫中山指定黃埔軍校籌備委員會委員	陳述
248	姚唯 [難先]	江西萍鄉	駐粵建國贛軍總司令部參謀、代理參謀處長	吳重威
249	姚觀順 [頤庵]	廣東香山	前北伐軍大本營參軍兼衛士大隊長，廣州市公用局局長	方日英
250	姚雨平 [宇龍] 原名士雲，別號立人	廣東平遠	大本營中央直轄警備軍司令，前惠州安撫使，廣東東江治河督辦公署督辦	唐震、黃奮銳
251	姜果蒙	原缺	軍界供職	蔡粵
252	宣中華	浙江諸暨	國民黨一大浙江省代表，國民黨浙江省黨部執行委員，1922 年 2 月以中國代表團杭州工會代表身份出席在莫斯科召開的遠東各國共產黨及民族革命團體第一次代表大會	石祖德
253	惲代英 [但一] 筆名遽軒	原籍江蘇武進生於湖北武昌	國民黨上海特別區執行部宣傳部秘書，上海新建設雜誌編輯，中國社會主義青年團第二屆中央委員、中央局成員，參與創辦《中國青年》任主編	宋思一、劉漢珍
254	施正宗	廣西賓陽	廣西學界供職	韓忠
255	柏文蔚 [烈武]	安徽壽縣	前安徽淮上軍總司令，孫中山指派國民黨一大代表〔安徽省〕，國民黨第一屆中央執行委員，時任北伐討賊軍第二軍軍長	徐石麟、傅維鈺、姚光鼐、彭干臣、嚴武、曹淵、孫以悰 [一中]、孫懷遠
256	洪宏義	江西臨川	國民黨一大江西省代表，國民黨江西省臨時支部籌備委員及省臨時黨部黨務整理委員、執行委員，前江西省立第四師範學校校長兼教授	熊敦
257	洪劍雄 [祥文] 原名善效	廣東澄邁	原廣州學生聯合會執行委員，《新瓊崖評論》編輯，黃埔軍校第一期第二隊學員	陳天民
258	洪給伯	四川德陽	四川黔江縣典獄	尹榮光
259	胡謙 [戇忱] 又名寅文	江西興國	國民黨一大江西省代表，時任北伐討賊軍第三軍軍長	胡信
260	胡公冕	浙江永嘉	國民黨一大浙江省代表，前杭州浙江省立第一師範學校體育教員，黃埔軍校第一期衛兵長	石祖德、許永相、胡宗南
261	胡仕貞	原缺	學界供職	陳謙貞

262	胡漢民 [展堂] 原名和鴻	廣東番禺	國民黨第一屆中央執行委員，時任廣州大本營總參議，國民黨中央政治委員會委員	陸汝群
263	胡思舜 [思清]	雲南大姚	中央直轄滇軍第五師師長	李靖難、凌光亞
264	胡盈川	雲南昭通	國民黨雲南省臨時黨部籌備委員，孫中山指派國民黨一大代表〔雲南省〕，廣州大本營軍事參議	王萬齡、劉國勳
265	費公俠	浙江嘉興	浙江第二師範學校教務長	俞墉
266	趙枏	湖南衡山	前中國社會主義青年團湖南衡州地方委員會書記，黃埔軍校第一期第二隊學員	張本清、李模
267	趙幹 [幹] 原名性和 又名醒儂	江西貴溪 [一說南豐]	國民黨一大江西省代表，國民黨江西省臨時支部黨務特派員，國民黨江西省黨部執行委員、常務委員兼組織部長，前任中國社會主義青年團南昌地方委員會委員長	黃維
268	趙自選	湖南瀏陽	前中國社會主義青年團湘區地方執行委員會候補執行委員，黃埔軍校第一期第三隊學員	凌拔雄
269	趙連登	山西五台	前北京大學文科學生，國民黨一大山西省代表，山西晚報社社長兼總編輯，太原國民師範學校教員，國民黨山西省臨時黨部籌備委員	李捷發
270	鍾文才	福建永定	廣東軍界供職	張樹華
271	鍾震西	江西臨川	東路討賊軍總司令部供職	范振亞
272	鍾震岳 [嵩昂]	江西萍鄉	前閩贛邊防督辦公署秘書長，駐粵贛軍司令部軍需正，廣州大元帥府參謀處秘書	吳重威、王懋績、鍾煥群
273	鈕永建 [惕生] 別字孝直	江蘇松江 [今上海]	孫中山指派上海國民黨黨務聯絡特使，前廣州大元帥府參謀次長兼兵工廠廠長	李園、冷欣
274	饒寶書	江西臨川	國民黨廣東臨時黨部黨務特派員	范振亞
275	倪憂天	浙江諸暨	以中國代表團共產黨員及杭州工會代表身份出席在莫斯科召開的遠東各國共產黨及民族革命團體第一次代表大會，時任國民黨浙江省黨部候補執行委員，前浙江杭州琵琶街文化印書局經理	宣鐵吾
276	凌昭	浙江	國民黨上海市區分部供職	朱炳熙

277	凌毅 [蕉庵]	安徽定遠	國民黨一大安徽省代表，前北京政府眾議院議員，國民黨中央宣傳委員會委員，國民黨安徽省執行部黨務整理委員	伍翔、蔡炳炎
278	唐占光	廣東興寧	粵軍總司令部軍械處供職	蕭翼勉
279	唐葉和	湖南茶陵	駐粵湘軍總司令部參議官	顏逍鵬
280	夏聲 [先文]	湖北黃岡	孫中山指派國民黨一大代表〔漢口特別區〕，時任廣州大元帥府禁煙督辦公署幫辦	鄔與點
281	夏曦 [蔓伯] 化名勞俠	湖南益陽	國民黨一大湖南省代表，湖南長沙國民黨組織籌備處負責人	游步仁、蔣先雲、唐際盛、趙枬、文志文、陳賡、趙自選、郭一予
282	夏明翰	祖籍湖南衡陽生於湖北秭歸	湖南省學生聯合會幹事長，湖南長沙工團聯合會供職	游步仁、蔣先雲
283	徐堅 [天柄] 別字仲權	廣東瓊山	前廣東東路討賊軍第二旅司令部參謀長，黃埔軍校第一期編纂員、少校特別官佐	吳迺憲、余安全
284	徐新	湖南臨澧	湖南政界供職	王認曲
285	徐世強	廣西容縣	後任國民革命軍第七軍司令部秘書長	羅奇、
286	徐成章 [惠如] 又名天宗	廣東瓊山	前粵桂聯軍陳繼虞支隊司令部參謀長，黃埔軍校第一期上尉特別官佐	丘飛龍、龔少俠、洪劍雄、吳迺憲
287	徐啓祥 [啓詳]	廣西桂平	國民黨廣西臨時黨部指導委員，國民黨一大廣西省代表，廣西省臨時參議會議員	陸汝疇
288	徐蘇中 [蘇中]	江西臨江	前中華革命黨江西支部長，國民黨黨務討論會委員，國民黨一大江西省代表	張禪林、胡魁梧
289	徐振民	廣西	廣東高等師範學校學生	甘麗初
290	徐桂八	江蘇松江	前中華革命黨上海支部成員，大森浩然廬同學會成員，黃埔軍校第一期中尉特別官佐	趙履強
291	桂永清 [率真]	江西貴溪	前中央直轄討賊軍遊擊第一旅司令部書記，黃埔軍校第一期第二隊學員	曹日暉、陳劫
292	桂玉馨	江西貴溪	粵軍總司令部供職	桂永清
293	翁吉雲	江西泰和	國民黨上海第二區、第八區分部支部長	郭濟川
294	莫雄 [志昂] 原名仁	廣東英德	前中央直轄第一軍第一旅旅長，廣東東路討賊軍第七旅旅長	張偉民、

295	袁興周	安徽壽縣	安徽臨時黨部派駐國民黨上海執行部聯絡員	楊溥泉
296	袁家聲 [子金]	安徽壽縣	前安徽淮上軍討馬〔聯甲〕自治軍總司令，柏文蔚北伐討賊軍第二軍司令部顧問	廖運周
297	賈行青	原缺	北京大學學生	楊其綱
298	郭亮 [靖嘉]	湖南長沙	中共湘區執行委員會委員兼工運動委員，湖南長沙工團聯合會總幹事	劉疇西
299	郭壽華	廣東大埔	國立廣東大學學生，中國社會主義青年團廣東區執行委員會執行委員兼學生部部長，青年團廣州地方執行委員會候補執行委員兼學生部主任	董煜
300	郭秀華	廣東文昌	國立廣東法科大學學生	邢鈞
301	郭淵穀	廣東香山	國民黨海外同志會總理	鄭漢生
302	郭森甲	江西泰和	前北京政府參衆兩院國民後援會會長，江西學界供職	郭冠英、郭濟川
303	郭瘦真 [漢鳴] 又名秋煜	廣東大埔	中共廣東區執行委員會國民運動委員會秘書，廣州新學生社秘書，國民運動最高執行委員會執行委員兼秘書	董煜
304	顧子揚	江蘇銅山	國民黨一大江蘇省代表，前徐州中學校長及銅山縣教育會會長，國民黨江蘇省黨部執行委員	蔡敦仁、郭劍鳴、王家修、孫樹林、賈韞山、王仲廉
305	顧旭泉	江蘇無錫	江蘇省無錫縣教育會會長	侯鼐鈞
306	顧忠琛	江蘇無錫	上海軍界供職，1923 年時任國民黨本部軍事委員會委員	張志衡、侯鼐鈞
307	崔履璋	廣西	廣東高等師範學校學生	甘麗初
308	曹日暉	湖南永興	前大本營軍政部教導團學兵連供職，黃埔軍校第一期第二隊學員	何昆雄、陳文山
309	曹石泉 [淵泉] 筆名家鈺	廣東瓊海 [又樂會]	前陸海軍大元帥府副官，廣東海防陸戰隊第二團第二營副營長，黃埔軍校第一期第二隊區隊長	李樹森、呂昭仁、李模、李源基、鍾洪、蔡任民、鍾煥全、陳鐵、呂佐周
310	曹叔實	四川富順	國民黨四川支部長，討賊軍第一軍右翼總司令，國民黨四川省特派員	曾擴情
311	曹儒謙 [汝謙]	山西應縣	原北京大學三院學生，中國社會主義青年團太原地方執行委員會委員兼政治運動部主任	宋文彬
312	梁祖蔭	江西	廣州大本營軍政部軍法處處長	王步忠
313	符和琚 [佩予]	廣東文昌	日本東京早稻田大學畢業，時在廣東政界供職	丘宗武
314	符國光	廣東瓊州	西江陸海軍講武堂學生	王公亮
315	蕭參 [中絢]	四川井研	成都四川高等師範學校教授	楊麟

316	蕭君勉	廣東興寧	粵軍總司令部軍械處供職	蕭冀勉
317	蕭宜林	廣東梅縣	原缺	劉蕉元
318	黃俊	原缺	上海南方大學教員	徐宗垚
319	黃復	江西修水	廣州八旗二馬路海軍警備隊司令部參謀	雷德
320	黃日葵 [野葵] 又名一葵	廣西桂平	前北京大學馬克思主義學說研究會發起人之一，國民黨北京特別區臨時黨部籌備委員、青年部部長，中國社會主義青年團北方地方委員會宣傳部主任、書記	王君培
321	黃廷英	浙江諸暨	交通傳習所畢業，國民外交後援會廣州辦事處秘書	唐星
322	黃沙述	原缺	原缺	唐星
323	黃叔和	廣東	國民黨廣州市黨部供職	睦宗熙、蔣超雄
324	黃國梁	廣東	廣東省立甲種工業學校學生	鄭述禮
325	黃覺群	廣東肇慶	國民黨廣州市第五區黨部執行委員	梁冠那
326	黃展雲 [魯貽]	福建閩侯	孫中山指派國民黨福州支部長，前中華革命黨福建支部長，福建自治軍總指揮及自治促進會會長	黃承謨
327	黃練百 [練百]	廣東惠陽	大本營中央直轄警備軍司令部參謀	唐震
328	龔少俠	廣東樂會	前豫魯招撫使行署副官，報社記者，黃埔軍校第一期第二隊學員	周士第
329	龔際飛 [子熙] 原名際虞，號遠煜	湖南雙峰 [一說湘鄉人]	中國共產黨上海地方執行委員會第六組（法界組）組長，前上海大學社會學系學生，上海全國學生會總會秘書	陳子厚
330	傅佑欣	廣東文昌	文昌學界供職	林英
331	傅楣漢	廣東文昌	廣東瓊州政界供職	張運榮
332	彭國鈞 [泉舫] 原名深梁	湖南安化	前湖南省臨時議會議員，國民黨湖南省黨部改組委員會特派員，駐粵湘軍總司令部秘書	宋希濂
333	彭素民 [自珍]	江西清江	國民黨第一屆候補中央執行委員、中央常務委員，黃埔軍校入學試驗委員會委員	帥倫
334	彭程萬 [凌霄]	江西貴溪	前江西都督府顧問，江西省參議會議長，駐粵建國贛軍總司令	郭禮伯
335	曾伯興	原缺	上海大學社會學科教員	王逸常
336	曾貫吾 [其吾]	四川	南方大學〔設于上海宜昌路〕政治科教授、事務主任，國民黨上海區分部執行委員	徐宗垚
337	曾振五	江西萬安	駐江西省城萬安同鄉會律師	羅群

338	焦易堂 [希孟]	陝西武功 [一說幹縣]	孫中山指派國民黨一大代表〔陝西省〕，國民黨陝西臨時省黨部執行委員	郝瑞徵、郭景唐、杜驥才、朱祥雲、張遴選、王敬安、何貴林、雷克明
339	程潛 [頌雲]	湖南醴陵	孫中山指派國民黨一大代表〔湖南省〕，廣州大本營軍政部部長	孫常鈞
340	舒木楨	湖南芷江	國立北京大學教員	張鼎銘
341	葛昆山 [玉齋] 又名昆山	安徽蒙城	前孫中山廣州大元帥府副官，詔關大本營兵站主任兼籌款委員	丁琥
342	董鉞	四川	政界供職	曾擴情
343	董煜	廣東化縣	黃埔軍校第一期第二隊學員	袁滌清
344	董蘅 [亦湘]	江蘇武進	國民黨上海執行部供職，前商務印書館助理編輯，上海大學社會學系兼職教員	柴輔文
345	蔣鑣	浙江諸暨	浙江陸軍供職	樓景越
346	蔣中正 [介石]	浙江奉化	前建國粵軍總司令部參謀長，廣州大本營參謀長及軍事委員會委員，黃埔軍校籌備委員會委員長、入學試驗委員會委員長，黃埔軍校校長	竺東初、周天健、黃德聚、朱然、蔣國濤、李鈞、范馨德、丁琥、李靖難、王廷柱、趙敬統、任文海、凌光亞、耿澤生、陳德仁、潘樹芳、劉傑、劉幹、朱鵬飛、張耀樞、彭善、蕭灑、戴翾天、蔡昆明、袁嘉猷、柏天民、劉鴻勳、陳圖南、饒崇詩、莊又新
347	蔣先雲 [湘耘]	湖南新田	前中共湘區水口山礦支部書記，中共領導下的安源路礦工人俱樂部路局秘書，黃埔軍校第一期第一隊學員	鄧文儀、陳鐵
348	蔣國斌	湖南長沙	前福建陸軍第一師參謀長，建國粵軍第二軍第九旅旅長〔1876 – 1923〕	伍瑾璋
349	覃振 [理鳴] 原名道讓	湖南桃源	前國會議員，國民黨第一屆中央執行委員，國民黨武漢支部長	焦達梯
350	覃壽喬	廣西武宣	中央直轄贛軍第一梯團團長	陳文清
351	謝持 [銘三] 原名振心，又字愚守	四川富順	孫中山指派國民黨一大代表〔四川省〕，國民黨第一屆中央監察委員，前國民黨中央黨部黨務部部長	杜聿昌、官全斌、周世霖、曹利生
352	謝晉 [廓晉]	湖南衡陽	孫中山指派國民黨一大代表〔湖南省〕，駐粵湘軍總司令部黨務處處長	宋希濂
353	謝殿光	廣東臨高	瓊州那大政界供職	鄧春華
354	韓人舉	浙江嵊縣	上海南方大學社會科學生	張雄潮

355	韓覺民	貴州普定	上海《新建設》雜誌社主任，上海大學社會系教員，後接鄧中夏任上海大學校務長，中共上海區委第六組（法界組）成員⑩，中國社會主義青年團上海地方執行委員會委員	馮劍飛、王文彥
356	韓麟符 [瑞五] 又名致祥	原籍山西榆次生於熱河赤峰	國民黨一大直隸省代表，國民黨第一屆候補中央執行委員，前天津學生聯合會副會長，中共北京地方執行委員會民族工作委員會委員	董釗、毛煥斌、白海風、黎曙東、榮耀先、
357	魯純仁 [任予]	貴州貴陽	復旦大學文科學生	蔡光舉
358	魯滌平 [詠庵] 別號無煩	湖南寧鄉	湘軍第二師師長，湖南討賊軍第二軍軍長兼前敵總指揮，駐粵建國湘軍第二軍軍長	王爾琢
359	滿超然	河南鎮平	建國豫軍討賊軍總司令 [樊鍾秀] 部副官長	李正韜
360	蒙卓凡	廣西桂林	國民黨一大廣西省代表，國民黨廣西黨務特派員，廣西省黨部執行委員，廣州民國通訊社社長	陳國治、甘杜
361	藍天蔚 [秀豪]	湖北黃陂	1920 年任鄂西靖國聯軍總司令	劉赤忱
362	藍玉田	福建建寧	建國粵軍總司令部供職	張作猷、張樹華、陳綱
363	藍仲和	江西修水	廣州八旗二馬路海軍警備隊司令部參謀	雷德
364	詹大悲 [質存] 原名培瀚	湖北蘄春	孫中山指派國民黨一大代表〔湖北省〕，時任廣州大本營秘書及宣傳委員	賀衷寒、蔣伏生
365	賴玉潤 [希如] 又名先聲	廣東大埔	前廣東高等師範學校學生，該校新學生社主任	陳天民
366	賴特才	廣東蕉嶺	國民黨蕉嶺縣黨部籌備員	曾繁通
367	靳介塵	陝西	黃埔軍校校長辦公室司書	何志超
368	靳經緯	貴州安順	上海《新建設》雜誌社編輯	馮劍飛、宋思一、蔡光舉、劉漢珍
369	廖元震	廣西武宣	中央直轄第七軍警衛團團長	陳文清
370	廖仲愷 [恩煦] [今惠陽]	廣東歸善	孫中山指派國民黨一大代表〔廣東省〕，國民黨第一屆中央執行委員、常務委員、政治委員會委員，工人部部長，農民部部長，軍需總監，廣州大本營財政部部長，廣東省省長	陳沛、趙敬統、蕭灑、戴翾天
371	廖乾吾 [幹五] 原名正元，又名華龍	生於陝西平利寄居湖北漢口	國民黨一大漢口特別區代表，協助林伯渠組建國民黨漢口執行部，中共漢口地方委員會委員	趙子俊

372	廖梓英 [子英]	安徽淮南	前柏文蔚淮上軍第一軍司令部參謀，《建設日報》編輯，北伐討賊軍第二軍顧問	廖運周
373	廖德流	廣東梅縣	廣州大元帥府大本營衛士連連長	侯又生
374	熊耿 [賴生]	廣東梅縣	廣州大本營撫河船務管理局代理局長，粵海防司令部秘書長	謝清灝
375	熊公福 [群青]	江西高安	前閩贛邊防督辦〔李烈鈞〕公署秘書長，廣州大本營參議	鄧瑞安
376	熊本旭	湖北黃岡	廣州大本營會計司供職	張開銓
377	管鵬 [昆南] 又名應鵬	安徽壽縣	國民黨中央執行委員會宣傳委員會委員，國民黨安徽總支部籌備處處長	江霽、孫天放、李銑
378	管張之	陝西蒲城	陝西靖國軍新編步兵團團長	王汝任
379	譚平山 [聘三] 又名鳴謙	廣東高明	國民黨第一屆中央執行委員、常務委員，兼中國國民黨中央組織部部長，中共第三屆中央委員及中央局委員，前中共廣東支部書記	李之龍
380	譚延闓 [組庵]	湖南茶陵	國民黨第一屆中央執行委員，前湖南督軍、湘總司令、湖南省省長及國民黨湖南支部長，時任駐粵湘軍總司令，廣州大元帥府大本營內政部部長、建設部部長及大本營秘書長	林芝雲、朱一鵬、王爾琢、陳平裘、
381	譚克敏 [時欽]	貴州平越 [今福泉]	國民黨一大北京特別區代表，前國立北京大學哲學系教員，國民黨中央黨部秘書	孫元良、石美麟
382	譚啓秀 [啓秀]	廣東羅定	前粵軍第二路軍第三統領，中央直轄廣東西路討賊軍第一路司令	譚寶燦
383	譚惟洋 [維洋]	安徽安慶	國民黨一大上海特別區代表，前中國國民黨安徽支部長，大本營參議及北伐第二軍總司令部顧問	徐石麟、傅維鈺、彭干臣、郭德昭、曹淵、孫以悰 [一中]、段重智
384	譚鹿鳴	湖南耒陽	前湘南學生聯合會負責人，山陝討賊軍總司令部參謀，黃埔軍校第一期第一隊第六分隊學員	伍文生、鄧文儀
385	譚熙鴻 [仲逵]	江蘇吳縣	孫中山指派國民黨一大代表〔北京特別區〕，時為國立北京大學秘書兼生物學教授，國立浙江大學農學院院長	陳以仁、張忠頫
386	酆悌	湖南湘陰	前國民黨廣州特別區黨部分部錄事，黃埔軍校第一期第二隊學員	李樹森
387	黎天珍	廣東羅定	羅定警界供職	沈利廷
388	黎民瞻	廣東羅定	羅定學界供職	沈利廷

389	薛子祥	安徽壽縣	柏文蔚北伐討賊軍第二軍司令部顧問	楊溥泉
390	戴任 [笠夫] 又號立夫	浙江永嘉	前廣州大本營參軍，國民黨一大浙江省代表	鄭炳庚、徐文龍
391	戴季陶 [天仇] 又名傳賢，別名良弼	原籍浙江吳興生於四川廣漢	孫中山指派國民黨一大代表〔浙江省〕，國民黨第一屆中央執行委員、常務委員兼宣傳部部長	王世和

　　第一期第一至四隊入學時還未加入國民黨的學員：唐嗣桐、龍慕韓、康季元、李蔚仁、閻奎耀、楊耀、李夢筆、趙清廉、李博、陳武、杜聿明、馮洵〔達飛〕、許錫綠；原載缺填入黨介紹人的學員：李安定、譚輔烈、胡仕勳、張坤生、陳皓、宋雄夫、蔣孝先、馬勵武、雷雲孚、鄭坡、馬師恭、甘競生、杜聿鑫、王彥佳、趙志超、劉明夏、王鳳儀、仝仁、王文偉、董世觀；第一期第六隊入學時尚未加入中國國民黨的情況和人數因缺載，只能暫付闕如。

　　以政黨的角度，以及政黨的影響力和作用，用歷史考慮和分析為切入點，進行政治、社會、軍事學等諸多學科的研究，似未有史家涉論。從上表反映的第一期生 810 人次，以政黨取向反映的共計 391 對介紹與被介紹關聯表述，一方面，從民國初期政黨、黨派的角度觀察，我們至少可以看到，這部分民國時期全國性或地方區域的知名人物，第一期生獨立自行填寫的入黨介紹人，從某些側面顯示出介紹人在當時社會、黨派、軍政界或學界的知名度與影響力，從他們相互之間原有內在關係與外部因果聯繫，我們應當能夠看出某些趨向或端倪，為我們提供了許多鮮為人知的資訊，同時也披露出一些國共兩黨內部人事因果聯繫。另一方面。兩者在特定歷史情況上形成的「對子」關係，填寫人與被填報人之間內在的微妙關聯，以筆者之見，絕對不是隨意填寫，更不是「空穴來風」，有心讀者、知情人或有志研究者，以上表顯示的「對子」關係為契機，定會發現他們之間存在的「玄機」。以筆者目前淺見，僅能略知其二。

　　綜觀上表，分析入黨介紹人和被介紹人之間的因果關係，至少可以看到有以下方面特點：一是中國國民黨一大代表及兩個中央機構成員，如同入學介紹人一樣，再次被眾多的入學者填寫為加入中國國民黨的介紹人；二是填寫中共早期領導人為入黨介紹人的學員，一般情況下多是中共黨員第一期生，例如：毛澤東介紹趙枬，周恩來介紹劉雲，柯慶施介紹許繼慎，郭亮介紹劉疇西，陳鏡湖介紹榮耀先和白海風，夏曦介紹的八人當時均系中共黨員等；三是先期加入中國國民黨的第一期生，也成為同期同學的入黨介紹人，據統計竟有 25 名；四是黃埔軍校上層官員和部分教官，也被學員填報為入黨介紹人，例如：校長蔣介石被 30 名學員，鄧演達被 48 名學員，中共黨員身份之黃埔軍校第一期隊官金佛莊被 38 名學員填報為入黨介紹人；五是介紹入黨呈明顯省籍地域傾向，例如：于右任介紹的 40 人均為陝西或北方學員；六是各地軍隊派系知名將領，成為學員填寫的入黨介紹人，例如：胡謙、魯滌平、蔣國斌、姚觀順、林樹巍等，著名愛國將領楊虎城，也作為第一期生入黨介紹人名列其中，這是過去鮮為人知的史實；七是各地青年和學生運動領導人也成為填寫對象，例如：賴玉潤、張善銘、等；八是參與籌備中國國民黨地方組織的區域領導人，也作為入黨填寫對象，例如：黃展雲、朱乃斌為六名廣東省籍學員入黨介紹人；九是父子、兄弟之間也成為相互介紹關係，形成早期政黨成員發展之慣常現象，例如：萬少鼎填報其生父、湖南革命先賢萬黃裳為介紹人，王體明填寫其親兄弟、粵軍旅長王體端為介紹人等；十是一批某些行當不甚知名（以筆者淺見）人士，也成為第一期生入黨介紹人填寫對象，看似有點隨意性或「牽強附會」。上述看似特殊又並非特殊的形形色色情形，無疑構成了屬於那個時代的特徵或是某種意義上的特質現象。凡此種種充滿「玄機」的「寓意」情況，我們只能通過更為廣泛和深入的發掘史實，深入捕捉歷史事件與人物的「蛛絲馬跡」，才能有所發現和刷新。

此外，筆者通過對上表「對子」關係的分析和研究，附帶發掘了一些過去鮮為人知的情況。一是從上表反映的張秋人系周啟邦加入國民黨介紹人線索看，對照本書以各種形式輯錄的關聯表格反映情況進行分析與比較，我們可以得出以下幾方面結論：一是根據周啟邦在《詳細調查表》自填內容曾任上海郵局郵差之職，按照《中國共產黨組織史資料》反映的二十年代初期中共上海黨組織領導人名錄情況，周啟邦 1922 年 5 月 21 日組建和成立中國勞動組合書記部上海郵務友誼會並任委員，1923 年底任中共上海區委職工運動委員會第五組（吳淞）組長；二是在此期間前後，張秋人曾任中共上海區委候補委員，中國社會主義青年團第二屆候補委員、團農工部主任，上海大學社會系教員；三是根據現有史料與實際情況分析，我們有充分理由認定，張秋人是周啟邦加入中共的介紹人，同時也是第一期生周啟邦的革命與成長的領路人。二是第一期生趙子俊，筆者在前作《黃埔軍校將帥錄》已對其有所記述，這次經過進一步發掘資料，有了新的補充。其在《詳細調查表》填寫入黨介紹人為廖乾吾、包惠僧，兩人均是上世紀二十年代初期國共兩黨湖北風雲人物，包惠僧還是武漢共產主義小組的發起人和負責人，據資料記載，趙子俊也是於 1920 年秋在武漢誕生的共產主義小組成員之一，是唯一參與中共初創時期活動的第一期生。1922 年 1 月他還作為中國代表團共產黨員代表和武漢工會代表身份，出席在前蘇聯莫斯科召開的遠東各國共產黨及民族革命團體第一次代表大會，同時也是唯一以中共黨員身份赴會的第一期生代表。按照其經歷時間記載，應當是第一期生中最早的中共黨員。

注釋：

① 黃振凉著，《黃埔軍校之成立及其初期發展》，臺北正中書局 1993 年 6 月，第 41 頁。
② 榮孟源主編，《中國國民黨歷次代表大會及中央全會資料》光明日報出版社 1985 年 10 月，第 25 頁。
③ 中央陸軍軍官學校校史編纂委員會編纂，《中央陸軍軍官學校史稿》第一卷第一篇，1934 年，第 15 頁。

④ 國民黨一大代表名單，源自：榮孟源主編，孫彩霞編輯，《中國國民黨歷次代表大會及中央全會資料》光明日報出版社 1986 年 5 月

⑤ 蔣介石雖非國民黨一大代表，因其係黃埔軍校籌備委員會及入學試驗委員會負責人，身份特殊故列此。

⑥ 資料源自：中共上海市委組織部　中共上海市委黨史資料徵集委員會　中共上海市委黨史研究室　上海市檔案館，《中國共產黨上海市組織史資料》（1920.8－1987.10）上海人民出版社，1991 年 10 月，第 14 頁。

⑦ 根據：廣東省政協文史資料委員會編纂，《廣東文史資料》第 42 輯《中國國民黨一大史料專輯》，廣東人民出版社 1984 年 7 月第 368 頁代表名單記載。

⑧ 郭一予著，《黃埔軍校史料》中的《毛澤東負責上海地區考生復試》，廣東人民出版社，1994 年 5 月第三版。

⑨ 資料源自：中共上海市委組織部　中共上海市委黨史資料徵集委員會　中共上海市委黨史研究室　上海市檔案館《中國共產黨上海市組織史資料》（1920.8－1987.10）上海人民出版社 1991 年 10 月

⑩ 資料源自：中共上海市委組織部　中共上海市委黨史資料徵集委員會　中共上海市委黨史研究室　上海市檔案館《中國共產黨上海市組織史資料》（1920.8－1987.10）上海人民出版社 1991 年 10 月

社會影響與宗族淵源：
第一期生出身背景之考量剖析

在封建傳統的近代中國以來，一方面，長期處於社會封閉與禁錮狀態的農村鄉里，宗族、家庭淵源成為個體存在於社會的影響與作用之源泉。另一方面，城鎮社會結構一直保持在靜態或漸進的微弱變化之中，大多數城鎮人口從事與封建官僚和傳統經濟密切相關的「士、農、工、商、學」行業當中。因此，出身背景或生存環境對個人的早期成長，無疑起到了不容忽視的作用。

第一節　社會細胞：家族、家庭、成員及其他

在中國過去封建社會和傳統意識，個人出身與背景狀況，一直是中國百姓乃至達官貴人諱莫如深的話題。《調查表》首次以自填形式詳實表述了第一期生及其家庭、主要成員乃至父母姓名、兄弟姐妹，實在是希罕而珍貴。人們可以透過《調查表》揭示的方方面面內容，從中窺視出屬於那個時代的婚姻狀況、家庭內幕和人際關係。

眼前的表格，或許顯得冗長和乏味，但是它是從中探索和研究第一期生家族情況的基礎材料。由於《詳細調查表》揭示的父輩姓名，致使某些學員入學或入黨，與父輩的人際關係和影響，發生了封建社會延續

至今仍存的諸如親緣提攜、朋黨照應、師生舉薦之類的情形，同時也引發了許許多多相關的資訊，這是需要作出進一步研究和探討的問題。筆者將罕有資料輯錄於此，目的在於留存史料，開啟思路，惠及後人研究。

自填入學前家庭〔主要成員及婚姻子女〕狀況一覽表
附表 11　第一隊

姓名	父姓名	母姓	兄弟姐妹	妻姓	子名	姓名	父姓名	母姓	兄弟姐妹	妻姓	子名
唐嗣桐	唐都堂	元氏	兄弟皆無姐二妹一	萬氏	無	何盼	田夢霖[原載]	卜氏	兄無弟三姐二妹一	陳奕濤	無
楊其綱	楊應源	龐氏	兄弟皆無姐無妹一	馬氏	璽珍璽昌	董釗	原缺	原缺	原缺	原缺	原缺
林芝雲	張祉臣	張氏	兄無弟三姐二妹一	陳氏	無	王國相	王殿興	白氏	兄二弟一姐二妹二	申氏	王冠儒
黃承謨	黃克修	周氏	兄弟俱亡姐一妹二	郭氏[未婚在教會求學]	無	黃彰英	黃政國	李氏	兄無弟三姐四妹二	李氏	黃文安
謝維幹	謝亦南	葉氏	兄無弟二姐無妹二	韓氏	謝石麟	王治岐	王象賢	裴氏	兄弟四人姐妹二人	張氏	王懷仁
張鎮國	張偉臣	譚氏	兄一弟一姐一妹一	林氏	無	徐石麟	徐達	王氏	兄弟姐妹皆無	韓氏	希能希紘
劉鑄軍	劉耀堃	何氏	兄一弟一姐妹無	陳氏	無	竺東初	竺杏卿	徐氏	兄弟姐無妹一	未婚	
印貞中	印開佐	張氏	兄一弟一姐三妹三	未婚		李安定	李懷天	鍾氏	兄一弟四姐無妹一	黃氏	
譚輔烈	譚慶栢	郭氏	兄三弟無姐二妹一	未婚		趙勃然	趙曉先	孔氏	兄無弟三姐無妹二	惠氏	
李伯顏	李象賢	葉氏	兄一弟二姐二妹一	未婚		李紹白	李良材	賀氏	兄無弟三姐一妹一	馮氏[亡]劉氏	兒子李文明
劉仲言	已歿	巢氏	兄一弟一姐妹無	未婚		賀衷寒	賀楚卿	張氏	兄二弟無姐二妹無	李氏	賀桂蓀
韋祖興	韋天桂	劉氏	兄無弟一姐無妹五	周氏		魏炳文	魏志禮	馮氏	兄一弟二姐一妹一	任氏	
林大塇	林寶輝	覃氏	兄無弟一姐二妹無	陳氏	林安瀾	傅維鈺	傅伯勳	聞氏	兄一弟無姐三妹一	未婚	
王公亮	王文釋	羅氏	兄一弟一姐一妹四	華氏		胡信	胡宏規	李氏	兄四弟無姐二妹一	未婚	
馮毅	馮世鎔	張氏	兄弟皆無姐一妹無	陽氏		周秉璋	周建侯	鄧氏	兄無弟二姐一妹二	未婚	
胡仕勳	胡彭年	原缺	兄無弟二姐無妹一	劉氏	胡民蘇	陳謙貞	陳懋昭	何氏	兄無弟一姐無妹四	趙氏	

王泰吉	王明治	劉氏	兄一弟四姐一妹一	高氏		梁漢明	梁樹熊	李氏	兄無弟三姐一妹三	李氏	
鄔與點	鄔步彤	童氏	兄一弟無姐一妹無	沙氏		姚光韶	姚伯升	曹氏	兄一弟無姐一妹二	原缺	
李園	李秀峰	顏氏	兄一弟無姐一妹無	未婚		陳選普	陳凌香	盧氏	兄弟皆無姐無妹一	原缺	
陸汝疇	陸寵廷	李氏	兄弟六人姐一妹無	未婚		劉疇西	劉國珍	楊氏	兄三弟二姐無妹二	楊氏	
游步仁	遊聯耀	彭氏	兄無弟一姐妹皆無	未婚		劉慕德	劉振才	姚氏	兄一弟二姐無妹二	原缺	
李武	李蕭翰	梁氏	兄無弟二姐無妹一	未婚		郝瑞徵	郝振西	王氏	兄無弟二姐無妹一	王氏	郝世勳
唐同德	唐東翹	衛氏	兄一弟無姐無妹一	原缺		白龍亭	白希恭	李氏	兄弟皆無姐無妹一	王氏 [未完婚]	
徐會之	徐臨奎	王氏	兄弟姐妹皆無	邱秋 [未婚妻]		容海襟	容尚田	孫氏	兄無弟一姐一妹無	原缺	
王逸常	王永嘉	李氏	兄弟皆無姐無妹無	侯氏	訓格訓言	徐象謙	徐懋淮	趙氏	兄一弟無姐二妹無	朱氏	
張坤生	張笏庭	王氏	兄一弟無姐妹皆無	王氏	無	周天健	周日宣	江氏	兄無弟二姐妹皆無	未婚	
蔡粤	蔡典	毛氏	兄無弟一姐無妹四	李氏	蔡亞東	蔣先雲	蔣繼塈	李氏	兄弟四人姐妹二人	原缺	
甘達朝	甘始封	李氏	兄五弟一姐二妹一	羅氏	無	石祖德	石省吾	潘氏	兄一弟無姐無妹一	金氏	無
項傳遠	項大祿	李氏	兄二弟無姐一妹二	張氏	無	陳文寶	陳應禧	韋氏	兄無弟四姐無妹二	盧氏	無
李子玉	李冠	李氏	兄弟皆無姐一妹無	路氏	李興一	范振亞	範炳炎	婁氏	兄一弟二姐三妹無	張氏	範藕生
何復初	已歿	熊氏	兄弟姐妹皆無	劉氏	國維國基	鄧春華	鄧廷昌	鄭氏	兄三弟無姐一妹一	李蘭英	無
穆鼎丞	穆正身	李氏	兄穆鴻泉弟穆鴻文	王氏	無	伍翔	伍澤遠	已歿	兄弟姐妹皆無	原缺	
蕭洪	蕭子幹	唐氏	兄一弟二姐三妹一	李氏	蕭德任	張其雄	張永安	伍氏	兄弟姐妹原缺填寫	陳氏	無
鍾斌	鍾培梅	廖氏	兄弟皆無姐二妹無	原缺		林斧荊	林斯熙	馮氏	兄一弟無姐無妹一	原缺	
朱一鵬	朱炳照	成氏	兄無弟一姐無妹二	成氏	無	鄭漢生	鄭根福	陳氏	兄一弟無姐妹皆無	未婚	
陳皓	陳則源	譚氏	兄無弟一姐無妹二	陽氏	陳俠生	田毅安	田寶荊	梁氏	兄弟姐妹皆缺填寫	袁氏	田學紀
龍慕韓	龍書發	胡氏	兄弟姐妹皆無	程氏	無	帥倫	帥春垣	周氏	兄無弟一姐妹皆無	原缺	
古謙	古榮尊	梁氏	兄一弟無姐無妹三	原缺		伍文生	伍元初	唐氏	兄弟姐妹皆無	黃氏	

姓名	父	母	兄弟姊妹	妻	子	姓名	父	母	兄弟姊妹	妻	子
鄧文儀	鄧光舜	何氏	兄無弟二姐無妹二	未婚		劉長民	劉德普	劉氏	兄二弟無姐妹皆無	未婚	
譚鹿鳴	譚振楚	徐氏	兄二弟一姐一妹一	未婚		羅煥榮	羅鴻恩	王氏	兄無弟一姐妹皆無	原缺	
睦宗熙	睦陶俊	胡氏	兄弟皆無姐無妹二	未婚		王爾琢	王命仁	鄭氏	兄一弟無姐一妹一	鄭丹國	無
江霽	江濯	申氏	兄無弟二姐一妹無	未婚		廖子明	廖有奇	歐陽氏	兄一弟無姐妹皆無	未婚	
潘學吟	潘寶泉	陳氏	兄一弟一姐一妹無	羅氏		曾擴情	曾順豫	李氏	兄無弟一姐一妹二	張氏	無
康季元	已歿	已歿	兄亡弟無姐四妹一	毛氏		廖偉	廖雉龍	陳氏	兄亡弟一姐一妹一	未婚	
蔡敦仁	蔡憲章	彭氏	兄無弟五姐無妹一	無		尚士英	尚鼎庵	劉氏	兄無弟一姐妹二人	周氏	尚犂父
劉蕉元	劉尚榮	黃氏	兄弟三人姐妹二人	未婚		顧浚	顧堯臣	孫氏	兄一弟無姐妹皆無	未婚	
周品三	周聖祥	祝氏	兄一弟無姐妹皆無	王氏	周泰	唐星	唐介眉	馮氏	兄二弟無姐二妹無	原缺	
陳琪	陳洪	已歿	兄無弟一姐無妹一	未婚		周惠元	周道柔	已故	兄弟四人姐妹皆無	未婚	
蔣森	蔣元臣	張氏	兄無弟一姐無妹一	王氏	蔣平一	周振強	周書雅	蔣氏	兄無弟一姐無妹四	原缺	
羅群	羅景福	梁氏	兄一弟一姐無妹二	孫氏	羅庠文	楊挺斌	楊錦成	黃氏	兄弟各一姐無妹一	未婚	
李培發	李逢魁	張氏	兄弟三人姐一妹一	楊氏	原缺	楊步飛	楊履泰	陳氏	兄四弟一姐一妹無	未婚	
趙榮忠	趙秉謙	李氏	兄一弟無姐妹皆無	孟氏	無	陳公憲	陳際松	已故	兄弟姐妹皆無	李氏	陳正端
李繩武	李芝盛	李氏	兄無弟二姐無妹二	李氏	原缺	沈利廷	沈榮光	許氏	兄二弟一姐無妹無	賴氏	原缺
吳興泗	吳鶴亭	蔣氏	兄無弟二姐無妹二	高氏	迎梅迎姑	郭劍鳴	郭毓鍾	宋氏	兄二弟無姐二妹無	許氏	無
劉釗	劉福如	計氏	兄弟姐妹皆無	未婚		劉希程	劉榮第	李氏	兄二弟無姐無妹一	未婚	
郭遠勤	郭志來	韋氏	兄一弟無姐一妹無	未婚		宋希濂	宋憲文	彭氏	兄三弟無姐一妹一	未婚	
戴文	戴季倫	石氏	兄無弟一姐一妹無	原缺		陳卓才	陳季川	李氏	兄弟三人姐妹三人	未婚	
謝翰周	謝常有	粟氏	兄弟皆無姐妹各一	唐氏	聰風明風睿風	陳平裘	陳懋昭	何氏	兄一弟無姐無妹四	楊氏	原缺
張君嵩	張有發	林氏	兄無弟二姐無妹無	梁氏	原缺	郭冠英	郭培心	曠氏	兄三弟無姐一妹無	未婚	
宋雄夫	宋錫霖	張氏	兄無弟三姐一妹三	劉氏	原缺	余程萬	餘偉卿	甄氏	兄無弟三姐一妹無	未婚	
毛煥斌	毛樹穀	牛氏	兄無弟二姐妹缺填	原缺		蔣孝先	蔣國楠	馮氏	兄弟姐妹缺填	袁氏	原缺

羅奇	羅蔚	徐氏	兄無弟二姐妹缺填	崔氏	原缺	馮劍飛	馮松生	王氏	兄弟三人姐無妹一	趙氏	原缺
顏逍鵬	顏榮甲	譚氏	兄弟缺填姐妹各一	周氏	原缺	譚作校	譚莊	鄧氏	兄二弟一姐一妹一	關氏	原缺
丘宗武	已故	曾氏	兄無弟亡姐妹皆無	莫氏	原缺	陳國治	陳植卿	袁氏	兄一弟四姐妹皆無	未婚	
陸汝群	陸寵廷	李氏	兄四弟二姐一妹無	未婚							

附表 12　第二隊

姓名	父姓名	母姓	兄弟姐妹	妻姓	子名	姓名	父姓名	母姓	兄弟姐妹	妻姓	子名
李樹森	李良臣	丁氏	兄弟姐妹原缺填寫	鄧氏	李錦芳	申茂生	申伯俊	鄒氏	兄無弟一姐一妹無	王氏	原缺
王家修	王峻峰	許氏	兄無弟一姐一妹無	未婚		江鎮寰	江浩	劉氏	兄弟皆無姐一妹二	未婚	
林英	林鳳騰	龍氏	兄一弟無姐妹皆無	吳氏	無	趙履強	趙振南	沈氏	兄弟姐妹原缺填寫	原缺	
杜成志	杜德桂	李氏	兄弟缺填姐無妹三	原缺		王雄	王家春	洪氏	兄無弟一姐一妹三	羅氏	原缺
丘飛龍	丘成連	蔡氏	兄無弟一姐妹皆無	劉氏	丘鵬南	呂昭仁	呂鏡川	黎氏	兄無弟一姐一妹無	楊氏	原缺
宣俠父	宣鑄	張氏	兄一弟二姐一妹三	未婚		孫樹林	孫瑞征	周氏	兄無弟一姐一妹無	周氏	原缺
黎崇漢	黎從辰	符氏	兄無弟一姐一妹無	符氏	原缺	劉先臨	劉榮甲	安氏	兄弟缺填姐一妹無	郭氏	原缺
何昆雄	何前楨	葉氏	兄五弟一姐二妹一	未婚		凌拔雄	凌萃華	帥氏	兄無弟二姐無妹無	謝氏	原缺
嚴霈霖	已故	安氏	兄一弟無姐妹缺填	徐氏	嚴鵬彥	王體明	王磐石	麥氏	兄二弟一姐三妹無	陳氏	原缺
董煜	董民山	文氏	兄一弟無姐無妹三	李氏	無	張作猷	張耀山	林氏	兄弟皆無姐無妹一	王氏	原缺
張本清	張先徽	姚氏	弟張人海妹張人碧	原缺		丁炳權	丁良佐	章氏	兄二弟無姐一妹無	原缺	
唐際盛	唐有發	黃氏	兄弟四人姐一妹無	吳氏	原缺	程式	程德欽	蒲氏	兄二弟無姐妹缺填	原缺	
李模	李懋卿	彭氏	兄一弟二姐一妹三	鄒氏	原缺	俞濟時	俞忠和	周氏	兄二弟一姐一妹二	原缺	
鄭子明	鄭叔璜	鄒氏	兄弟皆無姐一妹一	張氏	原缺	朱耀武	朱世美	白氏	兄無弟一姐無妹三	張氏	原缺
陳子厚	陳次樵	孫氏	兄一弟三姐一妹三	傅氏	原缺	蕭冀勉	已故	已故	兄弟各一姐一妹無	原缺	
黃維	黃國棟	周氏	兄無弟一姐一妹一	桂氏	黃新兒	馮聖法	馮金水	陳氏	兄弟皆無姐無妹三	未婚	
洪顯成	洪廷魁	傅氏	兄二弟無姐三妹一	未婚		鄭述禮	鄭維衡	馮氏	兄弟各一姐各一	王氏	原缺

羅毅一	羅穗輝	胡氏	兄弟姐妹皆無	未婚		伍文濤	伍國修	王氏	兄弟各一姐無妹一	朱氏	伍克遠
賈韞山	賈德珠	王氏	兄無弟二姐無妹二	孫氏	原缺	胡博	胡介眉	羅氏	兄二弟無姐一妹無	原缺	
杜心樹	杜邦德	蘇氏	兄弟姐妹原缺填寫	原缺		鄭炳庚	鄭子廉	詹氏	兄一弟無姐妹皆無	原缺	
李榮	李恒豐	呂氏	兄一弟無姐妹皆無	原缺		李國幹	李臣	張氏	兄一弟一姐四妹二	未婚	
陳拔詩	陳澍規	蔣氏	兄陳拔文弟姐妹無	原缺		賀聲洋	賀福桃	辛氏	兄弟皆無姐無妹一	辛氏	原缺
王步忠	王光明	蕭氏	兄弟各一姐二妹無	蕭氏	原缺	孫常鈞	孫高捷	胡氏	兄無弟一姐妹皆無	張氏	孫國岩
郭景唐	郭謙	狄氏	兄二弟無姐妹皆無	車氏	原缺	李延年	李之權	李氏	兄弟二人姐妹二人	於氏	原缺
龔少俠	龔書三	王氏	兄無弟一姐妹皆無	原缺		胡遜	胡安舒	陳氏	兄弟姐妹原缺填寫	原缺	
董仲明	董慨然	王氏	兄董連三弟董價璀	遊氏	無	郭樹械	郭全義	聶氏	兄弟皆無姐一妹無	未婚	
黃珍吾	黃大紀	雲氏	兄二弟一姐妹缺寫	符坤英	原缺	李源基	李拔群	梁氏	兄三弟一姐妹皆無	原缺	
許永相	許振武	夏氏	兄無弟三姐無妹三	未婚		桂永清	桂金山	夏氏	兄弟姐妹原缺填寫	程氏	原缺
韓雲超	韓樹元	張氏	兄一弟二姐一妹無	呂氏	原缺	李漢藩	李拓之	譚氏	兄無弟二姐一妹一	未婚	
鍾洪	鍾寬	陳氏	兄二弟無姐一妹二	原缺		張德容	張孝宗	張氏	兄弟姐妹原缺填寫	武氏	原缺
袁滌清	袁福田	陳氏	兄袁滌非弟姐妹無	原缺		鄭洞國	鄭玉亭	陳氏	兄一弟無姐三妹無	覃氏	鄭安飛
陳文山	陳學周	李氏	兄二弟一姐二妹無	未婚		曹日暉	曹楚堯	馬氏	兄三弟無姐二妹無	李氏	原缺
王克勤	王應杭	黎氏	兄一弟三姐一妹無	牛氏	原缺	朱炳熙	朱光斗	已故	兄弟姐妹原缺填寫	留氏	朱玄先
蔣伏生	蔣楫臣	周氏	兄無弟三姐一妹一	沈氏	原缺	柴輔文	柴大受	吳氏	兄無弟一姐二妹一	婁氏	柴宗貝
李蔚仁	李靈飛	陳氏	兄弟姐妹原缺填寫	王氏	原缺	張際春	張俊明	劉氏	兄無弟一姐二妹無	原缺	
陳應龍	陳行明	張氏	兄無弟一姐一妹無	雲氏	原缺	謝清灝	謝文秀	劉氏	兄無弟八姐無妹三	原缺	
史仲魚	史友生	劉氏	兄無弟二姐無妹一	杜氏	原缺	李均煒	李永清	潘氏	兄無弟一姐一妹一	黃氏	原缺
劉赤忱	劉鍾秀	龔氏	兄弟皆無姐二妹無	未婚		熊敦	熊國瑜	張氏	兄二弟無姐妹皆無	傅氏	原缺
吳重威	吳元豪	黃氏	兄無弟三姐無妹五	原缺		陳文清	陳善書	莫氏	兄一弟無姐三妹三	張氏	原缺
林冠亞	林緝南	安氏	兄一弟一姐妹皆無	原缺		李青	李晦之	何氏	兄三弟一姐一妹無	未婚	

唐震	唐質文	羅氏	兄二弟四姐無妹三	原缺		蔡鳳翥	蔡國光	顧氏	兄弟十人姐妹四人	未婚	
洪劍雄	洪嘉齎	周氏	兄無弟二姐無妹三	李氏	洪俠	陳天民	陳逐昌	李氏	兄弟皆無姐三妹無	原缺	
王懋績	王文謨	鍾氏	兄一弟無姐一妹無	謝氏	一	李良榮	李宗	吳氏	兄弟皆無姐無妹一	未婚	
余海濱	余正甲	張氏	兄一弟無姐妹皆無	張氏	無	焦達梯	焦顯旨	閻氏	兄一弟一姐三妹無	陸氏	原缺
郭濟川	郭昭侃	陳氏	兄弟皆無姐無妹一	陳氏	郭宏江	葛國樑	葛樹藩	殷氏	兄弟三人姐妹二人	韓氏	原缺
周士第	周學實	陳氏	兄一弟一姐無妹一	朱氏	原缺	陳堅	陳鳳樓	呂氏	兄弟姐妹皆無	未婚	
侯又生	侯紹專	張氏	兄一弟無姐妹皆無	鍾氏	原缺	酆悌	酆應生	陶氏	兄弟姐妹皆無	未婚	
許繼慎	許振興	吳氏	兄無弟一姐妹皆無	汪氏	原缺	唐澍	唐衡三	靳氏	兄弟各一姐妹皆無	原缺	
蔡任民	蔡保震	唐氏	兄弟皆無姐二妹無	劉警華	原缺	鍾煥全	鍾孔駿	李氏	兄弟三人姐妹皆無	未婚	
彭干臣	彭少軒	郝氏	兄無弟一姐無妹一	金氏	彭育波	陳志達	陳毓卿	毛氏	兄無弟一姐無妹一	張氏	陳垚生
萬全策	萬錦元	黎氏	兄一弟無姐二妹無	莫氏	原缺	張人玉	張同芝	施氏	兄弟皆無姐無妹一	莊氏	原缺
陳鐵	陳茂勳	趙氏	兄無弟一姐無妹五	原缺		陳沛	陳顯臣	鄭氏	兄無弟二姐無妹一	李氏	原缺
呂佐周	呂文輝	楊氏	兄弟皆無姐無妹二	原缺		李玉堂	李啟緒	延氏	兄二弟二姐一妹一	劉氏	原缺
周鳳岐	周長麟	毛氏	兄無弟一姐無妹一	魏氏	周鼎	李及蘭	李春茂	古氏	兄無弟二姐無妹一	何氏	原缺
陳劫	陳敬笈	李氏	兄二弟無姐三妹一	常業競	炯賢燮賢	甘杜	甘少穀	陳氏	兄三弟無姐二妹無	原缺	
吳斌	吳春岑	梁氏	兄無弟六姐三妹三	李氏	吳梅	趙柟	趙元初	張氏	兄無弟一姐妹皆無	原缺	
羅倬漢	羅偉人	鄧氏	兄弟二人姐妹各一	未婚		馬勵武	馬子健	同氏	兄一弟無姐妹皆無	郭氏	原缺
趙子俊	已故	姜氏	兄亡弟一姐一妹一	呂氏	田安華安	湯家驥	湯克庵	趙氏	兄一弟五姐一妹無	劉氏	無
梁廣烈	梁廷謀	雷氏	兄弟皆無姐無妹二	陳氏	原缺	白海風	白永和	合氏	兄一弟二姐一妹二	無	無
宋思一	宋文彬	孫氏	兄無弟二姐一妹一	趙氏	宋承先	顧希平	顧驤雲	朱氏	兄無弟二姐妹無	原缺	
郭德昭	郭煜	陳氏	兄無弟四姐無妹一	原缺		張隱韜	原缺	單氏	兄弟姐妹皆無	原缺	
文志文	文經緯	李氏	兄無弟二姐無妹三	原缺		梁錫祜	梁渭平	張氏	兄無弟一姐一妹無	無	無
嚴武	已故	已故	兄弟三人姐妹三人	無	無	李之龍	李荊鑄	易氏	兄無弟二姐二妹無	原缺	

| 甘麗初 | 甘煥棠 | 王氏 | 兄二弟二
姐三妹一 | 胡氏 | 甘昆生 | 黃鰲 | 黃茂永 | 李氏 | 兄弟皆無
姐二妹無 | 胡氏 | 原缺 |
| 李奇忠 | 李達頤 | 楊氏 | 兄弟五人
姐妹各一 | 原缺 | | | | | | | |

附表 13　第三隊

姓名	父姓名	母姓	兄弟姐妹	妻姓	子名	姓名	父姓名	母姓	兄弟姐妹	妻姓	子名
蕭乾	蕭晉慶	賈氏	兄無弟二 姐無妹一	未婚		黎曙東	黎福五	張氏	兄無弟一 姐無妹一	謝氏	原缺
韓之萬	韓友蘭	張氏	兄一弟無 姐一妹無	未婚		郭安宇	郭復振	段氏	兄弟五人 姐妹三人	李氏	原缺
陳以仁	陳廣祥	賴氏	兄一弟一 姐一妹二	伊氏	陳闢疆	杜聿昌	杜良德	張氏	兄無弟一 姐一妹二	張氏	杜鴻儒 杜福儒
李仙洲	李敬齋	鄧氏	兄二弟無 姐一妹無	崔氏	東生	陳克	陳奇琛	黃氏	兄三弟一 姐妹皆無	未婚	
孫元良	孫廷榮	鍾氏	兄一弟無 姐妹皆無	無	無	王連慶	王子鴻	殷氏	兄一弟無 姐無妹一	顧氏	原缺
楊溥泉	楊亦可	陳氏	兄一弟無 姐一妹無	高氏	楊紹中	曹淵	曹守身	鄭氏	兄二弟無 姐一妹無	鄭氏	雲燦 雲屏
江世麟	江紹英	張氏	兄一弟二 姐一妹一	無	無	廖運澤	廖鴻文	原缺	兄弟姐妹 皆無	程氏	原缺
鮑宗漢	鮑業成	吳氏	兄弟姐妹 皆無	李氏	原缺	閻奎耀 [揆要]	閻寶賢	陳氏	兄無弟二 姐妹皆無	賀氏	無
楊耀	楊生榮	楊氏	兄無弟二 姐無妹一	賈氏	原缺	鄭凱楠	鄭廷林	丁氏	兄一弟無 姐妹皆無	無	無
邢鈞	邢定興	符氏	兄弟各二 姐妹各一	無	無	周誠	周鳴臣	姜氏	兄弟皆無 姐妹各一	黃氏	原缺
官全斌	官懷璘	劉氏	兄一弟五 姐無妹三	張氏	官劍秋	張運榮	張玉卿	陳氏	兄二弟無 姐無妹五	符氏	原缺
潘德立	潘學海	閔氏	兄四弟一 姐無妹一	萬氏	潘佑麟	成嘯松	已故	鄧氏	兄弟皆無 姐一妹無	劉氏	成蔭遠
劉雲龍	劉積善	王氏	兄弟姐妹 皆無	無	無	李強之	李延祚	韋氏	兄一弟無 姐三妹二	原缺	
楊啓春	楊樹林	張氏	兄無弟一 姐無妹二	黃氏	原缺	張禪林	張兆捃	鄧氏	兄一弟無 姐妹皆無	原缺	
何基	何徐興	邱氏	兄一弟無 姐無妹三	原缺		黃德聚	黃傳椿	林氏	兄弟姐妹 皆無	吳氏	無
黃杰	黃濟	唐氏	兄無弟一 姐無妹二	裴氏	黃延福	李夢筆	李春	蔣氏	兄李夢花 弟李夢祥 姐妹皆無	戴氏	原缺
杜驥才	杜克武	仁氏	兄弟三人 姐妹皆無	無	無	雷雲孚	雷啓榮	梁氏	兄二弟無 姐一妹無	吳氏	原缺
張少勤	張難先	陳氏	兄無弟一 姐一妹二	劉氏	無	梁幹喬	梁增全	蕳氏	兄無弟一 姐一妹二	無	無

夏楚鍾	夏蔭槐	周氏	兄一弟無姐無妹二	原缺		韓紹文	梁遠傳	湯氏	兄一弟一姐無妹二	劉氏	韓致和
鄭坡	鄭財寶	竺氏	兄弟皆無姐三妹一	吳氏	無	謝聯	謝皆平	戴氏	兄一弟無姐一妹三	梁氏	無
王之宇	王法岐	胡氏	兄無弟三姐一妹一	無	無	覃學德	覃敏普	李氏	兄弟姐妹原缺填寫	黃氏	一
潘國驄	潘樹勳	覃氏	兄二弟一姐無妹四	無	無	韓忠	韓升軒	彭氏	兄無弟三姐無妹四	貝氏	原缺
楊晉先	楊恩溥	趙氏	兄二弟無姐一妹二	原缺		容保輝	容燦波	楊氏	兄二弟二姐一妹三	原缺	
樊崧華	樊寶川	黃氏	兄三弟無姐妹皆無	原缺		趙清濂	趙霄	已故	兄弟姐妹	無	無
李博	李生林	楊氏	兄二弟無姐無妹二	無	無	馬師恭	馬守幹	王氏	兄二弟一姐二妹無	王氏	原缺
樊秉禮	樊振黃	周氏	兄弟秉幹秉信秉公姐妹皆無	張氏	無	譚肇明	譚清讓	岳氏	兄弟姐妹皆無	原缺	
王慧生	王治忠	史氏	兄三弟無姐一妹無	原缺		柳野青	柳桂亭	陳氏	兄一弟無姐無妹無	李氏	柳雪棉
邢國福	邢定芳	陳氏	兄弟姐妹原缺填寫	原缺		鄧經儒	鄧廷幹	梁氏	兄二弟無姐一妹無	邵氏	原缺
樓景越	樓賢公	陳氏	兄弟皆無姐一妹一	孟氏	無	薛文藻	薛應新	胡氏	兄無弟三姐一妹無	周氏	原缺
葉幹武	葉壬秀	黃氏	兄一弟無姐一妹無	楊氏	原缺	孫天放	原缺	原缺	兄一弟無姐妹皆無	原缺	
蔡光舉	已故[原缺]	已故	兄二弟無姐一妹無	原缺		劉漢珍	劉益齋	婁氏	兄一弟無姐一妹無	未婚	
關麟徵	關超	李氏	兄一弟無姐一妹無	甘氏	無	王汝任	王銘丹	賈氏	兄一弟一姐一妹無	韓氏	無子有女
韓浚	韓樾	甄氏	兄無弟一姐二妹無	邵氏	韓天一	張耀明	張振恒	牛氏	兄三弟無姐二妹無	林氏	原缺
陳泰運	陳子捷	郎氏	兄無弟一姐無妹二	郎氏	無	甘競生	甘偉桂	李氏	兄無弟三姐妹皆無	無	無
葉彧龍	葉隆柯	陳氏	兄無弟一姐無妹三	潘氏	葉曾圓	林朱樑	林更	李氏	兄一弟無姐無妹一	梁氏	林金保
馮士英	馮廷臣	黃氏	兄無弟三姐一妹三	無	無	朱祥雲	朱亨	王氏	兄一弟無姐一妹無	無	
李正華	李榮輝	張氏	兄二弟三姐妹皆無	陳氏	無	張彌川	張祖斌	傅氏	兄無弟三姐一妹無	楊氏	原缺
梁文琰[華盛]	梁傳霖	丁氏	兄一弟一姐無妹一	無	無	陳賡	陳道良	彭氏	兄無弟三姐一妹無	無	
朱然	朱廷福	黃氏	兄四弟無姐妹皆無	黃氏	朱賓智	張忠頗	張謙亨	黃氏	兄弟姐妹原缺填寫	原缺	
黃奮銳	黃煉百	黎氏	兄無弟無姐一妹無	原缺		徐宗垚	徐曉山	汪氏	兄弟姐妹原缺填寫	原缺	

羅照	羅煜奎	劉氏	兄羅傑，弟羅壽，姐妹各一	徐氏	羅華火	王定一	王貴仁	張氏	兄一弟一姐一妹二	原缺	
劉保定	劉紹略	段氏	兄一弟無姐一妹無	陳氏	無	王認曲	王舜琴	葉氏	兄一弟無姐無妹無	無	無
伍瑾璋	伍子斌	劉氏	兄一弟無姐一妹一	無	無	楊麟	楊監于	陳氏	兄一弟無姐一妹一	周氏	原缺
賈伯濤	賈葆櫃	陳氏	兄無弟一姐無妹一	原缺		王馭歐	王青山	已故	兄無弟三姐無妹無	無	無
譚其鏡	譚永禎	羅氏	兄無弟一姐妹皆無	梁氏	原缺	潘佑強	潘焱華	楊氏	兄弟各一姐妹各一	無	
周士冕	周易照	陸氏	兄二弟二姐三妹二	汪氏	原缺	梁冠那	已故	已故	兄一弟無姐亡妹無	陸氏	梁榮松
王作豪	王肇麟	歐氏	兄王作華弟王作新姐妹原缺	蔡氏	原缺	鍾煥群	鍾震川[鍾震岳兄]	黃氏	兄弟姐妹皆無	鄒氏	原缺
梁廷驤	梁鴻來	蔡氏	兄一弟三姐妹皆無	原缺		李捷發	李清標	張氏	兄弟皆無姐無妹一	成氏	無
袁守謙	袁潔珊	嚴氏	兄無弟二姐無妹四	範氏	原缺	蔣國濤	已故	王氏	兄一弟無姐無妹四	毛氏	原缺
甘清池	甘之霖	賴氏	兄一弟無姐二妹無	吳氏	甘一珍	蕭振武	蕭榮甲	歐氏	兄無弟一姐妹皆無	黃氏	原缺
張瑞勳	張正時	區氏	兄三弟一姐四妹二	無	無	吳酒憲	吳泰祥	孔氏	兄無弟四姐一妹二	鄺氏	無
羅寶鈞	羅兆發	莊氏	兄一弟四姐一妹一	吳氏	原缺	李焜	李向渠	劉氏	兄無弟二姐妹皆無	原缺	
霍揆彰	霍連升	張氏	兄一弟無姐妹皆無	張氏	原缺	侯鏡如	侯光超	李氏	兄二弟無姐一妹無	原缺	
伍誠仁	伍心澄	吳氏	兄無，弟伍誠義，姐妹各一	原缺		何學成	何紹宗	陳氏	兄無弟六姐無妹十	龍氏	原缺
譚寶燦	譚麗金	梁氏	兄弟姐妹皆無	胡氏	以慷亞四	邱安民	邱蔚卿	陳氏	兄三弟無姐一妹無	喻氏	邱毓楠
張樹華	張子言	遊氏	兄一弟一姐妹皆無	原缺		李其實	李儇芝	張氏	兄無弟一姐一妹二	張氏	原缺
李鈞	李克玉	卓氏	兄一弟無姐一妹無	邢氏	李關祺	孫以惊[一中]	李型方	朱氏	兄一弟無姐一妹無	原缺	
尹榮光	尹銘璐	譚氏	兄無弟一姐妹皆無	陳氏	尹慶福	張遴選	張厚	趙氏	兄一弟無姐妹皆無	原缺	
胡棟臣	胡忠瑩	楊氏	兄二弟一姐二妹一	未婚		譚計全	譚育衡	林氏	兄無弟一姐無妹一	無	無
王副乾	王鶴年	葉氏	兄二弟二姐一妹無	原缺		謝永年	謝克垣	梁氏	兄弟皆無姐一妹無	無	無
陳武	陳明祥	錢氏	兄弟姐妹皆無	無	無	杜從戎	杜嶽	彭氏	兄一弟無姐一妹無	胡氏	原缺

何文鼎	何正南	劉氏	兄二弟一姐二妹一	原缺		范馨德	范國慶	劉氏	兄無弟三姐一妹無	李氏	原缺
黎庶望	黎香池	陳氏	兄一弟二姐無妹二	陳氏[未婚]		趙自選	趙貴珊	王氏	兄無弟呈姐一妹二	王氏	原缺
趙廷棟	趙志平	雷氏	兄無弟姐無妹一	張氏	趙民發	李楚瀛[李就]	李調祥	邵氏	兄一弟二姐一妹無	原缺	
張紀雲	張家瑞	呂氏	兄弟皆無姐無妹一	陳氏	原缺	吳秉禮	吳家興	蘇氏	兄無弟一姐一妹無	李氏	原缺
郭一予	郭聲傑	鄭氏	兄無弟三姐妹皆無	未婚		胡魁梧〔素〕	胡翼如	聶氏	兄無弟一姐無妹無	原缺	
陳述	陳肇裕	黃氏	兄無弟一姐無妹三	原缺		郭禮伯	郭詩迪	賴氏	兄一弟無姐妹皆無	原缺	
蔣魁	蔣子田	秦氏	兄弟四人姐一妹一	原缺		鍾偉	鍾魁	鄧氏	兄無弟一姐無妹無	原缺	
杜聿明	杜良奎[鬥垣]	高蘭庭	兄無弟一姐三妹一	曹秀清	原缺	杜聿鑫	杜良輔[已故]	馬氏	兄無弟三姐一妹三	馬氏	原缺

附表 14　第四隊

姓名	父姓名	母姓	兄弟姐妹	妻姓	子名	姓名	父姓名	母姓	兄弟姐妹	妻姓	
鄧瑞安	鄧星垣	鄭氏	兄無弟一姐無妹一	陳氏[已故]	無	鄭承德	鄭宗育	趙氏	兄無弟二姐無妹一	王氏[已故]	
丁琥	丁仲仁	周氏	兄一弟無姐妹皆無	劉氏	丁繼忠	李靖難	李樹仁	謝氏	兄李煥臣弟無姐妹三	鹿氏	
王廷柱	王永久	郭氏	兄無弟一姐無妹無	馮氏	原缺	趙敬統	趙廣義	韓氏	兄二弟無姐一妹無	李氏	
張雄潮	張清鴻	楊氏	兄弟姐妹皆無	無		范漢傑	范海門	鄧氏	兄二弟二姐妹皆無	韋氏	
李銑	李乃昌	殷氏	兄李廣弼弟無姐妹無	汪氏	原缺	任文海	任無頤	晏氏	兄一弟無姐二妹無	無	
宋文彬	宋聘五	王氏	兄宋文景弟宋文書姐妹各一	未婚		凌光亞	凌霄	陳氏	兄一弟無姐一妹一	陳氏[未婚]	
耿澤生	耿焜毓	陳氏	兄弟皆無姐一妹二	無	無	吳展	吳連弼	程氏	兄三弟一姐一妹無	未婚	
陳德仁	陳士魁	彭氏	兄一弟無姐一妹無	薛氏	原缺	曾昭鏡	曾志寰	何氏	兄三弟一姐一妹無	梁氏	
潘樹芳	潘廷集	吳氏	兄一弟二姐一妹無	吳氏	原缺	洪君器	洪秉湘	趙氏	兄一弟無姐二妹無	周氏	
劉傑	劉濟吉	衛氏	兄弟姐妹原缺填寫	曾氏	原缺	刁步雲	刁鴻奎	蔡氏	兄五弟無姐二妹無	已故	
王世和	王良嶽	周氏	兄弟姐妹原缺填寫	汪氏	原缺	蔣超雄	蔣克明	鄭氏	兄無弟一姐妹皆無	原缺	

宣鐵吾	宣志朗	吳氏	兄無弟一姐妹已嫁	未婚		王敬安	王勤生	康氏	兄無弟一姐一妹無	楊氏	
李正韜	李伯言	王氏	兄無弟二姐一妹二	張氏	李洪範	周啓邦	周慰椿	顧氏	兄周之遠弟周永德姐無，妹周材雲	無	
趙定昌	趙光庭	甘氏	兄一弟一姐一妹無	西門氏	趙福興	陳廷璧	陳耀軒	湯氏	兄無弟二姐妹皆無	未有	
王彥佳	王繼章	莫氏	兄無弟三姐妹皆無	未婚		唐雲山	唐光曦	王氏	兄三弟無姐二妹無	葉氏	
李文亞	王作輝	吳氏	兄弟各一姐妹各一	呂氏	無	鄭燕飛	鄭運捷	繆氏	兄一弟二姐一妹三	賴氏	
王仲廉	王繼孝	吳氏	兄一弟無姐無妹二	張氏[未婚]		牟廷芳	牟家興	楊氏	兄無弟一姐妹皆無	無	
李岑	李駕山	已故	兄一弟無姐無妹二	未婚		方日英	方昆楊	劉氏	兄無弟一姐六妹一	未婚	
張淼五	張漢初	江氏	兄一弟無姐一妹一	原缺		冷相佑	冷玉京	鄭氏	兄冷相佐弟冷相保姐一妹無	無	
趙志超	達崇阿[滿族]	吳氏	兄二弟一姐一妹無	駱靜儀	趙毅	劉幹	劉鈇	吳氏	兄無弟二姐妹無	王惠蘭	
任宏毅	任廷璠	崔氏	兄弟各一姐妹皆無	原缺		田育民	已故	已故	兄三弟一姐妹無	呂氏	
朱鵬飛	朱自明	已故	兄一弟一姐二妹一	原缺		周鴻恩	周繼吳	鄭氏	兄一弟二姐妹皆無	楊氏	
徐文龍	已故	已故	兄弟早故姐妹皆無	未婚		周世霖	周子仙	甘氏	兄二弟四姐妹皆無	甘氏	
容有略	容祥彥	楊氏	兄二弟無姐二妹一	原缺		何貴林	何世祥	去世	兄無弟二姐妹皆無	司氏	
張耀樞	張瓊芳	楊氏	兄無弟一姐無妹一	方氏	張宗慧	張汝翰	張宗信	胡氏	兄一弟一姐無妹一	呂氏	
李殿春	李集祥	劉氏	兄弟皆無姐無妹二	於氏	原缺	王君培	王錫寬	楊氏	兄五弟一姐一妹無	原缺	
張雪中	張道順	沈氏	兄一弟無姐無妹二	原缺		彭善	彭華峰	龐氏	兄無弟一姐無妹一	王氏[未婚]	
蕭灑	蕭茂如	郅氏	兄無弟一姐二妹二	李氏	無	戴翱天	戴玉潔	吳	兄弟皆無姐三妹無	原缺	
段重智	段道南	姚氏	兄三弟無姐一妹一	葉氏	原缺	周公輔	周煥堂	魏氏	兄一弟無姐妹皆無	張氏	
張慎階	張世倫	楊氏	兄無弟五姐一妹一	未婚		李自迷[字梅]	李渭卿	徐氏	兄無弟二姐一妹一	盧氏	
蔡炳炎	蔡日暄	鄧氏	兄弟姐妹原缺填寫	夏氏	蔡閏生	邱士發	邱耀南	陳氏	兄弟姐妹原缺填寫	原缺	
李文淵	李宗唐	襄氏	兄無弟二姐無妹二	李氏	原缺	蔡昆明	蔡光智	吳氏	兄弟姐妹原缺填寫	原缺	

袁嘉猷	袁恩錫	王氏	兄袁嘉謀弟無姐亡妹無	無	無	劉明夏	劉英	熊氏	兄一弟二姐無妹直	張氏	
陳金俊	陳少海	嚴氏	兄弟各一姐一妹無	無	無	盧盛枌	盧同注	蔡氏	兄弟皆無姐無妹一	鍾氏	
楊伯瑤	楊健侯	安氏	兄無弟三姐無妹一	無	無	賈春林	賈向蜀	霍氏	兄無弟一姐一妹無	霍氏	
陸傑	陸先福	李氏	兄弟皆無姐無妹一	未婚		楊顯	楊肯堂	戴氏	兄無弟一姐四妹無	未婚	
雷德	雷昌恒	丁氏	兄無弟一姐無妹二	黃氏	原缺	李秉聰	李季侯	劉氏	兄二弟無姐二妹無	蕭氏	
雷克明	雷雨盈	魯氏	兄三弟四姐一妹一	金氏	原缺	于洛東	已故	朱氏	兄一弟無姐二妹無	原缺	
柏天民	柏紹道	張氏	兄二弟無姐亡妹無	王瑞芝	無	張志衡	張日煦	楊氏	兄弟姐妹原缺填寫	原缺	
李榮昌	李培基	何氏	兄弟姐妹皆無	無	無	趙雲鵬	趙永和	姚	兄無弟二姐妹皆無	宋氏[未婚]	
徐經濟	徐雅智	任氏	兄無弟二姐一妹無	任氏	徐克偕	馬維周	馬吾俊	張氏	兄弟各二姐妹皆無	無	
黎青雲	黎守空	王氏	兄二弟無姐一妹無	馬氏	原缺	劉鴻勳	劉清黎	李氏	兄弟各一姐妹各一	吳氏[已故]	
黃梅興	黃秀孚	張氏	兄弟各一姐妹皆無	賴氏	原缺	馮達飛	馮世趙	羅氏	兄弟皆無姐二妹無	無	
王鳳儀	王元旦	已故	兄弟姐妹皆無	未婚		劉雲	劉沅穆	譚氏	兄一弟無姐二妹無	周氏	
孔昭林	孔廣信	劉氏	兄弟皆無姐無妹一	無	無	何志超	何義長	胡氏	兄三弟一姐一妹無	未婚	
萬少鼎	萬黃裳	周氏	兄弟三人姐妹皆無	陳氏	原缺	榮耀先	已故	榮雲氏	兄無弟二姐一妹一	無	
周澤甫	周兆棟	李氏	兄無弟四姐無妹二	黎氏	原缺	王文彥	王起魚	趙氏	兄弟二人姐一妹無	李氏	
張開銓	張家譜	王氏	兄一弟無姐一妹三	汪氏	無	曹利生	已故	王氏	兄五弟一姐妹皆無	無	
陳圖南	陳毓川	趙氏	兄無弟四姐無妹二	仇氏	原缺	王叔銘[鑣]	王植三	楊氏	兄無弟三姐無妹二	林氏	
卜世傑	卜逢吉	王氏	兄一弟一姐無妹無	穆氏	卜景式	石美麟	石家祿	楊氏	兄二弟無姐妹皆無	原缺	
孫懷遠	孫萬喬	林氏	兄弟姐妹皆無	未有		饒崇詩	饒致賢	陳氏	兄一弟一姐一妹無	劉氏	
俞墉	已故	胡氏	兄弟皆無姐二妹無	原缺		陳綱	陳榮奎	王氏	兄無弟三姐一妹無	張氏	
王萬齡	王植槐	伍氏	兄無弟三姐無妹五	張氏	原缺	鄭南生	鄭紹唐	嶽氏	兄無弟三姐無妹四	無	
馮樹淼	馮玉和	杜氏	兄二弟一姐妹皆亡	袁氏	原缺	馮春申	馮寸金	李氏	兄無弟二姐無妹二	張氏	

何紹周	何塵祿	蔣氏	兄無弟二 姐無妹二	原缺		高致遠	高明星	田氏	兄無弟一 姐無妹一	無	
仝仁	仝生	已故	兄一弟一 姐一妹無	原缺		莊又新	莊莘墅	任氏	兄二弟無 姐無妹一	未婚	
胡宗南	胡敷政	章氏	兄一弟一 姐無妹一	梅氏	無	陶進行	陶勉之	郭氏	兄二弟無 姐妹皆無	藺氏	
王文偉	王業生	歐氏	兄無弟二 姐無妹無	原缺		高起鵑	高文學	曾氏	兄二弟無 姐一妹無	羅氏	
薛蔚英	薛明建	陳氏	兄弟皆無 姐無妹二	馮氏	原缺	曾繁通	曾紀南	李氏	兄四弟一 姐六妹無	原缺	
冷欣	已故	杜氏	兄弟姐妹 皆無	無	無	余安全	余思忠	周氏	兄無弟一 姐三妹無	原缺	
馬志超	馬騰殿	李氏	兄弟姐妹 皆無	楊氏	無	張偉民	張仕煌	沈氏	兄弟各一 姐妹皆無	無	
侯鼐釗	侯維良	顧氏	兄弟姐妹 皆無	無	無	許錫絨	許崇洛 [已故]	許氏	兄三弟無 姐一妹無	原缺	
張鼎銘	張忠良	趙氏	兄三弟一 姐一妹一	無	無	顧濟潮	顧蘭亭	張氏	兄弟姐妹 皆無	原缺	
譚煜麟	譚泰謙	李氏	兄二弟一 姐妹皆無	原缺		李武軍	李蘇同	黃氏	兄無弟一 姐無妹一	未婚	
董世觀	董夢蛟	秦氏	兄弟姐妹 皆無	原缺		王惠民	王癡衆	侯氏	兄弟姐妹 原缺填寫	原缺	
劉國勳	劉潔泰	趙氏	兄一弟八 姐二妹五	廖氏	原缺	王敬久	王道庭	趙氏	獨子	無	

說明：在《陸軍軍官學校詳細調查表》原缺填寫上述欄目的有：鄒范、傅權、嚴崇師等三人，
　　　另《陸軍軍官學校詳細調查表》缺少王敬久表格，其家庭情況是從傳記資料補充填上。

第二節　家族經濟基礎：第一期生成長的源泉

　　《詳細調查表》以學員自填形式，首次披露了二十世紀二十年代中國社會達官貴人乃至普通百姓的家庭經濟狀況，是上世紀初期仍處於半封建半殖民地社會結構的真實寫照，也是過去許多史籍書刊未曾如此集中而寫實記述的。儘量有些自填內容出於種種緣由，不可避免地存在著虛擬或謬誤。但是，筆者認為仍不失為第一期生家庭經濟基礎之歷史寫實，為研究第一期生提供了難得的基礎素材和資料。

　　按照社會經濟學方法進行考量和分析，這份表格反映的經濟資料和生活指數，不同程度地襯托和描繪了以農業生產為主的社會基本結構，

也為我們提供了城鄉和農村家庭經濟收入及其生存環境、生活指數的基本情況。儘管《詳細調查表》的說明強調「均須填明」字樣，絕大多數學員都在當年入學之際，將各自家庭物質基礎狀況如實記錄於下表。

自填入學前（家庭主要職業）（家庭生活狀況）一覽表

附表 15　第一隊

姓名	家庭主要職業	家庭生活狀況	姓名	家庭主要職業	家庭生活狀況
唐嗣桐	農	貧	何盼	農	薄田五百餘畝，每年出入相等。
楊其綱	農商	自耕田十八畝，並無其他流動產，且負債三百元，每年退款約百余元，豐年恰足自給。	董釗	農	平常
林芝雲	農	無產	王國相	家庭業農	家況平常
黃承謨	學	貧，地產僅值一萬元。	黃彰英	耕	貧
謝維幹	教育	貧，不動產約值三百元。	王治岐	農	清貧，有薄田數畝。
張鎮國	商	清貧，有屋一間。	徐石麟	學而仕	約有值二千元之不動產
劉鑄軍	農	貧	竺東初	法界	清貧
印貞中	農	貧	李安定	商	貧
譚輔烈	儒	中，地產不多。	趙勃然	農	略自給
李伯顏	仕商學	清貧	李紹白	士農	中富
劉仲言	學界	困苦	賀衷寒	儒	大家庭不動產約值五千元
韋祖興	農業	不動產約值六百餘元，每年入息僅可應所出。	魏炳文	務農造油為主	中等地產有
林大塤	農業	家為中等略有地產，僅能支持過日。	傅維鈺	耕讀	不動產約百元，年費約千元入款五六百元，故生活極困難
王公亮	農	中，田產五十畝。	胡信	商	中，屋地田產共數十畝。
馮毅	儒	不動產五千元	周秉璿	商業	僅充糊口
胡仕勳	學界	中	陳謙貞	學	略有薄產勉能支持
王泰吉	農	中，有地一百二十畝。	梁漢明	商	中
鄔與點	商	無地產籍小經營以謀生計，甚為貧困。	姚光鼐	教育界	無產階級
李園	農	中	陳選普	儒	略有地產，每月收入僅供母、妹衣食用，以本縣論有中產階級。
陸汝疇	農	差堪自給	劉疇西	農商	中產階級地產百畝，近受兵災生計日艱。
游步仁	農	中產階級，地產四十畝。	劉慕德	務農	貧
李武	商	中	郝瑞徵	務農	平常

唐同德	耕讀並重	中，有水田七十畝，旱地二十石。	白龍亭	耕讀	貧，地十餘畝房一所。
徐會之	讀書	中，不動產約五千元。	容海襟	商界	地產毫無，所入適敷所出。
王逸常	妻侯氏可作小規模染織工藝	有納稅四門之蔬菜園藝地，其面積約在十六畝以上。	徐象謙[向前]	士	中常
張坤生	商界	中	周天健	為政	困迫
蔡粵	讀書	貧	蔣先雲	原缺	極貧
甘達朝	商業	中	石祖德	商	中
項傳遠	農	中等，有田地頃餘。	陳文寶	農	不動產約五千元，家庭日用所需經費，均係父親一人負擔，統計每年所入僅敷所出
李子玉	農	坡地一頃，每年收穫除納稅外僅供家給。	范振亞	書香	貧士，恆產無多，薄田數畝。
何復初	歷代讀書	家無恆產	鄧春華	農	約萬餘
穆鼎丞	以農為本，惟兄鴻泉為山陝軍第一團團長。	不動產約值兩千元，生活稍能維持。	伍翔	商	貧
蕭洪	農	中富	張其雄	教，讀	赤貧
鍾斌	農	田產約三畝可以耕作度活	林斧荊	商	貧
朱一鵬	儒	貧	鄭漢生	商	中
陳皓	商	中	田毅安	農	貧，種田百畝。
龍慕韓	政界	中	帥倫	農	中資，約值四千元左右。
古謙	政界	中	伍文生	耕織	貧
鄧文儀	商業	無產階級	劉長民	農業	中戶（略有地產收入）
譚鹿鳴	儒	中戶（不動產約千餘元）	羅煥榮	農	有不動產約千餘元操于家長
睦宗熙	政界	富有樓房二座	王爾琢	農兼商	中，不動產約值萬元。
江靈	政界	中，有田七十五畝。	廖子明	農業	中，有田二十畝
潘學吟	士商	中，有商業及田產。	曾擴情	務農	貧無地產
康季元	農	中	廖偉	農	貧
蔡敦仁	農	中，地產約值四千元。	尚士英	農業	僅及中等
劉蕉元	農	貧	顧浚	農	中，地產約值國幣三千元。
周品三	農業	貧地無產	唐星	商	中，無地產。
陳琪	農	貧地產無	周惠元	儒	家事小康
蔣森	商	僅有一鋪堨以自給	周振強	學界	平常
羅群	農	動產及不動產約值八、九千元	楊挺斌	農	貧
李培發	農	貧寒，有地五十餘畝。	楊步飛	工業	貧地產無
趙榮忠	商	貧地產無	陳公憲	農業	中，有地產。
李繩武	農	貧	沈利廷	士農	歲中〔終〕所入僅敷所出
吳興泗	儒	貧	郭劍鳴	農	小康，中，有田二百畝。
劉釗	農	中，耕植田約計六十畝。	劉希程	農業	貧，不動產旱田五十畝。

姓名	職業	家庭生活狀況	姓名	職業	家庭生活狀況
郭遠勤	工業	貧，地產有少。	宋希濂	儒	僅可自給，地產少。
戴文	學業	稍有產業	陳卓才	商	薄田數頃，桑園半畝，藉商業資潤亦可自給。
謝翰周	學界	家系中資，稍有田產。	陳平裘	學界	約五百元
張君嵩	農	貧	郭冠英	士	貧
宋雄夫	農	貧，稍有田產。	余程萬	商	貧無地產
毛煥斌	農及教育事業	經濟困難，每年所出僅足所入。	蔣孝先	農，商	貧
羅奇	學界	中等	馮劍飛	學界	中等
顏逍鵬	農	中富，有田數十畝茶山數塊	譚作校	農業	中產，不動產約千五百元。
丘宗武	以不動產為主	不動產每年之入息金僅足一年之需	陳國治	農業	貧，不動產僅足全年之需。
陸汝群	農	差堪自給			

附表 16　第二隊

姓名	家庭主要職業	家庭生活狀況	姓名	家庭主要職業	家庭生活狀況
李樹森	農	貧	申茂生	工	家貧
王家修	農	田不足百畝，荒年則不足，豐年亦無餘。	江鎮寰	農	家產有農田六十畝尚足自給
林英	農業	家庭生活約在中等以下，每月出入三十元左右。	趙履強	儒	貧
杜成志	織巾為業	竹園五畝屋一間，近來巾業發達餘利，頗能維持家用一切。	王雄	業農	每月所入之款，除開銷外所餘無幾，不動產約在二千餘元左右。
丘飛龍	農	家資本係甚薄，近因學生留學廣州，幾致破產，所以現在家庭生活甚屬維艱。	呂昭仁	農	入可敷出
宣俠父	農	中，有田三十畝桑五百餘株	孫樹成	農	中，田百畝。
黎崇漢	農商	每年所入亦弊，所出地產約五千元左右。	劉先臨	讀	貧，生計支拙，有地產二十餘畝。
何昆雄	商	中，不動產約四、五百畝左右。	凌拔雄	農	貧
嚴需霖	農業	貧寒，地產三十畝。	王體明	軍學	田園數畝，支絀堪虞。
董煜	農學	農業自給，兼土地生產。	張作猷	商	中，有田數畝僅可自給。
張本清	耕田，作商	頗可生活	丁炳權	務農	家況小康，地產五百餘畝。
唐際盛	農商	中富	程式	儒	中產家庭經濟活動
李模	農	中	俞濟時	商	溫飽
鄭子明	農	貧，地產有四十三畝多。	朱耀武	農業	中，地產十頃。
陳子厚	世儒	小康	蕭冀勉	軍	貧

黃維	數世業商	中，有田五十餘畝。	馮聖法	農	貧寒，租田耕種。
洪顯成	農	家庭每年出入有餘	鄭述禮	業農	靠耕足以維持度日。
羅毅一	商	僅足衣食，中貧之家無地產	伍文濤	農商	中產之戶，不動產約二千金
賈韞山	農	四十畝地自行耕種，豐年衣食自足，荒年則受窘迫。	胡博	農商	中
杜心樹	農	貧，田十畝。	鄭炳庚	農	自耕而食，有田八、九畝。
李榮	農	中	李國幹	農及商	食之者眾生之者寡，難免將伯之乎，地產有些山地，可〔種〕植些穀茶柿等。
陳扶詩	商讀	中等，有地產約三十畝。	賀聲洋	農	中，地產五十畝足供家用。
王步忠	農	困難	孫常鈞	商	貧
郭景唐	農	貧	李延年	農商	磽田三十畝，耕織自給，貧
龔少俠	儒	貧	胡遜	商務	貧
董仲明	農業	無生產階級	郭樹棫	農業	中，地產三十餘畝宅院一所
黃珍吾	二從兄，一農一工	貧，幸稍有地產，足供苦耕淡食。	李源基	農	中產，田五十畝屋宅四間。
許永相	農	貧而負債，荒田五、六畝，不足事畜。	桂永清	農	家有薄田數十畝，在内地尚屬小康。
韓雲超	農工	貧	李漢藩	農商	衣食住宿，於自給地位。
鍾洪	農	貧而有糊口地產	張德容	農	貧
袁潄清	商業	困難	鄭洞國	業農	無多產業
陳文山	士	貧無產業	曹日暉	農	貧
王克勤	農	艱難	朱炳熙	軍界	中
蔣伏生	農	微有產業	柴輔文	務農	小康
李蔚仁	業農	家貧，有稻田一畝。	張際春	家世業儒	有地產，年收穀〔穀〕租約一百石，能供家人生活。
陳應龍	務農	家有恆產自耕自養頗饒裕	謝清灝	農業	經濟困難
史仲魚	務農	貧寒，薄田二十畝。	李均煒	世代業儒	中，桑田七十餘畝。
劉赤忱	耕	貧，產業約計十畝。	熊敦	兄有目疾倖未成年，余皆坐食者，均無主要找業之可言。	生產無人賴以支持，生活者僅山田數畝，以故生活狀況異常困難。
吳重威	農	家世業農，所賴以支持生活者僅此也。	陳文清	家世業農	家庭生活困難，每年產穀〔穀〕約五、六千勳〔斛〕。
林冠亞	農商職業	中等，有田二石種子。	李青	農	自耕可以謀生
唐震	商	雖無立錐之地，尚可從容度活。	蔡鳳翥〔鳳翯〕	業儒	小康，我十兄弟每人得田近百畝。
洪劍雄	農，商	中等資產，至其數量則本人絕對不管家事，故不清楚。	陳天民	農	經濟困難，居極貧地位。
王懋績	農業	以農業為生，僅有常產，有父兄分擔責任。	李良榮	經商	無產階級

余海濱	商業	貧無產業	焦達梯	家世業儒	年收租穀〔穀〕約八十石，僅可供家人生活。
郭濟川	以農業為本	全恃三、四畝地產之出息，以維持一家之生活。	葛國樑	農	中，有地產十餘畝。
周士弟	商	中，無地產。	陳堅	學界	中產
侯又生	工	中產	酆悌	務農	貧無產業
許繼慎	農	瘦田幾畝，渺可糊口。	唐澍	先業農，現落無職業狀況。	完全無產之家，既無相當職業，故生活十分困難。
蔡任民	讀	中等資產，田地一頃二十畝	鍾煥全	男耕女織	家中僅有恆產
彭干臣	教，讀	無地產，家庭生活依靠家父教讀所得之薪金維持之，但家父年老多病再難支持下去，責任到我身上來了。	陳志達	儒	貧
萬全策	農	頗窘	張人玉	農	貧有山三塊以自給
陳鐵	耕讀	中，地產收入可敷衣食。	陳沛	以農為業	生活困難，批耕毫無產業。
呂佐周	農	入堪敷出	李玉堂	農商	中，有上地六十餘畝。
周鳳岐	農業	貧	李及蘭	業農	有田產數十畝，足維持一家生活。
陳劫	儒	適能維持生活有四百石	甘杜	儒，農	小康
吳斌	商業界	生活困難絕無產業	趙柟	耕讀	貧
羅倬漢	小商	家庭生活困難貧無立錐	馬勵武	業農	貧而少地畝
趙子俊	做工為業	負債困難	湯家驤	農	家道小康
梁廣烈	家庭以農業為主，父營商業小企業	以耕田之入息，僅能過低程度之生活。	白海風	農	每年所耕得僅能糊口
宋思一	農商	據未出省時言，以黔〔貴州〕情論之得稱中戶，所地產約值萬元，近日黔局迭變家中數次被劫，今則日形凋敝，其現況又非異地人所能逆料矣。	顧希平	農	貧無多地
郭德昭	農商	無產	張隱韜	無產家庭農業	無產家庭
文志文	農	中	梁錫祜	商業	貧
嚴武	米商	辛亥年革命起義已被北逆追剿數次，四兄于民國七年護法江西炸彈陣亡，三兄當年被陳光遠捕去生死不知。	李之龍	農	困難下等田三十餘畝
甘麗初	士農為主	困難	黃鰲	農	貧，地產約有一畝餘。
李奇忠	儒	困難，僅有薄田四十餘畝			

附表 17 第三隊

姓名	家庭主要職業	家庭生活狀況	姓名	家庭主要職業	家庭生活狀況
蕭乾	商	中	黎曙東	農	僅可生活
韓之萬	農	所入僅敷所出	郭安宇	務農	中等，有自耕地七十畝。
陳以仁	士農	產業約三萬金足堪自給	杜聿昌	以農為主	平常而已
李仙洲	農	中	陳克	第三兄軍界經充海軍艦長陸軍統領等職，父親經商。	中，入能敷出
孫元良	小地主	收租吃飯恰足	王連慶	商	中，糧田百畝。
楊溥泉	務農	中下	曹淵	農	中資以下
江世麟	農商	中，親產十畝兄弟經藥業以供家用。	廖運澤	主產農	地四十餘畝，每年收入尚可供給用度。
鮑宗漢	農	中	閻奎耀	農	貧，僅有地產一百餘畝。
楊耀	農業	貧，有地產三百餘畝	鄭凱楠	工業	無
邢鈞	商業	每月收入七十余文方敷支出，貧無地產。	周誠	耕讀	有田一百餘畝，貧。
官全斌	農商並重	平庸，有〔地〕產一、二百畝。	張運榮	業商南洋（礦業、客棧）	家中田產可給全費十分之七，業商紅利可為二倍，故自給尚有餘裕
潘德立	業儒	家寒，僅有墓田二十畝。	成嘯松	儒	貧
劉雲龍	農	不動產四百餘洋	李強之	農	不動產每月產六十元
楊啟春	農業	中，有田一百八十畝。	張禪林	農	中，有田約五十畝。
何基	農	中，有田五十餘畝。	黃德聚	儒	清貧並無地產
黃杰	中醫	田租百四十石	李夢筆	自主農業旱田五十畝，水田十五畝。	水旱田六十五畝，足食足衣。
杜驥才	農	殷實	雷雲孚	士	貧
張少勤	農	中等，有地百餘畝	梁幹喬	農商	家產約值八千元，初可以支援，後受本國軍閥之劫搶，列強帝國主義者之壓迫勢成岌岌
夏楚鍾	業農	貧，僅薄田數畝	韓紹文	農業	家庭生活頗稱優裕，每年可收田租六百石左右，桐木梓約三百石。
鄭坡	醫	中	謝聯	作些小生意	貧，僅有數畝薄田。

王之宇	農	中	覃學德	自主農及地主農	不動產約四千元，家庭用度全靠父親一人負擔，每月收入支出約八十元。
潘國聰	農商	困難	韓忠	集貨	堪以度日
楊晉先	耕讀	貧田超百畝，年年遭戰亂，生活漸感困難。	容保輝	商	中，無產
樊崧華	種田	中	趙清濂	務農	尚可支度
李博	商	貧，地產僅有四十畝。	馬師恭	商	貧
樊秉禮	為商	為小康之家	譚肇明	農業	可憐
王慧生	農	尚能自給	柳野青	農商	中人之家，房屋二所田百六十畝。
邢國福	南洋商業〔雜貨信局〕	中等生活，經濟出入相抵。	鄧經儒	務農	中，僅可支持。
樓景越	務農	家僅中產，有地產二十餘畝	薛文藻	商業兩業	家產約值萬餘元，所入的利息可以敷支出。
葉幹武	耕讀	貧，約有田二畝。	孫天放	業商	中等
蔡光舉	以薄產度支，無一定職業	中人之家，房一院田八十畝。	劉漢珍	地主	中產
關麟徵	務農	中等	王汝任	學	中富
韓浚	耕讀	貧	張耀明	農	僅夠生活
陳泰運	農	僅足自給	甘競生	農業	平常，一年收入足支一年所需。
葉彧龍	祖父業儒，父親軍界〔時已故〕。	下富	林朱梁	商	貧，並無地產。
馮士英	農業	每年收利二千餘元	朱祥雲	農	中產
李正華	自耕農	入足支出，地產五十畝。	張彌川	自主農業	入敷出
梁華盛	自主農業	每年收支敷可相抵	陳賡	商	家庭生活，尚僅能支持。
朱然	商	入不敷出，甚形艱難。	張忠頻	自主農	貧農，產不敷家用。
黃奮銳	學	貧	徐宗垚	原缺	中，地產四百畝強。
羅照	農商職業	中	王定一	農	貧，田地八十畝。
劉保定	業農，庸工。	中產，薄田三十畝。	王認曲	商——分銷美孚洋油公司。	收入僅夠消費
伍瑾璋	家世業商——開設廣貨店鋪	有一千二百元之恆產，每年收入及兄經商所得，維持家庭生活。	楊麟	政界（父兄均任知事）	入能敷出
賈伯濤	政界	中產	王馭歐	儒醫	貧

譚其鏡	自主農	小康	潘佑強	兄叔平充中學教員	貧
周士冕	營鐵木二業	稻田四十畝僅供耕種，出產足以自給，除外費用每年約一千元，作為商業項內支付	梁冠那	耕讀	低桑地二十畝，故糊口之家入不敷出。
王作豪	耕讀	家資貧困	鍾煥群	業儒	家僅中產，無分擔責任之人
梁廷驤	自主農	中下	李捷發	無	甚貧，並無地產。
袁守謙	讀書	入款頗難敷出款	蔣國濤	農	自給
甘清池	耕附及稻田	每月入均銀三十元，每月支均銀二十餘元。	蕭振武	農商醫陶業	地產中等，僅能自給。
張瑞勳	開有一小火水店	中平，並無地產。	吳迺憲	無資產的農業	貧
羅寶鈞	農	貧	李焜	農	貧
霍揆彰	因住鄉村以農為主要職業	耕田十餘畝，每年收穫之穀〔穀〕約八十石，依人口計算稍能維持。	侯鏡如	農	中，有田數頃。
伍誠仁	業儒	貧	何學成	業儒	貧
譚寶燦	無常	貧	邱安民	幫傭商業	貧
張樹華	經營皮絲煙業	薄有資產，差堪自給。	李其實	商	貧，無地產。
李鈞	儒	田產四十餘畝，僅能支應家中各人糊口而已。	孫以悰[一中]	士農	中，有田數十畝。
尹榮光	自立農	中，有薄田數十畝。	張遴選	自主農	貧，每年支出超過收入，有薄田八十畝。
胡棟臣	地主	每年收入六百元左右，支出七百元之譜。	譚計全	農業	中等下
王副乾	農佃戶	貧	謝永平	商	中等下
陳武	商	入可敷出	杜從戎	兄在教育界，另無職業。	貧
何文鼎	農	中	范馨德	農	居中，有地產。
黎庶望	業商，做蘇杭布匹店一間，店名：億盛棧	中	趙自選	佃農	貧
趙廷棟	水地一頃小鋪一間，係農業。	現時甚苦，僅為之糊口而已。	李楚瀛〔就〕	自主農	每年收入五百餘元，支出四百餘元。
張紀雲	士	溫飽	吳秉禮	業農	家庭生活稍足
郭一予	業農	中	胡素	商	所入敷所出

陳述	農	每年除食用外，稍有餘資。	郭禮伯	開油行	中等，無地產。
蔣魁	原缺	中富，不動產約千元。	鍾偉	農業	頗這困難
杜聿明	家庭以士為主要職業	貧無產	杜聿鑫	家庭以士為職	貧

附表 18　第四隊

姓名	家庭主要職業	家庭生活狀況	姓名	家庭主要職業	家庭生活狀況
鄧瑞安	行政事業（律師之類）	良田五畝土庫房屋一座鋪房一所，總之不動產約值二千元之譜。	鄭承德	農	地七十畝，一年所得僅足供食。
丁琥	農	貧，稍有地產。	李靖難	經商	中
王廷柱	農	貧，每年入不敷出	趙敬統	農	中
張雄潮	商業	尚稱小康	范漢傑	農，商業	中等，有田地少部，在南洋八打城有商業。
李銑	商業	房屋數小間，田產一百餘畝，果木園一處。	任文海	農	富
宋文彬	前發行茶葉，後辛亥變亂焚燒一空，現無營業	教〔較〕能維持現狀，田地五畝。	凌光亞	耕讀為本	有祖遺餘產，屬中平〔等〕可以過活。
耿澤生	務農為業	先人遺產，中平可以維持家庭生活。	吳展	營商	生活簡單，依賴商業維持之。
陳德仁	商	寒	曾昭鏡	耕讀商	中等之家
潘樹芳	耕讀	僅可維持	洪君器	耕商	中
劉傑	耕商	中	刁步雲	業工	每年出入謹〔僅〕敷
王世和	商	頗足自給	蔣超雄	軍界	祇能維持生活
宣鐵吾	農	十年前本算小康，嗣以欲罹天災人禍，迭次破產迄已蕭條難支，今得賴以生活者，惟親勞力所得之代價以供給予。	王敬安	耕讀	中，地產三十餘畝。
李正韜	工絲	貧無產	周啓邦	育蠶	無產
趙定昌	經商	中級，地產每年收種穀二百石及產茶百余石。	陳廷璧	賦閒	無產
王彥佳	儒業	貧	唐雲山	商業，工藝	淡薄
李文亞	蠶織	清貧	鄭燕飛	經商，農業	中等，有田地少部
王仲廉	農	地產七十畝，中等生活	牟廷芳	為商	中，有田地五十畝。

李岑	業農（麥田六百七十畝）	中等生活	方日英	務農	稍能糊口
傅權	耕讀為業	每年除支出外稍有餘部	張淼五	商	現可維持
冷相佑	耕讀	家道小康田產有四百餘畝	趙志超	農學	房九間，地四坰。
劉幹	手工業	中	任宏毅	農商	稍能糊口
田育民	農	中	朱鵬飛	士	衣食可敷
周鴻恩	務農與學界	食稍繁，生活艱難。	徐文龍	油業	目前可過
周世霖	商	共有十一弟兄在外讀書，經濟尚可維持。	容有略	現時出外謀生（在航業界）	地產全無，所入僅敷所出。
何貴林	業農	略可支度	張耀樞	稍貿微易	家庭人口多，生活困難並無田，僅有房屋。
張汝翰	商	每歲所入僅可足用	李殿春	農	僅能衣豐足
王君培	農	中財之家，地過千畝，入能敷出。	張雪中〔達〕	商業	家道小康，地約百畝。
彭善	孺農	僅能支持	蕭灑	耕讀商	中
戴翱天	農	收入支出之比較相等	段重智	農商	小康
周公輔	素以務農為業	資斧〔敷〕困難	張慎階	農業	欲不傭工，則不敷半載之糧
李自迷	商	尚可支持	蔡炳炎	農	中
邱士發	軍界	普通可以度日，無甚掛慮。	李文淵	學界農業	產業甚多，生活頗豐富。
蔡昆明	農商	中，有田園產業。	袁嘉猷	軍界	生活狀況可為中等，有房屋地產。
劉明夏	儒	中	陳金俊	士	中，稍有地產。
盧盛枌	實業	中產	嚴崇師	農業	薄田三十畝
楊伯瑤	土司	小康	賈春林	農與商	貧，僅田十六畝。
陸傑	實業	中產	楊顯	以農業為主	貧有地數十畝
雷德	商	中，田賦一石有餘。	李秉聰	農業	貧地無產
雷克明	農業	貧窮，地產僅有二十餘畝。	于洛東	農商	中
柏天民	耕讀	中	張志衡	讀書	貧，田地全無
李宗昌	耕讀	貧	趙雲鵬	業農	貧
徐經濟	農	貧	馬維周	以農業為生	貧
黎青雲	以農為業	地產七、八十畝，不貧不富得中而已。	劉鴻勳	士人	衣食無乏
黃梅興	農為主	中，衣食稍裕，地產稍有。	馮達飛〔洵〕	全賴祖遺田產之租穀	中，田三十畝山林兩個，每年收入僅供一家之用。

王鳳儀	農	貧	劉雲	農商	中，田產二十餘畝。
孔昭林	父在經商，父歿後無有職業。	貧	何志超	商農	糊口而已
萬少鼎	農業	貧，穀田七石。	榮耀先	農業	貧，好年生產僅足衣食。
周澤甫	農業	中	王文彥	賦閒	中
張開銓	農	中，百畝之譜。	曹利生	商業	中
陳圖南	學	困難	王叔銘	業農	中
卜世傑	農	貧	石美麟	商農	中產，四百畝。
孫懷遠	軍政界	中，有田產五百畝。	饒崇詩	業商	平常
俞墉	商	中	陳綱	商	中
王萬齡	世代經商	生活適中，僅可度日。	鄭南生	農商	貧寒
馮樹淼	專門務農	貧，所有房屋兩院，田地一頃六十畝，不過僅度日而已	馮春申	實業	中
何紹周	耕讀為本	中	高致遠	務農	遇豐年尚可度日，若旱年則受饑寒。
仝仁	業農	中	莊又新	商	尚可維持
胡宗南	農	中	陶進行	務農	貧
王文偉	商業	中等	高起鵾	學，商	中
薛蔚英	農商	中	曾繁通	商業	中
冷欣	政界	中人之產	余安全	農商	尚足以自給
馬志超	以耕讀為業	生活困難	張偉民	商	可以勉強過活
侯鏡釗	仕	中，略有地產。	許錫絨	軍界	中
張鼎銘	農商兩業	衣食稍足	顧濟時	農	中
譚煜麟	軍界	貧	李武軍	農商	貧，惟所入常不敷支出。
董世觀	軍界	能自給	王惠民	商業	自給
劉國勳	學界	中			

　　根據《詳細調查表》，我們只能看到黃埔軍校第一至四隊學員的家庭經濟情況，第六隊作為後期併入第一期生行列的歷史資料，顯然不如前四隊的學籍記錄和歷史遺產系統而完整。從上表記錄的學員及家族經濟基礎基本情況，參照當時社會家庭生活平均水平加以比較和分析，我們至少可以初步得出以下各方面判斷：

一是大多數學員家境有經濟基礎和田產，處於中等生活水平不在少數。例如：生長於農村富裕家族的何盼、周士冕等，生活於南洋僑商家庭的張運榮，自填生長於家族軍政界的孫懷遠，擁有豐茂田產。

二是學員家庭從事農業生產為主居多，以農產品獲得基本收支來源。例如：王公亮、陳文寶、石美麟等，擁有相當田產和農商手段，得以維持必要生活資料。

三是居住城鎮生存環境和經濟狀況，相對比較農村寬裕穩定。例如：周世霖、陳克、許錫綠等，得益於家族從事士、工、商等行業，城市化生活資料較為豐裕。

四是有相當部分學員家境貧瘠，勉強維持基本生計。例如：生長于農村貧困家庭的周品三、沈利廷等，生存於城鎮貧民家庭的趙子俊、孔昭林等。

第四章

文化修養與社會閱歷：
構築第一期生政治觀念與軍官生涯

　　家庭的培育和文明的啟蒙，存在於社會經濟結構形態下的人類生活各個角落，文化修養的形成與成長有賴於社會閱歷、經驗的積累和昇華。本章力圖通過對《詳細調查表》提供的線索，從第一期生群體學前經受多元化磨礪的記錄入手，勾勒出他們思想基礎的形成與從軍生涯之準備輪廓。由學員自填的《詳細調查表》原載為豎排無段落標點符號，為便於閱讀，作者加注標點符號。

第一節　多元化社會經歷，造就第一期生初期的成長與昇華

　　從《詳細調查表》自填的學前從業情況，相當一部分第一期生在入學之前，已經經受了各種各樣的學業教育，經歷社會多元化職業的磨礪，積累了相當的文化修養和社會閱歷。學前的經歷是後來成才的基礎，《詳細調查表》所反映的情況，也蘊涵著許許多多確定或未來的因素。因此，下表輯錄的學員個人自填內容，除個別句子意義不清或字體書寫難以辨認外，基本保持內容與表述的原貌，表格的內容也是首次原版披露。因此，有理由相信，眼前展示的第一期生個人自填履歷，是一份罕有價值的人文文化資料，對於進一步深入研究相關課題，相信會起到啟發和引導作用。

自填入學前從事職業履歷一覽表

附表 19　第一隊

序號	姓名	自填入學前履歷〔經過履歷〕①
1	唐嗣桐	前充陝西靖國軍第三路第二團第一營第一連司務長，後調任本部副官，民國十一年實任第一營第一連連長。
2	何盼	民國九年畢業於直隸第九中學，十年考入北京平民大學，十一年考入北京人藝戲劇專門學校，十二年考入北京世界語專門學校肄業半年。
3	楊其綱	民國四年入本縣高小，七年畢業，考入冀縣省立第十四中學，因該校辦理不善，又考入保定育德中學，十二年畢業，後考入北京世界語專門學校肄業半年，至投考本校止。
4	林芝雲	十三年服務湘軍總司令部。
5	王國相	由高小畢業而升中學，由中學畢業而升大學，本年由大學來考本校。
6	黃承謨	福建學生軍司令部少校副官，中央直轄第三軍第一路司令部上尉參謀，福建工學社事務部衛生股主任，福建平民教育運動籌備處調查員。
7	黃彰英	廣東省立高州甲種農業學校畢業，國立廣東大學法科學院肄業。
8	郭維幹	曾充恢中高小學校校長兼教員二年，在文昌縣學務委員兼公路委員一年，海防陸戰隊司務長一年，東路討賊軍第四軍排長二個月，即辭職應試入校。
9	王治岐	民國四年畢業於鎮立高小學校，八年畢業於省立第三中學校，十年入上海中法通惠工商學校工科肄業三年。
10	張鎮國	民國四年畢業於兩等小學堂，八年畢業於棣南學校國文專科，十二年畢業於廣州石室聖心中學，暫任廣東東路討賊軍第三師步兵第六旅司令部委員。
11	徐石麟	民國九年畢業於小學，十一年畢業於安徽安慶六邑中學，又肄業上海大學文學系二年。
12	劉鑄軍	中學肄業，西江陸海軍講武堂肄業。
13	竺東初	寧波甲種商業專門學校修業，教員年半。
14	印貞中	浙軍第八團下士充第一團，民國七年升充援閩浙軍第一師司令部上士，八年充援閩浙軍前敵司令部傳遞所所長，九年充援閩浙軍師司令部候員，十二年充東路討賊軍遊擊第八支隊委員。
15	李安定	遒德學校畢業，縣立中學肄業一年半，清文學校畢業，西江陸海軍講武堂肄業。
16	譚輔烈	江蘇高郵縣立第一高等小學卒業，充中央直轄廣東討賊軍第一師第一旅第二團第二營七連司務長，充粵軍第五路獨立營三連排長，充虎門各軍總指揮處軍需員，現在西江陸海軍講武堂修業。
17	趙勃然	民國十二年於本省體育中學畢業，本年〔1924〕六月肄業上海東亞體育專門學校，十三年三月投入軍校
18	李伯顏	歷充廣東各廳、縣、局課員及各軍官佐等職。
19	李紹白	民國九年由陝北榆林中學校畢業，十二年夏由北京高等警官學校畢業，秋充任熱河警務處科員兼教練。
20	劉仲言	民二年入本縣國民學校，六年入高小學校，九年入本縣中學，十二年附上海住上海大學內初中

21	賀衷寒	民十代表武漢社會主義青年團列席遠東民族及少年共產黨兩會議，十一年結合同志於湖北設辦人民通訊社，不久被封，下期於湖南設辦平民通訊社，複以橫遭干涉停刊。十二年充湖南青年社會報務社教育股教員兼大漢報特約記者。
22	韋祖興	民國六年經本縣高等小學校畢業，民國十年經本縣中學畢業。
23	魏炳文	高小畢業，民國十年在長潼汽車學校畢業後，肄業渭北中學校。
24	林大塤	民國十二年在廣東省立欽州中學校畢業，民國十三年在廣東討賊軍第一師第二旅司令部充委員。
25	傅維鈺	民八在本邑高小卒業，九年入省立第一師範，十二年秋為懲戒豬仔議員運動被偽廷緝逃亡至此。
26	王公亮	建國大學畢業，西江陸海軍講武堂修業。
27	胡信	民國八年在本邑翊華高等小學畢業，九年要興國縣立中學肄業，十一年在廣州新亞英文學校中學肄業。
28	馮毅	曾任湖南永屬區司令部副官，湖南省有江華礦務局營業主任，上堡粵稅局收支，收縣知事公署二科科長，衡陽榷運局收支，湘軍第三軍第三師第六旅十一團書記官暨上尉副官等職。
29	周秉璋	前充中央直轄廣東討賊軍第一師第三團〔團長鄧演達〕團本部屬官。
30	胡仕勳	廣東陸軍講武堂修業，廣東高等學校畢業，臺山縣乙種商業學校教員，〔廣州〕商團軍教練。
31	陳謙貞	湖南第六中學畢業，滇軍第四師司令部二等編修正。
32	王太吉	十二年終畢業本省第三中學，十三年二月首途來粵，五月十日入校，現肄業本校。
33	梁漢明	十二年卒業廣州聖三一英文專門學校，並充該校平民義學校長二年。
34	鄔與點	曾於浙江省立第一師範學校畢業，由師範畢業後曾充小學教員一年。
35	姚光鼐	民國八年入本省省立第一師範學校肄業，迄至去歲北京賄選告成適在本省學生總會服務，因聯合市民懲戒豬仔議員，被偽政府通緝。
36	李園	自本省三才中學畢業，後曾任上海求是中學教授。
37	陳選普	湘第七聯合中學畢業，廣東公路工程學校肄業。
38	劉疇西	民國十年任醴陵高等小學教員，十一年任長沙縣立高等小學英文算術教員，十二年任旅鄂湖南學校主任教員。
39	游步仁	十二年在本省第一農業專門學校農科卒業，後即任寶屬農業勸進會編輯主任及青年互助社總務主任，兼青年社會服務社副主任。
40	劉慕德	投軍充陝西陸軍第一師補充第三團團副護兵之職。
41	李武	信宜高等小學畢業中學肄業，十二年曾任水東區警區巡官。
42	郝瑞徵	民國十年本邑高等小學教員，十一年在陝西陸軍第一師第一旅補充第二團模範連司務長。
43	唐同德	民國七年入滬陸軍第十師軍士特別教育班，因調浙江鎮海填防停辦，八年赴河南洛陽西北軍入野炮隨軍學校，因失敗遣散，旋赴福建考入陸軍營學校，十一年畢業，任衛隊營排長，未幾失敗轉投東路討賊軍，在第七、第五兩旅曆充司書差遣等職。
44	白龍亭	山西陸軍學兵團軍士、斌業中學班長，本縣第二、三區保衛團總教練。

45	徐會之	民六肄業於湖北甲種工業學校，民九憤於五四學潮，赴洛陽投身學生軍，在洛〔陽〕將一月，不願居愚民政策之下棄之返鄂，十年考入湖北中法專門學校，十一年因五一運動被開除，複服務於湖北職業教育研究會兼武漢學生聯合會，此經過之大略。
46	容海襟	民國十年夏令六月畢業小學，後在澳門讀英文約年餘，未有幹過何種事務。
47	王逸常	幼小家居受書，以瘧疾致體質弱，甚父命從事耕作數年疾愈，受業理學見稱陳叔豹先生四年，適安徽省立三農成立於六安，即入該校預科期滿，後以該校農林兩本科均不合志願，逐轉入蕪湖二農〔第二甲種農業專門學校〕蠶本科肄業，課暇嘗涉略關於新思潮等出版物，並感受社會不良之痛苦，自知所學將作新村式之蠶桑事業，非現時所需要，於民十二秋考入上海大學研究社會科學。
48	徐象謙	本縣第一高等小學校畢業，山西省立國民師範學校畢業，曾任陽曲縣立第四國民學校教員及川至中學附設小學教員。
49	張坤生	民國十年曾充陝西靖國軍第三路第二支隊少校副官，兼任第三營教育副官，十二年省立第三師範學校體育教員。
50	周天健	民國十一、二年求學於寧波四明高級中學。
51	蔡粵	在湖南育才中學畢業，曾任本縣高等小學教務主任。
52	蔣先雲	十一年由本省第二師範〔學校〕畢業，後從事工人運動，曾在江西安源、湖南水口山組織工團，去歲〔1923年〕十一月在水口山被湘政府用武力解散工團，懸賞離通緝離湘。
53	甘達朝	民國九年卒業普通中學校，民國十年在廣州市小馬站廉伯英文專修學校肄業一年，民國十二年曾充雙山高等小學教職員一年。
54	石祖德	民國九年在杭州私立安定中學校畢業，十年在上海文生氏英文專門學校肄業，十一年任上海浦東恒大紗廠書記，旋改任打包間監工一年。
55	項傳遠	山東正誼中學畢業，山東公立商業專門學校肄業。
56	陳文寶	本縣高等小學畢業，本省潯州中學畢業。
57	李子玉	曾任本縣高等小學教員一年，模範小學教員一年，充本縣教育局書記一年。
58	范振亞	民國六年在援贛第四軍入伍，七年考入本軍講習所，八年畢業充本軍第四支隊第四連排長，九年由閩回粵，十年援桂又入贛軍軍官團，十一年畢業充本軍第二混成旅衛隊第五連排長，隨大元帥〔孫中山〕北伐五月，臨陣升充第二連連長，陳逆〔炯明〕叛黨北伐中止，請假返梓省親，十二年複來廣東賦閒無事。
59	何復初	縣立高等小學畢業，江西第一師範〔學校〕預科畢業，曾充小學教員。
60	鄧春華	粵軍義勇軍第五支隊第二營營長。
61	穆鼎丞	任本縣兩等學校教員三年，後為山陝軍第一團書記。
62	伍翔	年十八畢業於上海民立中學，十九求學及經商於日本，返國後服務於商界及三年。
63	蕭洪	民國十年畢業本省商業學校，充高等小學校教員一年，十一年考入北京法政大學經濟科肄業一年，轉學戲劇學校。
64	張其雄	曾充湖北全民通訊社教育記者，反響月刊編輯，第一平民學校教務主任。
65	林斧荊	曾充福建新學會文牘股主任，軍政府孫總裁秘書處書記官，暹京〔泰國曼谷〕培元學校教員兼僑聲報記者，暹屬彭世洛埠醒民學校校長，及軍界中秘書長參謀等職。
66	朱一鵬	民國十年充湖南援鄂軍總指揮部上尉副官，十二年充明南討賊軍司令部軍務委員，十三年改充湘軍總司令部軍務處處員，大本營禁煙督辦署科員。

67	鄭漢生	曾在新加坡養正學校及河南〔廣州市珠江南岸〕南武中學肄業，朱執信學校中學四年級。
68	陳晧	民五到縣地方聯合團，七年充靖國軍陸軍第三師獨立工兵營司務長，十二年充大本營軍政部警衛團上尉附官。
69	田毅安	陝西靖國軍之役曾充于總司令部參謀處書記，又充陝西靖國軍第三路第一支隊第一遊擊司令部書記官，後又充櫟陽〔陝西臨潼〕高等小學校校長，並櫟陽地方自治會會長。
70	龍慕韓	湖北第一師範畢業，後回皖入安徽教育團畢業，隨充長江上游總司令部暫編步兵第三旅第五團排長。
71	帥倫	民國十年充本縣至誠小學主任教員，十一年充北伐贛軍第二混成旅通信員，十二年充西路討賊軍總司令部衛士隊中尉排長。
72	古謙	曾充〔廣東〕虎門沙角炮臺部軍需及〔廣東〕西路〔討賊軍〕第一路第一統領部軍需。
73	鄧文儀	民國十二年畢業中學校，同年冬入羊城〔廣州〕肄業講武學校，半載轉學此校。
74	劉長民	廣西公立法政專門學校政治經濟本科畢業，曾充本地六塘區立高國舍校及醒民、普嚴國民學校教員暨充本地大中保衛聯局局長。
75	譚鹿鳴	十二年畢業於湖南省立第三中校，是年七月為湘南學生聯合會派赴全國學生聯會總會第五屆代表出席代表，十二月充山陝軍司令部少校參謀。
76	羅煥榮	十六歲〔年〕入河源縣樂育高等小學，十九〔年〕入紫金樂育師範，二十一〔年〕因學潮，來省〔省城〕入廣州市立師範學校第二部。
77	睦宗熙	丹陽縣立第三高小校畢業，江蘇省立第一商業學校肄業二年半。
78	王爾琢	民國四年於石門磨市區第一國民學校、模範學校畢業，七年于石門縣立中學校附屬縣立第一高等學校畢業，下期十二月又於湖南省會員警教練所畢業，八年下期考入湖南公立工業專門學校中學部，十二年畢業。
79	江震	前在上海澄衷中學肄業。
80	廖子明	十二年曾充連陽〔廣東〕綏靖處監印員。
81	潘學吟	民國八年中學畢業，九年至十一年新豐縣立第一高等小學教員，十二年西區開明高小校長兼鄉團長。
82	曾擴情	民國七年中學畢業後，即連續任模範國民學校教員、縣勸學員、鄉團總、鄉選初選員等職，至民國十二年肄業北京朝陽大學法科。
83	康季元	於民國四年五〔吾〕曾任小學教員。
84	廖偉	曾充廣東討賊軍第一師第三團第六連排長。
85	蔡敦仁	民國七年入銅山縣立第五高等小學校，民國十一年入銅山縣立師範〔學校〕肄業一年。
86	尚士英	民國五年入洋縣高等小學校三年卒業，八年入漢中中學校四年卒業，十二年入上海英文專門學校肄業一年。
87	劉蕉元	民國八年高小畢業，十二年在汕頭回瀾中學畢業，是年下期在廣州河南宏英英文學院肄業。
88	顧浚	民國九年由四川綏定聯合中學畢業，民國十年留學北京肄業於新民工業專門學校一學期，民國十一、二年留學德國住柏林大學外國學生補習班。
89	周品三	大元帥衛士隊士官班軍事教育。

90	唐星	廣州交易所所負香港孔聖會監考員，廈門造幣廠事務員，鞏衛軍統領部副官，社會主義青年團團員，國民外交後援會書記。
91	陳琪	民國八年二月充浙軍司令部稽查，四月至十一月入〔浙軍〕幹部學校，九年九月充任浙軍司令部差遣。
92	周惠元	民三讀書于成都青年會，民六進成都聯合中學，民十於該校卒業，民十一求學於天津南開學校，民十二又轉學北京師範大學。
93	蔣森	曾充湖南汝城桂陽兩縣公署科員，湘南總司令部稽查員，〔湘軍〕第一師特派耒陽籌餉委員，中央直轄滇軍第二混成旅步四團本部編修，滇軍第六師十二旅司令部書記官。
94	周振強	民國十一年充〔廣東〕東路討賊軍總司令部憲兵隊中士，十二年充大本營衛士隊中士。
95	羅群	民國八年充萬安縣立高小學校教員，十一年充大本營第六路遊擊司令部副官，十二年充〔廣東〕西路軍討賊軍新編大隊軍需，十三年充滇軍第三軍第七師第十四旅二十八團一營編修。
96	楊挺斌	民國十年至十二年歷充高小學校教員。
97	李培發	由本省三中校畢業後，充陝西討賊軍炮團四營軍需及本縣高小教員。
98	楊步飛	曾受中學相等教育及軍事上最淺學識。大元帥衛士。
99	趙榮忠	〔山西〕斌業中學班長，學兵團幹部。
100	陳公憲	廣西省立第二中學肄業。
101	李繩武	廣西省立第三中學校畢業。
102	吳興泗	民國八年入本省第一師範學校，十年得友人資助入上海高等英文專門學校，十一年入惠靈英文專門學校肄業。
103	郭劍鳴	銅山縣立第一高等小學校、徐州中學校初級〔中學〕畢業
104	劉釗	中法國立通惠工商專門學校商科肄業，曾任中外通訊社記者。
105	劉希程	唐河縣高等小學卒業，考入師範〔學校〕肄業。
106	郭遠勤	民國八年在香港亞洲皇后〔號〕船走新金山埠，曾任三年士行〔原載如此〕，民國十一年在大元帥衛士隊任手機關槍部之職，續後到來本校。
107	宋希濂	民國三年入初等小學，四年畢業後，七年考入縣立高等小學，三年畢業後，十年考入湖南長郡公學中學部修業三載。
108	戴文	民國八年從戎，十二年肄業湖南陸軍講武堂，曾任湘軍第二軍第二師司令部中尉副官。
109	謝翰周	曾在寶慶中學畢業，湖南工業專門學校肄業，於民國十年任寶慶私立循程學校教員於民國十一年。
110	陳平裘	粵軍第二步兵第九旅司令部中尉副官，廣西富賀礦務總局委員，滇軍第二師司令部上尉副官，湘軍總司令部諮議官，湘邊宣慰使署少校副官。
111	張君嵩	民國十二年充當廣東討賊軍第一師第四團第一營營副，兼第四連連長，現充西江善後督辦〔公〕署副官。
112	郭冠英	〔江西〕泰和測繪養成所卒業及江西省立第六中學校畢業，曾充泰和雲亭鄉立高等小學校及村立國民學校教員。
113	宋雄夫	民國九年入湘軍第五團當候差，旋調充該團機關槍連司務長，後入調充團部副官，是年底軍隊遣散乃歸家，十二年來粵在中央直轄第四旅當委員。

114	余程萬	番禺師範〔學校〕完全科畢業，番禺高小教員，廣東鐵路專門〔學校〕測繪科畢業，鐵專測繪夜班教員。
115	毛煥斌	民國八年由縣立高小學校畢業，民國十二年由陝西省立第一中學畢業。
116	蔣孝先	曾任初級小學校教員兼校長。
117	羅奇	容縣中學畢業，廣州法政〔學堂〕肄業二年，廣東全省公路處工程學校預科畢業。
118	馮劍飛	貴州模範中學畢業，大同、東吳、廈門三大學肄業。
119	顏逍鵬	湖南岳雲中學校畢業，曾服務教育界。
120	譚作校	民國十年在廣西省立第三中學校畢業，即充桂林南鄉大中高國合校教員，十二年複充大中高國合校教員。
121	丘宗武	曾任廣東澄邁第四區第二高等小學教員及學界職。
122	陸汝群	在本縣曾當民團隊長兼教練。

附表 20　第二隊

序號	姓名	自填入學前履歷〔經過履歷〕
1	李樹森	曾充湖南〔湘軍〕中、少尉，西江陸海軍講武堂肄業。
2	申茂生	軍事教育，曾充排長。
3	王家修	〔江蘇〕沛縣縣立一高〔第一高等小學〕畢業，北京成達中學肄業一年，徐州中學肄業兩年半。
4	江鎮寶	由本縣高小畢業，後入本省第三師範〔學校〕，十二年夏畢業自修半年，即來本校。
5	林英	曾經充過高小學校校長、教員，並黨〔國民黨〕分部演講部幹事員。
6	趙履強	浙江嵊縣縣立高等小學校畢業。
7	王雄	民國十一年曾充南洋新加坡學海高小學校教員，民國十三年曾充中央直轄第二軍軍部差遣委員。
8	丘飛龍	十三歲入澄邁縣立第一高小，十六歲畢業，十七歲遂投筆從戎，但當時軍隊腐敗不堪，不持不足以救國家之危亡，且是民生之蠹賊，所以投身其間不及兩月即行引退，以與一般有學識者研究學術至十八歲，乃到廣州入高師附師肄業，然因經濟困難預科畢業一年就行退學，及至今年知道本校開辦複上應試，僥倖登此學生經過之履歷。
9	呂昭仁	中學肄業三年。
10	宣俠父	浙江省立甲種水產〔學〕校畢業，日本北海道帝國大學水產部肄業二年。
11	孫樹成	銅山縣立小學畢業，江蘇省立十中肄業一年，銅山師範〔學校〕畢業。
12	黎崇漢	經當文昌縣第十三區區團書記。
13	劉先臨	曾在第三師範學校肄業四年半。
14	何昆雄	湘省私立岳雲中校畢業，並在該校體專〔體育專科〕修業一年，後改入漢口明德大〔學〕校商科修業二年。
15	凌拔雄	高等小學畢業，粵軍第一師學兵營畢業，嗣充該師第二團中尉排長。
16	嚴霈霖	陝西陸軍第一混成團幹部教練所畢業，後充西北自治後援軍一團三營九連司務長。
17	王體明	曾為軍伍及教育界服務。
18	張作猷	九江南偉烈大學中學部畢業，永定第九區公立第二高等小學教員。
19	張本清	貴州省立模範中學畢業，湖南平民大學二年級肄業。

20	丁炳權	湖北省立甲種工業〔學校〕畢業，江漢道自治〔學校〕畢業，投軍洛陽學兵營，任鄂軍參謀。
21	唐際盛	曾在黃州瀘州等處任教員，十一年在武昌粵漢路創辦平民學校、工人夜校，因工人罷工被偽庭通緝，十二年在長沙任教員。
22	程式	四川江津中學畢業，上海南方大學修業，上海大學肄業。
23	李模	湖南省立第一中學畢業。
24	鄭子明	陝西省立渭北中學畢業。
25	朱耀武	山西省立第七中學畢業，工業專門〔學校〕肄業。
26	陳子厚	曾在本縣縣立連璧高小卒業，本省兌澤中校肄業五學期。
27	蕭冀勉	興甯縣葉塘高小學校畢業，興民中學肄業三年。
28	黃維	曾充朝陽平民學校校務主任。
29	馮聖法	入上海吳淞中國公學二年，後充大元帥府衛士。
30	洪顯成	民國十一年曾充〔廣東〕東路討賊軍遊擊第八支隊司令部書，十二年考入〔廣東〕東路憲兵教練所，旋升本隊上士，本年〔1924〕先充本隊衛兵分隊長。
31	鄭述禮	廣東省立工業〔專門〕學校預科畢業，再繼續肄業兩年。
32	羅毅一	七年入貴州省立中學，十一年卒業。
33	伍文濤	貴州南明中學卒業，十二年在南京東南大學補習。
34	賈韞山	江蘇東海縣警備營錄事，福建陸軍四團二營司書，四團三營代理軍需長，銅山縣棠梨鄉第二十二初級小學校長。
35	杜心樹	曾任文牘，河南無線電話隊教官，督署副官，陸軍檢閱使署副官等事。
36	鄭炳庚	民國十二年在〔廣東〕東路討賊軍技術團服務半年。
37	李榮	高小畢業，杭州武林印書公司，上海申報，美華書館。
38	李國幹	前曆充軍政各界司書委員等。
39	陳拔詩	曾當高等小學校教員及本地平民義學教員。
40	賀聲洋	湖南公立工業專門學校附屬中學畢業。
41	王步忠	民國十二年曾充湘軍第五軍所部準尉。
42	孫常鈞	曾充湘軍連排長，旋西江陸海軍講武堂肄業。
43	郭景唐	陝西靖國軍三路一支隊充排長。
44	李延年	曾在山東省立第十中學卒業及山東公立商業專校畢業。
45	龔少俠	高小校教員，豫魯招撫使行署副官，新聞記者。
46	胡遜	作過商店學徒、新聞記者和學校會計諸職務。
47	董仲明〔朗〕	曾在四川雅安縣華西高小校任教員二年，又在上海恒豐紗廠、大中華紗廠、中國鐵工廠實地練習三年有餘。
48	郭樹械	山西斌業中學及學兵團幹部〔學校〕畢業，民國八年任山西陸軍學兵團刺槍助教，十年改委山西崞縣全縣保衛團總教練。
49	黃珍吾	經在南洋各埠辦學辦黨，麻六甲寧宜埠華南學校吉隆玻埠平民學校當過教員，甯宜埠華僑公立學校當過校長，並充雪蘭莪〔國民黨〕分部副部長，民十一討逆之役經自海外東歸，追隨鄧支部〔長〕澤如辦華僑討賊軍事，民十二複返海外以辦學而兼有辦黨，被當地政府無理干涉，故再歸國投筆從戎。
50	李源基	中學畢業。
51	許永相	高等小學校畢業，縣中校〔中學〕肄業兩年，轉浙江體育專門學校畢業，後充國民學校主任教員多年，十二年在本省保安隊服務。
52	桂永清	曾充高小教員，北伐贛軍總司令部軍需，中央直轄討賊軍游擊第一旅司令部書記。

53	韓雲超	民國十年充〔廣東〕文昌恢中小學校主任教員，十一年充〔廣東〕東路討賊軍步兵第二旅第四團第二營第八連司務長，後調充營部書記，再調充東路討賊軍第一警備〔旅〕第三支隊司令部軍需正，十二年充大本營兵站總監部第一支部委員，十三年充廣東海防陸戰隊第二團第一營第三連代理連長。
54	李漢潘	十二年五月初由明南成章中〔學〕校畢業，適長沙「六一慘案」發生，在衡〔陽〕組織國民外交後援會，擔任演講部主任，後全國學生聯合總會開第五屆評議會，于廣州湖南學生會推為出席代表，值趙〔恒惕〕賊禍湘，返湘後吾欲在中央陸軍教導團學兵一月餘。
55	鍾洪	在軍隊任職。
56	鄭洞國	經中學畢業及商業專門〔學校〕預科一年級，曾任高等小學校教員。
57	陳文山	中學畢業後任一年高等小學教員。
58	曹日暉	由中學畢業，即來粵在中央陸軍教導團有數月。
59	王克勤	本省〔陝西〕三原縣民昭高小畢業，縣立中學修業。
60	朱炳熙	中學卒業後入工業專門〔學校〕修業二年。
61	蔣伏生	赴蘇俄遠東民族會議及少年共產黨會議代表，湖北人民通訊社、湖南平民通訊社記者，長沙青年社會服務社教員，北京東方時報特約通訊員。
62	柴輔文	浙江省立第一師範學校畢業，國立東南大學肄業生，曾任上海中華書局編輯一年，商務印書館編輯一年半。
63	李蔚仁	高等小學畢業，入本縣中學肄業一年半，任中央直轄廣東討賊軍第一師第四團團部司書。
64	張際春	醴陵縣立中校畢業。
65	陳應龍	廣州中學校畢業，曾充廣東國民黨第一區慰勞會管理員，瓊崖留省〔廣州〕學會幹事員。
66	謝清灝	梅縣省立中學修業二年，南洋英屬時中學校教員。
67	史仲魚	陝西第二師範〔學校〕預科畢業，靖國軍第四路補充二連上士，次充準尉，九年入四川講武堂，十年陝西靖國軍軍官團畢業，十一年曾充靖國軍第三路輜重兵連少尉，次充上尉。
68	李均煒	廣東肇屬學生聯合會評議部長，肇慶教育演講會會長，縣立夜學〔校〕教員，中央第四軍司令部委員。
69	劉赤忱	湖北甲〔等〕工〔業學校〕卒業，曾當一年半兵。
70	熊敦	〔江西〕省立第四師範〔學校〕肄業四年。
71	吳重威	民國五年由萍鄉縣立中學校畢業，民國八年肄業江西法政專門學校法律預科一載，十三年充虎門要塞司令部清鄉處文牘科長。
72	林冠亞	經在瓊州華美中學肄業二年。
73	李青	中學畢業後，工耕一年，再入專門工校肄業，因時勢糜亂，改農工以充軍人。
74	唐震	曾充大本營兵站部委〔員〕，後在滇軍兵站充交通課員。
75	蔡鳳翥〔鳳翥〕	五歲至十歲皆從先父溫讀，十一歲至十三歲家遭不幸，逃亡不暇，十三歲至十五歲高小畢業，十六歲至十七歲中學肄業。
76	洪劍雄	廣東高等師範〔學校〕附屬中學畢業，曾充高師全校黨團最高執行委員會委員，現任新瓊崖評論社編輯主任。
77	陳天民	前在廣東高師附中畢業，曾充該校黨團執行委員會委員。
78	王懋績	民國九年服務贛軍第一梯團司令部。

79	李良榮	中學一年以下之教育，在商界三年軍界一年。
80	余海濱	湖北陸軍講武堂步兵科肄業，曾充〔廣東〕東路討賊軍第三旅第五團第五連連長，肇慶講武堂助教。
81	焦達梯	湖南長郡中學畢業，湖南平民大學肄業二年。
82	郭濟川	縣立高小校畢業，省立第一中學肄業一年，後即充本村國民學校教員凡二年，旋改習商業在商務印書館服務四載，任司理賬目及幫辦函牘之職。
83	葛國樑	民國九年充廣東護國第一軍混成旅二團一營司書，十年改充粵軍第一路第一統領一營軍需，十一年北伐援閩改充東路討賊軍第一旅第一團第二連司務長，十三年充滇軍第三軍警衛團機關槍大隊第三中隊司務長。
84	周士第	瓊崖中學畢業，曾充豫魯招撫使行署副官。
85	陳堅	曾充北伐討賊軍第二軍第一師諮議。
86	侯又生	梅縣師範學校〔肄業〕，大元帥衛士隊。
87	酆悌	民國七年畢業於湖南省立第一中校，八九十十一十二三等年均服務黨軍〔實為湘軍粵軍〕。
88	許繼慎	在初級中學畢業，高等師範〔學校〕肄業一年，曾作社會革命運動。
89	唐澍	高小畢業當國民學校教員，又入直隸第二師範〔學校〕肄業二年至陝西又當教員。
90	蔡任民	河南項城縣武裝員警隊長，陝西督軍署副官。
91	鍾煥全	江西省立第八中學畢業。
92	彭干臣	民國五年在本縣高小校畢業，嗣光城區國民小學教員，民國七、八年考入本省師範學校修業九學期，十二年秋同學選舉充安徽全省學生總會委員，及北庭〔北京政府〕賄選成，招集省城同學懲戒安慶豬仔何雯張伯衍，致被北庭通緝。
93	陳志達	浙江省立第四師範學校畢業，曾充剡源高等小學校教員二年。
94	萬全策	廣西省立第一師範〔學校〕，西江陸海軍講武堂。
95	張人玉	民國四年中學畢業，民國五年浙江幹部教導隊畢業，民國九年充浙軍步兵第四團少尉連附。
96	陳鐵	民國八年貴州遵義縣立中學畢業，九十兩年本鄉小學任教，十一年業商，十二年湖南陸軍第一師學兵隊畢業。
97	陳沛	曾充高等小學教員。
98	呂佐周	前充江西上饒高小學校教員一年。
99	李玉堂	高小學校及山東公立工業專門學校金工科畢業，曾充炮隊軍士兩次。
100	周鳳岐	曾充陝西省立渭北中學校畢業。
101	李及蘭	廣東省立第一中學修業二年。
102	陳劼	在長沙高等小學畢業，又在長沙明德中學畢業，在漢口明德大學肄業一年。
103	甘杜	曾肄業廣西省立第二中學校，民十曾充義軍。
104	吳斌	曾充〔廣東〕高雷討賊軍營副官及綏靖處委員之職。
105	趙枬	曾任〔江西〕安源工會文書股長，水口山工會教育股長。
106	羅倬漢	〔廣東〕興寧興民中學校畢業，前粵軍總部委員，後升充中尉副官，又充廣東憲兵司令部上尉稽查員，汕〔頭〕市〔政〕廳科員，大本營兵站第一支部上尉經理員，湘軍湘邊宣慰使署上尉副官等。
107	馬勵武	高小及中學特接續求學，並沒作事，和王汝任（本期第三隊學員）辦過「明天」和「鳴籟」報，鼓吹主義被劉〔鎮華〕督封閉。
108	趙子俊	受過陸軍軍事教育，赴俄國遠東民族工人代表會議，回國在武漢作工人運動。

109	湯家驥	曾供軍官講習所見習，陝西陸軍第二混成旅司務長排長副官等職。
110	梁廣烈	在〔廣東〕雲浮縣任過一年國民學校教員。
111	白海風	幼時讀經書及蒙文，後入本旗高小畢業，又轉入熱河師範〔學校〕修業二年餘。高小畢業後因經費困難，在本旗署衙〔門〕學習二年。
112	宋思一	高小卒業回家經商四年，民國六年複入省垣中學，畢業後自費留日住東京二年，嗣因家庭生變遂返上海，考入大同大學數學科至今二年。
113	顧希平	曾充小學教員。
114	郭德昭	國民學校教員，通訊社記者。
115	張隱韜	充高〔小〕學〔校〕教員。
116	梁錫祜	〔廣東梅縣〕鬆口高等小學畢業，後入廣益中學修業。
117	嚴武	民國五年上海南洋公學補習生初級一年畢業，八年由申入粵援贛第四軍潮州軍官講習所速成畢業，回閩粵軍第一營連充任準尉，十年攻桂粵軍第七獨立旅二團三營十一連充任排長，前粵軍第二軍桂林教導團畢業，十一年北伐江西充任大本營第六路司令衛隊連連長，北伐失敗改道入閩，改為副官等職。
118	李之龍	煙臺海軍學校畢業，武漢中學數學教員，河南省立第四中學英文教員。
119	甘麗初	曾中學畢業併入廣東農業專門〔學校〕一年。
120	黃鰲	湖南工〔業〕專〔門學校〕中學部畢業，湖南群治大學肄業一年，湖南學生聯合會作過群眾運動，任過湖南乙種工業〔專門〕學校教員。
121	李奇忠	湖南省立第三中學畢業，湖南廣雅英數專門學校畢業，湖南公立工業專門學校修業三學期。

附表21　第三隊

序號	姓名	自填入學前履歷〔經過履歷〕
1	蕭乾	曾充本省汀州工藝傳習所□□□□和清溪縣立工讀學校總務□，民國九年來粵由學兵營畢業，曾充廣東討賊軍第一師三團中、上士，軍士連司務長、中尉排長等職。
2	黎曙東	中學畢業後任高小教授〔員〕一責。
3	韓之萬	曾充國文研究會會員。
4	郭安宇	中學畢業後，在本鎮工讀學校服務半年餘，又肄業上海東方大學。
5	陳以仁	曾肄業北京大學及任本縣實業科科長。
6	杜聿昌	曾任過本縣〔民〕團事〔務〕。
7	李仙洲	曾充高小校教員。
8	陳克	經與邢森洲君在南洋發起組織瓊僑同志聯合會，並〔南洋〕庇能支部〔國民黨〕派為暹英各埠黨務鼓吹員，後被居留政府藉以亂黨拘捕勒放回國，民國十二年十二月由前海防司令陳策送入西江陸海軍講武堂肄業。
9	孫元良	四川成都聯合中學卒業，國立北京法政大學肄業。
10	王連慶	縣立第一高等小學畢業，省立第三農業〔專門〕學校畢業，中南機器建築公司監工委員。
11	楊溥泉	省立第二模範小學校畢業，省立甲種工〔業專門學〕校初中畢業，省立第一高級師範學校肄業。
12	曹淵	蕪湖安徽公立職業學校修業五學期。

13	江世麟	民國七年充護法軍第三旅三營排長，九年充浙軍第一師部差遣，十一年充浙江省會巡警教練所助教。
14	廖運澤	本村小學卒業，又入上海工惠學校畢業，後入本省省會職業師範學校肄業。
15	鮑宗漢	民國六年西北軍士教導團畢業，曾充長江上游總司令部暫編第三旅第五團第一營二連司務長。
16	閻奎耀	幼學家塾，年十二入於縣立乙種農業〔專門〕學校肄業四年，入於十六入於〔原載如此〕中學，今春畢業。
17	楊耀	幼在本縣高小學校，後入中學。
18	鄭凱楠	江蘇陸軍軍士學校肄業，江蘇陸軍巡緝隊司務長。
19	邢鈞	省立第六師範學校畢業。
20	周誠	中學修業後在〔陝西〕陸軍學兵團及俄國馬術教育。學界軍界。
21	官全斌	曾任高小教育三年。
22	張運榮	曾充〔廣東〕文昌學生聯合會總務科。
23	潘德立	現充湘軍諮議。
24	成嘯松	曾充錄士〔事〕軍需。
25	劉雲龍	曾充陝西靖國軍第三路司令部見習。
26	李強之	求學。
27	楊啓春	求學。
28	張禪林	曾畢業於上海文氏氏英文學校，九年在本黨〔國民黨〕上海總部服務。
29	黃德聚	曾充福建省立第二中學校體育教員，福建晚報社編輯部主任，福建鹽運使公署一等書記官，浙江財政廳統計科科員，福建自治軍第六路司令部秘書等職務。
30	黃杰	從軍四載，曾充湘軍總部諮議。
31	李夢筆	無有。
32	杜驥才	十五〔歲〕入高小，從高小畢業，十八〔歲〕入中學二年。
33	雷雲孚	本縣高等小〔學〕校畢業，榆林中〔學〕校二年級。
34	張少勤	曾在四川充當營長二年，民國八年即入都門供職于農商部〔北京政府〕，去秋賄選發生辭職，南來投入西江講武堂。
35	梁幹喬	中學肄業，助家君經營商業。
36	夏楚鍾	曾任湖南省有礦務局實習員。
37	韓紹文	國民學校高等小學省立第三中學畢業，國立北京法政大學校政治科畢業，在京曾任中社宣傳委員及民生週代派員。
38	鄭坡	曾充紹興縣議會書記及縣立第二高小教員，並上海民國商業中學體操教員。
39	謝聯	十年曾任廣西陸軍第一師柳慶剿匪總指揮司令部一等書記官，現任中央直轄〔廣東〕西路討賊軍二等軍需。
40	王之宇	河南留學歐美預備學校卒業，後又肄業于河南中州大學理科。
41	覃學德	〔廣西〕貴縣高等小學肄業，廣西省立第八中學畢業，民國九、十兩年當本鄉立高等小學教員，十二年任本裏民團連長。
42	潘國驄	中學畢業曾入農業專門〔學校〕一年。
43	韓忠	廣西修仁縣高小〔學〕校畢業，平樂中學肄業，廣西桂林省立第二師範學校畢業，曾任〔廣東〕西路討賊軍第二師第七支隊書記、軍需，第二師部屬官。
44	楊晉先	中學卒業後，在無錫實業專門〔學校〕學木工、建築兩科，今季由上海亞東醫科大學來考入本校。
45	容保輝	小學畢業後進香港皇仁中學校。

46	趙清廉	前在陝西靖國軍充排長，後改充陝軍第一師排長。
47	李博	曾任陝軍第一師補充二團團部差遣。
48	馬師恭	自幼讀書。
49	樊秉禮	本縣高小〔學〕校畢業，復後在中學修業一年。
50	譚肇明	上海美立三育中學畢業，現在上海大學專門部數學科。
51	王慧生	貴定高小畢業，四川成都強國中學校畢業，迭充貴州援川、護國、護法、靖國各軍初級軍官。
52	柳野青	曾肄業于武昌中華大學及吳淞中國公學等中學部。
54	邢國福	高小學校校長兼教員。
55	鄧經儒	曾任〔廣東〕電白蛋場市員警分駐所巡官，〔廣東〕東路討賊軍第七旅警備第二團第三營第二連連長。
56	樓景越	歷充福建泉州警察局科員，福建陸軍第五旅第九團二營副官，團本部軍需，中央軍需處交通局委員等職。
57	薛文藻	民國十年充當〔廣東〕遂溪縣第七區員警分署署員，十二年充當〔廣東〕高雷討賊軍第一支隊第三連司務長。
58	葉幹武	梅縣東山中學校畢業，曾充蕉嶺城北高等小學校及梅縣明德國民學校教員。
59	孫天放	安徽省立第一師範〔學校〕二年級生。
60	蔡光舉	貴州模範中學畢業，曾充四川第二混成旅編修，廈門大學文科修業。
61	劉漢珍	〔貴州〕安順中學畢業。
62	關麟徵	陝西省立第三中學校肄業。
63	王汝任	明天報社總編輯，鳴籟社校正，龍山平民高小校董〔事〕會董正，三民會外交主任，昨年二期改選被選暗殺部部長。
64	韓浚	歷充本省師範附屬學校教員及廣東西江善後督辦署科員。
65	張耀明	本縣新豐三育學校畢業，肄業省立第一中學校。
66	陳泰運	貴陽南明中學畢業，貴州省立國學講習所畢業，國立東南大學肄業三年。
67	甘競生	曾入廣東憲兵營。
68	葉彧龍	湖南長沙修業高等小學校畢業，長沙廣雅中學校畢業，〔廣東〕西江陸海軍講武堂肄業，大本營軍政部一等委員。
69	林朱樑	前充廣東江防司令部廣貞巡艦書記，現充〔廣東〕西江善後督辦署上尉測繪員。
70	馮士英	中學三年半。
71	朱祥雲	十一年考入上海震旦大學特科，在校二年始終求學。
72	李正華	湖南省立第三中學校畢業。
73	張彌川	湖北省立中學肄業。
74	陳賡	民國六年畢業於縣立中學校。
75	朱然	高等小學畢業中學肄業。
76	張忠頵	成都中學畢業，北京法政大學肄業。
77	黃奮銳	惠州中學肄業二年。
78	徐宗垚	連續讀書未曾服務。
79	羅照	民國十二年曾充中央直轄第七軍第二師東江野戰醫院軍需。
80	劉保定	湘軍第一師中尉副官。
81	王認曲	湖南甲種工業〔專門學校〕畢業。

82	伍瑾璋	曾在湖南長郡中學修業三年，民國八年充援閩粵軍第二軍第八支隊司令部委員，十年充粵軍第二軍第九旅第十八團第三營軍需，十一年充粵軍第二軍衛隊第二營軍需，十二年充東路討賊軍總司令部委員。
83	楊麟	成都高師附中畢業，上海復旦大學文科肄業。
84	賈伯濤	曾在上海溥益紗廠充管理員職。
85	王馭歐	旅鄂湖南中學卒業，湖南公立工業專門學校肄業，民國七年投入軍籍，曾充書記、少校副官等各職。
86	潘佑強	湖南嶽雲中學畢業，高等工業〔專門學校〕肄業二年，群治大學肄業一年，民七民九兩充湖南兵站總部上尉副官，十二年冬充長沙衛戍司令部第一營第四連連長，旋辭差赴粵充湘軍總司令部諮議及湘邊宣慰使署一等軍需。
87	周士冕	民國十二年一月畢業於江西省立第六中學校，八月升入上海大學社會系一年級肄業。
88	梁冠那	曾充廣東無線電高州分局報務員，廣東全省教育委員會宣講科員，海外華僑演說團演說員及中國國民黨廣州市第十一區第三區分部書記兼交際員。
89	王作豪	高小學校而至中學。
90	鍾煥群	高等〔小學〕畢業。
91	梁廷驤	曾充粵東路討賊軍第三軍第十旅二十團委員。
92	李捷發	曾充任本縣高等小學教員及本省〔山西〕陸軍學兵團幹部。
93	袁守謙	湖南長沙廣雅學校專修部畢業。
94	蔣國濤	開灤礦務局職員。
95	甘清池	八年充信宜縣雙山高等小學教員，九年七月同□□文甘如亮奉胡毅生林樹巍兩先生令充高參職，十年四月充番禺縣自治選舉事務員，十月充大本營輜重大隊書記，十一年充東路討賊軍第八旅機關槍營書記，十二年五月充廉江縣公署會計科員，旋調充安鋪區區長，十月充高雷討賊軍總司令部上尉副官。
96	蕭振武	由寧遠高小校卒業，湖南蘋洲中學修業，曾充湖南護國軍遊擊司令部差遣員，廣西護國第一軍第三營軍需，粵軍第二師第三統領一營四連司務長，北伐第二軍第一遊擊司令部上尉副官。
97	張瑞勳	現充粵軍第三軍軍司令部測繪生。
98	吳迺憲	歷充廣東瓊東縣公安局、工務局局長，廣東全省官產清理處科員，廣東財政廳科員等職。
99	羅寶鈞	本邑輯五小學，並大元帥衛士隊。
100	李焜	湖南工業專門學校中學部畢業。
101	霍揆彰	省立第三中學校卒業，任縣立第一高等小學校校長一期。
102	侯鏡如	留學歐美預備學校畢業，中州大學理科肄業。
103	伍誠仁	〔福建〕浦城縣立中學肄業二年，粵軍第一師學兵營畢業，曾充中士、上士、司務長、少尉二等軍需，又在西江陸海軍講武堂肄業五個月。
104	何學成	廣州中學畢業。
105	譚寶燦	民國十一年充羅定商會書記兼庶務員，十二年七月充中央直轄廣東討賊軍第一路司令部上尉副官，本年來入校前在西路討賊軍第一師第二旅旅部服務。
106	邱安民	湖北第一中學校畢業，曾充兩級小學校教職員，前東路討賊軍第三旅司令部軍需，廣東虎門要塞司令部上尉副官。
107	張樹華	曾充福建永定太平裏高陂鄉公立明達高等小學教員。
108	李其實	廣西省立第三中學校畢業，曾充本圩小學校教員。

109	李鈞	滇軍中路第一獨立旅委員。
110	孫以悰	曾充北伐討賊軍第二軍第一師一營書記。
111	尹榮光	曾任四川川軍第二軍第一獨立旅書記、副官等職，近任湘軍總司令部參議。
112	張遜選	民國七年曾充陝西靖國軍臨時糧台督辦。
113	胡東臣	曾充本邑高等小學算術、體操教員，又充廣西撫河招撫使第二路司令部副官。
114	譚計全	向從學界。
115	王副乾	任過小學校教職員。
116	謝永平	向從學界。
117	杜從戎	縣中學畢業後，投前粵軍第一師學兵營畢業，後迭充下級軍官等職，十二年修業西江陸海軍講武堂。
118	何文鼎	陝軍一師騎兵團見習。
119	范馨德	曾任廣西陸軍第一師中尉，湘軍第五軍遊擊司令部副官。
120	黎庶望	〔廣東〕羅定中學畢業。
121	鄒范	曾任高小教員及書記官各職。
122	趙自選	民國四年在高小畢業，即在家務農，至八年複入學現已畢業於長沙師範〔學校〕。
123	趙廷棟	本省督軍公署衛隊騎兵營第三連一排排長。
124	李楚瀛	廣東省立第一中學校肄業。
125	張紀雲	由浙江省立第四師範學校畢業，充任高小教員一學年。
126	吳秉禮	經任國民學校校長。
127	郭一予	歷任高小教員及庶務。
128	胡素	曾充副官、差遣等職。
129	陳述	民國九年畢業於高等小學校，十年考入本省省立第一中學校肄業二年。
130	郭禮伯	曾在贛軍充見習、差遣、司務長等職。
131	蔣魁	廣西省立第三中學校畢業，曾任準尉之職。
132	鍾偉	虎門高等小學畢業，經充大本營衛士。
133	杜聿明	〔陝西〕米脂縣高等小學畢業，榆林中學校四年畢業。
134	杜聿鑫	本縣高等小學畢業。

附表 22　第四隊

序號	姓名	自填入學前履歷〔經過履歷〕
1	鄧瑞安	曾任本地小學教員、員警分所長、煙酒公賣局印花稅委員、文牘等職，民國五年憎恨復辟，赴粵投滇軍第三十四團三營十連當兵，嗣升下、中、上士，六年獲升司務長，七年提升少、中尉排長，八年辭就贛軍第二支隊部編修，十年在廣州珠江學校國語班肄業，十一年充滇軍總部稽查組長兼理事宜，十二年在中央直轄第一軍一營代理編修中尉排長，十三年充衛士隊衛士四月，蒙取正分隊長現供斯職。
2	鄭承德	八年陝西靖國軍四路副官，十年任三路一支隊排長。
3	丁琥	民國七年投入靖國軍第四十一團充當士兵，九年改編為福建靖國軍，充任第二團九連司務長，十年充粵軍第七十八營司務長、排長，十一、二年〔廣東〕東路〔討賊軍〕第十六團五連少、中尉排長等差。
4	李靖難	曾任直轄滇軍第五師部副官及軍需正等事。
5	王廷柱	高小畢業入中學肄業三年，未畢業而來入本校。

6	趙敬統	本縣高小畢業，湖南私立東嶽學校體育科畢業，重整本村國民學〔校〕和民團。
7	張雄潮	創辦上海復旦大學中學部學生旬刊，並自任編輯員之一，出版未久因同學中有反對者，乃致停版，復於由大同大學讀書時著有新詩《殘葉》一冊。
8	范漢傑	廣東測量局〔測量〕員，漳州工務局員，援閩粵軍兵站長，廣東鹽務緝私，江步兵艦長，〔廣東〕西路討賊軍軍職。
9	李銑	曾在安徽省立第二中學肄業。
10	任文海	四川公立機械講習所。
11	宋文彬	全上充內務部辦事職，次入京漢鐵路印刷所充工數載，後組織本所工會代表，更次入北京大學三院平民高小肄業。
12	凌光亞	高等小學畢業，南明中學肄業。
13	耿澤生	成都儲才中學畢業，上海聖約翰大學肄業。
14	吳展	安徽省立第一中學校畢業。
15	陳德仁	自幼讀書。
16	曾昭鏡	五年充滇軍三十二團二營七連中士，七年充該連司務長，十年充粵軍及第二軍護〔衛〕士營機關槍連班長，又充教導團九學舍正舍長，十二年充衛士隊任〔分隊〕長。
17	潘樹芳	曾在本省辦三五通訊社兼青年團交際主任。
18	洪君器	曾在川粵護法軍中任過錄事、排長、副官等職。
19	刁步雲	一、自高小畢業後在山東陸軍九十三團充兵三年；二、自民國十一年充本縣警備隊分隊長；三、自民國十二年在青島之外滄口驛富士廠充工作部書記。
20	王世和	高小教育，大元帥衛士。
21	蔣超雄	前在援贛軍第一軍學操一月，由成司令派送韶州講武堂將及三星期，粵桂戰爭發生遂返滬，後在民生紗廠作工，至本年三月來粵。
22	宣鐵吾	十年為在興國恥圖雪會幹事，去年為杭州印刷工人俱樂部執行委員長，今為杭州青年協進會會員。
23	李正韜	在漢口工廠職經手二年，充河南第一師師部司事一年書記半年。
24	周啟邦	一九一四年服務於上海新聞大豐木行，一九一九因受工長無理壓制，啟邦即向其告辭，告辭後，即投考上海郵局當信差之職，一九二二年罷工風潮起，時啟邦為主動之一，故不及一月即被革職，革職後得友人之助，余求學於吳淞省立水產學校。
25	趙定昌	曾充滇軍第二軍軍部少校副官，時民國八年至九年回梓省親，即未出外，於本梓高小校中充國畫教員，本年至粵，于江防司令部任中尉差遣。
26	陳廷璧	民五〔年〕隨護國軍第二軍軍部來粵，充少尉差遣，後升充中尉副官，民八〔年〕充駐粵滇軍總司令部上尉副官，現任滇軍總司令部中尉副官。
27	王彥佳	曾任各軍書記、委員，現任粵軍第三軍第四路司令部上尉副官。
28	唐雲山	曾充〔廣東〕東路討賊軍第三軍委員、副官等職。
29	李文亞	曾充兵站交通課員、電信隊排長、大隊長、上尉副官等。
30	鄭燕飛	民國七年在汕頭粵軍第七十三營第二連任中尉。
31	王仲廉	曾任本縣第六區第七國民學校校長。
32	牟廷芳	在高小畢業，繼入初級師範〔學校〕一年，又在上海南洋中學年半。
33	李岑	江蘇省立第六師範〔學校〕畢業，曾任本縣第一高小〔學〕校任教員。
34	方日英	民國十一年充當大元帥衛士隊。
35	傅權	本縣高小畢業，陝西陸軍幹部教練所兩年畢業，本省體育〔專門學校〕畢業，去年肄業上海東亞體育專門〔學校〕年半。

36	張淼五	東路討賊軍第八旅旅部三等軍需正。
37	冷相佑	郯城縣立高小畢業，縣立第三中學肄業。
38	趙志超	吉林省立巡警學校畢業，歷充員警署員、科員，吉林新吉林報發行兼社長，上海民權報駐吉記者，吉林民報社經理。
39	劉幹	民國九年任廣三鐵路員警總署，至十二年充大元帥衛士。
40	田育民	在本鎮創辦學務，後在豫軍總司令部秘書處充當書記。
41	朱鵬飛	曾在上海紗廠充當管理員。
42	周鴻恩	曾充雲南陸軍測量局班員。
43	徐文龍	浙江志願軍及教導隊畢業，民國四年充於浙軍第一師第三團第四連中士，六年提升於第一團第二連司務長，本師長三令升于第三連少尉，又升任第三團中尉軍需長，八年歸里，九年隨友赴山東襄城縣充縣知事公署隊長，十一年在福建充營教練兼引官。
44	周世霖	曾在本縣豐禾鄉立高小校畢業，繼在四川省立第一中學畢業，後在上海南洋中學肄業，又在上海東亞體育專門學校肄業。
45	容有略	民國九年夏六月在甄賢高等小學校畢業，又是年任該校學生自治會會長，在香港讀英文一年畫相半載。
46	張耀樞	民國八年曾任（夷方騰沖）小學教員，民國十二年曾充滇軍總司令部駐省保商大隊部中尉副官。
47	張汝翰	民國十二年任陝西陸軍第二混成旅第一團書記。
48	李殿春	山東省省立第十中學校畢業，曾充高小校教員二年，又入山東省公立專門工業學校肄業一年。
49	王君培	吉林省立第一師範學校畢業，曾充高小教員，嗣入北京朝陽大學法律科肄業，因性喜藝術乃轉入北京戲劇專門學校，復以該校停辦，故入北京世界語專門學校。
50	張雪中	江西省立第一中學畢業後任本省均智國民學校教員，民國十二年插入上海大陸商業專門學校本科三年級。
51	彭善	曾在湖北武昌聖何塞中學畢業，嗣後肄業於武昌私立法政專門學校。
52	蕭灑	曾任初小校教員二年，高小學教員二年，在石固〔許昌〕創立貧民工讀學兩個月。
53	戴翱天	安徽省立蕪湖甲種農業學校畢業，北京中國大學法預科畢業法本科修業一年，內務部〔北京政府〕警官高等學校正科修業一學期。
54	段重智	曾在本縣高小畢業，十一年在本省中學肄業。
55	周公輔	民國九年投筆從戎。
56	張慎階	粵軍憲兵第一營四連下士，大本營執法處憲兵兼稽查，東路〔廣東〕討賊軍憲兵第一隊中士，大本營衛士。
57	李自迷	曾充東路〔討賊軍〕暫編第一統領二營司書。
58	蔡炳炎	曾充東路討賊軍宋總隊長第三隊排長，繼充西路討賊軍第五獨立旅第一梯團第一獨立營書記。
59	邱士發	歷向在高等小學修業，後當大元帥〔府〕衛士隊。
60	李文淵	民國八年雲南省立北區模範第四等高等小學畢業，十二年迴西麗江六屬聯合中學校畢業。
61	袁嘉猷	現充滇軍第三軍第七師中尉副官。
62	劉明夏	民國三年洪憲之亂，隨先父先叔亡命日〔本東〕京，國會恢復隨先父至北京在聖心小學畢業，因復辟又隨先父至上海，八年在上海澄衷中學高小畢業，復在中學二年級肄業，十年因先父就義武昌，無經濟之援助，遂中途廢學。

64	陳金俊	大本營黨務處辦事員，粵漢鐵路偵查，中央直轄第三軍第一路編修。
65	盧盛枌	民國三年唐江私立樂群高小學校卒業四年，修業於江西省立第二師範學校五學期，十二年畢業於江西省立第四中學校，是年冬充中央直轄第三軍司令部中尉差遣。
66	楊伯瑤	世為鍾慶〔貴州省大定縣〕土司。
67	賈春林	曾充縣立及鎮平民學校開辦主任，又充陝北定邊縣安邊堡平民學校及地方教務主任。
68	陸傑	經歷江西印花稅處勸導員，高〔等〕審〔判〕廳收發員，江蘇武進縣員警署學習警佐，京師一帶稽查員，京綏〔鐵〕路局辦事員，須至履歷者。
69	楊顯	民國十一年考入滇軍第一師第一旅補充團學兵連充學兵補充班長，十二年臘月委為第一營一連司務長。
70	雷德	十一年入伍隨北伐軍攻贛克閩，旋充參謀部警衛支隊司令部三等編修，後在該隊陸軍隨營學校畢業，十二年西路〔討賊軍〕第一支隊第一營第二連司務長，海軍警備隊獨立營第一連少尉排長複升中尉。
71	李秉聰	東三省陸軍騎兵二旅差遣員，江〔黑龍江〕省拜泉征安局巡差，綏化縣軍警隊隊長。
72	于洛東	私塾讀書三年，國民〔學校〕高等〔小學〕二校畢業。
73	柏天民	民國十年自滇隨師伐北克粵，後幸升少尉。
74	張志衡	國民高等小學畢業，又升入宜興中學肄業一年。
75	李榮昌	自幼讀書。
76	趙雲鵬	曾任臨潼縣通俗教育演講所所員，復任國民學校教員。
77	徐經濟	陝西省立第一甲種工業學校體操教員。
78	劉鴻勳	民國七年高小畢業，八年赴武昌住文學中學，十一〔年〕因父故返里，十二年赴上海住化學工業〔專門〕學校。
79	黃梅興	由初等而高等而憲兵而步兵，曾充廣東憲兵司務長及廣東討賊軍第一師第三團上士。
80	馮達飛	自幼肄業迄今，並未充任何項職務。
81	王鳳儀	曾任為上海郵務管理局職員膠商務印書館編輯各一年。
82	劉雲	法國飛機學校畢業，西江陸海軍講武堂肄業。
83	孔昭林	山西陸軍學兵團畢業，後奉督軍命令至本省步七團見習，因省請假歸裏，後病癒，升入本省陸軍斌業中學校，充當第一隊班長，畢業後歸裏，開辦平民職業小〔學〕校，充一時的監學，假期滿至省升入陸軍軍官學校，告假歸裏充當本縣保衛團總教練，假滿後至陸軍軍官學校肄業。
84	何志超	曾在本縣高等學校畢業，次在陝西省體育師範學校畢業，三升上海東亞體育專門學校肄業一期。
85	萬少鼎	曾於民國七年在粵軍第二軍警備隊第一統領部軍需長。
86	榮耀先	由高小及中學卒業，入北京蒙藏專門學校肄業年餘，自十年組織內蒙古青年團。
87	周澤甫	民國十二年至十三年充中央直轄廣東討賊軍第一師司令部軍需。
88	王文彥	曾在本省高等小學畢業，後入南明中學修業三載，民國九年因事到申，事畢在申投考上海大同大學英文專修科，考取後遂在該校修業，直至本年始行退學，投考軍官學校。
89	張開銓	湖北省立第一師範附屬小學畢業，後入第一師範〔學校〕，去歲因校內風潮出校，在湖北黨部辦一外交善後委員會。

90	曹利生	四川蓉城敘屬中學畢業，上海大學高中二年級。
91	陳圖南	由瀏源高小畢業，在上海澄衷中學修業二年。
91	王叔銘	在私塾六年國民學校二學期高等小學校畢業。
92	卜世傑	陝西陸軍補充二團二營五連排長。
93	石美麟	民國九年由本省中學畢業，九年秋考入北〔京〕平民大學肄業，十年秋於預科畢業，因此投所辦愚皆歿，治為主以商為輔，與吾志願不同意請轉學准入所請，於是複得插入朝陽大學法本〔科〕二年級修業。
94	孫懷遠	由南京英智高小畢業，入北京正志中學，後轉入上海安徽公學畢業，上海同濟大學肄業。
95	饒崇詩	前充大本營警衛團第三營書記，兵站部委員，第一師第三團第三營上士。
96	俞墉	在浙江省立第四中學肄業二年，民國十一年曾任浙江省立甲種農業〔專門〕學校職員，民國十二年任上海快報（宣傳主義的）編輯，並從事勞動運動國民運動，本黨改組後，任上海第一區第五區分部委員兼秘書。
97	陳綱	民國七年于福建甯化安遠司高小卒業，十二年於廈門中華中學校卒業。
98	王萬齡	小學畢業後經營商業。
99	鄭南生	由本縣高小校畢業，複入北京彙文學校及上海滬江大學等校肄業。
100	馮樹淼	始在蒲城縣高等小學畢業，後又在本省城內第一體育師範學校肄業。
101	馮春申	小學校中學校畢業。
102	何紹周	曾在本省高等〔小學〕學校畢業，後南明中學修業三年，因有事到雲南投考入雲南陸軍軍士隊畢業，後有事赴粵投考本校。
103	高致遠	本縣民治兩等學校畢業，又入浙江南潯中國體育學校肄業。
104	仝仁	高小〔學校〕畢業，中〔學〕校畢業。
105	莊又新	上海中美交易所所員，上海民新銀行行員。
106	胡宗南	孝豐城高〔等小學〕校長，教育會長，孝豐導報、孝豐日報編輯主任，孝豐縣青年團幹事會主任。
107	陶進行	本縣勸學員三年，四小學管理四年。
108	王文偉	曾充東路討賊軍第三軍第四路司令部副官。
109	高起鵬	民國三年於雲南省立第四師範學校畢業，任普洱高等小學校長五年，投入雲南軍士隊畢業，後任滇軍第十九團一營一連中尉，繼任普防殖邊隊第三營左隊官，十二年七月來粵，任中央直轄滇軍第二軍三師六旅十二團一營四連上尉排長。
110	薛蔚英	曾任本縣保衛團教練。
111	曾繁通	高小學校畢業，中學肄業半年。
112	冷欣	杭州之江大學文科，上海中國新聞社記者，上海工商新聞社編輯，上海上海女學〔校〕教授。
113	余安全	自幼至今均過學生生活。
114	馬志超	今年充陝西陸軍第一師第一混成旅第三團學兵營第一連少尉。
115	張偉民	東路討賊軍第八旅衛隊連代排長。
116	侯霈鈞	曾在上海西醫侯光迪處任配藥四年。
117	許錫球	曾在番禺縣立高等小學堂畢業。
118	張鼎銘	民國十年畢業於湖南省立第二甲種農業學校，十二年肄業于北京平民大學校，又肄業於〔戲〕劇專〔門〕學校，今年才來本校學習，以求達志之目的。
119	顧濟潮	國民學校畢業，高等小學畢業，師範學校畢業，曾任小學教授〔員〕半載。

120	李武軍	曾充高小教員，廣西討賊軍第一軍游擊第四路司令部書記長。
121	董世觀	曾在紹興工商日報社編輯部服務。
123	王惠民	本縣高等小學畢業，上海東亞體育專門學校肄業。
124	劉國勳	雲南省立師範學校畢業。

《詳細調查表》原載缺填寫〔經過履歷〕的學員有：董釗、陸汝疇、鍾斌、伍文生、沈利廷、陳卓才、陳國治、杜成志、董煜、俞濟時、胡博、張德容、袁滌清、陳文清、文志文、何基、樊崧華、梁文琰〔華盛〕、王定一、譚其鏡、陳武、王敬安、任宏毅、何貴林、蔡昆明、嚴崇師、雷克明、馬維周、黎青雲、譚煜麟等 30 人。

經歷學前多元化社會磨礪的那部分第一期生，對於政治信仰的形成和確立，無疑起到了重要的影響和作用。但是也未必絕對化、程式化，許多僅具學生經歷的入讀黃埔軍校，在後來的風雲變幻與戰爭磨礪過程中，同樣呈現他們是社會有用之才。

從上表自填學前經歷的情況，運用歷史學方法加以分析，我們可以綜合幾方面特點：

一是經歷多元化，社會閱歷較豐富者佔有相當比例。例如：范漢傑、李文亞經歷多年軍旅生涯，早年已充任粵軍支隊司令和團長等較高級職務；再如：王君培任過教師，受到高等法律教育，學習過戲劇藝術，再入世界語學校；黃德聚當過體育教師、報社編輯、鹽運使署書記官、財政廳公務人員和軍隊司令部秘書等職。

二是從事教育、文化、政治等事務較多。例如：具有九年小學教齡的胡宗南當過報社主任，曾經從事中國國民黨南洋黨務工作的黃珍吾，冷欣當過記者、編輯和女校教師，王汝任先後任過報社總編、校正、高小校董、三民會外交主任等職。

三是有過軍旅生涯學員不在少數。例如：徐文龍、孔昭林、陳廷璧、鄧瑞安等，早年投身所在地軍閥或軍隊武裝，並充任初級軍官或後勤軍需等職。

四是經受高等教育者為數不多。例如：韓紹文、宋思一、孫元良、石美麟等分別畢業於國內高等院校，是第一期生受過高等教育的十多人之一。

五是一部分早期工人、革命運動參加者。例如：趙志超、周啟邦、宋文彬、俞墉等，分別參加所在地的工人運動和國民革命運動，並在其中充當代表、組織者等事宜。

六是參加國際間會議和勤工儉學運動的少數學員。三名赴莫斯科參加 1922 年 1 月召開的遠東各國共產黨及民族革命團體第一次代表大會的代表：趙子俊（以中國代表團共產黨員代表及武漢工會代表身份出席）、賀衷寒（以中國社會主義青年團武漢地方組織代表身份）、蔣伏生（湖南旅鄂學生聯合會代表身份）；三名赴法國勤工儉學運動參加者：劉雲（隨湖南工學團）、萬少鼎（隨湖南工學團）、謝遠灝（隨江西學生工讀團）。

第二節　國民革命政治信仰：鑄就第一期生最初之思想基礎

在《詳細調查表》設立的「何以要入本校」、「宗教信仰」欄目中，入學之際的第一期生，憑藉著各自的社會認知與「革命」覺悟（政治覺悟似乎過高，革命的定義又過於超前）程度，「絞盡腦汁」地發揮「聰明才智」填寫出下表的具體內容，為後人和研究者留下了他們當年的「答卷」。仔細閱讀和考慮分析，絕大多數第一期生體會社會和人生的悟性是高明的，對當時「國民革命運動」的認知和「時髦」言詞理解是到位得體的。概因「政治信仰」係當時政治情勢或政黨集團賦予其特定內涵，應試者必然投其所好填寫對於「時政」或「政黨」之政治認識，今日觀之，無論其出發點如何，都為後來研究者提供了較為充分可信之文字依據，同時又是罕有的人文思潮歷史真實記錄。筆者觀後將其「保持原貌，原文照錄」，意在「維持原生態」。因而看似許多填寫的內容、觀點、寓意、蘊涵或鮮明或確切，今日觀之亦可謂：豪言壯語，擲地有

聲，錚錚鐵骨，可昭日月。其中第一期生對國民革命的政治信仰之窺視，可以理解為第一期生最初之思想基礎，或是思想根源。

自填「入學原因」、「宗教信仰」情況一覽表
附表 23　第一隊

序號	姓名	自填入校緣由〔何以要入本校〕	宗教信仰
1	唐嗣桐	欲求真正之同志，鍛煉思想精神統一之學識，實行三民主義政綱。	無
2	何盼	想要破除階級趨向平等，以達到三民主義之目的，非武裝不可，所以我要入本校。	無
3	楊其綱	欲挽救中國民族之衰微、民權之旁落、民生之凋敝，非用有主義的強有力能軍隊不可——這便是我入本校的目的。	無
4	董釗	造就革命軍人，提供三民主義。	無
5	林芝雲	求將來革命能力。	無
6	王國相	為聯絡同志，並練習武力革命之校能。	信孔教
7	黃承謨	求些軍事學識，預備將來為黨效力。	無
8	黃彰英	信仰黨義，研求軍識，預為本黨服務。	無
9	郭維幹	信仰三民主義，故入本校。	無
10	王治岐	為造成有主義有紀律之革命軍，作改造社會實現三民主義之工具。	無
11	張鎮國	欲造就軍事學識，將來為黨為國，改良模範軍隊之基礎。	無
12	徐石麟	想努力研究軍事學，以掃除世界上一切不平等的階級制度，以寔行三民主義。	無
13	劉鑄軍	明國民黨三民主義及研求軍事學識，為將來本黨效力。	無
14	竺東初	因中國危在片刻，入本校挽回中國並改造一切。	頗信基督教
15	印貞中	為信仰三民主義團結同志而入本校	孔教
16	李安定	先洞明主義，求軍事學識，然後與同志改革不良政治及軍閥。	耶穌教
17	譚輔烈	（1）求學（2）受三民主義教育。	無
18	趙勃然	為改造社會	無
19	李伯顏	領悟三民主義要旨並學習軍事知識。	無
20	李紹白	為主義而來。	無
21	劉仲言	為主義而來。	無
22	賀衷寒	認定完成三民主義革命組織，宜組織強有力的黨軍，以撲來和對抗國內外的敵人，故入本校研究軍事學術。	無
23	韋祖興	緣為本校宗旨注重革命擴張國民黨之主義，鄙人平生惡軍閥派暴虐喜本黨主義，故入此校同心協力進行，以達純善之地步得完志士之志。	孔教
24	魏炳文	求些軍事知識，為中國前途助點力。	無
25	林大塤	志在求軍事學識，為國家人民謀幸福。	無
26	傅維鈺	要將來在社會作中堅分子，領導群眾一切威權和黑暗，還我人民真正自由。	無
27	王公亮	受國民黨教育及求軍事學。	無
28	胡信	本國民革命心理心理之傾向，達個人生平志仰之主義，決心親任革命已身犧牲，故來此校學革命之技能覺犧牲之路徑。	儒學

29	馮毅	冀研求學術鍛煉身心，卑養成有主義之革命軍人，為異日盡瘁黨務努力國家，以革命之精神謀最後之奮鬥，使民國改造共和完成，務求寔行主義貫徹初衷一切犧牲在所不顧，此為入校之本旨。	無
30	周秉璋	以現在軍隊之腐敗及社會不良故。	無
31	胡仕勳	因社會不良，欲接受救國主義之精神鍛煉。	無
32	陳謙貞	煉成鐵漢打倒軍閥	無
33	王太吉	信仰本黨主義，願為有資格軍人，所以願入本校。	無
34	梁漢明	信仰本黨主義	無
35	鄔與點	欲學良好軍事學識，殺國賊而福國民。	無
36	姚光鼎	感于國民受帝國資本主義和國內軍閥的壓迫已如水深火熱欲謀解放，認定唯有實現本黨之三民主義，故志願來本校求點軍事常識和主義的訓練，以為將來到民間立運動之基礎。	無
37	李園	為欲鍛煉身體磨礪志氣，究求軍事學識，做一有主義之軍人為本黨服務。	無
38	陳選普	資本主義的侵略，軍閥的削奪，位於宗法階級的社會，欲建設獨立民族，非實行國民革命唯有最速之成功，此則吾來校三動機也。	無
39	陸汝疇	因先君革命被害，故入此校繼續父志。	無
40	劉疇西	期鍛煉健強有主義守軍紀的軍人，分擔革命事業的責任。	無
41	游步仁	一則恨國際帝國資本主義侵略，國內軍閥壓迫及民生日敝之深切；一則籍以鍛煉健全身體以便效使本黨。	無
42	劉慕德	因求軍士〔事〕學之知識，望將來能作完全之軍人。	基督教
43	李武	信仰本黨主義。	有，同善社
44	唐同德	冀廣結同學以實行革命之三民主義，剷除不平使成真正獨立國家。	無
45	白龍亭	為打破列強之帝國主義及資本主義，推倒本國之軍閥官僚，以實行我黨之三民主義五權憲法之真精神。	基督教
46	徐會之	抱犧牲主義為人類謀幸福，素志未酬衷心耿耿，入本校者欲酬素志。	無
47	容海襟	意圖鍛煉我們之精神體格增長能力，將來為國犧牲為黨奮鬥。	基督教
48	王逸常	來受軍事教育，以養成奮鬥之技能和精神而做國民革命，並願受國民革命最近應取之途徑及方法。	無
49	徐象謙	為求軍事知識，作將來為本黨工作改進國家之準備。	孔教
50	張坤生	謂造成一完全強健之軍人，為他日做革命事業。	孔教
51	周天健	欲改造國家	信基督教
52	蔡粵	欲假武力以達我主義之目的。	信孔教
53	蔣先雲	磨練革命精神，造成一健全革命分子。不信仰何種宗教，國民革命的三民主義就是我的宗教。	無
54	甘達朝	求軍事學識，以實行所信仰之三民主義。	無
55	石祖德	來學三民主義及革命思想，為將來為敵之預備。	無
56	項傳遠	為踐履主義，改善軍隊，供軍事上之努力犧牲。	無
57	陳文寶	為研求軍事學識，冀將來效力於國家及本黨。	孔教
58	李子玉	為惡劣軍閥摧殘社會人民有不堪少狀，特來本校求軍學知識改造社會。	無
59	范振亞	本黨素無實力屢遭失敗，關心建黨者莫不憾焉，今已有軍事教育機關，應盡分子義務，自問學淺欲求進益以供黨用。	孔教

60	何復初	欲求軍事知識完成一個軍人以供黨用。	無
61	鄧春華	因我國軍隊不良，特來學習軍事學識以救國家。	孔教
62	穆鼎丞	欲求成強壯之體魄及戰鬥之能力，以救國保民。	無
63	伍翔	為主義且以民生問題為最重要。	信佛教
64	蕭洪	為三民主義五權憲法	無
65	張其雄	學習應有技能，準備實行革命。	無
66	鍾斌	鍛鍊體能盡本黨之一份義務。	無
67	林斧荊	欲鍛鍊強健之體魄，鞏固之精神，為主義奮鬥。	無
68	朱一鵬	磨練精神實行革命。	無
69	鄭漢生	繼往開來。	無
70	陳皓	在獻身本黨□□同志實行三民主義。	無
71	田毅安	慨政潮之多變，念國勢之危殆，故效投筆從戎之事，籍學馳馬試劍之術，異黑鐵赤血以革命求青天白日之成功，以達吾黨五權憲法三民主義之目的也。	無
72	龍慕韓	熱心武學與本黨之主義。	無
73	帥倫	因見國家紛擾社會志濁軍閥專橫軍隊不良，特來此以期先自鍛鍊成功，然後改革一切，且本校為灌輸三民主義養成革命人材而設。	無
74	古謙	欲成為有主義軍人。	無
75	伍文生	研究三民主義	無
76	鄧文儀	欲求民族平等振興中國，革除一切害人群者，而研究三民主義多求軍事知識，與同志團結一致乃為必要，故入此校。	無
77	劉長民	目擊本處軍閥之專橫，社會種種黑暗，欲求軍事學識以為改造基礎。	無
78	譚鹿鳴	想受革命精神之訓練，為本黨將來之中堅分子及與受同等訓練之同志作堅固的團結起來，為本黨革命之前趨。	無
79	羅煥榮	欲獻身社會。	前信基督教
80	睦宗熙	鍛鍊身體，學政治經濟軍事諸學，徹底瞭解三民五權，成為將來建國之基礎。	無
81	王爾琢	因本校造就革命軍人材，實行三民主義為目的，故入本校。	無
82	江霽	為求軍事學問及技能，俾將來擔負國事盡忠本黨。	無
83	廖子明	因有志革命而苦無革命學術，故入本校研究革命事業。	信基督教
84	潘學吟	欲習軍事學，以期身入戎行掃除國賊，實行本黨三民主義，所以要入本校。	信基督教
85	曾擴情	因本校係本黨三民主義革命軍基本隊伍之製造場，余久欲為此隊伍中之一分子，故入本校。	無
86	康季元	以三民主義為宗旨。	無
87	廖偉	欲做革命軍人步先烈後塵。	無
88	蔡敦仁	欲明主義學軍事，以備剷除軍閥而吾救國。	無
89	尚士英	信仰三民主義，以盡將來達成完全民國之責。	無
90	劉蕉元	國家衰敗將陷滅亡在千鈞一髮之際，非有一種強有力之軍人，有紀律有團結有主義之軍隊，不足以救危亡，感念及此，知本校為主義而設，為救民而設，為改革軍隊而設，故來學也。	無

91	顧浚	煉成鐵的身體，然後除強暴拯人民，期達三民主義目的，此餘之所以願入本校也。	對於宗教無絲毫之信仰
92	周品三	為享受軍事教學，聯絡革命同志，打倒北洋軍閥，實行三民主義。	無
93	唐星	求學。	有
94	陳琪	求學。	無
95	周惠元	本校為欲實現三民主義而建設元素，信仰三民主義故捐文學武，由北南來惟望日後稍能為本黨奮鬥耳。	無
96	蔣森	因求造成有主義之軍人改造軍隊建設國家。	無
97	周振強	聯絡革命同志研究軍事學，誠為將來殺敵之用。	無
98	羅群	因感受帝國主義壓迫，不良軍閥之專橫，欲研究軍事學預備將來改造軍隊，剷除一切不平階級。	無
99	楊挺斌	志在養成有主義之軍人，為國民黨革命一分子。	無
100	李培發	欲明國民黨學說，得軍事知識，作將來改造國家預備。	無
101	楊步飛	求軍事智〔知〕識，國家連絡革命同志。	無
102	趙榮忠	為貫徹三民主義學習軍事連絡同志，革除北〔京〕政府改良軍隊及國家社會。	基督
103	陳公憲	求學。	頗信佛教
104	李繩武	想為革命軍人。	無
105	沈利廷	目睹國家禍亂人民塗碳，欲求得軍士學識，盡國民一分子耳。	無
106	吳興泗	得受相當軍術學，準備將來剷除三民主義的障礙物。	無
107	郭劍鳴	研究軍事學識，改革今日軍隊之劣點，並鍛煉身體。	無
108	劉釗	研習軍事學識及戰鬥技能，為革新政治張大民主之預備。	無〔惟與基督教意旨有相符處〕
109	劉希程	因北（京）政府人多為爭權爭利不為國家，使國家貧弱不堪，餘來此校受得軍士鍛煉北伐成功，使國家成富強濟世國家。	無
110	郭遠勤	信仰本黨之三民主義，五權憲法且見得中華民國革命尚未能成功，故要入本校練成正式軍事學識，將來是必要達到中國革命之目的。	無
111	宋希濂	信仰本黨之主義，慣恨北洋奸賊之亂國，特由湘來粵投考本校，以期求得軍事學識，將來為黨為國奮鬥犧牲也。	無
112	戴文	欲造就革命軍人知識，以為將來擔任革命事業。	無
113	陳卓才	欲作一革命軍人。	無
114	謝翰周	為欲養成有訓練有組織並能徹底之革命軍事學識，以使將來足以擔任革命事業而以以三民主義建設一獨立自由之真正民治國家，故入本校。	無
115	陳平裴	崇拜三民主義，願作革命軍人。	無
116	張君嵩	欲求為有主義之軍人。	無
117	郭冠英	目睹軍閥專橫國家將亡，故入本校鍛煉軍人以拯國危。	無
118	宋雄夫	以本黨主義救國，故必須入本校。	無
119	余程萬	為國服務。	無
120	毛煥斌	奉父〔樹谷〕命要入本校。	無
121	蔣孝先	學習戰略以實現三民主義為目的。	原缺
123	羅奇	信仰主義。	無
124	馮劍飛	為信仰主義而來。	無

125	顏逍鵬	欲藉軍人之力解決民生困難國家糾紛。	信佛教
126	譚作校	目擊軍閥專橫國是日非，欲求軍事學識以盡改造國家之責任。	無
127	丘宗武	求軍人之高尚智〔知〕識及技能以改造社會與國家。	無
128	陳國治	欲求軍事學識為黨效力。	無
129	陸汝群	因謂〔為〕要學軍人之材料。	無

附表 24　第二隊

序號	姓名	自填入校緣由〔何以要入本校〕	宗教信仰
1	李樹森	為求主義之真理改造社會。	無
2	申茂生	以忠誠的要貫徹國民主義。	無
3	王家修	欲養成高尚革命之軍人，滅絕反對三民主義之仇敵。	無
4	江鎮寰	為民族解放，服軍事工作。	無
5	林英	因本校是純粹教育革命青年，日後為國家扶危急為主義而灌輸，所以入校之心爭先恐後也。	舍孔教以外別無信仰
6	趙履強	睹我國之現狀危險已達極點，如不亟圖挽救前途，將不堪設想，予之入本校者，乃冀求得軍事智〔知〕識，俾得為真正之革命軍人，而挽救我危險之國家也。	無
7	杜成志	入校欲養成有用之才，將來為吾黨效力為三民主義而犧牲。	無
8	王雄	因本校宗旨注重革命精神，實現本黨主義所以要入。	無
9	丘飛龍	為要實行國民革命故入本校。	無
10	呂昭仁	欲養成良好人格尚武精神為國家用。	無
11	宣俠父	謀抵抗一切欲以武力妨礙本黨〔國民黨〕進行之仇敵	無
12	孫樹成	認定三民主義為救國主義，軍人為實行主義的先鋒，我願作先鋒故入。	無
13	黎崇漢	志在伐倒軍閥實行五權憲法三民主義	無
14	劉先臨	因欲學軍士知識三民主義而來。	無
15	何昆雄	臥薪嚐膽者成功之母也，不有勝廣何以豐沛不有革命何以維新，理之固然豈不待智者而復決也，然余之求學於此者亦有譬如〔於〕此也。	無
16	凌拔雄	為主義而來。	無
17	嚴霈霖	因受北方軍閥欲壓迫欲行三民主義。	信仰孔教
18	王體明	冀受純正主義之軍事學識，以備將來為黨〔國民黨〕馳驅者。	無
19	董煜	要為本黨負破壞之工作兼引導群眾革除專制軍閥。	無
20	張作猷	欲求知識以掃除前途障礙物早達吾黨目的。	原缺
21	張本清	欲作犧牲事業。	原缺
22	丁炳權	造成革命軍人，以達吾黨〔國民黨〕主義之目的。	無
23	唐際盛	1、中國軍閥之思想已固，決無覺悟之希望，改革責任義不容辭；2、本黨〔國民黨〕缺乏革命的主力軍屢失敗，自願作主力軍之一；3、自覺革命者應找實行奮鬥之機，並須預備奮鬥之能力與方法。	全無
24	程式	欲造成革命軍人。	無
25	李模	因中國泯泯棼棼十有三年，非革命難以挽救，而本校純系革命學校，故我要入本校	無

26	俞濟時	目擊國事蜩螗，現時軍閥專橫民不聊生，必藉有紀律之軍隊所，所以來陸軍校，先求軍事學問。	無
27	鄭子明	學些軍人知識，給本黨負一分責任改良社會。	無
28	朱耀武	為實行本黨主義。	孔教
29	陳子厚	一因自身受環境之壓迫，二因睹社會制度之罪惡，要解決現時代的糾紛，仍非借有政黨的武力，不能打敗軍閥和國外帝國主義。	無
30	蕭冀勉	因本校系養成有主義的軍人，故願來鍛煉強國之體魄為國宣勞。	無
31	黃維	為欲促進三民主義之成功。	無
32	馮聖法	目擊世情痛苦，非革命不能挽回中國，抱此宗旨遂卒此校。	無
33	洪顯成	覽中國政府腐敗社會黑暗，抱改革國家以達三民主義，願為黨犧牲。	原缺
34	鄭述禮	觀今日之中國幾乎朝不保夕，外受列強之侵略壓迫，內受軍閥之擾亂治安，辱國喪權於斯為甚，然欲施救之方，非入本校學習，抱本校的精神上本黨的主義上來改革之不可，此則我入本校之宗旨也。	無
35	羅毅一	欲受點軍事訓練，以完成為一個國民。	無
36	伍文濤	因睹國事蜩螗，欲改造中國前途，非有徹底革命軍奮鬥不能達到目的。	無
37	賈韞山	想研究徹底之革命主義，並結合全國同志挽救民族。	無
38	胡博	預備革命軍事運動。	無
39	杜心樹	求黨與校之訓練，以為軍事運動之準備。	無
40	鄭炳庚	痛目軍閥之摧殘，帝國主義經濟之壓迫，特來本校受訓練，俾可為國家而奮鬥為主義而犧牲。	無
41	李榮	吾國危如累卵補救方可，敝體似萌機鍛煉方可，吾投校實為此旨，至為國而犧牲又能鍛煉精神，誠為來校大幸也。	沒有
41	李國幹	信仰三民主義來受本校訓練，為他日改造中國之革命軍人。	無
42	陳拔詩	為求軍事學識，冀望生平為黨犧牲之志，為國捐軀之志。	信仰孔教
43	賀聲洋	慨國事日非草菅在即，使班超投軍從戎之言，感興亡匹夫有責之義，素有志未遂，前值本校開辦，故矢志棄文就武，投入本校以備日後為國為民捐軀之際。	無
44	王步忠	欲追隨同志研究學術，作將來奮鬥於革命軍旗幟之下，促三民主義成功。	無
45	孫常鈞	痛社會萬惡，來為主義犧牲。	無
46	郭景唐	實行三民主義。	原缺
47	李延年	為改造社會。	無
48	龔少俠	主義純粹，宗旨正大，有國民革命之精神，具國家之能力，故毅然而來也。	原缺
49	胡遜	為信仰三民主義的武裝革命。	原缺
50	董仲明	為主義奮鬥之精神實行國民革命，並希望要實現真正貧民政治的國家。	並不信仰何種宗教
51	郭樹械	為主義。	無
52	黃珍吾	要盡黨員天職，實為主義奮鬥。	原缺
53	李源基	養成良好軍人，削除帝國主義者。	無
54	許永相	信仰主義而求貫徹及完成為黨服務的工具。	無
55	桂永清	因信仰三民主義，鑒於主義之實現，決非宣傳鼓動之力可得而成，故毅然而來以求奮鬥之工具。	無任何宗教之信仰

56	韓雲超	信仰三民主義欲團結本黨一大力量，推倒軍閥統一中國，臥薪嚐膽訓練吾國之軍隊，出而與諸列強角勝負，收回吾國之門戶，為國雪恥。	無
57	李漢潘	本校以實行國民革命而達主義建國為目的，現國內軍隊成為土匪憂患，須改良軍隊與農工被壓迫階級之為群眾攜手工作，今之要入本校就是要為本黨奮鬥犧牲也。	無
58	鍾洪	以鍛鍊精神體魄，為國宣勞，故要入本校	無
59	張德容	與同表同情。	原缺
60	袁滌清	革除專制軍閥。	無
61	鄭洞國	欲效力本黨獻身國家，故入此校。	無
62	陳文山	欲擴充本黨兵力。	天主教
63	曹日暉	學有主義之軍事學，而實行革命以應社會之需要。	無
64	王克勤	為宣傳本黨主義。	無
65	朱炳熙	欲推倒列國之帝國主義及資本主義，不得不先籌備直接鏟滅作倀之軍閥之技能，而後遵行本黨之三民主義以救治中國，故入本校。	無
66	蔣伏生	欲聯絡多數同志作武裝的革命運動。	無
67	柴輔文	為本黨宣傳三民主義。	無
68	李蔚仁	欲求三民五權之真義，預備轉輸於國民。	無
69	張際春	本校為本黨軍事學術機關，負革命重要任務，本人素願奉行本黨主義故入學。	無
70	陳應龍	欲練成一個打不倒的鋼漢，來滅叛逆除國賊，實行吾黨之救國主義，使中國國際地位平等政治地位平等經濟地位平等。	無
71	謝清灝	信仰三民主義利於東方。	無
72	史仲魚	數年來軍閥暴橫賦斂繁苛，民生無地黑暗迫促日甚一日，完全無建設拯民之希望，故此次之來，特為盡國民革命之一分子而來也。	有儒教之信仰
73	李均煒	研究軍事學識達革命之目的。	無
74	劉赤忱	因主義正確。	無
75	熊敦	實現主義必有賴乎武力，故來本校研究軍事學識。	無
76	吳重威	實行達到三民主義。	無
77	陳文清	研求軍事學，以打倒軍閥，而達三民主義之目的。	無
78	林冠亞	要求本校之學識，而壓倒本黨的目中釘。	無
79	李青	求學革命軍人之知識團結同志。	無
80	唐震	目擊國家貧弱外患壓迫內亂不已，常嘆〔歎〕己才不能為國民、國家社會謀進步，要達入校之先得悉本校為今日救國家危亡而設立，決然前來欲受良好之教育也。	無
81	蔡鳳翥〔鳳翥〕	我入本校非為升官發財起見，誠目擊國逆末除國本搖盪，欲奮志前途親身為國，然年幼識淺，深知本校長各官長得當，故要入本校來加見識，後日得濟則國之靈，不得濟則我之劣，但不論如何誠後所發成敗不顧，對國〔家〕既不恥自對亦不忝於我，生非入本校安能至者此思想乎。	無
82	洪劍雄	入本校最大的目的，就是赤誠地思想革命，而來受實地訓練革命的工作，預備將來出校訓練一班有主義、有組織、有紀律的軍隊，去實行武裝國民革命。	絕無

83	陳天民	欲培成軍人資格，以改造社會為黨盡力。	信仰 耶蘇教
84	王懋績	想將來造就有紀律的軍人，為國家剷除惡孽實行主義。	無
85	李良榮	求軍事學識，為掃除障礙志行之用。	無
86	余海濱	為服從黨中主義。	無
87	焦達梯	暴逆橫行軍閥握權殊堪痛恨，欲謀改革奈少軍事知識，今入此校必能受良善之教育，況本校為三民主義之根基，此主義乃救國不二法門，故踴躍入校。	無
88	郭濟川	感於現代政治之腐敗與社會之黑暗，適足以速召亡國滅種之慘禍，為救國保種非革命別無良策，而革命之初步須先以武力破壞，本校系軍校是以要入。	無
89	葛國樑	尊崇三民主義五權憲法，造究〔就〕完全軍人，將來為社會用，救我國於危亡。	無
90	周士第	前本黨之能，將陋腐政府推倒者，以具黨員能犧牲者，十三年來之失敗者，以其黨員之不能犧牲者，本黨有鑒於此所以有本校之設，其目的實欲養成一股能犧牲能奮鬥之黨員，以擔負三民主義之責任也，我喜抱犧牲一己幸福，以圖謀群眾幸福之志願，故必入本校，與諸同志會成最大犧牲力量，以作一致之奮鬥，而求本黨主義之實現也。	無
91	陳堅	為列強經濟侵略及本國不良軍閥，準備實力對付。	無
92	侯又生	欲成一種真正軍人為國出力。	無
93	酆悌	為黨為國。	無
94	許繼慎	信仰三民主義為革命而入也。	無
95	唐澍	為學成國民革命急先鋒的幹部人員。	無
96	蔡任民	為實行三民主義貫徹革命主張。	佛教
97	鍾煥全	是由腦思的判決，要來鍛煉吻了又吻的利斧，為將來作事時任何彈雨槍林裏面，以圖生命最後之安慰。	無
98	彭干臣	預備革命。	無
99	陳志達	為求得軍事學識，冀將來改良軍隊，以實行三民主義之革命。	無
100	萬全策	欲瞭解三民主義。	無
101	張人玉	觀中國已蒞危境，非加改革無獨立之希望，特抱願加入於團體。	舍儒教 仁義道德 以外別無 信仰
102	陳鐵	恣革命以改造不堪之社會國家，入本校學革命前鋒之技術。	對於講博 愛人道等 宗教有 信仰
103	陳沛	陶冶軍識實行三民主義五權憲法，以期將來盡我國民黨員一分子之義務。	無
104	呂佐周	為求軍事學，以為將來改軍隊之預備。	原缺
105	李玉堂	欲學成革命軍人，為本黨服務為社會殺賊，以實行三民主義。	無
106	周鳳岐	謂練成統一精神、統一意志、統一組織。	無
107	李及蘭	為求軍事學問，作革命之運動，所以要入本校。	無

108	陳劼	信仰主義為救國之良方，但須有團結同志軍為後援。	無
109	甘杜	欲作一革命軍人。	無
110	吳斌	研究軍事學，以為本黨實行軍事運動。	無
111	趙柟	願有參與國民革命之機會，實際為主義服務，故要入本校。	無
112	羅倬漢	欲造成革命軍，為國為黨宣勞。	無
113	馬勵武	求得軍事知識健全身體。	無
114	趙子俊	學習軍事學，並受革命軍紀之訓練，將來為黨軍軍人主義奮鬥。	無
115	湯家驤	欲學成完全有主義之軍人，以盡國民之責任。	無
116	梁廣烈	欲求多少軍事知識，以隨本黨孫總理及諸同志之後，共同推翻一切不良之舊制度，建設三民主義之國家，所以要入本校。	不信宗教
117	白海風	欲求革命軍事學，為本黨效勞達自己目的。	無
118	宋思一	為服黨務。	無
119	顧希平	學軍事技能為黨工作。	無
120	郭德昭	預備革命。	無
121	張隱韜	為達三民主義建設之目的，而欲從事軍事行動。故入本校。	沒有
122	文志文	為講求軍事學識，鍛煉革命精神，以圖能為主本黨主義之擁護者，而入本校。	有〔原缺填〕
123	梁錫祐	欲作有主義有訓練之軍人。	無
124	嚴武	造就良好革命軍人幹部，將來修業出校，對於社會主義改為國民統一人民自治，對於實驗農工為國家之基礎也。	無
125	李之龍	願在國民革命中服軍事任務。	無
126	甘麗初	入校主旨為剷除軍閥統一中國使實施三民主義。	無
127	黃鰲	我國地位陷於半殖民地社會環境亦日形惡濁，欲積極救國改造社會，非學軍不可，故入是校。	原缺
128	李奇忠	求明瞭國民黨之主義，並學練陸軍軍事學問以作助，實行主義之資。	無

附表 25　第三隊

序號	姓名	自填入校緣由〔何以要入本校〕	宗教信仰
1	蕭乾	為信仰三民主義養成革命精神，願隨本黨效力，以達三民主義目的。	無
2	黎曙東	想受本黨教育。	無
3	韓之萬	學軍人常識為黨效力。	信仰孔教
4	郭安宇	為信仰三民主義。	無
5	陳以仁	信仰三民主義實行貫徹革命宗旨。	無
6	杜聿昌	為主義而來。	無
7	李仙洲	為實行三民主義。	儒
8	陳克	欲盡黨員天職，使達革命目的，發展中華民國。	原缺
9	孫元良	一非想解決經濟問題，二非想升官發財，只相信三民主義非武力不能推行。	無
10	王連慶	革心更新，要繼續先烈事業。	無
11	楊溥泉	為準備革命的技能，去做徹底革命的事業，是現我黨總理三民主義，以拯救民社會的。	無
12	曹淵	因為要求軍事上知識，將來為社會盡一分子責任。	無

13	江世麟	求應用學識，鍛不磨精神，結鞏固團體。	無
14	廖運澤	目睹我國家政治不良軍閥弄權，欲除國賊非用軍力不可，餘進本校欲學軍人智〔知〕識，為本黨盡軍事之責剷除國賊。	無
15	鮑宗漢	為三民主義之信仰，欲來校練習有成，將來改造家國耳。	無
16	閻奎耀	為領受〔國〕民黨之主義及軍事知識。	無
17	楊耀	求軍事知識及領受〔國〕民黨主義。	無
18	鄭凱楠	求學受教為國效命。	無
19	邢鈞	軍閥未倒，我黨三民主義難於實現，想以人人具有三民主義之精神，使人人此晟於主義之幸福，飽受軍閥之苛政，並要入本校為主旨，非貪軍官二字為目的。	無
20	周誠	為深知本黨主義，求軍士學而來。	無
21	官全斌	護衛黨魁宣傳主義殲滅國賊。	無
22	張運榮	要入本校練成一個最強健最堅硬的打不倒的剛〔鋼〕漢，來實行吾黨救國的主義。	無
23	潘德立	因欲略習武事，以便將來對外。	信佛
24	成嘯松	造成強壯軍人，實行本黨主義。	無
25	劉雲龍	欲求精神統一意志統一之教訓出校，欲為實改革以建設真正之民國。	無
26	李強之	練成堅耐之軍人，為改造國家之後盾。	信仰三民主義
27	楊啓春	為求軍事學而來。	無
28	張襌林	求軍事知識，俾將來能領導民眾以武力改造社會。	無
29	何基	改良軍隊剷除軍閥。	無
30	黃德聚	研究軍事學識，預備將來為黨為國效力。	無
31	黃杰	想深明主義及受良好之教育，俾恢復國民之真精神。	無
32	李夢筆	因現時社會不良，投校求軍事學識並領受三民主義革舊建新。	無有
33	杜驥才	求軍士學識。	無
34	雷雲孚	養成有主意〔義〕之黨員，改造國家實行三民主意〔義〕。	信仰基督教
35	張少勤	睹北政府之黑暗軍閥之專橫，心殊不平，是以願入此校，以求徹底解決之方法。	無
36	梁幹喬	為列強帝國主義者所壓迫，本國軍閥所摧殘，宗法社會之忠臣禮教所束縛，所以便逃到青天白日的旗下，做一個反叛的先驅。	無
37	夏楚鍾	以養成革命軍人，打倒軍閥，實行三民主義而入本校。	無
38	韓紹文	解決國內外之重要問題，而貫徹本黨主義，尚待武力故也。	無
39	鄭坡	為繼續先烈生命。	無
40	謝聯	抱定革命宗旨。	無
41	王之宇	為受軍事知識，將來可成一良好之革命軍人。	無
42	覃學德	欲究求軍事學識及養成為革命軍人資格，以冀將來能為國家及本黨效勞。	無
43	潘國驄	改良軍隊為黨效力。	無
44	韓忠	想聯絡一般同志推倒軍閥。	無
45	楊晉先	自己的志願是要與本校宗旨取一致。	無
46	容保輝	求徹底瞭解三民主義，研究軍事學識，為本黨效力。	無
47	樊崧華	來學奮鬥技能，希望打倒北洋軍閥消滅帝國主義，貫徹三民主義實現。	無

48	趙清廉	欲求軍事學與國盡義務。	無
49	李博	欲求些軍事知識，以應將來推倒軍閥發展三民主義。	無
50	馬師恭	來求軍士知識，為國民黨效力。	無
51	樊秉禮	求意〔義〕而來。	無
52	譚肇明	改造今日中國的社會。	有〔原缺填〕
53	王慧生	為實行主義而入本校。	無
54	柳野青	為欲改造軍隊。	無
55	邢國福	因北京賣國總公司不打破一日，我黨〔國民黨〕三民主義不能實現一日，三民主義既不能實現，中國永爭不到獨立自由和平的日子，所以馬上來做軍官學校的學生，以實力和他〔它〕相周旋，使我三民主義實現。	無
56	鄧經儒	受業軍事並聯結本黨同志以代說三民主義。	無
57	樓景越	享受軍事學識，團結本校同志，藉以挽救時事。	無
58	薛文藻	為學習軍事學及本黨〔國民黨〕主義，做軍人革命而來。	信仰孔教
59	葉幹武	經養成革命軍人之資格，以打倒軍閥及帝國主義。	無
60	孫天放	為本黨宣傳而來。	無
61	蔡光舉	非犧牲來的，是盡黨員〔國民黨〕一分子的本分來的。	無
62	劉漢珍	欲為革命軍人為本黨殺賊。	無
63	關麟徵	因本校為國民黨所辦，欲練就革命精神。	無
64	王汝任	一為明瞭主義而來，二為求高深軍事知識，三為將來犧牲謀基礎。	無
65	韓浚	為求軍事上之學問而入。	無
66	張耀明	欲求軍士知識，將來作有用之人才。	無
67	陳泰運	要實行三民主義。	無
68	甘競生	求軍事學為國效力。	無
69	葉彧龍	因為先親為革命被刺，余來入本校，就是來繼續父親革命未竟之志。	無
70	林朱檠	疾社會之不良痛，人民之困苦，求有用學識，以改造之拯救之。	無
71	馮士英	協同同志革改社會。	無
72	朱祥雲	欲求軍事學識打倒軍閥，以盡個人責任。	天主教
73	李正華	願作革命軍人。	無
74	張彌川	願造一真正革命軍人。	無
75	梁華盛	欲研究軍事學識。	無
76	陳賡	鍛煉一個有革命精神的軍人來為主義犧牲。不信仰何種宗教，國民革命的三民主義就是我的宗教。	見左
77	朱然	欲成為有主義有學術，能為本黨盡責的軍人，故入本校。	信仰三民主義
78	張忠頫	以正當的武力，實行本黨主義。	原缺
79	黃奮銳	欲求軍事學識，將來為本黨服務，協力排除障阻。	無
80	徐宗垚	求軍事知識為黨作寔〔實〕力之奮鬥。	無
81	羅照	欲求革命軍人學識，盡國民天責，馳驅救國難，故來此校。	無
82	王定一	造就軍事學識，備作革命事業，完成吾黨之主義。	原缺
83	劉保定	為欽仰三民主義及討求軍事學。	無
84	王認曲	要打倒帝國主義，沒有革命軍是不可能的，申言之就是入本校的原因。	無

85	伍瑾璋	信仰三民主義，以改良軍隊打倒北洋軍閥，推翻帝國主義侵略，以建設真正民主獨立國家，故要入本校。	無
86	楊麟	甚願造成良好軍隊以發展本黨。	無
87	賈伯濤	欲求達三民主義實行目的。	無
88	王馭歐	研究三民主義。	無
89	譚其鏡	歎國家之衰弱，慣外侮之頻仍，故來此校求軍事學，得以實現我黨〔國民黨〕主義，一中國而禦外侮，使我國民永享自由平等之福。	無
90	潘佑強	欲組織有主義之軍隊來改造國家。	信佛教
91	周士冕	我之革命思想達到極端之時，即認定本校是實現主義之所，故願入本校為黨捐軀。	無
92	梁冠那	欲求消滅不良軍隊的工具，以為三民主義底軍黨員的基礎，故入校。	無
93	王作豪	欲求軍事學識，將來這國效力。	無
94	鍾煥群	欲礪〔利〕其刃鍛其身，不屈不折往救民困，為四萬萬同胞之先聲。	無
95	梁廷驤	欲求專門軍事學識，為將來服務本黨之資。	無
96	李捷發	為改造國家。	無
97	袁守謙	因為信仰三民主義五權憲法。	無
98	蔣國濤	為實行三民主義五權憲法。	無
99	甘清池	中國的政權現被軍閥盤據，我們想向改良政治和社會的道上前進，必要拿鐵血的力量和那強暴的軍閥奮鬥，這樣便要入本校學奮鬥的技能和精神。	無
100	蕭振武	欲研究學術以為本黨效命將來。	無
101	張瑞勳	希期成業以為將來救國救民之用。	無
102	吳迺憲	欲研究軍事學識期將來援助國民之成功。	無
103	羅寶鈞	是本黨辦的，所以來本校教育，練成真正軍人為黨犧牲。	無
104	李焜	應國家之需要，學有主義之軍事而實行革命。	無
105	霍揆彰	欲實行革命工作。	無
106	侯鏡如	欲養成俱信智仁勇的軍人，訓練表現本黨真精神的黨軍，使人民興合社會歡迎三民主義實行。	無
107	伍誠仁	為求學欲貫徹三民主義。	無
108	何學成	欲研究軍事學識。	無
109	譚寶燦	欲研習軍事學識，實達三民主義，故入本校。	信仰孔教
110	邱安民	求軍事的知識為奮鬥的準備。	原缺
111	張樹華	為求軍事學識，以備改良軍隊實行革命。	無
112	李其實	目擊本處軍閥專橫及社會黑暗欲求軍事學識，為異日改造基礎。	無
113	李鈞	本校系國民黨組織，宗旨要正紀律嚴明，非入其校深求，不能盡得三民主義之興義五權憲法之要旨，且欲養成軍人學識，故必要入。	無
114	孫以悰	願為革命軍人實行三民主義。	無
115	尹榮光	願為革命軍人冀將來為三民主義盡力。	無
116	張遴選	信仰三民主義及五權憲法，練習軍人知識與團體生活。	無
117	胡東臣	欲達革命目的。	無
118	譚計全	欲養成純潔之黨員思助三民主義之進步。	無
119	王副乾	欲練成一革命軍人。	無
120	謝永平	欲養成為完全革命軍人。	無

121	陳武	信仰三民主義能救中國，故而求之並來求軍事學，造成完全革命軍人異日殺敵。	原缺
122	杜從戎	欲貫徹本黨主義。	無
123	何文鼎	信仰三民主義。	無
124	范馨德	能團結團體一致實行三民主義。	同善會
125	黎庶望	欲貫徹本黨三民主義達到革命目的。	無
126	鄒范	因欲求點軍事知識，並想打倒軍閥及資本主義，故入本校。	無
127	趙自選	願擔任本黨革命工作。	信仰本黨主義
128	李楚瀛	決意改良中國軍隊之腐敗。	原缺
129	張紀雲	1、領悟主義，2、鍛鍊身體，3、挽救三民。	無
130	吳秉禮	服從本黨主義，所以入校訓練革命工作。	無
131	郭一予	擔任軍事運動。	無
132	胡素	俾研軍事學術為實行主義之先鋒。	無
133	陳述	以連絡同志為主，並學真正軍人為國效力。	無
134	郭禮伯	因要求軍事學，以備為本黨主義奮鬥之用。	無
135	蔣魁	因軍閥專橫民不聊生，目擊其弊，非研究軍事學不可。	無
136	鍾偉	期成有用之材為國效力。	無
137	杜聿明	研究軍士智〔知〕識。	無
138	杜聿鑫	養成有主義之黨員，振興國家實行三民主義。	無

附表 26　第四隊

序號	姓名	自填入校緣由〔何以要入本校〕	宗教信仰
1	鄧瑞安	現念國勢為亂外侮殊堪，痛處非有偉大方略組織強國團體鍛鍊精神志擔重任，不足改造社會解決世界不平，不入本黨所組織之軍官學校，鍛成強勇才幹，豈可達目的耶。	耶〔蘇〕教
2	鄭承德	為除國賊，實行三民主義。	孔教
3	丁琥	因本校為養成有主義之軍人，故要入本校。	無
4	李靖難	中國外受列強之種種壓迫，內為軍閥之暴戾危難國勢，日非本校為民黨之集團，唯一運動達成有真精神之革命軍人，為將來報國之主義奮鬥，故特入之。	無
5	王廷柱	吾國苦軍閥專橫久矣，受帝國壓制多矣，幸我國民黨倡三民主義行五權憲法，乃鑒諸此故入本校。	無
6	趙敬統	因信仰孫總理現之主義，欲實行其主義，故決志入本校，學習軍事知識從事黨軍，供北伐之用求達目的。	無
7	張雄潮	吾向不滿意我國之徵兵法，更痛恨我國之軍閥，願造就一軍國民，並將喚起全國青年馳向同道。	原缺
8	范漢傑	研求軍事學，用以改造軍隊，並以武力掃除本黨障礙。	無
9	李銑	為信仰主義而來。	無
10	任文海	信仰主義。	無

11	宋文彬	自軍閥專橫列強之侵略，謀革命實現成功不能消滅，經大會後代表返系各省青年同志痛感破釜沉舟，創設學校將負幹部之責，望有解放民族目的及階級。	無
12	凌光亞	為信仰三民主義剷除專橫軍閥而來。	無
13	耿澤生	素信三民主義可以救國救民，現在我國大部為萬惡軍閥所據，三民主義不能普及，使我國內受軍閥蹂躪外遭強敵侮辱，莫為痛恨，餘志入此校造成高深軍事學幹，以為革命支幹，對內剷除革命障礙，對外打倒帝國資本主義，使我國成為一民族獨立國家，此乃餘入此校唯一之目的也。	無
14	吳展	同受社會國家之感觸。	從無宗教信仰
15	陳德仁	來求軍事知識為本黨効力	無
16	曾昭鏡	因程度太差兼且未詳本黨主義	無
17	潘樹芳	為本黨求實行主義發展前途。	無
18	洪君器	信仰主義。	無
19	劉傑	研究軍事學問，創造革命軍隊，內除軍閥外伸國權，以貫徹本黨之主義。	原缺
20	刁步雲	先求學軍，以成將來作推翻北庭〔北京政府〕之橫行軍閥，驅逐侵略削奪之列強爭回利益，挽救民族之用。	無
21	王世和	因為要貫徹革命主義，苦無軍事學識，故志願入校，以求軍事教育也。	無
22	蔣超雄	吾國近代軍人甚為腐敗，皆原〔緣〕無良好教育故也，吾今入本校目的有二 一改造中國，二改造軍隊。	無
23	宣鐵吾	冀煉成一智體健全之軍人，為黨為國宣傳一之勞也。	任何宗教教育不足引起餘之信仰
24	王敬安	研究三民主義，學習軍事知識。	無
25	李正韜	求知識為人之道。	無
26	周啓邦	要實行本黨的三民主義。	以前是信仰的
27	趙定昌	求軍事學識振興革命精神貫徹本黨主義以喚醒中華。	孔教
28	陳廷璧	奮〔憤〕現社會不良，來校求精神學術團結同志，圖將來實力改革。	無
29	王彥佳	欲求軍人資格為黨服務。	無
30	唐雲山	欲求學上進，養成軍人資格為本黨効力。	無
31	李文亞	養成軍人資格為民治後盾。	孟教
32	鄭燕飛	要來增加志〔知〕識，研究學問將來實行主義。	無
33	王仲廉	鍛煉身體研究軍事學，為黨奮鬥發揚主義。	無
34	牟廷芳	在造一軍事根底學問，明瞭三民主義及五權憲法之意義，以為將來為本黨効勞及宣傳之基礎。	無
35	李岑	革心更新，繼續先烈事業努力奮鬥。	無
36	方日英	貫徹主義完成革命。	無
37	傅權	因受軍閥壓迫及種種不平等的自由。	無
38	張淼五	一、尊崇主義，二、陶鎔情愫，三、願將來為主義奮鬥。	無

39	冷相佑	為學習軍人知識，鍛煉軍人體格，以冀將來推翻列強帝國資本主義，打倒國內軍閥完成革命主義之目的。	無
40	趙志超	欲充黨軍積極救國。	無
41	劉幹	為鍛煉一完全黨之軍人，然後可對內恢復國民之權利，對外維持國權。	無
42	任宏毅	打倒軍閥掃除帝國資本主義的國家。	無
43	田育民	欲擴張本黨主義完成革命目的。	無
44	朱鵬飛	宣傳主義必須達到實行為目的。	無
45	周鴻恩	求高深學理，願為國民黨服務。	無
46	徐文龍	崇信三民主義見識人才，學習技能為國為黨出力，內除國賊外張國權。	原缺
47	周世霖	因中以內亂不堪人民不自由不平等不安寧，在內受軍閥政治的摧殘，在外受帝國主義資本主義壓迫，故入此校，造成一個革命高等人才軍官，打倒軍閥推翻帝國主義，打破資本家，造成獨立民族國家，民主主義完全的國家，實行三民主義此我最大之目的。	無
48	容有略	意圖講求主義，俾得徹底明瞭將為主義旗下之奮鬥，研求軍事學識，鍛煉身骨，他日改成有主義有紀律有訓練之軍隊，為國民革命主義奮鬥之後盾。	無
49	何貴林	欲求軍事知識，而與國民盡一分子之職。	無
50	張耀樞	想推翻政府施及三民主義，振興中國以免為奴隸種，並且挽回利權，人各得亨〔享〕平等自由幸福，故捐盡生的一分子報國。	孔教會
51	張汝翰	想打倒不良軍閥實行三民主義。	儒教
52	李殿春	要養成良好軍人，將來改造軍隊以掃除國賊，並平敵國亂患。	無
53	王君培	欲以武力扶助國民革命之成功到達三民主義之真境地。	無
54	張雪中	當今國家禍亂民族未興民權未行民主凋殘政府飄搖之際，欲求改造國家必先傾向三民主義，由根本解決鍛煉正規軍人，將來為國造福為民除害，此吾所以來本校之宗旨。	無
55	彭善	休文講武藉效班超故事，為國造福聊表份子忠忱。	無
56	蕭灑	掃除國障礙，貫徹本黨主義，練成仁義之軍，大興吊伐之師，忠黨愛國此吾要入本校之旨。	無
57	戴翔天	為徹底瞭解三民主義，求供為主義奮鬥犧牲之方便法門。	主張無宗教主義
58	段重智	我看今日世界非武力解決不可，故投入此校為本黨作革命之軍人，欲將來改造中國也。	無
59	周公輔	一則想受高上之教育，二則聯絡血性同志，將來在我陝西革命軍閥驅除民賊以快人心	原缺
60	張慎階	一、欲集團結以達共產主義；二、志在增長知識除國患以展三民五權。	信傾孔子儒教
61	李自迷	學成技能盡國家一分子之責。	無
62	蔡炳炎	為團結同志猛烈的實行三民主義，消滅國內之軍閥打倒世界之帝國主義及資本主義。	無
63	邱士發	學習軍事學識為救國之根。	無
64	李文淵	犧牲建之言必至自由平等之日乃止。	無

65	蔡昆明	因為本校之三民主義可以挽救中國危亡，故進來訓練以備加入聯合的革命戰線扶弱除暴。	原缺
66	袁嘉猷	因存偉大之志，剷除專制成立共和，以盡國民責任。	無
67	劉明夏	鍛煉強健之身體及應用軍事學，以備剷除三民主義障礙。	無
68	陳金俊	欲為真正軍人以備將來殺賊。	無
69	盧盛枌	本真正之熱誠以入本校，其對於個人自身之目的，冀修養軍事學識，鍛煉軍人精神，其對於國家及本黨之目的則須勇改革之任務，實行主義希修養鍛煉之結果，以達革命之成效。	無
70	嚴崇師	鍛煉身體複為本黨效力。	無
71	楊伯瑤	因欲為國殺賊改造社會。	無
72	賈春林	求軍事知識將來靖內亂禦外侮。	無
73	陸傑	本志願之所以在練成真正尚武軍人，為國效勞為黨協力，解除一切陳習，以改造新社會，而外顧國難內除國賊，以達吾人之本旨。	無
74	楊顯	謂國民爭人格	無
75	雷德	求良好之教育造就真正軍人，為黨員貫徹本黨主義之一種手段。	儒教
76	李秉聰	因文學及能力造就不良，被環境所迫及社會不良感觸。	信仰天文
77	雷克明	因求軍士〔事〕知識及學術，並欲實行本黨之三民主義與五權憲法。	無
78	于洛東	欲幫諸同志打倒軍閥平滅敵國。	無
79	柏天民	造成除國〔賊〕伸國權，統一一主義下完成革命事業基礎。	本國孔教
80	張志衡	因欲求軍事智〔知〕識，成為剛健革命軍人特予畢業。	無
81	李榮昌	欲求軍事為本黨效力。	無宗教信仰有道教信仰
82	趙雲鵬	造就軍事學之知識，為將來內除國賊外伸主權。	奉基督教
83	徐經濟	就是要學有主義軍官，回陝在北方發展三民主義實行五權憲法。	無
84	馬維周	就是學一點軍官知識，回在西北發生展開三民主義，實行五權憲法。	無
85	黎青雲	入校以實行三民主義為宗旨。	信仰基督教
86	劉鴻勳	鍛煉身體為將來服務社會剷除軍閥實行三民主義。	無
87	黃梅興	務期造就深學識為國效勞。	原缺
88	馮達飛	實行三民主義合群力以建國。	無
89	王鳳儀	驅除逆賊改造中華欲達三民主義為目的。	無
90	劉雲	因志願在救國，所以複入本校，願受三民主義與軍事之訓練及革命精神之團結。	無
91	孔昭林	入本校目的以下：一在校貫徹三民主義及五權憲法，更深求軍事學；二由國家半殖民地的位置，受列強及經濟的壓迫，有此於此無以來本校；貫徹以上各事務求振興中國，除去帝國主義及各大軍閥以及其他不平等事。	耶蘇教
92	何志超	余觀中國的狀況，做〔就〕像跌蹈〔倒〕的國家，由於國賊不死人民不安，要得制〔治〕國先殺糟昆，三民主義我的借鑒。	無
93	萬少鼎	現在軍閥專橫民生摧殘國賊未除，列強非用武力不能解決，故入此校，為求軍事學識，欲達以徹底成功革命目的，實行三民主義使全國人民享自由平等之權利。	無

94	榮耀先	因軍閥當道民生不安外交失敗，造成共和國家已十三年，而弱小民族有名無實，余奮於是在本堂開辦本校實合余意，若無軍事學識及軍人精神，絕無對付軍閥能力，故入本校練習革命方法。	無
95	周澤甫	見得本校系本黨所辦的，欲為本黨效力為國殺賊，所以要入本校研求學術，以為基礎也。	無
96	王文彥	因見我國民革命以後，於今十有三載，仍内政不振外交失敗，仍與清時無異，蓋革命以後主義正大者不得當，自使軍閥專橫犬狼當道，然環顧國中各黨各系之主義，俱不如本黨，是以要入本校，以求逞我目的，吾人誓不與國賊軍閥共日月也。	無
97	張開銓	因為我素來天性最喜革命，而三民主義與我意正合，而現在世界亂七八糟，非改革不可，而改革則必要軍事學，所以入本校如願為黨和民眾奮鬥。	無
98	曹利生	欲造三民主義	
99	陳圖南	我國民族之衰敗民權之剝削民生之凋殘國家之禍亂，皆由於軍閥橫行，故欲入本校，以求良好之軍事知識，以推翻橫行之軍閥，實行惟一之三民主義。	無
100	王叔銘	求確實軍識，養攻擊精神，作革命基礎，結同心同德拯國救民，達三民主義之目的，斯吾入校之大旨。	無
101	卜世傑	練成強健之身體，達吾革命之目的。	無
102	石美麟	神州陸沾中原鼎沸強鄰環視外患頻來，是以之顧慮，年之功會彼就此以期他日有成，内極同曉於水火外，挽狂瀾於已頹秋毫之意是即吾劇然入本校之宗旨也。	無
103	孫懷遠	因不明了我黨主義，欲求瞭解之。	無
104	饒崇詩	為將來實行三民主義。	無
105	俞墉	嗚呼文章之不足動人也久矣！俞墉痛人心已盡死傷，革命之末成盪氣迴腸，幾窮智勇皇數不薄木鐸而薄血鍾今日薄，求學而入校異日出來學而救國，帥以年潸孤軍奮鬥，俞墉何人敷不砥磯。	絕然反對宗教
106	陳綱	鍛煉強健體魄涵養革命精神，以將來為本黨發展三民主義，繼續先烈未了之工作，此則餘之入本校之決也	無
107	王萬齡	生雖經商六七年，惟自恨外侮國賊之侵橫同胞之塗炭，稚屬欲泄不平而不可得已，早知本特入黨入校，以鍛煉體魄殺賊泄恥，革命軍之先導為本黨奉行三民主義。	無
108	鄭南生	願受黨教育實行本黨之工作。	無
109	馮樹淼	來校求學術科以備將來傳揚孫先生三民主義五權憲法為宗旨。	無
110	馮春申	學習軍事技能實行三民主義	佛教
111	何紹周	國勢紛亂内政日艱外交失敗軍備廢馳，鍛煉強健之軍隊禦外拒侮，觀本校之主義正是為民，所辦又是革命軍之基礎，故入本校。	孔教
112	高致遠	求學術以備將來打破軍閥，傳播孫先生之三民主義五權憲法。	無
113	仝仁	想學會軍事知識。	無
114	莊又新	打倒禍國軍閥實行三民主義，故所以入校求軍事學識完成革命。	無
115	胡宗南	求軍事智〔知〕識。	無
116	陶進行	不識武備因入此校	無

117	王文偉	養成軍人資格為黨服務。	無
118	高起鵰	羨慕黨旨福國利民，且學識淺陋以求深造。	無
119	薛蔚英	欲徹底領悟本黨主義，完成真正革命軍人，將來為本黨掃除國賊抵禦列強，循本黨主義從〔重〕新改造本國。	佛教
120	曾繁通	玉不琢不成器，人不學不知義，所以此為求三民主義之學識，養成革命軍人之基本，將來為國平障礙為黨而犧牲。	無
121	冷欣	因事蒼茫至於此極，我養成有主義之軍人，以解決不可，此余之所以犧牲而入此校也。	基督教
123	余安全	因見於我國今日之軍隊，有國家思想者寥若晨星，本黨挾三民主義抱救國為民之宗旨，不惜巨大犧牲，始創辦此校，故願入本校，以冀求軍事知識，以冀將來為本黨本國稍盡綿力。	無
124	馬志超	與志相符。	原缺
125	張偉民	因主義相投並求學術。	無
126	侯鼐鈞	欲學成一真正之軍人，以斯將來這國效力。	信仰耶穌
127	許錫球	欲成一完全軍人，他日為國器使。	無
128	張鼎銘	因堅志革命中國，所以才入本校。	無
129	顧濟潮	目睹軍閥專橫政治廢弛，欲實行三民主義必須剷除軍閥改良政治，系可入校之志願在此。	無
130	譚煜麟	現今軍閥專橫列強壓迫，欲革命達完全成功，達三民主義五權憲法之目的，非武力不可，故入此校求軍士學識，以武力達革命完全成功之目的。	無
131	李武軍	欲學就軍事學識，效力於黨軍。	無
132	董世觀	信仰國民黨之三民主義，願參加革命運動。	無
133	王惠民	因社會不平等，故入本校求社會知識及軍事知識。	無
134	劉國勳	羨慕本黨之宗旨，欲求高深之學術，造革命之資格，養成有主義之軍人，他日服務以期為打倒軍閥官僚政客奸商之武器，實行三民主義。	無

原載缺填〔何以要入本校〕學員：郝瑞徵、趙廷棟等兩人。

　　根據《詳細調查表》報載，第一至四隊學員除兩人缺填寫外，所有第一期生都在「何以要入本校」欄，以當年「一己之見」親筆書寫了錚錚鐵骨可昭日月的「豪言壯語」。儘管每個人的理解程度或覺悟高低的差異，但是以今天的標準加以評價和判斷，絕大多數第一期生語句修辭以及思想闡述都是合格的，至少應當認同他們不愧是那個時代「有理想有覺悟」的「革命軍人」。例如：鄭述禮飽含憂國憂民的情感寫道：「觀今日之中國幾乎朝不保夕，外受列強之侵略壓迫，內受軍閥之擾亂治安，辱國喪權於斯為甚，然欲施救之方，非入本校學習，抱本校的精神上本黨的主義上來改革之不可，此則我入本校之宗旨也。」又如後來成為中

共軍隊高級將領的周士第當年所寫：「前本黨之能，將陋腐政府推倒者，以具黨員能犧牲者，十三年來之失敗者，以其黨員之不能犧牲者，本黨有鑒於此所以有本校之設，其目的實欲養成一股能犧牲能奮鬥之黨員，以擔負三民主義之責任也，我喜抱犧牲一己幸福，以圖謀群眾幸福之志願，故必入本校，與諸同志會成最大犧牲力量，以作一致之奮鬥，而求本黨主義之實現也。」再如劉蕉元表達要練就革命軍人決心而寫：「國家衰敗將陷滅亡在千鈞一髮之際，非有一種強有力之軍人，有紀律有團結有主義之軍隊，不足以救危亡，感念及此，知本校為主義而設，為救民而設，為改革軍隊而設，故來學也。」更如蔡鳳翥不圖升官只求革命所寫：「我入本校非為升官發財起見，誠目擊國逆未除國本搖盪，欲奮志前途親身為國，然年幼識淺，深知本校長各官長得當，故要入本校來加見識，後日得濟則國之靈，不得濟則我之劣，但不論如何誠後所發成敗不顧，對國〔家〕既不恥自對亦不忝厥，生非入本校安能至者此思想乎。」

　　此外，我們從上表還可看到，第一期生填報的宗教信仰情況，其中：有25人填寫信仰孔教，有10人填寫信仰佛教，有17人填寫信仰基督教。在宗教信仰方面，第一期生表現出來的是：信奉中國孔教和佛教者居多。

　　無論他們後來的成長道路或是政治結局如何，他們當年所想所思凝聚筆端，傾訴了作為進步青年和正直軍人「矢志革命」、「勇往直前」的赤子衷腸，無愧是那個時代青年軍人的真實寫照。

第三節　社會技能與特長：形成第一期生的生存本領

　　現代社會要求每個人具備相當的技能或特長，體現了應對社會事務的必要生存本領。《詳細調查表》設置填寫的這一欄目，今天看來也是富有新意和觀念超前。說明從那個時代開始，社會從業就十分注重個體生存本領，諸如某種技能、特長，還包括品行、性格等方面個人特徵。下表反映的情況十分寬泛，涵蓋了生存、生活、愛好、性情的方方面面。

從他們所填寫的內容，可以揣測某些共性與特質的規律性或單一性，總之，生活在上世紀二十年代的第一期生，也是「志趣廣泛」、「富有朝氣」和「多才多藝」的複合型人才。

附表27　自填「專門技能或特長」和「有無煙酒嗜好」狀況一覽表

序號	姓名	專門技能或特長	煙酒嗜好	序號	姓名	專門技能或特長	煙酒嗜好
1	唐嗣桐	飪	紙煙略吸	2	董釗	無	吸紙煙
3	黃承謨	能白話文演說	無	4	王治岐	略具普通知識無專門技能及特長	無
5	張鎮國	略通中西文	無	6	徐石麟	頗喜研究文學	無
7	竺東初	對於運動科頗長	無	8	印貞中	無	酒稍吸〔飲〕
9	李紹白	對於武事及柔術稍有研究	無	10	賀衷寒	能作雙鉤書〔法〕	無
11	魏炳文	汽車略知	無	12	林大塤	數學	無
13	梁漢明	技擊泅泳	無	14	陳選普	無	嗜煙草
15	陸汝疇	游泳	紙煙	16	游步仁	畜牧育種稍有研究，寫真〔攝影或繪畫〕	無
17	郝瑞徵	平常	無	18	唐同德	刺槍術	無
19	白龍亭	刺槍術	無	20	徐會之	技能不過稍知機械，在社會上奮鬥實我之特長	有飲酒之特好故別號酒狂
21	王逸常	蠶桑	無	22	張坤生	略知軍士〔事〕學	無
23	何復初	略知文學，並無特長	無	24	鄧春華	游泳，音樂	無
25	穆鼎丞	織染兩科皆實習數年，並好讀中國史。	好飲酒而好吸煙之事無	26	田毅安	小學教育粗有研究	無
27	劉長民	中〔草藥〕材	無	28	睦宗熙	商業簿記銀行簿記及打字，並學過世界語。	無
29	曾擴情	無專門技能，特長於社會學。	無	30	廖偉	無	嗜好紙煙
31	顧浚	學識幼〔稚〕一無所長	無	32	唐星	觀人之眼光能分別人之善否	無
33	周惠元	善於教育兒童	無	34	蔣森	能染織	無
35	趙榮忠	刺槍	無	36	陳公憲	深通國文	無
37	李繩武	中〔草藥〕材	無	38	劉釗	商業常識及中國文學	無
39	陳平裘	技能無，長公牘。	無	40	余程萬	測繪教育心理學	無
41	蔣孝先	教育	無	42	羅奇	游泳	無
43	譚作校	中〔草藥〕材	無	44	陸汝群	游水器械數學運動	無
45	丘飛龍	無什麼專門技能，惟是特長算術。	無	46	宣俠父	略能作舊詩詞	吸煙

47	董煜	曾習經濟政治學，經濟學頗有研究。	無	48	丁炳權	文學	無
49	唐際盛	對於群眾運動尚有興趣	全無	50	程式	文學	無
51	俞濟時	能耐勞	無	52	鄭述禮	專門工業稍特長染織學	無一點嗜好
53	賈韞山	性近書錄	無	54	李榮	印刷中活版，以忍耐為最富。	沒有
55	王步忠	愧無	無	56	李延年	商業簿記	無
57	胡遜	新劇的知識和簿記的技能	原缺	58	董仲明	工業專門機械並能自己製造	無
59	郭樹棫	刺槍	無	60	李源基	普通科學	無
61	許永相	無	吸煙已戒	62	桂永清	國語	絕無
63	韓雲超	能演白語新劇	無	64	李漢藩	頗能做工人運動	無
65	袁滌清	稍有工程學識	無	66	柴輔文	長於數理	無
67	史仲魚	從戎六、七年軍事稍有涉獵	嗜酒	68	李均煒	炭相畫及修留聲機、槍械、鐘錶等	無
69	劉赤忱	稍知炭精畫	無	70	陳文清	稍長手工	無
71	蔡鳳翕	不敢道	無	72	陳天民	文字宣傳及講演	無
73	蔡任民	物理、地理	無	74	李玉堂	少習過機械，長於劍術及射擊。	無
75	羅倬漢	具有堅忍	無	76	馬勵武	無	略嗜酒
77	梁廣烈	耕田之事亦頗曉得	無	78	宋思一	對於中、初等數學略有心得	全無
79	嚴武	對於炸彈經驗數次	無	80	李之龍	海軍技能數理特長	無
81	李奇忠	數學	無	82	蕭乾	織科	無
83	黎曙東	無	紙煙	84	陳以仁	略知法學，以銀行學為特長。	無
85	周誠	能騎馬	無	86	潘德立	曾畢業于湖南農校獸醫畜產專科	嗜酒
87	楊啓春	無	嗜酒	88	夏楚鍾	專門技能機械知識特長算術	無
89	鄭坡	圖畫，音樂	無	90	覃學德	數學，演講，游泳術	無
91	楊晉先	能木工	無	92	王慧生	對於滑稽諷刺等筆墨稍有研究	無
93	柳野青	文學研究	無	94	樓景越	電學	無
95	蔡光舉	曾專研中英文	喜飲酒不吸煙	96	王汝任	音樂	略嗜酒
97	韓浚	在社會上奮鬥是特長	喜吸煙卷	98	陳泰運	數學尚有研究	無
99	林朱樑	譜測量術	無	100	馮士英	英文算學	無
101	朱祥雲	拉丁文，哲學，道學。	無	102	徐宗垚	語體文及新詩	無
103	羅照	自愧無能	無	104	楊麟	略能英文	無

105	賈伯濤	編輯，記錄，珠算，簿記	無	106	潘佑強	原缺	煙
107	梁冠那	無線電報學	無	108	王作豪	普通	無
109	李捷發	術科刺槍	無	110	袁守謙	無	從前略有酒嗜好現已戒
111	蔣國濤	英文打字	無	112	吳迺憲	稍識公路工程學	無
113	侯鏡如	英語較長	無	114	胡棟臣	拳術，游泳術。	無
115	王副乾	武術	絕無	116	范馨德	普通	無
117	黎庶望	無	毫無嗜好	118	蔣魁	中〔草藥〕材	無
119	鍾偉	無所短長	無	120	鄧瑞安	勤儉忠勇，員警學，軍事，國音國語略有研究，粵語稍習。	全無
121	鄭承德	無	好酒	122	李靖難	不怕死	無
123	趙敬統	專門繪畫、音樂	無	124	張雄潮	詩詞小說	好吸煙
125	范漢傑	三角測量	無	126	李銑	誠毅	無
127	宋文彬	印刷與裝訂制畫	無	128	凌光亞	有能忠黨能耐勞苦之特長	無
129	耿澤生	普通知識略有專門技能，毫無忍苦耐勞是餘特長。	無	130	吳展	並無技能與特長	從無煙酒嗜好
131	洪君器	能織洋襪	無	132	王世和	軍事學，能耐勞。	無
133	蔣超雄	軍事學，能耐勞。	無	134	宣鐵吾	略具普通知識，並無特長技能。	無
135	周啟邦	經商	無	136	趙定昌	專門技能美術，特長繪山水及花卉。	毫無煙酒嗜好
137	陳廷璧	精攝影	無	138	李文亞	電學，制紙學。	嗜酒不好煙
139	李岑	技能：演講；特長：持躬正字。	全無	140	傅權	田徑賽運動及各種器械	無
141	趙志超	編輯新聞	無	142	田育民	音樂	無
143	朱鵬飛	忠信	無	144	周鴻恩	對於書法稍有心得	無
145	徐天龍	拳術，軍事法規。	沒有	146	周世霖	特長體育手工	完成無有
147	容有略	炭筆寫真術	無	148	張耀樞	專習英文緬文一年，曾入足球隊。	無
149	王君培	演劇	喜飲酒但不能多飲，不食煙但無厭聞煙味。	150	張雪中	商業簿記學	無
151	彭善	與所受之教育〔法政〕同	無	152	蕭灑	有普通知識，無專技能	無

153	張慎階	稍通國語	無	154	袁嘉猷	長於英文語言	無
155	陳金俊	無	幼時有煙之嗜好	156	賈春林	無	有吸紙煙嗜好，於今表在滬警戒。
157	雷克明	音樂，普通學及器械等。	無	158	柏天民	特長毛筆山水畫	無
159	張志衡	國文	無	160	徐經濟	識音樂	新煙略吸
161	黎青雲	無特長技能，中而已。	無	162	劉鴻勳	能製造化裝用品及皂燭	無
163	黃梅興	無	並無沾染	164	馮達飛	三角測量	無
165	王鳳儀	郵政事務	無	166	劉雲	航空術	無
167	孔昭林	刺槍術	無	168	萬少鼎	飛機	無
169	榮耀先	毫無所長，只能聯絡內蒙古青年及退武 [伍] 供職軍官軍士。	無	170	曹利生	稍能踢 [足] 球	無
171	石美麟	日文	無	172	孫懷遠	普通知識及技能	無
173	饒崇詩	測量路線	無	174	胡宗南	[歷] 史地 [理] 教員，新聞記者。	無
175	薛蔚英	新刺槍術	無	176	冷欣	詩歌，中英文。	無
177	侯鼐鈞	銀行學	無	178	張鼎銘	心裏特長誠實，外表特長不恥惡衣惡食。	性無好酒而吸廉煙
179	顧濟潮	專門技能尚無查言，但國畫手工音樂地理諸科是本人特長。	無	180	李武軍	游泳，　球 [乒乓球]	前曾嗜吸普通煙草

當年在《詳細調查表》缺填「專門技能或特長」、「煙酒嗜好」欄目內容的學員有：何盼、楊其綱、林芝雲、王國相、黃彰英、謝維幹、劉鑄軍、李安定、趙勃然、李伯顏、劉仲言、傅維鈺、王公亮、胡信、馮毅、周秉璀、胡仕勳、陳謙貞、王泰吉、鄔與點、姚光鼎、李園、劉疇西、劉慕德、李武、容海襟、徐象謙、周天健、蔡粵、蔣先雲、甘達朝、石祖德、項傳遠、陳文寶、李子玉、范振亞、伍翔、張其雄、林斧荊、朱一鳴、鄭漢生、龍慕韓、帥倫、古謙、伍文生、鄧文儀、譚鹿鳴、羅煥榮、王爾琢、江霽、廖子明、潘學吟、康季元、蔡敦仁、尚士英、劉蕉元、周品三、陳琪、周振強、楊挺斌、楊步飛、沈利廷、吳興泗、郭劍鳴、劉希程、郭遠勤、宋希濂、戴文、陳卓才、謝翰周、張君嵩、郭冠英、宋雄

夫、毛煥斌、馮劍飛、顏逍鵬、丘宗武、陳國治、李樹森、申茂生、王家修、江鎮寰、林英、趙履強、杜成志、王雄、呂昭仁、孫樹成、黎崇漢、劉先臨、何昆雄、凌拔雄、李模、鄭子明、朱耀武、陳子厚、蕭冀勉、馮聖法、羅毅一、伍文濤、鄭炳庚、李國幹、陳拔詩、賀聲洋、孫常鈞、鍾洪、鄭洞國、陳文山、曹日暉、王克勤、朱炳熙、李蔚仁、張際春、謝清瀚、林冠亞、李青、唐震、洪劍雄、王懋績、李良榮、余海濱、焦達梯、郭濟川、葛國樑、周士第、陳堅、侯又生、酆悌、許繼慎、唐澍、鍾煥全、彭干臣、陳志達、萬全策、張人玉、陳鐵、陳沛、周鳳岐、李及蘭、陳劼、甘杜、吳斌、趙枏、趙子俊、湯家驥、白海風、郭德昭、張隱韜、梁錫祜、甘麗初、杜聿昌、孫元良、曹淵、江世麟、廖運澤、鮑宗漢、閻奎耀、楊耀、鄭凱楠、邢鈞、張運榮、成嘯松、劉雲龍、李強之、張禪林、何基、黃德聚、黃杰、李夢筆、杜驥才、雷雲孚、張少勤、梁幹喬、謝聯、王之宇、潘國聰、韓忠、容保輝、趙清廉、李博、馬師恭、樊秉禮、譚肇明、邢國福、鄧經儒、薛文藻、葉幹武、孫天放、劉漢珍、關麟徵、張耀明、甘競生、葉彧龍、李正華、張彌川、梁華盛、陳賡、朱然、黃奮銳、劉保定、王認曲、伍瑾璋、王馭歐、譚其鏡、鍾煥群、梁廷驥、蕭振武、張瑞勳、羅寶鈞、李焜、霍揆彰、伍誠仁、何學成、譚寶燦、李其實、李鈞、孫一中、譚計全、謝永平、杜從戎、何文鼎、趙自選、張紀雲、吳秉禮、胡素、陳述、郭禮伯、杜聿明、杜聿鑫、丁琥、陳德仁、曾昭鏡、潘樹芳、刁步雲、李正韜、唐雲山、鄭燕飛、王仲廉、牟廷芳、方日英、張淼五、冷相佑、任宏毅、何貴林、李殿春、戴翶天、段重智、李自迷、蔡炳炎、邱士發、李文淵、劉明夏、盧盛枌、嚴崇師、陸傑、楊顯、李秉聰、于洛東、李榮昌、趙雲鵬、馬維周、王文彥、張開銓、陳圖南、王叔銘、卜世傑、俞墉、陳綱、王萬齡、鄭南生、馮樹森、馮春申、何紹周、高致遠、仝仁、莊又新、陶進行、王文偉、高起鷗、余安全、張偉民、許錫綅、譚煜麟、董世觀、王惠民等 286 人。

第五章

封建與傳統：
第一期生成長過程階層烙印

　　第一期生生長於充斥政治詮釋階級社會當中，其成長歷程必然打上階層烙印。社會分層，是社會學沿用的概念，是社會學家發現人類社會中人與人之間也存在著類似地層那樣高低有序的等級層次，因而借用地質學的概念來分析社會結構。社會分層到了政治學範疇，則成了社會階層，是為有階級的人類社會按照政治理念劃分各種階層的概念名詞。在所有社會中，人們一生下來就面臨著不平等，有些人缺少平等獲得社會有價物途徑，有些人一生中所得到的社會有價物比其他人要多，社會不平等是一種深藏在社會結構內部社會群體之間的關係，社會有價物通常是被處於較好社會地位的人獲取。那麼，是什麼決定了個人在社會分層中的位置和獲取有價物的方式？社會學家認為這些應該由馬克斯·韋伯確定的三個重要維度所決定，即：財富與收入（經濟地位）、權力（政治地位）和聲望（社會地位）。任何社會都存在著三種制度或三種秩序：經濟秩序、政治與法律秩序和社會秩序。每種秩序有其各自的內部等級，每一種秩序都有自己的權力分配方式，三種等級之間顯然有著密切關係，居於較高經濟地位的個人境況有利於他在較高聲望階層中取得地位，也有利於他獲取政治權力中的高官顯位，反之亦然。權力，是政治學領域內分層理論的依據，馬克斯·韋伯對權力所下定義：「權力意味著在一種

社會關係裏即使遇到反對也能貫徹自己意志的任何機會，不管這種機會是建立在什麼基礎之上」（馬克斯韋伯：《經濟與社會》上卷第 81 頁，商務印書館，1997 年）。

馬克思對社會階層現象在《共產黨宣言》中指出：「在過去的各個歷史時代，我們幾乎到處都可以看到社會完全劃分為各個不同的等級，看到由各種社會地位構成的多級的階梯」。①現代以來的中國封建社會，按照毛澤東關於社會階層闡述：「各種社會階層無不打上階級的烙印」。本章力求在這個問題上，分為三個小節進行考慮和分析。

第一節　封建與傳統沿襲，構成第一期生成長之路

黃埔軍校是階級社會中政黨產物，第一期生在入學前就打下了階級的烙印。封建與傳統的沿襲，使看似普通的學員就讀軍校，也與諸如辛亥革命先驅者、中國國民黨軍政官員產生了因果關聯。從下表的人際關係網路，我們可以較為清晰的看到一部分第一期生得以入學的緣由所在。

附表 28　與當年軍政官員、革命先驅之親屬關係情況一覽表

姓名	原籍	與介紹人親屬關係及當時任職	姓名	原籍	與介紹人親屬關係及當時任職
陳圖南 [式正]	浙江奉化剡團	蔣中正早年求學鳳麓學校周枕枕琪校長弟子陳泉卿（老同盟會員）之子	顧濟潮	江蘇漣水縣城張家巷	顧祝同（時任粵軍總司令部副官長、參議）胞弟
王文彥	貴州興義景家屯	何應欽夫人王文湘（貴州黔軍總司令，孫中山指任為中國國民黨軍事委員會常務委員王文華胞妹）堂弟	王世和 [忠淼]	浙江奉化葛竹	蔣中正生母王采玉（王賢東之妹）族侄②
李文亞	廣東番禺	李福林（時任粵軍第三軍軍長）侄	鄭坡	浙江奉化溪口	蔣中正（黃埔軍校入學試驗委員會委員長、校長）親戚
蔣孝先	浙江奉化	蔣中正（黃埔軍校入學試驗委員會委員長）侄	王慧生	貴州貴定	何應欽（黃埔軍校戰術總教官）妻王文湘外甥
蔣國濤	浙江奉化	蔣中正（黃埔軍校籌備委員會委員長）前夫人毛福美養女桂幼玲丈夫	洪君器	安徽巢縣洪家灣村	張治中（前駐粵桂軍總司令部參謀，建國桂軍第四師〔師長伍蕭岩〕參謀長兼桂軍軍官學校大隊長）夫人洪熙厚胞弟

何紹周	貴州興義泥風流罪過函村	何應欽（黃埔軍校戰術總教官）之兄長何應祿次子	張淼五	廣東梅縣饒塘石螺江村逸廬	張民達（廣東東路討賊軍第八旅旅長，建國粵軍第二師師長）族侄）族侄
萬少鼎	湖南湘陰安靜鄉合興村	萬黃裳（曾任孫中山廣州大元帥府秘書長、軍需總監）之子	劉幹	陝西綏德	劉鉞（時任廣州大本營參軍處副官）之子
王文偉	廣東東莞虎門	王應榆（定桂聯軍總司令部高級參謀）侄	周鴻恩	雲南嶍峨	周自得（國民黨一大雲南省代表，時任滇軍總司令部參謀長）之侄
李文淵	雲南鶴慶逢密村北坡頭	李宗黃（當時任駐粵滇軍第二軍總參謀長）侄，其兄長李宗唐長子	袁嘉猷	雲南順寧	父袁恩錫，當時服務於駐粵滇軍第三軍第七師師長李根沄所部，兄長袁嘉謀
盧盛枌	江西南康	盧師諦（孫中山任命的中央直轄第三軍軍長）族弟	王叔銘	山東諸城	王樂平（孫中山指派國民黨一大代表〔山東省〕，前北京政府國會參議院議員，山東濟南齊魯書社社長）族侄
馮春申	雲南鶴慶逢密村	李宗黃（國民黨第一屆候補中執委，時任廣州大本營軍事參議、滇軍第二軍總參謀長）三姐李三第長子	張偉民	廣東梅縣饒塘石螺江村	張民達（廣東東路討賊軍第八旅旅長，建國粵軍第二師師長）族侄
許錫綠	廣東番禺〔廣州高第街許氏家族宅〕	許崇智（時任中央直轄建國粵軍總司令，國民黨第一屆候補中央監察委員，前廣東東路討賊軍總司令）族侄	劉國勳	雲南普洱	劉國祥（國民黨一大雲南省代表，國民黨雲南省臨時黨部籌備委員，國民黨雲南省黨部執行委員）親屬
竺東初	浙江奉化	蔣中正（黃埔軍校校長，中國國民黨軍事委員會委員）親屬	邱安民	湖北黃陂	邱鴻鈞（廣州大元帥府大本營參軍）親戚
印貞中	浙江浦江	陳肇英（粵東路討賊軍第一路司令暨駐粵湘軍講武學校校長）遠房親戚	胡信	江西興國	胡謙（國民黨一大江西省代表，時任北伐討賊軍第三軍軍長）侄
周天健	浙江奉化	周日耀（廣東省長公署農技士）侄，蔣中正家鄉街坊近鄰	張鎮國	廣東新會	張祖傑（廣東政界供職）侄
劉希程	河南唐河	劉榮棠（國民黨河南省支部供職）侄，劉希程父為劉榮第	王體明	廣東東莞	王體端（前粵軍第一軍第一師第一旅旅長，建國粵軍第二軍司令部顧問）胞弟

俞濟時	浙江奉化	俞飛鵬（前建國粵軍總司令部審計處代處長，孫中山指定黃埔軍校籌備委員會委員）侄，蔣經國表哥	蕭冀勉	廣東興寧	蕭君勉（中央直轄建國粵軍總司令部軍械處處長）胞弟
王步忠	江西吉安	劉峙（黃埔軍校第一期戰術教官）同鄉親屬	桂永清	江西貴溪	桂玉麐（中央直轄建國粵軍總司令部供職）堂弟
李青	湖南桂陽	李國柱（討賊軍第八路司令，中央直轄第一軍第六旅旅長）族侄	江鎮寰〔震寰〕	直隸玉田	江浩（北京政府國會議員，國民黨一大直隸省代表③，國民黨直隸省黨部負責人）之子④
王連慶	江蘇漣水	顧祝同（時任粵軍總司令部副官長、參議，黃埔軍校第一期戰術教官）外甥	譚其鏡	廣東羅定	譚啟秀（前粵軍第二路軍第三統領，中央直轄廣東西路討賊軍第一路司令）族侄
劉明夏	湖北京山	劉英（湖北革命先驅，曾任孫中山大元帥府參議及湖北靖國軍第三梯團司令等職）之子	張少勤⑤	湖北沔陽東鄉接陽村	張難先（廣東西江善後督辦公署參議，西江講武堂教官）長子
黃奮銳	廣東惠陽	黃煉百（大本營中央直轄警備軍司令部參謀）之子	王作豪	廣東羅定	王作華（西江陸海軍講武堂學員）胞弟
李焜	湖南安化	李向渠（廣東東莞虎門要塞司令部參議）之子	張紀雲	浙江奉化剡界嶺人	張家瑞（黃埔軍校籌備委員會委員，入學試驗委員會委員，第一期少校中方秘書）之子
凌光亞	貴州貴定	凌霄（國民黨一大貴州省代表，時任大元帥府參軍，兼滇軍第五師司令部參謀長）之子	馬志超	甘肅平涼	馬騰殿（甘邊寧海鎮守使署參謀及寧海軍騎兵營營附）之子
穆鼎丞	陝西渭南	穆鴻泉（山陝軍步兵第一團團長）胞弟	陳克	廣東瓊山縣第十八區沙港村	陳策（廣東江防司令部參謀長、司令）堂弟
邱士發	廣東陽山	邱耀西（服務粵軍部隊）之子	孫懷遠	安徽合肥	孫萬乑（服務軍政界，於北伐第二軍軍長柏文蔚部供職）之子
譚煜麟	福建龍溪	譚泰謙（前供職於援閩粵軍張國森部）之子	董世觀	浙江象山	董夢蛟（前供職於浙江軍界）之子
毛宜	浙江奉化	毛思誠（黃埔軍校校長辦公廳秘書及籌備校史編纂委員會編纂員）之子	謝瀛濱	廣東從化木棉鄉〔村〕	謝瀛洲（廣東大學法學院教授，國民黨廣州特別市黨部委員兼青年部部長）堂侄
梁華盛	廣東茂名	梁海珊（辛亥革命元老，孫中山任命高雷南路軍務委員）之子	段重智	安徽英山	段祺瑞（前北京政府國務總理，臨時總執政）侄

張鳳威	江西南昌中洲璜溪市天和堂	張定瑤（建國桂軍第一師師長，兼駐粵桂軍軍官學校代理教育長）之胞弟	鄭炳庚	浙江青田	鄭炳垣（前浙江革命軍第一旅旅長，時任廣東東路討賊軍第二軍第四團團長）胞弟
樊崧華	浙江紹雲縣城內東門	樊崧甫（前浙江陸軍第一師工兵隊隊長工兵連連長，時北京陸軍大學第七期學員）胞弟	顧希平	江蘇漣水	顧祝同（時任粵軍總司令部副官長、參議，黃埔軍校第一期戰術教官）堂弟
葉彧龍	湖南醴陵	葉蒿鰲（湖南辛亥革命先驅者，湖南護法、護國運動先烈）之子	張樹華	福建永定	李福林（前廣東東路討賊軍第三軍軍長，建國粵軍第三軍軍長，廣東全省警備處處長，廣州市市政廳長）親屬
劉戡	湖南桃源朝陽鄉	劉運籌（湖南辛亥革命先驅者，與宋教仁同裏同窗）之子	黃杰	湖南長沙東鄉朗梨	其父黃德溥系湖南辛亥革命先驅者、老同盟會員

　　以上 66 名第一期生的入學緣由，與當年軍政界及社會名流發生了舉薦、提攜或關照等諸多聯繫。說明過去歷史的傳聞，不是「子虛烏有」，更不是「空穴來風」，而是確有其事或毋庸置疑的真實故事。誠然，第一期生當中有相當一部分人，是孫中山先生領導的各個歷史時期革命運動的先驅者、參加者或追隨者之「革命後代」，舉薦、推選或是介紹他們進入革命黨人自己的軍官學校學習、深造，成為未來革命事業承先啟後的「接班人」，更是「天經地義」的「頭等大事」。我們大可不必對他們當年的「舉薦」、「介紹」和關照親戚朋友等「不良行徑」批評或指責。因為，古今中外或是古往今來，這種事情難道還少見嗎？

　　從史家的角度看，《詳細調查表》的留存傳世，可謂是探究史實和研究黃埔的稀罕資料，有了它，筆者才有可能找到追尋史實的鑰匙，開啟思路和斗膽推斷。根據《詳細調查表》提供的線索，筆者將涉及的人物簡介情況逐一列出，與第一期生形成因果「對子」，這樣可以真實的再現兩者之間關係。

第二節　家族勢力與親屬背景：躋身軍政仕途的關係網絡

　　第一期生的入學，連帶出加入中國國民黨的另一條件，成為他們當年進入黃埔軍校學習的兩道「門檻」。當年的入黨介紹人，形同「政治啟蒙」或「革命領路人」，無論填寫的介紹人是誰，總之是他們認識的、具有明顯政治傾向、享有名聲或擔負一定官職的「知名人物」。以下所列出的 17 個「對子」關係，再現了他們當年因為進入黃埔軍校學習，而引發的入黨介紹人之間內在關聯。從另一側面，反映了那個時代首次出現的現代政黨與軍事教育的必然聯繫。

附表 29　加入中國國民黨與軍政官員親屬背景情況一覽表

姓名	原籍	與介紹人親屬關係及當時任職	姓名	原籍	與介紹人親屬關係及當時任職
周秉璋	廣東惠陽	鄧演達（時任黃埔軍校教練部副主任）外甥	張君嵩	廣東合浦	陳銘樞（時任廣東討賊軍第一師第四團團長）同鄉遠房親戚
梁幹喬	廣東梅縣	梁龍（前北京法政大學校長，國立廣東大學法學院院長）族侄	羅倬漢	廣東興寧	羅翼群（前東路討賊軍第二軍參謀長兼第九師師長，廣州大本營兵站總監、軍需總局局長）堂侄
張人玉	浙江金華	張光祖（國民黨廣州市長堤第五區、第六區分部常務委員）堂侄	陳志達	浙江奉化葛竹	蔣中正前妻毛福美之外甥
郭濟川	江西泰和	郭森甲（前北京政府參眾兩院國民後援會會長）族侄	張淼五	廣東梅縣饒塘	張民達（廣東東路討賊軍第八旅旅長，建國粵軍第二師師長）族侄
容保輝	廣東香山	楊殷（國民黨廣州市第四區分部執行委員會委員兼秘書，廣州工代會執行委員會顧問）是其母楊氏親戚	王慧生	貴州貴定	何應欽（前黔軍總司令 [盧燾] 部參謀長，廣州大元帥府大本營軍事參議，黃埔軍校第一期戰術總教官）夫人王文湘外甥
鍾煥群	江西萍鄉	鍾震岳（閩贛邊防督辦公署秘書長，駐粵贛軍司令部軍需正，廣州大元帥府參謀處秘書）侄	蔣國濤	浙江奉化	蔣中正親戚，妻子係毛福美養女桂幼玲

譚寶燦	廣東羅定	譚啓秀（前粤軍第二路軍第三統領，中央直轄廣東西路討賊軍第一路司令）堂侄	周鴻恩	雲南嶍峨	周自得（國民黨一大雲南省代表，駐粤建國滇軍總司令[楊希閔]部參謀長）侄
容有略	廣東香山	其母楊氏是楊匏安（國民黨廣州市第十區分部執行委員兼秘書，國民黨中央組織部〔部長譚平山〕秘書）親戚	張偉民	廣東梅縣	張民達（廣東東路討賊軍第八旅旅長）族侄
侯鼐釘	江蘇無錫	其母顧氏系顧旭泉（江蘇省無錫縣教育會會長）親屬			

第三節　封建羈絆與親緣纏繞：形成休戚與共社會關係

　　第一期生在入學和入黨的問題，引發出許多關聯人物和糾纏瓜葛，其實他們同學之間，也由於黃埔軍校的同窗學習，在《詳細調查表》反映出原來固有的親緣關係。這些關係的存在或發現，讀者不必大驚小怪，這些並不影響或有損他們當年為了同一個「革命目標」，進入黃埔軍校學習的「革命初衷」或是「先進形象」，因為任何一場規模宏大的革命運動或社會變革，必然帶動和召喚一大批革命群體及其追隨者乃至親朋好友，無論是當年孫中山先生領導的國民革命運動，或是中共領導的工農運動及其武裝鬥爭同樣概莫能外。倒是在相關資料的搜索過程發現的十五對同學親緣關係，僅僅是浮現於表面的現象而已，更多的和更深的因果關聯，還要通過未來的研究以及史料的進一步發掘，才能顯現更多的內在和外部情況。

附表 30　第一期學員之間親緣關係情況一覽表

姓名	籍貫	有親屬關係同學	其籍貫	姓名	籍貫	有親屬關係同學	其籍貫
鄭洞國	湖南石門	王爾琢之妻鄭氏係其妹⑥	湖南石門	容有略	廣東香山南屏鄉	容保輝堂兄弟，容氏兄弟母親均姓楊	廣東香山南屏鄉
陸汝群	廣西容縣石寨下煙鄉陸公館	系同隊陸汝疇之胞兄[父母姓名相同]	廣西容縣石寨下煙鄉陸公館	劉先臨	河南唐河源潭鎮與玉源號	系第一期第一隊學員劉希程堂兄〔希程父劉榮第，先臨父劉榮甲〕	河南唐河源潭鎮與玉源號

杜聿明	陝西米脂	同隊杜聿鑫（其父杜良輔）杜聿昌（其父杜良德）堂弟	陝西米脂	陳克	廣東瓊山縣第十八區沙港村	係同隊陳武（第一期第三隊學員）堂兄	廣東瓊山縣第十八區沙港村
黃振常	湖南醴陵	係黃再新（又名振新，第一期第六隊學員）堂弟	湖南醴陵	李人幹	湖南醴陵	係左權（第一期第六隊學員）姐夫	湖南醴陵
梁廣烈	廣東雲浮	係梁廷驤（第一期第三隊學員）堂侄	廣東雲浮	李延年	山東廣饒	係第一期第二隊學員李玉堂之堂弟	山東廣饒
王夢[敏修]	湖南長沙	係第一期第六隊學員王勁修胞弟	湖南長沙	劉銘	湖南桃源	係劉戡（第一期第六隊學員）堂兄	湖南桃源
張本清	湖南晃縣	係伍誠仁（第一期第三隊學員）胞妹伍子清元配夫妻	福建蒲城	潘德立	湖南湘鄉	係潘佑強（第一期第三隊學員）侄	湖南長沙
張際春	湖南醴陵	黃振常（第一期第六隊學員）妹夫⑦	湖南醴陵				

　　從以上三十名第一期生親緣關係以及後來的成長歷程觀察，他們之間沒有似乎那個「對子」，在史料記載有如「裙帶關係」或是「權錢交易」之類的傳聞，也許是筆者寡聞淺見。為給讀者有個說法，筆者嘗試運用已有資料，對於上述第一期生簡介情況作些追述說明。一是因為上述「對子」，多數是兩者早逝或是一方缺位，難以發生那種「官官相護」的情形。二是即使兩者位居高官，也未見存乎於親緣以外的「庇護」情況，例如堂兄弟李延年與李玉堂，在國民革命軍歷史上雙雙做到高級將領，李延年於 1949 年 9 月在福州綏靖公署副主任兼第六兵團司令官任上，率部撤離平潭島，被以擅自撤離防地判刑十年，察其緣由是「慨承一切失敗責任，代部屬受過」，獲釋後隱居；李玉堂於 1948 年 6 月在第二綏靖區司令官任上袞州戰敗，被蔣介石下令永不錄用，1949 年 1 月蔣介石下野後，被薛岳任為海南防守總司令部副總司令兼第三十二軍（重新組建）軍長，率部撤退臺灣後，1950 年 5 月因「掩護匪諜，知情不報」案被捕入獄，1951 年 1 月 26 日與其夫人同遭槍決；堂兄弟二李均在

臺灣終其一生，未見有史料記載或傳聞互相照應之說。三是詳細考究上述「對子」，沒有長期相處於同一隸屬部隊，例如王勁修、王夢兄弟，在《黃埔軍校將帥錄》分別記述兩人不同的任職經歷，因此也就難於產生上述情況了。

注釋：

① 《馬克思恩格斯選集》，人民出版社，1995 年，第一卷第 251 頁。
② 源自：《浙江文史資料選輯》第二十三輯《解開蔣母王采玉身世之謎》（何國濤著）浙江人民出版社，1982 年 12 月，第 72 頁。
③ 源自：《中國共產黨歷史大辭典》〔增訂本〕〔總論·人物〕第 206 頁，江浩。
④ 源自一是：中共黨史人物研究會編纂，《中共黨史人物傳》第二十卷，陝西人民出版社，1984 年 4 月，第 247 頁江浩；二是：中華人民共和國民政部編纂，《中華英烈大辭典》（上），黑龍江人民出版社，1993 年 10 月，第 693 頁江震寰。
⑤ 嚴昌洪 張銘玉 傅蟾珍編，《張難先文集》，華中師範大學出版社，2005 年 5 月
⑥ 鄭洞國著，《我的戎馬生涯——鄭洞國回憶錄》，團結出版社，1992 年 1 月。
⑦ 黃蘭英撰寫，《黃蘭英回憶資料》，黃蘭英系北京大學教授，黃埔軍校第一期學員黃振常長女。

第六章

從事中國國民黨黨務與政治工作情況

　　第一期生不獨在軍事領域和軍隊主官方面人所共知名聲顯赫,其實在中國國民黨內從事黨務和軍隊政治工作的那些第一期生,在中國國民黨內同樣「獨樹一幟」和頗具影響力。實際上,第一期生在抗日戰爭爆發前後的相當長時期,其勢力和影響涉及染指民國政治社會以及中國國民黨的方方面面。例如:「中國革命同志會」、「中華復興社」、「力行社」、「忠義救國會」、「中國文化學會」等等,都是在蔣介石授意並擔當社長、會長,多數由第一期生擔當實際職責。其中名聲遠揚的「中華復興社」核心「十三太保」中,第一期生有:賀衷寒、潘佑強、桂永清、鄧文儀、梁幹喬、蕭贊育、杜心如、胡宗南,佔有八席之多。假如酆悌不因「長沙大火」早逝而去的話,在該領域的能量和作用也許比上述這些人更大。

第一節　任職黃埔軍校國民黨特別（區）黨部情況簡述

　　1924 年 7 月 6 日,黃埔軍校開始組建中國國民黨特別區黨部,蔣介石在校本部主持舉行特別區黨部第一屆執行委員和監察委員選舉會,第一期生李之龍被當選為五名執行委員之一,監察委員則由蔣介石一人兼任。1925 年初春,黃埔軍校學員組成的校軍準備第一次東征出發之際,本校特別區黨部第一屆委員任期屆滿,黃埔軍校本部遂於 1925 年 1 月 14

日召開全體中國國民黨黨員大會，選舉出第二屆特別區黨部執行委員，第一期生無人當選執行委員，黃錦輝當選為三名候補執行委員之一，並任特別區黨部助理組織委員。1925 年 9 月 11 日，中國國民黨中央執行委員會通告黃埔軍校，將校本部特別區黨部改稱特別黨部。同年 9 月 13 日在黃埔軍校校本部，舉行第三屆特別黨部執行委員和監察委員選舉大會，黨員到會者 1372 人，蔣介石被推選任主席，第一期生無人當選兩委成員。1926 年 3 月 1 日，中國國民黨陸軍軍官學校（即黃埔軍校）正式易名為中央軍事政治學校，同年 4 月 23 日第一期生蔣先雲被國民政府軍事委員會政治訓練部任命為三名籌備委員之一，負責籌備改組中央軍事政治學校特別黨部事宜。1926 年 5 月 22 日全校代表到會者 212 人，選舉第四屆特別黨部執行委員和監察委員，第一期生有：蔣先雲、賈伯濤、杜心樹當選為執行委員，李園當選為候補執行委員。1927 年 3 月 3 日校本部舉行特別黨部改選事宜，第一期生譚其鏡當選為特別黨部監察委員。

1927 年 5 月國民政府軍事委員會決定在南京籌備恢復中央陸軍軍官學校，籌備委員會委員長為陳銘樞，籌備委員會幹事中有第一期生鄺　悌、曾擴情。1928 年 6 月 7 日，中國國民黨中央黨部決派第一期生宣鐵吾等七人為南京本部特別黨部籌備委員。

1929 年 1 月 15 日至 17 日南京本校特別黨部舉行第一次代表大會，選舉第一屆執行委員和監察委員，第一期生鄺悌、張雪中、朱鵬飛等九人當選為執行委員，萬全策等二人為候補監察委員。同年 2 月 8 日南京本校第一次執行委員會公推第一期生張雪中等三人為常務委員，朱鵬飛為組織科主任，鄺悌為訓練科主任。

1930 年 3 月南京本校第一屆特別黨部任期屆滿，1930 年 11 月 20 日在南京中央陸軍軍官學校大禮堂，舉行全校第二次黨員大會，由黨員直接投票選舉第二屆執行委員和監察委員候選人，呈報中國國民黨中央黨部，旋由中央執行委員會第一一八次常委會議圈定，第一期生鄺悌被任為本校特別黨部監察委員。

1931 年 11 月 20 日南京本校第二屆特別黨部任期屆滿，同年 12 月 17 日舉行本校第三次黨員大會，到會黨員 1340 名，選舉出執行委員及監察委員候選人若干人呈報中央黨部待批，1932 年 1 月由於發生淞滬抗日戰事爆發延遲審議。1932 年 4 月下旬中國國民黨中央黨部圈定，第一期生酆悌再次被任為第三屆特別黨部監察委員。

1933 年 7 月 20 日在中央陸軍軍官學校大禮堂召開第四次全校代表大會，選舉第四屆特別黨部執行委員和監察委員，經中國國民黨中央黨部圈定，當選的第一期生有：王公亮為特別黨部執行委員，桂永清、岳　岑為監察委員。

附表 31　1924.7 － 1929.4 任職廣州黃埔軍校、
南京中央陸軍軍官學校校本部國民黨特別（區）黨部一覽表

序	姓名	屆別及任職	序	姓名	屆別及任職
1	李之龍	第一屆特別區黨部執行委員〔1924.7.6〕	2	黃錦輝	第二屆特別區黨部候補執行委員
3	蔣先雲	第四屆特別區黨部執行委員	4	賈伯濤	第四屆特別區黨部執行委員
5	李園	第四屆特別區黨部候補執行委員	6	張彌川	第五屆特別區黨部候補幹事
7	譚其鏡	黃埔校本部特別黨部監察委員 [1927.3]	8	宣鐵吾	南京本校特別黨部籌備委員
9	宋思一	南京校本部特別黨部籌備委員 [1928.6]	10	酆悌	第六屆特別黨部籌備委員 [1928.6]，執行委員 [1929.1]，後第二至四屆監察委員
11	張雪中	南京校本部特別黨部執行委員、常務委員 [1929.1]	12	朱鵬飛	南京校本部特別黨部第一屆執行委員，兼任組織科委員
13	萬全策	校本部特別黨部候補監察委員 [1929.2]	14	王公亮	南京校本部第四屆特別黨部執行委員
15	桂永清	南京校本部第四屆特別黨部監察委員	16	岳岑	南京校本部第四屆特別黨部監察委員

附表32　1928年任職武漢分校、廣州黃埔軍校特別黨部一覽表

序	姓名	屆別及任職	序	姓名	屆別及任職
1	宋思一	武漢分校特別黨部籌備委員會委員	2	張雪中	武漢分校特別黨部籌備委員會委員
3	李及蘭	武漢分校特別黨部籌備委員會委員	4	黃珍吾	廣州黃埔軍校特別黨部籌備委員
5	鄧文儀	第六屆特別黨部執行委員〔1927.6.3〕	6	林英	第六屆特別黨部執行委員〔1927.6.3〕
7	邢國福	第六屆特別黨部執行委員〔1927.6.3〕	8	宣鐵吾	第六屆特別黨部候補執行委員〔1927.6.3〕

　　根據《中央陸軍軍官學校史稿》所載資料，中央陸軍軍官學校的中國國民黨特別區黨部情況，截至於1935年上半年，由於沒有後續資料查閱和補充，本內容的敘述只能暫付闕如。

　　與南京中央陸軍軍官學校同時期，另有中央陸軍軍官學校武漢分校、廣州黃埔國民革命軍軍官學校、中央陸軍軍官學校南寧分校續辦，上表反映的是前兩所分校第一期生任職國民黨特別黨部情況。

　　1927年6月3日，仍于廣州黃埔續辦的國民革命軍軍官學校于新俱樂部召開全校代表大會，選舉校本部中國國民黨特別黨部第六屆執行委員和監察委員，第一期生鄧文儀、林英、邢國福當選為執行委員，宣鐵吾當選為候補執行委員。開始「清黨」後該校國民黨黨務停頓廢馳。

　　1929年1月21日，廣州黃埔國民革命軍軍官學校奉南京中國國民黨中央黨部電令，指定第一期生黃珍吾等七人為該校本部特別黨部籌備委員。1929年10月9日舉行全校代表大會，選舉廣州黃埔本部第七屆特別黨部執行委員和監察委員，第一期生當選的有：黃珍吾為特別黨部執行委員，梁廣謙為特別黨部候補監察委員，同年10月26日黃珍吾再當選為特別黨部常務委員。1930年9月10日停辦。

　　1927年7月以後中央陸軍軍官學校武漢分校特別黨部情況缺載，該分校於1932年春停辦。

　　中央陸軍軍官學校南寧分校（又稱作中央陸軍軍官學校第一分校）因基本由新桂系軍事集團創辦和控制，再因1928年蔣（介石）桂（係集

團）戰爭剛結束，與中國國民黨中央黨部以及南京中央陸軍軍官學校沒有聯繫，故此期間沒有第一期生於國民黨特別黨部任職。

第二節　參加孫文主義學會情況簡述

　　廣州黃埔軍校時期中國國民黨組建的孫文主義學會，與中共組建的中國青年軍人聯合會同時存在，兩個組織組成後，成為中國國民黨黃埔學生和中共黃埔學生分庭抗禮的重要組織，它們的存在與撤銷，預示了國共兩黨的未來與鬥爭。通過所能看到的資料收集和整理，以下名單並不意味是完整的或準確的，遺漏和訂正在所難免，這些有待於更多新鮮資料的發掘和運用。

　　孫文主義學會是中國國民黨內一批右翼分子為對抗青年軍人聯合會，由黃埔軍校第一期生賀衷寒等發起組建的。1925 年 4 月 24 日成立，該會主要負責人有：戴季陶、王柏齡以及第一期生賀衷寒、胡宗南、潘佑強等。1925 年 9 月該會會刊《國民革命》週刊第一期出版。孫文主義學會在上海、廣州、北京等地還成立了分會。1925 年 12 月 6 日上海孫文主義學會成立，在宣言中公開攻擊中國共產黨，拒絕中國共產黨員加入該會。其會刊《革命導報》公開宣揚「合則兩損，分則兩便」的論調。1925 年 12 月 29 日廣州孫文主義學會成立，其主要負責人與核心成員均在黃埔軍校。1926 年 4 月 20 日孫文主義學會發表自動解散宣言，宣稱：「學會本以團結本黨革命信徒始者，難免不將因謠諑而使革命者離散，因特本會自行解散，以杜絕造謠者之對象」。

附表 33　參加孫文主義學會一覽表

姓名	任職	年月	姓名	任職	年月
黃珍吾	孫文主義學會成員	1925.4	酆悌	參與發起孫文主義學會	1925.4
王連慶	孫文主義學會成員	1925.4	王認曲	參與發起孫文主義學會	1925.4
胡素	孫文主義學會執行委員	1925.4	鄭坡	孫文主義學會成員	1925.5
賀衷寒	孫文主義學會會長、常務委員	1925.4	胡宗南	孫文主義學會候補執委、幹事	1925.4

曾擴情	孫文主義學會骨幹	1925.4	桂永清	孫文主義學會成員	1925.4
譚輔烈	孫文主義學會成員	1925.4	譚計全	孫文主義學會成員	1925.4
黃承謨	孫文主義學會成員	1925.4	江霽	孫文主義學會成員	1925.4
蔡敦仁	孫文主義學會成員	1925.4	李培發	孫文主義學會成員	1925.4
洪顯成	孫文主義學會成員	1925.4	胡遜	孫文主義學會成員	1925.4
梁廣烈	孫文主義學會成員	1925.4	孫元良	孫文主義學會骨幹	1925.4
王慧生	孫文主義學會成員	1925.4	劉保定	孫文主義學會成員	1925.4
蔣鐵鑄	孫文主義學會成員	1925.4	張紀雲	孫文主義學會成員	1925.4
耿澤生	孫文主義學會成員	1925.4	王君培	孫文主義學會成員	1925.4

第三節　任職國民革命軍各師黨務情況簡述

　　這份中國國民黨各陸軍步兵師和軍事機構、學校特別黨部組成人員的名單，刊載於 1929 年版《中國國民黨年鑑》，當年在社會公開出版物上，刊載軍隊設置的中國國民黨組織情況，屬於首次發現的資料。正由於史料的稀罕和珍貴，引用於本書作為其中一方面內容，力求對這一專題作出補充說明。

附表 34　1929 年任職中國國民黨陸軍各師特別黨部情況一覽表

姓名	部隊番號	黨內職務名稱	姓名	部隊番號	黨內職務名稱
官全斌	第一師	師特別黨部籌備委員、常務委員	胡宗南	第一師	師特別黨部籌備委員
唐雲山	第一師	師特別黨部執行委員	袁樸	第一師	師特別黨部執行委員
梁華盛	第一師	師特別黨部執行委員	羅奇	第一師	師特別黨部執行委員
李鐵軍	第一師	師特別黨部候補執行委員	丁德隆	第一師	師特別黨部候補執行委員
蕭贊育	第二師	師特別黨部籌備委員	劉漢珍	第二師	師特別黨部籌備委員
黃杰	第二師	師特別黨部籌備委員、監察委員	王敬久	第二師	師特別黨部籌備委員、常務委員
郭劍鳴	第二師	師特別黨部籌備委員、執行委員	馮劍飛	第二師	師特別黨部執行委員、常務委員
鄧春華	第二師	師特別黨部執行委員	樓景越	第二師	師特別黨部監察委員
鄭洞國	第二師	師特別黨部監察委員	侯克聖	第二師	師特別黨部監察委員
胡遜	第三師	師特別黨部籌備委員、執行委員	柏天民	第三師	師特別黨部籌備委員、執行委員
陳廷璧	第三師	師特別黨部籌備委員	蔣超雄	第三師	師特別黨部籌備委員、執行委員

蕭冀勉	第三師	師特別黨部籌備委員	楊良	第三師	師特別黨部籌備委員、常務委員
賀光謙	第三師	師特別黨部候補執行委員	王勁修	第三師	師特別黨部候補執行委員
李靖難	第三師	師特別黨部候補執行委員	李仙洲	第三師	師特別黨部監察委員
李玉堂	第三師	師特別黨部監察委員	趙定昌	第三師	師特別黨部候補監察委員
李及蘭	第三師	師特別黨部候補監察委員	陳德法	第三師	師特別黨部候補監察委員
高起鵬	第七師	師特別黨部候補執行委員	甘麗初	第九師	師特別黨部籌備委員、常務委員
杜成志	第九師	師特別黨部籌備委員	陳沛	第九師	師特別黨部籌備委員、執行委員
李延年	第九師	師特別黨部籌備委員、執行委員	陳琪	第九師	師特別黨部執行委員
蔡敦仁	第九師	師特別黨部執行委員	劉戡	第九師	師特別黨部執行委員
鄭作民	第九師	師特別黨部執行委員、常務委員	吳斌	第九師	師特別黨部候補執行委員
王禎祥	第九師	師特別黨部執行委員	李繩武	第九師	師特別黨部候補執行委員
陳志達	第九師	師特別黨部候補執行委員	鄧文儀	第十師	師特別黨部籌備委員、常務委員
鄭述禮	第九師	師特別黨部監察委員	陳明仁	第十師	師特別黨部執行委員
蔣伏生	第十師	師特別黨部執行委員	謝遠灝	第十一師	師特別黨部籌備委員、執行委員
桂永清	第十一師	師特別黨部籌備委員	關麟徵	第十一師	師特別黨部執行委員
蕭乾	第十一師	師特別黨部執行委員、常務委員	李默庵	第十一師	師特別黨部執行委員、常務委員
馮聖法	第十一師	師特別黨部執行委員	蔣國濤	第十一師	師特別黨部監察委員
劉子俊	第十一師	師特別黨部執行委員	陳式正	第十一師	師特別黨部候補監察委員
霍揆彰	第十一師	師特別黨部監察委員	張君嵩	廣東編遣區第一師	師特別黨部執行委員
王君培	第四十六師	師特別黨部籌備委員	伍誠仁	首都衛戍司令部	司令部特別黨部籌備委員
鄭燕飛	廣東編遣區第二師	師特別黨部候補執行委員	陳牧農	陸軍暫編第一師	師特別黨部執行委員
袁守謙	首都衛戍司令部	司令部特別黨部籌備委員	李園	陸軍大學	特別黨部籌備委員會委員
李安定	陸軍大學	特別黨部籌備委員會委員			

說明：上表資料源自《1929年國民黨年鑒》第四節各特別黨部之組織（各軍隊特別黨部籌備委員、執行委員及常務委員、監察委員及候補監察委員一覽表）

　　上述表格反映的第一期生履歷中國國民黨軍隊特別黨部任職，雖然目前能夠看到的關於軍隊黨務設置情況的資料屈指可數，但從此表反映

之情況亦可見一斑。是 1928 年 9 月國民革命軍編遣後，全國陸軍師全面
縮編，至 1929 年月期間，編遣後全國陸軍編制有六十一個師，從第一期
生任職陸軍各師特別黨部來看，由黃埔「嫡系」中央控制的部隊，此時
仍然佔據少數位置。說明 1929 年以前，以第一期生引領的「黃埔嫡系」
中央勢力，在全國陸軍步兵師序列之控制還很有限。

第四節　出任校本部及各分校教官情況簡述

　　1924 年 11 月第一期生畢業始，黃埔軍校開始有了自己培養的隊官。
第一期生倚仗著開天闢地首期老大哥，對於黃埔軍校後來者，開始有了
「擺譜」的資格。這是因為：當時在廣州的中國國民黨執政當局「內外
交困」情勢下，以孫中山為首的「革命先驅者」們，迫切希望中國國民
黨掌握和擁有自己「嫡生」的軍隊，處於改造或被迫改造的各省駐粵軍
閥派系部隊，內部情況錯綜複雜，對於新生的廣東革命政權，採取觀望
和等待的態勢，甚至妄圖扼殺新生政權于繈褓之中，駐粵滇軍楊希閔部
和桂軍劉震寰部在廣州的叛亂，就是當時廣州國民黨當局所面臨的險惡
局勢之一。對於二十世紀二十年代初中期的中國國民黨執政當局，同樣
面臨著「革命不是請客吃飯，不是溫良恭儉讓」，政黨掌控局面是需要
「槍桿子」打出來的，更何況離廣州周圍還有許多與廣東革命政權「貌
合神離」的軍閥武裝，廣東東江還有背離孫中山而去的陳炯明系粵軍部
隊。在此情勢之下，廣東的新老中國國民黨當權人士，對黃埔軍校第一
期生的寄望與期待頗高，只要翻開孫中山、蔣介石 1924 年至 1925 年初
對軍校學員的多次演講，就「可見一斑」和「昭然若揭」了。由此，剛
畢業第一期生，不僅擔負著領兵作戰重任，還要留校擔當隊官、黨代
表、政治工作者和訓育員等等。下面分三個附表，羅列了第一期生在軍
校任職任教之基本情況：

附表35　在黃埔軍校校本部任職任教情況一覽表

序	姓名	任職任教期別	年月	序	姓名	任職任教期別	年月
1	丁琥	第三期步兵第三隊代隊長	1925.9	2	馬輝漢	八期第二總隊步二大隊附	1930.10
3	方日英	第七期第二總隊步二中隊長	1927.9	4	王祁	十五期成都軍校代教育長	1939.1
5	王夢	第八期入伍生團第二營營長	1930.5	6	王萬齡	六期大隊長七期總務處長	1928.4
7	王公亮	黃埔軍校教導隊軍士營長	1931.6	8	王文彥	軍校軍官團教務處教官	1928.1
9	王認曲	第十三期學員總隊總隊長	1936.9	10	王世和	入伍生第一團特務營營長	1926.3
11	王仲廉	第四期步科第二團第一連長	1926.1	12	王君培	四期本部政治部科員教官	1926.1
13	王振猷	第六至八期步三大隊中隊長	28.4/30.5	14	王副乾	二期步兵科第二隊隊長	1924.11
15	王逸常	第二期政治部指導股主任	1924.11	16	王錫鈞	二十期政治部[政訓]主任	1944.3
17	鄧子超	第四期入伍生一團三營營長	1926.12	18	鄧文儀	五期政治部副主任代主任	1926.10
19	丘宗武	第十期第一學員總隊隊附	1933.7	20	馮聖法	第三期教導第一團區隊長	1925.1
21	馮劍飛	第二期步兵科第二隊區隊長	1924.11	22	馮春申	十一期校本部總務處處長	1934.9
23	盧盛枌	第八期二總隊二大隊大隊長	1930.10	24	左權	三期教導第一團排長連長	1925
25	石祖德	第四期步科第一團五連連長	1926.3	26	龍慕韓	七期第二總隊四中隊長	1927.9
27	任文海	第三期校本部軍醫處黨代表	1925.7	28	伍翔	七期政訓處主任[二總隊]	1927.9
29	關麟徵	第二期入伍總隊特別官佐	1924.11	30	劉子俊	第八期入伍生總隊總隊附	1930.10
31	劉先臨	第四期政治大隊二隊隊長	1926.1	32	劉泳堯	六期政治訓練處政治教官	1928.4
33	劉嶽耀	第三期入伍生隊中尉區隊長	1925.1	34	劉梓馨	六期步一大隊第一中隊長	1928.4
35	劉楚傑	第三期入伍生隊中尉區隊長	1925.1	36	劉靜山	軍校高教班第一期區隊長	1932.1
37	呂昭仁	第五期校本部少校服務員	1926.3	38	孫元良	十五期中央軍校教育處長	1938.10
39	孫樹成	第四期步科第一團二連連長	1926.1	40	孫常鈞	黃埔軍校教導第一團隊長	1925.1
41	許永相	第三期入伍總隊中尉區隊長	1925.1	42	嚴武	四期步科第二團四連連長	1926.1
43	余程萬	第三期校本部政治部留守	1925.1	44	吳展	三期校長辦公廳特別官佐	1925.1
45	吳高林	第三期入伍生隊少尉區隊長	1925.1	46	宋文彬	軍校下級幹部訓練班主任	1925.9
47	宋思一	第六期南京軍事管理處處長	1928.4	48	張穎	四期步科第一團八連連長	1926.1
49	張鎮	第二期政治部編纂股編纂員	1924.11	50	張世希	七期總務處中校庶務課長	1928.12
51	張坤生	第八期第一總隊第一隊隊長	1930.5	52	張忠頫	軍校下級幹部訓練代主任	1925.11
53	張雪中	第四期步科第二團七連連長	1926.1	54	張慎階	四期步科第一團六連連長	1926.1
55	張耀明	第二十三期軍校中將校長	1948.11	56	李園	軍校特別區黨部四屆執委	1926.5
57	李銑	第三期入伍生部教育副官	1925.1	58	李強	九期軍校學員總隊總隊附	1931.5
59	李士奇	第十一期步兵大隊大隊長	1934.9	60	李之龍	黃埔軍校入伍生部黨代表	1926.4
61	李漢藩	黃埔軍校本部政治部留守	1925.1	62	李安定	七期校長辦公處少將主任	1930.4
63	李延年	軍校教導第一團排長、連長	1926.1	64	李自迷	七期第一總隊步一中隊長	1928.12
65	李國幹	軍校第二期輜重兵科區隊長	1924.11	66	李昭良	四期步科第一團三連連長	1926.1
67	李禹祥	第六期步二大隊七中隊長	1928.4	68	李強之	軍校步兵第七隊代隊長	1925.9
69	李靖難	入伍生第一團第三營代營長	1926.3	70	李蔚仁	三期學員總隊部中尉副官	1925.1
71	杜從戎	第四期步兵大隊第十隊隊長	1925.7	72	杜心如	軍校特別區黨部四屆執委	1926.5
73	杜聿明	第七期第一總隊步四隊隊長	1928.12	74	楊麟	軍校校史編纂會編纂員	1925.9
75	楊其綱	第二期政治部編纂股主任	1924.11	76	楊溥泉	三期政治部組織科科員	1925.1
77	蘇文欽	第二期政治部宣傳科科員	1924.11	78	谷樂軍	八期學員第二總隊大隊長	1930.10
79	邱士發	中央軍校西安督訓處副處長	1946.4	80	鄒公瓚	八、第二十期隊長督練官	30.9/46
81	陳烈	黃埔軍校教導一團連黨代表	1926.1	82	陳鐵	軍校教導一團排長連長	1926.1

83	陳琪	第三、四期入伍生部區隊附	1926.1	84	陳皓	三期學員總隊中尉區隊長	1925.1
85	陳賡	第四期步科第一團七連連長	1926.1	86	陳大慶	六期第一總隊長中隊長	1928.4
87	陳應龍	第三期學員總隊部中尉副官	1925.1	88	陳明仁	四期入伍第一隊隊長營長	1926.10
89	陳選普	第三期學員總隊中尉區隊長	1925.6	90	陳泰運	六期一總隊二大隊中隊長	1928.4
91	陳德法	第二期步兵科第一隊區隊長	1924.11	92	周振強	八期第二總隊中校大隊長	1930.10
93	周鴻恩	第八期南京軍校總務處處長	1930.1	94	周惠元	第十四至十八期戰術教官、學員總隊總隊附	1937.10 起任
95	岳岑	第八期第二總隊第二大隊長,九期入伍生團第一營營長	1930.10/1934.5	96	易珍瑞	第十四期第六總隊第三大隊大隊長	1937.9
97	林斧荊	南京中央軍校高等教育班第一期學員第四隊隊長	1932.1	98	林朱樑	中央軍校高級班第一隊隊附	1927.5
99	歐陽瞳	第三期學員總隊中尉區隊長,第四期步科第一團一連連長	1926.1/1927.1	100	羅奇	黃埔軍校教導一團排長、連長	25.2/26.7
101	鄭坡	第四期經理科學員大隊官佐	1926.1	102	范漢傑	十三四期教育處長教育員	36.9/37
103	鄭炳庚	第十三期本部政治部代主任	1936.10	104	鄭洞國	教導二團第三營黨代表	1925.2
105	俞墉	第四期學兵連隊長九連連長	1926.1	106	侯鏡如	教導第一團第二營排長	1925.6
107	宣鐵吾	第七大隊長黨部籌備委員	1928.12	108	俞濟時	黃埔軍校水陸巡察隊隊長	1926.6
109	洪劍雄	第三期政治部宣傳科科員	1925.1	110	段重智	十七期第三總隊副總隊長	1940.6
111	胡素	第十三至十四期步兵科科長	36.9/38.9	112	胡信	第五期政治部政治指導員	1926.3
113	胡琪三	第六期第一總隊步二大隊長	1928.4	114	胡棟成	軍校高教班一期三隊隊長	1932.1
115	賀聲洋	第三期學員總隊中尉區隊長	1925.1	116	賀光謙	第十五期第一總隊總隊長	1938.1
117	趙敬統	軍校黨軍第一旅偵探隊隊長	1925.5	118	賀衷寒	軍校炮兵第一營黨代表	1925.4
119	饒崇詩	第七期政治訓練處宣傳科附	1927.10	120	鍾彬	第十一期第二總隊總隊長	1934.10
121	唐震	軍校教導二團獨立營黨代表	1925.2	122	凌拔雄	四期駐省辦事處上尉官佐	1926.1
123	桂永清	第十期第二學員總隊總隊長	1933.7	124	唐金元	二期步兵科第二隊區隊長	1925.1
125	袁仲賢	第三期黃埔軍校政治部秘書	1925.4	126	袁守謙	三期學員總隊部上尉副官	1925.6
127	賈伯濤	黃埔軍校校史編纂部編纂員	1925.9	128	顧浚	四期步科一團第五連連長	1926.1
129	顧希平	第十八至二十期政治部主任	1941.4	130	梁幹喬	軍校政訓研究班訓育組長	1931.9
131	梁華盛	黃埔軍校教導第一團排長	1925.5	132	梁冠那	十三至十七期交通教官	1936.9
133	蕭洪	第七期黃埔軍校管理處處長	1927.10	134	蕭乾	四期步科第一團五連連長	1926.1
135	蕭贊育	第十七至十八期政治部主任	1940.6	136	黃杰	十四、十六期教育處長	1937.10
137	黃維	第十五、十六期教育處處長	1938.1	138	黃鶴	六期第一總隊步八中隊長	1928.4
139	黃鰲	第二期政治部秘書股主任	1924.11	140	黃奮銳	第七期政治訓練處秘書員	1927.9
141	黃珍吾	第七期軍校政治訓練處主任	1928.10	142	黃第洪	第三期政治部宣傳科員	1925.6
143	黃錦輝	第二期政治部秘書黨部執委	1924.11	144	黃彰英	四期政治大隊三隊副隊長	1926.1
145	傅正模	第三期學員總隊中尉區隊長	1925.1	146	傅維鈺	第二期政治部編纂股編纂	1924.11
147	傅鯤翼	第五期總辦公廳少校服務員	1926.3	148	彭善	六、八期二總隊中校隊長	1928.8
149	曾廣武	第十二期軍校步兵科副科長	1935.10	150	曾擴情	軍校教導第三團黨代表	1925.11
151	曾昭鏡	入伍生部教導總隊中隊長	1926.11	152	曾繁溝	軍校高級班軍事科隊附	1927.10
153	溫忠	第六期第一總隊步六中隊長	1928.4	154	董朗	三期學員總隊中尉副隊長	1925.5
155	蔣先雲	黃埔軍校教導二團二營營長	1925.6	156	謝翰周	軍校總後方醫院黨代表	1925.7
157	韓浚	第四期步科第一團四連連長	1926.1	158	廖子明	五期本部調查股少校股員	1926.3
159	熊綬雲	第二期工兵科學員隊區隊長	1924.11	160	蔡任民	四期步科第二團八連連長	1926.1

161	譚計全	第五期黃埔軍校政治部秘書	1926.3	162	譚其鏡	二期政治部指導股指導員	1924.11
163	譚輔烈	第十三／十四期騎兵科長，第十五／十六期教育處副處長	36.9/38.8 1939.1	164	譚煜麟	第六期南京軍校一總隊步兵一大隊第四中隊中隊長	1928.4/ 1929.5
165	潘佑強	黃埔軍校步兵第九隊代隊長	1925.10	166	潘德立	三期本部管理處上尉科員	1925.1
167	酆悌	第六至七期政治訓練處處長	28.4/29.9	168	顏逍鵬	八期政治部上校政治教官	1930.5
169	黎曙東	第六期步兵第一大隊大隊附	1928.4	170	戴文	高教班第一期第三隊隊長	1932.1
171	魏炳文	第三期校長辦公廳中尉副官	1925.1				

　　從上表所列的 171 人名單看，占了第一期生總數四分之一，幾乎所有後來顯赫一時的第一期生，都有在校本部任職任教的經歷，也許在當時迫不得已之舉，但是對於他們後來的升遷與發展，有著許多必然和難以割捨的淵源。黃埔軍校造就了第一期生，第一期生的擴張與膨脹，也為黃埔軍校贏得了源源不斷的學員，這也許是中國國民黨和國民革命軍發展與延伸的必由途徑。

　　第一期生有相當多人先後出任中央陸軍軍官學校官佐或教官，其中有不少人是多次返回軍校任職任教，上表所列以第一次出任軍校官佐教官為主，其他時期任職因篇幅所限予以省略。

　　抗日戰爭爆發前創建的中央陸軍軍官學校第七分校，是在胡宗南主持建立的除南京中央軍校外，規模、人員最為龐大的分校，成立第七分校以後，胡宗南將絕大部分前往投效的第一期生安排在第七分校任職。通過許多資料和資訊的反映看，當年在胡宗南統轄的部隊裏，集中了為數較多的第一期生，在人數上是所有戰區最多的。

附表 36　在中央陸軍軍官學校第七分校任職任教情況一覽表

序	姓名	任職任教期別	序	姓名	任職任教期別
1	王治岐	第七分校學員總隊總隊長	2	何文鼎	第七分校教育處高級軍事教官
3	吳瑤	第七分校辦公廳〔辦公處〕主任	4	李禹祥	第七分校學員總隊總隊長
5	李繩武	第七分校駐西安辦事處主任學員總隊長	6	胡宗南	第十九至二十一期第七分校〔西安〕主任
7	趙勃然	第七分校學員總隊步兵大隊大隊長	8	徐經濟	第七分校教育處高級軍事教官
9	袁樸	第七分校辦公廳主任、西安督訓處處長	10	郭景唐	第七分校學員總隊總隊附

11	顧希平	第七分校 [西安分校] 副主任〔1938.1起〕	12	蕭灑	第七分校軍士教導總隊第一團團長
13	董世觀	第七分校學員總隊總隊附	14	蔣超雄	第七分校〔西安分校〕辦公處處長

附表 37　在中央陸軍軍官學校校其他分校任職任教情況一覽表

序	姓名	任職任教期別	序	姓名	任職任教期別
1	王錫鈞	武漢分校第六期政治大隊第二隊隊長	2	甘麗初	第十九期第六分校 [南寧分校] 主任
3	劉保定	潮州分校學員隊第一隊隊長	4	劉梓馨	武漢分校政治大隊第三、第一隊隊長
5	孫天放	潮州分校學員隊第四隊隊長	6	孫樹成	武漢分校學員志願兵團第一營營長
7	吳展	武漢分校政治大隊第二隊隊長	8	宋希濂	新疆軍官訓練班暨第九分校中將主任
9	宋思一	潮州分校入伍生大隊大隊長，武漢分校第七期政訓處處長〔1929.4〕	10	張雪中	武漢分校第七期步兵第一大隊大隊長
11	李強	洛陽分校軍士教導總隊總隊長	12	李模	武漢分校第七期步兵第二大隊大隊長
13	李士奇	洛陽分校軍官訓練班第一總隊大隊長	14	李及蘭	武漢分校第七期步兵第三大隊大隊長
15	李繩武	中央軍校駐西安辦事處少將主任	16	鄒公瓚	第六分校第十六期學員總隊總隊長
17	陳武	中央軍校武漢分校炮兵大隊大隊附	18	陳大慶	中央軍校武漢分校第七期步兵大隊長
19	陳天民	廣州黃埔軍校第八期第二總隊大隊長	20	周建陶	第六分校 [桂林分校] 教育處長 [1942.8起]
21	柏天民	第十九至二十一期第三分校 [瑞金] 主任	22	鍾彬	第一分校 [洛陽][漢中] 主任〔1938.6起〕
23	徐向前	第五期武漢分校政治大隊第一隊隊長	24	梁愷	第六分校〔桂林〕副主任 [1941.10 離任]
25	黃杰	第六分校〔南寧分校、桂林分校〕主任	26	黃維	第六分校〔南寧分校、桂林分校〕主任
27	謝任難	第六分校〔桂林〕辦公處、總務處處長	28	廖運澤	潮州分校學五隊長武漢分校政治三隊長
29	潘佑強	中央軍校駐贛署期研究班主任 [1932.10]	30	潘德立	廣州黃埔軍校第二總隊中校交通教官

　　上述情況，是根據《中央陸軍軍官學校史稿》及《黃埔軍校同學錄》所列歸納整理形成的，雖說不上完整和全面，但是反映了第一期生的任職任教基本概貌。由於設立於各個時期以及各地的中央陸軍軍官學校分校情況較為複雜，留存下來的公開資料比較缺乏，因此上表所反映的第一期生任職任教情況，僅僅是筆者所能收集整理的一部分。

　　在黃埔軍校歷史上，第一期生是最先出任軍校各級職官的早期生。伴隨著中央軍和中央各軍事學校加快「黃埔化」的步伐，第一期生成為在軍校取代「保定生系」任教任職的學員群體。從 1927 年下半年中央陸軍軍官

學校在南京籌備複校始，第一期生就逐步出任軍校本部管理部門主官。從上述三個表反映的情況就可見一斑。以黃埔軍校本部為例：辦公廳（處）先後有李安定等；教育處先後有范漢傑、孫元良、黃杰、黃維等；政治部（後改為政治訓練處）先後有酆悌、曾擴情、鄧文儀等；總務處（管理處）先後有宋思一、王萬齡、周鴻恩等；經理處先後有蕭洪等；畢業生登記科先後有蕭贊育等；官生同樂會先後有王夢等；中央陸軍軍官學校本部校舍設計委員會先後有宋思一、王萬齡、周鴻恩等。

第五節　參與黃埔革命同學會情況簡述

　　黃埔革命同學會于 1929 年 11 月初在上海法租界成立，是鄧演達主持創建和領導下的、與黃埔同學會相對立的、由黃埔學生為主要骨幹而組成的革命組織。1927 年 7 月以後，中國國民黨左派領袖人物鄧演達，繼續進行反對蔣介石獨裁統治的鬥爭。其時，黃埔各期學生中的部分中共黨員，或因革命轉入低潮信念動搖，或因局勢劇變而失去組織關係，以致彷徨歧路苦悶無依，他們沒有繼續革命的信心和勇氣，但又不願猝然屈身蔣介石、汪精衛等政治派系勢力，於是投靠中國國民黨反對派的旗幟下暫圖生存與發展。黃埔革命同學會就是由第一期生領頭，聯合這類黃埔學生為主要骨幹而組成的。

　　黃埔革命同學會同時又是鄧演達從事反蔣（介石）軍事活動的主要力量，該組織由於有了部分第一期生的參與和主持，在較短時間內就從400 餘人，很快聚集至數以千計之眾，黃埔革命同學會組織遍及南京、上海、北平、天津、江蘇、安徽、四川、江西、山東、福建、湖北和廣東等省市，形成了一股直接威脅和動搖中國國民黨統治當局軍事支柱的潛在力量，是為蔣介石等上層人物所懼怕忌恨並極力封殺的主要緣由。

　　黃埔革命同學會成立後，第一期生始終發揮著主導作用，其中：陳烈、黃雍負責組織，俞墉擔任宣傳工作，其他第一期生分別擔任各分會組織領導人。該會主要任務有：一是向黃埔系軍人宣傳中國國民黨臨

時行動委員會的政治主張；二是向有黃埔學生的軍隊派遣黃埔革命同學
會會員，拉攏團結具有反蔣（介石）傾向的黃埔軍人和其他國民革命軍
軍官；三是組建各地黃埔革命同學會分會，進而控制或影響所在區域
軍隊。該會批評和反對中國國民黨內的汪（精衛）陳（公博）派、鄒
（魯）謝（持）派和中立派，實際形成了游離於當時各派政治勢力的
「第三種力量」，即「第三黨」。從史載情況來看，第一期生主要參加了
「第三黨」組織發起的在軍事領域或軍隊中的活動。1931 年 8 月 17 日鄧
演達在上海被捕，同年 11 月 29 日在南京遇害。參與該會的第一期生在
此期間也先後被捕或前往「登記自新」，此後該會實際已處於解散消亡。
參與該會活動的第一期生沒有被追究和處置，據載蔣介石聽信戴季陶進
言：「對鄧演達處置應嚴，對學生處置則應從寬」。其中陳烈、韓浚、徐
會之、黃雍等後來均做到了中將軍長級官位。

　　除此之外，中國國民黨內政治派系中的汪精衛系「改組派」，亦吸收
了部分黃埔軍校早期生參與，例如第六期生中有幾十名參與了當年汪精
衛系「改組派」反蔣（介石）活動。

附表 38　參加「黃埔革命同學會」成員一覽表

姓名	參加時任職	備註	姓名	參加時任職	備註
陳烈	黃埔革命同學會骨幹成員	1930 年	黃雍	黃埔革命同學會骨幹成員，平津地區組織負責人	1931.8.17 漢口被捕
俞墉	黃埔革命同學會骨幹成員	1930 年	韓浚	黃埔革命同學會骨幹成員	1930 年
徐會之	黃埔革命同學會華北（天津）分會會長	1930 年冬任	周士第	黃埔革命同學會南方分會書記	1930-1932
李安定	組織兩廣黃埔革命同學會勵志團	1931 年	劉基宋	黃埔革命同學會武漢分會負責人	1931 年
劉明夏	黃埔革命同學會武漢分會書記	1931 年			

第六節　掌控黃埔同學會
和中央各軍事學校畢業生調查處情況簡述

　　早在二十世紀三十年代以前，第一期生把持和壟斷的黃埔同學會，因飛揚跋扈專斷所為，為中國國民黨內資深元老或高級將領所憤慨，辛亥革命先賢呂超、李宗黃遂發起組織「四校同學會」（保定軍校、陸軍預備學校、陸軍中學、陸軍小學）與之抗衡。蔣介石迫不得已下令撤銷黃埔同學會，在中央陸軍軍官學校設立「畢業生調查科」，後演化為中央各軍事學校畢業生調查處，成為控制職業軍人的唯一機構。第一期生中的幾位權重一時顯要人物再次把持該機構，隸屬國民政府軍事委員會，辦理所有軍事學校畢業學生之調查登記事宜，繼續在其中發揮著關乎許多軍人謀求生計仕途升遷之舉足輕重作用。

　　1926 年 5 月 24 日，蔣介石派遣第一期生賈伯濤、李正韜、曾擴情、伍翔、余程萬、楊麟、梁廣烈、鍾煥群、蔣先雲為黃埔同學會籌備委員，擬定黃埔同學會簡章。1926 年 6 月 27 日黃埔軍校師生在廣東大學禮堂召開懇親大會，蔣介石發表演講，黃埔同學會正式成立。6 月 29 日蔣介石召開聯席會議，商定黃埔同學會機構與成員。蔣介石親自任黃埔同學會會長。黃埔同學會下設幹部委員會和監察委員會。幹部委員會委員有：第一期生曾擴情、賈伯濤、潘佑強、酆悌、伍翔、蔣先雲、賀衷寒等，監察委員會委員中無第一期生。兩個委員會下設秘書處和組織、宣傳、總務三科，曾擴情任秘書長（一說秘書），第一期生李正韜任總務科科長。黃埔同學會出版《黃埔潮》週刊。1926 年 11 月蔣介石在南昌對軍校學生講話，要求回後方後不得反對黃埔同學會，反對同學會的辦事人就是反對校長。黃埔同學會實行會長制，倡導要以會長為中心，無論什

麼事物都要由會長決定。從此，黃埔同學會實際成為蔣介石個人控制和籠絡黃埔學生的御用工具。①

附表 39　第一期生壟斷的黃埔同學會和中央各軍事學校畢業生調查處負責人一覽表

姓名	任職名稱	任職年月	姓名	任職名稱	任職年月
曾擴情	黃埔同學會籌備員、秘書	1926.6	李默庵	黃埔同學會總務科科長	1926.6
李安定	黃埔同學總會主任	1926 年	鄷悌	黃埔同學總會秘書、負責人	1927.5
鍾煥全	黃埔同學會總會籌備委員	1926 年	賈伯濤	參與組織黃埔同學總會籌委	1926 年
劉疇西	黃埔同學會總務科科長	1926.6	蕭贊育	各軍校畢業生調查科主任	1932.3
劉先臨	各軍校畢業生調查處副處長	1929 年	冷欣	黃埔同學會籌備員	1926.6
劉詠堯	第十一期至十三期調查處長，第十六至十八期調查處處長	34.9-36.9 38.10-43.2	黃雍	中央各軍事學校畢業生調查處副處長	1933.3 起
謝遠灝	中央各軍事學校畢業生調查處主任秘書、副處長 各軍事學校畢業生處處長	1938 年 1 月 1944 年 2 月	楊良	中央各軍事學校畢業生調查處副處長	1935.12
張彌川	黃埔同學會調查科科員 各軍校畢業生調查處科長	1927 年 1928 年	李正韜	黃埔軍校同學會第一屆執行委員兼總務科科長	1929 年
王慧生	黃埔同學會紀律股股員	1927.5			

　　黃埔同學會宗旨：「以黃埔軍校為中心，聯絡感情，互相砥礪，團結精神，統一意志，遵守總理遺囑，努力國民革命」。該會還規定：「凡國民黨陸軍軍官學校學生及中央軍事政治學校學生均為本會會員，非本校學生曾在本校服務兩年以上者，由會員五人以上介紹，由多數會員通過，校長批准後得聘請為名譽會員，但不得擔任本會職務」。黃埔同學會成立之始，國共兩黨成員都參加會務工作。後由原孫文主義學會骨幹把持會務②。

　　1930 年 11 月黃埔同學會撤銷，改為黃埔軍校畢業生調查科，最初設立於南京中央陸軍軍官學校，於本校（南京）直隸校部，1932 年 3 月第一期生蕭贊育接任畢業生調查科主任，後獨立分出成立中央各軍事學校畢業生調查處。③

第七節　組建中央各軍事學校（黃埔）同學會非常委員會情況簡述

　　1949 年春，國民黨最高統治當局面對節節失利的軍事頹勢，力圖在「黃埔系」軍官掌握的部隊中繼續發揮作用，蔣介石授意恢復黃埔軍校同學會組織，成立了中央各軍事學校〔黃埔〕同學會非常委員會，任命袁守謙為籌備會主任，進行了一系列控制和拉攏「黃埔系」將領及其掌握部隊的政治攻勢，但是仍然無法挽回中國國民黨軍隊在大陸兵敗頹勢。

　　非常委員會總會正式成立時，蔣介石親自擔任會長，任命袁守謙為書記並負實際職責，第一期生黃珍吾、蕭贊育、顧希平分別擔任非常委員會總會的組織、宣傳、紀律三個委員會主任委員。該組織在大陸存在和活動時間極其短暫，隨著中國國民黨政權和軍隊撤離大陸之際，該組織自行消亡。

附表 40　任職非常委員會情況一覽表

姓名	中央各軍事學校同學會非常委員會任職	姓名	中央各軍事學校同學會非常委員會任職
袁守謙	非常委員會總會中央幹事會書記	王叔銘	非常委員會總會中央幹事會委員
李良榮	非常委員會總會中央幹事會委員	陳大慶	非常委員會總會中央幹事會委員
賀衷寒	非常委員會總會中央幹事會委員	黃珍吾	非常委員會總會中央幹事會委員
鄧文儀	非常委員會總會中央幹事會委員	顧希平	非常委員會總會中央幹事會委員
曾擴情	非常委員會總會中央幹事會委員	徐會之	非常委員會總會中央幹事會委員
謝遠灝	非常委員會總會中央幹事會幹事	宮全斌	非常委員會重慶分會監察幹事

注釋：

① 埔軍校同學會編纂，《黃埔軍校》，華藝出版社，1994 年 6 月，第 36 頁。

② 廣東革命歷史博物館編纂，《黃埔軍校史料》，廣東人民出版社，1985 年 5 月。

③ 中央陸軍軍官學校史編纂委員會編纂，《中央陸軍軍官學校史稿》，1934 年，第一卷第一篇。

第七章

軍事生涯與素質教育

　　古往今來，革命的根本問題和中心任務，是武裝鬥爭奪取政權，通過戰爭達到既定目標，這是一條普遍規律。於是就有了依附於某種軍事勢力、軍閥集團，直至二十世紀二十年代萌發的政黨壟斷的軍事教育。中華民國時期的軍事教育，是在清朝末年的基礎上發展起來的，經過形形色色的軍閥派系、集團的扶植、繁衍，已經形成一定的規模和體系，那時的軍事教育，基本成為軍閥鬥爭的一種工具，成為培植各種軍事勢力和軍事鬥爭的搖籃。這種情形反映出民國時期獨特現象，即某些軍閥或軍事集團在政治上是反動、倒退的，但是在軍事教育方面卻是向前發展，順應歷史潮流，具有進步意義的。孫中山提倡：「要以人民之心力，為吾黨之力量，要用人之心力以奮鬥，以人民心力做兵力基礎」。集中反映了他倡導的「武力與國民相結合，加強國民軍事教育」的革命軍事思想，他還認為：國民革命之關鍵在於加強對國民的教育，在於武裝民眾。這是孫中山軍事教育思想的進步意義。

第一節　戰火磨練與高等軍事教育：
第一期生晉升將校之快捷方式

　　1929 年 8 月 23 日，南京國民政府軍事委員會頒佈《陸軍大學組織法》，規定：「陸軍大學校為養成軍事高等人才，選拔品學優越之青年軍

官，授以高等用兵學術，以養成健全之軍事幕僚及指揮官為目的」。存在于整個民國時期的陸軍大學，雖泛指陸軍單一兵種而言，但實際上是綜合性高等軍事學府，目的是培養各國兵種都能指揮的人才。1928 年 12 月陸軍大學正則班第九期開始招生，6 名第一期生的「黃埔生」入學該校，開創了「黃埔系」進入高等軍事學府之肇始。1929 年 2 月 1 日，國民政府參謀本部頒佈《陸軍大學附設特別班條例》，規定：「於裁兵期間，為使品學兼優，著有勳勞之編餘軍官，為修習增進高等用兵學術起見，特予陸軍大學暫設特別班」，於是一批擔任團長以上軍官得以進入陸軍大學特別班學習。1932 年 1 月陸軍大學由北平遷移南京續辦，在其後十多年間，陸續有第一期生就讀陸軍大學各期各班，直至 1949 年 7 月陸軍大學遷移臺灣止。

第一期生從第九期開始入陸軍大學學習，遷移南京後的陸軍大學，進入了規模發展時期，堪稱我國近代以來高等軍事教育現代化的開端及里程碑。首先，陸軍大學為長期封閉的中國軍事教育領域，注入了世界先進的軍事學術思想和軍事技術知識；其次，陸軍大學的歷屆學員，許多在軍隊中擔當軍事指揮主官或高級參謀重任，其中不少人還擔任了各旅、師、軍級乃至集團軍和戰區的作戰指揮主官，特別是部隊的師、旅級乃至集團軍、戰區級司令部參謀長，幾乎皆由陸軍大學畢業生擔當；再次，面對現代戰爭瞬息萬變，最高軍事當局重視和重用陸軍大學學員，軍事委員會曾明令規定：一級戰略單位軍、師的作戰命令下達必須由參謀長與軍長連署，以示共同負責，軍長師長下達作戰命令，如違反上級意旨，參謀長可拒絕簽署，以明責任，後來還頒令規定：軍隊的旅、師級以上司令部參謀長必須由陸軍大學畢業生擔當。從陸軍大學發展史上考察，經受陸軍大學訓練、具有較高軍事素養和指揮才能的第一期生，受到最高軍事當局和戰區指揮機關的重用，反映了高等軍事教育現代化的發展進程。

附表 41　入學陸軍大學情況一覽表（130 名）

序	姓名	班／期別	在學年月	序	姓名	班／期別	在學年月
1	王祁	正則班第九期	1928.12 － 1931.10	2	朱耀武	正則班第九期	1928.12 － 1931.10
3	李安定	正則班第九期	1928.12 － 1931.10	4	陸汝疇	正則班第九期	1928.12 － 1931.10
5	鍾彬	正則班第九期	1928.12 － 1931.10	6	曾紹文	正則班第九期	1928.12 － 1931.10
7	甘麗初	正則班第十期	1932.4 － 1935.4	8	何紹周	正則班第十期	1932.4 － 1935.4
9	李及蘭	正則班第十期	1932.4 － 1935.4	10	曾繁通	正則班第十期	1932.4 － 1935.4
11	董煜	正則班第十期	1932.4 － 1935.4	12	王勁修	正則班 第十二期	1933.11 － 1936.12
13	譚煜麟	正則班第十期	1932.4 － 1935.4	14	張彌川	正則班 第十三期	1935.4 － 1937.12
15	張鎮	正則班 第十二期 將官班甲級 第一期	1933.11 － 1936.12 1944.10 － 1945.1	16	冷欣	正則班 第十三期	1933.11 － 1936.12
17	王文彥	正則班 第十三期	1933.11 － 1936.12	18	唐雲山	正則班 第十三期	1933.11 － 1936.12
19	陳明仁	正則班 第十三期	1933.11 － 1936.12	20	李靖難	正則班第十四 期	1935.12 － 1938.7
21	胡素	正則班 第十三期	1933.11 － 1936.12	22	劉傑	正則班第十五 期	1936.12 － 1939.3
23	鄭作民	正則班 第十四期	1935.12 － 1938.7	24	馮士英	特別班第一期	1929.2 － 1931.10
25	丁炳權	特別班第一期	1929.2 － 1931.10	26	李樹森	特別班第一期	1929.2 － 1931.10
27	李伯顏	特別班第一期 將官班甲級 第二期	1929.2 － 1931.10 1945.3 － 1946.6	28	陳鐵	特別班第一期	1929.2 － 1931.10
29	李鐵軍	特別班第一期	1929.2 － 1931.10	30	郭一予	特別班第一期	1929.2 － 1931.10
31	夏楚中	特別班第一期	1929.2 － 1931.10	32	蔡鳳翁	特別班第一期	1929.2 － 1931.10
33	黃維	特別班第一期	1929.2 － 1931.10	34	朱鵬飛	特別班第二期	1934.9 － 1937.8
35	蔡炳炎	特別班第一期	1929.2 － 1931.10	36	李杲	特別班第二期	1934.9 － 1937.8
37	楊耀	特別班第二期	1934.9 － 1937.8	38	李繩武	特別班第二期	1934.9 － 1937.8
39	李奇中	特別班第二期	1934.9 － 1937.8	40	鄒公瓚	特別班第二期	1934.9 － 1937.8
41	何清	特別班第二期	1934.9 － 1937.8	42	陳烈	特別班第二期	1934.9 － 1937.8
43	張良莘	特別班第二期	1934.9 － 1937.8	44	張世希	特別班第二期	1934.9 － 1937.8
45	張君嵩	特別班第二期	1934.9 － 1937.8	46	張雁南	將官班 乙級二期	1946.3 － 1947.4
47	袁樸	特別班第二期	1934.9 － 1937.8	48	宋思一	特別班第二期	1934.9 － 1937.8
49	王錫鈞	特別班第三期	1936.12 － 1938.10	50	官全斌	特別班第二期	1934.9 － 1937.8
51	李良榮	特別班第三期	1936.12 － 1938.10	52	曾廣武	特別班第二期	1934.9 － 1937.8
53	曹日暉	特別班第三期	1936.12 － 1938.10	54	劉保定	特別班第三期	1936.12 － 1938.10

55	丁德隆	特別班第四期	1938.3 － 1940.4	56	柏天民	特別班第三期	1936.12 － 1938.10
57	楊光鈺	特別班第四期	1938.3 － 1940.4	58	梁華盛	特別班第三期	1936.12 － 1938.10
59	張樹華	特別班第四期	1938.3 － 1940.4	60	丘宗武	特別班第四期	1938.3 － 1940.4
61	林英	特別班第四期	1938.3 － 1940.4	62	蘇文欽	特別班第四期	1938.3 － 1940.4
63	周振強	特別班第四期	1938.3 － 1940.4	64	陳純道	特別班第四期	1938.3 － 1940.4
65	容有略	特別班第四期	1938.3 － 1940.4	66	周澤甫	特別班第四期	1938.3 － 1940.4
67	程邦昌	特別班第四期	1938.3 － 1940.4	68	胡棟臣	特別班第四期	1938.3 － 1940.4
69	王君培	特別班第五期	1940.7 － 1942.7	70	梁愷	特別班第四期	1938.3 － 1940.4
71	馬師恭	特別班第六期	1941.12 － 1943.12	72	謝永平	特別班第四期	1938.3 － 1940.4
73	袁滌清	特別班第六期	1941.12 － 1943.12	74	劉戡	特別班第五期	1940.7 － 1942.7
75	李禹祥	特別班第八期	1947.10 － 1949.11	76	劉佳炎	特別班第六期	1941.12 － 1943.12
77	牟廷芳	將官班甲級一期	1944.10 － 1945.1	78			
79	張際鵬	將官班甲級一期	1944.10 － 1945.1	80	王敬久	將官班甲級第一期	1944.10 － 1945.1
81	范漢傑	將官班甲級一期	1944.10 － 1945.1	82	吳迺憲	將官班甲級第一期	1944.10 － 1945.1
83	宋希濂	將官班甲級一期	1944.10 － 1945.1	84	張雪中	將官班甲級第一期	1944.10 － 1945.1
85	俞濟時	將官班甲級一期	1944.10 － 1945.1	86	俞墉	將官班甲級第一期	1944.10 － 1945.1
87	李延年	將官班甲級二期	1945.3 － 1945.6	88	董釗	將官班甲級第一期	1944.10 － 1945.1
89	吳斌	將官班甲級二期	1945.3 － 1945.6	90	李玉堂	將官班甲級第二期	1945.3 － 1945.6
91	周天健	將官班甲級二期	1945.3 － 1945.6	92	李仙洲	將官班甲級第二期	1945.3 － 1945.6
93	宣鐵吾	將官班甲級二期	1945.3 － 1945.6	94	何文鼎	將官班甲級第二期	1945.3 － 1945.6
95	傅正模	將官班甲級二期	1945.3 － 1945.6	96	周士冕	將官班甲級第二期	1945.3 － 1945.6
97	鄭炳庚	將官班甲級三期	1945.8 － 1945.11	98	黃雍	將官班甲級第二期	1945.3 － 1945.6
99	馮聖法	將官班甲級三期	1945.8 － 1945.11	100	霍揆彰	將官班甲級第二期	1945.3 － 1945.6
101	張本仁	將官班乙級一期	1938.12 － 1940.2	102	賈伯濤	將官班甲級第三期	1945.8 － 1945.11
103	王雄	將官班乙級二期	1946.3 － 1947.4	104	馮春申	將官班乙級第一期	1938.12 － 1940.2
105	王廷柱	將官班乙級二期	1946.3 － 1947.4	106	王振斅	將官班乙級第一期	1938.12 － 1940.2

107	劉鑄軍	將官班 乙級二期	1946.3 － 1947.4	108	王治歧	將官班 乙級第二期	1938.12 － 1940.2
109	張雁南	將官班 乙級二期	1946.3 － 1947.4	110	郭安宇	將官班 乙級第一期	1938.12 － 1940.2
111	彭戢光	將官班 乙級二期	1946.3 － 1947.4	112	岳岑	將官班 乙級第二期	1946.3 － 1947.4
113	劉柏心	將官班 乙級三期	1947.2 － 1948.4	114	彭傑如	將官班 乙級第一期	1938.12 － 1940.2
115	陳家炳	將官班 乙級三期	1947.2 － 1948.4	116	葉謨	將官班 乙級第三期	1947.2 － 1948.4
117	鍾煥全	將官班 乙級四期	1947.11 － 1948.11	118	李均煒	將官班 乙級第三期	1947.2 － 1948.4
119	徐宗堯	將官班 乙級四期	1947.11 － 1948.11	120	李模	將官班 乙級第四期	1947.11 － 1948.11
121	劉味書	將官班 乙級四期	1947.11 － 1948.11	122	謝遠灝	將官班 乙級第四期	1947.11 － 1948.11
123	王萬齡	陸軍大學 函授班	1936 年	124	陳德法	陸軍大學 函授班	1936 年
125	羅倬漢	參謀班第五期	1941 年	126	余安全	陸軍大學 參謀班	1937 年
127	孫天放	參謀班第五期	1941 年	128	嚴武	陸大西南 參謀班	1939 年
129	李夢筆	參謀班第七期	1943 年				

從陸軍大學正則班第九期開始有了第一期生，標誌了「黃埔生」接受高等軍事教育之開端。筆者從 5000 多名陸軍大學畢業生名單中，收集到第一期生 129 名，僅占總數之 3%。其中擔任副軍長級以上職務的高級軍官有 56 名，約占 43.4%，說明陸軍大學培養將軍之成才率是相當高的。就第一期生而言，在當時代表著現代軍隊指揮官接受高等軍事學府教育，並且較快成長為將才的發展趨向。雖然經受陸軍大學教育只是第一期生較快成才的一個方面，儘管具體分析起來，成才有著多方面的制約因素，胡宗南、關麟徵、李文就是少數幾位既未入過陸軍大學又沒去過外國留學的高級將領。但是，無論怎樣判斷，進入陸軍大學等同于過去朝廷官吏「黃袍加身」，是躋身將校「飛黃騰達」的快捷方式之路。

　　況且，從上述許多第一期生的經歷看，經受陸軍大學教育後，晉升高一級軍官的機會畢竟多了一些。譬如：甘麗初，入學前任第九師副師長，1935 年 4 月陸軍大學正則班第十期畢業後，即升任第九十三師師長，繼而于 1936 年 1 月任少將，同年 10 月晉任中將；劉戡，入學前任中央陸軍軍官學校第七分校第十三學員總隊總隊長，1942 年 7 月陸軍大學特別班第六期畢業後，複任第九十三軍軍長繼而升任第三十六集團軍總司令；李玉堂，入學前任第二十七集團軍副總司令，1945 年 6 月陸軍大學將官班甲級第二期畢業後，即升任第二十七集團軍總司令，凡此種種不勝枚舉。

第二節　留學其他外國高等（軍事）學校情況簡述

　　從統計資料反映，在經受形式多樣現代教育的各級軍官中，第一期生無論是受訓人數，還是次數都是最多的。這不僅體現在軍事教育方面，即使是政治與軍事教育並重的素質教育方面，第一期生也是遙遙領先的。本節將對第一期生留學歐洲各國和日本的高等院校作專門介紹。據初步統計，這部分第一期生共有 59 人次，包涵了國共兩黨早期最著名的軍事人才。

（一）留學前蘇聯莫斯科中山大學、東方共產主義勞動者大學情況簡述

　　二十世紀二十年代中後期，主要是在中國南方，形成了赴前蘇聯學習軍事和政治的留學熱潮，雖然目前尚未有那本權威而全面的書籍或統計資料，證實在這期間究竟有多少中國學生趕赴前蘇聯經受革命的洗禮和薰陶，但是根據保守的估算，應當在數百至近千人以內。

　　黃埔軍校最早選派蘇聯學習的學員，第一期生就佔據 22 名之多。在過去印象中，前蘇聯莫斯科中山大學、東方共產主義勞動者大學，是專門為中共培訓幹部的「革命搖籃」。據現有資料情況顯示，其實在那個年

代裏，中國國民黨也陸續派遣了具有自己政黨傾向的數批青年學生，分赴前蘇聯這兩所學校學習。這裏要記述的國共兩黨第一期生，僅僅是其中的一小部分而已。

附表42　留學前蘇聯莫斯科中山大學、東方共產主義勞動者大學情況一覽表

姓名	期別	學習年月	姓名	期別	學習年月
江鎮寰[震寰]①	第一期	莫斯科東方共產主義勞動者大學 1924 年 9 月－ 1925 年 10 月	梁幹喬	第一期	1925 年秋冬間至 1928 年上半年
鄧文儀	第一期	1925 年秋冬間至 1927 年下半年	董煜	第一期	1925 年秋冬間至 1927 年下半年
左權	第一期	1925 年秋冬間至 1927 年下半年	李焜	第一期	1925 年秋冬間至 1927 年下半年
劉雲	第一期	1925 年秋冬間至 1927 年下半年	陳啓科	第一期	1925 年秋冬間至 1927 年下半年
劉詠堯	第一期	1925 年秋冬間至 1927 年下半年	蕭贊育	第一期	1925 年秋冬間至 1927 年下半年
袁仲賢	第三期	1929 年下半年至 1930 年冬	張鎮	第一期	1925 年秋冬間至 1927 年下半年
杜從戎	第二期	1926 年秋冬間	陳琪	第二期	1926 年秋冬間起
張際春	第三期	1927 年至 1928 年間	黃第洪	第一期	1925 年 11 月至 1930 年 4 月
溫忠	第三期	1928 年起入校學習	傅維鈺	第三期	1927 年 8 月至 1929 年初
白海風	第三期	莫斯科東方共產主義勞動者大學 1926 年－ 1930 年冬	彭干臣	第二期	莫斯科東方共產主義勞動者大學 軍事班〔1925.11 － 1926.9〕
林斧荊	第一期	1925 年 11 月起	嚴武	第一期	1925 年 11 月至 1927 年

說明：上表未說明就讀學校的，均為莫斯科中山大學。

從上表記錄的第一期生學成歸國後，在中國國民黨方面，絕大多數人是從事軍隊政工或黨務工作，或是政治、警務領域等其他事務，只有董煜、陳琪、白海風成為領軍作戰的將領；在中共方面除了早年在北方從事革命運動犧牲的江鎮寰外，其餘均是工農武裝和根據地的早期領導人和高級指揮員。

（二）留學其他外國高等軍事學校情況簡述

中國學生留學外國高等軍事學校的趨勢，可以追溯到十九世紀末至二十世紀初期，從那時開始，清末民國初期幾乎所有名震一時的著名將領，都有在歐美或日本軍事留學的經歷。無獨有偶，到了中國國民黨主導國家政治走向的二十世紀二十至四十年代，再次掀起留學外國高等軍

事院校的陣陣熱潮。從史料記載中可以發現，在此期間留學日本陸軍大學的共有 50 多人（第一期生僅占兩名），留學前蘇聯高等軍事院校的人數居第二位，其他高等軍事留學則流向德國、義大利、法國等國。從高等軍事留學年代上加以區分，大致是：二十年代後期至三十年代初期，主要留學國家為前蘇聯、日本；三十年代中期至第二次世界大戰爆發前夕，主要留學國家系德國、義大利、法國、英國等國；至於四十年代開始的軍事留學美國熱潮，基本上與第一期生無關，在此不予敘述。

附表 43　留學其他外國高等軍事學校情況一覽表

姓名	學校名稱	在學年月	姓名	學校名稱	在學年月
左權	莫斯科伏龍芝軍事學院	1927 年 9 月起	陳啓科	莫斯科伏龍芝軍事學院	1927 年 9 月
劉雲	蘇聯紅軍第二飛行學校，莫斯科伏龍芝軍事學院	1925.10/1926.9 1926.10/1927.10	杜從戎	莫斯科伏龍芝軍事學院伏龍芝陸軍大學	1927 年起
賀衷寒	莫斯科伏龍芝軍事學院	1927 年起	嚴武	德國陸軍大學	1927 － 1929
陳志達	日本警政大學、德國員警大學	1929 － 1930	桂永清	德國步兵專門學校德國帝國海軍學校	1929 － 1930
潘佑強	日本陸軍大學	1931 年起	韓浚	蘇聯紅軍大學中國班	1926.8 － 1927.5
賀光謙	德國漢諾威騎兵學校德國柏林陸軍大學	1925 － 1928	李鐵軍	德國陸軍大學	1936 年起
王公亮	蘇聯紅軍大學，工兵專門學校	1928 年起	詹賡陶	義大利陸軍大學	1935 年起
楊麟	日本陸軍經理學校	1927 － 1931	李杲	日本陸軍兵工學校	1927 － 1931
李伯顏	日本陸軍大學	1929 年起	牟廷芳	日本陸軍步兵學校	1932 年起
林英	日本陸軍步兵學校	1932 年起	譚輔烈	日本陸軍騎兵學校	1928.4 － 1930.12
馮達飛	前蘇聯莫斯科航空學校、蘇聯紅軍步兵學校，德國炮科研究院將校組學習	1925.7 － 1927.10	劉疇西	蘇聯莫斯科軍事學院蘇聯伏龍芝軍事學院	1929.1 － 1930.7
陳武	日本陸軍步兵學校日本陸軍自動車學校	1929 － 1931	范漢傑	德國柏林陸軍大學	1928.5 － 1931.6
何紹周	日本陸軍自動車學校日本陸軍野戰炮兵學校	1928 － 1929	萬少鼎	法國方登布魯公學飛行學校	1922 － 1923
劉璠	德國學習軍事，奧地利警政大學	1933 年起	陳天民	蘇聯列寧格勒軍政學校	1925 － 1928

陳平裴	留學日本、 法國學習軍事	1929－1930	張際春	蘇聯列寧格勒軍政學校	1928－1929
王叔銘	蘇聯高級轟炸機學校	1926－1928			

　　上表記述的 31 名第一期生高等軍事留學經歷，如按黃埔軍校期別輩份衡量，無疑是最早到外國軍事留學的黃埔學生。在中國國民黨方面，不乏最為著名的高級將領，國民革命軍的海軍總司令桂永清、空軍副總司令王叔銘，以及一批軍長以上高級將領名列其中；中共方面最著名是左權、劉雲、馮達飛等，尤其是左權，是中共軍隊高級指揮員中經受正規而完備高等軍事教育且具有較高軍事理論修養的少數幾人之一，他的早逝，被認為是中共軍界重大損失。

（三）留學其他國家高等學校簡述

　　第一期生在高等軍事留學以外，還曾被國民政府選派外國其他高等院校深造。下面所列的 7 人當中，主要是政治經濟和法律專業的學習，只有中共方面的宣俠父是其他專業。在中國國民黨方面，賀衷寒與蕭贊育是長期從事軍隊政治工作以及黨務工作高級人員當中學歷最高的幾人之一。

附表 44　留學其他國家高等學校一覽表

姓名	學校名稱	在學年月	姓名	學校名稱	在學年月
胡素	日本早稻田大學政經系	1926－1928	蕭贊育	日本明治大學政治系	1929.2－1931.6
韓之萬	法國帝龍大學政經系	1928－1931	顧希平	法國都魯斯大學法律系	1927 年起
賀衷寒	日本明治大學政治系	1929－1931.2	宣俠父	日本北海道帝國大學 水產部肄業	1927 年起
杜從戎	蘇聯莫斯科大學政經系	1926 年起			

第三節　進入中央軍官訓練團 及中央軍校高等教育班受訓情況簡述

　　本節反映的主要是中央軍官訓練團及中央陸軍軍官學校高等教育班中第一期生的受訓情況，通過該情況的表格化顯示，可以看出第一期生在某段歷史時期之任職情況與相關資訊。

（一）進入中央軍官訓練團受訓情況簡述

　　中央軍官訓練團之組建，起源於二十世紀三十年代中期。於 1933 年 6 月在廬山南麓設立的軍官訓練團，顧名思義為廬山軍官訓練團，是蔣介石以軍事委員會名義設立的最早的軍官訓練團。抗日戰爭爆發前，為整頓四川軍事並將四川地方軍隊統一於國民政府軍事委員會之下，在峨嵋山下創辦了軍官訓練團。其後，在抗日戰爭期間和抗日戰爭勝利後，軍官訓練團一直是以龐大架構長期存在、凌駕於軍事委員會軍事訓練部之上的中央軍官及行政人員訓練機構，團長先由蔣介石兼任，後由陳誠兼任，教育長先後有陳誠、王東原、黃杰等。以下選錄的是抗日戰爭爆發後至抗日戰爭勝利後，中央軍官訓練團總團序列下第一期生任職與受訓人員情況。軍官訓練團本身並未編成期別，為便於區分和歸納將其略加分期，軍事委員會戰時將校研究班及將官訓練班仍按原稱謂，一併載於下表。

附表45　進入中央軍官訓練團、軍事委員會戰時將校研究班任職及受訓情況一覽表

序	姓名	受訓時班期隊別及任職	受訓年月	受訓前任職
1	丁炳權	軍事委員會將校研究班第三分隊分隊長	1939.10/12	第八軍第一九七師師長
2	馬師恭	中央軍官訓練團第三期第二中隊學員	1947.4－6	空軍總司令部傘兵總隊司令
3	方日英	中央軍官訓練團第一期將官研究班學員	1938.5－7	第五十八師第四一九旅旅長
4	王邦瑋	中央軍官訓練團第一期第三大隊第十中隊分隊長	1938.5－7	第一六七師第五〇一旅旅長
5	王敬安	中央軍官訓練團第一期第三大隊第十中隊學員	1938.5－7	陝西省保安第六團中校團附
6	鄧文儀	中央軍官訓練團第二、三期政治講師、訓育組長	1946.5－7	國防部新聞局局長
7	馮劍飛	中央軍官訓練團第一期將官研究班學員	1938.5－7	陸軍第二預備師師長
8	史仲魚	中央軍官訓練團第三期第二中隊學員	1947.4－6	陝西省保安司令部副司令
9	甘競生	中央軍官訓練團第一期第一大隊第一中隊學員	1938.5－7	稅警總團第一總隊總隊長
10	伍誠仁	中央軍官訓練團第二期第一大隊一中隊副中隊長	1946.5－7	第五十六軍副軍長
11	伍瑾璋	中央軍官訓練團第一期將官研究班學員	1938.5－7	陸軍預備第九師師長
12	劉漢珍	中央軍官訓練團第一期將官研究班學員	1938.5－7	貴州省政府保安處副處長
13	劉先臨	軍事委員會戰時將校研究班第一分隊學員	1939.10/12	第四十五師副師長
14	劉柏心	中央軍官訓練團第一期第二大隊第五中隊學員	1938.5－7	第一八五師第一〇九二團團長
15	湯季楠	中央軍官訓練團第一期第二大隊第六中隊學員	1938.5－7	第二十四師第一四一團團長
16	何復初	軍事委員會戰時將校研究班第二分隊學員	1939.10/12	第九十五師副師長
17	何紹周	中央軍官訓練團第一期第一大隊第二中隊中隊附	1938.5－7	陸軍預備第十一師副師長
18	余程萬	軍事委員會戰時將校研究班第二分隊學員	1939.10/12	第四十九師副師長
		中央軍官訓練團第三期第一中隊分隊長	1947.4－6	粵東師管區司令部司令
19	冷欣	中央軍官訓練團第一期將官研究班學員	1938.5－7	第五十二師師長
20	張良華	中央軍官訓練團第三期第二中隊學員	1947.4－6	江蘇省皖西師管區司令部司令
21	李杲	中央軍官訓練團第一期將官研究班學員	1938.5－7	第一九〇師第五五六旅旅長
22	李國幹	中央軍官訓練團第一期將官研究班學員	1938.5－7	安徽省軍管區司令部國民軍事訓練處處長
23	李樹森	中央軍官訓練團第一期教育委員會委員	1938.5－7	國民政府軍事委員會高級參謀
24	李禹祥	中央軍官訓練團第一期將官研究班學員	1938.5－7	第一九五師副師長
25	楊麟	中央軍官訓練團第二期第一大隊一中隊學員	1946.5－7	聯合勤務總司令部第一補給區司令部副司令
26	陳烈	軍事委員會戰時將校研究班第一分隊分隊長	1939.10/12	第十四師師長
27	陳鐵	中央軍官訓練團第二期第一學員大隊大隊長	1946.5－7	第一集團軍總司令部副總司令
28	陳應龍	中央軍官訓練團第一期將官研究班學員	1938.5－7	第三師副師長
29	陳泰運	中央軍官訓練團第一期第一大隊第三中隊中隊長	1938.5－7	第八十八師代理副師長
		軍事委員會戰時將校研究班第一分隊學員	1939.10/12	第八十八師副師長
		中央軍官訓練團第三期第三中隊副中隊長	1947.4－6	第七十一軍副軍長
30	陳德法	中央軍官訓練團第二期第一大隊一中隊副中隊長	1946.5－7	新編第二軍副軍長
31	周品三	中央軍官訓練團第一期第三大隊第十中隊分隊長	1938.5－7	第八十師第二三八旅副旅長
32	周振強	中央軍官訓練團第三期第二中隊副中隊長	1947.4－6	浙江省浙西師管區司令部司令
33	林英	軍事委員會戰時將校研究班第一分隊學員	1939.10/12	第九十二師副師長
34	林朱槺	軍官訓練團第一期第一大隊三中隊三分隊分隊長	1938.5－7	廣東省保安司令部第九團團長
35	范漢傑	中央軍官訓練團第二、第三期教育長	46.5－47.6	陸軍總司令部副總司令
36	鄭作民	中央軍官訓練團第一期將官研究班學員	1938.5－7	第九師師長

37	鄭洞國	中央軍官訓練團第三期副教育長	1947.4－6	東北保安司令長官部副司令長官
38	侯鼐釗	中央軍官訓練團第二期、第三期訓育組副組長	46.5－47.6	國防部新聞局第一處處長
39	侯鏡如	中央軍官訓練團第二期第一大隊第一中隊中隊長	1946.5－7	第九十二軍軍長
40	宣鐵吾	中央軍官訓練團第一期將官研究班學員	1938.5－7	陸軍預備第十師師長
41	賀衷寒	中央軍官訓練團第一期教育委員會委員	1938.5－7	軍事委員會政治部第二廳廳長
42	夏楚中	中央軍官訓練團第三期副教育長 中央軍官訓練團第三期第二學員大隊大隊長 [兼]	1947.4－6	第二十集團軍總司令部總司令
43	容有略	中央軍官訓練團第二期第一大隊第一中隊分隊長	1946.5－7	整編第四師副師長
44	徐石麟	中央軍官訓練團第三期訓育組指導員，兼學員	1947.4－6	河西警備總司令部新聞處處長
45	桂永清	中央軍官訓練團第二期軍事講師	1946.5－7	海軍總司令部代理總司令
46	袁樸	中央軍官訓練團第三期第一中隊中隊長	1947.4－6	第十六軍軍長
47	賈韞山	中央軍官訓練團第三期第一中隊學員	1947.4－6	江蘇省保安司令部副司令
48	高致遠	中央軍官訓練團第一期第二大隊第五中隊學員	1938.5－7	陝西省保安司令部第一團團附
49	曹日暉	中央軍官訓練團第一期將官研究班學員	1938.5－7	陸軍預備第七師師長
50	梁漢明	中央軍官訓練團第一期將官研究班學員	1938.5－7	第九十二師第二七四旅旅長
51	梁華盛	中央軍官訓練團第一期將官研究班學員	1938.5－7	第一九〇師師長
52	蕭贊育	中央軍官訓練團第二期訓育組指導員	1946.5－7	中國國民黨南京市特別黨部主任委員
53	黃杰	中央軍官訓練團第二期、第三期兼代教育長	46.5－47.6	中央訓練團總團教育長
54	龔少俠	中央軍官訓練團第三期第一中隊學員	1947.4－6	國民政府廣州行轅第二處處長
55	傅正模	中央軍官訓練團第三期第一中隊分隊長	1947.4－6	上海師管區司令部司令
56	蔣伏生	中央軍官訓練團第一期將官研究班學員	1938.5－7	第三十六師師長
57	蔣超雄	中央軍官訓練團第三期第四中隊副中隊長	1947.4－6	四川川北師管區司令部司令
58	譚輔烈	中央軍官訓練團第一期將官研究班學員	1938.5－7	江蘇省政府保安處副處長
59	霍揆彰	中央軍官訓練團第一期第一大隊大隊長	1938.5－7	第五十四軍軍長
60	戴文	中央軍官訓練團第三期第一中隊學員	1947.4－6	四川川東師管區司令部司令
61	魏炳文	軍事委員會戰時將校研究班第二分隊學員	1939.10/12	第二十八師司令部參謀長
		中央軍官訓練團第二期第二大隊第四中隊分隊長	1946.5－7	第十六軍副軍長

　　上表記載的第一期生，是從該段時期入團受訓的 3193 名將校軍官中輯錄出來的。鑒於抗日戰爭爆發後設置的中央軍官訓練團，許多是帶職受訓並擔任所在隊負責人，具有受訓軍官級別較高、一線戰鬥部隊軍事長官較多、處於戰爭狀態時政治傾向單一化等特點，況且表格設置有受訓前職務和任職年月欄，對於分辨和確認部隊序列、軍官等級、將校資歷等要素有重要參考價值。所列的 61 名第一期生，從受訓情況和角度，反映他們當年在軍隊及軍事機關所處的位置，可以認為是不可多得的輔助佐證資料。

（二）進入中央陸軍軍官學校高等教育班受訓情況簡述

1932 年秋，為了分化非中央嫡系部隊內部關係，訓練雜牌軍少校至少將級軍官，在中央陸軍軍官學校本部設立高等教育班，抗日戰爭爆發前舉辦了第一至五期，抗日戰爭爆發後召集了第六至十一期，受訓學員基本是作戰部隊的現役中上級軍官，教育對象一般來說具有一定軍事學術水平和作戰經驗，因此該班在黃埔軍校及軍隊中有其特殊地位，在統一戰術思想和國防上也有它的特定作用。該班配備和任用資歷較深有實戰經驗的軍官擔當教官，高等教育班各期班主任都是中央嫡系部隊出身的少將以上軍官。第一期生主要集中於該班第一至四期受訓，12 名第一期生受訓之前，均是任上校以上軍官。

附表 46　進入中央陸軍軍官學校高等教育班受訓情況一覽表

姓名	期別	年月	姓名	期別	年月	姓名	期別	年月
馬志超	第二期	1932 － 1933	王廷柱	第三期	1933 － 1934	李正韜	第三期	1933 － 1934
杜聿明	第二期	1932 － 1933	陳劼	第三期	1933 － 1934	周澤甫	第二期	1932 － 1933
羅奇	第三期	1933 － 1934	鄭洞國	第二期	1932 － 1933	袁滌清	第三期	1933 － 1934
高致遠	第二期	1932 － 1933	曾廣武	第二期	1932 － 1933	鍾偉	第四期	1934 － 1935

第四節　就學其他軍校情況簡述

本節主要敘述第一期生入學國內其他學校和留學日本陸軍士官學校情況，這兩類學校的第一期生入學人員較少，與其他軍校的高入學率情況形成鮮明對比。但是從入讀學校的情況分析，仍是第一期生經受學歷教育的一個重要方面。

（一）入學國內其他高等學校情況簡述

下表反映的 5 名第一期生，分別入學中央政治學校和中央警官學校，兩校均創辦於二十世紀三十年代初期，顧名思義是培養中國國民黨政黨黨務和政治工作人員和警務人員的學校。

附表 47　入學國內其他高等學校情況一覽表

姓名	學校／期別	在學年月	姓名	學校／期別	在學年月
王逸常	中央政治學校	1931 － 1932	黃奮銳	中央政治學校大學部	1933 年
袁漾清	中央警官學校高級研究班	1946 年	郭安宇	中央警官學校高級研究班	1946 年
蕭灑	中央政治學校	1933 年			

（二）留學日本陸軍士官學校情況簡述

日本為了仿效西方發達國家的軍校模式，於 1874 年在東京設立了日本陸軍士官學校創辦，該校為日本軍事侵略和擴張培養了一大批高級將領，1898 年舉辦了第一期中國學生班，到 1937 年抗日戰爭爆發前，先後有約 1600 名中國學生進入該校學習，許多在後來成為將才，有些還位居顯要，成為左右朝政或執掌軍機的風雲人物。

從二十世紀二十年代中期開始，日本陸軍士官學校中國班開始有了第一期生。一方面是日本軍事教育領先於中國，「士官」文憑行情見漲；另一方面日本畢竟較西方國家距離較近，便於籌措費用和出行。第一期生的留士官生，與其他學校比較畢竟是少數派，總計只有 5 名。

留學日本陸軍士官學校的第一期生中，中國國民黨方面最為著名的是孫元良，具有大學學歷進入黃埔軍校第一期學習，在其叔孫震資助下，東渡日本考入該校，畢業回國後一路順風，長期在中央嫡系部隊歷任旅、師、軍、兵團級主官，到臺灣後退役，據資料顯示：2007 年 5 月以 104 歲高齡寓居臺北市北投區孫公館，是最長壽的第一期生。中共方

面的李隆光，原名李謙，在紅軍時期是赫赫有名的高級指揮員，曾參與
領導廣西百色起義和創建發展右江根據地。

附表 48　留學日本陸軍士官學校情況一覽表

姓名	學校／期別	在學年月	姓名	學校／期別	在學年月
曹利生	第十九期步兵科	1925 － 1927	袁滌清	第二十期步兵科 [肄業]	1928 年因病輟學
孫元良	第二十一期野戰炮兵科	1927.10 － 1929.9	李隆光	第二十一期步兵科肄業	1927.10 － 1929.4
潘學吟	第二十三期野戰炮兵科	1929 － 1931			

說明：袁滌清、李隆光查《中國留學日本陸軍士官學校學員錄》無記載，因多部書反映暫列於此。

第八章

戰爭中的機遇與成長

關於「戰爭」的概念界定，《現代漢語詞典》對「戰爭」的解釋：戰爭是泛指民族與民族之間、國家與國家之間、階級與階級之間或政治集團與政治集團之間的武裝鬥爭。①戰爭從其性質上判斷，可劃分為正義戰爭和非正義戰爭。從歷史的發展分析，戰爭總是為了一定的階級或集團的經濟利益服務的。按照列寧分析的原因：「任何戰爭都是同產生他的政治制度分不開的，戰爭完完全全是政治，每個國家、每個階級所發動的任何戰爭與它們戰前的政治有著密切的經濟和歷史的聯繫」。②從歷史現象進行考察，第一期生還未走出校門，即面臨著政治、政黨與戰爭的考驗和抉擇，而政治、政黨和戰爭同時又成為第一期生的一種成長機遇，也是成長的必由之路。在那個充滿著軍事變革和政治抉擇的年代裏，無論是中國國民黨第一期生，抑或中共第一期生都是概莫能外。當成長的磨礪過程成為戰爭的機遇和運氣時，歷史終於造就了黃埔軍校第一期生將帥群體、英雄群體、「名人部落」或是「大浪淘沙」中的「優勝劣汰」。

第一節　對教導團、黨軍組建與發展的歷史作用和影響

按照史載資料的習慣說法，以黃埔軍校第一期學員為下級軍官骨幹組建的教導團（第一團和第二團），是中國國民黨黨軍之前身，是國民

革命軍第一軍的骨幹和基礎，同時也是所謂「中央軍」或「黃埔嫡系」中央武裝部隊的沿革或延伸。「黃埔校軍」，更是中國國民黨在二十世紀二十年代中期至四十年代末期冠以「國家名義」武裝力量任意擴張和發展的「代名詞」。

在《中央陸軍軍官學校史稿》第六冊第十頁載有：「教導兩團之二級官長均係第一期畢業學生，中級官長多由本校軍官教官及第一期學生隊原有官長任之」。我們在本書後面的《第一期生在黃埔軍校校本部任職任教情況一覽表》可以看到，黃埔軍校教導第一團和教導第二團的初級軍官，幾乎清一色是第一期生。經筆者粗略統計，在 171 人的任職任教名單中，共有三分之一的第一期生，先後在兩個教導團履任初級軍官，說明第一期生構成了黃埔軍校教導一、二團的主幹力量，而教導團被史載資料稱為中國國民黨「黨軍」之發源與開端，如蔣介石於 1925 年 3 月 27 日在興寧縣城東門外對教導團所稱：「……我們黃埔軍官學校教導團，是將來中國革命軍主幹的軍隊」。③由此而來，第一期生也就成了「黨軍」第一批初級指揮官。

據不完全統計，第一期生中的大部分學員，在北伐國民革命時期先後置身於由「黨軍」膨脹和擴張起來的國民革命軍第一軍，由該軍擴充或統轄的第一師、第二師、第三師、第十師、第十四師、第二十師、第二十一師、第二十二師中初、中級軍官行列中，均有第一期生之身影在其間。從二十世紀二十年代中後期的北伐戰爭史情況看，第一期生最初的機遇與成長，是在 1926 年至 1928 年期間第一次和第二次北伐戰爭中經歷中獲得的。因為，在這一時期處在省界邊遠地帶發展萌芽的工農革命軍，尚未形成足夠的武裝力量與之正面抗衡。因此，這一時期第一期生的戰爭考驗或戰場磨礪，主要是與北方軍事集團武裝力量的戰爭中實現的。可以說，這段時期是第一期生必然經受並必須挺住的「戰爭機遇期」，無論歷史如何評說第一期生之整體表現或功過，他們從此在國民革命軍中崛起和壯大，為中央軍「黃埔嫡系」打下了牢固基礎，因此毋庸

置疑，「中央軍」由黃埔軍校第一期生為發端的，第一期生之歷史作用與深遠影響亦在其中。

第二節　棉湖大捷的歷史作用和影響

在二十世紀二十年代前期至四十年代末期，一部分第一期生作為那個時代風雲人物，經歷了戰火磨練、生死考驗和風雲變幻。其中在北伐國民革命戰爭、八年抗日戰爭，歷經無數次著名戰役，但是如果以第一期生參與人數較多、在歷史上較有紀念意義或是抗日戰爭打出軍威的著名戰役戰鬥，翻開資料查閱戰史，能夠訴諸後人留存史冊。以下謹將第一期生參與的棉湖戰役和「一二八」淞滬戰役作簡要綜述。

1925 年 3 月 13 日，在廣東省揭陽（揭西）縣與普寧縣交界的棉湖地區，中國國民黨暨國民革命軍與陳炯明軍閥部隊進行殊死作戰的棉湖戰役，是國共兩黨第一期生之生命與鮮血第一次流在一起的、具有歷史紀念意義的重要戰役。今天來看這次戰役的仍不失其歷史作用和深遠意義，對於中國國民黨和處於萌芽狀態的國民革命軍暨黃埔軍校校軍來說，其歷史影響與意義尤其重大。因為棉湖之役，勝則前途光明，敗則前程全毀。蔣介石在戰至危急關頭曾對何應欽說：「何團長，你要堅持，必須想辦法挽回局勢，我們不能後退一步，假如今天在此地失敗了，我們就一切都完了，再無希望返回廣州了，革命事業也得遭到嚴重的挫折」。④作為當年棉湖戰役戰場指揮官的何應欽指出：「此次戰鬥，為時雖不過一日，但戰鬥之慘烈，實近代各國戰爭所少見，其關係革命成敗亦最巨」。⑤黃埔軍校政治部主任周恩來在棉湖作戰時，親臨戰場第一線參與策劃與指揮。參與棉湖戰役的前蘇軍首席顧問加倫將軍，戰後總結指出：「這次戰役在世界戰爭史上都是很少的，蘇聯十月革命時，處境非常困難，但作戰是非常英勇，也很少有可以和這次棉湖戰役相比美的」。⑥可見此役至關重要，生死攸關。棉湖之戰是以第一期生為基層指揮官的

黃埔學生用血肉之軀換取的勝利，無疑代表當時進步力量的國共兩黨向腐朽落後的封建軍閥勢力的第一次勝利，因此，應當承認這是一次具有革命意義的、具有歷史轉折或里程碑式的勝利。

附表 49　在棉湖大捷（1925.3.13）陣亡及部分負傷學員一覽表

姓名	時任職務	傷亡情況	姓名	時任職務	傷亡情況
楊厚卿	教導第一團第三營副營長	激戰中犧牲	林冠亞	教導第一團第二營排長	激戰中犧牲
王家修	教導第一團第二營排長	激戰中犧牲	樊崧華	教導第一團第三連排長	激戰中犧牲
陳述	教導第一團副連長	激戰中犧牲	胡仕勳	教導第一團第五連排長	激戰中犧牲
袁榮	教導第一團副排長	激戰中犧牲	于洛東	教導第一團排長	激戰中犧牲
余海濱	教導第一團三營九連連長	激戰中犧牲	劉赤忱	教導一團三營九連副連長	激戰中犧牲
陳鐵	教導第一團連長	肉搏戰負重傷	鄭洞國	教導第一團第四連排長	作戰中負傷
蕭贊育	教導第一團第三營見習官	胸部中彈重傷	吳斌	教導第一團三營七連排長	右手臂中彈傷
宋希濂	教導第二團二營四連排長	作戰中負傷	李奇中	教導第一團連黨代表	作戰中負傷
邢國福	教導第一團司務長	作戰中負傷			

上表所列名單僅僅是第一期生棉湖戰役參加者的一小部分，但是，棉湖戰役的犧牲及其慘烈可見一斑。

在棉湖大捷中，以第一期生為基層指揮員的黃埔軍校教導第一團，是這次戰役的主力軍。教導第一團在此役中死傷達二分之一以上，其中以該團第三營為例，副營長暨第一期生楊厚卿英勇犧牲，連長三人二死一傷，排長九人中七人陣亡，一人負傷，士兵 385 人，僅餘 111 人。其中第一期生在此役犧牲王家修、林冠亞、陳述、樊崧華、袁榮、胡仕勳、于洛東等八名連排長，以黃埔軍校校軍教導第一團、第二團三千餘眾，抵禦並擊潰了兩萬餘精銳敵軍。

1975 年春，在臺灣的黃埔將帥發起棉湖大捷五十周年紀念活動，還專門編輯和印刷了《棉湖大捷五十周年紀念特刊》，顧祝同題詞：「棉湖戰役五十周年紀念──有武昌之役（辛亥革命武昌起義）而後有中華民國之誕生，有棉湖之役而後有國民革命之發揚」，錢大鈞題詞：棉湖大捷是「成功基礎」，由此可見臺灣當局對國民革命乃至中國國民黨生死攸關的棉湖戰役之重視程度，在臺灣與旅居海外的部分黃埔軍校第一期生

如：黃杰、袁樸、冷欣、梁華盛、鄧文儀、蕭贊育等進行了專訪紀要；吳斌、陳武、杜從戎、鍾偉、丁德隆、李國幹、李鐵軍、李禹祥、夏楚中、劉詠堯、梁漢明、譚輔烈、嚴武等撰寫了紀念文章，並且題詞作詩，紀念這個對於中國國民黨和國民革命軍不平凡的日子。

第三節　參加「一二八」淞滬抗戰簡況

以部分第一期生為師、旅、團級主官的國民革命軍陸軍第五軍，受國民政府最高軍事當局的派遣，率部參加了 1932 年「一二八」淞滬抗日戰爭。這支部隊主要是以國民政府中央警衛部隊改編的陸軍第八十七師和八十八師為應戰而組建的，其中師長、旅長主官基本上第一期生，因此舉例說明較有價值。

附表 50　參加「一二八」淞滬抗戰一覽表

序	姓名	當時任職	序	姓名	當時任職
1	王敬久	第五軍第八十七師副師長	2	孫元良	第八十七師第二五九旅旅長
3	李杲	第八十七師第二五九旅副旅長	4	鍾彬	第二五九旅司令部參謀主任
5	張世希	第二五九旅第五一七團團長	6	石祖德	第二五九旅第五一八團團長
7	宋希濂	第八十七師第二六一旅旅長	8	劉保定	第八十七師第二六一旅副旅長
9	伍誠仁	第八十七師獨立旅旅長	10	傅正模	第八十七師獨立旅第二團團長
11	俞濟時	第五軍第八十八師師長	12	李延年	第五軍第八十八師副師長
13	宣鐵吾	第五軍第八十八師司令部參謀長	14	楊步飛	第八十八師第二六二旅旅長
15	蕭冀勉	第二六二旅司令部參謀主任	16	馮聖法	第二六二旅第五二三團團長
17	黃梅興	第二六四旅副旅長兼第五二八團團長			

從上表所列看到，有 17 名第一期生擔任了團長以上主官，據筆者淺識，如以陸軍步兵編制軍為單位，在整個抗日戰爭時期似沒有那個軍，集中了為數不少的第一期生擔當相當數量的高級指揮職位。第五軍在「一二八」淞滬抗日戰爭中：「計官長（排長以上軍官）陣亡 83 名，受傷 242 名，失蹤 26 名；士兵陣亡 1533 名，受傷 2897 名，失蹤 599 名；合計 5380 名。」⑦戰鬥之慘烈，犧牲之巨大，從短時期單個戰鬥來說也

是少有的。充分說明第一期生將校，在這次著名戰役的所發揮的重要作用和影響也是有目共睹的，「一二八」淞滬抗日戰爭的英雄業績也因此而永載史冊。

第四節　參加長城抗戰古北口、南天門戰役簡況

以部分第一期生任師、旅長主官的國民革命軍第十七軍，是 1933 年初新組建的中央嫡系部隊，徐庭瑤任軍長。該部的初、中級軍官基本上是「黃埔生」，集中了較多的第一期生，也是抗日戰爭爆發前，斃傷日軍較多的一次戰役。

附表 51　參加長城抗戰古北口、南天門戰役一覽表

序	姓名	當時任職	序	姓名	當時任職
1	黃杰	第二師師長	2	關麟徵	第二十五師師長
3	劉戡	第八十三師師長	4	杜聿明	第二十五師第七十三旅旅長、副師長
5	鄭洞國	第二師第四旅旅長	6	張耀明	第二十五師第七十五旅旅長
7	梁愷	第二十五師第七十三旅旅長	8	羅奇	第二師第六旅旅長

第十七軍從 1933 年 3 月 7 日至 5 月 23 日，在長城古北口、南天門等地的防禦作戰中打得十分頑強，激戰七十餘天擊退日軍多次進攻，斃傷日軍五千餘人，第十七軍也傷亡八、九千人。⑧古北口、南天門戰鬥是長城抗戰中歷時最長、雙方兵力投入最多的戰鬥。⑨另外，參與長城抗戰其他戰役的部隊還有：第二十九軍、第三十二軍、第四十軍及第六十七軍等部。

注釋：

① 中國社會科學院語言研究所詞典編纂室編，《現代漢語詞典》，商務印書館，1998 年，第 1584 頁。
②《列寧全集》第三卷，北京，人民出版社，1995 年，第 70 頁。
③ 中國第二歷史檔案館編，《蔣介石年譜初稿》，檔案出版社，1992 年 12 月，第 328 頁。

④ 中共惠州市委統戰部　中共惠州市委黨史辦公室編，《東征史料選編》，廣東人民出版社，1992 年 12 月，第 758 頁。

⑤ 臺灣當局棉湖大捷五十周年紀念籌備委員會編纂，《棉湖大捷五十周年紀念特刊》，1975 年 3 月，第 31 頁。

⑥ 中共惠州市委統戰部　中共惠州市委黨史辦公室編，《東征史料選編》，廣東人民出版社，1992 年 12 月，第 771 頁。

⑦ 中國人民政治協商會議全國委員會文史資料研究委員會，《原國民黨將領抗日戰爭親歷記》編審組，《從九一八到七七事變》，中國文史出版社，1987 年 8 月，第 193 頁。

⑧ 鄭洞國著，《我的戎馬生涯——鄭洞國回憶錄》，團結出版社，1992 年 1 月，第 158 頁

⑨ 郭汝瑰　黃玉章主編，《中國抗日戰爭正面戰場作戰記》，江蘇人民出版社，2002 年 1 月，上冊第 198 頁

第九章

任職國民革命軍中央序列部隊簡況

　　在國民革命軍中央軍序列當中,第一期生最早擔任旅長的是胡宗南、李延年、甘麗初、桂永清等四人。其中:胡宗南早於 1927 年 11 月就任第二十二師代師長。1928 年 7 月國民革命軍第一期北伐後進行編遣,1928 年 7 月 25 日國民政府軍事委員會國軍編遣委員會發佈任命,胡宗南、李延年、甘麗初、桂永清於同日就任縮編後的中央嫡系第一師、第九師、第十一師旅長,是最早任職旅長的第一期生。在其後的二十年當中,第一期生群體在每一任官臺階,都比較後期生要領先許多。

第一節　1929年前任職旅長情況

　　陸軍步兵旅是二十世紀三十年代國民革命軍設置的重要軍隊編制單位,旅長是存乎師與團主官之間的戰略單位的重要指揮長官,同時又是承接將官與校官最高一級——上校的官位轉折,按照 1935 年 4 月以後頒令的上校軍官任職情況,旅長已從過去的少將級降格為上校級。抗日戰爭爆發後,最高軍事當局為也減少戰略單位、指揮層級和利於實戰,單一的步兵旅級編制被撤銷,僅僅保留了炮兵和騎兵旅編制。綜上所述,1929 年時期的旅長,在職權與指揮位置上等同於後來的師長,因此,第一期生也在其中發揮了較為重要的作用與影響。

附表 52　1929 年任職陸軍步兵旅旅長名單

姓名	部隊番號	姓名	部隊番號	姓名	部隊番號
胡宗南	第一師第一旅旅長	黃杰	第一師第二旅旅長	樓景越	第二師第四旅旅長
鄭洞國	第二師第六旅旅長	李玉堂	第三師第八旅旅長	李仙洲	第三師第九旅旅長
甘麗初	第九師第二十五旅旅長	李延年	第九師第二十六旅旅長	陳明仁	第十師第二十八旅旅長
李正華	第十師第三十旅旅長	桂永清	第十一師第三十一旅旅長	李默庵	第四十五師第一一三旅旅長
劉戡	第四十五師第一三四旅旅長	李樹森	第四十五師第一三五旅旅長	孫常鈞	第五十二師第一五三旅旅長
張忠頫	第五十二師第一五四旅旅長	楊步飛	教導第一師第二旅旅長	王敬久	教導第一師第三旅旅長
唐雲山	獨立第十五旅旅長	俞濟時	國民政府警衛第一旅旅長	蔣伏生	國民政府警衛第二旅旅長

　　第一期生無疑是「黃埔系」最早晉任旅長級高級軍官的率先者，從上表可以看到，1929 年國民革命軍編譴後，許多原任軍長、師長的高級將領，被降級任用，而第一期生的部分「驕驕者」脫穎而出，有 21 人獲任部隊縮編後的甲級師旅長級帶兵官。這時的第一期生，從黃埔軍校畢業並進入正規軍隊服役僅僅五年光景。

第二節　抗日戰爭爆發前任職師長情況

　　據史載，1936 年處於抗日戰爭臨戰狀態的國民革命軍，最高軍事當局通過各種途徑，擴編、整編和設置編制了十數個陸軍步兵師，處於軍事成長期和機遇期的第一期生，在此期間得以出任多個新編陸軍師的主官。從批量不小的第一期生出任師長這一狀況觀察，對於處在掌權頂峰的「保定系」將領而言，第一期生將校引領的「黃埔系」此時已呈現上升與取代的強勢趨向。

附表 53　抗日戰爭爆發前（1937.6 前）任職陸軍步兵師師長名單

姓名	部隊番號	任職年月	姓名	部隊番號	任職年月	姓名	部隊番號	任職年月
胡宗南	第一師	1930.6.7 代	李延年	第九師	1932.5.18	李默庵	第十師	1932.5.18
李文	第七十八師	1937.6	鄭洞國	第二師	1936.9 代	梁華盛	第九十二師	1933.8

陳烈	第九十二師	1936.8.5	唐雲山	第九十三師	1933.11	甘麗初	第九十三師	1935.9
王萬齡	第四師	1936.4	王仲廉	第八十九師	1934.2 代	丁德隆	第七十八師	1936.9
李鐵軍	第九十五師	1936.2.18	李樹森	第九十四師	1935.6.4	李及蘭	第四十九師	1936.11
李玉堂	第三師	1931.12 代	李仙洲	第二十一師	1933.12	劉戡	第八十三師	1932.12.19
黃維	第十一師	1933.9	彭善	第十一師	1936.2	霍揆彰	第十四師	1933.8
俞濟時	警衛軍二師	1931.5	董釗	第二十八師	1936.11	黃杰	第二師	1930.3.1
關麟徵	第二十五師	1932.10	宋希濂	第三十六師	1933.10.26	伍誠仁	第四十九師	1934.1
柏天民	第五十一師	1935.5	王敬久	第八十七師	1932.9	陳沛	第六十師	1934.1
陳鐵	第八十五師	1935.10.5	孫元良	第八十八師	1933.1.17	陳琪	第八十師	1934.9
楊步飛	第六十一師	1934.6.13	桂永清	中央軍校教導總隊長	1935.1	夏楚中	第九十八師	1934.3.16
冷欣	第四師	1933.12 代	蕭乾	第十一師	1933.2.12	陳明仁	第八十師	1933.9
王文彥	第一四〇師	1936.10.15						

上述第一期生出任師長者，有多人在同一時期先後出任數個師主官，上表以首度出任師長時間為例。

在此期間，第一期生已有胡宗南於 1936 年 4 月 25 日晉任第一軍軍長，再創第一期生率先晉任上一級主官第一人紀錄。直至抗日戰爭爆發前夕，國民革命軍序列一百七十九個陸軍步兵師中，已有三十四個師是由第一期生擔任師長主官，占總數 19%。

第三節　抗日戰爭時期任職軍長情況

抗日戰爭時期的陸軍步兵軍編制，仍舊是統轄兩師兵員裝備的主要作戰單位。據史載資料，國民革命軍經歷了抗日戰爭初期的戰場損失和重創，處於抗戰前期與中期的陸軍步兵軍，在兵員、編制、裝備的配置情況，遠較抗日戰爭爆發前的步兵軍弱化，其中原有的「保定系」高級軍官呈現老化，應對現代戰爭的能力更顯不足，年齡相對較輕、經過戰場磨礪的第一期生取而代之。可以這樣認為，抗日戰爭八年歷練，造就了第一期生嶄露頭角茁壯成長。從下表反映的情況可見一斑。

附表 54　抗日戰爭期間（1937.7 – 1945.8）任職軍長名單

姓名	部隊番號	任職年月	姓名	部隊番號	任職年月	姓名	部隊番號	任職年月
李延年	第二軍	1937.8.2	李默庵	第十四軍	1937.9.7	黃杰	第八軍	1937.8.9
張耀明	第五十二軍	1938.9.27	關麟徵	第五十二軍	1937.8.9	桂永清	第二十七軍	1938.4.13
霍揆彰	第五十四軍	1937.8.9	王敬久	第七十一軍	1937.9.12	孫元良	第七十二軍	1937.9.12
俞濟時	第七十四軍	1937.8.30	宋希濂	第七十八軍	1937.9.12	王仲廉	第八十五軍	1937.11.14
夏楚中	第七十九軍	1937.9.12	陳鐵	第十四軍	1938.6.21	李鐵軍	第一軍	1938.5.12
甘麗初	第六軍	1938.8.5	李玉堂	第八軍	1938.6.8	董釗	第十六軍	1938.8.5
黃維	第十八軍	1938.2.10	張雪中	第十三軍	1938.7.30	范漢傑	第二十七軍	1938.9.1
李文	第九十軍	1938.6.27	李仙洲	第九十二軍	1938.2.12	劉戡	第九十三軍	1938.3.7
陳琪	第一○○軍	1938.9.29	梁華盛	第十軍	1939.7.5	陳烈	第五十四軍	1939.7.5
王文彥	第七十六軍	1939.4.20	宣鐵吾	第九十一軍	1939.2.4	陳沛	第三十七軍	1939.6.15
杜聿明	新編十一軍 [改第五軍]	1939.1.14 代理	彭善	第十八軍	1939.5.26	馮聖法	第八十六軍	1939.12.29
陳大慶	新編第二軍	1940.4.25	丁德隆	第一軍	1940.6.15	李楚瀛	第八十五軍	1940.11.5
鄭洞國	新編十一軍	1940.4.2	鍾彬	第十軍	1941.11.30	李及蘭	第九十四軍	1940.1.24
劉希程	第九十八軍	1941.11.20	彭傑如	新編第七軍	1941.4.4	冷欣	第八十九軍	1941.2.1
方日英	第八十六軍	1942.7.19	何紹周	第八十八軍	1942.3.16	劉進	第二十七軍	1942.1.31
牟廷芳	第九十四軍	1942.10.13	陳牧農	第九十三軍	1942.9.22	張際鵬	第十四軍	1943.3.14
周士冕	第九十一軍	1943.6.30	馬勵武	第二十九軍	1943.2.18	羅奇	第三十七軍	1943.4.8
何文鼎	第六十七軍	1943.9.15	袁樸	第八十軍	1943.6.30	劉嘉樹	第八十八軍	1943.1.29
侯鏡如	第九十二軍	1943.1.6	梁漢明	第九十九軍	1943.4.6	廖運澤	騎兵第二軍	1943.10.5
賀光謙	騎兵第三軍	1943.9.29	曹日暉	第九十軍	1944.6.5	陳武	第九十七軍	1944.12.26
韓浚	第七十三軍	1945.1.26	陳明仁	第七十一軍	1945.6.4	李良榮	第二十八軍	1945.8.29

　　在此期間，第一期生出任軍長當中，有多人在抗日戰爭時期先後出任數個陸軍步兵軍主官，上表以首度出任軍長時間為例。

　　抗日戰爭爆發後，第一期生從 1937 年 7 月起這段時期中，胡宗南於 1937 年 9 月 13 日升任第十七軍團軍團長，並於 1939 年 8 月 4 日晉任第三十四集團軍總司令，上述兩級主官均由其率先晉任；關麟徵於 1938 年 6 月 17 日升任第三十二軍團軍團長，並於 1939 年 10 月 2 日晉任第十五集團軍總司令；李默庵於 1938 年 6 月 21 日升任第三十三軍團軍團長，李延年 1938 年 8 月 5 日晉升第十一軍團軍團長，俞濟時、王敬久於 1938 年 8 月 5 日分別升任第三十六軍團、第三十七軍團軍團長；霍揆彰於 1940 年 7 月 19 日代理第二十集團軍總司令（1942 年 6 月 29 日真除實任），

王敬久於 1941 年 8 月 25 日升任任第十集團軍總司令，宋希濂於 1941 年 11 月 25 日升任第十一集團軍總司令等。

　　1937 年度，第一期生有 13 人擔任陸軍步兵軍軍長職務，占當年國民革命軍在編 87 個陸軍步兵軍之 15%。截至 1938 年 12 月底止，除抗日戰爭爆發第一年已獲晉升的第一期生外，仍有 21 名擔任陸軍步兵軍軍長職務，占當年度在編 105 個陸軍步兵軍之 20%。該年度第一期生已有 55 人擔任陸軍步兵師師長，占該時期國民革命軍在編 226 個陸軍步兵師的 24.3%。

　　1939 年度，儘管已經有相當一部分第一期生升任高一級職務，該年度仍有 49 人擔任陸軍步兵師師長，占該年度國民革命軍在編 246 個陸軍步兵師的 19.9%。

　　1940 年度，第一期生有 42 人擔任陸軍步兵師師長，占該年度國民革命軍在編 271 個陸軍步兵師的 15.5%。

　　1941 年度，第一期生有 30 人擔任陸軍步兵軍軍長，占國民革命軍在編 111 個陸軍步兵軍之 27%，該年度另有第一期生 19 名擔任陸軍步兵軍副軍長職務。此外，還有 41 名第一期生擔任陸軍步兵師師長，占該年度在編 307 個陸軍步兵師的 13.4%。

　　1942 年度，第一期生胡宗南於 1942 年 7 月 23 日升任第八戰區司令長官部副司令長官，並由其組成第八戰區副司令長官胡宗南指揮部，統轄第三十四、第三十七、第三十八等三個集團軍，再度領先於所有第一期生；李默庵於 1942 年 9 月 28 日升任第三十二集團軍總司令；范漢傑於 1942 年 6 月 25 日升任第三十八集團軍總司令。該年度計有第一期生 8 名任職集團軍總司令，占當年度在編 38 個集團軍之 21%，還有第一期生 16 名擔任集團軍副總司令職務。本年度第一期生有 30 名擔任陸軍步兵軍軍長，占國民革命軍在編 110 個陸軍步兵軍之 27.3%，此外，該年度另有第一期生 23 名擔任陸軍步兵軍副軍長職務。本年度第一期生還有 40 名擔任陸軍步兵師師長，占該年度在編 312 個陸軍步兵師的 12.8%，此外，還有譚輔烈和白海風分別擔任騎兵第十師師長、新編騎兵第七師師長。

1943 年度，第一期生胡宗南仍任第八戰區司令長官部副司令長官，並由其組成第八戰區副司令長官胡宗南指揮部，除統轄第三十四、第三十七、第三十八集團軍外，又增加了第三集團軍，共四個集團軍；杜聿明於 1943 年 1 月 28 日任第五集團軍總司令（該集團軍由昆明防守司令部改編新組建）；李延年於 1943 年 2 月 17 日升任第三十四集團軍總司令；張雪中於 1943 年 2 月 18 日升任第三集團軍總司令（同年 3 月 14 日該集團軍被撤銷）；李仙洲於 1943 年 2 月 24 日升任第二十八集團軍總司令；王仲廉於 1943 年 9 月 24 日升任第三十一集團軍總司令；李鐵軍於 1943 年 9 月 28 日升任另重建的第三集團軍總司令。該年度計有第一期生 12 人任職集團軍總司令，占當年度在編 40 個集團軍之 30%，還有 20 名第一期生擔任集團軍副總司令職務。本年度第一期生有 36 名擔任陸軍步兵軍軍長，占國民革命軍在編 111 個陸軍步兵軍之 32.4%，該年度另有在編 5 個騎兵軍，第一期生任職其中兩個騎兵軍軍長，此外，該年度仍有第一期生 30 名擔任陸軍步兵軍副軍長職務。本年度第一期生還有 22 名擔任陸軍步兵師師長（有部分是副軍長兼任），占該年度在編 313 個陸軍步兵師的 7%，此外，還有白海風擔任新編騎兵第七師師長。

1944 年度，第一期生胡宗南於 1944 年 7 月 6 日由第八戰區副司令長官改任第一戰區副司令長官，仍舊獨樹一幟為第一期生任該職級領先者。陳大慶於 1944 年 1 月 9 日代理第十九集團軍總司令（同年 6 月 20 日真除實任），劉　戡於 1944 年 6 月 6 日升任第三十六集團軍總司令，丁德隆於 1944 年 4 月 20 日升任第三十七集團軍總司令，李玉堂於 1944 年 12 月 27 日升任第三十六集團軍總司令，該年度共計 16 名第一期生任職集團軍總司令，占當年度在編 40 個集團軍之 40%，還有 16 名第一期生擔任集團軍副總司令職務。本年度第一期生有 23 名擔任陸軍步兵軍軍長，占當年度在編 114 個陸軍步兵軍之 20%，另有廖運澤、賀光謙分別擔任騎兵第二軍、騎兵第三軍軍長，此外，本年度還有第一期生 25 名擔任陸軍步兵軍

副軍長職務。本年度第一期生有 15 名擔任陸軍步兵師師長，占該年度在編 321 個陸軍步兵師的 5%，另有白海風仍任新編騎兵第七師師長。

　　1945 年度，第一期生胡宗南於 194 年 1 月 12 日代理第一戰區司令長官，同年 7 月 13 日真除實任，繼續領先於所有第一期生。李延年於 1945 年 6 月 20 日升任第十一戰區司令長官部副司令長官；范漢傑於 1945 年 7 月 20 日升任第一戰區司令長官部副司令長官，兼任第一戰區司令長官部參謀長。黃杰於 1945 年 3 月 5 日升任中國陸軍總司令部第一方面軍副司令官，關麟徵於 1945 年 3 月 5 日升任中國陸軍總司令部第一方面軍副司令官，霍揆彰於 1945 年 3 月 5 日升任中國陸軍總司令部第三方面軍副司令官，同年 6 月 11 日轉任第一方面軍副司令官，夏楚中於 195 年 3 月 5 日升任中國陸軍總司令部第四方面軍副司令官，張雪中於 1945 年 3 月 5 日升任中國陸軍總司令部第三方面軍副司令官，鄭洞國於 1945 年 6 月 11 日升任中國陸軍總司令部第三方面軍副司令官。李　文於 1945 年 1 月 9 日升任第三十四集團軍總司令，董　釗於 1945 年 1 月 9 日升任第三十八集團軍總司令。本年度共計有 17 名第一期生擔任集團軍總司令職務，占該年度在編 38 個集團軍之 44.7%，另有 15 名第一期生擔任集團軍副總司令職務。本年度第一期生有 20 名擔任陸軍步兵軍軍長，占當年度在編 113 個陸軍步兵軍之 17.7%，另有廖運澤、賀光謙仍任騎兵第二軍、騎兵第三軍軍長，此外，本年度還有第一期生 26 名擔任陸軍步兵軍副軍長職務。本年度第一期生有 14 名擔任陸軍步兵師師長，占該年度在編 331 個陸軍步兵師的 4%，另有白海風在新編騎兵第七師裁撤後轉任騎兵第九師師長。

第四節　抗戰勝利後至1949年9月以前任職總部情況

　　抗日戰爭勝利後，第一期生群體的「排頭兵」，在民國軍事領域形成了較強的勢頭，逐漸佔據了許多關鍵且顯要的軍事指揮崗位。從下表可以看到，這批第一期生僅次於最高軍事當局的資深將領。

附表 55　1945.9 － 1949.9 任職總部、綏靖公署、「剿總」副職以上名單

姓名	軍政機構名稱	職務名稱	任職年月	姓名	軍政機構名稱	職務名稱	任職年月
胡宗南	西安綏靖公署	主任	1946.7.10	李延年	徐州綏靖公署	副主任	1945.12.20
范漢傑	國民政府國防部	次長	1946.6.1	關麟徵	東北保安司令部	司令長官	1945.10.8
杜聿明	東北保安司令部	司令長官	1945.10.26	梁華盛	東北保安司令部	副司令長官	1945.12.11
鄭洞國	東北保安司令部	副司令長官	1946.3.26	李及蘭	華南軍政長官公署	副長官	1949.7.21
宣鐵吾	京滬滬警備總司令部	副總司令	1949.1.30	桂永清	海軍總司令部	總司令	1946.9.27代
王叔銘	空軍總司令部	副總司令	1946.6.29	黃維	聯合後方勤務總司令部	副總司令	1946.6.29
王敬久	重慶衛戍總司令部	總司令	1945.12	何紹周	雲南警備總司令部	總司令	1946.6.28
孫元良	重慶警備總部川鄂邊綏靖公署	總司令代主任	1946.6.281949.8.24	陳大慶	衢州綏靖公署，京滬杭警備總部	副主任副總司令	1948.8.51949.1.30
張鎮	京滬衛戍總司令部	總司令	1947.8.16	黃杰	國民政府國防部	次長	1949.1
梁華盛	東北「剿總」	副總司令	1948.8.4	陳鐵	東北「剿總」	副總司令	1948.8.4
陳明仁	華中「剿總」，華中軍政長官公署	副總司令副長官	1948.10.211949.6	李文	華北「剿總」	副總司令	1949.1.11
李默庵	長沙綏靖公署	副主任	1948.9.29	董釗	西安綏靖公署	副主任	1948.2.16
張雪中	衢州綏靖公署	副主任	1948.9.30	宋思一	衢州綏靖公署	副主任	1948.9.23
張耀明	首都衛戍總司令部	總司令	1948.11.28	劉詠堯	國民政府國防部	次長	1949.9.14
羅奇	陸軍總司令部	副總司令	1949.4	宋希濂	川湘鄂邊綏靖公署	主任	1949.8.31
冷欣	京滬杭警備總司令部	副總司令	1949.1.30	鍾彬	川湘鄂邊綏靖公署	副主任	1949.8.31
侯鏡如	福州綏靖公署	副主任	1949.7.1	黃珍吾	福州綏靖公署	副主任	1949.6
張世希	冀熱遼邊區總指揮部	副主任	1948.11	李楚瀛	京滬杭警備總司令部	副總司令	1949.1.30
甘麗初	桂林綏靖公署	副主任	1949.5.18	劉漢珍	貴州綏靖公署	副主任	1949.6.5
李良榮	福州綏靖公署	副主任	1949.2.1	潘佑強	川湘鄂邊綏靖公署	副主任	1949.8.31
王文彥	貴州綏靖公署	副主任	1949.6.5				

　　上表著重反映該段時期第一期生出任之最高任職，有多人數度出任同一職級者，仍以首任職務時間為例。

　　上一時期擔任集團軍總司令職級的第一期生，相當一部分已經晉升高一級軍政職務。在此情況下，第一期生仍有 12 名擔任集團軍總司令，占同期在編 29 個集團軍之 41.4%，達到第一期生履歷該級職務之最高百分比。

　　截至 1945 年底止，第一期生仍有 9 人擔任陸軍步兵師師長（其中一部分人是兼任），另有白海風仍任騎兵第九師師長。

　　截至 1946 年底，面臨許多後期生將領之不斷湧現，該年度第一期生仍有 13 名擔任陸軍步兵軍軍長職務，占該年度在編 103 個陸軍步兵軍之 12.6%。同一時期還有廖運澤仍任騎兵第二軍軍長。

　　第一期生 1946 年情況簡述。

　　1946 年春起國民革命軍進行了抗日戰爭勝利後最大規模的整編，正規部隊從 600 多萬裁減至 430 萬，其中陸軍步兵為 200 萬人兵力。其中一些集團軍成建制的整編為軍，第一期生有董釗任整編第一軍軍長，王仲廉任整編第二十六軍軍長，劉戡任整編第二十九軍軍長等。整編前後期間，第一期生有 8 人仍任集團軍總司令，占 1946 年底在編 15 個集團軍之 53%，充分顯示了第一期生在整編期間，仍舊是直接掌握集團軍／軍一級作戰部隊的高級軍事主官群體。該段時期第一期生有 6 人擔任整編師師長（等同原步兵軍編制），另有 3 人擔任整編師副師長職務，占同期在編 55 個整編師的 11%。此外，在尚未整編的軍一級編制序列當中，第一期生有 7 人仍任步兵軍軍長職務，占同時期在編 35 個步兵軍的 20%。從以上資料顯示，在整編師與軍編制的主官中，第一期生仍佔有 30% 的比重。在整編旅序列中，第一期生有洪顯成任整編第八十二旅旅長，廖運澤任整編第一一〇旅旅長，在尚未整編的師序列中，第一期生有石祖德任第九十八師師長，袁樸任青年軍第二〇三師師長，胡素任青年軍第二〇五師師長，白海風任陸軍步兵新編第二師師長等。

　　第一期生 1947 年情況簡述。

　　整編陸軍步兵軍序列。截至 1947 年 6 月部隊整編結束，又有一部分原集團軍整編為軍。1947 年度第一期生仍有董釗任整編第一軍軍長（陳

武任副軍長），夏楚中任整編第二十一軍軍長，王仲廉任整編第二十六軍軍長，王敬久任整編第二十七軍軍長，李文任整編第二十八軍軍長，劉戡任整編第二十九軍軍長（王文彥任副軍長），占該時期在編 9 個整編軍的 66.7%。由此可見，國民政府軍事委員會通過正規部隊整編，加速了國民革命軍中央化和黃埔嫡系化的進程，第一期生高級將領群體始終是這一歷史進程的忠實執行者及率領集團。

整編陸軍步兵師序列。同一時期，還有何文鼎任整編第十七師師長，馬勵武任整編第二十六整編師師長，李良榮任整編第二十八師師長，張耀明兼任整編第三十八師師長等，尚未整編的步兵軍，有袁樸任第十六軍軍長，黃維任第三十一軍（青年軍）軍長，陳明仁任第七十一軍軍長，韓浚任第七十三軍軍長，侯鏡如任第九十二軍軍長，牟廷芳任第九十四軍軍長等，第一期生任整編師和步兵軍主官共計 10 人，占當年在編 85 個軍級單位之 12%。

整編陸軍步兵旅序列中，有洪顯成任整編第八十二旅旅長，何文鼎兼任整編第八十四旅旅長，另有白海風任騎兵第二旅旅長。尚未整編的步兵師序列中，有石祖德先後任第九十八師、第一八九師師長，袁樸和鍾彬先後兼任青年軍第二〇三師師長等。

第一期生 1948 年情況簡述。

兵團司令部序列。1948 年間，國民革命軍設立了兵團一級軍事戰略編制，第一期生有：鄭洞國兼任第一兵團司令官（侯鏡如、彭傑如任副司令官），杜聿明兼任第三兵團司令官，李文任第四兵團司令官（王仲廉 1948 年 7 月任該兵團司令官，同年 8 月因戰事失利撤職，袁樸任副司令官），李鐵軍兼任第五兵團司令官（陳武、李楚瀛任副司令官），李延年兼任第六兵團司令官，陳明仁任第七兵團司令官（唐雲山任副司令官），黃維任第十二兵團司令官（李良榮任副司令官），宋希濂兼任第十四兵團司令官，孫元良任第十六兵團司令官，侯鏡如任第十七兵團司令官，范漢傑兼任膠東兵團（原稱第一兵團）司令官，占當年度在編 19 個兵團之 58%。

　　綏靖區司令部序列。同一時期，還設立了等同於兵團級的獨立戰略單位——綏靖區司令部，其中：李默庵任第一綏靖區司令部（統轄整編第四師、第二十一師、第五十一師及暫編第二十三師、第二十五師等部，以下從略）司令官，孫元良代理第五綏靖區司令（孫震）部司令官，張雪中任第七綏靖區司令部司令官，李良榮任第九綏靖區司令官，李玉堂任第十綏靖區司令部司令官，霍揆彰任第十六綏靖區司令部司令官，董釗任第十八綏靖區司令部司令官，何文鼎任第十九綏靖區司令部司令官等，占當時在編 20 個綏靖區司令部之 40%。

　　整編陸軍步兵師序列。在整編師序列中，有李楚瀛任整編第三師（原第十軍）師長，何文鼎任整編第十七師（原第十七軍）師長，余程萬任整編第二十六師師長，李良榮兼任整編第二十八師（原第二十八軍）師長，張耀明兼任整編第三十八師（原第三十八軍）師長，馬師恭行整編第八十八師（原第八十八軍）師長，陳武兼任整編第九十師（第九十軍）師長等。另有曾潛英任暫編第十一師師長，該師後改為第二五九師，仍任師長。

　　陸軍步兵軍序列。未被整編的步兵軍序列中，有袁樸兼任第十六軍軍長，陳明仁兼任第七十一軍軍長，侯鏡如兼任第九十二軍軍長，牟廷芳任第九十四軍軍長等；在整編師和步兵軍任主官共計 11 人，占當年在編 102 個軍級單位之 10.8%。

　　整編陸軍步兵旅序列中，唯有石祖德任整編第九十八旅旅長，白海風仍任騎兵第二旅旅長，此外，未被整編的步兵師序列中，已經沒有第一期生在任主官。

　　第一期生 1949 年情況簡述。

　　編練司令部序列。1949 年 2 月 1 日，國民政府國防部將設立於各戰略區域的陸軍訓練處，改設為陸軍總司令部各編練司令部，成為訓練、補充、作戰合一的軍事戰略建制單位。第一期生有王敬久任第一編練司令部司令官（石祖德任副司令官），黃傑任第五編練司令部司令官（傅正

模任副司令官），何紹周任第六編練司令部司令官（王文彥、段重智任副司令官），陳鐵任第八編練司令部司令官，張雪中任第九編練司令部司令官（馮聖法任副司令官），孫元良任第十編練司令部司令官，胡宗南兼任第十二編練司令部司令官，何紹周任第十三綏靖區（貴陽）司令部司令官，宋希濂任第十四編練司令部司令官，設立的十四個兵團級戰略單位主官當中，第一期生佔據了 9 個，占 64.3%。

兵團司令部序列。1949 年期間，重新設立或重建了一部分兵團級戰略指揮單位，其中第一期生有：陳明仁任第一兵團司令部司令官（傅正模、劉進、張際鵬任副司令官），黃杰任重建（1949.8.7）的第一兵團司令部司令官，李文任重建（1949.9）的第五兵團司令部司令官，李延年兼任第六兵團司令部司令官（吳斌任副司令官），霍揆彰任改設後的第十一兵團司令部司令官（丁德隆任副司令官），宋希濂兼任第十四兵團司令部司令官，鍾彬任（1949.7）第十四兵團司令部司令官（王廷柱任副司令官），孫元良任重建（1949.8.24）的第十六兵團司令部司令官（馮聖法任副司令官），侯鏡如兼任第十七兵團司令部司令官，劉嘉樹任重建（1949.8）的第十七兵團司令部司令官，何紹周任重新設立（1949.4）的第十九兵團司令部司令官，李良榮兼任重新設立（1949.7）的第二十二兵團司令部司令官等，該年度先後存在 27 個兵團司令部建制，第一期生仍佔據其中 44.4%。

綏靖區司令部序列。第一期生有張世希任第七綏靖區司令部司令官（馬師恭任副司令官），霍揆彰任第十六綏靖區司令部司令官（丁德隆任副司令官），李默庵兼任第十七綏靖區司令部司令官等，占當年在編 8 個綏靖區司令部之 37.5%。

陸軍步兵軍序列。1948 年底國民革命軍再度改編，廢除了原整編師、旅編制與序列，以及此前頒佈施行的整編師統一番號，重新恢復軍、師一級作為戰略單位編制與步兵軍、師番號。1949 年 1 月起，對部分在戰場覆沒或重創部隊，進行重新編練和組建，頒佈和恢復了過去沿用的

步兵軍、師番號。因此，該年度中有部分第一期生，出任重建後的軍級主官，張際鵬任第十四軍軍長（傅正模 1949.6.10 接任軍長），余程萬任第二十六軍軍長，陳明仁兼任第二十九軍軍長，孫元良兼任第四十一軍軍長，陳沛任第四十五軍軍長，何紹周兼任第四十九軍軍長，李鐵軍兼任第六十二軍軍長，容有略任第六十四軍軍長，馬師恭任第八十八軍軍長，陳武任第九十軍軍長（前任重建的第八軍軍長），王治歧任第一一九軍軍長等，占該年度先後存在的 114 個軍編制之 9.7%。

　　陸軍步兵師序列。由於在過去的一年中，許多師一級部隊被消滅或重創，絕大多數師級主官均為後十期軍校生擔當。因此在可供查考的資料中，本年度先後存在的 314 個步兵師編制序列中，第一期生唯有湯季楠任第六十三師師長。除此之外，第一期生有部分返回原籍地方供職，如：梁漢明任廣東保安第一師師長，方日英任廣東保安第二師師長，

　　第一期生在陸軍步兵以外的軍種、兵種序列中，也發揮了十分重要的領先或主導作用。桂永清於 1946 年 9 月 14 日任海軍總司令部副總司令，同月 26 日任代理總司令，參與美英盟軍贈艦與接艦事項，抗戰勝利後主持組建海軍，1948 年 8 月 26 日正式任海軍總司令。王叔銘從黃埔軍校第一期畢業後，就轉行投身航空事業及空軍的組建，抗戰後期任軍事委員會航空委員會副主任，1946 年 5 月 31 日成立空軍總司令部後，同年6 月 29 日任副總司令，同時兼任空軍總司令部參謀長。張鎮於 1946 年 6月 5 日任憲兵司令部司令官。馬師恭於 1946 年 3 月 16 日任航空委員會傘兵總隊總隊長，後任傘兵司令部司令官，參與組建空軍最早期的傘兵部隊。周鴻恩於 1947 年 11 月接任中央陸軍步兵學校校長。

第十章

敘任國民革命軍將官、
上校以及授銜情況綜合分析

　　從清末至民國期時期，中國社會長期處於戰爭狀態，軍事領域的現代化步伐比起其他領域而言，許多方面都是領先或超前的。軍隊作為武力象徵，更是政黨與軍事集團或地方勢力的權力支柱，軍隊的各級軍官，主導和支撐著部隊興衰存亡。各級指揮官對於軍隊的生存發展，無疑是起著最為重要的作用，於是就有了各級軍官的任官制度，軍隊設立將校緣於清末民初，真正有了較為系統發展是在民國初期，始於北洋軍事集團及其各地軍閥勢力，一般的說，將官的等級（軍銜）和序列設立，較之校官更為系統而具體，說明早期的軍隊，對於初級軍官至中級軍官的重視程度存有較大差異。各種政治勢力扶持下的軍事集團或地方軍閥，軍官的等級設置與任免更是五花八門各行其道。到了二十世紀三十年代中期，形式上統轄全國軍隊的軍事委員會，才以最高軍事當局的名義，將軍隊各級軍官的任官與任職，統籌由中央軍事機關加以銓敘任免。從這時起，軍隊的將校尉級軍官等級與軍種、兵種的分開設置，才納入了統籌與規範，初步呈現出軍事制度和軍隊現代化的雛形。按照中國國民黨以政黨和政治規劃發展的中央序列軍官階層——「黃埔系」將校，是第一批納入國家軍事任免程式的軍官，而作為「黃埔系」「領頭雁」的第一期生，無疑是最早的一批將校。

第一節《國民政府公報》頒令敘任上校、將官人員情況綜述

　　第一期生在民國時期的將校行列當中，佔有的總的比例並不大，但是如果作為一所軍校的某一期學員為統計單位，對國民革命軍高級將領層作進一步的考慮與分析，黃埔軍校第一期學員群體之部分成員，仍然佔有重要位置。從 1935 年 4 月起，南京國民政府軍事委員會以中央政府最高軍事機關名義，正式將國民革命軍各級軍官軍銜任命權納入中央統轄的任免程式。此後，對少校以上軍官（後期為少將以上）任官命令均在《國民政府公報》予以頒佈，具有國家認可的權威性和準確性（目前出版物中有關將校任官時間皆源於此）。根據《國民政府公報》記載，在 1935 年 4 月 4 日至 1949 年 9 月 30 日期間，總計任命有少將以上將官4461 名。下表反映的主要是在此期間獲得任命上校以上軍官情況。

附表 56　敘任上校、將官及各時期最高任職一覽表

序號	姓名	任上校年月	任少將年月	任中將年月	各時期最高軍政任職			
					1924 - 1927	1928 - 1936	1937 - 1945	1946 - 1949
1	丁炳權	1936.6	1938.7		第一軍第二十二師第六十四團團長	湖北省政府保安處處長	第八軍第一九八師師長	
2	丁德隆	1935.5	1936.10	1945.3	第一軍第一師第六團團長	第七十八師師長，第五十七軍軍長	第八戰區第三十七集團軍總司令	西北綏靖主任公署幹部訓練團副團長
3	萬少鼎	1942.7			步兵營營長	步兵團副團長	第五十八師副師長兼政治部主任	湖南「反共救國軍」第三縱隊司令
4	馬師恭	1946.5	1948.9		第一軍第一師營長	豫皖綏靖主任公署高級參謀	空軍總司令部傘兵總隊司令	整編第八十八師師長，第八十八軍軍長
5	馬勵武	1935.5	1937.8		中央教導第二師營長	第一六六師師長	第二十九軍軍長	整編第二十六師師長

6	馬志超	1946.11			第一師教導團連長	西安市警察局局長	新編第三十四師師長	交通部交通警察總局副局長
7	尹榮光	1946.11			第一軍第二十二師政治部主任	鐵道部路警管理局科長	鐵道部員警署參議	東北「剿總」第八兵團司令部政工處處長
8	王祈		1938.2		第六軍步兵營營長	軍政部參謀、科長	成都中央軍校代教育長	
9	王夢	1943.1	1948.9		第一軍第二十師營長	軍政部參謀、科長	補充第一師副師長	第十四編練司令部參謀長
10	王萬齡	1935.5	1936.1		第一軍第三師第九團團長	第四師第十三旅旅長、師長	第十三軍及第八十五軍副軍長〔1942年冬因病離職〕	1946.7退為備役
11	王公亮	1935.5	1936.4		第一軍第三師營長、副團長	財政部稅警總團副總團長	軍政部第三十三新兵補充訓練處處長	川陝邊區總指揮部第六縱隊司令
12	王文彥		1935.4		北伐東路軍特務團團長	第一〇四師師長	第三十七集團軍副總司令	貴州綏靖主任公署副主任
13	王認曲	1935.5	1937.5		第六軍政治部科長	軍校第十三期總隊長，第十師副師長	暫編第一師師長	華中「剿總」第一兵團司令部高級參謀
14	王世和	1935.5	1936.2		國民革命軍總司令部警衛隊侍衛長	軍事委員會委員長警衛團團長	第三集團軍總司令部副總司令	甘肅河西警備總司令部副總司令
15	王仲廉		1935.4	1939.7	第一軍第二師營長	第二師第四旅旅長，第八十九師師長	第十九及第三十一集團軍總司令	整編第二十六軍軍長，第四兵團司令
16	王廷柱	1938.6			陝西三民軍官學校學員隊隊長	武漢警備總司令部警備旅旅長	第五十五師一六五旅旅長，第六十三師師長	第十四兵團副司令

17	王勁修		1936.5	1948.9	第一軍第一師第一營政治指導員	新編第十三師第一旅旅長	第十四軍及第九十七軍副軍長	湖南全省綏靖司令部副總司令
18	王君培		1946.5	1946.10 追贈	廣州黃埔軍校政治教官	暫編第十四師師長	第十二軍副軍長	
19	王連慶	1936.3	1937.5		第九軍教導團團長	第一集團軍補充師師長	第九十四師師長	第十四軍副軍長
20	王國相	1943.2			國民革命軍第六軍步兵團團長	晉軍第二十四團團長	第一六五師副師長	太原綏靖主任公署晉南區警備副司令
21	王叔銘		1948.9		駐蘇聯大使館空軍武官	空軍第五路司令，雲南省防空副司令	軍事委員會航空委員會副主任	空軍總司令部參謀長、副總司令
22	王治歧		1939.7		第一軍第一師營長	第一軍第一師司令部參謀主任	第七分校學員總隊長，第八十軍副軍長	第五兵團副司令，甘肅省政府主席
23	王建業	1935.4			團長	副旅長、代旅長	高級參謀	
24	王振斅	1945.7			黃埔軍校入伍生部教育副官	第二三八旅旅長，第八十師師長	成都中央軍校高級教官	中央警官學校學員總隊總隊長
25	王逸常	1943.11	1947.8		第一軍第三師第九團黨代表	第五十三軍政治訓練處處長	第一戰區司令長官部政治部副主任	軍事委員會政治部附員
26	王敬久		1935.4	1936.10	第一軍第二十一師第三十六團團長	第五軍第八十七師師長	第三十七軍團軍團長，第十集團軍總司令	陸軍總司令部第一編練司令部司令
27	王錫鈞		1941.6		國民革命軍政治部科員	首都員警廳保安總隊長	陸軍大學政治部主任	第一一○軍軍長
28	鄧子超	1937.8	1947.11		黃埔軍校入伍生隊步兵隊長	江西省保安司令部第二團團長	江西省第五區行政督察專員兼保安司令	九江江防司令部司令
29	鄧文儀		1939.4	1948.9	南京中央軍校政治部代理主任	中國駐蘇聯公使館陸軍武官	軍事委員會成都行營，第三戰區政治部主任	國防部新聞局局長

30	鄧春華	1935.5	1938.10	1948.8	第一軍第二師營長、團長	第二七八旅旅長，第九十三師副師長	軍政部第五新兵補充訓練處處長	海南警備總司令部副總司令
31	鄧經儒		1942.6		第五軍第十六師連長、參謀、團長	第八十八師第二六四旅旅長	第八十五軍副軍長	高級參謀
32	韋日上	1939.6	1947.4		北伐東路軍警備隊隊長	縣民團團長	柳州警備司令部司令	軍事委員會參議
33	丘宗武	1941.6			國民革命軍總司令部警衛團營長	南京中央軍校第十期學員總隊附	江蘇省保安司令部參議	海南警衛總司令部南部防區司令部副司令
34	仝仁	1945.4			黃埔軍校入伍生團連長	獨立第十六旅代理旅長	新編第七師代理參謀長	
35	馮毅		1947.1		黃埔軍校入伍生隊長	營長、團長	第七十一軍司令部參謀長	戰地黨政指導委員會處長
36	馮士英	1935.5	1939.7		第一軍第二師連長	第二師第四旅旅長	第二十七師副師長	
37	馮聖法		1935.4	1946.10	國民革命軍總司令部警衛團參謀長	第八十八師第二六二旅旅長、副師長	第八十六、第九十一、暫編第六軍軍長	交通部東北交通警察總局長
38	馮劍飛		1947.2			河南省政府保安處副處長	預備第二師師長	貴州省政府保安處處長
39	馮春申		1948.9		國民黨雲南省黨務指導委員會委員	中央軍校第十一期總務處處長	軍政部昆明第三十六補充訓練處副處長	國防部昆明編練司令部高級參謀
40	史宏烈		1937.2	1948.9	第一軍第一師連長、營長	預備第二師、新編第十一師師長	第十一集團軍總司令部副總司令	新編第六軍副軍長
41	史仲魚		1948.9		國民二軍騎兵旅營長	陝西省政府保安處科長	淳化縣保安指揮官	陝西省軍管區司令部副司令
42	葉謨	1939.4			國民革命軍排長、區隊長	營長、團長	中央訓練團訓練班副主任	陸軍總司令部附員
43	甘酒柏	1947.6	1948.3			南昌行營運輸處團長	總隊附	支隊司令

44	甘麗初		1936.1	1936.10	第一軍第一師第三團團長	第九師第二十五旅旅長、副師長	第十六集團軍副總司令，第九十三軍軍長	廣西綏靖主任公署副主任
45	甘競生	1940.7	1947.2		黃埔軍校教導第一團副連長	憲兵第二團團附	員警訓練大隊大隊長	廣西桂東軍政長官公署副軍政長官
46	甘清池	1936.3	1947.6		北伐東路軍第十路指揮部參謀主任	第九十二師、第六十師參謀長	第九十九副軍長	廣東第七區行政督察專員兼保安司令
47	田毅安	1942.7			第一軍第二師第五團營長	新編第十四師政治部主任	陝西全省黨政軍聯合辦公廳副主任	
48	申茂生	1935.5	1937.5		第一軍第一師第三團營長	第一六六師第三三二旅旅長	重慶衛戌總司令部參議	第二十五軍官總隊總隊附
49	白海風	1939.6	1946.11		內蒙古騎兵隊隊長	獨立旅旅長	新編第三師、騎兵第七師師長	冀熱遼邊區司令部副司令官
50	石祖德	1935.5	1936.10	1948.9	第一軍第一師團附	軍事委員會委員長侍從室警衛旅長	暫編第二師師長，財政部緝私署副署長	陸軍總司令部第一編練司令部副司令
51	龍慕韓	1935.5			黃埔軍校學員隊副隊長	第五軍第八十八師第二六四旅旅長	第七十一軍第八十八師師長	
52	伍誠仁		1936.12	1948.9	憲兵第五團團長	第四十九師師長	第六十五軍副軍長	福建省保安司令部參謀長
53	伍瑾璋	1936.3	1945.6		國民革命軍某團黨代表	第八師政治部主任	第十集團軍總司令部副參謀長	國防部榮譽軍人生產事務局局長
54	關麟徵		1935.4	1936.10	國民革命軍總司令部補充第七團團長	第十一師第三十二旅旅長，第二十五師師長	第十五、第九集團軍總司令，第一方面軍副司令長官	中央陸軍軍官學校校長，陸軍總司令部副總司令、總司令
55	劉進	1935.5	1937.10		第一軍第二十二師營長	第四師第十二旅旅長	第二十四集團軍副總司令	華中「剿總」第一兵團副司令

56	劉釗	1939.12				「剿匪」軍第三縱隊參謀	師管區司令部副司令	副師長
57	劉戡		1935.4	1936.10 1948.5 追晉上將	第一軍第一師團附	第八十三師師長	第三十七集團軍總司令	重慶衛戍總司令部副總司令
58	劉瑤		1945.2		第一軍第二師營政治指導員	中央員警學校籌備委員，副總隊長	中央警官學校校務委員兼副教育長	粵漢鐵路護路司令部司令
59	劉雲龍[子潛]	1945.4			陝西三民軍官學校學員總隊總隊長	陝西警備第三旅旅長	西安警備司令部司令	重慶遊擊總指揮
60	劉鑄軍	1945.1			黃埔軍校教導第二團營黨代表	團長、參謀長	暫編第五軍副軍長	第七十一軍新編第二十八師師長
61	劉漢珍	1937.3	1948.2		第一軍第二十師參謀	第一三三旅旅長	貴州省政府保安處副處長	貴州綏靖主任公署副主任
62	劉立道	1945.1			中央軍校武漢分校學員第三隊隊長	師政治部主任	政治訓練處處長	黔桂邊區遊擊總指揮部秘書長
63	劉希程		1939.6		第二十軍第二師營長	中央教導第二師團長	一一六師師長，九十八軍軍長	第三快速縱隊司令
64	劉明夏	1935.5	1939.7		第十一軍第二十四師七十一團團長	第十師第二十八旅副旅長	第十四軍第九十四師師長	交通警察總局交通警察第十五總隊總隊長
65	劉佳炎	1943.11			第八軍警衛團連長	團長	西南聯合大學軍訓總教官	昆明警備總司令部高級參謀
66	劉泳羲		1936.2	1945.6	中央教導特務營營長、第三團團長	訓練總監部政治訓練處處長	政治部第一廳廳長，軍政部銓敘廳副廳長	廣州國民政府國防部次長
67	劉味書	1945.4			國民革命軍補充團連長	團長	師管區司令部司令	國防部高級參謀
68	劉柏心	1938.6			國民革命軍第六軍連長、營長	中央陸軍軍官學校洛陽分校學員隊隊長	第一八五師第一〇二團團長	高級參謀，副司令

69	劉基宋	1948.1					團長，副旅長	高級參謀
70	劉嘉樹		1938.11	1948.9	第一軍第二師連長、營長	第五十二師第一五五旅旅長	第八十八軍軍長，第三十四集團軍代總司令	長沙綏靖主任公署參謀長
71	劉焦元	1945.4	1947.11		國民革命軍連長、營長	團長	旅長	國民政府軍政部視察官
72	劉鎮國	1939.1			第二十一師第一營營長	團長	遵義師管區司令部副司令	貴州省第二綏靖區副司令
73	印貞中		1937.10.27追贈少將		第一軍第一師排長、連長	軍校畢業生調查登記處組織股股長	軍事委員會軍事調查統計局黨務處副處長	
74	呂佐周	1943.7				師政治部主任	軍政治部主任	
75	孫元良		1935.4	1936.10	第一軍第一師第一團上校團長	第五軍第八十八師師長	第二十八集團軍副總司令兼二十九軍軍長	第十六兵團司令，第十編練司令部司令
76	孫天放	1939.12	1947.7		第二十六師第七十七團團長	旅長	江蘇省政府防空處處長	江蘇省保安司令部副司令
77	孫常鈞		1936.2	1947.11	中央教導第二師副營長	第二十五師第一五五旅旅長	湖南沅陵警備司令部令，師管區司令	湖南省第八區行政督察專員兼保安司令
78	成嘯松	1940.12			國民革命軍連長、營長	副旅長	預備師副師長	第二十七軍官總隊大隊長
79	朱炳熙		1947.1		國民革命軍總司令部警衛團連長	軍事委員會委員長侍從室副處長	軍事委員會軍辦公廳警衛室主任	南京國民政府總統府警衛處處長
80	朱鵬飛	1935.5	1947.11		連長、營長	團長	旅長	陸軍總司令部政務處處長
81	朱耀武	1940.7	1948.9		山西軍事政治速成科教育副官	第三十四師司令部參謀	晉綏陝邊區總司令部政治部主任	第一二一軍副軍長

82	牟廷芳	1936.10	1938.6		第一軍第一師營附	補充第二團團長，昆明分校副主任	第一二一師師長，第九十四軍軍長	天津警備司令部司令
83	嚴武	1935.5	1936.2		留學德國陸軍大學學員	第十師獨立旅旅長	陸軍第九訓練處處長	臺灣警備司令部參謀長
84	嚴崇師	1945.7	1947.3		陝軍營長、團長	第一三五旅參謀主任	江西南昌團管區司令部司令	陝西地方幹部訓練班主任
85	何清	1943.7	1947.7		第一軍第二十一師營長	參謀本部參謀	第十七軍團司令部高級參謀	湖南省第三區行政督察專員兼保安司令
86	何文鼎		1939.6	1948.9	北伐東路軍步兵營營長	第四十九師副師長	第六十七軍副軍長、代軍長	綏靖區司令部副司令
87	何昆雄	1936.3	1938.10		北伐總預備隊指揮部警衛團黨代表	中央軍校教導總隊第三旅旅長	武漢警備總司令部防空司令部副司令	1942.8.14因戰事失利被重慶政府免官
88	何紹周	1936.7	1939.6	1948.9	北伐東路軍總指揮部第三團副團長	財政部稅警總團副總團長	第九集團軍副總司令兼第八軍軍長	第六編練司令部司令，第十九兵團司令
89	何復初	1936.3	1936.10		國民革命軍總司令部補充五團營長	第八十師第四七六團團長	第九十五師副師長	第三十七軍第九十五師師長
90	余程萬		1936.2		國民政府海軍局政治部主任	第四十九師副師長	第五十七師師長，第七十四軍副軍長	第二十六軍軍長
91	冷欣		1936.2	1948.9	新編第一軍政治部主任	第八十九師副師長，第四師師長	第八十九軍軍長，陸軍總司令部副參謀長	京滬杭警備總司令部副總司令
92	吳斌	1935.5	1945.2		北伐東路軍總指揮部副官	第十九路軍第六十一師參謀長	第一戰區戰時幹部訓練團教育長	廣東第十三區行政督察專員兼保安司令
93	吳興泗		1947.11		國民革命軍總司令部副官	參謀、大隊長	科長、高級參謀	聯合勤務總司令部第六補給區司令部司令

94	吳瑤 [伯華]	1935.5	1938.6		第一軍第二師司令部參謀	第八十三師司令部參謀長	第八十三師副師長	第一戰區司令長官部高級參謀
95	宋文彬	1943.1			第一軍第二十師團長	軍司令部參謀處處長	幹部訓練團副教育長	北平警備司令部高級參謀
96	宋希濂		1935.4	1936.10	國民政府警衛軍第一師第二團團長	第三十六師師長	第十一集團軍總司令，昆明防守司令部司令	川湘鄂邊區綏靖主任公署主任
97	宋思一		1939.6		團長，師政治部主任	第十師副師長	第一四〇師師長	貴州綏靖主任公署副主任
98	張鎮	1935.5	1936.10	1948.9	第十五師政治部主任	憲兵第一團團長	中央憲兵司令部司令	中央憲兵學校校長
99	張人玉	1945.4	1947.11		國民革命軍總司令部參謀	第九師第二十七旅暫編第二團團長	軍事委員會委員長侍從室組長	司令
100	張世希	1936.9	1939.4	1948.9	第一軍第一師連長、營長	第八十七師第二五九旅旅長、副師長	第三戰區司令長官部參謀長	南京衛戍總司令部副總司令
101	張本仁	1943.1			第六軍教導隊區隊長	營長、團附	新兵補充訓練處副處長	宜昌防守司令部副司令
102	張君嵩	1936.3	1942.1		第四軍留守處連長、營長	第七十八師第二三四旅旅長	第四戰區暫編第二軍第八師師長	副軍長
103	張良莘	1935.5	1938.6		第三第六師營附、參謀	第一九〇師師長	甘肅省政府保安處處長	江蘇省蘇西師管區司令
104	張際鵬		1943.8		第一軍第二師營附、大隊長	第八十三師第二四七旅副旅長	第八十五師代師長，第十四軍軍長	湖南第一兵團副司令
105	張坤生	1936.3	1939.6		國民二軍旅司令部參謀	陝西省政府保安處處長	第一軍副軍長	陝西省保安司令部副司令
106	張彌川		1939.11	1947.6	第四軍第十一師營長	湖北省保安第二旅旅長	第七十六軍司令部參謀長	新編第八軍副軍長
107	張樹華	1945.1	1947.11		連長、營長	保安團團長	福建閩南師管區副司令	第二三三師師長

108	張雪中	1935.5	1936.10	1948.9	第一軍第一師連長、營長	第八十九師第二六五旅旅長、副師長	第十三軍軍長，第三方面軍副司令長官	整編第二十二軍軍長，第九編練司令部司令
109	張雁南	1943.2			黃埔軍校入伍團副官	中央軍校第二總隊教官	湖南師管區司令部副司令	聯合勤務總司令部附員
110	張鼎銘	1936.3			第一軍第二十師連長、副營長	第十一師第三十一旅旅長	師管區司令部司令	國民政府軍政部部附
111	張德容		1947.7		國民軍中山軍事政治學校教官	陝西省國民兵軍事訓練處處長	國民黨西安市黨部代理主任委員	陝西省第九區行政督察專員兼保安司令
112	張耀明	1935.5	1936.10	1948.9	黨軍第一旅營長	第二十五師第七十五旅旅長	第三十八軍軍長，第九、四集團軍副總司令	南京衛戍總司令部總司令
113	李文	1935.5	1939.6	1945.6	國民革命軍總司令部補充一團營長	第一師第二旅旅長，第一師副師長	第九十軍軍長，第三十四集團軍總司令	華北「剿總」副總司令，兼第四兵團司令
114	李園	1940.12	1947.2		黃埔軍校入伍生團連長、大隊長	中央軍校教導總隊第二旅四團團長	重慶衛戍總司令部第二警備區司令	國防部部附
115	李杲〔岳陽〕	1939.6			川軍第五混成旅步兵團團長	第二十六師獨立旅旅長，	第一九○師第五五六旅旅長，第四十五旅旅長	1944 年退役
116	李潔〔孚潔〕	1935.5	1948.9		國民革命軍某團連長	中央軍校第十期總隊長	第二十七軍副軍長	軍政部第十補訓處處長
117	李鈞	1945.7			第四軍第十一師連長、營長	第二十五師補充團團長，旅長	四川省軍管區司令部征役處處長	
118	李銑	1935.5	1939.6	1948.9	第八十九師軍官隊隊長	第八十九師補充旅旅長	第十九集團軍副總司令	整編第二十二軍副軍長
119	李強			1947.2	國民革命軍某團連長	中央軍校洛陽分校教導總隊總隊長	第二十九軍副軍長，暫編第十五軍副軍長	中央軍官訓練團總團附員

120	李模	1935.5			國民革命軍總司令部補充三團連長	第八十八師第二六四旅副旅長	第十戰區幹部訓練團副總隊長	陸軍總司令部部附
121	李及蘭	1936.1	1948.9		第一軍第三師第八團營長、團長	教導第三師第二旅旅長，第四十九師師長	第九十四軍軍長，長江上游江防總司令部副總司令	國防部參謀次長，廣州綏靖主任公署副主任
122	李仙洲		1936.2	1938.3	第一軍第二師第四團第一營營長	第三師第九旅旅長，第二十一師師長	第九十二軍軍長，第二十八集團軍總司令	山東第二綏靖區司令部副司令
123	李正韜		1947.4		第一軍一師二團黨代表辦公室主任	西安綏靖主任公署高級參謀室主任	河南省第二區行政督察專員兼保安司令	豫陝鄂邊區綏靖公署參議
124	李玉堂		1935.4	1936.10	第一軍第三師團長	第三師第八旅、師長	第三十六、第二十七團軍總司令	山東綏靖總司令部總司令
125	李向榮	1945.4			國民革命軍總司令部軍務局參謀	中央陸地測量學校教育長	軍事訓練部測量副監	
126	李延年			1935.4.9	第一軍第二師第四團第三營營長，第五團團長	警衛第二師副師長，第二軍第九師師長	第三十四集團軍總司令，第十一戰區副司令長官	徐州「剿總」副總司令，兼任第六兵團司令
127	李伯顏	1935.5	1946.7		第一軍第二十師連長、營長	中國駐法國公使館陸軍武官	暫編第二軍暫編第八師副師長	第七戰區司令長官部高級參謀
128	李均煒	1945.1			國民革命軍某團政治指導員	憲兵司令部補充第二團團附	第二方面軍司令長官部高級參謀	聯合勤務總司令部部附
129	李良榮		1945.11	1948.9	第一軍第一師第一團第二營營長	第三十六師第一〇六旅旅長	第四十六師、第八十一師師長，第二十八軍軍長	福建綏靖公署副主任，第二十二兵團司令
130	李國幹	1945.4			北伐東路軍第二縱隊獨立團團長	補充第二旅旅長，第二八六旅旅長	軍事委員會委員長侍從室組長	財政部緝私總署暨緝私總隊高級專員

131	李奇中	1939.8			第二十軍第三師第五團團附	訓練總監部參謀	軍事訓練部兵役研究班副主任	師管區司令部司令
132	李樹森		1935.4	1937.5	第一軍第二師第五團第二營營長	第六十七師師長	第一○九師師長，第二十七軍副軍長	九十七軍副軍長
133	李禹祥	1936.3			中央軍校步二大隊隊長	第四十九師團長、旅長	第一九五師副師長	預備第七師師長
134	李鐵軍		1935.4	1939.7	第一軍第一師第一團營長	第一師第一旅旅長、師長	第一軍軍長，第三、第二十九團軍總司令	海南防衛總司令部北線兵團司令
135	李捷發	1946.11					高級參謀	參議
136	李夢筆		1939.11		第一軍第二師步兵團連長、營長	第二十八師旅長	第二十八師師長	整編第九十師副師長，陝西鳳翔警備司令
137	李繩武	1936.3	1940.1		北伐東路軍總指揮部警衛連長、參謀	第九十五師司令部參謀長	新編第十師師長，新編第十二軍代理軍長	第十五軍官總隊總隊長
138	李楚瀛	1935.5	1939.6	1948.9	北代東路軍總指揮部工兵營營長	第八十三師第二四七旅旅長	第八十五軍軍長，第三十一集團軍副總司令	淞滬警備司令部副司令
139	李殿春		1947.11				軍需處處長	陸軍總司令部附員
140	李默庵			1935.4.9	第一軍第六十五團團長	第十師師長，十四軍軍長	第三十三集團軍總司令	長沙綏靖公署副主任
141	李驥騏	1943.1	1945.2		訓練總監部國民兵軍事教育處副處長	軍事委員會政治部第二廳副廳長，陸軍預備第二師副師長	第一綏靖區政治部主任，湖南省保安第四師師長
142	杜從戎	1937.3	1946.7		國民政府警衛團團長	柳州越南軍事訓練班主任	國民政府總統府參軍處參軍

143	杜心樹 [心如]		1936.2	1948.9	廣東陸地測量學校教育組長	參謀本部《軍事》雜誌社總編輯	國民兵軍事教育處處長，政治部第二廳廳長	國防部保安事務局局長，國防部測量局局長
144	杜成志 [子材]	1941.6	1947.3			步兵團團長	旅長、副師長	廣州綏靖主任公署高級參謀
145	杜聿明	1935.5	1936.10	1945.2	國民革命軍總司令部訓練處委員	第二十五師副師長，裝甲兵團團長	第五軍軍長，第五集團軍總司令	東北保安司令長官，徐州「剿總」副總司令
146	楊良	1937.3	1945.3		第一軍第三師政治部主任	總隊長	中央各軍事學校畢業生調查處副處長	國防部部員
147	楊顯	1943.1				第九師第二十七旅團附	預備第六師副師長	新編第八軍代理副軍長
148	楊光文	1946.10				團長	副旅長	高級參謀
149	楊光鈺		1939.6		第一軍第二師連長	第八十三師補充團團長	第三十四師師長	第三軍副軍長、代理軍長
150	楊步飛		1935.4		第一第二師連長、營長	八十八師二六四旅旅長	第六十一師師長	淞滬警備司令部副司令
151	蘇文欽	1942.7			第二十軍第三師參謀長	中央軍校教導總隊第二旅參謀主任	第三十九師暫編第五十一師參謀長	國防部戰史編纂委員會主任委員
152	谷樂軍		1947.11		第六軍步兵團連政治指導員、黨代表	第十師第二十八旅第五十七團團長	中央軍校教導總隊第三旅副旅長	軍事委員會委員長侍從室組長
153	邱士發	1945.7			第一軍第二師副營長	第一軍第一師參謀主任	中央訓練團辦公廳副主任	中央軍校西安督訓處副處長
154	鄒公瓚	1939.12			黃埔軍校入伍生隊區隊長	中央軍校第八期第二總隊第三隊長	中央軍校六分校第十六期第二總隊總隊長	國防部第五廳處長，高級參謀
155	陳堅	1945.4					第七十八師副師長	第七十八師師長，第一軍副軍長

156	陳沛		1936.1	1940.12	第一軍第一師第一團團長	第十師二十八旅旅長，六十師師長	第三十七軍軍長，第三十二集團軍副總司令	第四十五軍軍長，國防部參議
157	陳劼	1946.11			杭州軍訓班管理科科長	第六路軍總指揮部參謀	軍事委員會高級參謀	長沙綏靖主任公署參議
158	陳武	1935.5	1937.10	1948.9	第一軍第十四師第四十三團營長	第八十三師第二四九旅旅長	第八十三師師長，第九軍副軍長	整編第九十師師長，第九十軍軍長
159	陳烈	1935.5	1936.10	1940.12 追晉中將	第六軍第十七師第五十一團團長	第九十九師副師長	第九十二師師長，第五十四軍副軍長、軍長	
160	陳鐵		1935.4	1938.5	第一軍第二師工兵營營長	第十師二十六旅旅長，八十五師師長	第四、第十九集團軍副總司令，第十四軍軍長	東北「剿總」副總司令，第八編練司令部司令
161	陳琪		1935.4	1936.10	第一軍第一師連長、營長	第八十師師長	第一〇〇軍軍長 [1942.7 撤職]	
162	陳大慶		1937.8	1945.3	黃埔軍校教導第一團連長	第八十九師第二六七旅旅長，第四師副師長	第十九集團軍總司令，蘇魯豫皖邊區總指揮部副總指揮	南京衛戍總司令部副總司令，京滬杭警備總司令副總司令
163	陳天民		1947.10		駐蘇使館陸軍武官，軍政部軍援辦公處副處長	第十軍第一九〇師副師長	陸軍總司令部兵工署處長	
164	陳平裘		1946.12		第一軍第二十師營附	第八十二師二三八旅旅長	軍政部情報署處長	國防部部附
165	陳圖南 [式正]	1942.7				第七十四軍第五十八師師長	第六十六軍副軍長	
166	陳志達	1945.4			國民革命軍總司令部參謀	財政部稅警總團第六團副團長	交通部寧海線警備司令部副司令	交通部第二交通警察總局副局長
167	陳應龍	1935.5	1936.3 1937.5 九將		第一軍第二師團附、團長	第三師第九旅副旅長、副師長	第二軍軍長，1941.4.11 免職	軍政部第三新兵補充訓練處處長

168	陳純道	1937.8		國民政府中央警衛師副團長	第五十二師補充團團長	第二十新兵補充訓練處副處長，江永師管區司令部副司令	長沙綏靖主任公署高級參謀，第一兵團司令部高級參謀
169	陳明仁		1936.2	1947.11	國民革命軍總司令部補充二團營長	第十師二十八旅旅長，第八十師師長	預備第二師師長，第七十一軍副軍長、軍長	華中「剿總」副總司令，湖南省政府代主席
170	陳牧農	1935.5	1937.5		第一軍第二師連長、營長	第十師第二十八旅旅長	第九十三軍軍長，1944.8 全州失守被槍決	
171	陳泰運		1936.7	1940.5	第一軍第二師團長	第五十一師第一五二旅副旅長	財政部兩淮稅警總團總團長	貴州貴定區行政督察專員兼保安司令
172	陳德法		1938.6		第一軍第二十二師營長	第三十七旅旅長	第一九四師師長，寧波防守司令部司令	新疆新編第二軍副軍長，迪化警備司令
173	周士冕		1941.6		第一軍第一師某團黨代表	第七十八師第二三二旅旅長、副師長	第二十七軍、第九十軍軍長	西南軍政長官公署政治部主任
174	周天健	1941.6	1948.9		潮州分校政治部股長	委員長侍從室科長	團長、參謀、代理副師長	整編第六十九師代師長
175	周建陶		1948.9		武漢國民政府警衛師第一團團附	財政部稅警總團第四團團長	第三十二集團軍總司令部高級參謀	金華師管區司令部司令
176	周澤甫		1947.11		北伐東路軍某團指導員	政訓主任、副團長	師司令部參謀長	軍司令部參謀長
177	周秉璀	1942.1	1948.9		第四軍第十師步兵團連長	第十九路軍教導總隊副總隊長	第四戰區暫編第二軍司令部副官處處長	副師長
178	周品三	1939.3	1948.3		北伐東路軍步兵團營長	中央軍校教導總隊第二旅參謀主任	第八十師第二三八旅副旅長、副師長	高級參謀

179	周振強	1935.5	1937.5		國民革命軍總司令部侍從參謀	中央軍校教導總隊副總隊長	軍政部第二新兵補充訓練處處長	金華師管區司令部司令兼金華城防指揮官
180	周鴻恩	1943.2	1948.9		黃埔軍校入伍生團營附、教官	中央軍校第十三期步兵第一大隊大隊長	師長，中央軍校第十六期第一總隊總隊長	中央陸軍步兵學校教育長、副校長、校長
181	周惠元		1948.1		黃埔軍校政治部政治指導員	中央軍校第八期第二總隊總隊附	中央軍校第十四至十八期上校戰術教官	中央訓練團第二十八軍官總隊總隊附
182	官全斌	1938.8	1940.7		營長、團附	獨立第三十旅副旅長	第二十三集團軍總司令部參謀長	1947 年 2 月退役
183	岳岑	1936.3				第六十一師第三六一團團長	中央陸軍軍官學校教育處處長	
184	易珍瑞	1942.1			警備隊隊長、副官	軍事委員會調查統計局人事室副主任	軍事委員會調查統計局第六處副處長	
185	林英	1935.5	1937.5		第四軍第十三師參謀、營長	第六十一師補充團團長	第九十二師副師長，第七十六軍副軍長	第二十七軍軍長，粵桂南區「剿匪」總指揮
186	林芝雲		1947.7		第二軍第五師連、營長	軍政治部副主任	團管區司令	湘鄂贛邊區「清剿」區司令
187	林朱樑	1945.4			廣州衛戍司令部連長	第四路軍獨立旅參謀長	第七戰區遊擊縱隊司令	國防部部員
188	林斧荊	1945.7			北伐東路軍總指揮部警衛營營長	幹部訓練團教官	第三戰區司令長官部高級參謀	東南軍政長官公署處長
189	羅奇	1935.5	1937.5	1948.9	第二十七師步兵第三團營長	獨三十三旅副旅長，第二師六旅旅長	第九十五師師長，第三十七軍軍長	京滬杭警備總司令部副總司令
190	羅倬漢		1948.3		第一軍第三師步兵營副連長	廣東南路守備團團附、代團長	第一方面軍司令長官部兵站司令部司令	聯合勤務總司令部廣西供應局局長

191	范漢傑	1935.5	1936.9	1945.3	第十師第二十九團團長、副師長	第十九路軍副參謀長，第一軍副軍長	第三十八集團軍總司令，第一戰區參謀長	國防部參謀次長，東北「剿總」副總司令，
192	鄭坡	1940.12		1947.3	副官主任、參謀	內政部保警總隊總隊長	浙江省第二區保安司令部副司令	國防部部附
193	鄭作民	1935.5	1936.10	1940.6 追贈中將	第一軍第一師營長、團長	第九師旅長、副師長	第九師師長，第二軍副軍長	
194	鄭洞國	1935.5	1936.10	1945.2	第三師第八團第一營營長、團長	第二師第四旅旅長、師長	新編第十一軍、第八軍及新編第一軍軍長	吉林省政府主席，東北「剿總」副總司令
195	鄭炳庚		1939.11	1947.11	海軍局政治部宣傳科科長	第二十一師政治部主任	中央軍校政治部主任，衢州綏靖公署秘書長	陸軍總司令部高級參謀
196	侯又生	1938.11			中央軍校入伍生團團附	福建綏靖主任公署參議	第八十六軍司令部代參謀長	西安綏靖主任公署高級參謀
197	侯鼐釗	1945.4			第一軍第二師連政治指導員	第十一師政治部副主任	第三戰區司令長官部政治部主任	國防部政工局辦公室主任
198	侯鏡如		1935.4	1948.9	北伐軍第十七軍第三師政治部主任	第二十一師師長	第九十二軍軍長	第十七兵團司令，福州綏靖主任公署副主任
199	俞墉	1940.11			第二十師補充團營長	浙南警備司令部參謀長	軍事委員會天水行營參議	
200	俞濟時			1936.1 [1948.1 上將待遇]	國民革命軍總司令部補充第四團團長	警衛軍第二師師長，第八十八師、第五十八師師長	第七十四軍、第八十六軍軍長，第三十六集團軍總司令	軍事委員會委員長侍衛長，國民政府總統府第三局局長
201	宣鐵吾		1936.10	1948.9	國民革命軍總司令部憲兵營營長	第八十八師司令部參謀長，杭州警備司令部司令	第九十一軍軍長，上海市警察局局長，財政部緝私署署長	淞滬警備司令，衢州綏靖主任公署副主任，浙江省政府委員

202	柏天民	1935.5	1936.5		第一軍第二師第六旅步兵團長	第五十一師師長	中央軍校第三分副主任	軍政部第十二軍官總隊總隊長
203	段重智	1945.4			第一軍第三師司令部軍需主任	中央軍校洛陽分校隊長	成都中央軍校第三總隊副總隊長	陸軍第六編練司令部副司令
204	胡信		1947.11		第六期第一總隊區隊長	第四十七師政訓處處長	新編第二十三師副師長	第二一三師師長
205	胡素	1935.5	1938.6		第一軍第二十一師團附	第九十三師司令部參謀長	中國遠征軍新編第一軍副軍長	青年軍第二〇五師師長，江西省政府委員
206	胡宗南			1935.4〔1945.10加上將銜〕	第一師副師長，第一軍第二十二師代理師長	第一軍軍團長，中央軍校第七分校主任	第三十四集團軍總司令，第一戰區司令長官	西北綏靖主任公署主任，川陝甘邊區綏靖主任公署主任
207	胡棟成	1943.7	1945.3		中央教導二師營黨代表	獨立第三十旅副旅長	第九十三軍代理副軍長	黔桂邊區綏靖區司令部司令
208	胡琪三	1936.3			團長，旅司令部參謀長	洛陽行營軍官教育團副教育長	軍事委員會西南幹部訓練班辦公廳主任	
209	賀光謙		1937.12		第一軍第二十二師團長	第三師七旅旅長，德國陸軍大學留學	第三十九軍副軍長，騎兵第三軍軍長	華中「剿總」第一兵團司令部高級參謀
210	賀衷寒		1936.1	1936.10	杭州第五、六期學員軍訓班總隊長	軍事委員會政治訓練處處長	政治部第一廳廳長，軍事委員會副秘書長	國民政府社會部政務次長，國民黨中央常委
211	趙雲鵬	1945.4			臨潼、華陰縣保安團團長	漢中師管區司令部副司令	陝西省軍管區司令部參謀長	
212	趙定昌	1936.3	1937.11 1947.6.13複任		第一軍第二師第一獨立團團長	第一軍第八旅旅長	預備第十一師師長（1938年因鄱陽湖戰事失利軍法判刑七年半）	1947.6.13退役

213	郝瑞徵	1935.5			國民革命軍第一軍第二師連長、營長	第二十八師司令部參謀長		
214	鍾偉	1939.9				第九十三師第五五五團團長	第二十五師第七十三旅副旅長	第六十三軍司令部高級參謀
215	鍾彬	1935.5.1	1935.5.21	1948.9	第一軍第二十師步兵營營長	第三十六師第一○八旅旅長、副師長	第七十一軍軍長，青年軍第九軍軍長	第十四兵團司令，川鄂綏靖主任公署副主任
216	鍾煥全	1941.6			國民革命軍第三軍教導團連長	第二師補充旅副旅長	補充旅旅長，江西省保安司令部代理參謀長	高級參謀
217	鍾煥群	1945.4				團長	南昌市公安局局長	高級參謀
218	項傳遠		1948.9		國民革命軍總司令部補充三團營長	軍事委員會委員長侍從室副侍衛長	膠濟鐵路警備司令部總隊長	魯東師管區司令
219	凌光亞	1935.4	1937.5 1947.2 複任		北伐東路軍營長，警備第二團副團長	第八十三師第二四七旅旅長	第二十七軍副軍長，豫西師管區司令部司令	貴陽警備司令部參謀長
220	唐雲山		1935.4	1948.9	第一軍第二十師獨立團參謀	獨立三十三旅旅長，第九十三師、第五十二師師長	軍委會委員長侍從室組長，第八十六軍、第二十五軍副軍長	冀熱遼邊區司令部副司令，東北「剿總」錦州指揮所參謀長
221	唐金元	1945.5			黃埔軍校步科入伍生第二團連長	第十師第三十旅第六團團長	第七十一軍司令部高級參謀	華中「剿總」第一兵團司令部高級參謀
222	夏楚中		1935.4	1936.10	中央第三教導師第九團團長	第十四師第四十旅旅長，第九十八師師長	第七十九軍軍長，第十、第二十集團軍副總司令	整編第二十一軍軍長，第二綏靖區司令部副司令

223	容有略	1946.5	1948.9		第一軍第一師第二團第二營營長	中央警衛師團長	第十軍司令部參謀長，第一九〇師師長	整編第四師副師長，海南警備司令部副司令
224	徐宗垚[中嶽]	1936.3	1936.10	1947.11	第三十軍教導團副團長、團長	獨立第四十旅旅長，第九十五師師長	第九戰區政治部代理主任	國民大會憲政實施促進委員會常委
225	徐石麟		1945.6		南昌起義軍第十一軍第十師第二十八團參謀長	中央軍校教導總隊團長、副旅長	第五戰區豫鄂皖邊遊擊挺進第三縱隊副司令	
226	徐經濟		1947.3		國民軍第二軍手槍營副營長	陝西省防空司令部副司令	暫編第五十四師師長，陝西省政府保安處處長	新編第五軍軍長，寶雞警備司令部司令
227	桂永清		1935.4	1936.10	獨立第五十七團團長，警衛第一團團長	中央軍校教導總隊總隊長，第七十八師師長	第二十七軍軍長，中國駐英國、德國軍事代表團團長	海軍總司令部代理總司令、總司令兼海軍軍官學校教育長
228	袁樸		1939.11	1948.9	第二十六師第三團營長	駐豫軍官教育團第一總隊長，第一師第二旅旅長	第五十七師副師長，第八師師長，第八十軍軍長	第十六軍軍長，西北綏靖主任公署幹部訓練團教育長
229	袁守謙	1936.3	1937.5	1945.6	第一軍第三師營長	軍事委員會政治訓練處處長、特別黨部書記長	第一戰區政治部主任，軍事委員會政治部第二廳廳長	國民黨中央幹部訓練委員會副主任委員，國民黨中央常委
230	袁滌青	1943.7	1947.2		留學日本士官生	財政部稅警第六團營長	第九十七軍第一九六師師長	重建的新編第二軍副軍長
231	賈伯濤	1939.12	1943.8		黃埔軍校入伍生部政治部代理主任	南京黃埔同學會總會登記科科長	軍事委員會西北戰時幹部訓練團副教育長	華中「剿總」政務委員會辦公廳秘書長

232	賈韞山	1938.11	1939.7		國民革命軍連長、營長	江蘇省保安司令部第四團團長	第三十三師師長，第八十九軍副軍長	江蘇省政府保安處處長
233	郭一予		1945.2		黃埔軍校入伍生連長	副旅長，軍政治部主任	第十六集團軍政治部主任	徐州「剿總」辦公廳主任
234	郭禮伯		1936.2		黃埔軍校入伍生部第一團連長	第一九四師師長，江西軍管區副司令	陸軍預備第六師師長，第七十九軍副軍長	軍政部第十六軍官總隊總隊長
235	郭安宇	1945.1	1947.2			國民革命軍師參謀長	陸軍暫編第二十師副師長	國民政府立法院立法委員
236	郭景唐		1936.2 1947.3 複任		西北國民軍營長，國民革命軍團長	旅長，第一六九師師長	第七分校學員總隊附，第九十八軍副軍長	
237	顧希平		1937.11		第一集團第九軍第二師團附、團長	第三路軍總指揮部黨政處長，星子特訓班副主任	中央軍校政治部主任，第一戰區司令長官部政治部主任	西安綏署政治部主任，黃埔同學會非常委員會紀律會主任
238	曹日暉	1937.8	1939.6	1948.9	第一軍第二十一師第六十一團團附	第一師第二旅旅長，陸軍預備第七師師長	第五十三師師長，第九十軍副軍長，陝西漢中師管區司令	第二十三軍官總隊總隊長，西安警備司令部司令
239	曹利生	1945.7	1948.9		黃埔軍校第六期副隊長	第五十九師三五四團長	第一九六師第五六八旅旅長	第十五兵團司令部高級參謀
240	梁愷	1935.4	1936.10	1948.9	第一軍第二十師第五十九團營長	第二十五師第七十三旅旅長，第四十九旅旅長	第九十軍第一九五師師長，第五十二軍副軍長	第五十二軍軍長，第六兵團司令部副司令，國防部高級參謀
241	梁漢明		1938.6		國民革命軍連長、營長	第九十二師團長、大隊長	九十二師師長，九十八軍軍長	整編第六十九師師長

242	梁華盛		1935.4		第一軍第二師步兵連連長	第二四七旅旅長，第九十二師師長	第十軍軍長，第五、第十一集團軍副總司令	東北「剿總」副總司令，廣州綏靖公署副主任
243	梁冠那		1947.11		國民革命軍總司令部交通隊黨代表	軍事委員會開封行營交通處副處長	成都中央陸軍軍官學校第十七期交通教官	湘鄂川黔綏靖主任公署交通處處長
244	蕭灑	1946.10				第一軍第一師政治部宣傳科科長	軍事委員會鄭州分會政治部副主任	第五戰區國民黨特別黨部書記長	鄭州綏靖主任公署高級參謀
245	蕭贊育		1937.1	1947.3	第六軍第十九師政治部主任	南京中央陸軍軍官學校畢業生調查科主任	軍事委員會委員長侍從室三處主任，中央軍校政治部主任	軍委會武漢行營政治部主任，國民黨中央組織部副部長
246	黃杰		1935.4	1936.10	北伐東路軍第十四師第四十四團團長	第二師第五旅旅長、師長，財政部稅警總團長	第八軍、第六軍軍長，南寧分校主任，第十一集團軍總司令	中央訓練團教育長，長沙綏署副主任，第五編練司令部司令
247	黃維		1935.4	1939.6	第一集團軍第九軍步兵團團長	第十一師第三十二旅旅長，第十一師師長	第十八軍及第五十四軍軍長，第六分校主任，昆明防守司令	青年軍第三十一軍軍長，徐州「剿總」第十二兵團司令
248	黃雍		1938.6	1946.7	第一軍第二十一師警衛營營長	中央各軍事學校畢業生調查處副處長	獨立第三十一旅旅長，三青團中央幹事會總務處副處長	中央各軍事學校畢業生調查處湖南分處主任
249	黃珍吾		1945.3		第一軍第二十師團附，第十八師政治部主任	憲兵第一團團長，黃埔軍校政治部主任代教育長	福建省政府保安處長，福建省保安司令部副司令	青年軍第二〇八師師長、副軍長，南京衛戍副總司令

250	黃梅興	1935.5	1937.5			第四軍學兵大隊長，暫編二師副官長	第四十五師第二六六團團長	教導旅旅長，第八十八師第二六四旅旅長	
251	龔少俠	1945.4				第一軍第一師第一團連長	安徽保安第一旅參謀主任，第九十二師政訓處長	軍事委員會西南運輸總處分處長，財政部廣東緝私處處長	昆明市警察局局長，國民政府廣州行轅第二處處長
252	傅正模	1935.5	1936.10			第一軍第二師第六團連長、副營長	第八十七師第二六一旅旅長，第四十九師副師長	預備四師師長，第五十四軍副軍長，昆明防守司令部參謀長	第三軍官總隊總隊長，華中「剿總」第一兵團副司令
253	彭善	1935.5	1936.12			陝西三民軍官學校軍事訓練部部長	第五十二師第一五五旅旅長，第十一師師長	第十八軍軍長，第十集團軍總司令部副總司令	武漢警備總司令，戰時幹部訓練團及中央訓練團副教育長
254	彭傑如	1935.5	1936.10			第六軍第十七師步兵營連長、營長	第十師補充旅旅長、副師長、師長	第十師師長，第十四軍副軍長新編七軍軍長	湖南省保安司令部副司令，第一兵團副司令
255	彭戢光	1935.5	1943.2			第一軍第二十二師步兵團連長、營長	中央教導第二師第四團團長	第二十四師第七十旅旅長，西安綏署高參	中央軍校第七分校教育處處長
256	曾擴情		1943.1			第一軍二十師政治部主任，獨立第十三師黨代表	四川軍事特派員，西北「剿總」政訓處處長	第八戰區司令長官部政治部主任，陸軍大學政治部主任	國民黨四川省黨部主任委員，國民政府立法院立法委員
257	曾潛英	1940.7	1948.9			東征軍步兵連連長，黃埔軍校高級班學員隊隊長	第四軍司令部參謀處參謀，第四師司令部參謀長	第三十四集團軍總部高級參謀，第三十八集團軍副參謀長	第二八五師師長，重建第十軍副軍長，海南第二路副司令

258	程邦昌	1945.4	1947.4		國民革命軍北伐東路軍步兵連連長	營長、團附，陸海空軍總司令部參謀	湖南攸縣團管區司令副處長，軍政部附員	湖南省保安司令部參謀長，第三軍副軍長
259	董釗	1935.5	1936.10	1945.6	國民軍第二軍步兵營連長、營長	西安警備司令，第二十八師師長	第十六軍軍長，第三十八集團軍總司令	整編第一軍軍長，第十八綏靖區司令部司令
260	董煜	1941.6			國民革命軍總司令部獨立第二師團長、副營長	赴蘇聯軍事考察團副官，獨立第五旅團長	第四軍第六十師師長，第三十七軍副軍長，高級參謀	廣東第八、第十四區行政督察專員兼保安司令部司令
261	蔣伏生	1935.5	1936.5	1937.5	第六軍第十八師第五十三團營長、團附、代團長	中央警衛師第二旅旅長，第八十三師師長	預備第五師師長，第三十六師師長，第二十七軍軍長，參議	湖南省軍區司令部副司令，湖南省政府委員，副總司令
262	蔣孝先	1935.5	1936.10	1936.12追贈中將	國民革命軍第一軍第一師步兵營營長	憲兵司令部副司令，憲兵第三團團長，高級參謀		
263	蔣國濤	1945.4			國民革命軍總司令部秘書處副官	軍事委員會委員長侍從室參謀，團附	武漢警備總司令部江防指揮部參謀長	軍事委員會交通巡察處副處長，警務處長
264	蔣超雄	1939.6	1948.9		國民革命軍第一軍連長、營長	江蘇保安第五旅旅長，江蘇全省水路督練處處長	預備第十師師長，第三戰區暫編第八軍副軍長	浙江省軍區司令部副司令，浙東師管區司令部司令
265	謝永平	1945.4			國民革命軍第一軍第二師連長、參謀	湖南省保安第一旅團長	第九戰區幹部訓練團教育處處長	閩粵贛邊遊擊總指揮部高級參謀、副司令

266	謝遠灝	1940.7			第一軍補充第一師營長、團附	第三師政治部主任、團長，江西保安第一旅旅長	預備第一師副師長，中央各軍事學校畢業生調查處處長	軍事委員會參議，黃埔同學會非常委員會中央幹事會幹事
267	韓浚	1936.3	1937.5		第二方面軍總指揮部警衛團參謀長	第四十八師第一四四旅旅長	第七十七師師長，第七十五軍副軍長	第七十三軍軍長
268	藍運東	1937.8			第一軍第二十師營長	軍事委員會軍務局專員	預備第十師司令部參謀長	
269	詹賡陶		1947.4		國民革命軍總司令部第七補充團附	軍事委員會別動總隊部高級參謀	中國駐義大利公使館陸軍武官	軍政部附員
270	雷克明		1948.3		陝西三民軍官學校學員大隊中隊長	新編第十一旅司令部參謀長	高級參謀，軍政部專員	
271	廖運澤	1935.9	1945.2	1948.9	第十一軍第二十四師第七十二團副團長、代團長	第三十三軍學兵團教育長，九十五師補充旅旅長	第二十一師師長，騎兵第二軍軍長，第九十六軍代理軍長	第二十集團軍代副總司令，徐州「剿總」第八綏靖區副司令
272	蔡任民		1947.11		國民革命軍總司令部補充三團團附	軍事委員會北平分會總務處副處長	國民政府軍政部參事	兵站總監部督察官
273	蔡鳳翁	1939.3			第一軍第二十一師步兵團營長、團長	福建省保安司令部第一旅旅長	軍政部第四十一新兵補訓處處長	
274	蔡炳炎	1936.5	1937.5	1937.12追贈中將	第一軍第二師步兵營連長、營長	安徽省政府保安處處長，安徽省警備第二旅旅長	第十八軍第六十七師第二○一旅旅長	
275	譚計全	1943.1			北伐東路軍政治部宣傳科科長	浙江警備師參謀處處長，軍政部參謀	軍事委員會別動總隊部總務處處長	浙江保安副司令，第八區行政督察專員司令

276	譚輔烈	1940.7	1948.9	第一軍第二師步兵營長，騎兵第一旅第二團長	國民黨河南省黨部執行委員，騎兵第十一旅旅長	騎兵第十師師長，中央軍校騎兵科科長、教育處處長	中央騎兵學校西北分校校長，徐州「剿總」第二兵團副司令
277	譚煜麟		1948.9	國民革命軍第四留守處警衛運連長	憲兵司令部憲兵第九團團長	第七十八軍副軍長兼新編第四十二師師長	淞滬警司參謀長，廣州衛戍總司令部參謀長
278	潘佑強		1936.1	第一軍某團政治指導員，某師特別黨部書記長，指導員	軍事委員會訓練總監部國民軍事教育處長，特別訓練班主任	河南省黨政軍聯合辦公處處長兼特別黨部書記長，河南省保安副司令	軍官總隊長，國防部戰地視察室主任，川湘鄂邊區綏靖主任公署副主任
279	潘德立	1936.3	1946.12	建國湘軍總司令部諮議，管理部課長	師司令部軍械處處長	軍事委員會星子特別訓練班高級教官	陸軍總司令部高級參謀
280	潘耀年	1947.9		連長，營黨代表	廣東省政府軍事廳科長	第六十五軍司令部副參謀長	第四戰區幹訓團副教育長
281	酆悌		1936.3	第一軍第一師政治部代主任，北伐東路軍第一師黨代表、主任	中央軍校政治部副主任，中國駐法國公使館武官，軍訓處處長	軍委會委員長侍從室第六廳廳長，湖南省政府委員，長沙警備司令部司令	
282	顏逍鵬	1936.3	1948.9	第一軍第二十一師團政治指導員	軍事委員會武漢行營高級參謀	第六戰區政治部主任，國民政府軍政部秘書長	軍事委員會總參謀長辦公室秘書長
283	穆鼎丞	1943.1		第一軍第二師步兵團營長	陝西省政府保安處第四科科長，陝西省保安第六團團長	陸軍新編第二十六師副師長，陝西省保安第二旅旅長	陝西綏靖主任公署高級參謀，中央訓練團西北分團將官班視察組組長

284	薛蔚英	1936.3			離石縣保衛團教練	第十六軍第一六七師第二旅旅長	第一六七師師長	
285	霍揆彰		1935.4	1937.5	第一軍第二十一師第六十三團團長	第十八軍補充旅旅長，第十四師師長	第五十四軍軍長，第二十集團軍副總司令	第三方面軍副司令長官，第十六綏靖區司令
286	戴文	1945.4	1948.9		第二軍第六師第十八團團附	第八十九師補充旅副旅長	隴海鐵路員警署署長	川東師管區司令，湘西師管區司令
287	魏炳文	1939.4	1948.9			第一軍新編第一師司令部參謀長	第二十八師師長，第三十六、十六軍副軍長	北平警備總司令部副總司令

上表任上校以上軍官時間根據《[國民政府公報1935.4 — 1949.9]頒令任命將官上校及授勳高級軍官一覽表》名單。

以上是289名1935年4月至1949年9月期間任上校以上軍官的名單。另有：任文海，曾任軍政部軍醫署副監；李向榮，曾任中央測量學校教育長，軍事訓練部測量副監，均等同於陸軍少將任官。

1934年國民政府軍事委員會決議將國民革命軍軍官任官（軍銜）授予權收歸中央政府後，1935年第五批任中將的高級軍官名單中，第一期生就有胡宗南、李延年、李默庵三人，標誌著「黃埔生系」代表人物首次躋身國民革命軍高級將領行列。

從「國民政府公報」反映將官任命公報看，相對於其後各期黃埔生而言，第一期生被任命為少將以上將官，從時間、數量和規模等方面分析，總體處於率先和最多之情形。與當時（上世紀二、三十年代）「保定生」群體在軍政界處於核心和主導地位相比，第一期生在某些方面，仍優於部分「保定生」將官。例如：1935年4月9日「國民政府公報」頒令任命的第一批陸軍中將軍官：「胡宗南、李延年、李默庵是與周碞、曾

萬鍾、陶峙岳、萬耀煌、王東原、朱耀華、李覺、馮安邦、曹福林、馮治安、張自忠、張振漢等十五人同時任為陸軍中將」（源自：「國民政府公報」民國二十四年四月九日國民政府令第一七一一號）。具體分析上述人員的軍校情況，第一期生胡宗南、李延年、李默庵三人，與資深將領周磊（保定三炮）、曾萬鍾（雲南講武堂將校班）、陶峙嶽（保定二步）、萬耀煌（保定一步）、王東原（保定八工）、朱耀華（保定三步）、李覺（保定九步）、馮安邦（陝軍隨營學校工兵科）、曹福林（陸建章部左路備補軍模範連）、馮治安（陸建章部左路備補軍模範連）、張自忠（天津法政學堂）、張振漢（保定三炮）于獲任中將時，在任軍職資格和時間上毫無遜色。據筆者掌握資料顯示，這三名黃埔一期生甚至比老牌高級將領如：劉文輝、鄧錫侯、孫震（以上三人1936.2.15任，均系保定軍校第一期生）早獲任十個月，比張發奎（1936.9.15任）早獲任一年零五個月。雖然我們對當時審批中將程式之內中玄機不得而知，但是三名黃埔一期生比許多軍界老前輩率先晉任，無疑預示著「黃埔生系」躋身國民革命軍高級將領行列和加速軍隊「黃埔」中央化的進程。

從上表反映的288名第一期生擔任將校情況，具體分析和分類歸納如下：

任中將有78名，其中：抗日戰爭爆發前任20名，抗日戰爭期間任19名，抗日戰爭勝利後任39名，內中1948年9月任27名。從掌握的資料與情況分析，早期獲任中將，顯示高級軍官之任官資歷和層級，尤其是抗日戰爭爆發前獲任中將的第一期生，在任官職級與資格上，明顯高於後期獲任者，同時也反映了獲任者當時在軍隊或官場所處較高級職位。例如：王敬久、甘麗初、劉戡、關麟徵、孫元良、宋希濂、李玉堂、李延年、李默庵、李樹森、陳琪、俞濟時、胡宗南、賀衷寒、夏楚中、桂永清、黃杰、蔣伏生、霍揆彰等19人（除蔣孝先在西安事變身亡獲追贈中將之特殊情況例外），均系最早晉升旅長、師長的第一期生，而且一直在中央軍「黃埔嫡系」序列部隊任職。從上表情況顯示，

後來在第三次國內戰爭時期乃至中華人民共和國成立後較著名的杜聿明（1945.2）、陳明仁（1947.11）、范漢傑（1945.3）、鄭洞國（1945.2）、侯鏡如（1948.9）等，比較上述 19 人晉升中將均要遲得多。

　　任少將有 136 名（後任中將者除外，不重複計算，後同），其中：抗日戰爭爆發前任 27 名，抗日戰爭期間任 37 名，抗日戰爭勝利後任 72 名。

　　任上校有 75 名（後任少將、中將者除外，不重複計算），其中：抗日戰爭爆發前任 8 名，他們是：王建業、龍慕韓、張鼎銘、李禹祥、李模、岳岑、郝瑞徵、薛蔚英等。抗日戰爭期間任 59 名，抗日戰爭勝利後任 8 名，他們是：馬志超、尹榮光、劉基宋、李捷發、楊光文、陳劫、蕭灑、潘耀年等。

　　關於第一期生任官與任職問題的說明。根據《國民政府公報》和歷史檔案資料顯示：從 1935 年春起，南京國民政府軍事委員會以中央政府最高軍事機關名義，將國民革命軍中央序列部隊及地方軍事集團統轄軍隊的各級軍官任官（軍銜）授予權，收歸中央任免程式，專門設置職掌機關「軍事委員會銓敘廳」。此後陸續在《國民政府公報》以「國民政府令」任命少校以上軍官加以刊載。但是在任官（例如任上校或少將）與實際任職的過程中，存有時間（程式）上明顯滯後於任職的相互矛盾，例如：黃埔軍校第六期生廖耀湘，於 1944 年 7 月已任陸軍新編第六軍軍長，1947 年秋任第七兵團司令官及東北「剿總」副總司令，但是「國民政府令」任廖耀湘的陸軍少將時間則是 1948 年 9 月，由此可見，越是「後期生」，「滯後」情況越明顯，類似情況不枚勝舉，有些情形確實令人迷惑和費解。究其緣由，在民國中後期的軍官任官制度上，任官與任職是分離和脫節的，長期存在著任職在前、任官滯後的特有「官制」現象。

　　關於第一期生獲任上校、少將、中將前後與擔任相當軍隊職務，即任官與任職的對比與分析。從上表所列的基本情況看，獲任上校、少將、中將在時間上與任軍職年月作比較，總體上前者比後者要明顯滯後。以下舉例說明四種情況，一是明顯「滯後」，例如：范漢傑，1935 年

5月任上校，1936年9月任少將，抗日戰爭前已任第一軍副軍長，抗日戰爭時期任第三十八集團軍總司令、第一戰區司令長官部參謀長，1945年3月任中將，抗日戰爭勝利後任國防部參謀次長、陸軍副總司令和東北「剿總」副總司令等職，歷任高層軍事機關高級且重要職務，沒有晉升上將；二是稍微「滯後」，例如：李文，1935年5月任上校，抗戰前已任第一軍第一師師長和第七十八師師長，抗日戰爭爆發後任第九十軍軍長和第三十四集團軍總司令，1939年6月任少將，1945年6月任中將，抗日戰爭勝利後任華北「剿總」副總司令兼第四兵團司令；三是基本「持平」，例如：廖運澤，1935年9月任上校，在此期間任第九十五師補充旅旅長，1945年2月任少將，在此期間任騎兵第二軍軍長和第九十六軍代理軍長，1948年9月任中將，在此期間任徐州「剿總」第八綏靖區司令部副司令官；四是擔任軍隊政工主官，諸如政治部主任、政訓處處長或軍隊特別黨部書記長等職務，「滯後」情況更為明顯，例如：曾擴情，1943年1月任少將，抗日戰爭爆發前他已任軍事委員會四川特派員公署西南各政訓處處長，抗日戰爭時期任第八戰區司令長官部政治部主任等重要職務；再如顧希平，1937年11月任少將，抗日戰爭期間任中央軍校政治部主任、第一戰區司令長官部政治部主任，抗戰勝利後任西安綏靖主任公署政治部主任，沒有晉升中將。這種情形說明，當時在軍隊的政工主官，普遍要比作戰部隊軍事主官低許多。

第二節　犧牲或陣亡軍官追贈將官情況綜述

對於第一期生在戰場犧牲或陣亡的將校級軍官追贈、追晉情況，本節基本上是以《國民政府公報》刊載頒令為準，以各類圖書資料記載為輔。第一期生在戰場作戰或殉職後，以國民政府軍事委員會名義頒令褒揚或追贈（追晉）上一級，有個別甚至越兩級軍銜，這種情況雖然不算太多，但是查閱和搜尋考據確十分不易，在此情況下，只能依據現有資料加以輯錄。

附表57　早期去世第一期學員生前獲授將軍銜及陣亡犧牲追贈（晉）
少將以上將官情況一覽表

姓名	追贈或授銜	最後任職	姓名	追贈或授銜	最後任職
蔡光舉	1925.3 追晉少將	黃埔軍校教導第一團第三營黨代表	程式	1927.12 追贈少將	第一集團軍第一軍第二十二師第六十五團團長
張其雄	1926年 授銜少將	國民革命軍第八軍政治部副主任兼秘書長〔少將銜〕	李之龍	1926.1 授銜少將	廣州國民政府軍事委員會海軍局代理局長〔中將銜〕
榮耀先	1928年 追贈少將	第一集團軍第一軍第三師第七團團長	趙榮忠	1926.12 追晉少將	國民革命軍第六軍第十五師第一團團長
郭樹棫	1927年 追贈少將	第一集團軍第一軍第一師第三團團長	侯克聖	1930.7 追晉中將	國民革命軍第一軍第二師第四團團長〔少將銜〕
鄭作民	1940年春追晉中將	第二軍副軍長兼第九師師長	劉戡	1948.5 追晉陸軍上將銜	整編第二十九軍軍長
黃梅興	1937.8.14 追晉中將	第八十八師第二六四旅旅長	蔣孝先	1936.12 追晉中將	北平憲兵司令部副司令官，兼任憲兵團團長
蔡炳炎	1937.8 追晉中將	第十八軍第六十七師第二〇一旅旅長	王君培	1946.10.10 追晉中將	第十二軍副軍長

第三節　獲頒青天白日勳章情況簡述

　　青天白日勳章，是國民政府設立和授予軍人的最高榮譽勳章。
1929年5月15日國民政府公佈《陸海空軍勳章條例》（國民政府公報第
一六七號令），稱青天白日章，1935年6月15日修訂《陸海空軍勳賞條
例》，改名稱為青天白日勳章，不分等級。從設立至1949年10月的二十
年間，以國民政府令頒佈獲得授予者共計有194名，其中有四名美軍將
領史迪威、陳納德、魏德邁、馬歇爾獲頒。據載，第一期生獲得青天白
日勳章共計有22位，占獲頒者11%。

附表 58　獲頒青天白日勳章情況一覽表

序號	姓名	獲頒時間與事由	獲頒時任職	序號	姓名	獲頒時間與事由	獲頒時任職
1	王仲廉	1938.10.15 台兒莊抗日會戰	第八十五軍軍長	2	王叔銘	1944.8.13 空軍節	空軍第五路司令部司令
3	李仙洲	1946.3.2 抗戰期間著有功績	山東第二綏靖區副司令	4	李玉堂	1942.1.24 湘北抗戰三次大捷	第十軍軍長
5	何文鼎	1946.1.1 抗戰期間著有功績	第六十七軍軍長	6	何紹周	1945.1.1 緬北松山抗戰之役有功	印緬遠征軍第八軍軍長
7	宋希濂	1945.5.11 抗戰期間著有功績	遠征軍第十一集團軍總司令	8	杜聿明	1947.3.13 抗戰期間著有功績	東北保安司令長官
9	俞濟時	1932.10.31 淞滬抗戰有功	第五軍第八十八師師長	10	胡宗南	1946.3.7 抗戰期間著有功績	西安綏靖公署主任
11	容有略	1946.2.28 衡陽抗戰守城四十七天	第十軍第一九〇師師長	12	孫元良	1946.7.16 貴州獨山抗戰	第二十八集團軍總司令
13	陳明仁	1947.9.16 四平街戰役	第七十一軍軍長	14	張雪中	1946.7.16 抗日戰爭著有功績	第十三軍軍長
15	張耀明	1935.7.17 長城喜峰口抗戰	第二十五師第七十五旅旅長	16	黃杰	1935.7.17 長城古北口抗戰	第十七軍第二師師長
17	鄭洞國	1945.1.1 緬北松山抗戰	中國印緬遠征軍新編第一軍軍長	18	霍揆彰	1945.1.1 緬北松山抗戰	印緬遠征軍第二十集團軍總司令
19	劉戡	1935.7.17 長城古北口抗戰	第十七軍第八十三師師長	20	劉嘉樹	1938.4.6 台兒莊會戰、著有功績	第二十二師第四十六旅旅長
21	鍾彬	1945.5.25 抗戰期間著有功績	青年軍第二〇三師師長	22	關麟徵	1935.7.17 長城古北口抗戰	第十七軍第二十五師師長

　　上表所列第一期生青天白日勳章獲得者，除史籍所載抗日戰爭卓有功勳外，有部分人的獲頒緣由，不可避免與所謂「攘禦戡亂」發生關聯。現據「國民政府公報」所載輯錄如下：

　　一、因「淞滬抗日戰事」獲頒者第一期生俞濟時，同時獲頒者（同一頒令公告）另有：蔣光鼐、蔡廷鍇、張治中、沈光漢、毛維壽、區壽年、戴戟、翁照垣、譚啟秀、張炎、錢倫體等十一人；

　　二、因「長城抗日」獲頒者第一期生黃杰、關麟徵、劉戡、張耀明，同時獲頒者（同一頒令公告）另有：宋哲元、秦德純、馮治安、張自忠、劉汝明、劉多荃、王長江等 48 人；

三、因「台兒莊大捷」獲頒者第一期生劉嘉樹、王仲廉、張雪中，
　　同此緣由獲頒者另有：孫連仲、湯恩伯、林偉儔、池峰城、田
　　鎮南、黃樵松等 16 人；

四、因「長沙會戰」獲頒者第一期生李玉堂，同時獲頒者（同一頒
　　令公告）另有：薛岳（時任第九戰區司令長官）等兩人；

五、因「抗戰時期空軍功勳」獲頒者第一期生王叔銘，同時獲頒者
　　（同一頒令公告）另有：周至柔、毛邦初、張廷孟等 5 人；

六、因「遠征軍緬北松山之役功勳」獲頒者第一期生鄭洞國、霍揆
　　彰、何紹周，同時獲頒者（同一頒令公告）另有：蕭毅肅、周
　　福成、孫立人、廖耀湘、王凌雲等 8 人；

七、因「遠征軍滇西會戰功勳」獲頒者第一期生宋希濂，同時獲頒
　　者（1945 年 5 月 11 日頒令公告）另有：黃琪翔、鍾松等 3 人；

八、因「遠征軍滇西會戰功勳」獲頒者第一期生鍾彬，同時獲頒者
　　（1945 年 5 月 25 日頒令公告）另有：毛芝荃、黃中權等 3 人；

九、因「衡陽保衛戰」獲頒者第一期生容有略，同時獲頒者（同一
　　頒令公告）另有：方先覺、周慶祥、饒少偉、葛先才等 5 人；

十、因「貴州獨山之役」獲頒者第一期生孫元良，於 1946 年 7 月 16
　　日該戰役唯一獲頒者；

十一、因「抗日時期著有功勳」獲頒者第一期生何文鼎，同時獲頒
　　　者（同一頒令公告）另有：董其武、楚溪春、馬占山等 4 人；

十二、因「抗日時期著有功勳」獲頒者第一期生李仙洲，於 1946 年
　　　3 月 2 日「國民政府公報」渝字第九九八號頒令唯一獲頒者；

十三、因「抗日時期著有功勳」獲頒者第一期生胡宗南，同時獲頒
　　　者（1946 年 3 月 7 日「國民政府公報」渝字第一〇三二號頒
　　　令公告）另有：張發奎、顧祝同、劉峙、孫蔚如、余漢謀、
　　　朱紹良、李品仙、劉斐、林蔚等 10 人，除劉斐、林蔚兩人為

最高統帥部高級參謀長官外，第一期生胡宗南與其他七位前輩資深高級將領均以戰區司令長官身份獲頒；

十四、因「東北剿匪」獲頒者第一期生杜聿明，於 1947 年 3 月 13 日該項唯一獲頒者；

十五、因「四平街戡亂戰役」獲頒者第一期生陳明仁，同時獲頒者（1947 年 9 月 16 日「國民政府公報」第二九三〇號頒令公告）另有廖鈞等兩人；

綜上所述，我們可以從獲頒緣由、頒令公告以及其他同時獲頒人員的諸方面情況看到，絕大部分第一期生是以「抗日時期著有功勳」獲此勳章的，只有兩人是因為「國共兩黨」政治和戰爭緣由獲頒的。

此外，在中國國民黨主政的民國時期，以褒揚戰功表彰職守為名頒發上校以上軍官的勳章還有：「雲麾勳章」第一至五等，「寶鼎勳章」第一至五等，「勝利勳章」（為褒揚軍官抗日勳勞及抗日戰爭勝利紀念）、「忠勤勳章」以及「國民革命軍誓師十周年紀勳章」（頒予對象是 1926 － 1928 年兩次北伐戰爭中直接參與指揮部隊作戰並卓有功勳的師、軍以上主官之高級將領）等等。

第十一章

1946 年至 1949 年期間活動綜述

　　本章記述的這段時期活動情況，主要是中國國民黨方面第一期生有影響的事件梗概。抗日戰爭勝利的中國國民黨軍隊及其第一期生，表面看上去，似乎已經到了北伐國民革命運動以來鼎盛發展期，實質上無論從政治上、經濟上、軍事上和民眾心態等諸多層面上，已經呈現出許多頹勢與衰敗的跡象。關於這一時期中國國民黨方面的第一期生，確有歷史記述或整體反映價值的人物和事件並不多，下面僅記述其中三件對後來歷史有影響的情況。

第一節　參加南京聚會第一期生情況綜述

　　根據有關資料記載，1946 年年底由在南京任職和公幹的第一期生髮起，集中在南京的黃埔軍校第一期學員於中央訓練團聚餐，餐畢後有81 名第一期生在南京中央訓練團辦公大樓前合影。留存照片上方橫披：1946 年 12 月 3 日中央軍校在京同學會餐合影：

　　劉雲騰、張鎮、蔣伏生、韓雲超、容有略、劉柏心、鄧子超、李捷發、李強、王振斅、劉嘉樹、鍾煥群、楊良、張彌川、羅奇、丁德隆、馮劍飛、袁滌心、杜心如、劉璠、李禹祥、陳武、桂永清、范漢傑、曾擴情、黃杰、冷欣、凌光亞、李園、高振鵬、史仲魚、郭安宇、李正韜、甘迺柏、袁守謙、梁漢明、李模、李均煒、張良莘、陳家炳、龔

少俠、陳應龍、陳沛、劉釗、林朱樑、黃子琪、甘清池、彭戢光、莊又新、周建陶、鄧春華、李靖難、蔡錕明、李振唐、張君嵩、黃珍吾、潘德立、陳劼、傅正模、馮毅、黃鶴、朱炳熙、馬輝漢、蕭灑、張際鵬、張人玉、余程萬、劉詠堯、傅鯤翼、陳平裘、賀光謙、鄒公續、謝遠灝、馮春申、余劍光、蕭冀勉、詹賡陶、劉梓馨、郭一予、甘競生、陳廷璧等 81 人。

　　1946 年底，時值國民政府國防部召集中央訓練團各分團主任、各軍官總隊總隊長會議，會議由參謀總長兼中央訓練團團長和教育長、第一期生黃杰主持召開。會議之餘，也許是參加此次會議難得集中了為數較多的第一期生，也可能是抗日戰爭勝利後，集合於此的第一期生，感觸二十餘年戰火連綿劫後餘生，再由於，此時第一期生多數年近半百，感慨人生時光無多來世難聚。總之，照片中的第一期生感歎各異地集聚一堂，留下了這張頗有紀念意義和存史價值的珍貴合影，為後世和研究者提供了可資印證的真實資料和直觀圖像。

　　1946 年底的第一期生，多數人步履維艱地邁過了抗日戰爭勝利後的第一個年頭，齊集於南京的這些第一期生，相當一部分應是那個時代的「驕驕者」。細緻考慮與分析起來，這 81 人主要處於以下幾種情形：首先，據筆者粗略統計，第一期生在過去二十二年當中，犧牲亡故者和不知所終者已有 300 餘人，能夠「冠冕堂皇」地活到此時著實不易；其次，即使參加聚會合影者當中，前程未卜的也不在少數人，僅僅半年之後，因為遭遇軍旅編餘失去軍職而導致經濟來源斷絕，被迫參與南京中山陵「謁陵哭陵」事件的第一期生，就有八人之多；再次，細觀上列名單，仍舊位居軍政高層顯要者，最多也不過十幾人，此時的第一期生，也概莫能外的經歷戰後編餘〔按照當今的字面意思是復員〕之動盪和淘汰，絕大多數人面臨著另謀官位或「再就業」的危機；另次，這 81 名第一期生得以相聚合影，他們當中大多數人，是具有以下身份或某種使命留居南京的：一是「制憲」國民大會代表，有 27 名；二是國民政府立法院和監

察院的委員，有 8 名；三是當選為黨團合一的第六屆中國國民黨中央執行委員、候補執行委員和中央監察委員、候補中央監察委員，有 28 人，其中有多人是上述會議重複參加者。

第二節　參與南京中山陵「謁陵哭陵」事件簡述

抗日戰爭勝利後，國民革命軍在編正規軍隊和地方部隊有 600 多萬人，迫於兵員龐大財政拮据，部隊裁撤軍人復員勢在必行。1946 年成立了第一至二十三軍官總隊和中央軍官訓練團，累計編餘尉、校、將級軍官十八萬餘人，其中上校、少將級以上軍官有八百餘名，部分第一期生在整編中也遭遇編餘淘汰。

「謁陵哭陵」事件的引發，主要原因是部分將校軍官從中央軍官訓練團、軍官總隊或訓練班結業後，數月未被安置公職，沒有經濟來源生活無著，在走投無路和一貧如洗的情況下，出現了被迫上街乞討、賣妻兒維持生計的淒慘境況。第一期生陳天民此時肺病晚期，有不滿周歲至十歲孩子五個，沒有積蓄也無收入，孩子終日啼饑號寒，病入膏肓無錢醫治，百感交集趁妻子外出，服用超量安眠藥自殺身亡。這批參加過北伐國民革命和八年抗日戰爭的有功和傷病將校，值此境況義憤填膺，發起了轟動南京震驚朝野的「謁陵哭陵」事件，共有 600 多名將校參加了這次針對當局的抗議示威行動。

現據資料顯示，第一期生參與 1947 年 7 月 6 日上午南京中山陵「祭祀哭靈」事件共有 10 名：黃鶴、賀光謙、張君嵩、丁德隆、李模、陳純道、謝遠灝、馬輝漢、賈韞山、鍾煥全等。陳天民妻子帶著三個幼兒參加了謁陵，她領著孩子向伯伯叔叔叩頭，感激之情溢於言表，陳妻想起寡婦孤兒前途茫茫，不由自主放聲大哭，在場將校趕緊勸慰，聯想各自悲涼境遇，觸景生情悲憤難抑，禁不住紛紛號啕大哭，頓時哭叫罵喊聲浪此起彼伏，震動中山陵上空，有的當場哭罵暈厥，有的激

憤高呼「打倒貪官污吏」等口號。這次事件震驚中外，引起當局的極大不安。

由於參加「謁陵哭陵」事件的將校，多數是南京中央軍官訓練團出團人員，該團團長陳誠與教育長、第一期生黃杰等共商對策，制訂頒佈了安撫措施：一是凡在抗戰期間沒有離開部隊的將級人員，年齡在 50 歲以下的改為文職，派到地方上任職；二是 40 歲至 45 歲的，轉業到交通、工商、員警等部門任職；三是 40 歲以下的可推薦投考陸軍大學深造；四是年老體弱不能任職的，多發遣散費還鄉，沿途給予照應。但是仍有不少年齡偏大的將校人員，從此貧病交加窮困潦倒。

第三節　抗戰勝利後退役、免職情況綜述

抗日戰爭勝利後，中國國民黨對編制龐大的國民革命軍進行了復員和整編，以中央軍官訓練團和設立於各個戰區的軍官總隊，對整編編餘出來的軍官進行集中訓練。其中一部分第一期生，在整編訓練後期辦理了退役手續，從此離開軍隊回歸社會。

附表 59　抗日戰爭期間與抗日戰爭勝利後免職、退役情況一覽表

姓名	退役或免職年月	姓名	退役或免職年月	姓名	退役或免職年月
王之宇	1946.1 因戰事失利撤職	王仲廉	1947. 冬戰事失利被扣押	王連慶	1946 年 7 月辦理退役
王振猷	1946.6 辦理退役	王敬久	1947.7 孟良崮戰敗撤職	王逸常	1946.7 退役 1947.8 補少將
王萬齡	1942. 冬病休 1946.7 退役	方日英	1946.7 辦理退役	甘清池	1946.7 晉少將同時退役
申茂生	1946.7 辦理退役	丘宗武	1946.7 辦理退役	伍誠仁	1935.9 松潘戰敗被撤職
任宏毅	1946.7 辦理退役	牟廷芳	1947 年春辦理退役	李強	1946.11 辦理退役後受訓
李模	1946.7 辦理退役	李玉堂	1934.9 因戰敗由中將降職為上校留任，以觀後效	李正韜	1946.7 辦理退役參加競選國民大會代表和立法委員
李伯顏	1946.7 辦理退役	李奇中	1946 年春被解除軍職	李延年	1949.8 閩平潭戰敗判 10 年
李禹祥	1946 年 7 月辦理退役	李靖難	1947 年春辦理退役	吳瑤	1944 年底辦理退役

何昆雄	1942.8 戰事失利免職	周品三	1948.3 補少將並辦理退役	周鴻恩	1948.9 補少將並辦理退役
林朱樑	1947 年辦理退役	官全斌	1947 年 2 月辦理退役	俞墉	1946 年 7 月辦理退役
胡信	1946 年 7 月辦理退役	胡素	1947 秋競選國代辦退役	侯爵	1947 年 7 月辦理退役
馬輝漢	1946 年 7 月辦理退役	徐石麟	1946 年 7 月辦理退役	凌光亞	1946 年 2 月辦理退役
陳琪	1942.7 棄守福州撤職	張本仁	1946 年 7 月辦理退役	張世希	1939 夏桂南失利免職判五年，1944.3.14 免除刑役
張耀樞	1945 傷病辭職 1946 退役	張彌川	1947.6.13 補中將辦退役	梁漢明	1947 年蘇中戰事失利撤職
郭安宇	1946 年 7 月辦理退役	郭禮伯	1946 年 7 月辦理退役	馮聖法	1946 年 12 月辦理退役
馮劍飛	1947 年 7 月辦理退役	黃雍	1946.7 補中將辦理退役	黃子琪	1945 年 9 月因案被捕入獄
楊耀	1946 年 7 月辦理退役	楊步飛	1946 年 7 月辦理退役	雷克明	1948.3 補少將辦理退役
詹臏陶	1946.7 補少將辦理退役	葉謨	1946 年 7 月辦理退役	葉幹武	1946 年 7 月辦理退役
趙定昌	1938 年鄱陽湖戰敗被撤職軍法判處徒刑七年半，1947.6.13 補少將退役	鄭坡	1947.3 補中將即辦理退役	潘耀年	1946 年 2 月辦理退役
蔡昆明	1946 年 7 月辦理退役	鄧子超	1947.11 補少將辦理退役	穆鼎丞	1946 年 7 月辦理退役
劉佳炎	1946 年 7 月辦理退役	劉明夏	1946.7 漢奸罪判刑七年 1948.11 因病獲保釋出獄	劉味書	1947 年春辦法退役
謝永平	1946 年 7 月辦理退役	蕭贊育	1947.3 補中將辦理退役參與競選立法院立法委員	蕭冀勉	1946 年 7 月辦理退役
徐宗垚	1946.2 辦理退役參與競選國大代表和立法委員	郭景唐	1947.3.5 補少將辦理退役參與競選國大代表立委		

　　透過上列退役與免職名單，我們可以看出，抗日戰爭勝利後僅僅一年，許多第一期生在國家政治生活或軍旅任官生涯上已成「強弩之末」了。我們目前能夠看到的，僅僅是官方檔或是歷史資料中榜上有名者，「史冊留名」者畢竟有限，還有一部分並未辦理任何手續就從此銷聲匿跡，在歷史記載中不知所終者也不在少數。從上述「卒年未說」名單，我們還可心看到，在任何社會階層或是何種軍事強人，人生與為官歷程

不可能「一路順風」或「春風得意」,「飛黃騰達」者永遠與「官場落伍」者,同時並存與自然消亡。

第十二章

與其他軍校生歷任高級軍職情況比較與分析

縱觀國民革命軍 1925 年 6 月至 1949 年 10 月二十四年發展沿革史跡，以師、軍兩級戰略單位編制進行考量分析部隊主官任職情況，是史界未曾做過的工作。現據資料掌握顯示，作為最高軍事決策機構的國民政府軍事委員會，二十四年間總計編制並組建過一百五十餘個軍、五百余個師級司令部指揮機關，由此產生了一大批軍、師級高級指揮人員。以此為據，分析與考慮黃埔軍校第一期生歷任高級職務，以及與近現代中國歷史著名軍校比較，例如：保定陸軍軍官學校、陸軍大學（包含北京、南京、重慶時期）、雲南講武堂、東北講武堂以及留學日本陸軍士官學校學員擔任比較高級職務的所占比例，更有具體而特殊的意義。

第一節　與保定軍校、陸軍大學、日本士官、東北與雲南講武堂以及其他軍校的比較情況分析

據筆者所知，尚無史家或研究者，涉論黃埔軍校第一期生與其他幾所著名軍校生的分析與比較，依據現有資料和資料進行比較與分析，應當是一件有意義和價值的基礎工作。

附表 60　與五所著名軍校及其他軍校生各年度在任師長、軍長、集團軍總司令、兵團司令官、總部及綏靖公署、「剿總」副職以上情況比較一覽表

校別職級%	1928師長	占%	1936師長	占%	1936軍長	占%	1945軍長	占%	1945年總司令	占%	1949年司令官	占%	1949年總部	占%
黃埔一期	1	0.6	29	15.3	1	1.8	15	14.6	31	18.5	25	42.3	14	20.9
保定軍校	83	52.9	77	40.8	35	62.5	23	22.3	73	43.5	8	13.6	27	40.3
陸軍大學	8	5.1	6	3.2	2	3.6	3	2.9	9	5.4	12	20.3	7	10.5
日本士官	7	4.5	5	2.6	2	3.6	3	2.9	11	6.6	5	8.5	8	11.9
東北講武	18	11.4	5	2.6	無		3	2.9	2	1.1	無		無	
雲南講武	3	1.9	6	3.2	無		4	3.9	2	1.1	1	1.7	1	1.5
其他軍校	37	23.6	61	32.3	16	28.5	52	50.5	40	23.8	8	13.6	10	14.9
累計	157	100	189	100	56	100	103	100	168	100	59	100	67	100

說明：一、本表基礎資料源自同一資料，這樣可避免多種資料多個角度重複計算；二是由於保定軍校生佔據總量比重較大，在軍校學歷上其他四所軍校與前者有重複的，仍按陸軍大學、日本陸軍士官學校、東北講武堂、雲南講武堂及其他軍校為主，以此避免重複計算。

在 1928 年至 1949 年的國民革命軍序列中，除陸軍步兵師、軍戰略單位編制外，還出現過騎兵師、軍，裝甲機械化師、軍，輜重兵團，交通警察總隊，炮兵旅、師等戰略建制單位。以下將陸軍步兵作為單一兵種，試圖根據上表顯示的資料與比重，對師、軍級司令部主官任職情況，進行基礎的考慮、分析與簡述。

1928 年陸軍步兵師師長任職情況簡述：

1928 年 9 月國民政府軍事委員會按照《國民革命軍編遣方案》，對中央軍及各地方軍事集團部隊，進行了編遣及縮編。該年底國民革命軍共有在編陸軍步兵師 127 個（其中包含該年度在編 23 個新編步兵師，9 個暫編步兵師），1928 年東北易幟後，其軍隊編制為步兵旅（兵力與裝備相當於師）30 個，總計為 157 個陸軍步兵師。

從上表可以看到，保定軍校生佔據了師主官的 52.9%，在絕對數上明顯高於其他軍校生，表明保定軍校生在軍隊師級戰略單位乃至軍事領域其他方面，佔據主導和壟斷地位。第一期生僅有胡宗南出任師長，此時的第一期生及其後期黃埔軍校生，雖然經歷了國民革命和北伐戰爭，

但是在師、旅級主官指揮崗位上還屬「鳳毛麟角」，只能算是「嶄露頭角」。第一期生領銜的黃埔軍校生，比較其他老牌著名軍校生尚屬「弱勢」群體。

1936 年陸軍步兵師任職情況簡述：

該年度在編 177 個陸軍步兵師，10 個新編步兵師，另有相當於師編制的中央軍校教導總隊和財政部稅警總團，總計在編 189 個步兵師。比較起七年前的 1928 年度，第一期生已經有 29 人出任師長，在國民革命軍「黃埔化」的中央決策推進下，算是有了大跨步邁進。但是比較保定軍校生而言，雖然在任師長有 77 人，比較七年前略有減少，但在總量上仍佔有 40.8%。不容忽略的是，保定軍校生還有相當一部分上升至高一級主官指揮崗位。其他幾個老牌著名軍校生，也佔據了相當份量。如前所述，由於許多陸軍大學生同時又是其他著名軍校出身，因此在「軍校山頭論」方面，從來沒能形成獨立的派系。在其他軍校欄顯示有 61 人擔當師長，佔有 32.3% 比重，「其他軍校」包含有：黃埔軍校第二至四期生、四川陸軍速成學堂、廣東陸軍速成學堂、湘軍講武堂以及其餘各省講武堂生，各類軍校生兼而有之，形成了不小的比重仍屬正常。

1936 年陸軍步兵軍任職情況簡述：

該年度在編 56 個陸軍步兵軍。保定軍校生以 35 人任職軍長的強大陣容，佔據了 62.5% 絕對總量，與該年度 40.8% 擔任師長的保定軍校生，一同構成了國民革命軍最為重要的領導階層。抗日戰爭爆發前的 1936 年，保定軍校的第一期至第九期生，此時的年齡約在 36、7 歲至 46、7 歲之間，處於這個「黃金」年齡段的「保定系」軍人，無疑成為國民革命軍正規軍及地方軍閥集團之指揮領導層的主幹力量，筆者作出這樣的評述與判斷是有充分根據的。況且，在當時最高軍事當局，以蔣介石為中心的國民政府軍事委員會，所謂「八大金剛」中有六人係保定軍校畢業生，還有一大批「保定系」高級將領擔當軍事領域許多重要崗位。與處於發展頂峰的「保定系」相比，第一期生此時無論在總量和數量方面

均遜色許多，要知道第一期生這時才入伍從軍十數年，在年齡要比老資格的保定軍人年幼十幾二十歲。因此，該年度只有胡宗南「獨佔鰲頭」充任天下第一軍軍長，1936年時的第一期生群體仍舊是「屈居下風」之勢。該年度擔任軍長的其他軍校畢業生總量，與陣容強盛的「保定系」相比，所占的比重並不大，但仍比第一期生群體要強許多。

1945年各戰區、行營、集團軍總司令部高級將領任職情況簡述：

該年度第一期生已有31人擔任集團軍總司令以上高級職務，占該年度總量之18.5%。經歷了抗日戰爭的現代戰場磨礪與洗禮，第一期生的部分驕驕者，已經開始擔當起日益重要的作用和角色，在軍事、指揮與決策領域的方方面面，為加快中央軍「黃埔化」起到率先領頭作用。但是在抗日戰爭勝利後，仍有73名保定軍校生擔當集團軍總司令以上高級將領職位，以43.5%佔據著絕對優勢數量，特別是最高軍事當局以及戰區司令長官部的許多首腦主官位置，仍然是由保定軍校生把持控制。如上所述，其他軍校形成的總量比例，佔據了23.8%。

1945年陸軍步兵軍軍長任職情況簡述：

該年度在編103個陸軍步兵軍，第一期生擔任軍長者上升為15人，保定軍校生仍保持有23人擔任軍長，但是比較1936年情況，總體上已呈下降趨勢。其他軍校欄佔據了50%之多，具體分析起來，其中大多數是黃埔軍校第二至第六期生。經過抗日戰爭後，以第一期生為引領的新一代「黃埔系」將校軍官群體，逐步取代過去較長時期被「保定軍校生」一統天下局面。由此可以看到，「黃埔系」任職師、軍乃至兵團一級司令部主官，已經成為一種必然趨向，成為逐漸擴張和壟斷的強勢群體。可以說，在抗日戰爭勝利後的兩三年中，以第一期生領銜的「黃埔系」將領在國民革命軍師、軍以及更高一級司令部指揮序列中，呈整體上升並達到發展巔峰之趨勢。

1949 年各總部及綏靖公署、「剿總」副職以上任職情況簡述：

歷史發展進入了轉折關頭的 1949 年，隨著國民革命軍整體在軍事指揮、戰場決戰以及部隊作戰的節節失利，第一期生作為該年度強勢軍事集團，雖然擔負著許多至關重要的戰略決策或軍事指揮崗位，仍舊沒能轉變戰局頹勢。實際上，從 1949 年度或者早些時期，第一期生軍事集團伴隨著中國國民黨最高軍政當局，已經走向衰落和敗亡的極端。此時的中國國民黨第一期生軍事集團，是「強弓之末」和「日薄西山」，預示著一個歷史時代成為過去。

該年度第一期生有 14 人，在高層軍事指揮決策機關擔當主要職務，在總量上佔有 20.9%。保定軍校生軍事集團，在總體上早呈衰亡頹勢，因為其「頂尖人物」的「八大金剛」中，除陳誠、何應欽仍在臺上外，劉峙、顧祝同、蔣鼎文、陳繼承、錢大鈞等五人，或入戰略顧問委員會，或已下臺不在決策層。張治中則於北平和談後成為「和平將軍」。但是儘管如此，仍有 27 名保定軍校生擔當各總部、綏靖公署及「剿總」副職以上高級軍政要職，佔據總數之 40.3%。「日本士官系」雖然從沒形成較強「派系」，但是仍有 8 人擔當上述高級職位，佔有 11.9% 的比重。其他軍校欄仍舊在位的，是這些軍校畢業生「碩果僅存」之代表人物，實際上，也預示這些曾在民國時期顯赫一時的「著名軍校」人物在大陸的終結。

1949 年編練司令部、兵團司令部、綏靖區司令部司令官任職情況簡述：

該年度在這一重要戰略單位擔當主官的第一期生有 25 人，佔有 42.3% 比重，這一資料雖然顯示第一期生，在最為重要的高級指揮崗位中仍舊佔有較大比重，但是僅此而已並無實際意義，如上所述第一期生是從此由「頂峰」走向「衰亡」。此外，保定軍校、陸軍大學、日本陸軍士官學校生以及其他軍校生之代表人物，擔當著同一職位，佔有數量不多的比例。

第二節　與保定軍校第九期生任上校、將官的比較與分析

　　1924 年 11 月份，接受六個月軍事與政治訓練的絕大多數第一期生獲得畢業，比較第一期生早一年多畢業的保定陸軍軍官學校第九期生（1923 年 8 月畢業），學員年齡也相近，保定九期生大多數系 1900 年生人。這項工作史家似未做過，筆者利用手頭資料，試將這兩大軍校派系中，畢業與出生年份最為接近的部分知名學員軍旅任職情況，作出基礎性分析和比較，企望為史家作進一步研究提供資料。

　　保定陸軍軍官學校第九期畢業生有 702 名，其中：步兵科 423 名，騎兵科 76 名，炮兵科 121 名，工兵科 40 名，輜重兵科 42 名。第一期生有 706 名，入學後沒分科，均為步兵科。根據「國民政府公報」1935 年 4 月至 1949 年 10 月頒令公告刊載：保定軍校第九期生獲任中將 21 名，少將 91 名，上校 97 名，三項累計 210 名。他們獲任中將、少將、上校年月詳見下表：

附表 61　保定陸軍軍官學校第九期生任上校以上軍官按姓氏筆劃排序一覽表

級別	獲任上校以上軍官姓名及獲任年月
陸軍中將 [22]	王冠 [1947.11] 劉多荃 [1937.5] 朱明軒 [1947.11] 牟中珩 [1945.6] 何基灃 [1948.9] 余念初 [1947.8] 湯垚 [1948.9] 張喬齡 [1946.7] 張克俠 [1948.9] 李覺 [1935.4] 李藩侯 [1946.7] 周福成 [1939.7] 林嶽生 [1946.7] 林柏森 [1936.10] 施中誠 [1948.9] 郭宗汾 [1937.11] 郭寄嶠 [1937.4] 黃延楨 [1936.9] 黎行恕 [1948.9] 戴嗣夏 [1946.7] 趙錫章 [1938.3.28 追贈中將] 夏國璋 [1937.12 追贈中將]
陸軍少將 [91]	萬秀嶺 [1936.2] 王晉 [1937.5] 王斛 [1947.11] 王士琦 [1936.11] 王宇澄 [1946.7] 田溫其 [1939.11] 劉萬春 [1945.6] 王鵬飛 [1947.2] 史民 [1947.2] 史宗諤 [1946.10] 白耀先 [1948.9] 任倜 [1947.6] 劉剛夫 [1937.11] 劉克明 [1936.2] 劉芹生 [1947.4] 劉國楨 [1946.7] 劉鴻紹 [1945.9] 劉滋榮 [1947.6] 劉德崇 [1947.4] 安舜 [1945.2] 何平 [1937.5] 何章海 [1936.12] 餘賢立 [1937.5] 吳錫鈞 [1947.11] 宋子英 [1945.2] 宋邦屏 [1947.2] 宋邦榮 [1935.2] 應鴻綸 [1945.2] 張潛 [1943.8] 張克明 [1947.6] 張壽齡 [1935.4] 張國選 [1935.4] 張鳴欽 [1947.11] 張謂行 [1937.11] 張濯清 [1937.5] 李歡 [1947.4] 李鉞 [1936.2] 李鎔 [1947.11] 李永澍 [1947.11] 李光照 [1936.2] 李兆鍈 [1939.7] 李辰熙 [1945.6] 李宗弼 [1936.1] 李源惠 [1946.7] 楊挺亞 [1936.2] 楊蔭東 [1948.3] 蘇恂和 [1947.11] 穀錦雲 [1946.7] 辛文銳 [1948.9] 陳寶倉 [1940.12] 陳榮修 [1947.6] 周光烈 [1937.5]

	周樹棠 [1945.2] 周監文 [1946.7] 周熹文 [1940.7] 周翰宗 [1947.11] 孟紹周 [1948.9] 孟昭第 [1945.6] 羅震 [1945.2] 苗錫純 [1948.9] 鄭錫安 [1937.11] 侯靜軒 [1941.6] 俞逢潤 [1946.7] 姚懋勳 [1946.7] 施國憲 [1948.9] 段唐華 [1948.9] 賀粹之 [1936.2] 趙晉 [1948.9] 趙毅 [1936.12] 郝家駿 [1937.5] 凌震蒼 [1937.5] 唐文簡 [1946.10] 唐邦植 [1935.4] 唐冠英 [1937.5] 徐廷瑞 [1945.2] 秦鼎新 [1947.3] 袁方中 [1946.12] 曹祖彬 [1940.12] 梁述哉 [1946.11] 黃仲恂 [1943.12] 黃新銘 [1937.5] 傅同善 [1936.2] 惠濟 [1936.10] 溫登陛 [1938.5] 董升堂 [1948.9] 董廷伯 [1946.7] 蔣維中 [1939.10] 韓棟材 [1936.8] 蔡可錦 [1946.7] 黎盛菁 [1947.7] 戴英 [1947.11]
陸軍上校 [97]	于澤普 [1943.2] 馬之龍 [1936.3] 馬冠駿 [1945.4] 王治 [1945.7] 王璟 [1947.9] 王定邦 [1947.9] 王治瀾 [1936.3] 王金書 [1936.3] 王金銘 [1945.4] 王道坦 [1945.4] 王德振 [1947.3] 王鼎立 [1947.3] 王檄鰲 [1945.1] 方萬方 [1940.11] 盧鳳策 [1935.5] 田浩軒 [1940.11] 任開源 [1940.7] 劉際阡 [1943.7] 劉國壁 [1940.7] 劉秉誠 [1936.3] 劉鍾俊 [1945.1] 劉曉五 [1936.3] 劉煥章 [1935.5] 劉德澤 [1936.3] 許用休 [1936.6] 孫光祖 [1946.3] 孫錚第 [1946.10] 孫遇鴻 [1935.5] 安秉彝 [1945.7] 朱宗海 [1937.6] 朱萼樓 [1943.11] 齊燦 [1947.9] 齊文周 [1936.3] 楊長鑫 [1936.3] 楊之敬 [1942.7] 楊松濤 [1947.9] 楊景環 [1947.6] 吳震 [1945.1] 吳在魯 [1946.5] 吳在瀛 [1937.6] 吳景昌 [1946.4] 張讓 [1936.3] 張慶雲 [1936.3] 張作楫 [1948.1] 張晉鹹 [1942.1] 張桐慎 [1943.11] 張隆華 [1941.6] 張植豫 [1935.5] 李謩 [1937.6] 李鍾齡 [1943.1] 李英俊 [1945.4] 李祖植 [1936.3] 杜凌雲 [1935.5] 楊典克 [1937.6] 汪玉珊 [1936.3] 穀樹楓 [1942.7] 邱霖 [1936.3] 邱正華 [1945.7] 陳起 [1945.1] 陳文釗 [1943.2] 陳光弼 [1946.10] 陳慶華 [1935.5] 陳志平 [1948.9] 范翊霆 [1945.11] 周志仁 [1945.4] 周德之 [1946.5] 周德霖 [1935.5] 金中和 [1935.5] 趙丹坡 [1935.5] 趙成甲 [1945.11] 趙英麟 [1936.3] 趙毓奇 [1945.4] 施中時 [1947.8] 郝奇 [1936.3] 酈雲 [1937.6] 徐廷璣 [1940.7] 殷祖雄 [1935.5] 賈振藩 [1935.5] 郭維藩 [1936.3] 錢萃恒 [1945.4] 高潤峰 [1935.4] 高朝棟 [1935.4] 崔作權 [1946.10] 閻玉坡 [1936.3] 黃彬 [1945.4] 黃壯懷 [1948.3] 黃鼎魁 [1935.5] 傅象環 [1945.7] 董咸池 [1945.4] 韓子清 [1948.1] 賴祝珊 [1936.3] 魏永祥 [1936.9] 周齊祀 [1943.7] 梅遠夫 [1936.3] 常煥 [1935.5] 黎寶志 [1947.4] 黎蔭榮 [1945.1]
累計	中將 22 名（含兩名追贈中將軍銜），少將 91 名，上校 97 名，總計 210 名。

除上表所列之外，保定軍校第九期生還有從軍及任官記載的知名學員 101 名，分科列名如下：

步兵科（共計 71 名）：崔棠、苑金鑒、李善、魏亞俊、邊章吾、韓恩瀚、李秉鈞、郝俊墀、欒鑒瑩、蔡鎮藩、陳普民、冀汝桂、高育麟、範贊良、劉書春、孫曉雲、熊克阜、王長江、孫康濟、宋照奎、王藩慶、劉銳、崔維幹、閻旭生、鄒立勳、王純儒、韓麟徵、李楨、高鳳樓、田澍畿、羅寅亮、吳冠周、姚東煥、張鴻儒、朱瑛、李鐸、彭傑、單錫瑕、魏賡慶、鄧煥文、朱鼎、劉祉勳、陳天錫、虞克樹、王紹先、

秦超武、馬文起、任世昌、張樹楨、馬全信、王定遠、姜化南、李鳳藻、陳醒華、曹伯銓、虞屺瞻、樂鈞天、寧其駿、張文清、范連星、劉福璜、李象三、王煦、靳心泉、陶雲鵠、劉少華、章璞、齊尚賢、許珌、劉斐然、李騰九。

騎兵科（共計 14 名）：劉鍵、連玉崗、李永昭、張峻岳、夏其玉、汪鼎、楊文卿、趙漢民、及瑾墀、張養泉、張星五、孫海宴、咸壯猷、辛緒鈞。

炮兵科（共計 17 名）：屠金聲、黃必強、黃績成、董振堂、郗攀桂、楊炳震、劉培斌、張光、王溪岩、王秀豪、陳瑞、楊德良、崔禹言、楊保真、陳克家、咸壯韜、魏我威。

工兵科（共計 10 名）：陳養虛、劉壽康、茅延楨、關嘉彬、張樹梅、王其相、黃正忠、黃秉鐸、劉時亮、李國治。

輜重兵科（共計 6 名）：李樞、賀肇升、劉鈞、陶美頤、程維藩、張桐潤。

具體分析第九期生履歷情況，主要有以下幾方面特點：

一是組建國民革命軍兵種建樹較多。著名的有林柏森、湯　垚等。林柏森是工兵出身，1930 年春日本陸軍炮兵工兵專門學校高等科工兵專業畢業回國，奉命籌建中央陸軍工兵學校，1932 年 8 月任該校校長，致力培養陸軍工兵技術軍官事宜，蔣介石兼任各軍事學校校長職務，其退任中央陸軍工兵學校教育長，實際仍主持該校校務，抗日戰爭爆發後，負責中央陸軍工兵學校西遷江西清江縣、湖南零陵縣等地，1937 年 11 月兼任廬山中央訓練團教育委員會委員兼工兵訓練研究班主任，1938 年 2 月任國民政府軍事委員會軍事訓練部工兵監，繼續主持培養陸軍工兵技術人員事宜 14 年，先後開辦各類訓練、研究、城塞、軍士、特別班數十班期，為抗日戰場培訓工兵技術人員 22000 人（次），先後主持建立 6 個工兵獨立團和 35 個工兵獨立營，被稱譽為國民革命軍「工兵之父」，抗日戰爭勝利後仍任中央陸軍工兵學校教育長和工兵監等職，後任中國陸

軍總司令部副參謀長、代參謀長，兼任聯合勤務總司令部工程署署長，1960 年 11 月 8 日在臺北因病逝世，他是國民革命軍工兵兵種開拓創建人和工兵教育奠基人。湯垚係陸軍輜重兵出身，長期擔任國民革命軍後勤輜重兵高級職務，是該兵種組建人、輜重兵教育和領導者之一。1928 年 10 月任南京中央陸軍軍官學校第八期輜重兵科科長，第九期高級班輜重兵隊隊長，後任軍事委員會訓練總監部國民軍事教育處副處長，廣西第四集團軍後勤司令部參謀長兼兵站監部司令，安徽省政府委員，第五戰區司令長官部兵站總監部總監，第三戰區第三十二集團軍參謀長，軍事委員會後方勤務部（部長俞飛鵬）參謀長，軍事委員會軍事訓練部輜重兵監，陸軍總司令部參謀長、副總司令，華中「剿總」第八兵團司令官，1950 年 1 月 23 日在雲南元江被人民解放軍俘虜。中華人民共和國成立後撰寫許多文史資料和回憶文章。

二是中共軍隊將領較多。著名的有董振堂、邊章吾、茅延楨等。董振堂 1927 年 10 月已任國民革命軍馮玉祥部第三十六師師長，1929 年 3 月任西北陸軍暫編第十三師師長兼洛陽警備司令，1929 年 12 月任馮玉祥第二集團軍第五師師長，中原大戰戰敗後任縮編的第二十六路軍第二十五師第七十三旅旅長，1931 年 12 月與趙博生、季振同等發動寧都起義，任紅軍第一方面軍第五軍團副總指揮兼第十三軍軍長，1932 年 4 月加入中共後任紅軍第五軍團軍團長，1934 年 1 月當選為中華蘇維埃共和國第二屆中央執行委員，紅一方面軍長征時率部擔負後衛狙擊任務，紅軍第一、四方面軍會師後，任紅軍第四方面軍第五軍軍長，1936 年 12 月被任命為中央革命軍事委員會委員，後任紅軍西路軍軍政委員會委員及第五軍軍長，1937 年 1 月 20 日率部在甘肅高臺作戰犧牲。邊章吾原任第二十六路軍第七十五旅代旅長，參加甯都起義後任第五軍團第十四軍第四十師師長，1932 年春加入中共後任紅軍第十三軍第三十七師師長，中央革命軍事委員會總參謀部作戰科科長，軍委第五局（訓練局）局長，1935 年 9 月任縮編後的中革軍委第五科科長等職。長征到達陝北後，任

中革軍委第一科科長，1936 年 5 月任中革軍委第一局局長，抗日戰爭時期任第十八集團軍總部參謀處處長，中央軍委第一局局長，後任人民解放軍遼東軍區司令員，遼南軍區副司令員，遼寧軍區司令員等職。中華人民共和國成立後，任中國人民解放軍第二十三兵團副司令員等職。1954 年 2 月 9 日因病在北京逝世。茅延楨 1922 年春加入中國社會主義青年團，同年轉入中共，1923 年 7 月 9 日出席中共上海地方執行委員會舉行的第一次會議，是當時上海 53 名中共黨員之一。1924 年春受上海黨組織委派，赴廣州參與籌建黃埔軍校事宜，後任黃埔軍校第一期學員第二隊隊長，後任黃埔軍校教導一團第二營黨代表，1925 年 初參與組織黃埔軍校青年軍人聯合會，為負責人之一，第一次東征作戰時任東征軍右翼總指揮部參謀處代處長，後任黨軍第二旅第四團黨代表，1925 年 3 月下旬奉令返回北方策動軍閥部隊反正，在河南鄭州城郊遇刺身亡。

　　三是起義將領較多。著名的有張克俠、何基灃、劉多荃等。張克俠 1927 年任張自忠第二十五師參謀長等，1929 年 7 月吸收為中國共產黨特別黨員，後任第三十八師參謀長，第二十九軍副參謀長，第六戰區戰區司令長官部副參謀長，第五十九軍參謀長，第三十三集團軍總司令代理參謀長、代理副總司令，徐州綏署第三綏靖區副司令官兼徐州地區守備司令，1948 年 9 月 11 月在淮海戰役賈汪前線與何基灃率部起義，後任中國人民解放軍第三野戰軍第九兵團第三十三軍軍長，率部參加渡江戰役、上海戰役等役。1949 年 5 月上海解放後，任淞滬警備區司令（郭化若）部參謀長，中華人民共和國成立後任國務院林業部副部長，兼中國林業科學院院長，第五屆全國政協常委，1984 年 7 月 7 日在北京因病逝世。何基灃 1939 年 1 月 被中共中央吸收為特別黨員，歷任第七十七軍副軍長兼第一七九師師長，第七十七軍軍長，徐州綏署第三綏靖區副司令官，1948 年 11 月 8 日與張克俠率部起義，後任人民解放軍第三野戰軍第十一兵團第三十四軍軍長，中華人民共和國成立後歷任南京警備區副司令員，國務院水利部副部長，農業部副部長，第一至三屆全國政協委

員，第五屆全國政協常委，1980 年 1 月 20 日在北京因病逝世。劉多荃於
1949 年 8 月在香港通電起義，歷任第一〇五師師長，第四十九軍軍長，第
十集團軍副總司令，熱河省政府主席，第二十五集團軍副總司令，第十二
戰區副司令長官再度兼任熱河省政府主席，張垣綏靖公署副主任等職，起
義返回北京，歷任中華人民共和國政務院參事室參事，遼寧省交通廳廳
長，遼寧省第四屆政協副主席，遼寧省第五屆人大常委會副主任，第三、
四、五、六屆全國政協委員。1985 年 7 月 22 日在北京因病逝世。

　　如上表所載，在同一時期獲任上校、少將、中將而言，黃埔一期生
共有 289 人，保定軍校第九期生有 210 名。從上表的比較和分析，我們
至少可以得出三方面結論。

　　一是保定九期生比黃埔一期生早出道。第一時期第九期生已有擔任
旅長、師長的數量，均比第一期生多。

　　二是黃埔一期生比保定九期生升遷快。從上表看出，保定九期生
有兩段時期任上校的軍官，都比第一期生數量上居多，但是後來晉升少
將、中將的數量明顯比第一期生少，第一期生總體上要比保定九期生在
官位、作用和影響上超前許多。

　　三是兩校生任官之最大體相抵。保定軍校第九期生中官做得最大的
是郭寄嶠，抗日戰爭後期任第一、第五、第八戰區副司令長官，後任國
民政府西北行營副主任兼甘肅省政府主席，還曾代理西北軍政長官。郭
到臺灣後於 1951 年晉升二級陸軍上將，其女郭婉華是郝伯村夫人。郭寄
嶠 1998 年 7 月在臺北因病逝世，是臺灣與海外僅次於薛岳的最長壽保定
軍校生。其次是李　覺，1928 年剛滿二十八歲就擔任第十九師師長，此
時的胡宗南僅是第二十二師代理師長，李　覺與胡宗南同一批於 1935 年
4 月 9 日晉升中將，是保定九期第一位升任中將者，所不同的是，黃埔一
期生除胡宗南外，還有李延年和李默庵為同批同日晉升中將。以兩校任
官之最而言的胡宗南和郭寄嶠比較，兩者大體相抵。

附表62　與保定軍校第九期生各時期任上校、少將、中將一覽表

校別／時期	總數	1924－1927年間任		1928－1936年間任			1937－1945年間任			1946－1949年間任		
		旅長[名]	師長[名]	上校	少將	中將	上校	少將	中將	上校	少將	中將
保定九期	210	9	3	33	17	3	39	29	6	25	45	12
黃埔一期	289	4	1	8	27	21	56	38	19	9	72	39

　　綜上所述，保定軍校第九期生與黃埔軍校第一期生，在素質、教育、成才等諸多方面進行考慮和比較，都是有過之而無不及的。

第三節　與黃埔軍校第二、第三、第四期生任上校、將官之比較與分析

　　中國國民黨最高軍政當局，從1928年第二次北伐戰爭取得階段性勝利，東北易幟造成中華大地形式上的全國統一開始，就制定並實施中央集權統治決策。其中：在政治上將各省官員行政與任免權收歸國民政府，在軍事上，各軍事集團或軍事勢力所屬軍隊實行編遣，編遣就是歷史上所稱的「削藩」，地方部隊必須納入中央軍事統轄和軍隊編制，意在加速地方武裝力量「中央化」和初級軍官「黃埔化」。

　　冠以「中央嫡系」的「黃埔師系」帶領他們的徒子徒孫「黃埔生系」，「扛大旗作虎皮」，開始了「中央軍」造勢運動。應運而生的第一期生自然而然成為「天下第一」領頭人，第一期生曾在歷史上，被一些「野史杜撰者」戲稱為「天之驕子」，大體是因為第一期生有先天之優，後天之刻意栽培之嫌。事實上，並不是每個第一期生都如此幸運或「應運而升」的，「幸運之神」歷來吝嗇，從來只會眷顧個別人或少數派。第一期生也概莫能外大體如此。

　　歷來存有第一期生比後期生「仕途優勢」之說，但是很少有史家將他們「拎出來」，在同一「尺碼」下「掂量」和比較。既然本書的專題是論述第一期生，也可順便涉論或兼評同為「黃埔嫡系」的第二、第三、第四期生。筆者嘗試先以表格化形式兩種，在將校任官的「同一尺碼」下，展現各自的基本情況和概貌。

附表63　黃埔軍校第二、第三、第四期生任上校以上軍官按姓氏筆劃排序一覽表

期別	任中將年月	任少將年月	任上校年月
二期 累計： 中將12名 少將65名 上校8名	方天 [1948.9] 劉釆廷 [1947.2] 成剛 [1948.9] 吳繼光 [1946.2 追贈] 張瓊 [1943.9 追晉] 沈發藻 [1948.9] 邱清泉 [1948.9] 容幹 [1948.9] 黃祖塤 [1948.9] 葛武棨 [1947.11] 覃異 之 [1948.9] 賴 汝雄 [1948.9]	萬用霖 [1948.9] 王景奎 [1947.7] 鄧士富 [1948.9] 鄧明道 [1946.7] 丘士琛 [1938.6] 馮爾 駿 [1948.9] 盧望嶼 [1947.11] 史宏熹 [1939.7] 劉夷 [1936.2] 劉子清 [1945.6] 劉觀龍 [1947.2] 吉章簡 [1945.2] 呂國銓 [1939.6] 呂德璋 [1948.9] 湯敏中 [1947.11] 許伯洲 [1947.2] 阮 齊 [1948.9] 嚴正 [1947.4] 何凌霄 [1948.1] 余 錦源 [1945.6] 張漢初 [1939.6] 張炎元 [1943.2] 張麟舒 [1948.9] 李正先 [1939.6] 李守維 [1938.6] 李芳郴 [1937.5] 李精一 [1939.3] 楊 彬 [1939.11] 楊文琭 [1946.11] 陳孝強 [1947.3] 陳純一 [1948.6 追贈] 陳紹平 [1942.8] 陳金城 [1938.10] 陳瑞河 [1937.5] 周兆棠 [1945.6] 易 毅 [1946.12] 羅英 [1947.11] 羅曆戎 [1939.7] 羅克傳 [1947.11] 鄭介民 [1943.2] 鄭會 [1947.7] 洪士奇 [1948.9] 祝夏年 [1945.2] 胡 松林 [1939.6] 胡履端 [1947.10] 趙援 [1948.9] 鍾松 [1939.6] 徐樹南 [1948.9] 莫與碩 [1937.5] 袁正東 [1947.2] 黃煥榮 [1948.9] 龔建勳 [1947.2] 彭肇英 [1937.5] 彭佐熙 [1948.9] 曾 魯 [1948.9] 葛雨亭 [1947.11] 謝廷獻 [1948.3] 謝振邦 [1940.8 追贈] 魯宗敬 [1945.2] 廖昂 [1945.2] 熊仁榮 [1948.9] 蔡棨 [1943.8] 蔡勁 軍 [1936.10] 滕雲 [1948.9] 黎鐵漢 [1945.6]	萬國藩 [1946.11] 王石風 [1946.5] 吳琪英 [1937.6] 陸廷選 [1942.7] 陳衡 [1940.7] 陳家駒 [1946.10] 鄭彬 [1942.1] 胡霖 [1942.1]

三期 累計： 中將13名 少將86名 上校35名 另：熊綬 春1949.8 追贈陸軍 上將	方 靖 [1948.9] 王耀武 [1945.2] 石 覺 [1948.9] 劉安祺 [1948.9] 劉伯龍 [1948.9] 張金廷 [1948.9] 杜德孚 [1946.3 追贈] 周 複 [1943.8 追贈] 錢東亮 [1947.11] 康澤 [1947.12] 彭士量 [1944.2 追 贈] 蔣 志 英 [1946.2 追 贈] 戴 安 瀾 [1942.10 追贈]	方 先 覺 [1943.12] 毛 邦 初 [1940.5] 王 嚴 [1939.6] 王 中柱 [1948.9] 王繼祥 [1939.6] 王輔卿 [1948.9] 王隆璣 [1948.9] 鄧鍾梅 [1945.2] 葉 成 [1946.11] 伍 光 宗 [1948.9] 劉 宗 寬 [1939.4] 安殷盤 [1946.12] 朱奇 [1947.11] 吳允周 [1945.2] 吳天鶴 [1948.9] 吳樹勳 [1947.11] 宋瑞珂 [1945.2] 張業 [1945.2] 張宇衡 [1948.3] 張廷孟 [1948.9 空軍] 李淳 [1948.9] 李才桂 [1948.9] 李天霞 [1945.2] 李漢傑 [1948.1] 李彥生 [1948.9] 李培隆 [1947.11] 李惠遠 [1947.11] 李德生 [1948.9] 楊立 [1947.6] 楊勃 [1945.2] 楊嘯伊 [1947.2] 楊蓋雄 [1947.11] 楊德亮 [1940.7] 汪波 [1945.6] 沈開樾 [1948.9] 言子才 [1947.4] 谷黎光 [1947.11] 邱開基 [1947.2] 鄒軫善 [1945.3] 陳士元 [1940.11] 陳飛龍 [1944.2 追贈] 陳芝範 [1947.1] 陳素農 [1937.5] 陳績昭 [1947.11] 陳頤鼎 [1946.11] 陳聰謨 [1947.11] 周 化 南 [1938.10] 宓 熙 [1946.7] 武 希 良 [1947.11] 竺培基 [1948.9] 苗秀霖 [1947.2] 鄭國琛 [1946.7] 鄭庭烽 [1948.9] 金式祁 [1948.9] 金 家 藩 [1947.6] 姚 秉 勳 [1948.9] 段 朗 如 [1937.5] 禹治 [1946.12] 胡國澤 [1948.9] 胡蘊山 [1945.2] 賀明宜 [1947.8] 趙可夫 [1945.2] 駱 德 榮 [1945.2] 倪 祖 耀 [1948.9] 卿 明 騏 [1947.11] 夏雷 [1947.11] 夏季屏 [1948.9] 袁家 佩 [1945.2] 康莊 [1948.9] 梁一 [1947.11] 黃磊 [1947.11] 黃紹美 [1947.7] 黃鼎新 [1939.12] 曾 文 才 [1947.11] 曾 晴 初 [1947.11] 舒 榮 [1948.9] 蔣當翊 [1945.2] 蔣作均 [1938.6] 蔣肇周 [1947.11] 韓文煥 [1943.8] 樓月 [1948.9] 樓秉國 [1948.9] 廖慷 [1948.9] 蔡劍鳴 [1945.2] 裴存藩 [1948.9] 糜藕池 [1947.11]	萬公度 [1947.6] 萬徐如 [1938.11] 幹城 [1945.5] 方正 [1946.5] 王 潨歐 [1946.5] 盧石英 [1942.7] 盧兆熊 [1945.4] 孫啓人 [1945.7] 孫信符 [1945.7] 莊成良 [1945.7] 朱祥符 [1943.7] 紀毓智 [1943.7] 余 錫 祉 [1946.11] 余翼群 [1943.2] 吳淡人 [1936.3] 張 羽 [1948.1] 張 荄 [1938.10] 張 毅 [1947.3] 張輔邦 [1945.7] 張靜庵 [1940.7] 李人淑 [1948.1] 李壽干 [1945.1] 李輝勻 [1938.6] 楊坤壽 [1945.7] 楊英畏 [1945.7] 汪逢渠 [1945.1] 蘇秋若 [1938.11] 陸剛 [1945.7] 陳祥麟 [1948.2] 金亦吾 [1948.1] 封高億 [1945.4] 柯建安 [1943.11] 段霖茂 [1939.12] 胡琨 [1945.7] 胡義賓 [1940.7]
四期 累計： 中將9名 少將 103名 上校48名	張靈甫 [1947.7 追 贈] 李 彌 [1948.9] 周偉龍 [1948.9] 林偉儔 [1948.10] 羅列 [1948.9] 胡 璉 [1948.9] 徐 保 [1948.8 追贈] 賴傳湘 [1942.1 追 贈] 湯肇武	馬平林 [1948.9] 王琛 [1948.9] 王黔 [1947.2] 王 志 鵬 [1948.9] 王 作 華 [1948.9] 王 作 棟 [1948.9] 王怡群 [1936.10] 王超凡 [1948.9] 皮震 [1948.9] 艾時 [1947.11] 艾靉 [1948.9] 龍矯 [1948.9] 龍雲驤 [1948.9] 龍次雲 [1947.11] 龍佐才 [1948.9] 全瑛 [1948.9] 劉平 [1945.6] 劉煒 [1936.1] 劉世懋 [1948.9] 劉玉章 [1948.9] 劉宏遠 [1948.0] 劉建修 [1948.9] 劉澤沛 [1937.5] 向鳳武 [1948.9] 向敏思 [1948.9] 朱則鳴 [1948.9] 朱篤祜 [1947.7] 朱振華 [1948.9] 朱楚潘 [1948.9]	丁 一 [1945.1] 丁希孔 [1947.6] 習勤 [1947.6] 馬文祥 [1945.11] 馬輝祖 [1947.8] 文強 [1946.11] 文蔚雄 [1945.4] 毛東湖 [1947.6] 牛秉鑫 [1940.7] 王子偉 [1943.1] 王子步 [1948.9] 王旭夫 [1940.7] 王思靜 [1942.7] 王輔臣 [1937.8] 王逸曙 [1940.7]

| 闞漢騫 [1948.1] | [1947.11] 許良玉 [1945.2] 何志浩 [1945.2] 何揚藩 [1948.9] 吳志勳 [1948.9] 吳祖楠 [1947.11] 吳起舞 [1948.9] 吳嘯亞 [1948.9] 張萬一 [1947.11] 張士智 [1948.9] 張子春 [1947.3] 張世光 [1948.9] 張漢鐸 [1948.9] 張廷鏞 [1947.11] 張樹良 [1947.11] 李子亮 [1948.9] 李文俊 [1947.11] 李立人 [1948.9] 李華駿 [1948.9] 李在仕 [1947.11] 李有莘 [1948.1] 李榮梧 [1948.9] 李楚藩 [1948.9] 楊克歧 [1947.11] 汪祥吉 [1947.11] 沈向奎 [1948.9] 沈澤民 [1946.7] 蘇文標 [1947.11] 穀熹 [1947.2] 連謀 [1947.11] 邱維達 [1948.9] 陳子幹 [1948.9] 周寶崖 [1947.11] 周憲章 [1948.9 海軍] 周蔚文 [1946.7] 龐國鈞 [1948.9] 羅折東 [1945.2] 羅芳垠 [1946.12] 姚國俊 [1945.6] 姜吟冰 [1945.2] 柳元麟 [1948.9] 胡長青 [1945.2] 胡國振 [1947.11] 胡宗漢 [1947.4] 賀鉞芳 [1947.2] 鍾濟凡 [1944.9 追贈] 夏運寅 [1947.7] 桂乃馨 [1948.9] 耿長江 [1947.6] 袁傑三 [1945.2] 陶紹康 [1944.3 追贈] 顧葆裕 [1948.9] 顧錫九 [1948.9] 高吉人 [1948.9] 高魁元 [1948.9] 曹玉珩 [1948.9] 曹振鐸 [1948.9] 梅春華 [1939.7] 黃天存 [1947.11] 黃振剛 [1947.4] 彭戰存 [1948.9] 溫其亮 [1945.2] 童維經 [1947.2] 謝晉元 [1941.5 追贈] 簡樸 [1948.9] 路可貞 [1948.9] 靳力三 [1948.9] 廖鳳運 [1948.9] 廖運升 [1948.9] 慕中嶽 [1948.9] 譚子欽 [1947.11] 譚鎮濱 [1946.12] 滕傑 [1943.2] 潘裕昆 [1947.6] | 平爾鳴 [1945.1] 田子梅 [1945.1] 劉乙光 [1946.10] 劉方屏 [1945.7] 劉貽錚 [1945.1] 孫織天 [1943.7] 朱始營 [1945.1] 湯超 [1945.4] 湯永鹹 [1945.4] 許致和 [1947.3] 何龍慶 [1945.4] 吳潤溪 [1945.1] 吳衡擧 [1945.10] 宋克歐 [1946.2] 張勛哉 [1945.7] 李友尚 [1945.1] 李正誼 [1945.4] 李守正 [1945.4] 李建邦 [1939.1] 李鴻基 [1946.11] 楊蔚 [1945.4] 楊懷英 [1945.4] 蘇玉衡 [1937.3] 陳遠湘 [1943.2] 陳林達 [1943.7] 周敏 [1946.11] 周慶祥 [1940.7] 周淘鹿 [1942.1] 林樹英 [1945.1] 歐陽秉琰 [1948.9] 武繩祖 [1945.7] 侯志明 [1945.1] 祝楚池 [1943.7] |
| 累計 | 中將 34 名 | 少將 254 名 | 上校 91 名 |

上表同前源自《[國民政府公報 1935.4 － 1949.9] 頒令任命將官上校及授勳高級軍官一覽表》名單。

附表64　與第二、第三、第四期生任上校以上軍官比較一覽表

期別類別	任上校以上軍官總數	學員總數	占 %	1935.4 − 1937.6 年間任			1937.7 − 1945.8 年間任			1945.9 − 1949.9 年間任		
				上校	少將	中將	上校	少將	中將	上校	少將	中將
一期	289	706	41	8	27	21	56	38	19	9	72	39
二期	85	449	18.9	1	6	無	4	25	1	3	34	11
三期	134	1233	10.9	1	2	無	25	26	4	9	58	9
四期	160	2654	6	1	3	無	32	14	1	15	86	8
累計	667	5035	14.7	11	38	21	117	103	24	36	250	67

　　從上表基本情況，我們可以看出端倪。據不完全統計，第一期生比較後三期生，不僅在總體數量上處於優勢，而且在三段歷史時期的每項指標都處於領先，只是到了第三時期在「少將」一欄，第四期生才有所超越，綜合起來比較，第一期生確實比較後三期生，在多項指標和資料處於絕對優勢。通過以上兩個表格反映的各項指標和資料，我們至少可以歸納以下幾方面印象：

　　一是第一期生成才率以占學員總數 41.2% 高居榜首，反映的指標包括 1935 年 4 月以後國民政府軍事委員會任命軍官，沒有包含中共軍隊將領，以及在此前犧牲、陣亡的部分將校。實際上，第一期生除了兩次東征和北伐戰爭陣亡者外，絕大部分服務軍旅人員都在後來成為將校軍官。軍事當局重視、個人奮鬥精神以及「開天闢地」第一期等因素，是造就第一期生大面積、高比例、短時期成長為軍事將領群體的主因。

　　二是第一期生首先在中將這一高級將領層面上，遠遠超出後三期生，三段時期共計有中將 79 名，後三期生相加才有 34 名，在此項目上未及第一期生半數；其次在三個歷史階段中，抗戰前第一期生就有 21 人獲得中將階級，後三期生因這一指標缺失，只能「望其項背」差得遠，再次在後兩個時期比較，第一期生仍在數量上高出許多，因此可以確切的說，在中將這個高級將領檔次上，第一期生實實在在比較後三期生優勢並超前許多。

　　三是在少將層面上，第一期生在三段時期共計有 137 名，後三期生累加有 254 名，總算在此項指標有所超越，如果按後三期學員總數 4335 人估算，對於第一期生並沒有多大優勢，如果再以抗戰前資料作比較，第一期生有 27 名少將，後三期相加僅有 11 名，顯然後三期生此時還處於起步階段。在上校階級上，第一期生在前兩段時期處於領先，如果在總數上比較，仍比後三期生占優。

　　四是後三期生的將校資料，僅反映了國民革命軍方面情況，中共方面的後三期生特別是第四期生，在工農武裝鬥爭及根據地建設和抗日戰爭時期，湧現和成長了一大批高級指揮員，其中著名的林彪元帥是後三期生當中，戰績最輝煌名聲較顯赫的第一人。1926 年設於廣州的各類軍校併入黃埔軍校後，比敘第四期生的蕭克上將，曾參加過北伐戰爭、南昌起義和井岡山鬥爭，健在時是大陸軍隊高級將領資望與功勳最崇高者；曾任黃埔軍校同學會會長李運昌，從二十世紀四十年代中後期開始，六十多年來長期擔當正部級高級領導職務，也是大陸最長壽的第四期生較著名者。大陸最後兩位第四期生均於 2008 年 10 月 24 日同一天在北京逝世。據悉在臺灣的高魁元上將（到臺灣後曾任所有最高層軍職）截至 2012 年 4 月底仍以 107 歲高齡係第四期生唯一健在者。

第十三章

參與政治活動與任職政務機構情況綜述

　　從多個領域和範疇考察第一期生，不獨在軍事領域有所作為，在中國國民黨黨務以及政治方面的活動能量也是相當規模的，這種情形在抗日戰爭勝利後，開始較為明顯的反映出來。首先是當選為中國國民黨中央機構成員的人數逐漸增多；其次是出席中國國民黨第一至第六次全國代表大會代表有所增加；再次是第一期生在抗日戰爭勝利後，已經有了數量不等的國民大會代表和國民政府立法院和監察院委員。

第一節　任職中國國民黨中央機構情況綜述

　　如果從第一期生整體演進的過程加以探究，抗日戰爭勝利前後這段時期，應當是他們作為「引領群體」或「軍事領導集團」，在整體或個別來看均處在發展過程的鼎盛階段，中國國民黨方面的第一期生，顯示出他們開始參與國家政務、立法、監察等方面政治活動，以及他們所發揮的能量與作用。

附表 65　當選 1945 年 5 月以前中國國民黨歷屆中央執行委員會、
中央監察委員會成員一覽表

序號	姓名	屆次	年月	序號	姓名	屆次	年月
1	曾擴情	第四屆候補中央執行委員	1931.11	2	胡宗南	第六屆中央執行委員	1945.5
3	賀衷寒	第六屆中央執行委員	1945.5	4	曾擴情	第六屆中央執行委員	1945.5
5	桂永清	第六屆中央執行委員	1945.5	6	宋希濂	第六屆中央執行委員	1945.5
7	關麟徵	第六屆中央執行委員	1945.5	8	張鎮	第六屆中央執行委員	1945.5
9	鄧文儀	第六屆中央執行委員	1945.5	10	顧希平	第六屆中央執行委員	1945.5
11	李默庵	第六屆中央執行委員	1945.5	12	袁守謙	第六屆中央執行委員	1945.5
13	鄭洞國	第六屆中央候補執行委員	1945.5	14	李玉堂	第六屆中央候補執行委員	1945.5
15	杜聿明	第六屆中央候補執行委員	1945.5	16	劉戡	第六屆中央候補執行委員	1945.5
17	白海風	第六屆中央候補執行委員	1945.5	18	彭善	第六屆中央候補執行委員	1945.5
19	李延年	第六屆中央監察委員	1945.5	20	范漢傑	第六屆中央監察委員	1945.5
21	李樹森	第六屆中央監察委員	1945.5	22	霍揆彰	第六屆中央監察委員	1945.5
23	李鐵軍	第六屆候補中央監察委員	1945.5	24	王仲廉	第六屆候補中央監察委員	1945.5
25	陳大慶	第六屆候補中央監察委員	1945.5	26	丁德隆	第六屆候補中央監察委員	1945.5

附表 66　當選黨團合一〔1947 年 7 月〕後的中國國民黨第六屆中央執行委員、
候補中央執行委員、中央監察委員、候補中央監察委員一覽表

序	姓名	屬性	序	姓名	屬性	序	姓名	屬性
1	曾擴情	中央執行委員	2	桂永清	中央執行委員	3	宋希濂	中央執行委員
4	關麟徵	中央執行委員	5	張鎮	中央執行委員	6	鄧文儀	中央執行委員
7	顧希平	中央執行委員	8	李默庵	中央執行委員	9	袁守謙	中央執行委員
10	俞濟時	中央執行委員	11	蕭贊育	中央執行委員	12	劉泳堯	中央執行委員
13	黃珍吾	中央執行委員	14	徐會之	中央執行委員	15	鄭洞國	候補中央執行委員
16	李玉堂	候補中央執行委員	17	杜聿明	候補中央執行委員	18	白海風	候補中央執行委員
19	彭善	候補中央執行委員	20	李延年	中央監察委員	21	范漢傑	中央監察委員
22	李樹森	中央監察委員	23	霍揆彰	中央監察委員	24	胡素	中央監察委員
25	李鐵軍	中央監察委員	26	王仲廉	候補中央監察委員	27	丁德隆	候補中央監察委員
28	陳大慶	候補中央監察委員						

　　1947 年 9 月 9 日至 13 日，中國國民黨在南京召開六屆四中和中央黨
團聯席會議，會議議決了蔣介石 6 月 30 日在中國國民黨中央常務委員會
與中央政治委員會聯席會議所提的「黨團組織合併」，會議還通過了《中
國國民黨當前組織綱領》、《統一中央黨部團部組織案》。合併後的中國國
民黨黨團中央機構，增加了黃珍吾、徐會之兩人為第六屆中央執行委員。

第二節　參加中國國民黨黨代會情況綜述

　　從 1924 年 1 月至 1945 年 5 月，中國國民黨在大陸總共召開了六次
全國代表大會。筆者從六次代表大會的代表名單中，發現每次大會都有
第一期生作為正式代表名列其中，這是黃埔軍校後期生無法比擬的先天
優勢。下表所列的 41 名代表，無論他們當年是否出席黨代會，也無論是
否掛名甚或其他緣由「榜上有名」，總之，第一期生作為中國國民黨六次
黨代會代表這一事實已載入史冊。

　　值得說明的是，第一期生到了中國國民黨第六次全國代表大會召開
之際，不僅有 17 人參加大會，而且還當選為黨代會期間提案委員會的黨
務、教育、軍事、外交等四個小組成員，還作為《總章》審查委員會成
員，參與了中國國民黨《總章》審查事宜。

附表 67　出席中國國民黨歷次全國代表大會代表一覽表

序	姓名	屆次	年月	序	姓名	屆次	年月
1	趙志超	第一次全國代表大會吉林省代表	1924.1	2	蔣先雲	第二次全國代表大會湖南省代表	1926.1
3	曾擴情	第二、第三、第四、第五次全國人民代表大會	1926.1 1929.3	4	唐際盛	第二次全國代表大會湖北省代表	1926.1
5	鄭炳庚	第三、第六次全國代表大會軍隊代表	1929.3 1945.5	6	伍翔	第三次全國代表大會代表，時任福建省保安司令部政治部主任兼第一師政治部主任	1929.3
7	伍瑾璋	第三次全國代表大會代表，時任第八師政治部主任	1929.3	8	鄧文儀	第三、第五次全國代表大會代表，	1929.3 1935.12
9	伍誠仁	第三次全國代表大會代表，時任首都衛戍司令部政治部主任	1929.3	10	黃珍吾	第三次全國代表大會代表，時任南京中央軍校政治部主任	1929.3
11	酆悌	第三、第四、第五次全國代表大會代表	1929.3 1931.11 1935.12	12	官全斌	第三次全國代表大會代表，時任駐軍山東獨立第三十旅副旅長兼旅政治部主任	1929.3

13	桂永清	第三次全國代表大會代表，時任第十一師第三十一旅旅長	1929.3	14	黃子琪	第四次全國代表大會廣西省代表	1931.11	
15	蕭灑	第四、第五次全國代表大會河南省代表	1931.11 1935.12	16	陳廷璧	第四、第五、第六次全國代表大會雲南省代表	1931.11 1935.12 1945.5	
17	冷欣	第四次全國代表大會軍隊代表	1931.11	18	胡宗南	第四次全國代表大會軍隊代表	1931.11	
19	俞濟時	第四、第五、第六次全國代表大會軍隊代表	1931.11 1935.12 1945.5	20	賀衷寒	第四、第五次全國代表大會軍隊代表	1931.11 1935.12	
21	田毅安	第五次全國代表大會代表	1935.12	22	馮劍飛	第五、第六次全國代表大會代表	1935.12 1945.5	
23	李玉堂	第五次全國代表大會代表	1935.12	24	顧希平	第五次全國代表大會代表	1935.12	
25	黃杰	第五次全國代表大會代表	1935.12	26	劉戡	第五次全國代表大會代表	1935.12	
27	陸傑	第五次全國代表大會代表	1935.12	28	劉泳堯	第五、第六次全國代表大會代表	1935.12 1945.5	
29	徐宗堯	第五次全國代表大會代表	1935.12	30	李仙洲	第六次全國代表大會代表	1945.5	
31	王叔銘	第六次全國代表大會代表	1945.5	32	王錫鈞	第六次全國代表大會代表	1945.5	
33	宣鐵吾	第六次全國代表大會代表	1945.5	34	楊麟	第六次全國代表大會代表	1945.5	
35	孫元良	第六次全國代表大會代表	1945.5	36	杜心如	第六次全國代表大會代表	1945.5	
37	黃杰	第六次全國代表大會代表	1945.5	38	張世希	第六次全國代表大會代表	1945.5	
39	黃雍	第六次全國代表大會代表	1945.5	40	賈伯濤	第六次全國代表大會代表	1945.5	
41	蕭贊育	第六次全國代表大會代表	1945.5					

　　中國國民黨第六次全國代表大會預備會議通過提案審查委員會各組成員名單，第一期生名列其中的有：

　　一、提案審查委員會黨務組成員：賀衷寒、劉泳堯、鄧文儀、鄭炳庚、張鎮等五人，其中賀衷寒為召集人之一；

　　二、提案審查委員會教育組成員：杜心如一人；

　　三、提案審查委員會軍事組成員：吳迺憲、白海風、蕭贊育、鄭洞國、關麟徵、王錫鈞、張世希、宋希濂、賈伯濤、陳廷璧、顧希平、俞濟時、張鎮、李延年、劉戡、李仙洲、袁守謙、宣鐵吾、劉泳堯、杜心如、桂永清、霍揆彰、丁德隆、鄧文儀、張雪中、孫元良、董釗、王叔銘、黃杰、鄭炳庚、冷欣、黃雍、馮劍飛等三十三人；

四、提案審查委員會外交組成員：桂永清一人；

五、總章審查委員會成員：袁守謙、劉泳堯、賀衷寒三人。

第三節　參加國民大會情況綜述

1936 年 5 月 5 日南京國民政府公佈了「五五憲章」，並相繼公佈了《國民大會組織法》、《國民大會代表選舉法》，成立了國民大會代表選舉事務所，開展選舉國民大會代表的籌備工作。但是由於種種原因，直至 1946 年 11 月才召開「制憲國民大會」，制定了《中華民國憲法》並通過憲法實施之準備程式。

附表 68　當選制憲（1946 年 11 月）第一屆國民大會代表一覽表

序	姓名	屬性	序	姓名	屬性	序	姓名	屬性	序	姓名	屬性
1	顧希平	江蘇省	2	徐宗堯	安徽省	3	郭禮伯	江西省	4	張雪中	江西省
5	桂永清	江西省	6	張彌川	湖北省	7	蔣伏生	湖南省	8	侯鏡如	河南省
8	蕭灑	河南省	10	李正韜	河南省	11	史仲魚	陝西省	12	田毅安	陝西省
13	陳廷壁	雲南省	14	牟廷芳	貴州省	15	杜心如	南京市	16	劉泳堯	軍隊代表
17	袁守謙	軍隊代表	18	俞濟時	軍隊代表	19	冷欣	軍隊代表	20	黃杰	軍隊代表
21	賀衷寒	國民黨	22	鄧文儀	國民黨	23	白海風	國民黨	24	曾擴情	國民黨
25	張鎮	國民黨	26	黃珍吾	國民黨	27	郭安宇	國民黨			

我們從「制憲國民大會」2050 名法定代表名單中，整理第一期生代表共計 27 名，雖然僅占代表總數之 1.3%，但它預示著第一期生從軍旅生涯邁向國家政治活動的契機。

從上述代表的種類看，除了 7 名直接遴選的中國國民黨代表外，本次大會的 41 名軍隊代表中，第一期生有 6 名，占軍隊代表總數之 15%，其餘為 10 個省市選出的代表。

附表 69　當選行憲第一屆國民大會（1948 年 3 月）代表一覽表

序	姓名	屬性	序	姓名	屬性	序	姓名	屬性	序	姓名	屬性
1	張世希	江蘇省	2	冷欣	江蘇省	3	顧希平	江蘇省	4	賈韞山	江蘇省
5	鄭炳庚	浙江省	6	李園	浙江省	7	胡素	江西省	8	胡信	江西省
9	霍揆彰	湖南省	10	蔣伏生	湖南省	11	杜從戎	湖南省	12	徐經濟	陝西省
13	楊顯	陝西省	14	馬志超	陝西省	15	馬師恭	陝西省	16	杜聿明	陝西省
17	黃珍吾	廣東省	18	李及蘭	廣東省	19	柏天民	雲南省	20	白海風	內蒙古
21	張彌川	漢口市	22	杜心如	南京市						

　　依據 1947 年 7 月 12 日國民政府制定並公佈的《國民大會代表名額》之規定，本屆（行憲）國民大會代表名額共計 2975 人，1948 年 3 月 29 日國民大會召開，5 月 1 日結束。第一期生代表共有 22 名，代表 10 個省、市，尚不足以形成第一期生在軍隊中特有的影響力。

第四節　任職立法院和監察院情況綜述

　　1948 年 5 月 1 日國民大會結束後，依據「憲法」產生之首屆立法院于國民大會閉幕後之第七日自行集會，「行憲」首屆立法院乃於 5 月 8 日自行集會。「行憲」後之立法院為國家最高立法機關。第一屆立法院區域立法委員共計 531 名，其中第一期生有六名當選國民政府立法院立法委員。

　　1948 年 5 月 20 日公佈《監察院組織法》，6 月國民政府監察院改組成立，「行憲」後的監察院為國家最高監察機關。該屆國民政府監察院共計 249 名監察委員。直至抗日戰爭勝利後，第一期生群體由於在國家政治活動資歷不足和能量所限，在國家立法和監察機構之作用和影響十分有限，從兩院委員龐大名單中，第一期生僅占八席。

附表 70　當選國民政府立法院立法委員及監察院監察委員一覽表

序	姓名	屆次	當選年月	序	姓名	屆次	當選年月
1	徐宗堯	國民政府立法院立法委員	1948.5	2	曾擴情	國民政府立法院立法委員	1948.5
3	郭景唐	國民政府立法院立法委員	1948.5	4	陳廷璧	國民政府監察院監察委員	1948.6
5	田毅安	國民政府監察院監察委員	1948.6	6	郭安宇	國民政府立法院立法委員	1948.5
7	蕭灑	國民政府立法院立法委員	1948.5	8	李正韜	立法院候補立法委員	1948

第五節　任職各省政府及行政督察專員公署情況簡述

　　1925 年 7 月廣州國民政府成立時，制定《省政府組織法》，1926 年 11 月規定：「省政府於中國國民黨中央執行委員會及省執行委員會指導、監督之下，受國民政府之命令，管理全省政務。省政府主席及委員組成省政府委員會，行使省政府職權」。省政府委員為省政府決策機構之組成成員，省政府主席及省政府所屬民政、財政、教育、建設四廳廳長于省政府委員中提請國民政府任命，後增置秘書長、司法廳、軍事廳、商務廳、農工廳、會計處、保安處等，省政府委員置委員七至十一名。

　　1932 年國民政府制定《行政督察專員公署組織法》，規定：「各省可以就其所轄區域劃定若干行政督察區，設行政督察專員公署，作為省政府派出之輔助機構」。1941 年 10 月國民政府行政院公佈《戰時各省行政督察專員公署及區保安司令部合併組成暫行辦法》，規定行政督察專員公署和保安司令部合併組織，由專員兼任保安司令，正式成為國民政府暨各省政府派出之掌管行政、軍事之機關。

附表 71　出任各省政府委員、主席、省政府組成成員暨所轄行政區專員任職一覽表

序	姓名	任職	出任時間	序	姓名	任職	出任時間
1	顧希平	江蘇省政府委員， 兼任民政廳廳長 陝西省政府委員	1938.8/1939.1 1948.9 再任 1948.9 兼任 1947.8/1948.10	2	冷欣	江蘇省政府委員	1939.1/1943.1
3	賈韞山	江蘇省政府委員， 兼任軍事廳廳長 兼任保安處處長 兼任第八區行政督察 專員暨保安司令	1940.7/1948.9 1940.7/1945.10 1941.8 任 1940.8 任	4	王仲廉	江蘇省政府委員， 兼任保安處處長 兼任徐州行署主任 安徽省第四區行政督察專員兼保安司令	1943.2/1944.3 1942.5 任 1943.2 任 1942.10/ 1943.11

5	陳泰運	江蘇省政府委員 貴州省貴定區行政督 察專員兼保安司令	1945.10 免職 1949.8	6	韓之萬 〔涵〕	江蘇省政府委員 陝西省第四區行 政督察專員兼保 安司令 遼寧省政府委員 遼寧省政府民政 廳廳長	1948.9 任 1937.8 任 1945.10/1948.3 1947.2 兼
7	俞濟時	浙江省保安處處長	1933.2 任	8	宣鐵吾	浙江省保安處處 長 浙江省政府委員	1935.8/1943.7 1949.2/1949.4
9	譚計全	浙江省第八區行政督 察專員兼保安司令 浙江省第十一區行政 督察專員兼保安司令 浙江省第一區行政督 察專員兼保安司令	1943.7 任 1946.9 免 1946.9 任	10	洪顯成	浙江省第三行政 督察專員兼保安 司令	1948.7 任
11	蔡炳炎	安徽省保安處處長	1933.3 任	12	王錫鈞	安徽省保安處處 長	1937.9/1938.3
13	鄧子超	江西省第五區行政督 察專員兼保安司令	1943.4/1945.1	14	胡素	江西省政府委員	1949.3 任
15	丁炳權	湖北省保安處處長	1935.6/1938.1	16	徐會之	湖北省鄂北行署 主任 湖北省第五區行 政督察專員兼保 安司令 湖北省政府委員 漢口直轄市市長	1943.4 任 1943.6 任 1944.7/1947.9 1945.9 任， 1947.7 再任
17	彭善	湖北省第四區行政督 察專員兼保安司令	1942.10 任	18	酆悌	湖南省第二區行 政督察專員 湖南省政府委員	1938.1/1938.8 1938.9/ 1938.11.20 被軍法處決
19	李樹森	湖南省保安處處長 湖南省政府委員	1939.1 任 1946.4/1949.8	20	孫常鈞	湖南省第八區行 政督察專員兼保 安司令 湖南省第三區行 政督察專員兼保 安司令	1944.3 任 1948.11 任
21	黃杰	湖南省政府主席 兼湖南全省保安司令 及湖南省軍管區司令	1949.8.9 任	22	陳明仁	湖南省政府委員 湖南省政府代主 席	1949.5/1949.8

23	李延年	山東省政府委員兼省政府軍務廳廳長	1938.1/1945.10	24	馮劍飛	河南省保安處處長 貴州省保安處處長	1933.3 任 193.6 任
25	李正韜	河南省第二區行政督察專員兼保安司令	1938.7 任	26	張坤生	陝西省保安處處長 陝西省政府委員	1936.8/1939.2 1948.10 任
27	董釗	陝西省政府主席兼陝西全省保安司令	1948.7 任	28	徐經濟	陝西省保安處處長	1939.2 任
29	梁幹喬	陝西省第二區行政督察專員兼保安司令	1944.12 任	30	王治岐	甘肅省保安處處長 甘肅省政府主席兼甘肅全省保安司令	1943.9/1945.5 1949.12 任
31	張良莘	甘肅省保安處處長	1939.11 任	32	李良榮	福建省政府主席兼福建全省保安司令	1948.9/1949.1
33	黃珍吾	福建省保安處處長	1938.7/1944.11	34	吳迺憲	廣東省保安處處長 廣西省政府委員	1939.12/1941.10 1941.10 任
35	董煜	廣東省第八區行政督察專員兼保安司令 廣東第十四區行政督察專員兼保安司令	1947.4/1948.4 1949.4 任	36	梁華盛	吉林省政府主席兼吉林全省保安司令	1946.10/1948.3 兼
37	鄭洞國	吉林省政府主席兼吉林全省保安司令	1948.3 兼代	38	范漢傑	熱河省政府主席兼熱河全省保安司令	1948.2/1948.6
39	張德容	陝西省第九、十區行政督察專員兼保安司令	1948 年任	40	李楚瀛	廣東第二區行政督察專員兼保安司令	1949.1 －
41	嚴崇師	陝西耀縣行政督察專員兼保安司令	1947 年任				

說明：另據載高致遠曾任陝西省第六區行政督察專員兼保安司令，查閱多份史籍資料無記載。

　　據上表反映情況，抗日戰爭前後時期，有 41 名第一期生開始出任省政府及各區軍政職務，其中出任省政府主席或代主席的有八人，均為抗日戰爭勝利後獲任，出任年份是在 1946 年 10 月至 1949 年 8 月期間。如以「軍校」劃分派系而言，反映出：「保定系」處於衰落或退位狀況，以第一期生為首的「黃埔系」處於上升態勢。但是，這種態勢維持至中國國民黨及其軍隊退出大陸之前。

第六節　任職軍事參議院情況簡述

　　軍事委員會軍事參議院是國民政府軍事最高諮議、建議和高級軍官儲備機關，成立於 1929 年 9 月，直隸於國民政府。1929 年 9 月 18 日公佈《軍事參議院組織法》，1932 年 4 月 18 日公佈二次修訂的《軍事參議院組織法》，參議增至 90 － 180 名，諮議增至 60 － 150 名。1938 年 2 月改隸於軍事委員會。成立之後，實際成為一些曾任上校以上高級軍官賦閒養老的之「榮譽職務」。據統計，從 1929 年至 1947 年 5 月撤銷為止，先後有參議 446 名，諮議 171 名，其中：不乏各軍閥派系曾任中將、上將之高級將領，部分人先任諮議後任參議，個別人依靠某些門路或機遇再度出任高級軍職。但是絕大多數人掛名「參議」或「諮議」後，就此告老直至退役。1947 年 5 月 1 日改為戰略顧問委員會，直隸於國民政府。1948 年 5 月改隸於總統府，截至 1949 年 10 月以前，先後任命委員、顧問 31 名，此段時期組成人員資格提高，任命的均係曾任上將或具有上將資歷的高級將領。

　　根據上述 648 人的大名單，筆者仍舊搜索到少數第一期生，這也是第一期生在民國軍事參議、諮議、顧問機構僅有蹤跡。詳情如下表：

附表72　任軍事委員會軍事參議院參議、
諮議及國民政府 [總統府] 戰略顧問委員會委員一覽表

姓名	出任時間	姓名	出任時間	姓名	出任時間
樓景越	1932.5 任參議	王勁修	1935.9 － 1938.3 任參議	陳明仁	1935.9 － 1938.5 任參議
冷欣	1935.9 － 1938.3 任參議	何清	1931.1 任諮議	伍瑾璋	1935.9 － 1938.5 任諮議
俞濟時	1949.2.21 任顧問、委員				

　　從上表人員情況，我們可以看到，一般認為進入軍事參議院就等於告老退役，但是第一期生仍然可出任更高一級軍政職務。分析其主要原因有：一是第一期生作為中央軍「黃埔嫡系」率先者，始終倍受最高軍事當局之重視和作用；二是第一期生此時年齡較輕，資望正值上升階段，處於「當打」之年，是進入軍事參議院最年輕之參議；三是第一期生受到決策當局重用或同學互相舉薦，是得以「重出江湖」的最直接因素。據上述七位第一期生以後之任職情況，我們不難得出以上結論。

第十四章

中共第一期生與黃埔軍校活動情況

　　北伐國民革命時期的黃埔軍校，第一期生中的中國共產黨員曾經形成了一股強勢政治力量，對於廣州黃埔軍校時期的中國國民黨校內組織是一個強有力的衝擊和威脅。這一時期中共在黃埔軍校的活動、影響和作用是多方面的，這裏重點敘述第一期生在其中有過的歷史作用和影響。

第一節　參與中共創建初期活動的第一期生

　　本章的確立頗費躊躇，因為史稱「中共創建時期」，限定於 1917 年俄國十月革命至 1923 年 6 月中共第三次全國代表大會召開。此時，黃埔軍校還未降生。值得說明的是，部分參與中共創建初期活動的中共黨員和中國社會主義青年團員，被中共（包括中國社會主義青年團）地方組織推薦投考黃埔軍校學習。僅此顯示，處於創建時期的中國共產黨及其各地基層組織，已經參與了黃埔軍校創辦相關聯的推薦、招考及生源等多項事宜。

　　本章試圖以 1920 年至 1923 年底止，以部分參與中共創建初期活動的中共黨員及中國社會主義青年團員，以及在各地的革命活動情況為例，揭示處於變革時期的中共及中國社會主義青年團地方組織及其成員與黃埔軍校發生關聯之歷史軌跡。

附表 73　參與中共創建初期活動的第一期生情況一覽表

序	姓名	加入中國社會主義青年團年月	加入中國共產黨年月	序	姓名	加入中國社會主義青年團年月	加入中國共產黨年月
1	劉雲	1922 年加入旅法中國少年共產黨（一說加入中國社會主義青年團）	1923 年轉入中國共產黨	2	劉疇西	1920 年冬加入中國社會主義青年團	1922 年夏加入中國共產黨
3	許繼慎	1921 年 4 月加入中國社會主義青年團	1923 年 12 月加入中國共產黨	4	李之龍		1921 年 12 月加入中國共產黨
5	李漢潘	1921 年春加入中國社會主義青年團	1922 年 4 月加入中國共產黨	6	張隱韜		1922 年春加入中國共產黨
7	陳賡	1922 年加入中國社會主義青年團	1922 年 12 月加入中國共產黨	8	趙子俊	1920 年參加武漢共產主義小組活動	1921 年秋加入中國共產黨
9	唐際盛	1921 年 12 月加入中國社會主義青年團	1922 年初轉入中國共產黨	10	彭干臣	1921 年 4 月加入中國社會主義青年團	1923 年 12 月轉入中國共產黨
11	蔣先雲	1921 年 3 月加入中國社會主義青年團	1921 年底加入中國共產黨	12	宣俠父	1923 年加入中國社會主義青年團	1923 年轉入中國共產黨
13	袁仲賢	1922 年加入中國社會主義青年團		14	趙枏	1922 年加入中國社會主義青年團	1922 年加入中國共產黨
15	伍文生	1921 年加入中國社會主義青年團	1923 年冬加入中國共產黨	16	周啓邦	1923 年加入中國社會主義青年團	
17	張其雄	1922 年初加入中國社會主義青年團	1922 年春加入中國共產黨	18	楊其綱	1922 年加入中國社會主義青年團	
19	楊溥泉	1923 年加入中國社會主義青年團	1923 年 12 月加入中國共產黨	20	王逸常	1921 年加入中國社會主義青年團	1923 年 11 月加入中國共產黨
21	游步瀛		1923 年加入中國共產黨	22	譚鹿鳴		1923 年加入中國共產黨
23	董朗		1923 年加入中國共產黨	24	白海風		1923 年加入中國共產黨
25	郭一予		1923 年加入中國共產黨	26	榮耀先		1923 年 4 月加入中國共產黨
27	傅維鈺	1923 年加入中國社會主義青年團		28	郭德昭	1922 年加入中國社會主義青年團	
29	羅煥榮	1923 年加入中國社會主義青年團					

說明：上表序號 1 − 11 加入黨團年月，主要依據《中國共產黨創建史辭典》，①其後依據其他中共黨史圖書。

　　據史載，第一期生的706人當中，有中共黨員100余名，從上表反映的情況看，其中有19名參與了中共創建時期活動，占19%。1923年6月12日至20日，中共在廣州召開了第三次全國代表大會，出席代表30多名，代表黨員420名。② 1923年11月在上海召開了中共第三屆第一次中央執行委員會會議，從中共三大到三屆一中全會前，黨員增加不過百人。③到1924年5月中共中央執委會擴大會議召開時，黨員人數還有所減少。④綜上所述，截至1923年12月底前，中共約有500多名黨員，以上表所列29人情況，其中23人具有中共黨員身份，占總數4.6%。據此顯示，參與中共創建時期活動的第一期生，應是最早參與軍事活動的一批中共黨員。

　　此外，另據資料顯示：賀衷寒、蔣伏生分別以中國社會主義青年團武漢代表、湖南省旅鄂學生聯合會代表身份于1922年1月赴俄國莫斯科參加遠東各國共產黨及民族革命團體第一次代表大會。

第二節　中共第一期生在廣州黃埔軍校活動情況簡述

　　1924年春，在黃埔軍校工作學習的中共黨員，根據國共兩黨協定以及中共中央決定，是以個人身份加入中國國民黨，成為跨黨分子。中共在黃埔軍校設有支部、特別支部和黨團領導小組，由中共廣東省委領導。在軍校的中共組織不公開，除少數領導幹部公開中共黨員身份外，大多數中共黨員身份是秘密的。

　　黃埔軍校內中共黨組織當時的主要任務有：一是培養和吸收本黨成員；二是指導黨員團結革命師生參加革命鬥爭；三是通過在中國國民黨特別黨部任職的中共黨員指導開展國民黨的黨務活動；四是宣傳和推動貫徹聯俄、聯共、扶助農工三大政策以及鞏固和發展國共合作統一戰線；五是加強軍校的政治教育；六是培養革命的軍政幹部。

　　歷史上，究竟有過多少名第一期生中共黨員，長期是個懸而未解的問題。這些年來，經過前輩史家與無數研究者的共同努力，終於有了一

個基本的情況和資料。根據掌握的資料與已知情況，第一期生中的中共黨員，曾經有過 100 餘名，約占第一期 706 名學員總數的 14.2%。

以下是第一期生在中共黃埔軍校黨組織中擔任領導職務和青年軍人聯合會成員的基本情況：

附表 74　在廣州黃埔軍校中共組織任職一覽表

姓名	中共黃埔軍校黨組織職務	年月	姓名	中共黃埔軍校黨組織職務	年月
蔣先雲	中共黃埔軍校特別支部書記	1924.6 任	楊其綱	中共黃埔軍校特別支部組織幹事	1924.11
				中共黃埔軍校特別支部書記	1926.3
				中共黃埔軍校黨組織負責人	1927.4
王逸常	中共黃埔軍校支部宣傳幹事	1925 年	許繼慎	中共黃埔軍校特別支部候補幹事	1925
陳賡	中共黃埔軍校黨團成員	1926.4			

上表所列第一期生情況，主要是從《中國共產黨組織史資料》輯錄。但是在其他回憶文章中，也有涉及這方面內容和情況，為了不致遺缺，亦原文照錄於此。據載陳賡於 1926 年 4 月任中共黃埔軍校核心組織「黨團」成員，「主要負責軍校青年軍人工作，參與黃埔同學會等社會團體有關各項活動」，⑤陳賡於 1926 年秋北伐戰爭開始後離開軍校。楊其綱於 1927 年 4 月 15 日被中共廣東軍委黃錦輝指派主持軍校黨組織工作，楊其綱於 4 月 18 日黃埔軍校「清黨」時被捕後犧牲。據此，楊其綱應是中國共產黨在黃埔軍校內最後一任黨組織領導人。

第三節　參加青年軍人聯合會情況

青年軍人聯合會作為中國共產黨在黃埔軍校的革命軍人團體，集中了當時在校的所有共產黨員和社會主義青年團員，該團體在周恩來等中共早期領導人的積極推動下，在黃埔軍校校內曾經形成過強有力的政黨政治力量，在黃埔軍校以外的其他軍校中，也成為一股有明顯政治傾向的軍人組織，對於推行中共領導下的各軍校學員起到了團結和引導作用。

附表75　參加黃埔軍校青年軍人聯合會一覽表

序	姓名	青年軍人聯合會職務	年月	序	姓名	青年軍人聯合會職務	年月
1	蔣先雲	青年軍人聯合會常務委員	1925.2	2	劉雲	青年軍人聯合會候補常委	1925.2
3	賀衷寒	青年軍人聯合會中央執行委員	1925.2	4	黃錦輝	青年軍人聯合會骨幹	1925.2
5	傅維鈺	青年軍人聯合會成員	1925.2	5	張其雄	青年軍人聯合會執行委員	1925.2
7	黃雍	青年軍人聯合會成員	1925.2	8	彭繼儒	青年軍人聯合會成員	1925.2
9	陳啓科	青年軍人聯合會成員	1925.2	10	唐同德	青年軍人聯合會成員	1925.2
11	俞墉	青年軍人聯合會成員	1925.4	12	曾擴情	青年軍人聯合會籌備委員	1925.4
13	譚鹿鳴	青年軍人聯合會成員	1925.4	14	顧浚	青年軍人聯合會成員	1925.4
15	郭德昭	參與創設青年軍人聯合會成員	1925.4	16	李漢藩	青年軍人聯合會負責人	1925.5
17	唐震	青年軍人聯合會成員	1925.2	18	唐澍	青年軍人聯合會成員	1925.2
19	徐其之	青年軍人聯合會成員	1925.2	20	楊溥泉	青年軍人聯合會成員	1925.2
21	李其實	青年軍人聯合會成員	1925.2	22	陳述	青年軍人聯合會成員	1925.2
23	冷相佑	青年軍人聯合會成員	1925.2	24	徐向前	青年軍人聯合會成員	1925.2
25	陳子厚	青年軍人聯合會成員	1925.2	26	黃鰲	青年軍人聯合會成員	1925.4
27	李光韶	青年軍人聯合會成員	1925.2	28	左權	青年軍人聯合會成員	1925.4
29	曹淵	青年軍人聯合會成員	1925.2		李之龍	青年軍人聯合會成員	1925.4

　　青年軍人聯合會是由黃埔軍校學生中的中共黨員蔣先雲、周逸群等，聯絡粵軍講武學校、滇軍幹部學校、桂軍軍官學校和機關部隊的進步青年，以黃埔軍校的中共黨員、青年團員為骨幹組織成立的軍人團體。1925年2月1日在廣東大學操場舉行成立大會並遊行，到會3000餘人。大會發表宣言，號召革命軍人為救國救民救自己，聯合工農學商各界民眾，打倒帝國主義與軍閥。2月8日召開第二次代表大會通過《總章》，其宗旨為「革命軍人聯合起來，打倒陳炯明」。選舉第一期生蔣先雲、賀衷寒及另三人為中央執行委員。該會是以周恩來為首的黃埔軍校政治部聯繫青年軍人的橋樑，主要負責人和骨幹有：第一期生蔣先雲、李之龍、黃錦輝、傅維鈺、徐向前、陳　賡等。該會1925年2月20日創刊並出版會刊《中國軍人》，開始為半月刊，六期後為改為不定期出版，還出版《青年軍人》、《兵友必讀》等刊物。1926年4月10日青年軍人聯合會宣佈解散，《解散通電》宣稱：「本會擁護革命而始，亦以擁護

革命而終」，「為鞏固革命勢力，統一軍人觀念，取消駢枝國弊不可濫費起見，特決定自行解散」。

注釋：

① 《中國共產黨創建史辭典》編輯委員會（倪興祥主編），《中國共產黨創建史辭典》，上海人民出版社，2006 年 6 月，第 425 頁至 673 頁人物部分
② 中共中央組織部　中共中央黨史研究室　中央檔案館《中國共產黨組織史資料》（1921 － 1997）中共黨史出版社 2000 年 9 月，第一卷第五頁
③ 中共中央組織部　中共中央黨史研究室　中央檔案館《中國共產黨組織史資料》（1921 － 1997）中共黨史出版社 2000 年 9 月，第一卷第六頁
④ 中共中央組織部　中共中央黨史研究室　中央檔案館《中國共產黨組織史資料》（1921 － 1997）中共黨史出版社 2000 年 9 月，第一卷第六頁
⑤ 廣東省政協文史資料研究委員會　廣東革命歷史博物館合編《黃埔軍校回憶錄專輯》（廣東文史資料第三十七輯），廣東人民出版社，1982 年 11 月，第 15 頁。

第十五章

中共第一期生對軍隊與根據地政權
創建、發展之作用及影響

　　黃埔軍校第一期生，作為民國政治、軍事特定條件下成長的軍事將領和軍隊勢力，無疑也會對處於成長、發展時期的中國共產黨，產生過難以估量的作用和影響。毛澤東在 1936 年 6 月 1 日於陝北瓦窰堡出席中國人民抗日軍政大學開學典禮時指出：「第一次大革命時有個一個黃埔，它的學生成為當時革命的主導力量，領導了北伐的成功。我們的紅大就要繼承黃埔的精神，要完成黃埔未完成的任務，要在第二次大革命中也成為主導力量」。①

　　第一期生作為「當時黃埔」的「排頭兵」，中共第一代領導人，以及中國國民黨早期先驅者和決策人的，都曾為爭取這一「主導力量」而竭盡全力，因為從歷史上追尋軍事緣由，國共兩黨都是從「黃埔一期」開始各自的軍事之路的。對於中國國民黨而言，當時還有支持孫中山政治主張的各省軍閥派系力量，作為除「黃埔」之外的重要軍事支持力量。對於中共來說，「黃埔一期」則是最初軍事發軔之創始，其重要性和緊迫性毋庸置疑。由第一期生推動和黃埔軍校首創的黨代表和政治工作制度，也在中共軍隊建設過程中發揚光大。正如毛澤東於 1937 年 10 月 25 日在《與英國記者貝特蘭的講話》中所指出的：「中國工農紅軍和以後的八路軍、新四軍，與 1924 年到 1927 年國民黨軍隊的精神 ‘大體上相

同'。」就在那時起，由第一期生在黃埔軍校和國民革命軍中建立了黨代表以及政治機關制度，「1927 年以後的紅軍以至今日的八路軍，是繼承了這種制度加以發展的」（原載同①毛澤東著《毛澤東選集》第二卷　人民出版社　1991 年 9 月　第 380 頁）。

第一節　第一期生參加中共歷次黨代會及其任職

　　中共在大陸革命成功之路，無疑是在毛澤東「農村包圍城市」工農武裝割據理論指引下取得的。但是，國民革命時期中共在廣州黃埔軍校的軍事嘗試和武裝鬥爭，由第一期生率先積累下來的寶貴經驗和血的教訓，特別是武裝鬥爭必需的最初的軍事將領之儲備——第一期生，對於深刻領悟「槍桿子裏面出政權」的革命思想，對於中共繼往開來的漫長革命征程，無疑具有至關重要的歷史作用和影響。因此，黃埔軍校對於中共之重要作用影響，從歷史淵源與重大意義上來說並不亞於中國國民黨。除去統戰意義說法之外，最為至關重要緣由是中共早期軍事人才是從黃埔軍校走出來的。

　　根據第一期生在中共黨史上留下的足跡，筆者經過整理和歸納，形成了如下表格：

附表 76　當選中華蘇維埃政府中央執行委員會、中華人民共和國中央人民政府、中國共產黨全國代表大會、中共中央委員會、中央監察委員會及中央顧問委員會一覽表

姓名	會議屆別	年月或地點	姓名	會議屆別	年月或地點
黃錦輝	第五次全國代表大會廣東代表	1927.4 武漢	白海風	第六次全國代表大會內蒙古代表	1928 年 6 月在莫斯科
劉雲	參加第六次全國代表大會會務工作	1928 年 6 月在莫斯科	劉疇西	中華蘇維埃共和國第二屆中央執行委員會執行委員	1934.2.1 在江西瑞金

| 徐向前 | 中華蘇維埃共和國第二屆中央執行委員會執行委員，
中華人民共和國中央人民政府委員
中共第六〔1935.8〕至十二屆中央委員，第八、十一、十二屆中央政治局委員 | 1934.2.1 在江西瑞金
1949.9 北京 | 陳賡 | 第五次全國代表大會代表
第七屆中央候補委員
第八屆中央委員 | 1927.4 武漢
1945.5 延安
1956.9 北京 |
| 周士第 | 第七次全國代表大會晉綏代表團代表
第八屆中央監察委員會委員 | 1945.5 延安
1962.9 北京 | 閻揆要 | 第八次、第十四次全國代表大會代表，第十二屆中央顧問委員會委員 | 北京 |

　　沿著《中國共產黨歷史》和《中國共產黨組織史資料》，我們追尋第一期生在中國共產黨二十八年革命武裝鬥爭道路上的蹤跡，確實看到了許多罕有而珍貴的歷史印記。

　　第一期生參加中共早期地方組織創建活動主要有：趙子俊是武漢共產主義小組成員之一；趙枬是中國社會主義青年團湖南最早活動家，1922 年春任湖南衡州地方委員會書記；楊溥泉 1922 年秋任中國社會主義青年團安徽安慶支部委員會書記，1923 年 6 月任中國社會主義青年團安慶地方委員會委員長；黃錦輝於 1925 年冬任中共廣東區委軍事部部長，是第一期生擔任中共軍委書記第一人；唐際盛於 1925 年夏任中國共產黨開封地方委員會書記；蔣先雲在 1922 年 5 月就任安源路礦工人俱樂部秘書，是第一期生最早投身工農革命運動的先驅者。

　　第一期生最早在中共中央軍事領導機關從事領導工作的有：彭干臣於 1929 年 1 月任中共中央軍事部、中央政治局軍事委員會委員，1929 年夏任中央軍事訓練班主任，是第一期生最早開始軍事訓練和教育的領導者；陳賡於 1929 年 1 月任中共中央軍事部諜報科科長，是中國共產黨軍事情報工作和城市軍事鬥爭的開拓者；左權於 1931 年 1 月就任中華蘇維埃中央革命軍事委員會參謀部參謀處處長，1932 年 8 月任中央軍委總參謀部參謀處處長，是第一期生早先進入中共高級軍事參謀與決策機構第

一人；徐向前於 1931 年 11 月任中華蘇維埃中央革命軍事委員會委員，
是第一期生進入中央軍委領導層首位領導人。

第二節　中共第一期生早期軍事與黨務活動

我們可從以下各表反映的情況，搜尋到第一期生在中共黨史上更多
足跡。

附表 77　中國共產黨員第一期生在國民革命軍第一軍、第二軍、第六軍任職一覽表

姓名	主要任職	年月	姓名	主要任職	年月
蔣先雲	第一軍第三師第七團黨代表	1925.8	張際春	第一軍第三師第八團黨代表	1926.1
王逸常	第一軍第三師第九團黨代表	1925.10	洪劍雄	第一軍第十四師政治部主任	1925.12
榮耀先	第一軍第二十師第七團黨代表	1925.10	黃鰲	第二軍政治部秘書長、主任	1927.2
陳烈	第二軍第六師團長	1926	李隆光	第六軍第十九師第二團團長	1926

在 1924 年 6 月至 1927 年 7 月大革命時期，第一期生中共黨員主
要擔負著國民革命軍中政治工作，其中在國民革命軍第一軍中任職人數
最多。黨代表是當時履行軍隊政治工作職責的領導者和推行者，中共第
一期生在中國國民黨中央軍主幹的第一軍初期之政治工作開創與實踐活
動，對於中共為今後開創軍隊政治工作，有著重要的指導意義和歷史作
用。此外，在國民革命軍第二軍和第六軍也有第一期生擔任團級以上軍
事與政治主官職務。

附表 78　1932 年以前部分中共第一期生任職情況一覽表

序	姓名	籍貫	中國共產黨內主要任職	任職年月
1	王泰吉	陝西臨潼	中共陝西臨潼雨金特別支部負責人	1927.4 － 7
			陝西工農革命軍總司令部參謀長，中共工農革命委員會委員	1928.5 －
2	王逸常	安徽六安	中共上海地方執行委員會第一組成員	1924.1 －
3	馮達飛	廣東連縣	中國工農紅軍第七軍第二縱隊縱隊長	1930.8 － 11
4	史書元	湖南醴陵	中國工農紅軍第八軍第二縱隊政治部主任	1930.3 －
5	伍文生	湖南耒陽	中國社會主義青年團耒陽地方執行委員會書記	1923.1 － 1924.4

6	劉明夏	湖北京山	廣東瓊崖工農革命軍總司令部南征指揮部指揮，兼任工農革命軍幹部學校校長	1927.11 －
7	江震寰	直隸玉田	中國社會主義青年團天津地方委員會代理書記	1925.11 － 1926.11
8	張其雄	湖北廣濟	中國社會主義青年團上海地方執行委員會委員、秘書兼會計	1923.9 －
			中共上海地方執行委員會第一組成員	1924.1 －
9	張隱韜	河北南皮	1923 年 7 月在天津由羅章龍、安幸生介紹加入中共	1923.7 －
10	李之龍	湖北沔陽	中共武漢區執行委員會委員	1922.7 － 1923.10
11	李漢藩	湖南耒陽	湘南學生聯合會第九屆負責人	1923.9 － 1924.1
12	楊其綱	直隸衡水	中國社會主義青年團保定地方執行委員會書記，兼任宣傳委員	1922.2 －
13	楊溥泉	安徽六安	中國社會主義青年團安慶地方執行委員會執行委員、委員長	1923.10 － 1924 春
14	周啓邦	江蘇吳縣	中共上海地方執行委員會第四組（吳淞特別組）組長	1923.9 －
			中國社會主義青年團上海地方執行委員會代理委員長	1924.1 － 2
			中共南京地方執行委員會無錫支部書記	1925.5 － 12
15	周啓邦	江蘇吳縣	中國社會主義青年團上海地方執行委員會代理委員長	1924.1.25 － 2.14
			中共上海地方執行委員會第二組成員	1924.1 －
			上海總工會第二（引翔港）辦事處副主任	1925.6 －
16	侯鏡如	河南永城	中共順直省委領導的中國工農紅軍第二十軍 [軍長張兆豐] 參謀長	1930.5 －
			中共河北臨時省委常務委員	1931.2 －
17	宣俠父	浙江諸暨	中國社會主義青年團杭州地方執行委員會執行委員，兼秘書	1923.10 － 1924.3
			中共杭州支部海門縣小組負責人	1924 年春
18	唐澍	直隸易縣	西北工農革命軍遊擊支隊總指揮，中共工農革命軍委員會委員	1927.12 － 1928.5
19	唐際盛	湖北黃陂	中共河南開封地方執行委員會書記	1925.6 － 11
20	郭安宇	河南許昌	中共徐州特別支部所屬石固寨支部書記	1925 秋 － 1926.1
21	梁文琰	廣東茂名	中國社會主義青年團茂名縣委員會領導人	1926.5 － 1927.7
			中共廣東南路特委委員、常務委員	1927.7 －
			廣東南路廉江縣工農革命軍司令	1927.7 － 8
22	薛文藻	廣東遂溪	中共廣東南路特委委員	1928 年夏
			中共廣東海康臨時縣委書記	1928.4 － 7
23	趙自選	湖南瀏陽	中共廣東英德縣委書記	1928.1 － 3
24	黃雍	湖南平江	中共廣東瓊崖特委常務委員	1928.2 －
25	袁仲賢	湖南長沙	中共廣東東江特委常務委員	1931.5 －
			中共兩廣省委軍委書記	1931.6 －
			中共廣東東江特委軍事委員會書記	1931.8 －
26	梁錫祜	廣東梅縣	中共廣東蕉（嶺）平（遠）尋（烏）縣委書記	1931.4 － 11
27	閻揆要	陝西榆林	西北工農革命軍遊擊支隊總指揮部參謀長，軍事委員會委員	1927.12 － 1928.5

28	蔣先雲	湖南新田	湘南學生聯合會第三、第四屆總幹事	1921.7 − 8
			中共湘區執行委員會直屬安源路礦支部負責人	1922.10 − 11
29	蔡升熙	湖南醴陵	中共鄂豫皖臨時特委委員	1930.12 − 1931.5
			鄂豫皖特委臨時革命軍委員會副主席	1931.1 − 5
30	金仁先	湖北英山	中共湖北英山縣支部〔斬〕負責人	1929.1 − 3

　　上表所列第一期生任職中共黨團組織情況，均源自各省、市、自治區《中國共產黨組織史資料》。上表所列多數任職情況，據筆者瞭解，是其他資料未曾反映過，因此應用於本書亦屬首例。無論上述第一期生的後來政治結局或歸宿如何，他在《中國共產黨組織史資料》留下的歷史痕跡則是確鑿無疑的。

第三節　中共掌握的第一支武裝力量 ——鐵甲車隊、葉挺獨立團活動情況概述

　　據掌握資料顯示，先後在中共掌握的第一支武裝力量——鐵甲車隊——獨立團的第一期生有十人。在獨立團的第一期生，最早建立起中共軍隊基層組織：中共黨支部幹事會幹事周士第、董　朗，第一營黨小組組長曹　淵，第二營黨小組組長賀聲洋、黨員許繼慎，第三營黨小組組長張伯簧、黨員胡煥文，直屬隊黨小組黨員劉明夏等八人。裝甲車隊從成立到擴編為葉挺獨立團的一年時間裏，曾先後參加了第一次東征、鎮壓劉（震寰）楊（希閔）叛亂、支援海港大罷工和沙魚湧戰鬥等戰役。獨立團在攻打武昌城戰鬥中，犧牲官兵一百九十一人，在葉挺倡議下，於 1926 年冬在武昌洪山建立了「國民革命軍第四軍獨立團北伐攻城陣亡官兵諸烈士墓」。葉挺率領獨立團到南昌後，以該團幹部為骨幹擴編成第二十四師，該師在葉挺率領下參加了南昌起義，打響了武裝反抗第一槍。

附表 79　在鐵甲車隊、葉挺獨立團任職情況一覽表

序	姓名	在獨立團時任職	序	姓名	在獨立團時任職
1	周士第	鐵甲車隊副隊長，葉挺獨立團參謀長	2	趙自選	大元帥府鐵甲車隊軍事教官
3	董朗	葉挺獨立團團部參謀	4	賀聲洋	葉挺獨立團第二營營長
5	許繼慎	葉挺獨立團第二營營長	6	張際春	葉挺獨立團第二營副營長
7	曹淵	葉挺獨立團第一營營長	8	胡煥文	葉挺獨立團第三營第九連連長
9	張伯簧	葉挺獨立團第三營營長	10	劉明夏	葉挺獨立團特別大隊大隊長

　　葉挺獨立團中的第一期生中共黨員，在一系列武裝鬥爭過程中，始終發揮著率先垂範和舉足輕重的歷史作用及影響。葉挺獨立團開創的戰鬥作風、鐵軍精神和優良傳統，對中共創建軍隊有著廣泛和深遠的影響，它為中共獨立領導的武裝鬥爭培養了最早的一批軍事骨幹，其中許多人成為人民軍隊的著名將領。如：葉挺、周子昆，以及曾在葉挺獨立團任職的陳毅、林彪、聶鶴亭、彭明治、韓偉、袁也烈等等。從北伐國民革命時期、紅軍時期、抗日戰爭時期、第三次國內革命戰爭時期始終保持「鐵軍」光榮傳統和延續至今的中國人民解放軍陸軍第一二七師，其前身就是葉挺獨立團。②

第四節　參加中共領導的工農武裝三大起義概述

　　中共在初創時期，獨立領導和發動的南昌起義、廣州起義和秋收起義，標誌著中共從政治鬥爭走向武裝鬥爭，邁向工農武裝鬥爭，實踐「槍桿子裏面出政權」革命思想的首次嘗試。從《中國共產黨組織史資料》上，我們可以看到，中共黨內第一批拿起槍桿子，獨立自主進行軍事鬥爭的領導與實踐的是第一期生。這項歷史事實證實，具有軍事乃至政治目的的武裝鬥爭，必須由具備一定軍事素養的職業軍人實施領導和推進。從軍事理論而言更具指導意義，應運而生的第一期生是實踐工農武裝割據的第一批拓荒者和開創者。

　　第一期生中的部分中共黨員，在近代中國以來第一所具有革命意義的黃埔軍校，經受了軍事與政治訓練並重的六個月學習後，經歷了國民革命北伐戰爭磨礪與洗禮，開始了早期中共為謀求生存、發展、抗爭的漫長革命征程，以第一期生為首的開拓者、領導者，為中共開天闢地進行軍事鬥爭邁出了第一步，工農武裝三大起義都留下了他們當年奮鬥和實踐的腳印，史實證明他們是中共軍事精英群體第一代功臣。

　　1927 年 8 月 1 日南昌起義，揭示了中共獨立領導武裝鬥爭的序幕，南昌起義誕生了中共自己胎生的武裝力量。從當時的歷史資料反映，第一期生的一部分人參與了南昌起義，並作為中級指揮員戰鬥在起義第一線，充分說明第一期生在中共軍隊創建史冊留下了光輝的一頁。

附表 80　參加南昌起義一覽表

序	姓名	參加起義時任職	序	姓名	參加起義時任職
1	陳賡	起義軍第二十軍第六團第一營營長	2	彭干臣	起義軍南昌衛戍司令兼政治委員
3	董朗	起義軍第二十四師營長，	4	劉明夏	起義軍第二十四師第七十一團參謀長
5	鄒范	參加起義，南下撫州時任七十一團參謀長	6	史書元	起義軍第二十四師第七十二團團長
7	孫樹成	起義軍第二十四師教導大隊大隊長	8	廖運澤	起義軍第二十四師第七十二團參謀長
9	周士第	起義軍第二十五師第七十三團團長	10	游步瀛	起義軍第十一軍第二十五師參謀處處長
11	王爾琢	起義軍第二十五師第七十四團參謀長	12	孫一中	起義軍第二十五師第七十五團第一營長
13	徐石麟	起義軍第十一軍第十師二十八團參謀長	14	蔡升熙	起義軍第二十四師參謀長
15	袁仲賢	起義軍第二十軍第三師參謀處處長	16	蘇文欽	起義軍第二十軍第三師代理參謀長
17	郭德昭	起義軍第二十軍第三師師部經理處處長	18	傅維鈺	起義軍第二十軍第六團團長
19	李奇中	起義軍第二十軍第三師第五團團附	20	侯鏡如	起義軍第二十軍教導團團長
21	冷相佑	起義軍第二十軍教導團第一營營長	22	王之宇	起義軍第二十軍教導團第二營營長
23	劉希程	起義軍第二十軍教導團第三營營長	24	劉疇西	起義軍二十四師參謀後任營長團參謀長
25	楊溥泉	參加起義，後任新編師副團長	26	劉楚傑	起義軍第十一軍軍官教導隊連長

如上表所列，我們至少可以看到以下幾方面情況：一是從南昌起義軍編制和番號可以看到，除起義後編成的第九軍以外，第一期生所在部隊任職，基本涉及了所有起義軍參加部隊。二是從 26 名第一期生南昌起義參加者名單看，絕大多數人擔任營、團級職務，是領導與指揮部隊實施起義並獲得成功的重要力量。三是據資料反映，他們當中絕大多數人當時是中共黨員，上表半數以上的第一期生，後來成長為中國工農紅軍的著名指揮者，有些還成為人民解放軍高級將領。四是無論起義參加者後來結局如何，他們當年曾經投身參與這一工農武裝起義的偉大義舉，已經成為過去而載入史冊。

1927 年 12 月 11 日的廣州起義，是中共廣東省委為貫徹執行中共中央八七會議決議，在南昌起義後繼續堅持武裝鬥爭，領導工農武裝奪取政權的又一次偉大嘗試。廣州起義的另一突出特點是，中共領導的起義軍在奪取政權後，建立了廣州蘇維埃政府，這是中共領導建立的第一個中心城市工農政權。

從上表所列的第一期生廣州起義參加者名單看，蔡升熙、劉楚傑兩人先前參加過南昌起義，他們或隨起義部隊南下廣東，或是起義失敗後輾轉廣州再投軍旅，從他們的當年任職或是後來的歷史資料反映，上表所列第一期生當時均系中共黨員。

附表 81　參加廣州起義一覽表

序	姓名	參加起義時任職	序	姓名	參加起義時任職
1	趙自選	廣州蘇維埃政府代理人民土地委員，原第六屆廣州農民運動講習所軍事總隊長兼總教官	2	黃錦輝	中共廣東省委委員兼軍委委員，起義時在總指揮部工作
3	蔡升熙	起義時任總指揮部與警衛團聯絡工作	4	劉楚傑	起義軍工人赤衛隊第一聯隊聯隊長
5	陳選普	廣州起義軍總指揮部警衛團指導員	6	徐向前	起義軍工人赤衛隊第六聯隊聯隊長
7	吳展	第四軍教導團第三營營長，兼任黃埔軍校特務營營長	8	馮達飛	廣州起義時在起義軍總指揮部工作
9	唐震	參加廣州起義軍攻打省會公安局作戰	10	梁錫祜	參加廣州起義軍

附表 82　參加湘贛邊界秋收起義一覽表

序	姓名	參加起義時任職	序	姓名	參加起義時任職
1	韓浚	工農革命軍第一師第一團參謀長	2	黃子琪	工農革命軍第一師第一團第一營營長

　　第一期生不僅有 10 人參加起義，趙自選在起義後還參與蘇維埃政府領導工作，擔負代理人民土地委員的職責。黃錦輝還作為中共廣東省委軍委委員參與起義領導工作，他與蔡升熙、馮達飛還在起義軍總指揮部工作。從這些表像分析，第一期生在參與武裝起義以及軍事鬥爭為主的層面上，比較南昌起義所處位置和作用發揮上，第一期生在廣州起義中所表現的軍事才幹與特長有過之而無不及。

　　1927 年 8 月中共中央八七會議決議，決定在湘鄂贛粵四省舉行秋收起義。由毛澤東領導的湘贛邊區秋收起義，組建了中共歷史上第一支工農武裝力量。第一期生再次名列其中，蘊涵著歷史之必然。

　　從湘贛邊界秋收起義參加者名單中，筆者在《中國共產黨組織史資料》幾經搜尋，才找到了第一期生參與其中的歷史痕跡。誠然，這兩位參加者後來的經歷或結局，有悖於早年革命初衷。但是作為史家重在記載史實過程，考慮再三還是將這兩位榜上留名。韓浚在任第七十三軍軍長時，于 1947 年 2 月在山東萊蕪戰役中人民解放軍俘虜，中華人民共和國成立後於 1961 年 12 月獲特赦釋放，後任湖北省政協委員、常委、文史資料委員會專員等職。1989 年 9 月 7 日在武漢因病逝世。黃子琪則於 1928 年底脫離紅軍，後在廣西從事國民黨黨務事宜，抗日戰爭爆發後在安徽第五戰區供職，所部被日軍圍殲後，曾出任偽軍師長和少將參贊武官，抗戰勝利被捕入獄，後不知所終。畢竟，他們是在中共創建軍隊和開展工農武裝鬥爭初期階段，曾經投身並參與其中，真實的信史在於注重並記述事實，固留存於此。

第五節　其他起義和根據地情況簡述

（一）參加湘南起義情況

1927 年 10 月，參加南昌起義南下留守三河壩的第二十五師等部隊，在朱德、陳毅率領下移師西進。同年冬轉移到粵北韶關附近活動。根據中共中央指示，1928 年 1 月，朱德、陳毅、王爾琢等同中共湘南特委，領導了湘南年關起義，先後攻佔了宜章、郴州、耒陽、永興、資興等縣城，組建了工農革命軍第一師、第三師、第四師、第七師等部隊，成立了湘南蘇維埃政府。1928 年 4 月中旬，朱德、陳毅等率領湘南工農革命軍各師，轉移至湘贛邊界的井岡山地區，同毛澤東率領的湘贛邊界秋收起義農軍組成的工農革命軍會師。

在當年湘南起義指揮員行列中，我們仍舊發現有第一期生閃耀的身影。王爾琢曾經是早年第一期生中赫赫有名的戰將，他于 1928 年 8 月 25 日英年之際過早犧牲，陳毅認為王爾琢犧牲是「紅軍極大損失」。③

附表 83　參加湘南起義一覽表

姓名	參加起義時任職	姓名	參加起義時任職
王爾琢	工農革命軍第一師參謀長兼第二十八團團長（由南昌起義軍第二十五師餘部組成）	李奇中	工農革命軍資興獨立團參謀長、團長（由資興縣農民武裝與赤衛隊組成）

（二）參加中國工農紅軍初創時期的井岡山鬥爭簡述

第一期生參加井岡山鬥爭的雖然僅有王爾琢、李奇中兩人。王爾琢是中國工農紅軍初創時期井岡山鬥爭的主要領導者之一。王爾琢 1928 年 1 月協助朱德、陳毅率領南昌起義軍南下，並參與領導了湘南起義，部隊整編時任工農革命軍第一師參謀長，同年 4 月上井岡山，與毛澤東部湘贛邊界起義的農軍會晤，合編為工農革命軍第四軍（後稱紅四軍），即是

該軍參謀長，兼任主力團紅二十八團團長，參與指揮鞏固發展井岡山根據地的五斗江、龍潭口等戰鬥。

1928 年 4 月兩支工農革命軍在井岡山會師，改編為工農紅軍第四軍。李奇中率領資興獨立團隨軍上了井岡山，編入工農紅軍第四軍，擔任第十二師第三十六團團長，④參與了井岡山會師後紅軍初創時期的活動。李奇中後來的路子曲折坎坷，中華人民共和國成立後，任國務院參事室參事，全國政協文史資料研究委員會文史專員，撰寫了一些黃埔軍校回憶文章。

附表 84　參加井岡山根據地創建一覽表

姓名	參加井岡山鬥爭時任職	姓名	參加井岡山鬥爭時任職
王爾琢	工農革命軍第四軍參謀長兼第二十八團團長	李奇中	第四軍第十二師第三十六團團長

第六節　參與紅軍和各根據地時期活動情況

從南昌起義、湘贛邊界秋收起義和廣州起義，到古田會議的建軍歷史表明，中共獨立領導武裝鬥爭、創建新型軍隊的過程，同時就是開闢堅持以農村包圍城市，武裝奪取政權道路的過程。中共第一代領導人，以及第一期生中的中共黨員，在探索中共適合自己建軍路線、方針、政策之艱苦卓絕革命歷程中，終於闖出了武裝鬥爭、軍隊建設、土地革命與農村革命根據地建設三結合的發展路子，這是中共軍隊建設的顯著特點，也是第一期生在中國工農紅軍創建過程中獨具的特點。它不僅與孫中山的先「黃埔建軍」後進行國民革命北伐戰爭的從城市到城市奪取政權道路不同，也與俄國十月革命通過大城市武裝起義繼而奪取政權再建設正式紅軍的革命道路不同。中共以毛澤東、周恩來、朱德等第一代卓越領導人為傑出代表，領導並通過黃埔軍校第一期生中共黨員在軍事領域的實踐與活動，為創建中共軍隊立下了開天闢地歷史功勳。

　　筆者為了追尋第一期生在中共軍隊初創時期，在三大主力紅軍及其革命根據地、以及東江、陝甘邊紅軍及其革命根據地的發展過程中所起到的作用和影響，通過再次學習《中國共產黨歷史》、《中國共產黨組織史資料》和《中國人民解放軍歷史資料叢書》，終於搜索到第一期生的部分先驅者曾經走過的歷史軌跡。筆者試圖通過以下幾個專題，來說明第一期生在其中的情況。

（一）參與中央紅軍和江西根據地時期活動情況概述

　　1930 年 10 月，中共中央決定將湘鄂贛蘇區和贛西南蘇區規劃為中央蘇區，但是由於軍事原因，湘鄂贛蘇區一直未能與贛西南蘇區連成一片，因此贛西南蘇區實際成為中央蘇區軍事、行政與經濟之主要區域。此時的贛西南蘇區共轄 34 個縣，其中江西省轄縣 32 個縣，湖南省轄縣茶陵及廣東省轄縣南雄。這 34 個縣當時有「四百萬有組織的群眾」，⑤已此為根據，中央蘇區初步形成時期人口約為 400 萬。到了 1933 年秋，中央蘇區疆域發展至鼎盛時期，整個中央蘇區當時設有江西、福建、閩贛、粵贛四個省，共轄 60 個行政縣，全盛時期的中央蘇區有 440 萬人口，加上當時中央蘇區有紅軍部隊 13 萬人，因此，全中央蘇區包括紅軍的總人口應為 453 萬。在中央蘇區疆域比較穩定的 1933 年秋，鼎盛時期的中央蘇區約有總面積 8.45 萬平方公里。比現今面積最小的寧夏回族自治區（6.6 萬平方公里）還要大些，比面積較小的江蘇省或浙江省（均系 10 萬平方公里）要小些。

　　從《中國人民解放軍組織沿革和各級領導成員名錄》〔修訂本〕和《中國工農紅軍第一方面軍人物志》中，我們檢索到當年曾在中央蘇區沿革疆域，或與紅一方面軍前身及其沿革密切相關部隊的第一期生有 12 位，詳情見下表：

附表 85　在紅軍第一方面軍一覽表（按姓氏筆劃排序）

序	姓名	中央紅軍時期主要軍事任職	序	姓名	中央紅軍時期主要軍事任職
1	王爾琢	工農革命軍第一師參謀長，中國工農紅軍第四軍參謀長，兼任第二十八團團長，中共紅四軍軍委委員及湘贛邊特委委員，中央紅軍早期創始人和卓越領導者	2	左權	紅軍新編第十二軍軍長，紅五軍團第十五軍軍長兼政委，中革軍委總參謀部參謀處處長，紅一方面軍紅一軍團參謀長、代軍團長
3	劉疇西	紅一軍團第三軍第八師師長，中央紅軍軍政學校政治部主任，紅二十一軍軍長，1933 年調閩浙贛蘇區任軍區司令員兼紅十軍軍長，紅十軍團軍團長	4	陳賡	江西中央革命根據地彭（湃）楊（殷）紅軍步兵學校校長，中央軍委幹部團團長，紅一方面軍紅一軍團第一師師長
5	周士第	瑞金紅軍大學指揮科科長，中央軍委幹部團上級幹部隊長，中央軍委新兵訓練處處長，紅一方面軍紅十五軍團參謀長	6	李隆光〔謙〕	中國工農紅軍第七軍第一縱隊司令員，中共紅七軍前敵委員會委員，紅七軍第二十師師長
7	蔡升熙	中共江西省委軍委書記，贛西吉安東固地區游擊隊第一路總指揮，紅軍第十五軍軍長	8	何章傑	紅一方面軍紅軍第三軍團第八軍第三縱隊縱隊長
9	馮達飛	中國工農紅軍第七軍第二縱隊司令員，湘贛軍區參謀長兼紅軍學校第四分校校長，紅八軍代理軍長，紅軍大學炮兵科科長	10	梁錫祜	紅一方面軍紅二十二軍政委，瑞金紅軍中央軍事政治學校政治部秘書，瑞金中央紅軍大學高級參謀訓練班主任
11	賀聲洋	江西中央軍事政治學校第一分校第一學員總總隊長，閩西紅軍新編第十二軍代理軍長，1931 年春在中央蘇區以「階級異己分子」嫌疑開除黨籍並錯殺	12	彭干臣	1932 年中央軍委派赴贛東北紅軍任第十軍參謀處處長、參謀長，贛東北彭（湃）楊（殷）步兵學校教育長、校長

　　具體分析上述 12 名第一期生的情況，經歷坎坷跌宕，命運迥異曲折。筆者經過資料整理，其中：左權（1930 年 6 月從蘇聯回國進入江西蘇區），周士第（1934 年初進入中央蘇區），陳賡（原在鄂豫皖蘇區，1933 年春從上海進入中央蘇區），何章傑（1930 年 7 月進攻長沙戰役犧牲），李謙（1931 年 2 月 3 日在廣東樂昌犧牲），劉疇西（1930 年由蘇聯回國進入中央蘇區，1933 年調閩浙贛蘇區），馮達飛（1932 年春到中央蘇區），梁錫祜（1931 年從廣東東江轉移中央蘇區），蔡升熙（1930 年被中央軍委派赴任長江局軍委書記）。王爾琢是作為紅一方面軍前身紅四軍的主要領導人之一，列入中央蘇區與紅一方面軍發展序列。

　　從以上情況我們可以看到，左權的經歷與江西蘇區和紅一方面軍之關係淵源最為深長，幾乎參與了中央蘇區與紅一方面軍從小到大之發展全過程，而且較長時期處於紅軍高級指揮員位置，參與指揮和決策軍級以上戰略單位之作戰事宜。據《中國紅軍人物志》⑥「左權」辭條介紹，左權還率部參與了江西根據地歷次反「圍剿」作戰和二萬五千長征途中戰役戰鬥。左權在江西蘇區與紅一方面軍是擔任職務最高和戰功最為顯赫的第一期生，確系當之無愧的。

（二）參與紅軍第二方面軍和湘鄂西、湘鄂川黔邊區根據地時期活動情況概述

　　1927 年 12 月中共中央決定委派賀龍、周逸群回到湘鄂西開展革命武裝鬥爭。歷經多次起伏和艱難曲折的工農武裝鬥爭，1928 年冬部隊改編為中國工農紅軍第四軍，由原來不足百人的隊伍，迅速發展到一千餘人，三百餘支槍。1930 年 2 月周逸群率領的鄂西洪湖根據地紅軍改編為紅六軍，1930 年 4 月按照中共中央規定，賀龍領導的湘鄂邊根據地紅軍改稱紅二軍。1930 年 7 月兩路紅軍合編為紅二軍團，兵力近萬人。1932 年春湘鄂西蘇區較為穩定時期，總人口（含游擊區）約有 370 萬人。⑦ 1933 年 12 月中共湘鄂西中央分局決定放棄湘鄂邊根據地，創造湘鄂川黔邊新蘇區。1934 年 10 月由任弼時、蕭克等率領的湘贛蘇區紅軍第六軍團，到達湘鄂川黔邊區。紅二、六軍團合計有兩萬餘人，此時的湘鄂川黔邊區「這一區域包括有四五十萬群眾」。⑧ 1936 年 6 月 30 日紅二、六軍團與紅軍總司令部和紅四方面軍會師，1936 年 7 月 2 日根據中共中央指示在四川甘孜正式成立中國工農紅軍第二方面軍。

　　從《中國工農紅軍第二方面軍戰史》和《中國紅軍人物志》中，筆者搜尋到在紅二方面軍及其湘鄂西、湘鄂洪湖、湘贛、湘鄂川黔、川滇黔革命根據地戰鬥過的第一期生 6 名。從下表可看到一些情況：

附表 86　在中國工農紅軍第二方面軍一覽表

姓名	紅軍時期主要軍事任職	年月	姓名	紅軍時期主要軍事任職	年月
董朗	湘鄂西工農紅軍第四軍參謀長	1928.11	黃鰲	湘鄂西工農革命軍第四軍參謀長	1928.7
史書元	鄂西洪湖地區第四十九路工農革命軍第一大隊、第二大隊大隊長	1928.1－2	孫一中[德清]	鄂西、洪湖工農紅軍第六軍軍長，中共紅六軍前敵委員會委員	1930.2
馮達飛	湘贛軍區河西教導隊隊長，湘贛軍區參謀長，紅軍第八軍軍長	1931.9/1932.9	周士第	中國工農紅軍第二方面軍總指揮部參謀長	1936.11

　　根據上表所列情況，第一期生在中國工農紅軍第二方面軍高級指揮員行列中，最為著名的是孫一中，參與了賀龍等領導的在湘鄂西創建紅軍的艱苦卓絕的初創期間戰役戰鬥，先後擔任過紅軍第二軍團參謀長（1930 年 7 月），工農革命軍第四軍改編為紅軍第二軍時，接賀龍任該軍軍長，孫一中還兼任洪湖紅軍軍事政治學校首任校長。1931 年 12 月後他任紅軍第三軍（軍長賀龍）參謀長，湘鄂西革命軍事委員會委員，是賀龍創建湘鄂西紅軍及根據地時期的重要軍事助手和主要軍事領導者之一。

　　其餘第一期生如：董朗（1928 年 11 月到湘鄂西革命根據地，1932 年 10 月在肅反中被誣陷錯殺），黃鰲（1928 年 7 月被派到湘鄂西賀龍部隊，同年 9 月 8 日在石門作戰犧牲），史書元（1927 年 12 月隨周逸群返回鄂西洪湖，1928 年到上海）等三人參加了湘鄂西紅軍及根據地初創時期的活動。馮達飛於 1931 年 8 月到湘贛蘇區紅軍，1932 年 9 月調瑞金中央軍事政治學校任職。周士第於 1936 年 10 月三大主力紅軍會師後，調紅二方面軍任參謀長。

（三）參與紅軍第四方面軍和鄂豫皖、川陝邊區根據地時期活動情況概述

　　1927 年 11 月鄂豫皖邊區開始有工農紅軍和革命根據地建設，1930 年 3 月正式成立中國工農紅軍第一軍和鄂豫皖特別區委、鄂豫皖邊區蘇維埃政府，第一期生許繼慎、徐向前分別擔任紅軍第一軍軍長和副軍長。1931 年 1 月紅一軍與紅十五軍組建紅軍第四軍，1931 年 11 月 7 日在湖北黃安七里坪宣佈成立紅軍第四方面軍，徐向前任總指揮，兵力有 3 萬餘人。1932 年 6 月發展 10 個師共 4.5 萬餘人，此時鄂豫皖蘇區進入全盛時期，總面積達 4 萬餘平方公里，人口 350 餘萬。1932 年 10 月底紅軍第四方面軍撤出鄂豫皖蘇區轉移川陝邊區開闢新根據地，此時紅四方面軍主力發展到 8 萬餘人。1934 年 9 月川陝邊蘇區範圍擴大到 22 個縣，面積約 4.2 萬平方公里，總人口（含游擊區）約 500 萬人。⑨ 1934 年 5 月紅四方面軍共編制組建 5 個軍、10 個師、30 個團，連同婦女獨立師、紅軍學校和機關等，共約 10 萬餘人。此時，即將與長征途中紅一方面軍會師的紅四方面軍，是兵員與裝備最為鼎盛之際。

　　筆者通過《中國工農紅軍第四方面軍戰史》和《中國工農紅軍第四方面軍人物志》流覽檢索，可以透過以下 7 名第一期生的情況，進一步分析他們在其中的作用和影響。

附表 87　在紅軍第四方面軍一覽表

姓名	紅軍時期主要軍事任職	年月	姓名	紅軍時期主要軍事任職	年月
徐向前	鄂豫皖邊區紅軍第一軍副軍長，鄂豫皖邊及西北軍委會委員、副主席，紅四方面軍總指揮部總指揮，紅軍前敵總指揮部總指揮	1930.3/ 1936 年	蔡升熙	鄂豫皖紅軍第十五軍軍長，第二十五軍軍長，鄂豫皖邊區軍事委員會副主席，彭（湃）揚（殷）軍事政治幹部學校校長	1930.10/ 1932.10

許繼慎	鄂豫邊區紅軍第一軍軍長，鄂豫皖革命軍事委員會委員，兼革命軍事委員會皖西分會主席	1930.3/ 1931.9	吳展	鄂豫皖邊區紅軍第四軍第十師參謀長，鄂豫皖革命根據地彭（湃）揚（殷）軍政幹部學校教育長	1931.11/ 1933.9
陳賡	鄂豫皖邊紅四軍十三師三十八團團長，紅四方面軍第十二師師長	1931.9/ 1932 年	金仁先	中共皖西北軍事委員會委員	1931 年
王逸常	鄂豫邊區紅軍第三十三師黨代表	1929.12/ 1930.1			

　　如上表所載，第一期生在紅軍第四方面軍及其鄂豫皖邊、川陝邊革命根據地的創建過程中，曾經起到十分重要的歷史作用。具體分析起來有以下幾方面：一是在紅四方面軍高級指揮員行列中，最為著名的是徐向前，他在創建鄂豫皖邊區、川陝邊區紅軍及革命根據地的過程中，始終位居方面軍最高領導和決策層，無疑他在其中發揮著最重要的作用，同時他也是所有第一期生中紅軍時期地位最高最有影響力的高級指揮員。

　　許繼慎曾是紅四方面軍早期重要指揮者和軍事領導人，他擔任紅一軍軍長不久，就實現了鄂東北、豫東南和皖西三支紅軍的統一指揮，取得了皖西作戰和鄂豫皖蘇區第一次反「圍剿」作戰勝利。1931 年 1 月成立紅四軍後，他被任命為師長，率部參加出擊平漢線作戰和雙橋鎮戰鬥，取得殲敵一個整師的勝利。由於他針鋒相對地抵制和反對張國燾的錯誤軍事路線，過早離開紅軍指揮崗位，受到誣陷並英年早逝。蔡升熙也是紅軍中令敵膽喪的著名戰將，他創建了鄂東南紅十五軍，率領紅二十五軍身經百戰，當年的戰友追憶他：指揮機智，作戰勇敢，深受士兵擁戴。他在前線作戰犧牲後，當時的主要報刊都有報導，他被國民黨第一期生在內的許多將領稱譽為「紅軍中最能征善戰的猛將之一」，他的早逝令人震驚和惋惜。

（四）參與陝北、陝甘邊地區創建紅軍及根據地早期活動情況概述

　　早在 1927 年 10 月 15 日，陝北就有第一期生陝西籍學員唐澍，與謝子長等領導陝軍第十一旅一部，在陝西清澗發動了起義，創建了陝北紅軍游擊隊。1928 年 4 月，第一期生唐澍、王泰吉及劉志丹等，在隴東率領陝軍第三旅舉行渭（南）華（縣）起義，成立了西北工農革命軍。同年 8 月遭到失敗，餘下一批骨幹，包括第一期生在內繼續進行秘密武裝鬥爭。1933 年 7 月王泰吉率領騎兵團發動陝西耀縣起義，騎兵團改編為西北民眾抗日義勇軍，同年 11 月王泰吉又組建了紅軍第二十六軍第四十二師，並任師長，率部開闢了以南梁為中心的陝甘革命根據地。

　　在《中國共產黨組織史資料》中，筆者搜尋到記述第一期生早期開創陝北、陝甘邊紅軍及革命根據地的光輝而短暫的一頁。現將相關資訊記錄如下：

附表 88　在陝北、陝甘邊地區創建紅軍及革命根據地一覽表

姓名	紅軍時期主要軍事任職	年月	姓名	紅軍時期主要軍事任職	年月
唐澍	中共陝北軍事委員會書記，西北工農革命軍總指揮及游擊第一支隊總指揮部總指揮	1927.10/ 1928.7.1	閻奎耀 [挨要]	西北工農革命軍游擊第一支隊總指揮部參謀長	1927.10
王泰吉	西北工農革命軍參謀長，西北民眾抗日義勇軍司令員，陝甘邊紅軍臨時總指揮部總指揮	1928.4/ 1934.3			

　　在陝北紅軍創建初期，第一期生無疑發揮了開創與引導的重要作用。實際上，中共在陝北創建紅軍及根據地的早期武裝鬥爭，主要是通過第一期生的推動下實現的，是陝北高原最早升起的工農武裝旗幟。由於種種緣由，第一期生參與進行的這些武裝鬥爭和紅軍游擊隊，未能堅持下來並形成大勢。但是，第一期生所進行的實踐與嘗試，在當時歷史條件下無疑起到了承先啟後的歷史作用和影響。

（五）參與廣東東江地區創建紅軍第十一軍及根據地早期活動情況概述

1927 年 11 月，廣東陸豐、海豐兩縣蘇維埃政府相繼成立，中共廣東省委和東江特委提出將蘇維埃區域擴大到整個東江地區的計畫，彭湃還提出「紅遍東江」的口號。東江各縣黨組織在東江特委領導下，進行了一系列的工農武裝暴動，建立起六個縣連成片的蘇維埃政府和東江紅軍，另有五個縣也建立起一批區、鄉蘇維埃政府，當時東江紅軍的主要領導人是古大存等。1930 年 5 月東江蘇區成立了紅軍第十一軍，全軍約有 3 千餘人。東江蘇區反「肅反」運動始於 1931 年 6 月至 8 月，在東江蘇區黨、團、蘇維埃政府和紅軍中普遍開展起來，被錯殺的黨政軍幹部和戰士約達 1600 餘人，1932 年初基本停止。1935 年夏東江蘇區與紅軍解體，只剩下古大存等少數人轉移粵東大埔地區堅持鬥爭。

我們從《中國共產黨廣東省組織史資料》和《東江革命史》看到，第一期生有 7 人先後參與其中，在廣東東江革命鬥爭烽火歲月中留下了曾經輝煌或閃耀的一幕。

附表 89　在廣東東江地區創建紅軍第十一軍及根據地一覽表

姓名	紅軍時期主要軍事任職	年月	姓名	紅軍時期主要軍事任職	年月
董朗	廣東海陸豐工農革命軍第二師師長兼第四團團長，中共東江特委軍事委員會委員	1927.10/ 1929.1	徐向前	廣東海陸豐工農革命軍第四師參謀長、兼第十團黨代表、師長	1927.12/ 1929.1
吳展	廣東海陸豐工農革命軍第四師第十團團長，廣東海陸豐地區革命委員會委員	1927.12/ 1928 春	袁仲賢	廣東東江革命軍事委員會主席兼紅軍獨立師師長，中共廣東東江特委軍事委員會書記、特委委員	1930.11/ 1933.10
梁錫祜	廣東東江工農紅軍第十一軍參謀長	1930.9	黃雍	廣東東江革命委員會主席	1927.6/8
劉立道	東江工農革命軍第二師第五團團長，中共東江特委軍委會參謀長	1927.11 1929			

從上表的情況可以看出，先後參與東江工農革命軍和紅軍創建時期活動的有 5 人。梁錫祜于 1927 年夏起就到東江地區參加工農武裝鬥爭，東江成立紅十一軍時就任參謀長，率部參加了保衛東江革命根據地的反「圍剿」作戰，他於 1931 年轉入江西中央根據地。徐向前是廣州起義後轉入東江，參加了海豐、陸豐起義武裝鬥爭，參與了東江紅軍與革命根據地初創期間的一系列活動，1929 年 1 月根據東江特委決定，帶領部分人員撤出海陸豐地區。黃雍於 1927 年 6 月和 8 月受中共廣東區委（後為特委）委派，兩次前往海豐縣，「任務是組織東江革命委員會，並任主席」，⑩同年 8 月東江革命委員會成立。董朗於 1927 年 9 月率領南昌起義軍餘部一千多人轉移東江地區，組成東江工農革命軍第二師，率部攻佔海豐、陸豐縣城，取得了海陸豐第三武裝起義勝利，開展土地革命，擴大蘇區疆域，他於 1929 年 1 月離開東江。吳展於 1928 年 1 月隨徐向前等率廣州起義軍餘部撤至東江，在海陸豐地區堅持武裝鬥爭，當選為海陸豐革命委員會委員，1928 年春調上海黨中央工作。劉立道於 1927 年 10 月隨南昌起義軍餘部到東江，「周恩來同志派其〔我〕去海陸豐發動農民參軍」，⑪參與組建東江工農革命軍第二師，1929 年 1 月董朗等調離海陸豐後，「留任東江特委軍委會參謀長」（源引資料同前），不久脫離黨組織，返回廣西部隊從事中國國民黨政訓工作。袁仲賢的情況根據《中國共產黨廣東省組織史資料》記載，1931 年 5 月任中共東江特委常委，同年 8 月兼任東江特委軍委書記及東江獨立師師長，1932 年 4 月東江特委改組後，再任特委常委兼軍委書記，1933 年 1 月東江特委再次改組，他沒在常委名單中，1933 年秋因負傷赴上海。在所有反映中共黨史人物的辭書中，有關袁仲賢介紹得最為簡略，在當年東江「肅反」運動中，他究竟起到那些作用和影響，仍然不得而知。

注釋：

① 《群眾》影印本，1987 年，第四卷第十四期。

② 葉挺獨立團團部舊址紀念館編纂，《紀念葉挺獨立團成立八十周年圖冊》，2005 年
8 月。

③ 《陳毅傳》編寫組，《陳毅傳》，當代中國出版社，1991 年 8 月，第 82 頁。

④ 廣東省政協文史資料研究委員會　廣東革命歷史博物館合編，《黃埔軍校回憶錄專
輯》（廣東文史資料第三十七輯），廣東人民出版社，1982 年 11 月，第 70 頁。

⑤ 江西省革命歷史博物館編纂，《中央革命根據地史料選編》上冊，江西人民出版
社，1982 年，第 351 頁。

⑥ 王健英著，廣東人民出版社，2000 年 1 月，第 104 頁。

⑦ 《中國革命老區》，中共黨史出版社，1997 年，第 51 頁。

⑧ 《中共黨史資料專題研究集（第二次國內革命戰爭時期）》〔二〕，中共黨史資料出
版社，1988 年，第 74 頁。

⑨ 《中國革命老區》，中共黨史出版社，1997 年，第 220 頁。

⑩ 中共廣東省委組織部　中共廣東省委黨史研究室　廣東省檔案館　《中國共產黨廣
東省組織史資料》上冊，中共黨史出版社，1994 年 12 月，第 208 頁

⑪ 全國政協文史資料委員會編纂，《文史資料選輯》第六十六輯，中國文史出版社，
1999 年 10 月，第 14 頁

第十六章

人傑地靈：
一代將才之人文地理分佈與考量

　　具有中華民族淵源的人文地理，總是伴隨著地域特色和人文風貌，成為人文文化傳承和積澱的多維層面。無論從祖系淵源、政區嬗替，或生產方式、風俗習慣觀察，還是在社會形態、政黨軍系、或是宗族親緣、同窗鄉鄰關係方面探究，都相互輝映縱橫交替地構築了中華文明抑或人文文化之方方面面。與人文地緣文化緊密相連的、母系社會沿襲至今的種族親緣、鄰里旁系、鄉音纏綿、學友朋黨、隸屬沿襲等等，無疑這種千絲萬縷「扯不斷、理還亂」關乎人情、人緣、人事和人際關係，永久植根並長存于中華文明和社會形態當中。

　　到了清末民初，軍事領域更是一馬當先，形成了以各種利益關係和隸屬沿革交織一體的軍閥勢力或軍事集團。由於民初以來軍事政治社會長期處於動盪與戰爭狀態，更是助長和加劇了現代中國軍隊中的包括長官下屬宗族姓氏鄉里同窗之間的人脈關聯。到了國民革命軍肇始的八個軍，部隊沿襲至軍、師甚至於旅團基層，其興衰存亡很大程度系於主官的軍職升遷或變更，各時期部隊諸如番號、隸屬、等級、主官等關係變更頻繁，不同系統（集團）分屬部隊的編制沿革及改編整編情況錯綜複雜，所在軍隊沿襲脈絡追根溯源，上級主官及其所屬軍隊那種「血脈相連」情形，構成了民國時期國民革命軍各個部隊（軍閥序列）沿革變化

情況以及上下級隸屬主官互相依存、興衰與共的「血肉關係」。中國國民黨執掌國家軍政要樞後，為了加速軍隊「中央化」，更是以「黃埔師系」、「黃埔生系」為強勁推力，促使軍事機器與武裝力量朝著執政黨的政治規劃而發展擴充，第一期生軍事將校群體在此過程中，無疑在軍事領域起到了「承前啟後」的作用和影響。

本章力圖在內容與形式上，緊密圍繞第一期生與人文地理相關聯的方方面面，透過第一期生的政治、軍事、社會、人文、地域情況，通過對人文地理進行不同層面的梳理抉羅，特別是軍事人文地理的考慮與分析，相互印證，相得益彰，從多視角多層面探究中華士子人傑地靈之內涵與外延。

第一節　第一期生之人文地理分析

什麼是名人？前人曾幽默的概括：「就是認識他的人比他認識的人多的人。」名人概念不外乎如此，況且，第一期生並不都是名人，在此，我們權且當其為「知名的人」。從以下表格我們可以看出，擁有第一期生數量最多的省份，依次為：湖南、廣東、陝西、江西、浙江、廣西、安徽、江蘇等省，人數均在 20 多名以上，八個省份佔有總人數近 80.59%。二十世紀二十年代初期的中華大地，設置有二十二個省級行政區，除當時的奉天（遼寧省）沒有學員外，黃埔軍校第一期的招生和入學遍及全國各省。706 名畢業或肄業學員當中，絕大部分為漢族，還有少數民族五人：白海風（1948 年 3 月在內蒙古選舉事務所作為蒙古族代表身份當選為行憲國民大會代表）、榮耀先（蒙古族最早的共產黨員①）、楊伯瑤（彝族土司②）、趙志超（滿族，父姓滿族姓達崇阿③）、馮春申（白族④）。在各省人文地理分佈中，人數最多的是湖南省，占 27.2%，最少的是僅有一名學員的黑龍江省，僅占 0.14%。從以下省份人文地理延伸概貌，基本反映出黃埔軍校第一期生之人文地理軍事成長大勢與軌跡。

附表 90　分省籍貫一覽表

序	籍貫	人數	%	序	籍貫	人數	%	序	籍貫	人數	%
1	湖南	192	27.2	2	廣東	115	16.29	3	陝西	75	10.62
4	江西	49	6.94	5	浙江	44	6.23	6	廣西	38	5.38
7	安徽	29	4.11	8	江蘇	27	3.82	9	四川	22	3.12
10	湖北	20	2.83	11	貴州	15	2.13	12	雲南	14	1.98
13	山西	12	1.7	14	福建	12	1.7	15	河南	12	1.7
16	山東	10	1.42	17	直隸	6	0.85	18	甘肅	3	0.43
19	吉林	2	0.28	20	綏遠〔內蒙〕	2	0.28	21	黑龍江	1	0.14
22	原缺籍貫	6	0.85	23	總計	706	100.00				

說明：原表引自《中央陸軍軍官學校史稿》〔第二冊〕（1934 年編纂），該表系「根據本校畢業生調查科刊制之黃埔同學總名冊之統計表」，原表的分省排序，是根據二十世紀二十年代前期北京政府行政區劃形成。現表按分省籍學員數量，並按現有資料補充、訂正並排序。

第二節　第一期生分省籍簡述

　　對第一期生按照分省情況進行歸納簡述，是進行人文地理考慮與分析的基礎工作。針對某一軍校甚或某一期學員，進行相類似的選題分析，似未曾見過有人做過，因此筆者有所顧慮，惟恐難以達到預期目的。為了使各項專題敘述「平鋪直敘」和「順理成章」，只好「硬著頭皮」寫下來。經過前面各章的資料、比較和情況的鋪墊，在本節需要理清的主要問題是：第一期生置於人文地理考慮之中的蘊涵和外延及與之關聯的種種情形。

（一）湖南省籍情況簡述

　　湖南，乃古荊州之域，楚湘文明之地。這裏曾經湧現了無數的著名人物，中國四大發明之一的造紙術，發明之肇始為湘人蔡倫，於是自古就有「湖南名人蔡倫始」之說。宋代以來逐漸形成了「湖湘學派」，對湖南後來之社會文化思想及其人文成長產生了深遠影響。歷史進入近現代時期，湖南人更是了得，具有全國性的名人層出不窮，群星璀璨將帥雲

集，在軍事領域更有「無湘不成軍」之譽。浙江籍著名史學大家譚其驤先生在《中國內地移民史——湖南篇》中指出：「清季以來，湖南人才輩出，功業之盛，舉世無出其右」。

據資料反映，黃埔軍校第一期生擁有眾多湖南人，主要源自程潛創辦的大本營軍政部陸軍講武學校，該校第一期第一、第二隊學員于 1924 年 11 月併入黃埔軍校第一期，其中湖南省籍有 117 名，加上黃埔軍校第一至四隊有 75 名湘籍學員，總數 192 人的第一期生陣容，高居各省之最，其中醴陵縣籍更以 43 名，占湘省學員之 21%，占學員總數 6.1%，居於全國各縣籍之首，其次是長沙縣籍有 16 名。

附表 91　湖南籍學員歷任各級軍職數量比較一覽表

職級	中國國民黨	人數	%	中國共產黨
肄業或未從軍	劉作庸、蕭振武、義明道、譚孝哲、李焜、朱然、劉顯簧、羅欽、劉基宋、陳滌新、朱繼松、文輝鑫、胡屏三、蔣森、李萬堅	15	7.8	
排連營級	凌拔雄、宋雄夫、黃第洪、鄧白珏、何祁、蔡粵、朱孝義、王馭歐、楊炳章、羅鐏、鍾畦、謝翰周、彭寶經、劉銘、何光宇、張穎、朱一鵬、彭繼儒、陳子厚、陳謙貞、鄒范、劉雲騰、蔣鐵鑄、李振唐、王禎祥、劉國協、張烈、張迪峰、游逸鯤、歐陽瞳	40	20.3	劉楚傑、譚鹿鳴、文起代、張伯黃、胡煥文、趙枡、葉彧龍、李人幹、黃再新、黃振常
團旅級	高振鵬、徐敦榮、陳皓、謝任難、陳選普、張本清、李青、文志文、劉靜山、徐克銘、曾紹文、馮德實、劉保定、曾國民、鄒范、蕭運新、李正華、史書元、葉謨、劉佳炎、劉味書、劉岳耀、朱元竹、張本仁、張際春、李昭良、楊光文、楊潤身、易珍瑞、唐金元、傅鯤翼、溫忠、藍運東	38	19.8	陳啓科、伍文生、游步瀛、蔣先雲、李光韶
師級	馬輝漢、陳劫、邱企藩、谷樂軍、王振戴、張鼎銘、彭華興、岳岑、劉柏心、劉鎮國、戴文、焦達梯、尹榮光、劉子俊、何清、何昆雄、李奇忠、李驥騏、馮毅、成嘯松、曾廣武、潘德立、萬少鼎、陳純道、黃鶴、劉梓馨、湯季楠、林芝雲、陳平裴、李模、鄒公瓚、詹膺陶、李禹祥、蕭洪、王祁、申茂生、張雁南、蘇文欽、周建陶	41	21.4	何章傑、李隆光

| 軍級以上 | 王錫鈞、王夢、王勁修、伍瑾璋、孫常鈞、李默庵、袁守謙、黃杰、黃雍、曹日暉、鄭洞國、蔣伏生、梁愷、丁德隆、劉進、楊良、賀衷寒、杜從戎、王認曲、郭一予、顏逍鵬、劉戡、陳牧農、劉璠、劉嘉樹、胡琪三、夏楚中、張鎮、宋希濂、蕭贊育、彭戢光、潘佑強、李樹森、酆悌、李文、袁樸、鄭作民、霍揆彰、鄧文儀、劉泳堯、張際鵬、楊光鈺、陳明仁、賀光謙、傅正模、彭傑如、程邦昌 | 58 | 30.7 | 劉仇西、袁仲賢、王爾琢、李漢藩、劉雲、賀聲洋、黃鰲、趙自選、陳賡、左權、蔡升熙 |
| 合計 | 164 | 192 | 100 | 28 |

注：達到中級以上軍官的「硬體」界定標準：團旅級：履任團旅長級實職或任上校者；師級：履任師長級（含副師長）實職或任少將者；軍級以上：履任軍長級（含副軍長）以上實職或任中將以上者。履任團旅長以上各級軍官按各時期各種軍隊沿革序列表冊或公開發行書報刊物回憶錄為主要依據，任上校以上將校軍官名單根據《國民政府公報》，以下各省《數量比較一覽表》同此。

近代以來湖南素有「物華天寶，人傑地靈」，湖南以一省之人力，在國家政治、軍事事務上，產生著特有的影響力和震撼力，充分體現了三湘四水子弟頑強不屈的氣質和品格。如上表反映：軍級以上人員佔有30.7%，師級佔有21.4%，兩項相加達到52.1%，有100人在各自的歷史征程上成長為將領之才，著實不是一件輕而易舉的事情。

在中國國民黨方面，有幾方面特點：一是集中了第一期最著名的高級將領，例如：李默庵、鄭洞國、宋希濂、陳明仁、鄧文儀、黃杰、賀衷寒、袁守謙等，上述這些人即使拿到第一期生群體來掂量，也是超重量級的人物；二是留居大陸的則是最為著名、最有影響力的第一期生高級將領，遷移臺灣的仍舊是二十世紀五、六十年代軍政界強勢人物；三是次重量級人物中，也有不少是某些領域有代表性人物，例如：黃埔一期生赴德國陸軍大學深造第一人賀光謙，抗日名將、抗戰八年率領第五十四軍取得多次抗日勝仗的霍揆彰，黃埔軍校和國民革命軍政治工作的先驅者鄧文儀，現代軍隊憲兵與執法機構奠基人張鎮，現代國家警政教育開拓者、中央警官學校籌備委員、教育長劉璠，長期主持國民革命軍戰史編纂工作的蘇文欽等等。

在中國共產黨方面，最著名的是蔣先雲、左權和陳賡等，蔣先雲是最早加入中共第一期生之一，在黃埔軍校就學時已是聞名國共兩黨的風雲人物；左權是中共最早的軍事領導幹部之一，同時又是中共軍隊司令部高級參謀工作的開拓者和軍事理論家；陳賡大將在紅軍時期已是威名遠揚的高級指揮員，他在中共軍隊建設的諸多方面如軍事情報、軍事教育和訓練、國防科技以及軍事理論和作戰指揮均有突出貢獻。再如：紅軍時期的王爾琢、蔡升熙、劉仇西、趙自選等等，在當年的第一期生行列中都是鼎鼎有名的傑出人物。此外，劉雲、萬少鼎還是盛行於二十世紀二十年代前赴法國勤工儉學運動參加者。

湖南籍照片排列：

黃杰　　　宋希濂　　　李默庵　　　鄭洞國　　　鄧文儀

酆悌　　　袁守謙　　　袁樸　　　劉戡　　　李文

賀衷寒　　　霍揆彰　　　劉嘉樹　　　彭傑如　　　李樹森

張鎮　　　劉璠　　　蔣伏生　　　劉詠堯　　　傅正模

夏楚中　　　黃雍　　　胡琪三　　　彭戢光　　　杜從戎

曹日暉　　　梁愷　　　郭一予　　　王錫鈞　　　王勁修

陳牧農　　劉進　　賀光謙　　張際鵬　　陳純道

孫常鈞　　王認曲　　楊光鈺　　鄭作民　　潘佑強

顏逍鵬　　伍瑾璋　　歐陽瞳　　岳岑　　蘇文欽

李奇忠　　史書元　　戴文　　鄒公瓚　　周建陶

潘德立　　　劉鎮國　　　劉梓聲　　　楊良　　　王祈

馬輝漢　　　陳平裘　　　何昆雄　　　萬少鼎　　　張雁南

谷樂軍　　　黃鶴　　　李模　　　陳選普　　　李禹祥

王振斅　　　張鼎銘　　　彭華興　　　葉謨　　　楊潤身

詹賡陶　　曾廣武　　曾紹文　　劉保定　　蕭洪

陳劫　　林芝雲　　馮毅　　傅鯤翼　　李正華

成嘯松　　徐敦榮　　鄒范　　朱元竹　　劉味書

易珍瑞　　尹榮光　　焦達梯　　徐克銘　　蕭運新

曾國民　　謝任難　　劉佳炎　　陳皓　　藍運東

文志文　　劉嶽耀　　蔣鐵鑄　　張際春　　何祁

朱孝義　　李萬堅　　李昭良　　王禎祥　　王馭歐

劉雲騰　　張穎　　蔡粵　　宋雄夫　　游逸鯤

張伯黃　　何光宇　　鄧白珏　　彭寶經　　張迪峰

彭繼儒　　陳謙貞　　謝翰周　　蔣森　　劉基宋

文輝鑫　　陳滌新　　劉顯簧　　陳顯尚　　朱繼松

左權　　王爾琢　　蔡申熙　　陳賡　　袁仲賢

趙自選　　劉雲　　劉疇西　　李漢藩　　陳明仁

黃鰲　　蔣先雲　　賀聲洋　　李隆光　　陳啓科

伍文生　　何章傑　　譚鹿鳴　　葉彧龍　　游步瀛

趙枏　　劉楚傑　　黃再新　　李光韶　　黃振常

胡煥文　　　　　　丁德隆　　　　　　王夢　　　　　　蕭贊育

（二）廣東省籍情況簡述

　　廣東，以其嶺南獨特的地理環境和歷史境遇，在過去時代風雲中多次成為革命運動的中心和策源地。廣東自古就是「海納百川」的多元體，處在中西文化交融變通地，又是中華文明面向世界的南大門。從近代以來，廣東一馬當先，最早吸納西方先進文化和軍事思想，最早推行孫中山的國民革命運動，最早形成和創立軍事與政治訓練並重的現代軍事教育機構——黃埔軍校。對於孫中山倡導廣東革命實踐，在廣東開啟現代中國最具革命意義的軍事教育與政治訓練相結合的有益嘗試，以及國共兩黨建軍理論和治軍路線的確立，均有過程度不同、結局迥異和意義截然相反的影響和作用。民國時期從中國國民黨于1925年建立國民政府於廣州，至1949年4月南遷廣州之國民政府消亡，廣東在中華民國發展史上有其特殊的地緣關係，僅從這點而言，廣東、廣州作為見證國民政府彼長此消之歷史過程，更是其他各省無可比擬的。

　　廣東籍的第一期生，共有115人參與其中，位居各省人數次席，充分顯示了當年廣東具有天時地利人和之先行優勢。由於歷史上瓊崖（海南省）及廣西粵桂邊界十餘縣在地緣和行政上隸屬廣東，這一時期該地區第一期生也一併劃歸廣東省籍計算和敘述。其中：現屬海南省籍有26名，其中文昌縣籍12名，現屬廣西各縣有4名，廣東省籍第一期生較多兩個縣份是：梅縣11名，興寧10名。

附表 92　廣東籍學員歷任各級軍職數量比例一覽表

職級	中國國民黨	人數	%	中國共產黨
肄業或未從軍	鄭漢生、容保輝、謝瀛濱、張運榮、王彥佳、林大塤、王作豪、沈利廷、譚寶燦、古謙、李武、廖偉、何學成、張淼五、胡博、吳秉禮、陳克、張瑞勳、郭遠勤、張鎮國	20	17.4	
排連營級	容海襟、張慎階、梁廷驥、黃彰英、邢鈞、邢國福、林冠亞、謝維幹、王文偉、李蔚仁、羅寶鈞、鍾洪、廖子明、曾昭鏡、胡仕勳、謝清灝、丘飛龍	19	16.5	羅煥榮、余海濱
團旅級	許錫絿、鄭燕飛、梁廣烈、謝永平、王雄、韓雲超、黎崇漢、王體明、王副乾、鍾偉、饒崇詩、林朱樑、邱士發、黎庶望、鄭述禮、甘達朝、葉幹武、張偉民、李國幹、侯又生、黃奮銳、蔡昆明、薛文藻、潘學吟、潘耀年、李均煒、丘宗武、李文亞	29	25.2	唐震
師級	李鈞、蔡鳳翁、劉蕉元、董煜、陳家炳、龔少俠、陳天民、譚計全、黃梅興、鄧經儒、劉鑄軍、李安定、羅倬漢、張君嵩、杜成志、袁滌清、楊挺斌、周秉璀、梁冠那	21	18.3	譚其鏡、洪劍雄
軍級以上	范漢傑、方日英、容有略、陳應龍、林英、黃珍吾、余程萬、鍾彬、蕭冀勉、李及蘭、李楚瀛、吳斌、陳沛、梁華盛、鄧春華、甘清池、梁漢明、李鐵軍、梁幹喬、吳迺憲、陳武、唐雲山、曾繁通	26	29.9	周士第、馮達飛、梁錫祜
合計	107	115	100	8

　　近代以來廣東素富革命精神，辛亥革命前後的多次武裝起義均發源廣東，孫中山先後三次在廣東建立革命政權，引領和喚起了無數廣東革命志士和先進學子，為追求民主崇尚真理而前仆後繼勇往直前。廣東獨特的歷史文化內涵與「敢為天下先」傳統精神，激發了廣東有志青年和莘莘學子，爭相投考和就讀黃埔軍校第一期，形成了廣東革命形勢的又一亮點。得以進入黃埔軍校的廣東省籍第一期學員，彙集了當時富於革命精神的一部分先進青年，成為推動廣東北伐與國民革命運動中不可忽視的活躍力量。從上表反映資料：軍級以上人員占 29.9%，師級人員也有18.3%，兩項相加達到 48.2%，共有 47 人在黃埔軍校為起點的軍旅生涯中成為國家武裝力量的將領，可見廣東的成才情況不比湖南遜色許多。考慮與分析學員綜合情況，主要有以下幾方面特點：

一是辛亥以來聚集深厚的革命先驅者，成為推薦第一期生入學的主要源泉。與其他各省有所不同的是，廣東省籍第一期生，許多是生活或成長于革命前輩之薰陶與影響下的進步學生，部分是服務於孫中山倚仗的粵軍部隊初級軍官，另一部分是通過形形色色的、「革命的」或「進步的」人事關係，得以推薦和介紹投考黃埔軍校的。他們當中的許多人，用今天的話概括屬於「根正苗紅」的「革命後代」，因此在「政治上」是符合當局「造成理想革命軍」的選拔標準，生長於濃厚國民革命氛圍的廣東省籍第一期生，可以預見比其他邊遠省份學員，起碼在「革命覺悟」方面要高些。有關他們的家境出身、宗族親緣和社會背景，將在其他章節加以解答和敘述。

二是傑出者較少，將校數量中等。廣東省籍的第一期生，著名的主要有：范漢傑、鍾彬、梁華盛、李鐵軍、余程萬、李及蘭等。范漢傑在年近三十、已任粵軍支隊司令並具有少將銜身份入學的，早期投身於被蔣（介石）視作「叛逆」的粵軍序列，在抗戰前相當長時期並沒受到重用，後受胡宗南的保薦和提攜才得以「平步青雲」，逐漸獲任較為重要和高級軍政職務，他獲任中將是 1945 年 3 月，比起運氣好的一期生仍有差距。其真正「名聲鵲起」是在 1948 年前後，但是錦州戰敗被關押十二年才特赦，撰寫了不少史料價值較高的回憶文章。鍾彬早期也在粵系第十九路軍服務，後來跟上宋希濂的中央「嫡系」部隊，與宋緊密相隨「馬首是瞻」，歷任多支甲級軍主官，曾率部在龍陵騰衝之役重創日軍精銳師團。梁華盛投身軍旅後一直供職中央「嫡系」部隊，1936 年 11 月就獲任中將，抗日戰爭勝利後，曾出任短期的吉林省政府主席及「剿總」副職等，1949 年後即脫離軍政界。李鐵軍於第一期畢業後，緊隨胡宗南之後歷任國民革命軍「天下第一」旅、師、軍、集團軍主官，胡宗南在西北「一敗塗地」後，才轉移海南薛嶽部任職，1950 年即告退役賦閒。余程萬一直升遷緩慢，抗日戰爭中期才獲任第五十七師師長，率部參與了湘贛抗日主戰場的多次硬仗，其中最為著名的是常德保衛戰，率八千

余官兵浴血奮戰堅守常德城四十多天，最後彈盡糧絕僅餘三百人突圍，創造抗日以來守城時間最長、戰事最為慘烈的城市防守戰，贏得了時間和戰局，著名作家張恨水當時創作了長篇小說《虎賁將軍》，讚譽的就是余程萬，其晚年慘遭劫匪謀財害命，一代抗日名將就此凋謝。李及蘭告別黃埔後，一直供職於中央「嫡系」部隊序列，關於他的生平活動或史料記載零碎而遺缺。

三是從政與警務人員不少。一生複雜多變的梁幹喬也是其中較名氣的人物，其早年加入中共，黃埔一期畢業後赴前蘇聯莫斯科中山大學學習，組織了中山大學「孫文主義學會」，開展與中共黨組織相抗衡的政治活動，1927 年被中共旅莫斯科總支部開除黨籍，後參與組織「聯共托洛茨基派」（簡稱托派）活動，1927 年 11 月 7 月還組織十餘名托派學生，參加了十月革命紀念活動時蘇聯反對派組織的示威遊行，1928 年春被前蘇聯當局遣返，回國後曾在廣東海陸豐地區進行托派組織活動。1928 年 12 月參與在上海召開的中國託派組織第一次全國代表大會，建立起自稱為「中國布爾什維克列寧主義反對派」的托派組織，被選為「全國總幹事會」中央委員，繼續進行中國南方的託派組織活動⑤。1931 年轉而參加「中華復興社」為「軍統十人團」之一，進行軍隊政工黨務和特務工作。此外如李安定、蕭冀勉、黃珍吾也是活躍一時的人物。

四是中共第一期生較為著名。首先，周士第是中共軍隊建軍初期有過重要影響作用的高級將領，在中共掌握和領導的第一支武裝力量——鐵甲車隊，北伐戰爭著名的葉挺獨立團，他不僅參與其中還是主要領導人之一。馮達飛是具有陸軍測繪、講武堂、航空、步兵和炮兵專科等多種軍校學歷不可多得的紅軍將領。洪劍雄在北伐國民革命時期就是廣東著名的學運領袖和軍隊政治工作領導人之一。

廣東籍照片排列：

范漢傑　　　梁華盛　　　黃珍吾　　　鍾斌　　　李及蘭

梁幹喬　　　梁漢明　　　陳沛　　　吳斌　　　甘清池

陳武　　　余程萬　　　林英　　　李楚瀛　　　容有略

曾繁通　　方日英　　吳迺憲　　蕭冀勉　　鄧春華

張君嵩　　陳應龍　　陳天民　　劉鑄軍　　李安定

杜成志　　龔少俠　　蔡鳳翁　　劉焦元　　董煜

黃梅興　　葉幹武　　丘宗武　　李均煒　　侯又生

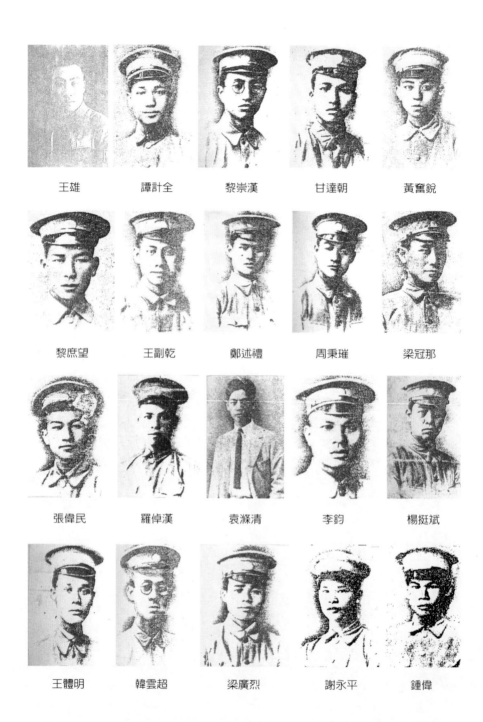

王雄　　　譚計全　　　黎崇漢　　　甘達朝　　　黃奮銳

黎庶望　　　王副乾　　　鄭述禮　　　周秉璀　　　梁冠那

張偉民　　　羅倬漢　　　袁滌清　　　李鈞　　　楊挺斌

王體明　　　韓雲超　　　梁廣烈　　　謝永平　　　鍾偉

潘學吟　　潘耀年　　薛文藻　　蔡昆明　　鄭燕飛

李國幹　　黃彰英　　邢鈞　　邢國福　　廖子明

李蔚仁　　鍾洪　　謝清灝　　胡仕勳　　羅寶鈞

林冠亞　　張慎階　　謝維幹　　容海襟　　梁廷驤

曾昭鏡　　古謙　　廖偉　　郭遠勤　　胡博

陳克　　張運榮　　容保輝　　張瑞勳　　譚寶燦

王彥佳　　張淼五　　張鎮國　　周士第　　馮達飛

洪劍雄　　譚其鏡　　梁錫祜　　唐震　　余海濱

羅煥榮　　　　　　王文偉

（三）陝西省籍情況簡述

陝西地處西北內陸，位於黃河中游，北跨黃土高原中部，南壁為秦巴山地，中部系渭河平原，謂「八百里秦川」。地緣與歷史並不完全背道，遠離民國政治中心的陝西，多次爆發了影響和作用於全國的重大歷史事件。從于右任等早期先驅者倡導的西北革命運動，到馮玉祥國民軍的五原誓師，民國初期的陝西更是國民軍的發源地，成為北伐國民革命運動和國民革命軍形成發展的重要一翼。歷史上的陝西省籍第一期生，曾經擁有排名第三的 75 人陣容。陝人于右任是辛亥革命元老和中國國民黨資深領導人，他的聲望和影響遍及陝甘和西北，陝人入學黃埔軍校之龐大陣容，與他的作用影響密不可分。

附表 93　陝西籍學員歷任各級軍職數量比例一覽表

職級	中國國民黨	人數	%	中國共產黨
肄業或未從軍	李博、朱祥雲、何貴林、趙廷棟、王惠民、王汝任、王克勤、劉慕德、杜驤才、譚肇明、黎青雲、李榮昌、傅權、張汝翰、張遴選、鄭承德、周誠、陳德仁、馮樹淼、陶進行、樊秉禮、樊益友	23	30.7	
排連營級	毛煥斌、杜聿昌、杜聿鑫、尚士英、劉幹、賈春林、卜世傑、李紹白、楊啓春、雷雲孚	10	13.3	馬維周
團旅級	劉仲言、高致遠、郝瑞徵、黎曙東、李培發、周鳳歧、鄭子明、嚴需霖、趙清濂、湯家驥、周公輔、唐嗣桐、楊耀、王敬安、趙勃然	14	18.7	

師級	史仲魚、張德容、雷克明、王定一、田毅安、趙雲鵬、鄧毓玫、劉鴻勳、嚴崇師、穆鼎丞、劉雲龍（子潛）	12	16	王泰吉
軍級以上	張坤生、關麟徵、董釗、魏炳文、馬勵武、杜聿明、何文鼎、李夢筆、郭景唐、張耀明、徐經濟、馬師恭、楊顯、王廷柱	15	20	閻揆要〔揆要〕
合計	72	75	100	3

　　從上表可以得到結論，源于民國元老于右任在西北的威望與影響，使一批陝西青年學子響應號召，遠離家鄉南下廣州，奮勇投身國民革命與北伐戰爭。陝西省籍第一期生雖然人數較多，但是在歷史上叱吒風雲的人物並不多見。如上表所載，軍級以上人員有 20%，師級人員有 16%，兩項相加有 36%，共有 27 人進入了國家武裝部隊將領行列，這個比例應當不算低，但是比較前兩位的湘粵而言，差距仍然是明顯的。具體分析上述情況，應有以下特點：

　　在中國國民黨方面，最為著名的是大器晚成的杜聿明將軍，參與創建國民革命軍最早的裝甲與機械化部隊，抗日戰爭中後期的遠征軍作戰和昆侖關戰役，打出了中國軍人的抗日威名，抗戰後在東北、華東戰場臨危受命擔當重任，終未能挽回中國國民黨軍隊在戰場的潰敗頹勢；接連兩任中央陸軍軍官學校校長的關麟徵和張耀明，較早成為領軍作戰的師、軍級主官，率部參加了抗日戰爭多個戰場的著名戰役，在當年享有「抗日名將」的聲譽；此外還有部分曾任軍長級的將領，如國民革命軍陸軍空降兵的組建人與指揮官馬師恭，在西北一直追隨胡宗南的「天下第一軍」軍長、曾任陝西省政府主席的董釗等。

　　在中共方面，王泰吉在工農革命武裝鬥爭初期就於西北高舉義旗，是中共陝西地方早期軍事領導人和最早從事工農武裝鬥爭的紅軍將領之一；中國人民解放軍高級將領閻揆要，1927 年就參與謝子長等領導的清澗起義，建立起陝西最早的工農革命武裝，其後長期參與中共軍隊和地方軍區、野戰軍司令部建設、情報與軍事訓練、教育領導工作。中華人

民共和國成立後，該省籍第一期生有十多人留居陝西，參與了地方政協和參事、文史資料工作。

陝西籍照片排列：

杜聿明　　關麟徵　　張耀明　　董釗　　魏炳文

馬勵武　　馬師恭　　張坤生　　李夢筆　　何文鼎

徐經濟　　穆鼎丞　　嚴崇師　　史仲魚　　周公輔

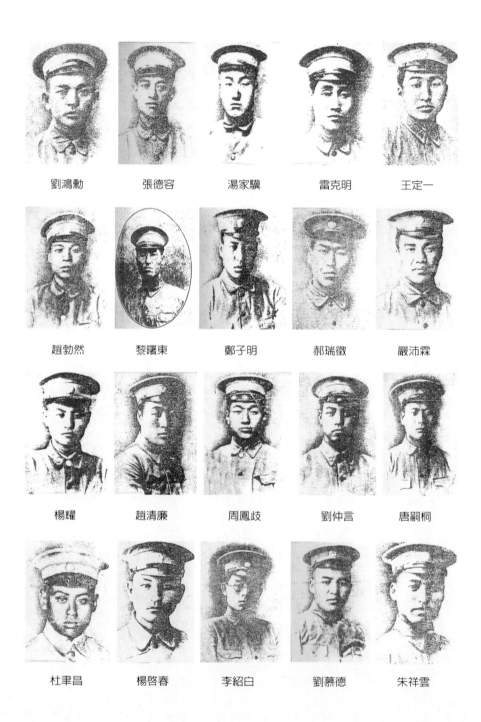

劉鴻勳	張德容	湯家驥	雷克明	王定一
趙勃然	黎曙東	鄭子明	郝瑞徵	嚴沛霖
楊耀	趙清廉	周鳳歧	劉仲言	唐嗣桐
杜聿昌	楊啓春	李紹白	劉慕德	朱祥雲

譚肇明　　　　鄭承德　　　　黎青雲　　　　閻揆要　　　　王泰吉

馬維周　　　　張汝翰

（四）江西省籍情況簡述

　　江西省是華南內陸腹地省份，地處群山峻嶺，自然地理呈偏僻閉塞。自古以來向為中華名人學子生長成才福地。辛亥革命先驅者和中國國民黨資深元老李烈鈞，早年在本省從事革命活動並享有聲望；江西軍界前輩曹浩森、劉士毅、劉峙、熊式輝等，以及早期社會及政務活動家彭素民等，在那個年代曾經有過程度各不相同的影響與作用，總之對於江西省籍青年學子走出禁錮南下廣東投身革命，留下了他們深淺各異的歷史印記。民國時期的江西省籍人士，不惟學界清高獨秀，更於軍事領域有所建樹，開啟江西現代社會一代人文新風。

附表 94　江西籍學員歷任各級軍職數量比例一覽表

職級	中國國民黨	人數	%	中國共產黨
肄業或未從軍	鄔與點、張禪林、郭冠英、張鳳威、艾啓鍾、何基、王懋績、吳重威、彭兆麟	9	18.4	
排連營級	盧志模、王步忠、鍾烈謨、郭濟川、帥倫、陳上秉、韓紹文	7	14.3	
團旅級	羅群、呂佐周、陳以仁、張策、王邦璵、范振亞、雷德、趙能定、盧盛枌、熊敦、鄧瑞安、吳高林、鍾煥全、鍾煥群、熊緩雲、侯克聖、陸傑	17	34.7	
師級	李向榮、鄧子超、何復初、胡信、謝遠灝、李士奇	6	12.2	
軍級以上	張雪中、周士冕、史宏烈、郭禮伯、桂永清、黃維、陳大慶、胡素、張良莘、李強	10	20	
合計	49	49	100	

　　相對於鄰近省份較為閉塞的江西省，進入黃埔軍校第一期學習，無疑是參與北伐國民革命運動之開端，從此往後江西學子就讀軍校絡繹不絕。如上表所載，軍級以上人員有 20%，師級人員有 12.2%，兩項相加達到 32.2%，即是共有 16 人位居國民革命軍將領行列。具體分析上述情況，比較有影響的人物主要有：一是國民革命軍海軍總司令桂永清，從二十世紀三十年代中期開始，受命按照德國軍隊操典訓練清一色的黃埔軍人——中央陸軍軍官學校教導總隊，三旅九團編制甲級機械化步兵師配齊了德式陸軍裝備，堪稱國民革命軍第一支現代化陸軍師（相當於軍），這支看似「耀武揚威」的四萬多人軍隊，竟然在抗日戰爭爆發不久的南京保衛戰中潰敗撤退，抗日戰爭勝利後負責接收英美等國贈艦，繼而當上了戰後重組的海軍總司令，開創了黃埔軍人前所未有之先例。二是畢生憨厚倔強的黃維將軍，從號稱「土木系」的十一師、十八軍起步，連續六年擔負訓練現代化國防軍人的軍事教育職責，1948 年 12 月年僅 44 歲的他率領十二兵團十二萬兵力在雙堆集全軍覆沒，看似猶如天造地設般神奇巧合。三是歷經北伐、抗日戰爭，第一期生如張雪中、陳大慶、李強、史宏烈、周士冕等曾任中將、軍長的將領留名黃埔史冊。

江西籍照片排列：

黃維　　　　張雪中　　　　胡素　　　　史宏烈　　　　郭禮伯

周士冕　　　　胡信　　　　李士奇　　　　謝遠灝　　　　鄧子超

范振亞　　　　鍾煥全　　　　雷德　　　　鄧瑞安　　　　吳高林

盧盛扮　　陳以仁　　鍾煥群　　熊綬雲　　侯克聖

趙能定　　羅群　　帥倫　　陸傑　　盧志模

王步忠　　韓紹文　　鄔與點　　郭冠英　　吳重威

何基　　艾啓鍾　　陳大慶　　桂永清

（五）浙江省籍情況簡述

　　浙江在中華文明史上是「文化源遠流長，人物百代芬芳」，瀕臨東海放眼太平洋，地處太湖以南，相鄰蘇滬皖贛閩等省。浙江自天公開物以來就是文明富庶之地，近現代以來浙人以其優厚經濟基礎和人文成才機制，名人輩出遙領風騷於清末民國數十年。浙江物華天寶得天獨厚，黃埔軍校自創辦始就與浙人結下難解之緣，始終有權傾朝野強勢人物斡旋其中。民國到了蔣介石掌握國家軍政大權，浙人一改過去經營工商經貿財大氣粗，更以雄厚財力注資和主導國家軍政事務，陣容強盛的浙江籍軍人更是形成了地域軍事勢力，直至中國國民黨遷移臺灣。

附表 95　浙江籍學員歷任各級軍職數量比例一覽表

職級	中國國民黨	人數	%	中國共產黨
肄業或未從軍	柴輔文、徐文龍、毛宜、莊又新、竺東初、康季元	6	13.6	
排連營級	江世麟、張紀雲、樊崧華、李榮、王鳳儀、趙履強	7	16	陳述
團旅級	俞墉、蔣國濤、印貞中、許永相、張雄潮、唐星、董世觀	7	16	
師級	陳志達、蔣孝先、張人玉、朱炳熙、洪顯成、楊步飛、周品三、周振強、樓景越、李圍、吳瑤	12	27.3	宣俠父
軍級以上	胡宗南、王世和、陳圖南〔式正〕、周天健、鄭坡、俞濟時、鄭炳庚、馮聖法、石祖德、陳琪、陳德法、宣鐵吾	12	27.3	
合計	42	44	100	2

　　據史載資料反映，浙江財閥從辛亥革命前後就開始資助孫中山的國民革命運動，及至蔣介石在廣東躋身粵軍高層進而參與黃埔軍校創建和發展，更有一大批鄉鄰朋黨宗族親緣同窗學友踴躍追隨。從上表名單可以看到，至少有十名第一期生之入學，與蔣介石等浙人有直接干係。具體分析上表情況，軍級以上和師級人員均有 12 名，兩項相加達到54.6%，總計浙江省籍有 24 名第一期生，在民國軍事領域充當統軍將領，佔有總數的百分比是相當高的。綜觀浙江省籍將領的構成與成份，主要有以下各方面情況：一是超級軍事強人胡宗南，經歷了九年吳興小學教

師並記者生涯，黃埔軍校六個月的初級加簡易軍政訓練，鑄就了「臥薪嚐膽」式鐵腕軍人，從第一期生第一位擔任團長開始，一路領先力拔頭籌成為黃埔無數將領之「天之驕子」，足令軍界同仁刮目相看，「西北王」的稱號一直到了二十世紀四十年代最後一年，頭頂敗軍之將辱沒隻身到了臺灣，終於結束了他「叱吒風雲」曾經「輝煌」的一生。二是抗日將領俞濟時，早年投靠廣東族叔俞飛鵬，開始了黃埔軍人的將校歷程，從排長、連長幹到軍長、集團軍總司令都是逐級升遷，1932 年以第五軍第八十八師師長率部參加淞滬抗戰，在廟宇行鎮重創日軍精銳並腹部負重傷，抗日戰爭爆發後任第七十四軍軍長，率部參加了南京保衛戰、徐州會戰、武漢會戰、江西德安戰役和萬家嶺大捷，七十四軍「抗日鋼軍」聲譽就是此時開創的，1943 年 11 月隨侍蔣介石等到埃及開羅參與雅爾達中、美、英三國首腦峰會。三是中共第一期生宣俠父，1923 年就加入中共，黃埔軍校第一期肄業兩月後，北上蘭州創立中共甘肅省最早的黨組織，先後參加馮玉祥國民軍、上海「左聯」進步文化活動和察哈爾抗日同盟軍，是中共黃埔軍人統戰工作領導者。

浙江籍照片排列：

胡宗南　　俞濟時　　石祖德　　馮聖法　　宣鐵吾

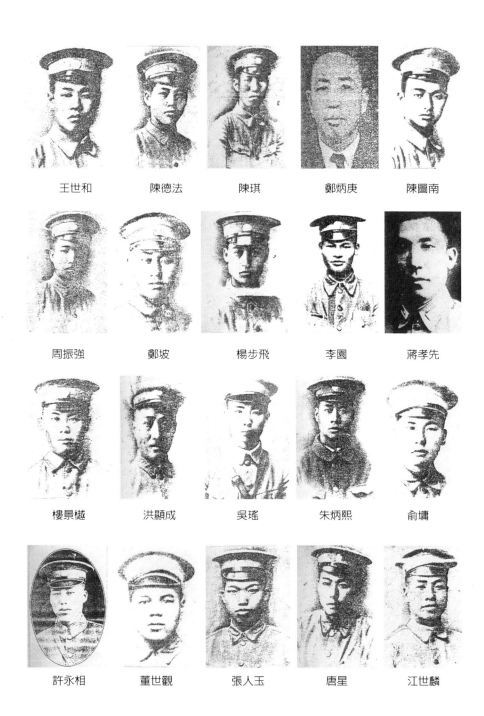

王世和　　陳德法　　陳琪　　鄭炳庚　　陳圖南

周振強　　鄭坡　　楊步飛　　李園　　蔣孝先

樓景樾　　洪顯成　　吳瑤　　朱炳熙　　俞墉

許永相　　董世觀　　張人玉　　唐星　　江世麟

樊崧華　　　　莊又新　　　　宣俠父

（六）廣西籍情況簡述

　　廣西地處華南邊陲，毗鄰粵湘雲貴等省，近代以來廣西對外保持相對獨立，唯獨與廣東在軍政、文化、習俗、方言以及鄉情方面聯繫緊密，兩廣人氏相互交融於粵桂軍政、軍隊和民俗當中，種種關聯致使歷史上兩廣多次榮辱與共攜手進退。廣西新桂系集團的崛起，最早實現了兩廣共同推進北伐國民革命運動，歷史上李（宗仁）黃（紹竑）白（崇禧）軍事集團對廣東革命政府的聲援和支持，對於推動國民革命軍北伐戰爭成功具有特殊的貢獻。也是在這段歷史時期，八桂子弟才與廣州黃埔軍校第一期發生了關聯。

附表 96　　廣西籍學員歷任各級軍職數量比例一覽表

職級	中國國民黨	人數	％	中國共產黨
肄業或未從軍	范馨德、甘杜、陳公憲、陳卓才、韓忠、韋祖興、陳文寶、覃學德、李武軍、李源基、羅照、劉長民、蔣魁、譚作校	14	36.8	
排連營級	陳文清、李強之	2	5.2	
團旅級	劉傑、陳國治、謝聯、萬全策、呂昭仁、陳拔詩、黃子琪、陸汝疇、陸汝群、潘國驄、劉立道、李其實	12	31.6	
師級	甘竟生、周澤甫、韋日上、甘迺柏、余劍光	6	15.8	黃錦輝
軍級以上	陳烈、甘麗初、羅奇、李繩武	4	10.5	
合計	37	38	100	1

　　歷史上廣西文化和軍事教育比較發達，建立有多所各類陸軍小學、中學和講武堂，廣西軍隊歷來有其獨立運作和長期形成的軍事系統。因此，桂系集團和軍隊序列在民國歷史上多次軍閥戰爭中，各級指揮系統和基本部隊較少受到侵蝕和同化，這種情形與廣東粵軍極為相似，對於地方軍隊「黃埔化」同樣受到程度不同的抵制。由此可見，第一期生在桂系部隊並不「吃香」，在使用和晉升上甚至受到壓制和防範，只有少數長期在中央軍序列服務的第一期生例外。從上表情況可見，擔任軍級以上人員占 10.5%，師級人員占 15.8%，兩項相加累計 26.3%，共有 10 名，而擔任團旅級職務的軍官較多，占 31.6%，從一個側面證實了上述情況。綜上所述，廣西的第一期生有以下各方面情況：一是容縣甘麗初，該縣民國歷史上廣西的「將軍縣」，所不同的是，甘麗初是沿著「黃埔嫡系」的路子走出來的，他青年時代在廣州學習農科，走出黃埔校門後一直在國民革命軍第一軍供職，參加抗日戰爭時期多次會戰和戰役，一段時期還擔負軍事教育和軍官訓練的事務。二是同為容縣的羅奇，早年也在廣州求學，就近被舉薦黃埔軍校第一期學習，長期在中央序列部隊任職，先後率部參加了抗日戰爭的多次會戰和戰役，抗日戰爭勝利後，參與軍官復員、高級參謀和戰地視察事務，最後做到了陸軍總司令部副總司令。三是中共早期軍事工作開拓者和領導人黃錦輝，黃埔軍校第一期畢業後，較長時期追隨和協助周恩來處理軍事和政治工作，是中共南方局、廣東省委和廣州市委軍事工作領導人之一，參加了廣州暴動軍事謀劃和部署。

廣西籍照片排列：

羅奇	甘麗初	陳烈	李繩武	胡棟臣
周澤甫	余劍光	陸汝疇	陸汝群	萬全策
黃子琪	李強之	李其實	劉立道	潘國驄

| 謝聯 | 陳文清 | 韋祖興 | 陳文寶 | 劉長民 |

| 陳公憲 | 譚作校 | 李源基 | 甘杜 | 羅照 |

蔣魁

（七）安徽省籍情況簡述

安徽處於華東腹地，位於南北交通要衝，具有重要戰略地位，「上控全楚下蔽金陵，扼中州之咽喉，依江浙為唇齒」。近代以來形成皖軍，曾是北洋軍事集團的重要一翼，安徽鄰近京畿毗連江浙魯，長期處在軍事紛爭戰亂頻仍，「亂世出英雄」，安徽歷史上就是帥才輩出之地，近代以來誕生與成長的許多超重量級人物，足以使鄰近各省「歎為觀止」。自

清末民初開始皖人就十分了得，從洋務派領袖人物李合肥（鴻章）、北洋軍事強人段合肥（祺瑞），到安徽巢縣的「三鼎甲」馮玉祥、張治中、衛立煌，以及具有深厚中華民族文明底蘊的「桐城學派」、「徽州文化」等等，由此引發和帶動的軍事將領和各界才子，更是成序列成派別成批成片的脫穎而出，著實讓史家和文人「目不暇接」。筆者亦只能「以已管見」「窺其一斑」。

附表 97　安徽籍學員歷任各級軍職數量比例一覽表

職級	中國國民黨	人數	%	中國共產黨
肄業或未從軍	戴翱天、孫懷遠	2	6.9	
排連營級	洪君器、鮑宗漢、葛國樑、	5	17	唐同德、曹淵
團旅級	李自迷、姚光鼐、江霽	6	20.7	楊溥泉、郭德昭、傅維鈺
師級	王逸常、朱鵬飛、陳堅、蔡炳炎、龍慕韓、孫天放、段重智、徐石麟	10	34.5	彭干臣、吳展
軍級以上	廖運澤、李銑、嚴武、徐宗垚	6	20.7	許繼慎、孫一中
合計	20	29	100	9

其實，與第一期生入學人數有重大關聯是安徽辛亥革命先驅柏文蔚，其創建與統領淮上軍，與孫中山先生倡導廣東革命「遙相呼應」，是中華革命黨和中國國民黨在皖省「旗幟」，影響和鞭策安徽志士和進步學子投身國民革命浪潮，是那個時代「赫赫有名」軍事領袖和北方革命領導者。從上表顯示：擔任軍級以上人員有 20.7%，師級人員有 34.5%，兩項相加達到 55.2%，累計有 16 人，從百分比上看是相當高的。具體分析主要有以下幾方面特點：一是中共軍隊領導人數量居多。擔任紅軍高級指揮員的 4 名第一期生，都是中共軍隊歷史上赫赫有名的人物；二是擔任營、團級指揮員的 5 名中共第一期生，在北伐國民革命運動和三大起義工農武裝鬥爭中，也留下了光輝業績永載史冊；三是中國國民黨方

面的軍事將領，嚴武是護法護國戰爭先烈的後代，黃埔軍校第一期畢業後，曾被選派前蘇聯莫斯科中山大學和德國陸軍大學學習，長期在高級軍事機構從事情報、軍備以及軍事教育和訓練事宜；廖運澤是老同盟會員革命後代，黃埔軍校第一期畢業後，加入中共並參加了南昌起義，後來在國民革命軍序列中歷任高級指揮職務，中華人民共和國成立後，歷任江蘇省政協副主席和人大常委會副主任等職。

安徽籍照片排列：

廖運澤　　嚴武　　徐宗堯　　王逸常　　徐石麟

蔡炳炎　　孫天放　　段重智　　朱鵬飛　　龍慕韓

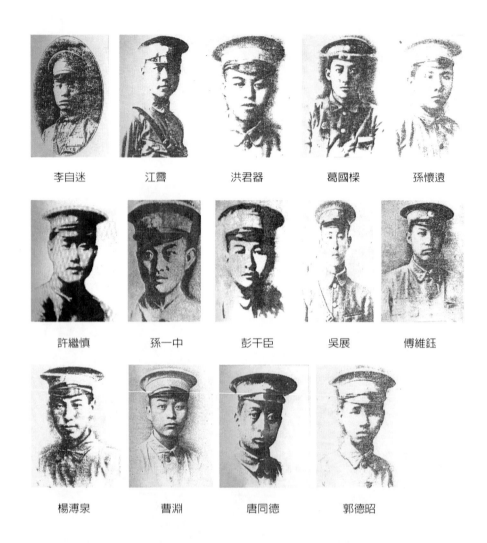

| 李自迷 | 江霽 | 洪君器 | 葛國樑 | 孫懷遠 |

| 許繼慎 | 孫一中 | 彭干臣 | 吳展 | 傅維鈺 |

| 楊溥泉 | 曹淵 | 唐同德 | 郭德昭 |

（八）江蘇省籍情況簡述

　　江蘇地位長江出海口，地理位置優越，湖蕩棋布河道縱橫，自古以來工商經貿繁榮發達，是近代民族工業及現代文明科技發祥地。到了辛亥革命以後，江蘇人多營商經貿交通實業或興學從教辦理外交，真正在民國政壇縱橫捭闔叱咤風雲的蘇籍士子並不多見。江蘇會同浙江統稱江

浙財閥，是近代以來中國社會形成的民族工商金融交通事業的龍頭，對於孫中山先生早年進行的革命活動長期給予聲援和資助，隨著國民革命及軍事重心南移廣東，江蘇人才更是尾隨而至，參與廣東革命政權和粵系軍隊的一系列活動，為後來江蘇人在民國軍政與工商各界發展預留了廣闊空間。江蘇省籍第一期生入讀黃埔軍校，以及後來不斷有江蘇軍人嶄露頭角，蓋與前面情形密不可分。

江蘇省籍自有學子進入黃埔軍校就讀，連同前後入校任職任教的蘇籍「保定生」、「陸大生」、「士官生」等等，曾在民國軍政界形成了一股不容忽視的勢力。嗣後的江浙財閥與江浙軍政勢力，更是結成了辛亥革命後足以左右國家政治的重要力量。從上表所載，擔任軍級以上人員為29.6%，師級人員有14.8%，兩項相加合計44.4%，累計人數有12名。具體分析起來大致有以下各方面情況：一是抗日名將王敬久，因《詳細調查表》中缺少他的表格，有關其家庭經濟狀況不明，後從其傳記中摘錄補充相關資料。其父王道庭務農兼營商，家境小康，王敬久為獨子，從黃埔從軍後一直在中央嫡系部隊供職，1932年1月和1937年8月兩度率領第八十七師（1932年由張治中兼任師長，其任副師長並指揮作戰）參加淞滬抗戰，其後還率部參加了南京保衛戰、武漢會戰、鄂西會戰、浙贛會戰、常德戰役、湘西會戰諸役，1949年8月赴臺灣台南寓居賦閒，後因病長期住院，晚景蕭條淒慘；二是國民革命軍騎兵將領及騎兵軍事教育主持人譚輔烈，走出黃埔校門後即長期在騎兵部隊和騎兵教育、訓練機構任職，歷任騎兵師長、總隊長、中央軍校騎兵科科長、教育處處長、中央騎兵學校西北分校校長等職；三是參與抗戰勝利南京受降儀式的冷欣將軍，具有大學學歷和教員資格考入黃埔一期，小個子孩兒臉特徵的他，出校門不久就任連黨代表和連長，第二次東征時任劉堯宸團第二營營長，率部主攻惠州城西門並任敢死隊第二隊隊長，此役團長劉堯宸壯烈犧牲，其身負重傷，抗日戰爭時期輾轉各戰區參與抗日戰事，1945年8月以陸軍總司令部副參謀長兼南京前進指揮所主任身份，代表

最高當局先行赴南京籌備日軍投降事宜，全程參與具有歷史意義的日軍
南京受降儀式。

附表 98　江蘇籍學員歷任各級軍職數量比例一覽表

職級	中國國民黨	人數	％	中國共產黨
肄業或未從軍	張志衡、陳金俊	3	11.1	周啓邦
排連營級	王家修、顧濟潮、蔡毓如、郭劍鳴	4	14.8	
團旅級	睦宗熙、丁琥、鄭凱楠、劉釗、張渤、李岑、蔡敦仁	8	29.6	孫樹成
師級	侯靃釗、蔣超雄、賈韞山、李潔〔孚潔〕、	4	14.8	
軍級以上	王敬久、冷欣、張世希、韓之萬〔涵〕、王連慶、譚輔烈、顧希平、王仲廉	8	29.6	
合計	25	27	100	2

江蘇籍照片排列：

王敬久　　冷欣　　王仲廉　　張世希　　顧希平

王連慶　　譚輔烈　　賈韞山　　韓之萬　　蔣超雄

侯鼐釗　　　睦宗熙　　　劉釗　　　丁琥　　　蔡敦仁

蔡毓如　　　王家修　　　郭劍鳴　　　陳金俊　　　孫樹成

周啓邦

（九）四川省籍情況簡述

　　四川地處西南腹地為內陸「天府」，近代以來護法戰爭、保路運動和護國戰爭均源于川盛於川，辛亥革命後之變革浪潮此起彼伏，強烈推動著川人參與其中，順應歷史潮流的先驅者和引領者層出不窮。歷史上川人還以其人口龐大、包容開放、見義勇為三大特色著稱於世。北伐國

民革命之火蔓延長江南北之際，四川各路軍閥順應革命大勢，同時歸附國民政府全數改編為國民革命軍番號，充分顯示了當時之凝聚與感召力量。八年抗戰期間川人表現得更為突出，川境成為國家歷史上最大規模的民族戰爭之大後方的主要基地，為抗戰提供兵員 240 餘萬眾。大致源於上述情況，川人投考黃埔軍校第一期的人數並不弱小。

附表 99　四川籍學員歷任各級軍職數量比例一覽表

職級	中國國民黨	人數	%	中國共產黨
肄業或末從軍	石真如、周世霖、王鍾毓、	3	13.6	
排連營級	胡遜〔遁〕、楊晉先、耿澤生	3	13.6	
團旅級	石鳴珂、李杲、程式、顧浚、鄭南生、張忠頮	7	31.8	顧浚
師級	周惠元、官全斌、馮士英、楊麟、曹利生	6	27.3	董仲明
軍級以上	孫元良、王公亮、曾擴情	3	13.6	
合計	20	22	100	2

　　如果從源頭上探究川人入學第一期之緣由，仍舊是那些參加中國國民黨一大的代表、委員以及奉命返川進行秘密國民革命活動的先驅者，沒有這部分人的鋪墊和影響，孫中山先生當年的國民革命政治主張，不可能在短時期內深得人心，川人響應革命先驅者號召，入學黃埔與服從改編同出一轍。根據上表所載情況，擔任軍級以上職務人員有 13.6%，師級人員有 27.3%，兩項相加合計為 40.9%，累計有 9 人。具體分析起來主要有以下各方面情況：一是抗日名將孫元良，倚仗著兵權在握的四川軍人孫震的實力支持，擁有北京法政大學、日本陸軍士官學校炮兵科和日本陸軍大學學歷的孫元良，從《詳細調查表》上人們才發現：他竟然是由中國共產黨早期著名領導人李大釗、譚熙鴻介紹入學的，他在二十世紀三十年代初期就已是黃埔一期最著名的將領之一，在他的回憶錄和別人撰寫文章知道：在抗戰時曾率部打過多場硬仗，還有他的「抗日名將」與「反共」同樣著名，孫元良的回憶錄《億萬光年中的一瞬》至 2010 年在臺灣印行五版，且是官方認可的正式出版物，2007 年 5 月

25 日他作為最後一位黃埔一期生與世長辭；二是國民革命軍政治和黨務工作開拓者曾擴情，從青年軍人聯合會籌備委員到孫文主義學會骨幹成員，他的經歷複雜多變，他長期擔任軍隊政治部和黨務工作主持人，又是黃埔學生當選國民黨中委第一人，幾乎所有中國國民黨中央、地方、政府、軍隊政工領導銜頭他都擔當過，1959 年 12 月特赦後，他又回復當年革命初衷的起點；三是工農革命武裝鬥爭早期領導人和著名紅軍將領董朗，他參加過鐵軍葉挺獨立團北伐途中多次硬仗，中共建軍史上著名的南昌起義和廣東東江工農武裝鬥爭都曾留下身影，1945 年中共七大追認他為革命烈士。

四川籍照片排列：

孫元良　　　曾擴情　　　王公亮　　　任文海　　　周惠元

馮士英　　　官全斌　　　張忠頵　　　楊麟　　　程式

石鳴珂　　胡遁　　楊晉先　　耿澤生　　石真如

董仲明　　顧浚

（十）湖北省籍情況簡述

　　湖北地處長江中游「九省通衢」，物華天寶人傑地靈，從辛亥革命武昌首義，到孫中山先生倡導的國民革命運動，現代湖北湧現的知著名革命先驅者和領導人，真是廖若晨星數不勝數。湖北和漢口更是中國國民黨和中共最早發起和建立組織的地方，國共兩黨湖北省籍早期開拓者和領導人，計算起來會比鄰近各省都多。湖北的優勢地理位置和歷次革命基礎，決定了它是廣東以外的又一重要的革命策源地和搖籃。湖北的文化教育和軍校基礎也較發達，尤其是湖北陸軍小學、武昌陸軍中學以及各地講武堂等等，構成了比較完備的軍事教育層級。因此對於黃埔軍校的開辦和招生，儘管身處鄂粵的湖北省籍國共兩黨風雲人物鼓動與鞭策，應考和南下廣東的學子畢竟不多，這從下表的情況就可見一斑。

附表 100　　湖北籍學員歷任各級軍職數量比例一覽表

職級	中國國民黨	人數	%	中國共產黨
肄業或未從軍	劉柏芳、潘樹芳、邱安民、柳野青	4	20	
排連營級	劉赤忱、張少勤	3	15	趙子俊
團旅級	張開銓	3	15	金仁先、唐繼盛
師級	賈伯濤、丁炳權、劉明夏、吳興泗	5	25	張其雄
軍級以上	徐會之、韓浚、張彌川、彭善	5	25	李之龍
合計	15	20	100	5

　　湖北較為發達的文化教育事業，還體現在形式多樣的專科職業教育層出不窮，民國初期以來教育事業的蓬勃興起，如同在上海等少數發達地方一樣，在湖北也得到了較為充分的發展。所有這些，對於湖北省籍第一期學員數量，都是來自各方不小的影響和衝擊。如同上表所載情況：擔任軍級職務人員和師級均為 25%，兩項相加達到 50% 之多，累計有 10 人。具體分析起來有以下幾方面情況：一是湖北擁有第一期生最早的中共黨員趙子俊和李之龍，兩人都是 1922 年 1 月以前加入中共，前者曾是武漢共產主義小組成員之一，後者中共工人運動和地方組織最早的領導人之一，組織黃埔軍校青年軍人聯合會和「中山艦事件」，使得李之龍成為國共兩黨都十分關注的著名人物。二是中共秘密隱蔽戰線的忠誠戰士徐會之，生於湖北有名的團風鎮、早年經受較為完整教育，黃埔軍校第一期畢業後歷任軍隊政工職務，1930 年參與鄧演達領導的「黃埔革命同學會」活動，抗日戰爭爆發後歷任行營、綏署、戰區政治部主任和軍事委員會政治部第二廳廳長，抗日戰爭勝利後曾任湖北省政府委員及漢口特別市市長，還曾當選為黨團合一的中國國民黨第六屆中央執行委員等等，肩負秘密使命到了臺灣後，於 1951 年 12 月 19 日在保密局看守所遇害，黃埔軍校同學會在《黃埔軍校建校八十周年紀念專刊》發表專題紀念文章。三是抗日將領彭善，走出黃埔校門後參加東征和北伐戰爭，從號稱中央軍「土木系」的第十一師和十八軍，到參加抗日戰爭時

期第六戰區所有會戰戰役，在抗日戰爭八年烽火中走過了畢生最為閃耀的軍旅歷程。

湖北省籍照片排列：

韓浚　　　彭善　　　張彌川　　　徐會之　　　賈伯濤

丁炳權　　劉明夏　　吳興泗　　　張開銓　　　劉赤忱

邱安民　　李之龍　　張其雄　　　趙子俊

（十一）貴州省籍情況簡述

附表 101　貴州籍學員歷任各級軍職數量比例一覽表

職級	中國國民黨	人數	%	中國共產黨
排連營級	蔡光舉、	1	6.7	
團旅級	楊伯瑤、石美麟、伍文濤、	3	20	
師級	羅毅一、王慧生、馮劍飛、	3	20	
軍級以上	陳泰運、王文彥、何紹周、牟廷芳、宋思一、凌光亞、劉漢珍、陳鐵、	8	53.3	
合計	15	15	100	

　　貴州省域地處西南邊陲，位於雲貴高原東北部，川滇桂湘等省與其周邊接壤。因其地理位置遠離清末民國社會軸心，本省軍閥勢力得以長久稱霸偏安一隅。辛亥革命和護法護國運動以後，孫中山先生倡導的國民革命思想才逐漸滲透貴州，孫中山指派以及本省選出的中國國民黨一大代表，比較鄰近各省指派代表也顯得「名不見經傳」，民國初期的貴州在民主政治思想和國民革命精神的傳播方面，明顯要比一些省份弱化，這一情形一直延續到興義軍事強人何應欽崛起於黃埔軍校，貴州在民國軍政事務的落伍狀況才有所好轉，嗣後逐漸有一部分貴州人才躋身軍隊將領與政界要樞。實際上黔人與鄰省相比並無遜色，只在數量上略占少數而已。當年除了在軍事領域嶄露頭角的何應欽外，參加五四運動而名聲鵲起的北京大學教師、出席中國國民黨一大的譚克敏代表也是貴州人，或許因為黔人尚無就讀北京高校，或是當時黔人沒形成氛圍緣故，譚克敏名氣再大也派不上用場。以上情形說明，一省社會文明與民主開化程度，與本省名人效應及把握政治方向是息息相關的。

　　現代貴州社會，始於孫中山先生國民革命思想在西南的傳播和漫延，才逐漸扭轉相對冗長閉塞的封建禁錮狀態，整體融彙民國政治、經濟社會以及軍事領域，回復國家政治主導的同一方向和軌道。貴州省籍學子入讀黃埔軍校第一期，得益於貴州省籍先賢作用下形成的歷史變

革，這一點是毋庸置疑的。如同上表所載情況：擔任軍級職務以上人員有 53.3%，師級人員有 20%，兩項相加合計 70.3%，累計有 11 人進入國民革命軍將領行列，雖然人口基數較少，但是成才百分比是上述各省最高的。具體分析起來主要有以下各方面情況：一是貴州興義王、何名門望族走出來的王文彥和何紹周。王文彥是王文湘的堂弟，即王文華叔伯王起賢長子，抗日戰爭時期率部參加徐州會戰、台兒莊戰役等，何紹周係何應欽二哥何應祿次子，抗日戰爭期間率部參加淞滬會戰、南京保衛戰、武漢會戰、遠征軍作戰和滇西會戰諸役；二是貴州辛亥革命先驅者後代凌光亞，凌光亞之父凌霄，是貴州辛亥革命元老、中華革命黨貴州支部長和中國國民黨一大貴州省代表，時任廣州大本營大元帥府參軍，兼駐粵滇軍第五師司令部參謀長，舉薦凌光亞考入黃埔軍校第一期，歷任警備、憲兵、步兵師及師管區主官，1949 年率部起義；三是貴州起義將領陳鐵，走出黃埔軍校校門後，一直在中央序列部隊任至軍長、副總司令，抗日戰爭時期率部參加忻口會戰和中條山戰役，1949 年底起義後任全國政協委員、貴州省副省長和省政協副主席等職。

貴州省籍照片排列：

陳鐵　　　　王文彥　　　　宋思一　　　　何紹周　　　　牟廷芳

劉漢珍　　　陳泰運　　　馮劍飛　　　王慧生　　　楊伯瑤

羅毅一　　　伍文濤　　　蔡光舉

（十二）雲南省籍情況簡述

附表 102　雲南籍學員歷任各級軍職數量比例一覽表

職級	中國國民黨	人數	占 %	中國共產黨
肄業或未從軍	袁嘉猷、高起鵾、李文淵	3	21.4	
排連營級	袁榮	1	7.1	
團旅級	劉國勳、張耀樞、余安全、	3	21.4	
師級	李靖難、趙定昌、周鴻恩、馮春申、	4	28.6	
軍級以上	王萬齡、柏天民、陳廷璧	3	21.4	
合計	14	14	100	無

　　雲南地處西南內陸邊陲，位於雲貴高原西南部，對外與緬甸老撾越南相接，周邊毗鄰桂黔川藏等省區，高原地形複雜，地理環境險惡。山脈地勢與交通不暢，絲毫沒有阻礙雲南與外界的聯繫，相反雲南開化和文明程度須臾不比先進省份落後。雲南人以其豁達、開放的智慧和力

量，現代以來社會就呈多元化對外開放，西方科技的引入造成滇人大批出洋留學，辛亥以來多次革命狂飆，雲南都處於風口浪尖，民初以來雲南愛國將領更是鐵肩擔道義，積極回應孫中山先生國民革命的政治主張，聲援和支持廣東革命政府和北伐戰爭，山路迢迢「窄軌鐵路」的邊遠雲南，驀然給國人樹立了「不甘人後」的「先進」省份形象。雲南軍人素以驍勇善戰著稱，抗日時期滇軍臨危受命奮勇中原，滇緬公路修建更是血肉築成抗戰路。以雲南一省之社會文明和人文文化之開放例子，充分證實了中華文明源遠流長，以及強大的凝聚力和持續力。

現代雲南以來，經濟基礎相對薄弱和人民生活水平相對貧瘠，但是文化教育與軍隊建設須臾不讓鄰近各省，雲南的軍事教育架構更是高中低齊全完備，從陸軍小學堂、雲南講武堂到高等軍事學校，雲南軍人有自己的各級軍官學校。因此，對於千里之遙的廣州黃埔軍校，雲南人並未表現出足夠的重視和熱忱，雲南人連接廣東和孫中山先生的辛亥革命元老李宗黃等，也未能招引更多的雲南學子進入黃埔軍校。總之，民國時期的雲南人，對於來自政治和軍事中樞的聲音和旨意，總是多加防範步步為營，歷來保持相對的獨立性和自立性。直至抗日戰爭勝利後，雲南軍政才真正回歸中樞。黃埔軍校的雲南省籍學員歷來不多，第一期生返回雲南掌軍從政的也不多。如同上表所載：擔任軍級以上職務人員只有兩人，師級有 4 人，兩項相加合計 42.9%，共有 6 人。具體分析起來主要有以下各方面情況：一是柏天民和王萬齡，抗日戰爭爆發後不久，雙雙擔負軍官教育訓練和兵役補充事務；二是周鴻恩，從黃埔軍校第一期出來後，奉派德國學習現代陸軍步兵訓練，回國後即在中央陸軍軍官學校任職任教，抗日戰爭後期才任中央陸軍步兵學校教育長，進而升任副校長、校長，成為現代步兵教育訓練的開拓者和主持人；三是陳廷璧，從黃埔軍校第一期畢業後，曾任中央序列部隊黨部、雲南省黨部執行委員和政府序列監察委員，抗戰勝利後任雲南省參議會議長，國民政府監察院監察委員，走出一條與所有第一期生不相同的路子。

雲南籍照片排列：

王萬齡　　　柏天民　　　趙定昌　　　馮春申　　　李靖難

劉國勳　　　張耀樞　　　　余安全　　　　袁嘉猷

（十三）山西省籍情況簡述

附表 103　山西籍學員歷任各級軍職數量比例一覽表

職級	中國國民黨	人數	占 %	中國共產黨
排連營級	白龍亭、李捷發	2	16.7	
團旅級	孔昭林、趙榮忠、任宏毅、郭樹械	4	33.3	
師級	王建業、王國相、李伯顏、薛蔚英	4	33.3	
軍級以上	朱耀武	2	16.7	徐向前
合計	11	12	100	1

　　山西地處華北平原西側，西接黃土高原毗鄰冀豫陝內蒙古等省區。現代以來山西在政治、軍事領域地位獨特，既與北洋政府和軍事集團若即若離互不相融，又對孫中山為首南京革命政權觀望等待，閻錫山是辛亥以後山西軍政一手遮天的主導人物，在國內各方政治勢力軍事集團中山西歷來具有較多獨立性和自主性。這種歷史形成的特殊情形，致使山西軍政獨具特色：一是民國初期就形成北方獨樹一幟的晉綏軍事集團，比各地省域形式的軍事集團都早到多；二是閻錫山長期主宰山西軍政系於一身，造成山西與鄰省乃至南方疏於聯絡，對於廣東蓬勃興起的革命大勢瞭解不多；三是山西很早就有本省創辦的陸軍小學和武備學堂，便於就近入讀北洋集團開辦的陸軍大學及其他軍校；四是無論是孫中山指派還是山西地方選出的中國國民黨一大代表，對晉省軍事影響十分有限，致使南方投考黃埔軍校沒能形成熱潮。山西過去的歷史決定了本省黃埔學生一向偏少，不可能對閻錫山一統天下局面有所動搖和影響。

　　山西省籍的第一期生，在國民革命軍中央序列部隊未能崛起，在晉綏軍隊也沒被高看更不受重用，黃埔學生在晉綏軍隊中顯得勢單力薄。如同上表所載情況，擔任軍級以上人員僅有兩人，師級人員有 4 人，兩項相加合計 50%，累計有 6 人。具體分析起來主要有以下各方面情況：一是中共軍隊創建人和領導人徐向前，在黃埔軍校學習時參與青年軍人聯合會活動但並不出名，率領工人武裝參加廣州暴動，輾轉廣東海陸豐創建東江武裝和根據地，後被中共軍事委員會派赴鄂豫皖邊區創建紅軍和根據地，開闢了中國紅軍大半邊天，鼎盛時紅四方面軍達到十萬人馬，與歷盡艱辛長途跋涉川陝邊會合的中央紅軍形成了鮮明對比，經歷了八年抗戰和國內戰爭，鑄就了徐向前元帥在中共軍隊的崇高聲望和地位，德高望重功勳卓著是所有黃埔將帥中最為著名的第一期生元戎；二是朱耀武和王國相，前者朱耀武黃埔畢業返回山西，長期從事軍校教育和軍官訓練事宜，從未在山西軍隊以主官身份帶兵作戰，後者王國相早年在晉軍中嶄露頭角，曾任步兵團長、旅長，抗日戰爭爆發後調離主官

位置，負責戰時幹部訓練和新兵補充事宜；三是知名戰將薛蔚英，他早年進入山西學兵團和山西武備學堂學習，受中國國民黨山西省一大代表王用賓舉薦南下黃埔一期學習，畢業後長期在中央序列部隊任職，逐級歷任帶兵主官做到團長、旅長，抗日戰爭爆發後任第十六軍（軍長是黃埔一期董釗）第一六七師師長，不幸于武漢會戰因作戰失利被軍法處決。

山西籍照片排列：

徐向前　　　朱耀武　　　李伯顏　　　薛蔚英　　　王國相

趙榮忠　　　郭樹械　　　孔昭林　　　白龍亭　　　李捷發

（十四）福建省籍情況簡述

福建地處東南沿海，與廣東和浙贛接壤，自古以來粵閩兩省聯繫緊密，辛亥革命後更有無數福建先賢烈士，踴躍投身孫中山領導的國民革命運動，援閩粵軍曾赴福建駐軍數年，加深了閩粵軍隊和民間聯絡。辛

附表 104　福建籍學員歷任各級軍職數量比例一覽表

職級	中國國民黨	人數	占 %	中國共產黨
肄業或未從軍	張作猷、黃德聚	2	16.6	
排連營級	陳綱、陳文山	2	16.6	
團旅級	黃承謨	1	8.3	
師級	張樹華、蕭乾、林斧荊、伍翔	4	33.3	
軍級以上	李良榮、譚煜麟、伍誠仁	3	25	
合計	12	12	100	無

亥以後中華革命黨在福建逐漸成勢，著名的先驅者林森、劉通等集聚了一批國民革命運動精英，為聲援和支持廣東革命政府乃至黃埔軍校學員招生投考事宜，起到了較好的發動和影響作用。近代以來的福建，是中華民族最早面向海洋放眼世界的省份，福建還是我國航海、遠洋船務及海軍發祥地和將領、船員搖籃之一，閩籍將校和船員佔據了海軍和遠洋航海各層的大半邊天，唯一獲任海軍一級上將的陳紹寬就是閩籍名將。也許是閩籍學子競相投效海軍的緣故，進入黃埔軍校學習的閩人一向數量不多。

　　歷史上開埠較早的福建，特別看重經商和遠洋，與投身軍旅進入軍校形成鮮明反差。福建的文化教育事業向來較為發達，軍事教育更是陸、海軍學校齊全，對於擅長遠洋和海軍的閩人來說，重在培養陸軍軍官的黃埔軍校，也是閩人並不熱衷的原因之一。如同上表所載情況：擔任軍級職務人員有 25%，師級人員有 33.3%，兩項相加合計為 58.3%，累計有 7 人。具體分析起來有以下幾方面情況：一是早年成名的將領蕭乾，擁有專科學校、陸海軍講武堂和教師學歷資格的他，在學黃埔軍校時已任學員分隊長，參加過兩次東征作戰和北伐戰爭，較早就擔任中央序列部隊的團長、旅長，後任第十一師師長成為第一期生中最有實力的將領，1933 年在江西率部與紅軍作戰時全軍覆沒，被撤職後一蹶不振。二是伍誠仁，早年投身粵軍援閩部隊，歷經粵軍第一師學兵營和大本營陸軍講武學校軍官教育，在學黃埔軍校第一期時已任學員分隊長，走出校

門後晉升較快，是較早擔任旅長級將領的第一期生之一，在任第四十九師師長時率部于四川松潘，與紅一、四方面軍組成的紅軍作戰，身負重傷並被撤職，也許是當年報載誤傳傷重身亡，或許是年代久遠消息閉塞，抑或黨史軍史專家們對民國將領缺乏瞭解疏於考據，有趣的是：筆者在觀看《長征》連續劇最早攝製放映的版本時，發現竟然將伍誠仁「寫成」與紅軍作戰陣亡，並且專門表演了軍事當局為伍誠仁召開追悼會的較長片段，以此渲染紅軍作戰戰果（查實伍誠仁後來曾任軍長、司令職務，1970 年 11 月 29 日在臺北逝世），時隔不久即被有關專家或知情人指證弄錯了，筆者再度看到的《長征》刪去了這段「滑稽」劇情。三是李良榮，早年做過貨棧店員和帳房先生（簿記），黃埔軍校第一期畢業後於北伐戰爭南昌之役負傷，嗣後歷任中央序列部隊團旅師軍長和福建省政府主席等職，1949 年在任第二十二兵團司令官時，作為戰地指揮官參與金門反登陸戰，該役造成中共軍隊五個步兵團 9000 多人重大損失。

福建籍照片排列：

李良榮　　　譚煜麟　　　蕭乾　　　伍翔　　　林斧荆

陳文山　　　　陳綱

（十五）河南省籍情況簡述

　　河南地處古代中華文明中原寶地，是民族文明的發祥地和搖籃。由於河南位於黃河流域腹部「龍脈」福地，又與中華五千年燦爛文化史有著千絲萬縷的聯繫，古往今來有多少「英雄豪傑競折腰」，文才墨客名人輩出不勝枚舉。河南作為兵家爭奪戰火瀕仍的中原古戰場，辛亥革命前後崛起了全盛時期的北洋軍閥集團，袁項城（世凱）開創的北洋派系帶出一大批軍事將領與軍政要員，北洋勢力影響作用下的北京政府，形成了與廣東革命政權分庭抗禮的歷史局面，河南此時還是國民革命運動和中共黨組織發起的薄弱環節，河南省籍的辛亥革命先驅者和中國國民黨地方組織籌備人，只能隱蔽進行諸如黃埔軍校招生之類的秘密活動。星移斗轉到了廣州、南京國民政府時期，真正與黃埔軍校及其中央序列部隊發生密切關聯的豫籍軍政名人漸覺稀罕，究其緣由是國家軍政軸心轉移長江三角洲，中原寶地原有人文地理優勢名存實亡。處於這種狀況下的河南，千里迢迢南下廣東求學的黃埔軍人只有寥寥十二人，其後成長起來的少數河南省籍將領，面對其他省份的強勢陣容更顯得鳳毛麟角了。

附表 105　河南籍學員歷任各級軍職數量比例一覽表

職級	中國國民黨	人數	占%	中國共產黨
初級軍官	趙敬統、田育民	2	16.6	
團旅級	仝仁	1	8.3	
師級	郭安宇、蕭灑、王之宇、劉先臨、蔡任民、李正韜、	6	50	
軍級以上	侯鏡如、劉希程、杜心樹〔心如〕、	3	25	
合計		12	100	無

　　歷史上與時下的河南，著實是讓世人最說不清的地面，河南人以其
憨厚倔強的性情走南闖北，歷史上的河南人真正是古道衷腸仗義豪傑。
到了二十世紀三、四十年代的民國社會，從黃埔軍校走出來的河南省籍
知名將領確實基數不大。如同上表所載情況：擔任軍級以上職務人員有
25%，師級人員有 50%，兩項相加合計為 75%，累計有 9 人之多。具體
分析起來主要有以下各方面情況：一是中共黃埔軍校統戰工作著名領導
人侯鏡如，具有較高學歷進入黃埔軍校學習，兩次東征作戰期間由周恩
來等介紹加入中共，先後參加了北伐戰爭、上海第三次工人武裝起義和
著名的南昌起義，戰爭年代打過硬仗多次負傷，曾任中共軍事委員會和
多個地方省委軍委工作。在困難情況下轉入西北軍部隊，抗日戰爭爆發
後率部參加武漢會戰、鄂北會戰和棗宜會戰諸役，一生坎坷歷經磨難於
二十世紀五十年代起歷任中華人民共和國國防委員會委員、全國政協第
七、八屆副主席和黃埔軍校同學會會長等職；二是南昌起義參加者劉希
程，歷經黃埔軍人的兩次東征和北伐戰爭，參加南昌起義後轉入中央序
列部隊，歷任前線作戰部隊的團旅師軍長，抗日戰爭時期率部參加了南
京保衛戰、武漢會戰和桂柳會戰諸役，中華人民共和國成立後歷任河南
省政協副主席和全國政協委員等職。三是軍事教育、編譯、測量開拓者
的領導人杜心樹，測量和法政專科出身考入黃埔軍校第一期，再獲官費
留學日本陸軍士官學校、陸軍經理學校和陸軍大學，長期擔負外國軍事

著作編譯、國民兵員訓練和兵役補充、軍事教育和測量事務，成為國民革命軍該方面的開拓者和領導人之一。

河南籍照片排列：

| 侯鏡如 | 劉希程 | 劉先臨 | 杜心樹 | 郭安宇 |

| 王之宇 | 李正韜 | 蕭灑 | 蔡任民 | 仝仁 |

趙敬統

（十六）山東省籍情況簡述

附表106　山東籍學員歷任各級軍職數量比例一覽表

職級	中國國民黨	人數	占%	中國共產黨
排連營級	李子玉、于洛東、刁步雲、冷相佑	4	40	
師級	李殿春、項傳遠、	2	20	
軍級以上	李玉堂、李延年、李仙洲、王叔銘、	4	40	
合計	10	10	100	無

　　山東地處黃河下游膠州灣平原，西界華北平原東臨黃海，地理優越平原寬闊，東面臨海城市是最早開埠商貿之都，歷史上山東商貿發達經濟活躍，最早的通商口岸青島聞名於世，煙臺在近代相當長一段時期還是民族造船工業與海軍軍官搖籃，威海衛更是強盛一時北洋海軍司令部所在地。近代以來山東的文明發祥與民族悲憤集於一地，從風行一時的義和團運動到中華革命黨北伐軍興起，辛亥革命以來孫中山領導的國民革命運動在山東風起雲湧勢如破竹，義俠豪爽頂天立地敢作敢為的山東，還是中國國民黨及中共最早發起組織的省份。從魯籍山東走出來的國共兩黨著名領導人和將領，更是寥若晨星比比皆是，山東的人才資源和人才儲備古往今來絡繹不絕。到了北伐國民革命時期，黃埔軍校逐漸山東省籍學子陸續入讀，山東省籍第一期生將領，曾是黃埔軍人中最著名的將領。

　　歷史上山東開埠之早，比起南方沿海各省毫無遜色，資本主義發達國家德國和日本先進科技，最早登陸山東走向內陸。反映在文化事業和軍事教育方面，山東的海軍軍事人才教育尤為突出，陸軍軍官教育機構相對薄弱。如同上表所載情況：擔任軍級以上人員為40%，師級人員為20%，兩項相加合計為60%，累計有6人。具體分析起來主要有以下各方面情況：一是抗日名將李仙洲，年過三十才進黃埔軍校學習的他，早年就被同學昵稱「黃埔老大哥」，走出黃埔校門後久經戰陣多次負傷，

逐級從基層軍官一直升到軍長、總司令，率部參加長城居庸關抗戰、忻口會戰、徐州會戰、武漢會戰、棗宜會戰和豫中會戰諸役，在抗日戰爭年代因戰功卓著被譽為「抗日名將」。二是山東廣饒大王橋鎮的李氏堂兄弟，李玉堂和李延年都是二十世紀三、四十年代最為著名的「黃埔系」高級將領，是那個年代威名遠揚的「抗日名將」，雙雙歷經抗日戰爭時期多次硬仗，雙雙後期運氣不濟晚景淒慘，他倆的臨終和晚景情況，至今仍是撲朔迷離莫衷一是。三是現代航空和空軍的開拓者和高級將領、空軍副總司令王叔銘，憑藉族叔、中國國民黨一大代表及山東地方組織籌備委員王樂平的舉薦，只有高小程度的他完成了黃埔軍校第一期學習，嗣後開始了航空與空軍從初級航校到高等空軍學校的學習和訓練，再從空軍飛行員、指揮官、空軍學校教育長、校長、戰區空軍司令等等，幾乎所有空軍作戰指揮和空軍教育訓練的各種各樣職務都幹過，抗日戰爭後期還指揮空軍會同美軍陳納德航空隊，一舉奪回喪失多年的抗日戰場制空權，與其他所有黃埔將領不同的是，他是抗日戰爭時期第一期生唯一的空中作戰「抗日將領」。

山東籍照片排列：

李仙洲　　　李延年　　　李玉堂　　　王叔銘　　　項傳遠

李殿春　　　　李子玉　　　　于洛東　　　　冷相佑

（十七）河北省籍情況簡述

河北舊稱直隸，歷史意義的直隸還包括北京及其周邊。直隸位於燕趙平原環抱京畿拱衛中原，東臨渤海北枕長城南沃平原，從近代以來就是國家政治、軍事、文化中心，小站練兵崛起北洋集團，保定軍校孕育軍事將帥。五四時期由聚集北京的進步青年教師和學生，掀起了具有歷史轉折意義的新文化運動，李大釗、陳獨秀等中共早期領導人開創了共產主義運動新篇章。無獨有偶，國共兩黨最早的地方組織均在北京發起籌備，北京湖廣會館更是中國國民黨發祥地。二十世紀二十年代初期的直隸——北京，高度聚集了中國國民黨及中共傑出人物和著名領導人，先進深厚的文化底蘊決定並萌發民主與政治的開明進步。也許正是這些緣由，黃埔軍校第一期有了為數不多的六名學員。

附表107　河北籍學員歷任各級軍職數量比例一覽表

職級	中國國民黨	人數	占％	中國共產黨
建業或未從軍	何盼	1	16.7	
團旅級	宋文彬	4	66.7	江鎮寰、張隱韜、楊其綱
師級		1	16.7	唐澍
合計	2	6	100	4

　　直隸—北京國民革命運動先驅者們，顯然沒有注重舉薦屬於直隸、北京籍貫範圍的青年學生，倒是許多來北京學習的外省籍學生，納入了他們重點舉薦和招生的視野。如同上表所載情況，中共第一期生佔據了絕對優勢數量。具體分析起來主要有以下各方面情況：一是中國社會主義青年團天津地方組織早期領導人江鎮寰，其父江浩是中共建黨初期天津地方組織領導人，江鎮寰經受直隸省立第三師範教育後南下黃埔軍校第一期學習，而後派赴前蘇聯莫斯科中山大學學習，回國後參與組建天津黨團組織和工會組織，是較早犧牲的中共第一期生革命烈士。二是陝西工農革命軍領導人唐澍，黃埔軍校第一期畢業後，參加省港大罷工糾察隊和兩次東征，奉命返回陝西加入國民軍供職，參與西北軍和陝西省委初期的軍委工作，參與領導清澗起義和渭華起義，組成西北工農革命軍並任總司令。三是黃埔軍校中共黨團組織領導人楊其綱。進入黃埔軍校前就已加入中共的楊其綱，畢業後即成為中共支部書記和中國青年軍人聯合會骨幹成員，參與創建火星社和青年軍人社，參與編輯校史和《黃埔潮》，是黃埔軍校政治工作開拓者的中共黨組織主要領導人。

河北籍照片排列：

唐澍　　　　楊其綱　　　　張隱韜　　　　宋文彬

（十八）甘肅、吉林、內蒙古、黑龍江省籍情況簡述

附表 108　甘肅、吉林、內蒙古、黑龍江籍學員歷任各級軍職數量比例一覽表

職級	中國國民黨				人數	占 %	中國共產黨
	甘肅	吉林	內蒙古	黑龍江			
肄業或未從軍	何志超			李秉聰	2	25	
團旅級					1	12.5	榮耀先〔內蒙古〕
師級	馬志超	趙志超	白海風		3	37.5	
軍級以上	王治岐	王君培			2	25	
合計	3	2	1	1	8	100	1

注：此外，原缺載籍貫的學員有：甘傑彬、李卓、李晃南、賈焜、程繼汝、臧本桑等六人。

　　四個省區屬於邊遠內陸地區，各不相同的地貌和環境，形成了本省獨具一格的特色和情形。人文地理文化也伴隨著當地的風土人情，記載了他們二十世紀二十至四十年代的時代本色及其風貌。通過中國國民黨一大代表和當地社會名流舉薦，個別省份的單個學員，才得以南下廣州進入黃埔軍校學習。當年廣州作為國民革命運動的中心和策源地，對於邊遠省份的進步青年和學生是個令人神往的地方。

　　根據上表反映的情況，具體分析起來主要有以下各方面特點：一是中國國民黨一大代表趙志超，來自吉林的趙志超是 1924 年 1 月作為吉林省代表參加中國國民黨一大，會後被孫中山特任為大元帥府大本營軍事委員會委員，具有兩個重要頭銜的趙志超成為黃埔軍校第一期學員，以及他來時威風八面離去無影無蹤，至今仍是不解之謎。二是內蒙古革命先驅者白海風，1923 年加入中共，在北京蒙藏學校學習時就開始接觸馬克思列寧主義傳播，黃埔軍校第一期畢業後返回內蒙古從事革命活動，1928 年還以中共內蒙古代表的身份赴前蘇聯莫斯科參加中共六大，回國後參與創建國民革命軍內蒙古騎兵部隊，1945 年他當選為中國國民黨第六屆中央候補執行委員，中華人民共和國成立後又當選為第一、二屆全國政協委員。三是曾任甘肅省政府主席的王治岐，從偏遠甘肅到繁華上

海大學就讀，革命風雲改變其後半生，從黃埔軍校第一期開始了他的軍
旅生涯，從排連長一直幹至軍長兵團司令官，1949 年 12 月 2 日還當過短
暫的甘肅省政府主席，起義後的他在甘肅蘭州度過了晚年。

甘肅、吉林、內蒙古、黑龍江籍照片排列：

榮耀先　　　　王治歧　　　　王君培　　　　白海風　　　　馬志超

注釋：

① 巴義爾著，《蒙古寫意》（當代人物卷二），民族出版社，2001 年 4 月，第 2 頁。
② 何靜梧　龍尚學主編，《貴陽人物續》，貴州教育出版社，1994 年 10 月，第 358 頁。
③ 國國民黨陸軍軍官學校編纂，《陸軍軍官學校詳細調查表》，1924 年 7 月，第 872 頁。
④ 陳予歡編著，《黃埔軍校將帥錄》廣州出版社，1998 年 9 月，第 227 頁。
⑤ 孫耀文著，《風雨五載——莫斯科中山大學始末》，中央編譯出版社，1996 年 10
　　月，第 227 頁。

第十七章

在臺灣、港澳及海外第一期生活動情況綜述

　　遷移臺灣的第一期生，一部分是隨軍前往，另有一部分是滯留香港或旅居海外，有些在海外期間返回臺灣，有個別第一期生則一直居住香港至逝世。無論他們寓居或浪跡何處，都是大陸以外居住的第一期生。這部分第一期生的歸宿和結局，一直是大陸統戰部門和史家關注的重點。

第一節　赴臺灣軍政活動簡述

　　1949 年上半年以後，第一期生的一部分率部或隨行遷移臺灣，開始了與大陸隔絕數十年的寶島生涯。鑒於史料，我們無法準確統計在此前後究竟有多少第一期生遷移臺灣、港澳或海外寓居，只能根據現存資料與資訊，盡可能反映他們的各方面情況。這部分第一期生中，到臺灣繼續擔任軍政當局官員的僅是少數人，絕大多數人到臺灣後於 1951 年至 1952 年期間辦理退役，從此留居寶島或海外，一部分年過半百轉行經商實業，另一部分教書取酬度日，還有一部分遠洋異國他鄉過著賦閒的海外寓公生活，總之是人生百態命運迥異。

附表 109　任中國國民黨中央改造委員會、中央委員會、中央評議委員會委員一覽表

序	姓名	屆次	年月	序	姓名	屆次	年月
1	袁守謙	中央改造委員會委員，第七至十二屆中央常務委員，第十三至十四屆中央評議委員會主席團主席	1950.8	2	王叔銘	第七屆中央委員 第八屆中央常務委員 第九至十五屆中央評議委員	1952.10 1957.10
3	胡宗南	第七及八屆中央評議委員		4	羅奇	第七至十屆中央評議委員	
5	黃杰	第七屆中央評議委員 第九至十一屆中央常務委員 第十二至十三屆中央評議委員會主席團主席	1952.10	6	陳大慶	第八屆候補中央委員 第九、第十屆中央常務委員	1957.10
7	桂永清	第七屆中央評議委員	1952.10	8	蕭贊育	第八屆候補中央委員 第九屆中央委員 第十至十二屆中央評議委員	1957.10 1963.11
9	劉詠堯	第八、九、十四、十五屆中央評議委員	1957.10	10	賀衷寒	第九屆中央評議委員 第十屆中央評議委員	1963.11 1969.3
11	冷欣	第九至十二屆中央評議委員	1963.11	12	黃珍吾	第九、第十屆中央評議委員	1963.11
13	王廷柱	第十三、十四屆中央評議委員					

第二節　參與臺灣「中華黃埔四海同心會」簡況

　　1991 年 1 月 1 日，由在臺灣的黃埔軍校第一期生鄧文儀、劉璠、袁樸、劉詠堯、丁德隆等，率領130 餘名黃埔軍校早期生將領發起成立「中華黃埔四海同心會」，屬於臺灣民間組織，自籌經費和自辦會刊。該會宗旨是：「要以中華黃埔莊嚴鮮明的旗幟，反台獨，救中國，四海同心，正大光明的堅定立場，反暴力，救同胞，促使政府早日達成自由、民主、均富、和平統一中國的時代使命」。「中華黃埔四海同心會」章程規定：「本會會員以退役退休之陸、海、空、聯勤、憲兵、政戰、情報、學校及各期、班、隊校友為會員，在臺灣及海外的黃埔軍校及中央各軍事學校歷屆同學都可參與。」首任名譽會長為第一期生鄧文儀，會長為第一期生劉璠等。

第三節 參與黃埔軍校六十周年紀念活動簡述

1984 年 6 月黃埔軍校成立六十周年之際，在臺灣的中國國民黨軍政元老及其第一期學員，發起組織了一系列紀念活動，以「黃埔建國文集編纂委員會主編」名義，出版了六十周年紀念刊《黃埔軍魂》。由臺灣《傳記文學》編輯部專門組織編寫部分第一期生傳記三十四篇，還在該書最後刊載了代表「臺灣官方」觀點的各次戰役「英雄姓名表」。該書以「行政院新聞局登記證局版台業字二五四三號」出版發行，說明是由「臺灣當局」審查批准的「官方」出版物。

附表 110　臺灣當局開列的第一期生「英雄姓名表」

戰役與事由	各歷史時期或事件第一期生「英雄姓名表」	人	％	中共黨員
東征戰役殉國英雄姓名表	唐同德、蔡光舉、葉彧龍、彭繼儒、林冠亞、鮑宗漢、丘飛龍、江世麟、陳述、刁步雲、朱一鵬、樊菘華、賈春林、鍾烈謨、雷雲孚、劉國協、李人幹、文起代、邢鈞、陳子厚、王步忠、劉銘、游逸鯤、何光宇、毛煥斌、洪劍雄、李強之、陳綱、杜聿鑫、梁廷驤、胡仕勳、余海濱、王家修、劉赤忱、袁榮	35	33%	洪劍雄
北伐戰爭殉國英雄姓名表	羅群、潘國聰、劉岳耀、郭樹椒、馮德貴、盧志模、陳謙貞、洪君器、曹淵、黎曙東、榮耀先、趙子俊、鍾畦、宋雄夫、張慎階、韓紹文、文志文、帥倫、黃再新、趙榮忠、蔡粵、朱孝義、謝翰周、李蔚仁、鄭述487、蔣鐵鑄、李紹白、胡煥文、杜聿昌、李子玉、張迪峰、楊晉先、羅寶鈞、鄧白玨、黎崇漢、王禎祥、陳文清、蔡毓如、趙敬統、陳上秉、王文偉、朱元竹、張其雄	43	40.1	曹淵、榮耀先、趙子俊、張其雄
討逆平亂殉國英雄姓名	譚鹿鳴、鄒范、蔡敦仁、白龍亭、蔣孝先、李培發、侯克聖	7	6.6	
剿匪戰役殉國英雄姓名	周鳳歧、徐克銘、李正華、王副乾、甘達朝、黃承謨、唐星	7	6.6	
抗日戰役殉國英雄姓名	鄭作民、黃梅興、蔡炳炎、趙清廉	4	3.8	
戡亂戰役殉國英雄姓名	徐經濟、劉戡、李楚瀛、楊光鈺、甘麗初、李夢筆、盧盛枌、唐嗣桐、張君嵩、劉慕德	10	9.43	
累計		106	100	

　　為了原始記載歷史資料，上述與政治關聯緊密的事件稱謂均保持原貌。因為，在這些「英雄姓名表」名單裏面，人們可以看到有些是中國共產黨員，也就是說，是國共兩黨都認可的革命先烈。

　　原書表中有多人姓名弄錯了，究竟是編纂者筆誤，還是排版印行者之誤不得而知，現經筆者進行核對後形成現表。從所列第一期生名單比較與分析，主要是將過去《中央陸軍軍官學校史稿》所載史料重複印行而已。

第十八章

留居大陸的第一期生情況綜述

從第十五章所列七種表格情況，我們可以較為清楚地看到第一期生的分佈、流向、歸宿以及結局，至少絕大多數第一期生的基本情況是清晰可辨，脈絡分明。在本章主要敘述留在大陸居住和任職的若干情況。

第一節　1946年－1950年起義投誠、被俘關押、特赦獲釋及戰場陣亡情況簡述

這段歷史時期，第一期生無論是作為「黃埔嫡系」引領群體和軍事領導集團，還是每個第一期生都面臨瓦解、分化、抉擇、潰退的轉折時期。中國國民黨及其軍隊在各個戰場潰敗，有相當數量的第一期生遭遇了戰敗抉擇與懲罰。

附表 111　1946 年－ 1950 年起義、投誠情況一覽表

序	姓名	起義投誠時任職	年月地點	序	姓名	起義投誠時任職	年月地點
1	鄭洞國	東北「剿總」副總司令兼第一兵團司令官	1948.10.21 吉林長春投誠	2	陳明仁	湖南第一兵團司令官	1949.8.4 湖南長沙起義
3	李默庵	長沙綏靖主任公署副主任	1949.8.4 湖南長沙起義	4	傅正模	湖南第一兵團副司令官	1949.8.4 湖南長沙起義
5	劉進	湖南第一兵團副司令官	1949.8.4 湖南長沙起義	6	張際鵬	湖南第一兵團副司令官	1949.8.4 湖南長沙起義
7	王慧生	前貴州省軍管區司令部參謀長，省參議會參議	1949.8.13 香港通電起義	8	王連慶	國民政府國防部部附	1949.8.27 香港通電起義

9	王治岐	甘肅省政府主席兼第一一九軍軍長	1949.12.9 甘肅武都起義	10	尹榮光	東北「剿總」第八兵團政工處處長	1948.11.1 瀋陽投誠
11	黃鶴	湖南第一兵團司令部高級參謀	1949.8.4 湖南長沙起義	12	王夢	湖南第一兵團司令部高級參謀	1949.8.4 湖南長沙起義
13	湯季楠	第十四軍副軍長兼第六十三師師長	1949.8.4 湖南長沙起義	14	彭傑如	湖南省保安司令部副司令官	1949.8.4 湖南長沙起義
15	王勁修	湖南省保安司令部副司令	1949.8.4 湖南長沙起義	16	程邦昌	湖南省保安司令部參謀長	1949.8.4 湖南長沙起義
17	岳岑	湖南省保安司令部副參謀長	1949.8.4 湖南長沙起義	18	劉立道	黔桂邊區綏靖司令部秘書長	1949.12.27 在廣西百色向解放軍登記報到
19	王公亮	川陝鄂邊區綏靖主任公署第六縱隊司令官	1949.12.25 成都起義	20	李文	西南第五兵團司令官	1949.12.27 四川邛崍投誠後潛逃香港
21	何文鼎	西南第七兵團副司令官	1949.12.25 四川德陽通電起義	22	劉希程	西安綏靖主任公署第十九綏靖區副司令官	1949.6.10 河南靈寶起義
23	陳德法	整編第七十八師副師長	1949.9.25 新疆迪化起義	24	陳鐵	貴州綏靖主任公署副主任	1949.12. 貴陽起義
25	徐經濟	新編第五軍軍長	1950.1 四川通江投誠				

　　從上表所列 26 名第一期生在 1948 年至 1950 年間，最終選擇了率部或個人名義的起義和投誠，邁出了他們與過去政黨和政權徹底決裂的步伐。這對於他們大多數人來說，作出這樣的選擇並不容易，只有拋棄舊我才能獲得新生，這是處於歷史轉折過程中每個第一期生必須作出的抉擇。

附表 112　1946 年－1950 年陣亡、被俘情況一覽表

序	姓名	被俘時任職	年月地點	序	姓名	被俘時任職	被俘年月地點
1	馬勵武	整編第二十六師師長	1947.1.2 魯南戰役被俘	2	李仙洲	第二綏靖區副司令官	1947.2.20 萊蕪戰役被俘
3	韓浚	第七十三軍軍長	1947.2.20 萊蕪戰役被俘	4	楊光鈺	第三軍副軍長	1947.10.19 定縣清風店被俘
5	劉戡	整編第二十九軍軍長	1948.2.22 宜川陣亡	6	范漢傑	東北「剿總」副總司令兼冀熱遼邊區司令官	1948.9.12 錦州被俘

7	黃維	徐州「剿總」第十二兵團司令官	1948.11.23 永城陳官莊被俘	8	杜聿明	徐州「剿總」副總司令	1949.1.10 永城陳官莊被俘
9	宋希濂	川湘鄂邊區綏靖主任公署主任	1949.12.19 川西金口河被俘	10	劉嘉樹	第十七兵團司令官	1950.2.28 被俘

上表所列的 10 名第一期生，都是國民革命軍高級將領，除劉戡自殺外，其餘 9 名均為戰場被俘。

附表 113　中華人民共和國成立後獲得特赦、刑滿釋放、獄中病故情況一覽表

序	姓名	前任軍政職務	年月	序	姓名	前任軍政職務	年月
1	杜聿明	東北保安司令長官部司令官，徐州「剿總」副總司令	1959.12.4 特赦	2	曾擴情	中國國民黨四川省黨部主任委員	1959.12.4 特赦
3	周振強	浙江省浙西師管區司令官	1959.12.4 特赦	4	李仙洲	第二綏靖區副司令官	1960.11.28 特赦
5	范漢傑	東北「剿總」副總司令兼錦州指揮所主任	1960.11.28 特赦	6	何文鼎	第七兵團副司令官	1961.12.25 特赦
7	韓浚	第七十三軍軍長	1961.12.25 特赦	8	楊光鈺	第三軍副軍長	1966.4.16 特赦
9	黃維	第十二兵團司令官	1975.3.19 特赦	10	郭一予	徐州「剿總」辦公室主任	1975.3.19 特赦
11	周公輔	高級參謀	1975.3.19 特赦	12	黃鶴	湖南第一兵團司令部高級參謀	1975.3.19 刑滿釋放
13	劉嘉樹	第十七兵團司令官	1972.3.3 獄中病故	14	馬勵武	整編第二十六師師長	獄中病故
15	陳琪	第一〇〇軍軍長	獄中病故	16	周建陶	國防部附員	獄中病故
17	孫天放	江蘇省保安司令部參議	1974.12.26 獄中病故	18	楊顯	新編第八軍軍長	1975.2.25 獄中病故

根據統計數位顯示，中華人民共和國成立後，累計有 997 名戰犯分別集中關押于秦城監獄和遼寧撫順、山東濟南、陝西西安、四川重慶和內蒙古六個戰犯管理場所。上表所列第一期生僅僅是其中的一小部分人，計有 11 人在中華人民共和國成立後分批獲得特赦，1 人刑滿獲釋，6 人在關押期間病故。

第二節　第一期生最為集中的湖南省

從掌握資料來看，中華人民共和國成立後，第一期生留存大陸最為集中的是湖南省，三湘弟子在湖南辛亥革命先驅暨軍政元老程潛將軍帶領下，是第一期生在 1946 年至 1949 年整個內戰期間戰場起義最多的群體。中華人民共和國成立後，各省市（部分省會大城市）相繼設立人民政府參事室，由於參加湖南起義的將領較多，湖南省人民政府參事室設有參事 447 名，是當時參事人數最多的省份，其中第一期生有 14 名。

附表 114　歷任湖南省人民政府參事室參事一覽表

序	姓名	在任年份	1949.10 後履任職務	序	姓名	在任年份	1949.10 後履任職務
1	湯季楠	1950－1992	省政協第一至四屆常委，第一至三屆省人大代表、第五、六屆常委	2	戴文	1950－？	後任武漢市人民政府參事室副主任
3	程邦昌	1950－1974	省政協第一至三屆委員	4	謝任難	1950－1970	原缺
5	孫常鈞	1950－1952	原缺	6	王認曲	1951－1966	原缺
7	王夢	1955－1968	原缺	8	張耀樞	1955－1969	原缺
9	陳劼	1955－1991	原缺	10	陳純道	1955－1966	前任人民解放軍第二十一兵團司令部高級參謀
11	唐金元	1955－1972	原缺	12	申茂生	1956－1974	原缺
13	黃鶴	1983－2003	省政協第五屆委員	14	劉鎮國	1985－1986	原缺

第三節　任職中華人民共和國人大常委會、全國政協、國防委員會情況綜述

中華人民共和國成立後成立後，第一期生中的中共軍隊高級領導人直接參與國家政治事務或軍事活動。陸續有第一期生當選為中華人民共和國全國人民代表大會代表、中國人民政治協商會議全國委員會委員與常委，第一期生還有中華人民共和國元帥和一部分中國人民解放軍高

級將領、前國民革命軍高級將領當選為中華人民共和國國防委員會副主席、委員等。

因起義、投誠和特赦後居住大陸的第一期生，許多獲得了中共及各級人民政府的寬容和照料，一部分擔任了國家級機構的榮譽職務，甚至參與議政和政務活動，一部分在所在地當選各級政府、人大、政協等機構的參政議政職務，晚年生活有了基本待遇和保障。

附表 115　當選中華人民共和國全國人民代表大會歷屆代表、常務委員會委員一覽表

姓名	屆別	年月	姓名	屆別	年月
徐向前	第一屆全國人大常委會委員	1954.9	陳明仁	第一屆全國人民代表大會代表	1954.9
	第二屆全國人大常委會委員	1959.4		第二屆全國人民代表大會代表	1959.4
	第三屆全國人大常委會委員	1965.1		第三屆全國人民代表大會代表	1965.1
	第五屆全國人民代表大會代表	1978.2			
周士第	第一屆全國人民代表大會代表	1954.9	閻揆要	第一屆全國人民代表大會代表	1954.9
	第五屆全國人大常委會委員	1978.3			
彭傑如	第四屆全國人民代表大會代表	1975.1	杜聿明	第五屆全國人民代表大會代表	1978.2

附表 116　當選中華人民共和國中國人民政治協商會議全國委員會委員、常務委員一覽表

姓名	屆別	年月	姓名	屆別	年月	姓名	屆別	年月
徐向前	第一屆委員	1949.9	陳明仁	第一屆委員	1949.9	陳鐵	第二屆委員	1954.12
				第三屆常委	1959.4		第三屆委員	1959.4
				第四屆常委	1964.12		第四屆委員	1964.12
							第五屆委員	1978.2
侯鏡如	第二屆委員	1954.12	傅正模	第二屆委員	1954.12	周士第	第三屆常委	1959.4
	第四屆常委	1964.12					第四屆常委	1964.12
	第五屆常委	1978.3						
	第六屆常委	1983.6						
	第七屆常委	1988.4						
彭傑如	第二屆委員	1957.3	黃雍	第二屆委員	1954.12	鄭洞國	第三屆委員	1959.4
	第三屆委員	1959.4		第三屆委員	1959.4		第四屆委員	1964.12
				第四屆委員	1964.12		第五屆常委	1978.3
							第六屆常委	1983.6
							第七屆常委	1988.4

廖運澤	第三屆委員	1959.4	宋希濂	第四屆委員	1964.12	杜聿明		
	第四屆委員	1964.12		第五屆常委	1978.3		第四屆委員	1964.12
	第五屆委員	1978.2		第六屆常委	1983.6		第五屆常委	1978.3
	第六屆委員	1983.6		第七屆常委	1988.4			
范漢傑	第四屆委員	1964.12	閻揆要	第四屆委員	1964.12	劉希程	第五屆委員	1978.2
				第五屆常委	1978.3		第六屆委員	1983.6
李仙洲	第五屆委員	1978.2	黃維	第五屆常委	1978.3	彭傑如		
	第六屆委員	1983.6		第六屆常委	1983.6		第五屆委員	1978.2
	第七屆委員	1988.3		第七屆常委	1988.4			
周振強	第六屆委員	1983.6	曾擴情	第六屆委員	1983.6	李默庵	第七屆常委	1991.4
	第七屆委員	1988.3					第八屆常委	1993.3
							第九屆常委	1998.3

從上表所列有 21 名第一期生，先後當選為中華人民共和國中國人民政治協商會議第一至九屆全國委員會委員、常務委員。

附表 117　當選中華人民共和國國防委員會副主席、委員一覽表

姓名	屆別	年月	姓名	屆別	年月
徐向前	第一至三屆國防委員會副主席	54.9/75.1	周士第	第一至三屆國防委員會委員	1954.9/75.1
陳明仁	第一至三屆國防委員會委員	54.9/75.1	陳賡	第一至二屆國防委員會委員	1954.9 起
鄭洞國	第一至三屆國防委員會委員	54.9/75.1	侯鏡如	第二至三屆國防委員會委員	59.4/75.1
陳鐵	第三屆國防委員會委員	65.1/75.1			

1954 年 9 月設立中華人民共和國國防委員會，1975 年 1 月取消。二十一年間先後組成了三屆國防委員會，第一期生有上表所列 7 人當選為國防委員會副主席和委員。

附表 118　擔任中華人民共和國國家領導職務一覽表

姓名	屆別及職務	年月	姓名	屆別及職務	年月
徐向前	中央人民政府人民革命軍事委員會副主席	1954.9	侯鏡如	中華人民共和國全國政協第七屆副主席（全國政協七屆二次會議增選）	1989.3.27
	第三屆全國人大常委會副委員長	1965.1			
	中共中央軍事委員會副主席	1969.5		中華人民共和國全國政協第八屆副主席	1993.3.26
	第四屆全國人大常委會副委員長	1975.1			
	第五屆中華人民共和國國務院副總理，兼任國防部部長	1978.3			

　　上表所列的兩名第一期生，是擔任中華人民共和國國家級領導職務僅有的兩人。

第四節　第一期生被確定為中國人民解放軍軍事家及被授予元帥、高級將領情況綜述

　　1989 年 11 月經中華人民共和國中央軍事委員會確定的三十三名中國人民解放軍軍事家行列中，黃埔軍校第一期生有五名，占 15%。他們是：徐向前、陳賡、許繼慎、蔡申熙、左權。這五位第一期生都是中國人民革命戰爭史上著名的將領，同時也是被中華人民共和國國家名義冠以「軍事家」的五位第一期生。

附表 119　被確定為中國人民解放軍軍事家一覽表

姓名	革命戰爭時期軍隊任職	軍事理論著述
徐向前	鄂豫邊革命委員會軍事委員會主席，鄂豫皖蘇區紅軍第四軍軍長，中華蘇維埃共和國中央革命軍事委員會委員，紅四方面軍總指揮，國民革命軍第八路軍第一二九師副師長，華北軍區副司令員，中國人民解放軍總參謀長	《徐向前軍事文選》1993 年出版
陳賡	紅四方面軍第十二師師長，江西彭揚步兵學校校長，紅一方面軍第一師師長，國民革命軍第八路軍第一二九師第三八六旅旅長，太岳軍區司令員，中國人民解放軍第二野戰軍第四兵團司令員，中國人民志願軍副司令員	《陳賡日記》和《陳賡日記》〔續編〕，軍事理論文章散見各種文電報告講話
許繼慎	國民革命軍第十一軍第二十四師第七十二團團長，鄂豫皖蘇區紅軍第一軍軍長，鄂豫皖紅軍第四軍第十一、十二師師長，皖西北軍事委員會主席	《軍閥亂政》、《平江戰役》、《許繼慎檔案資料》
蔡申熙	國民革命軍第十一軍第二十四師參謀長，中共江西省委及中共中央長江局軍委書記，鄂東南紅十五軍軍長，鄂豫皖中央分局委員，鄂豫皖蘇區革命軍事委員會副主席，彭揚軍事政治學校校長，紅四方面軍第二十五軍軍長	《蔡申熙烈士檔案資料》
左權	閩西紅十二軍軍長，中央蘇區革命軍事委員會總參謀部參謀處長，粵贛軍區司令員，總參謀部作戰局副局長，紅一方面軍紅一軍團參謀長、代理軍團長，國民革命軍第八路軍總部副參謀長，第八路軍前方總指揮部參謀長	軍事理論文章散見各種文電報告講話，出版有《左權傳》兩種

　　歷史上眾多的第一期生當中，只有五名榮膺中國人民解放軍軍事家，這是職業軍人和高級將領至高無上的榮譽與尊崇。三十三名中國人民解放軍軍事家當中，有十六名曾在黃埔軍校任職或學習，在這十六人當中黃埔軍校第一期生就佔有五名，這個比例無論怎麼評價都是夠高的。

附表 120　被授予中華人民共和國元帥及中國人民解放軍將軍軍銜一覽表

姓名	軍銜級別	年月日	姓名	軍銜級別	年月日
徐向前	中華人民共和國元帥〔列第八〕	1955.9.23	陳賡	中國人民解放軍大將〔列第四〕	1955.9.27
周士第	中國人民解放軍上將	1955.9.27	陳明仁	中國人民解放軍上將	1955.9.27
閻揆要	中國人民解放軍中將	1955.9.27			

　　上表所列的 5 名第一期生，有 4 位在中共黨史上就是人民軍隊高級將領。陳明仁於 1947 年 11 月 19 日晉任國民革命軍中將，1949 年 8 月 4 日在長沙率部通電起義，1955 年 12 月被中華人民共和國中央軍事委員會授予中國人民解放軍上將軍銜時，在任中華人民共和國第一屆國防委員會委員，中國人民政治協商會議第一屆全國委員會委員、中國人民解放軍第五十五軍軍長等職。

第五節　參與黃埔軍校同學會活動情況

（一）抗日戰爭時期在延安成立黃埔同學會情況簡述

　　1941 年 10 月 4 日延安成立黃埔同學會分會，是中共為促進團結抗戰事業而建立的組織。成立大會召開時，在延安的第一期生徐向前與黃埔師生百餘人出席會議。大會主席團主席徐向前在開幕式中指出：「黃埔有革命的光榮歷史與優良傳統，為發揚黃埔傳統精神，而更加推動革命工作，成立同學會極為必要。」延安黃埔同學會分會在致蔣介石校長電文中稱：「學生等為了團結抗戰……一致通過加強黃埔同學的團結，促進全國

抗戰，努力研究軍事學術。」大會選舉產生了十五名理事，其中第一期生徐向前，當選為延安黃埔同學會分會主席，第一期生左　權、陳　賡當選為理事。

（二）黃埔軍校同學會組建情況簡述

　　1984 年 6 月 16 日在北京成立黃埔軍校同學會，會議通過《黃埔軍校同學會章程》，選舉出第一屆理事會成員。徐向前當選為首任會長，第一期生侯鏡如、鄭洞國、宋希濂、李默庵任副會長，第一期生李仙洲、李奇中、黃　維、閣揆要任理事會理事，黃埔軍校同學會創辦會刊《黃埔》。1987 年後，全國各省、市、自治區相繼成立黃埔軍校同學會，發展會員四萬多名。1989 年 12 月 3 日，第一期生侯鏡如增補為黃埔軍校同學會第二任會長，第一期生閣揆要任黃埔軍校同學會顧問。1997 年 12 月李默庵當選為黃埔軍校同學會第三任會長。

第十九章

各段歷史時期歸宿情況之綜合剖析

　　黃埔軍校第一期生是跨躍世紀和時空的一代風雲人物，過去對於他們當中許多人物的情況，各種傳聞與輾轉杜撰交織一體，撲朔迷離莫衷一是，存在著這樣或那樣的遺缺或謬誤，這些情形為史家和研究者望而卻步。時光跨躍了一個世紀了，對於黃埔軍校第一期生的過去、昨天與今天，應當有一個較為清晰的總結和說法，否則將有愧歷史和今人。儘管這項工作做起來比較繁瑣和困難，許多問題仍舊讓人感覺困惑與難解，但是，歷史認識的過程是向前發展的，歷史不會因為人們的冷漠或無視而變得模糊不清，它會忠實履行職責：總結過去警醒今天告誡未來迴避過失。

　　以下按照第一期生各個歷史時期不同性質情況進行了分類清單，形成了七種表格化敘述形式，這種處理方法利於擺脫政治、政黨等因素的糾纏，使得讀者和研究者一目了然的看到第一期生在各段歷史時期之歸宿情況，由於各種情況交織一體，七份表格的人員有個別重複出現。

第一節　北伐國民革命時期犧牲陣亡情況綜述

　　早在 1934 年中國國民黨紀念黃埔軍校成立十周年之際，組織編纂了《中央陸軍軍官學校史稿》（1 － 11 冊，臺灣龍文出版社圖書有限公司1990 年 1 月），該書的第八篇刊載了「本校先烈第一期烈士芳名表」，據

載系根據本校畢業生調查科傷亡撫恤委員會所調查印製的，具有中國國民黨「官方」認可的權威性。筆者依據掌握的資料和史實，對原表進行了認真核對和補充訂正，並按姓氏筆劃重新排序而形成現表。

附表 121　《中央陸軍軍官學校史稿》記載 1933 年前陣亡一覽表

序	姓名	年齡	籍貫	陣亡地點	陣亡年月	時任職務
1	刁步雲	26 歲	山東諸城	廣東惠州	1925.2	黃埔軍校軍教導第二團排長
2	文志文	25 歲	湖南益陽	江西南昌	1926.10.11	國民革命軍第一軍第二師第五團團長
3	文起代	22 歲	湖南益陽	廣東廣州沙基	1925.6.23	黃埔軍校軍教導第一團排長
4	毛煥斌	22 歲	陝西三原	廣東合浦	1925.11	黃埔軍校入伍生總隊步兵連副連長
5	王文偉	28 歲	廣東東莞	江蘇徐州	1928.5.31	國民革命軍第九軍第十四師步兵團副團長
6	王步忠	22 歲	江西吉安	廣東揭陽河婆	1925.10	黃埔軍校教導第一團第一營步兵連代理連長
7	王家修	24 歲	江蘇沛縣	廣東揭陽棉湖	1925.3.12	黃埔軍校校軍教導第一團第二營排長
8	王禎祥	27 歲	湖南醴陵	廣東	1927.9.12	國民革命軍第一軍第一師步兵連連長
9	王副乾	28 歲	廣東東莞	江西富田	1931.9.15	國民革命軍第五十二師補充旅旅長
10	鄧白珏	23 歲	湖南永興	江西南昌	1926.9.24	國民革命軍第一軍第一師第二團步兵連長
11	丘飛龍	20 歲	廣東澄邁	廣東廣州龍洞	1925.6.11	黃埔軍校校軍教導第二團排長
12	馮德實	23 歲	湖南道縣	江蘇鎮江龍潭	1927.8.30	國民革命軍第一軍二十二師六十四團團附
13	盧志模	30 歲	江西萬載	江西會昌	1927.8	國民革命軍第一軍新編一師二團三營營長
14	葉彧龍	24 歲	湖南醴陵	廣東惠州淡水	1925.2.15	黃埔軍校校軍教導第二團連長
15	帥倫	27 歲	江西銅鼓	江西南昌牛行	1926.9.24	國民革命軍第一軍第二師第六團三營營長
16	甘達朝	29 歲	廣東信宜	江西東固	1931.9.15	國民革命軍第二十五師政治部主任
17	白龍亭	32 歲	山西五台	山西太原	1929.4.12	陝軍初級軍官
18	劉銘	23 歲	湖南桃源	廣東惠州淡水	1925.10.13	黃埔軍校校軍教導第一團排長
19	劉國協	24 歲	湖南醴陵	廣東汕頭	1925.5.10	黃埔軍校校軍教導第二團排長
20	劉嶽耀	24 歲	湖南醴陵	江蘇南京附近	1927.8.30	南京國民政府中央警衛師第二團團長
21	朱一鵬	21 歲	湖南湘鄉	廣東揭陽河婆	1925.10	黃埔軍校校軍教導第二團排長
22	朱元竹	25 歲	湖南醴陵	江西贛南	1928.7	國民革命軍第九軍第二十一師補充團團長
23	朱孝義	24 歲	湖南汝城	江蘇鎮江龍潭	1927.8.30	國民革命軍第一軍第二師步兵營黨代表

24	江世麟	29 歲	浙江義烏	廣東揭陽河婆	1925.10	黃埔軍校教導第二團第一營第一連政治指導員
25	邢鈞	21 歲	廣東文昌	廣東惠州東江	1925.8.22	國民革命軍第一軍第三師步兵連副連長
26	何光宇	26 歲	湖南桃源	廣東廣州	1925.12	黃埔軍校校軍教導第一團連司務長
27	宋雄夫	27 歲	湖南寧鄉	江西南昌	1926.10	國民革命軍第一軍第一師步兵連連附
28	張穎	25 歲	湖南益陽	江西會昌	1927.8.4	國民革命軍第一軍第二十師第五十九團第二營營長
29	張其雄	25 歲	湖北廣濟	湖北漢口	1926.10.10	國民革命軍第八軍政治部秘書長黨代表
30	張迪峰	24 歲	湖南醴陵	江西南昌	1926.9.24	國民革命軍第一軍第一師第二團九連連長
31	張慎階	25 歲	廣東豐順	江西南昌	1926.11.16	國民革命軍總司令部第四補充團第一營營長
32	李人幹	29 歲	湖南醴陵	廣東惠州淡水	1925.10.13	黃埔軍校校軍教導第二團排長
33	李子玉	29 歲	山東長清	江西南昌	1927.2	國民革命軍第一軍第二師步兵團連長
34	李正華	29 歲	湖南鄱縣	江西東固	1931.7.30	國民革命軍第十八軍軍官教導大隊大隊長
35	李紹白	26 歲	陝西橫山	山東濟南	1926.12	國民黨山東地方黨務特派員〔另載 1926 年 7 月 10 日在泗汾陣亡〕
36	李培發	30 歲	陝西臨潼	陝西三原	1930.1.3	陝西省保安司令部保安第四團副團長
37	李強之	21 歲	廣西容縣	廣東廣州黃埔	1925.11	黃埔軍校第三期第五隊隊長
38	李蔚仁	29 歲	廣東興寧	廣東廣州	1927.11.12	廣州國民政府海軍局政治部中校指導員
39	杜聿昌	27 歲	陝西米脂	河南	1926.2	國民黨派駐陝軍嶽維峻部黨務指導員
40	杜聿鑫	24 歲	陝西米脂	江蘇鎮江龍潭	1927.8.30	國民革命軍第一軍第二師步兵連連長
41	楊晉先	24 歲	四川巴縣	江西銅鼓	1926.8	國民革命軍第一軍第一師第一團步兵連長
42	楊潤身	28 歲	湖南醴陵	湖北灌雲	1928.5.31	國民革命軍第十七軍炮兵團團長
43	鄒范	30 歲	湖南新寧	湖北武昌南湖	1929.9.19	武漢市警察局員警大隊中校大隊長
44	陳綱	30 歲	福建建寧	廣東廣州沙基	1925.6.23	黨軍第一旅排長
45	陳述	28 歲	浙江浦江	廣東惠州淡水	1925.3.12	黃埔軍校校軍教導第一團副連長
46	陳上秉	原缺	江西贛縣	山東滕縣	1928.4.17	國民革命軍第九軍第十四師第四十團第二營營長
47	陳子厚	20 歲	湖南湘縣	廣東揭陽河婆	1925.10	國民革命軍第一軍第一師第一團步兵連長
48	陳文清	28 歲	廣西武宣	江蘇徐州	1927.12.15	國民革命軍第九軍第二十一師第六十二團營長
49	陳謙貞	24 歲	湖南道縣	江西瑞金	1927.8.18	國民革命軍第一軍第二十師第五十九團第三營營長

50	林冠亞	22 歲	廣東文昌	廣東揭陽棉湖	1925.3.12	黃埔軍校校軍教導第一團第二營排長
51	羅群	26 歲	江西萬安	江蘇鎮江龍潭	1927.8.30	國民革命軍中央教導師第二團第六營營長
52	羅寶鈞	25 歲	廣東興寧	江蘇鎮江龍潭	1927.8.30	國民革命軍第一軍第二師步兵連連長
53	鄭述禮	28 歲	廣東臨高	江西高興圩	1931.9.7	國民革命軍第十八軍第九師團長、師特別黨部監察委員
54	侯克聖	35 歲	江西新淦	河南民權	1930.6.29	國民革命軍第一軍第二師第四團團長
55	洪君器	27 歲	安徽巢縣	湖北武昌	1927.5.6	武漢中央軍事政治學校學兵團少校副官
56	胡煥文	24 歲	湖南益陽	湖南攸縣	1926.7.10	國民革命軍第四軍葉挺獨立團第九連連長
57	榮耀先	33 歲	綏遠歸化	江蘇徐州茅村	1928.4.11	國民革命第一軍第三師第七團團長
58	趙子俊	37 歲	湖北武昌	江西南昌牛行	1926.9.24	1920 年為武漢共產主義小組成員，1922 年1 月以中國代表團共產黨員①代表及武漢工會代表身份出席在莫斯科召開的遠東各國共產黨及民族革命團體第一次代表大會，北伐戰爭時任國民革命軍第一軍第二師第四團第六連連長
59	趙榮忠	28 歲	山西五台	湖北三聖公	1926.12.11	國民革命軍第六軍第十五師第一團團長
60	趙敬統	25 歲	河南鞏縣	浙江浪石埠	1927.2.14	國民革命軍第一軍第二十二師第六十三團第二營連長
61	鍾畦	23 歲	湖南寶慶	江西南昌	1926.10	國民革命軍第一軍第一師步兵連連長
62	鍾烈謨	24 歲	江西修水	江西南昌牛行	1926.9.24	國民革命軍第一軍第一師步兵連連長
63	唐星	35 歲	浙江嘉興	湖北黃安	1933.8.16	武漢行營「圍剿」軍第二縱隊團長
64	徐克銘	28 歲	湖南益陽	江西南昌	1931.7.4	國民革命軍補充旅參謀長
65	賈春林	25 歲	陝西綏德	廣東興寧	1925.3.19	黃埔軍校校軍教導第一團第三營第六連黨代表
66	郭樹械	29 歲	山西崞陽	福建福州	1927.2	國民革命軍第一軍第一師第三團團長
67	曹淵	26 歲	安徽壽縣	湖北武昌	1926.9.5	國民革命軍第四軍獨立團第一營營長
68	梁廷驤	23 歲	廣東雲浮	廣東興寧	1926.3.10	國民革命軍第一軍第十四師四十一團連長
69	黃再新	30 歲	湖南醴陵	福建閩東地區	1926.12.24	國民革命軍第二軍第五師步兵營營副營長
70	黃承謨	30 歲	福建上杭	湖北黃安	1933.4.15	湖北保安第二旅副旅長
71	彭寶經	28 歲	湖南桂陽	廣東南路	1926.10.9	國民革命軍第四軍第十師步兵團副連長
72	彭繼儒	26 歲	湖南湘鄉	廣東惠州	1925.10.13	國民革命軍第一軍第二師第四團偵探隊長
73	游逸鯤	23 歲	湖南醴陵	廣東惠州	1925.10.17	黃埔軍校第三期第三隊中尉區隊長
74	蔣鐵鑄	26 歲	湖南新田	江蘇鎮江龍潭	1927.8.28	國民革命軍第一軍第二十六師第六十四團第一營營長
75	謝聯	29 歲	廣西來賓	香港	1929.1.16	廣東石井兵工廠政治部副主任及國民黨特派員

76	謝翰周	29 歲	湖南寶慶	南京棲棲山	1927.8.27	國民革命軍浙江警備師第一團第三營營長
77	韓紹文	27 歲	江西贛縣	江西南昌	1926.11.20	國民革命軍第一軍第二十師步兵團連長
78	雷雲孚	24 歲	陝西橫山	廣東惠州淡水	1925.5	黃埔軍校校軍教導第一團見習官
79	鮑宗漢	29 歲	安徽巢縣	廣東惠州淡水	1925.2.14	黃埔軍校校軍教導第二團排長
80	蔡粵	28 歲	湖南華容	江西龍遊	1927.1.29	國民革命軍第一軍第一師第一團副營長
81	蔡光舉	24 歲	貴州遵義	廣東惠州淡水	1925.2.14	黃埔軍校校軍教導第一團第三營黨代表
82	蔡敦仁	25 歲	江蘇銅山	湖北安陸	1929.11.28	湖北省保安司令部保安第二團代理團長
83	蔡毓如	21 歲	江蘇常州	江蘇南京	1927.12.28	國民黨南京市黨部籌備委員，營長
84	譚鹿鳴	27 歲	湖南耒陽	廣東惠州	1925.10.13	國民革命軍第一軍第一師副營長
85	樊崧華	25 歲	浙江縉雲	廣東揭陽棉湖	1925.3.13	黃埔軍校教導第一團第三連排長
86	潘國驄	29 歲	廣西容縣	山東臨城	1928.4.13	國民革命軍第九軍第三師第九團團長
87	黎崇漢	23 歲	廣東文昌	廣東瓊崖海口	1927.7.13	海南警備第一旅司令部參謀長
88	黎曙東	28 歲	陝西涇陽	湖南汨羅	1930.9.19	中央陸軍軍官學校教導總隊補充第二旅參謀長

　　1934 年中國國民黨官方發起編纂《中央陸軍軍官學校史稿》時，肯定對入錄名單，按照「清黨」時黃埔軍校人員情況，進行了「淨化」和梳理，但是我們今天看到的上表，仍舊能發現這 88 人名單當中，至少有三分之一以上當時具有中共黨員身份。這樣一來，當時已是中共黨員的部分第一期生，成了中國國民黨和中共雙方都認可的「革命烈士」或「北伐國民革命先烈」。

第二節　中共黨員1949年10月以前情況綜述

　　本節記述的是中共工農武裝鬥爭和蘇維埃根據地建設時期犧牲的第一期生革命烈士，56 名第一期生記錄了在革命戰爭年代為了中共及人民解放事業作出的犧牲和奉獻，他們的事蹟和功勳早已載入中共黨史和革命烈士光榮史冊。

附表 122　中共第一期生犧牲名單

序	姓名	年齡	籍貫	犧牲地點	犧牲年月	最高任職
1	義明道	22 歲	湖南永明	廣東廣州	1925.6.23	黃埔軍校校軍中尉排長
2	馬維周	25 歲	陝西武功	陝西華縣	1928.3	中共陝西華縣區委書記及農民協會委員長
3	王爾琢	27 歲	湖南石門	江西崇義	1928.8.25	工農革命軍第四軍司令部參謀長
4	王泰吉	29 歲	陝西臨潼	陝西西安	1934.3.3	紅軍第二十六軍第四十二師師長
5	馮達飛	44 歲	廣東連縣	江西上饒	1942.6.6	江西中央根據地紅軍第八軍代軍長
6	左權	38 歲	湖南醴陵	山西遼縣	1942.5.25	國民革命軍第十八集團軍總部副參謀長
7	伍文生	28 歲	湖南耒陽	江西南昌	1927.8.5	第二十軍第一師第一團黨代表
8	劉雲	31 歲	湖南宜章	湖北漢口	1930.9.6	中共中央長江局軍委參謀長
9	劉疇西	39 歲	湖南長沙	江西南昌	1935.8.6	中華蘇維埃共和國第二屆中央執行委員，紅軍第十團軍團長
10	劉楚傑	23 歲	湖南長沙	廣東廣州	1927.12	廣州起義軍工人赤衛隊第一聯隊聯隊長
11	朱一鵬	21 歲	湖南湘鄉	廣東揭陽河婆	1925.10	黃埔軍校校軍教導第二團排長
12	孫以悰	27 歲	安徽壽縣	湖北洪湖	1931.5	湘鄂西紅軍第六軍軍長，紅二軍團參謀長
13	孫樹成	26 歲	江蘇銅山	江西南昌	1927.8.1	南昌起義軍第十一軍第二十四師第七十二團團長
14	江鎮寰[震寰]	24 歲	河北玉田	河北天津	1927.4.18	中國社會主義青年團天津地方執行委員會組織部部長、代理書記
15	許繼慎	31 歲	安徽六安	河南光山新集	1931.11	鄂豫皖邊區紅軍第一軍軍長
16	何章傑	35 歲	湖南長沙	湖南長沙	1930.7.22	第一方面軍紅八軍第三縱隊縱隊長
17	余海濱	30 歲	廣東肇慶	廣東揭陽棉湖	1925.3.14	教導第一團步兵連連長
18	冷相佑	25 歲	山東郯城	江西南昌	1927.8	南昌起義軍第二十軍教導團第一營營長
19	吳展	31 歲	安徽舒城	四川通江	1934 年	紅四軍彭揚軍事政治學校教育長
20	張其雄	23 歲	湖北廣濟	湖北武昌	1926.10.10	國民革命軍第八軍政治部副主任兼秘書長
21	張隱韜	25 歲	河北南皮	河北南皮	1926.2.5	河北津南農民自衛軍司令
22	李之龍	32 歲	湖北沔陽	廣東廣州	1928.2.8	廣州國民政府軍事委員會海軍局代理局長
23	李漢藩	27 歲	湖南耒陽	湖南衡陽	1928 年春	中共湖南省委軍委書記
24	李光韶	28 歲	湖南醴陵	湖南長沙	1928.2.27	工農革命軍團長
25	李隆光	28 歲	湖南醴陵	廣東樂昌	1931.2	紅一方面軍第七軍第二十二師師長
26	楊其綱	26 歲	河北衡水	廣東廣州	1927.4.20	黃埔軍校政治部黨務科科長，中共黃埔軍校特別支部書記
27	楊溥泉	27 歲	安徽六安	廣東潮州	1927.9.25	1923.6.13 任中國社會主義青年團安慶地方委員會委員長，北伐時任新編師副團長
28	陳啟科	25 歲	湖南長沙	湖北漢口	1930.10.5	紅一方面軍第三軍團某團參謀長
29	羅煥榮	26 歲	廣東博羅	廣東平山	1927 年秋	軍事教官
30	金仁先	31 歲	湖北英山	安徽六安麻埠	1932 年	中共皖西北軍事委員會委員②
31	宣俠父	40 歲	浙江諸暨	陝西西安	1938.7.31	抗戰爆發後任第十八集團軍總司令部參議

32	洪劍雄	24 歲	廣東澄邁	廣東	1926.8.3	國民革命軍第一軍第十四師政治部主任
33	賀聲洋	27 歲	湖南臨澧	江西	1931 年	紅一方面軍第十二軍代理軍長
34	榮耀先	33 歲	綏遠歸化	江蘇徐州茅村	1928.4.11	國民革命第一軍第三師第七團團長
35	趙枬	24 歲	湖南衡山	江西南昌	1926.7	黃埔軍校教導第一團連黨代表
36	趙子俊	37 歲	湖北武昌	江西南昌牛行	1926.9.24	北伐戰爭時任國民革命軍第一軍第二師第四團第六連連長
37	趙自選	26 歲	湖南瀏陽	廣東海豐	1928.5.3	中共中央南方局軍委
38	唐澍	26 歲	河北易縣	陝西渭南	1928.7.1	西北工農革命軍總指揮，中共陝北軍委書記
39	唐震	25 歲	廣東興寧	廣州黃花崗	1928.6.24	國民革命軍第六軍第二十一師政治部主任
40	唐同德	26 歲	安徽合肥	廣東海豐	1925.10	黃埔軍校校軍教導一團第三營學兵連連長
41	唐繼盛	28 歲	湖北黃岡	廣東廣州	1926.6.14	國民革命軍第六軍政治部黨務科上校科長，前中共開封地方執行委員會書記 [1925.6]
42	郭德昭	22 歲	安徽英山	江西會昌	1927.8	南昌起義軍第二十軍第三師經理處處長
43	顧浚	26 歲	四川宣漢	江蘇南京	1927.8.24	南昌起義軍總指揮部憲兵團團長
44	曹淵	26 歲	安徽壽縣	湖北武昌	1926.9.5	國民革命軍第四軍獨立團第一營營長
45	梁錫祜	39 歲	廣東梅縣	安徽皖南	1941.1	江西革命根據地紅軍第二十二軍政委
46	黃鰲	27 歲	湖南石門	湖南	1928.9.7	中共湖南省委軍委書記，工農革命軍第四軍參謀長
47	黃振常	26 歲	湖南醴陵	湖南	1928 年秋	工農革命軍農軍大隊長
48	黃錦輝	26 歲	廣西桂林	廣東廣州	1928.1.31	中共中央南方局及廣州市委軍委書記
49	傅維鈺	31 歲	安徽英山	上海	1932.3.10	中共領導的上海抗日救國義勇軍組織部部長
50	彭干臣	36 歲	安徽英山	皖南懷玉山區	1935.1	閩浙贛紅軍第十軍團司令部參謀長
51	游步仁	25 歲	湖南寶慶	江西南昌	1927.8	南昌起義軍第十一軍第二十五師參謀處長
52	董仲明	33 歲	四川簡陽	湖北洪湖	1932.10	湘鄂西紅軍第四軍司令部參謀長
53	蔣先雲	33 歲	湖南新田	河南臨潁	1927.5.28	第十一軍第二十六師第七十七團團長
54	蔡申熙	28 歲	湖南醴陵	河南	1932.10.9	中共鄂豫皖邊區特委軍事委員會副主席
55	譚其鏡	24 歲	廣東羅定	廣東廣州	1927.4.26	黃埔軍校入伍生部政治部主任
56	譚鹿鳴	27 歲	湖南耒陽	廣東惠州	1925.10.13	國民革命軍第一軍第一師副營長

第三節　1924年6月至1949年9月亡故情況綜述

　　本節記述的第一期生，主要是以國民革命軍中央序列部隊與各地方正規部隊的陣亡人員為主，由於有些情況和資料的遺缺，下表個別人員有些專案不全，緣於資料只能注明「原缺」，有待於今後新鮮資料的發現與補充。

附表 123　1949 年 9 月前亡故名單

序	姓名	年齡	籍貫	亡故地點	亡故年月	亡故前任職務
1	丁琥	41 歲	江蘇東台	江蘇黃橋	1940.10.4	抗日戰爭爆發後任第八十九軍（軍長李守維）司令部副參謀長
2	丁炳權	43 歲	湖北雲夢	江西武寧	1940.1.25	長沙警備司令部司令
3	萬全策	36 歲	廣西蒼梧	江蘇南京	1937.12	中央軍校教導總隊第一旅司令部參謀長
4	于洛東	22 歲	山東昌邑	廣東長州棉湖	1925.3.13	黃埔軍校教導第一團排長
5	毛宜		浙江奉化	廣州長洲黃埔	1924.8.1	黃埔軍校第一期第三隊學員
6	王祁	41 歲	湖南衡陽	湖南衡陽	1941 年春	成都中央陸軍軍官學校代理教育長
7	王君培	48 歲	吉林長春	山東魯東南	1946.9	抗戰後期任第十二軍副軍長
8	王國相	48 歲	山西右玉	陝西	1947.2.6	第一戰區司令長官部高級參謀，兼運城城防司令部司令
9	王定一		陝西臨潼	黑龍江哈爾濱	1946.8.12	抗戰勝利後任東北先遣軍第五師師長
10	馮士英	41 歲	四川渠縣	原缺	1940 年	第二十七師副師長兼第九十五旅旅長
11	盧盛枌	51 歲	江西南康	江西	1949 年	曾任團長、旅長
12	石美麟	29 歲	貴州後坪秀山	北京鼓樓教會醫院	1932 年夏	1928 年任南京中央軍校軍官團學員第一連中校排長，1930 年任黃埔軍校同學總會勵志社成員
13	龍慕韓	36 歲	安徽懷寧	河南蘭封	1938.6.17	第七十一軍第八十八師師長
14	劉戡	44 歲	湖南桃源	陝西宜川	1948.3.1	1947 年任整編第二十九軍軍長
15	劉赤忱	24 歲	湖北廣濟	廣東惠州淡水	1925.2.14	黃埔軍校軍見習官
16	劉慕德	46 歲	陝西臨潼	安徽大別山	1949 年春	1949 年初任大別山區遊擊挺進縱隊司令
17	印貞中		浙江浦江	江蘇南京	1937.2	中國國民黨中央統計局黨務處副處長
18	呂昭仁		廣西陸川	江蘇鎮江龍潭	1927.8	國民革命軍中央教導師步兵團副團長
19	湯家驤	35 歲	陝西鄠縣	江西贛西南	1935.1	第三十六師第一〇八旅步兵第二一六團代團長
20	許永相	35 歲	浙江諸暨	福建長汀	1934.10.11	1934 年 10 月 9 日軍政部令：「第三師第八旅旅長許永相指揮無方，著即撤職」，10 月 11 日軍法從事槍決。
21	何祁	29 歲	湖南永興	湖南永興	1929 年	南京中央陸軍軍官學校軍官研究班
22	余安全	41 歲	雲南鎮南	原缺	1943 年春	步兵團團長，副旅長等職
23	吳瑤	49 歲	浙江遂昌	香港	1948 年	中央軍校第七分校辦公廳主任
24	吳秉禮	24 歲	廣東瓊山	廣東廣州黃埔	1924.7.28	在學期間因病逝世
25	張烈	24 歲	湖南醴陵	廣東惠州	1925.3	黃埔軍校軍中士
26	張少勤	45 歲	湖北沔陽	湖北恩施	1941.12.26	曾任川軍步兵營營長
27	張開銓	26 歲	湖北黃岡	湖北武昌	1929 年夏	1928 年任第四十八師政治部主任
28	張本清	47 歲	湖南晃縣	湖南晃縣	1949.2.14	抗戰前任湖南保安第一旅旅長
29	張伯黃	28 歲	湖南湘陰	江西南昌	1927.8	國民革命軍第四軍葉挺獨立團營長
30	張君嵩	50 歲	廣東合浦	廣東	1948.12.19	廣東第十「清剿」區司令部司令官
31	張際春	32 歲	湖南醴陵	江蘇南京	1931 年	中央政治學校教官
32	張忠穎	33 歲	四川榮縣	江西東固	1931.9	第五十二師第一五四旅旅長

33	李青	31歲	湖南桂陽	原缺	1934年	曾任步兵團團長、委員長侍從室侍從副官
34	李榮	21歲	浙江縉雲	廣東惠州	1925年	黃埔軍校校軍見習官
35	李文亞	36歲	廣東鶴山	廣東南路	1926年	建國粵軍李福林部步兵團團長
36	李向榮	43歲	江西永豐	重慶	1942年春	抗戰前任中央陸地測量學校教育長
37	李其實	38歲	廣西桂林	原缺	1940.9	抗戰爆發後任財政部兩淮稅警總團第三旅旅長
38	楊炳章	25歲	湖南耒陽	廣東東江	1925.3	黃埔軍校教導一團見習官
39	楊晉先	23歲	四川巴縣	江西銅鼓	1926.8	國民革命軍第一軍第一師步兵連連長
40	陸汝疇		廣西容縣	四川峨嵋山	1937年春	廣州綏靖主任公署高級參謀
41	陳烈	38歲	廣西柳州	湖南衡山	1940.10.31	第五十四軍軍長
42	陳皓	30歲	湖南祁陽	湖南	1927.12	工農革命軍第一師一團團長，因叛逃槍決
43	陳天民	42歲	廣東臺山	江蘇南京	1947.5.1	抗戰後期任第十軍第一九○師副師長
44	陳文山	26歲	福建漳平	安徽鳳台	1927年春	第一集團軍第一軍第一師第二團步兵連連長
45	陳牧農	43歲	湖南桑植	廣西南寧	1944.8	1942年9月任第九十三軍軍長
46	陳選普	33歲	湖南臨武	浙江	1936年初	浙江省保安司令部保安第五團團長
47	周鳳歧	28歲	陝西高陵	湖北應城	1932.1下旬	第四師第十二旅第二十四團團附、代團長
48	周建陶	49歲	湖南醴陵	原缺	1949年	金華師管區司令部司令官
49	易珍瑞	40歲	湖南醴陵	四川重慶	1942年初	軍事委員會調查統計局人事室副主任
50	鄭作民	39歲	湖南新田	廣西昆侖關	1940.2.3	第二軍副軍長
51	鄭燕飛	48歲	廣東五華	廣東梅縣	1946年春	閩粵贛邊區總指揮部高級參謀
52	俞墉	44歲	湖南余姚	原缺	1947年	軍事委員會天水行營參議
53	胡仕勳	31歲	廣東高要	廣東惠州棉湖	1925.3.13	黃埔軍校教導第一團第五連排長
54	趙清廉	38歲	陝西商縣	湖北沙市	1938.10	抗戰初期任第一二八師政治部主任
55	鍾洪	27歲	廣東興寧	河南上蔡	1927.5	第四師步兵營少校營長
56	唐嗣桐	34歲	陝西蒲城	陝西	1933.7.17	陝西省警備第一旅旅長
57	耿澤生	21歲	四川越巂	廣東惠州	1925.8	黃埔軍校教導第一團連黨代表
58	袁榮	24歲	雲南呈貢	廣東惠州棉湖	1925.3.13	黃埔軍校校軍教導第一團副排長
59	梁幹喬	44歲	廣東梅縣	陝西西安	1946.1.8	1944年12月起任陝西省第二區行政督察專員兼保安司令部司令官
60	睦宗熙	32歲	江蘇丹陽	上海羅店	1937.8.17	憲兵團長，憲兵司令部政治部副主任
61	蕭乾	34歲	福建汀州	福建閩西	1935.3	新編第十師師長
62	蕭運新	33歲	湖南藍山	原缺	1933年	1931年任軍事委員會訓練總監部駐第二十八師處長
63	黃梅興	34歲	廣東平遠	上海淞滬	1937.8.14	第八十八師第二六四旅旅長
64	黃第洪	28歲	湖南平江	上海	1930.4	前蘇聯莫斯科中山大學學員返回上海
65	溫忠	30歲	湖南醴陵	湖北武漢	1932.9.7	第八十九師第二六七旅旅長
66	程式	28歲	四川江津	江蘇徐州	1927.12.16	第一軍第二十二師第六十五團團長
67	葛國樑	25歲	安徽舒城	廣東	1925年	黃埔軍校校軍見習官
68	蔣孝先	38歲	浙江奉化	陝西西安	1936.12.12	北平憲兵司令部副司令官

69	韓雲超	47 歲	廣東文昌	廣東瓊崖樂東	1948.8	1947 年任國民政府廣州行轅參議
70	樓景越	39 歲	浙江諸暨	湖北漢口	1934.3.17	第五軍第八十七師師長，軍事參議院參議
71	藍運東	39 歲	湖南醴陵	江蘇南京	1937.12	陸軍預備第十師司令部參謀長
72	廖子明	24 歲	廣東連縣	江西南昌	1926.7	國民革命軍總司令部參謀兼偵探隊長
73	熊敦	27 歲	江西貴溪	江西	1926.9	國民革命軍第三軍第九師第二十六團團長
74	熊建略	29 歲	江西新建	江西南昌	1926.9	第一軍第二師第四團團附
75	蔡鳳翁	34 歲	廣東萬寧	原缺	1940 年	1940 年任軍政部第四十一新兵補充訓練處處長
76	蔡炳炎	36 歲	安徽合肥	淞滬羅店	1937.8.26	安徽省政府保安處處長
77	潘學吟	29 歲	廣東新豐	江蘇南京	1930.3.17	國民革命軍第一軍第十四師政治部代理主任
78	鄭悌	37 歲	湖南長沙	湖南長沙	1938.11.20	湖南省政府委員，長沙警備司令部司令官
79	黎崇漢	24 歲	廣東文昌	廣東瓊崖海口	1927.7.13	瓊崖警備第一旅司令部參謀長
80	黎曙東		陝西涇陽	湖南汨羅	1930.9.19	中央陸軍軍官學校教導總隊補充第二旅司令部參謀長
81	薛蔚英	35 歲	山西離石	湖北鄂北	1938.8.15	第十六軍第一六七師師長

《中央陸軍軍官學校史稿》記載邢國福 1926 年 7 月任國民革命軍步兵團運輸隊隊長時于江西陣亡，該史稿第六篇黨務第五章「清黨」後之黨務，又載邢國福於 1927 年 6 月 3 日當選為南京中央陸軍軍官學校第六屆特別黨部執行委員，1928 年任黃埔同學會派駐南京中央陸軍軍官學校第六期入伍生部（主任方鼎英）分會特派員，前後矛盾，在此特別說明。

第四節　中華人民共和國成立後情況綜述

本節記述的是中華人民共和國成立後的 65 名第一期生，他們生前都曾擔任中央和各級人民政府、人大常委會、政治協商會議委員會等機構和軍隊職務，是第一期生當中最重要的組成部分和國家或地方知著名人物，也是現存傳記資料比較完整的一部分第一期生。

附表 124　中華人民共和國成立後人物一覽表

序	姓名	年齡	籍貫	逝世地點	逝世年月	中華人民共和國成立後主要任職
1	王夢	67 歲	湖南長沙	湖南長沙	1968.6.15	湖南省人民政府參事室參事
2	王萬齡	93 歲	雲南騰沖	上海市盧灣區	1992.2.8	上海市文史研究館館員，盧灣區政協委員
3	王之宇	83 歲	河南洛陽	江蘇蘇州	1988 年	江蘇省政協委員
4	王認曲	6 歲	湖南臨澧	湖南長沙	1966.11	湖南省人民政府參事室參事
5	王勁修	51 歲	湖南長沙	廣西桂林	1951.5	湖南省人民政府委員
6	王治岐	84 歲	甘肅天水	甘肅蘭州	1985.8.11	甘肅省政協常務委員
7	鄧毓玫	68 歲	陝西咸陽	陝西西安	1967.10.6	陝西省人民政府參事室參事
8	馮春申	89 歲	雲南鶴慶	雲南昆明	1991.1.2	1955 年起任雲南省人民政府參事室參事
9	申茂生	78 歲	湖南衡陽	湖南長沙	1974.1.27	湖南省人民政府參事室參事
10	白海風	57 歲	內蒙古卓盟	陝西西安	1956 年春	西北軍政 [行政] 委員會委員、農林部副部長
11	任宏毅	91 歲	山西離石	山西離石	1990.4	陝西省人民政府參事室參事
12	劉雲龍	72 歲	陝西蒲城	甘肅蘭州	1975.11.3	甘肅省人民政府參事室參事
13	劉希程	85 歲	河南唐河	河南鄭州	1990.7	河南省第四至六屆政協副主席，第五、第六屆全國政協委員
14	劉鎮國	81 歲	湖南寶慶	湖南長沙	1986.3	湖南省人民政府參事室參事
15	孫常鈞	56 歲	湖南長沙	湖南長沙	1952 年冬	湖南省人民政府參事室參事
16	湯季楠		湖南湘潭	湖南長沙	1992 年	湖南省人民政府參事室參事，省政協常委
17	嚴崇師	66 歲	陝西幹縣	陝西西安	1967.8.1	陝西省政協委員、人大代表
18	宋希濂	87 歲	湖南湘鄉	美國	1993.2.14	第四至七屆全國政協常委，黃埔軍校同學會副會長
19	宋思一	85 歲	貴州貴定	貴州貴陽	1984.11	貴州省政協常務委員
20	張耀樞	69 歲	雲南騰沖	湖南長沙	1969.12.10	1955 年起任湖南省人民政府參事室參事
21	李強	47 歲	江西遂川	江西遂川	1952.7	江西省遂川縣各界人民代表大會常駐代表
22	李仙洲	86 歲	山東長清	山東濟南	1988.10.22	第五至七屆全國政協委員，民革中央委員
23	李奇忠	84 歲	湖南資興	北京	1989.8.28	中華人民共和國國務院參事室參事
24	李默庵	97 歲	湖南長沙	北京	2001.10.27	全國政協常委、黃埔軍校同學會會長
25	李驥騏	70 歲	湖南湘鄉	河南鄭州	1968 年	河南省人民政府參事室參事
26	杜聿明	77 歲	陝西米脂	北京	1981.5.7	第四屆全國政協委員、第五屆全國政協常務委員
27	楊伯瑤	78 歲	貴州大定	貴州貴陽小關鄉自搭窩棚	1972.10.11	彝族土司後裔，貴州省人民政府民族事務委員會副主任，貴州省政協常務委員
28	蘇文欽	91 歲	湖南醴陵	湖北武漢	1996.1.8	武漢市人民政府參事室參事
29	陳劼	94 歲	湖南長沙	湖南長沙	1991.11.12	湖南省人民政府參事室參事
30	陳鐵	83 歲	貴州遵義	貴州貴陽	1982.2.19	貴州省人民政府副省長，貴州省政協副主席
31	陳純道	63 歲	湖南湘陰	湖南長沙	1966.2.8	湖南省人民政府參事室參事

32	陳明仁	72 歲	湖南醴陵	北京	1974.5.21	中華人民共和國第一至三屆國防委員會委員、第一至第三屆全國人大代表
33	陳德法	74 歲	浙江諸暨	新疆烏魯木齊	1975.9.12	中國人民解放軍第九軍副軍長，新疆生產建設兵團司令部副參謀長
34	周士第	80 歲	廣東樂會	北京	1979.6.30	中國人民解放軍訓練總監部副部長
35	周澤甫	83 歲	廣西蒼梧	廣西南寧	1982 年	中國國民黨革命委員會第五屆候補中委
36	周振強	85 歲	浙江諸暨	浙江杭州	1988.4.11	全國政協委員及文史資料研究委員會專員
37	羅毅一	53 歲	貴州赤水	貴州遵義	1956 年	1935 年任武漢警備司令部參謀長，1938 年離職，1951 年後任赤水縣糧食局副局長
38	范漢傑	80 歲	廣東大埔	北京	1976.1.16	全國政協委員及文史資料研究委員會專員
39	鄭子明	90 歲	陝西高陵	陝西西安	1989.9.10	陝西省人民政府參事室參事
40	鄭洞國	90 歲	湖南石門	北京	1991.1.27	全國政協常委，黃埔軍校同學會副會長
41	侯又生	96 歲	廣東梅縣	安徽巢湖	1997.3.17	安徽省政協委員
42	侯鏡如	93 歲	河南永城	北京	1994.10.25	全國政協副主席，黃埔軍校同學會會長
43	賀光謙	59 歲	湖南醴陵	河南鄭州	1958 年	湖南省人民政府參事室參事
44	趙定昌	95 歲	雲南順寧	雲南昆明	1998.5.31	雲南省人民政府參事室參事，雲南省政協委員
45	凌光亞	66 歲	貴州貴定	貴州貴陽	1969 年	貴州省文史研究館館員
46	唐金元	77 歲	湖南醴陵	湖南長沙	1972.3.25	湖南省人民政府參事室參事
47	徐石麟	75 歲	安徽望江	北京	1976 年	全國政協文史資料委員會文史專員
48	徐向前	90 歲	山西五台	北京	1990.9.21	中華人民共和國中央軍事委員會副主席，國務院副總理兼國防部部長，中共中央政治局委員
49	袁仲賢	54 歲	湖南長沙	北京	1957.2.10	中華人民共和國國務院外交部副部長
50	郭一予	79 歲	湖南瀏陽	湖南長沙	1982.5	湖南省人民政府參事室參事、省政協委員
51	高致遠	86 歲	陝西三原	陝西西安	1987.1.8	陝西省人民政府參事室參事
52	曹利生	93 歲	四川富順	四川自貢	1997.3.21	四川省自貢市政協委員
53	閻奎耀	91 歲	陝西佳縣	北京	1994.3.26	中國人民解放軍軍事科學院副院長
54	黃維	86 歲	江西貴溪	北京	1989.3.20	1947 年任聯合後方勤務總司令部副總司令
55	黃雍	71 歲	湖南平江	北京	1970.2.8	湖南省人民政府參事室參事
56	黃鶴	101 歲	湖南湘陰	湖南岳陽汨羅	2003.7.3	湖南省人民政府參事室參事，省政協委員
57	傅正模	65 歲	湖南醴陵	湖北武漢	1968.9	第二屆全國政協委員，民革中央委員
58	彭傑如	78 歲	湖南益陽	湖北武漢	1980 年	武漢市政協委員，民革中央委員
59	曾擴情	84 歲	四川威遠	遼寧本溪	1983.11.3	第六屆全國政協委員
60	程邦昌	73 歲	湖南醴陵	湖南長沙	1974.1.29	湖南省人民政府參事室參事，省政協委員
61	蔣超雄	88 歲	江蘇武進	江蘇常州	1991.7	民革常州市委會主任委員，常州市政協常委
62	韓浚	90 歲	湖北黃岡	湖北武昌	1989.9.7	湖北省政協常委，湖北省政協文史專員

63	廖運澤	85 歲	安徽鳳台	北京	1987.9.23	第三至六屆全國政協委員，江蘇省政協副主席，江蘇省人大常委會副主任
64	蔡昆明	96 歲	廣東瓊山	上海盧灣	1995 年	抗戰勝利後任浙江金華師管區副司令官
65	戴文	87 歲	湖南寶慶	湖北武漢	1987.3.2	武漢市人民政府參事室副主任

從上表可看到，中華人民共和國成立後，出任上述職務這部分第一期生，一部分是中國共產黨和人民軍隊的領導人或高級將領，其餘絕大多數是在 1946 年至 1950 年間脫離舊營壘，以起義或特赦等形式，先後參與中華人民共和國人民政權建設和工作。

第五節　1949年10月以後在大陸亡故情況綜述

本節記載的 44 名第一期生，主要是中華人民共和國成立後留居大陸，後以各種各樣緣由和形式被鎮壓、處決或非正常死亡的那部分第一期生。由於政治和歷史原因，這部分第一期生當中的不少人，亡故地點和時間等情況都是不確切或存有疑問的。為了記載人物和留存史料，只能訴諸後人存疑待考。

附表 125　1949 年 10 月後在大陸亡故名單

序	姓名	年齡	籍貫	亡故地點	亡故年月	生前最高任職
1	尹榮光	65 歲	湖南茶陵	湖南茶陵	1962.1.9	1948 年任東北「剿總」第八兵團政工處長
2	王雄	50 歲	廣東文昌	廣東文昌	1951.3.1	瓊崖守備司令部副司令官
3	王公亮	69 歲	四川敘永	原缺	1972 年春	抗戰後期任第十三軍副軍長
4	王勁修	50 歲	湖南長沙	廣西桂林	1951.5	湖南全省綏靖總司令部副總司令
5	王逸常	87 歲	安徽六安	湖北武漢	1986.10.24	抗戰中後期任第一戰區政治部副主任
6	王慧生	50 歲	貴州貴定	貴州貴陽	1950 年	抗日戰爭勝利後任貴州省軍管區司令部參謀長，後任貴州省參議會參議員
7	鄧子超	54 歲	江西石城	江西石城	1951 年秋	抗戰勝利後任鄱陽湖警備司令部司令官
8	史仲魚	62 歲	陝西華縣	四川成都	1959.12.31	1948 年任陝西省軍管區司令部副司令官
9	葉幹武	51 歲	廣東梅縣	甘肅	1950 年	1948 年任甘肅河西警備總司令部監察官
10	甘麗初	49 歲	廣西容縣	廣西	1950 年冬	桂林綏靖公署副主任兼桂東軍政長官
11	甘競生	47 歲	廣西蒼梧	原缺	1951 年春	廣西桂東軍政長官公署副軍政長官
12	甘清池	52 歲	廣東信宜	原缺	1951.12	1946 年任整編第六十九師副師長

13	伍文濤	52歲	貴州黎平	貴州	1951.1.21	1949年任湘桂黔邊區遊擊第九縱隊司令官
14	劉進	46歲	湖南攸縣	四川	1950年	1949年任華中「剿總」第一兵團副司令官
15	劉明夏	48歲	湖北京山	原缺	1951年春	1946年任交通部交通警察總局專員
16	劉嘉樹	69歲	湖南益陽	遼寧撫順	1972.3.3	1949年華中「剿總」第十七兵團司令官
17	孫天放	49歲	安徽懷遠	懷遠原籍	1951年	1947年任江蘇省保安司令部副司令官
18	嚴沛霖	80歲	陝西幹縣	陝西幹縣	1981.9.5	抗戰前任陝西警備第一師團長、旅長
19	何文鼎	66歲	陝西周至	陝西西安	1968.5.20	抗戰後任第六十七軍、第十七軍軍長
20	余劍光	58歲	廣西容縣	四川瀘縣	1953.6	四川省隆（昌）富（順）師管區司令部副司令
21	張紀雲	65歲	浙江奉化	江蘇蘇州	1964年	第九師政治訓練處訓育科科長，軍事委員會南昌行營侍從秘書。
22	張鼎銘	50歲	湖南芷江	湖南芷江	1950.12	抗戰勝利後任關中師管區司令部司令官
23	李夢筆	49歲	陝西武功	陝西武功	1950年	1948年任第九十軍副軍長
24	李楚瀛	44歲	廣東連縣	廣東曲江	1950.11.14	1949年1月任廣東第二區行政督察專員兼保安司令
25	楊光鈺	67歲	湖南醴陵	北京	1970.1	1946年任第三軍副軍長，1966.4獲特赦
26	楊啓春	76歲	陝西橫山	陝西橫山	1980年	抗戰後曾任陝西橫山縣政府科長等職
27	楊步飛	63歲	浙江諸暨	浙江杭州	1962年	抗戰初期任第六十一師師長
28	陸汝群	50歲	廣西容縣	廣西容縣石寨	1951年春	1930年後任廣西部隊步兵團長、旅長
29	陳琪	77歲	浙江諸暨	山東濟南	1971年	抗戰初期任第一〇〇軍軍長
30	陳應龍	50歲	廣東文昌	廣東文昌	1951年	抗戰初期任第二軍副軍長
31	陳泰運	54歲	貴州舊縣	貴州貴陽	1951.3.6	1949年秋任貴州省貴定區行政督察專員兼保安司令
32	周士冕	51歲	江西永新	江西永新	1953.12.25	抗戰時任第二十七軍、第九十軍軍長
33	周建陶	58歲	湖南醴陵	湖南醴陵	1959年	1948年任十五綏靖區司令部戰地視察組長
34	周品三	70歲	浙江諸暨	浙江諸暨	1970年	第八十師副師長
35	周惠元	61歲	四川雙流	原缺	1961.1.9	1949年任川康綏靖主任公署參軍
36	林芝雲	51歲	湖南湘潭	湖南湘潭	1952年	1949年任湘鄂贛邊區司令官
37	姚光霈	83歲	安徽秋浦	安徽	1985年	1946年任國民政府蒙藏委員會主任秘書
38	胡棟臣	50歲	廣西修仁	廣西	1950.1	黔桂邊區綏靖司令部司令官
39	趙雲鵬	65歲	陝西臨潼	陝西	1967年	抗戰勝利後任陝西省軍管區司令部參謀長
40	鍾彬	49歲	廣東興寧	北京景山	1950年2月下旬	1949年任川鄂綏靖主任公署副主任
41	徐經濟	50歲	陝西臨潼	陝西西安	1951年	1949年任陝南行政公署主任
42	曾紹文	50歲	湖南資興	湖南資興	1951年	抗戰勝利後任湖南省永明縣縣長
43	焦達梯	51歲	湖南瀏陽	湖南	1952年春	1948年任長沙綏靖公署高級參謀
44	潘耀年	54歲	廣東增城	廣東增城	1952年春	抗戰時期任第六十五軍司令部副參謀長
45	穆鼎丞	68歲	陝西渭南	陝西	1964年秋	抗戰時任陝西綏靖主任公署高級參謀

第六節　在臺灣、港澳或海外人物情況綜述

下表所列的 117 名第一期生，主要是中華人民共和國成立前夕，中國國民黨及其軍隊遷移臺灣、港澳或海外的那部分第一期生。緣於政治和歷史原因，任職情況以 1949 年 10 月以前為主，其他從略。

附表 126　在臺灣、港澳或海外逝世人物一覽表

序	姓名	年齡	籍貫	逝世地點	逝世年月	1949 年 10 月前最高任職
1	丁德隆	93 歲	湖北雲夢	臺灣臺北	1996.2.24	抗戰勝利後任西北綏靖公署幹部訓練團副團長
2	馬師恭	71 歲	陝西米脂	臺灣臺北	1973.10.19	1948 年任第八十八軍軍長
3	馬志超	71 歲	甘肅平涼	臺灣臺北	1973.9.4	抗戰勝利後任交通部交通警察總局局長
4	方日英	67 歲	廣東香山	美洛杉磯	1967 年	抗戰時任第九十六軍軍長
5	王文彥	48 歲	貴州興義	香港	1955 年③	1949 年任貴州綏靖主任公署副主任
6	王世和	60 歲	浙江奉化	臺灣臺北	1960 年	1949 年任陸軍總司令部高級參謀
7	王仲廉	88 歲	江蘇蕭縣	臺灣臺北	1991.7.26	1948 年曾任徐州「剿總」第四兵團司令官
8	王廷柱	91 歲	陝西洛南	臺灣臺北	1996.3.15	1949 年任東南軍政長官公署新編第八軍軍長
9	王邦禦	71 歲	江西安福	臺灣臺北	1973.3.27	1938 年春任第一六七師第五〇一旅旅長
10	王叔銘	95 歲	山東諸城	臺灣臺北	1998.10.28	1946 年任空軍總司令部參謀長、副總司令
11	王敬久	61 歲	江蘇豐縣	臺灣台南	1964.6.21	1948 年任陸軍總司令部新兵編練總處處長
12	王錫鈞	61 歲	湖南寧鄉	臺灣臺北	1966.5.20	1949 年任第七編練司令部副司令官
13	鄧文儀	94 歲	湖南醴陵	美國加州	1998.7.13	1949 年任國防部政工局局長
14	鄧經儒	72 歲	廣東電白	臺灣臺北	1972.10.24	抗日戰爭勝利前後任第八十五軍副軍長
15	鄧春華	70 歲	廣東臨高	臺灣臺北	1970.8.13	1949 年任第一〇九軍軍長
16	馮聖法	57 歲	浙江臨浦	臺灣臺北	1958.7.30	1948 年任交通部第二交通警察總局局長
17	史書元	87 歲	湖南醴陵	臺灣臺北	1989.3.17	抗戰前後任警校校長、蘭州市公安局局長
18	史宏烈	68 歲	江西南昌	臺灣臺北	1970.5.10	1948 年任華北「剿總」軍法執行監部主任
19	石祖德	73 歲	浙江諸暨	臺灣臺北	1972.7.5	1949 年秋任第二十二兵團副司令官
20	伍誠仁	75 歲	福建浦城	臺灣臺北	1970.11.29	1949 年 3 月任福建省軍管區司令部副司令官
21	關麟徵	75 歲	陝西戶縣	香港	1980.8.1	1949 年 7 月任陸軍總司令部總司令

22	劉璠	99 歲	湖南益陽	臺灣臺北	2003.8.6	交通部交通警察總局副局長軍委會特檢處處長
23	劉漢珍	73 歲	貴州普定	香港九龍	1974 年冬	1949 年 6 月任貴州綏靖主任公署副主任
24	劉焦元	63 歲	廣東大埔	香港	1965 年春	抗日戰爭勝利後仍任國民政府軍政部視察官
25	劉詠堯	91 歲	湖南醴陵	臺灣臺北	1998.8.22	1949 年 5 月任廣州國民政府國防部代常務次長
26	劉蕉元	62 歲	廣東大埔	香港	1965 年春	國民政府軍政部視察官
27	孫元良	104 歲	四川華陽	臺灣臺北	2007.5.25	第十六兵團司令官，川鄂綏靖主任公署副主任、代主任。
28	朱耀武	74 歲	山西右玉	臺灣臺北	1979.3.6	1948 年任總統府第三局高參兼辦公室主任
29	牟廷芳	50 歲	貴州朗岱	香港	1953 年	抗戰時任第九十四軍軍長
30	嚴武	86 歲	安徽廬江	臺灣臺北	1987.7.18	首都衛戍總司令部副總司令
31	何清	66 歲	湖南資興	臺灣臺北	1964.1.5	湖南省第三區行政督察專員兼保安司令官
32	何紹周	77 歲	貴州興義	美國得州	1980.11.6	1949 年任貴州綏靖主任公署副主任
33	余程萬	54 歲	廣東臺山	香港	1955.8.27	1948 年任第二十六軍軍長
34	冷欣	87 歲	江蘇興化	臺灣臺北	1987.2.6	抗戰勝利後任陸軍總司令部參謀長
35	吳斌	90 歲	廣東茂名	臺灣臺北	1990.2.5	1949 年任第六兵團司令官
36	吳瑤	46 歲	浙江遂昌	香港	1948 年	抗戰勝利後任第一戰區司令長官部高級參謀
37	吳迺憲	81 歲	廣東瓊山	臺灣臺北	1979.1.15	1946 年任閩粵贛邊區總司令部副總司令
38	張鎮	52 歲	湖南常德	臺灣臺北	1950.2.17	1948 年任南京衛戍總司令部副司令
39	張世希	88 歲	江蘇江寧	美洛杉磯	1990.10.9	1949 年 7 月福州綏靖主任公署副主任
40	張偉民	78 歲	廣東梅縣	臺灣臺北	1982.7.10	抗戰勝利後任甘肅河西警備總司令部高級參謀
41	張良莘	65 歲	江西吉安	臺灣臺北	1968.5.31	抗戰後期任新編第一軍代理副軍長
42	張際鵬	65 歲	湖南醴陵	臺灣臺北	1970 年	1948 年任華中「剿總」第一兵團副司令官
43	張坤生	67 歲	陝西三原	臺灣臺北	1965.6	陝西省政府委員，陝西省保安處處長、司令
44	張雪中	96 歲	江西樂平	臺灣臺北	1995.6.16	1949 年夏任福州綏靖主任公署副主任
45	張德容	93 歲	陝西武功	臺灣臺北	1994.1.29	1948 年任陝西省第十行政督察專員兼保安司令司令部司令官
46	張彌川	68 歲	湖北黃陂	臺灣臺北	1964.9.24	1947.6 退役，國民大會代表暨武漢市議會議長
47	張耀明	69 歲	陝西臨潼	臺灣臺北	1972.10.1	1949 年 9 月任中央陸軍軍官學校校長
48	李文	73 歲	湖南新化	臺灣臺北	1977.4.20	1949 年任西安綏靖主任公署主任
49	李杲	88 歲	四川安嶽	臺灣臺北	1982.12.4	抗戰期間任軍事委員會軍事訓練部高級參謀
50	李銑	88 歲	安徽合肥	臺灣臺北	1991.10.29	抗戰後期任第十九集團軍副總司令

51	李及蘭	54 歲	廣東陽山	臺灣臺北	1957.3.21	1949 年 7 月任華南軍政長官公署副長官
52	李正韜	72 歲	河南鎮平	臺灣臺北	1971.2.7	1949 年任豫陝鄂邊區綏靖主任公署參議
53	李玉堂	51 歲	山東廣饒	臺灣臺北	1951.1.26	1949 年任海南防衛總司令部副司令
54	李延年	71 歲	山東廣饒	臺灣臺北	1974.11.17	1948 年任徐州「剿總」副總司令
55	李良榮	66 歲	福建同安	馬來西亞怡保	1967.6.2	1948 年任福建省政府主席
56	李樹森	67 歲	湖南湘陰	臺灣臺北	1965.3.16	1949 年 8 月任湖南省政府委員、秘書長
57	李禹祥	73 歲	湖南藍山	臺灣臺北	1976 年	抗戰後期任陸軍預備第七師師長
58	李鐵軍	102 歲	廣東梅縣	美聖荷西	2002.6.9	1948 年任第五兵團司令官
59	李繩武	97 歲	廣西臨桂	臺灣臺北	1999.10.20	1949 年任第三編練司令部副司令官
60	杜從戎	78 歲	湖南臨武	臺灣臺北	1979.11.26	1949 年任國民政府總統府參軍處參軍
61	谷樂軍	54 歲	湖南耒陽	臺灣	1951 年	1948 年任國防部第三廳副廳長
62	陳沛	89 歲	廣東茂名	臺灣臺北	1987.10.24	1949 年任南京衛戍總司令部副司令
63	陳武	78 歲	廣東瓊山	臺灣臺北	1983.6.29	1948 年任第五兵團副司令官
64	陳大慶	69 歲	江西崇義	臺灣臺北	1973.8.22	1949 年任京滬杭警備總司令部副總司令
65	陳家炳	82 歲	廣東文昌	臺灣臺北	1987.12.17	1948 年任廣東粵南師管區司令部副司令官
66	周天健	84 歲	浙江奉化	臺灣臺北	1990.1.28	整編第六十九師代師長
67	周鴻恩	60 歲	雲南嶍峨	臺灣臺北	1962.1.4	1949 年任中央陸軍步兵學校校長
68	林英	72 歲	廣東文昌	臺灣臺北	1972.7.9	海南防衛總司令部第二十一兵團副司令官
69	羅奇	72 歲	廣西容縣	臺灣臺北	1975.11.18	1949 年 9 月任陸軍總司令部副總司令
70	鄭炳庚	80 歲	浙江青田	臺灣臺北	1980.3.5	抗戰時任第九戰區政治部主任
71	侯霨釗	69 歲	江蘇無錫	臺灣臺北	1974.3.16	1945 年任陸軍第四方面軍政治部代理主任
72	俞濟時	87 歲	浙江奉化	臺灣臺北	1990.1.25	1949 年任國民政府軍務局局長總裁辦公室主任
73	宣鐵吾	68 歲	浙江諸暨	臺灣臺北	1964.2.6	1949 年任京滬杭警備總司令部副總司令
74	胡信	69 歲	江西興國	臺灣臺北	1973.8.7	第二十三師師長
75	胡素	80 歲	江西清江	臺灣臺北	1978.6.16	1948 年任第十二兵團司令部副司令官
76	胡宗南	67 歲	浙江孝豐	臺灣臺北	1962.2.14	西北綏靖主任公署主任
77	鍾偉	101 歲	廣東東莞	臺灣臺北	2003.8.1	海南防衛總司令部第六十三軍司令部高級參謀
78	賀衷寒	71 歲	湖南岳陽	臺灣臺北	1972.5.11	國民政府軍事委員會副秘書長
79	項傳遠	66 歲	山東廣饒	臺灣臺北	1968.5.13	青島警備司令部副司令
80	唐雲山	82 歲	廣東高要	臺灣臺北	1977 年	1948 年任第七兵團司令部副司令官
81	夏楚中	87 歲	湖南益陽	臺灣臺北	1988.12.28	第四方面軍司令長官部副司令長官
82	容有略	77 歲	廣東中山	臺灣臺北	1982.8.1	1949 年任重建後的第六十四軍軍長
83	容海襟	81 歲	廣東香山	澳門	1985.2	抗戰前後任職鐵路警政
84	徐會之	51 歲	湖北黃岡	臺灣臺北	1951.12.19	1946 年湖北省政府委員兼漢口特別市市長，中共黨員，隨軍赴臺灣從事情報工作被捕遇害。

85	徐宗垚	82歲	安徽霍邱	臺灣臺北	1982.11.14	抗戰時任第九戰區司令長官部政治部代理主任
86	桂永清	55歲	江西貴溪	臺灣臺北	1954.8.12	1947年任海軍總司令
87	袁樸	90歲	湖南新化	臺灣臺北	1991.1.19	1948年任第四兵團司令部副司令官
88	袁守謙	90歲	湖南長沙	臺灣臺北	1992.10.4	抗戰後期軍事委員會政治部代部長
89	賈伯濤	76歲	湖北大冶	臺灣臺北	1978.10	1948年任華中「剿總」政務委員會秘書長
90	賈韞山	85歲	江蘇徐州	臺灣臺北	1980.11.1	1948年任國防部參議
91	郭禮伯	73歲	江西南康	臺灣臺北	1978年	1947年任江西省政府委員、省民政廳廳長
92	顧希平	58歲	江蘇漣水	臺灣臺北	1957.11.21	江蘇省政府委員兼民政廳廳長
93	曹日暉	53歲	湖南永興	臺灣臺北	1955.4.21	1949年任第八綏靖區司令部司令官
94	梁愷	91歲	湖南耒陽	臺灣臺北	1993.2.5	1949年任第六兵團司令部副司令官
95	梁廣烈	51歲	廣東雲浮	臺灣臺北	1951年	1947年任國防部部附
96	梁漢明	94歲	廣東信宜	臺灣臺北	1996.2.23	抗戰時任第九十九軍軍長
97	梁華盛	97歲	廣東茂名	臺灣臺北	1999.3.2	東北保安司令部副司令，吉林省政府主席
98	梁冠那	54歲	廣東德慶	香港	1952年	1949年夏任湘鄂川黔綏靖主任公署交通處處長
99	蕭灑	86歲	河南許昌	臺灣臺北	1981.4.23	抗戰勝利後任鄭州綏靖主任公署高級參謀
100	蕭冀勉	86歲	廣東興寧	臺灣臺北	1987.6.8	抗戰時任副軍長
101	蕭贊育	89歲	湖南邵陽	臺灣臺北	1993.6.15	抗戰時任中央陸軍軍官學校政治部主任
102	黃杰	94歲	湖南長沙	臺灣臺北	1995.1.14	1949年1月任國民政府國防部次長
103	黃珍吾	69歲	廣東文昌	臺灣臺北	1969.11.5	1949年任福州綏靖公署副主任
104	龔少俠	90歲	廣東樂會	臺灣臺北	1991.3.6	1948年任海南建省籌備委員會委員
105	彭善	98歲	湖北黃陂	臺灣臺北	2000.2.14	1948年任中央訓練團總團副教育長
106	彭戢光	74歲	湖南湘鄉	臺灣臺北	1976.4.3	抗戰中期任軍政部第十七新兵補充訓練處處長
107	曾潛英	71歲	廣東蕉嶺	臺灣臺北	1976.12	抗戰時任第六十七軍副軍長
108	董釗	74歲	陝西長安	臺灣臺北	1977.9.30	1946年任陝西省政府主席，西北綏署副主任
109	董煜	78歲	廣東化縣	臺灣臺北	1977.4.15	徐州「剿總」第二綏靖區副司令兼濟南防守司令部副司令
110	蔣伏生	83歲	湖南祁陽	臺灣臺北	1979.5.5	1949年任湖南省綏靖司令部副總司令
111	蔣國濤	90歲	浙江奉化	臺灣臺北	1989.12.2	軍事委員會交通巡察處副處長
112	謝遠灝	55歲	江西興國	臺灣臺北	1984.11.7	1946年任軍事委員會參議
113	韓之萬 [涵]	77歲	江蘇阜寧	臺灣臺北	1978.2.19	第三戰區司令長官部前敵指揮所主任，江蘇省政府委員
114	譚輔烈	81歲	江蘇高郵	臺灣臺北	1982.6.6	徐州「剿總」第二兵團司令部副司令官
115	顏逍鵬	82歲	湖南茶陵	臺灣臺北	1982.12.31	抗戰時任國民政府軍政部秘書長
116	霍揆彰	53歲	湖南酃縣	臺灣臺北	1953.3.9	1949年任第十一兵團司令官
117	魏炳文	70歲	陝西西安	臺灣臺北	1971.6.20	1949年任第十八綏靖區司令部副司令官

如上表所載，有117名第一期生在臺灣、香港或海外其他國家過世。以1949年的最後戰局為分水嶺，國共兩黨分治於海峽兩岸，形成長時期的對峙狀態。從政治選擇的原因分析，為數不少的第一期生遷移臺灣等地，顯示了一定數量的第一期生的政治取向和個人意願，他們背井離鄉緬懷故土，長存懷舊與思鄉情懷。

第七節　卒年歸宿未詳人物情況綜述

本節的輯錄的是第一期生，主要是基本情況不清晰，生平簡介零碎或斷續，最後歸宿和結局模糊。這部分第一期生，如從存史或記述的角度考慮，是「最說不清」或「影像輪廓模糊」的那部分人。有鑒於此，目前只能依據現存資料，記述或輯錄他們或曾歷任職務這一唯一印記和痕跡。

附表 127　卒年歸宿未詳名單

序	姓名	別號	籍貫	逝世地點	逝世年月	前任最高職務
1	卜世傑		陝西渭南	原缺	原缺	曾任陝西三民軍官學校軍事訓練部部長
2	萬少鼎	壽鼎	湖南湘陰	臺灣臺北	原缺	抗戰時任第七十四軍第五十八師副師長
3	馬勵武	克強	陝西華縣	山東	原缺	整編第二十六師師長
4	馬輝漢		湖南長沙	原缺	原缺	1946年7月退役，湖南省臨時參議會參議
5	孔昭林		山西五台	原缺	原缺	1936年12月仍任山西陸軍第五混成旅副旅長
6	文輝鑫		湖南湘潭	原缺	原缺	畢業後未見從軍任官記載
7	王鳳儀		浙江嵊縣	原缺	原缺	畢業後未見從軍任官記載
8	王馭歐		湖南祁陽	原缺	原缺	畢業後未見從軍任官記載
9	王汝任		陝西蒲潼	臺灣臺北	原缺	畢業後未見從軍任官記載
10	王體明		廣東東莞	香港	原缺	抗戰前任第三路軍總指揮部諮議
11	王作豪		廣東羅定	原缺	原缺	無畢業亦未見從軍任官記載
12	王克勤		陝西臨潼	原缺	原缺	無畢業亦未見從軍任官記載
13	王連慶		江蘇漣水	香港	原缺	抗戰後期任第十四軍副軍長
14	王建業		原缺	原缺	原缺	1935.4任上校，任團長副旅長代旅長高級參謀
15	王彥佳		廣東東莞	原缺	原缺	畢業後未見從軍任官記載
16	王鍾毓		四川敘永	原缺	原缺	無畢業亦無見從軍任官記載
17	王振斅	幼庵	湖南攸縣	原缺	原缺	1948年任中央警官學校甲級警官班副總隊長
18	王惠民		陝西合陽	原缺	原缺	畢業後未見從軍任官記載

19	王敬安		陝西醴泉	原缺	原缺	1937 年任陝西保安第六團中校團附，1938 年 5 月入中央軍官訓練團第一期第三大隊第十中隊受訓
20	王懋績		江西萍鄉	原缺	原缺	無畢業亦未見從軍任官記載
21	仝仁	茲春	河南孟縣	河南孟縣	原缺	抗戰勝利後歷任第十五軍（軍長武庭麟）副參謀長、第一戰區司令長官（胡宗南）部少將專員、西安綏靖公署主任（胡宗南）公署少將參議。1949 年留居原籍，「文化大革命」中失蹤。
22	鄧瑞安		江西高安	原缺	原缺	1928 年任國民革命軍總司令部補充第八團團附
23	韋日上	義光	廣西柳江	廣西柳州	原缺	中華人民共和國成立後任柳州市政協委員
24	韋祖興		廣西貴縣	原缺	原缺	畢業後未見從軍任官記載
25	丘宗武	發堂	廣東澄邁	臺灣海外	原缺	海南防衛總司令部南防區司令部副司令
26	馮毅	冀侯	湖南湘潭	原缺	原缺	抗戰時任第七十一軍司令部參謀長
27	馮劍飛		貴州盤縣	原缺	原缺	抗戰時任預備第二師師長
28	馮樹淼		陝西蒲城	原缺	原缺	無畢業亦未見從軍任官記載
29	古謙		廣東茂名	原缺	原缺	畢業後未見從軍任官記載
30	葉謨	劍華	湖南醴陵	臺灣臺北	原缺	1946 年任陸軍總司令部附員
31	甘杜		廣西蒼梧	臺灣臺北	原缺	畢業後未見從軍任官記載
32	甘傑彬		原缺	原缺	原缺	無畢業亦未見從軍任官記載
33	甘迺柏	乃柏	廣西容縣	原缺	原缺	抗日戰爭時期任支隊司令部司令
34	田育民		河南洛陽	原缺	原缺	畢業後返回陝西，任陝西三民軍官學校教官
35	田毅安		陝西臨潼	臺灣	原缺	第一屆國民參政會參政員
36	石鳴珂		四川南部	原缺	原缺	抗戰時任第十四軍第八十五師第五一○團團長
37	石真如		四川重慶	原缺	原缺	無畢業亦未見從軍任官記載，後因病逝世
38	艾啓鍾	啓鍾	江西貴溪	原缺	原缺	畢業後未見從軍任官記載
39	任文海		四川灌縣	原缺	原缺	抗戰時任軍政部軍醫署副監、陸軍總醫院院長
40	伍翔	一飛	福建晉江	香港	原缺	軍事委員會委員長侍從室第五部副主任
41	伍瑾璋		湖南長沙	臺灣臺北	原缺	軍事委員會軍事參議院諮議
42	劉釗	鋤強	江蘇奉賢	臺灣臺北	原缺	師管區司令部副司令，副師長
43	劉傑	承漢	廣西柳江	原缺	原缺	1948 年任華中「剿總」高級參謀
44	劉幹	幹	陝西綏德	原缺	原缺	畢業後未見從軍任官記載
45	劉子俊	墨林	湖南桃源	原缺	原缺	抗戰前任中央陸軍軍官學校學員總隊代理總隊長
46	劉雲騰	雨人	湖南新田	原缺	原缺	1946 年 12 月 3 日參加第一期生在南京聚會
47	劉長民		廣西桂林	原缺	原缺	畢業後未見從軍任官記載
48	劉立道		廣西柳州	廣西	原缺	1949 年任黔桂邊區遊擊總指揮部秘書長
49	劉先臨		河南唐河	原缺	原缺	1939 年任第四十五師副師長，後任中央陸軍軍官學校第七分校學員總隊長
50	劉作庸		湖南寧鄉	原缺	原缺	畢業後未見從軍任官記載
51	劉佳炎		湖南醴陵	原缺	原缺	抗戰勝利後任昆明警備總司令部高級參謀
52	劉味書	嘯生	湖南醴陵	臺灣	原缺	1946 年任國防部高級參謀，1947 年春退役
53	劉國勳	榮九	雲南普洱	原缺	原缺	1936 年 8 月 12 日軍政部令任第四師（師長王萬齡）第十旅（旅長馬勵武）上校旅長。
54	劉保定	一之	湖南新化	原缺	原缺	抗戰前任第八十七師第二六一旅副旅長、補充第一旅副旅長

55	劉顯簧	顯黃	湖南耒陽	原缺	原缺	畢業後未見從軍任官記載
56	劉柏心	人俊	湖南寶慶	臺灣	原缺	抗戰勝利後任高級參謀、副司令
57	劉柏芳	伯芳	湖北鄂城	原缺	原缺	畢業後未見從軍任官記載
58	劉基宋	季文	湖南桂陽	原缺	原缺	1948 年 1 月任上校，任團長副旅長高級參謀
59	劉梓馨	傳巍	湖南湘潭	湖北武漢	原缺	湖北省人民政府參事室參事
60	劉鑄軍	又軍	廣東興寧	香港	原缺	1949 年任聯合勤務總司令部參謀長
61	劉楚傑		湖南長沙	香港	原缺	1927 年參加南昌起義和廣州起義
62	劉靜山	逢良	湖南益陽	原缺	原缺	1934 年 11 月 2 日軍政部令免第八十師參謀長，1935 年春任訓練總監部國民軍訓教官訓練班第四期學員隊上校隊長。
63	呂佐周		江西上饒	原缺	原缺	1943 年 7 月任上校，歷任師、軍政治部主任
64	孫懷遠		安徽合肥	原缺	原缺	畢業後未見從軍任官記載
65	莊又新		浙江奉化	臺灣臺北	原缺	畢業後未見從軍任官記載，1946 年 12 月 3 日參加第一期生在南京聚會
66	成嘯松		湖南湘鄉	原缺	原缺	1940 年 12 月任上校，曾任陸軍預備師副師長
67	朱然		湖南汝城	原缺	原缺	畢業後未見從軍任官記載
68	朱炳熙		浙江青田	臺灣臺北	原缺	1948 年任南京國民政府總統府警衛處處長
69	朱祥雲		陝西武功	原缺	原缺	畢業後未見從軍任官記載
70	朱繼松		湖南湘鄉	原缺	原缺	畢業後未見從軍任官記載
71	朱鵬飛		甘肅蘭州[又安徽太平人]	臺灣臺北	原缺	抗戰勝利後任陸軍總司令部政務處處長
72	江霈	晴初	安徽霍邱	臺灣臺北	原缺	抗日戰爭勝利後，任設立於陝西鳳翔之鳳邠師管區司令（段象武、耿志介）部副司令官。
73	許錫綠	錫球	廣東番禺	臺灣臺北	原缺	抗戰前任廣東第一集團軍總司令部參議
74	邢國福		廣東文昌	原缺	原缺	1927 年 6 月當選為黃埔軍校第六屆特別黨部執行委員，1928 年任黃埔同學會駐南京中央陸軍軍官學校第六期入伍生部（主任方鼎英）分會特派員
75	鄔與點		湖北陽新	原缺	原缺	畢業後未見從軍任官記載
76	何盼	誅臣	河北定縣	原缺	原缺	無畢業亦未見從軍任官記載
77	何基		江西貴溪	原缺	原缺	畢業後未見從軍任官記載，一說在學時離校輟學
78	何志超		甘肅清水	原缺	原缺	無畢業亦未見從軍任官記載
79	何學成		廣東中山	原缺	原缺	無畢業亦未見從軍任官記載
80	何昆雄	昆雄	湖南資興	原缺	原缺	抗戰初任武漢警備總司令部防空司令部代理副司令
81	何復初	旭初	江蘇清江	原缺	原缺	抗戰後期任第三十七軍第九十五師師長
82	何貴林		陝西武功	原缺	原缺	畢業後未見從軍任官記載
83	吳興泗		湖北京山	臺灣臺北	原缺	1947 年任國防部第四廳總務處處長
84	吳重威		江西萍鄉	原缺	原缺	畢業後未見從軍任官記載
85	吳高林	皋麿	江西萍鄉	原缺	原缺	抗日戰爭時期任團長、司令
86	宋文彬	質夫	河北遵化	原缺	原缺	1948 年任北平警備司令部高級參謀
87	張渤	鐵舟	江蘇阜寧	原缺	原缺	曾任江蘇省阜寧縣政府軍事科科長，中央各軍事學校畢業生調查處總幹事

88	張策		江西安義	原缺	原缺	抗戰時期任獨立第四十一旅司令部參謀主任
89	張人玉	在華	浙江金華	原缺	原缺	1947年11月任少將
90	張鳳威		江西南昌	原缺	原缺	畢業後未見從軍任官記載
91	張本仁	滿弓	湖南醴陵	湖南醴陵	原缺	抗戰後期任宜昌防守司令部副司令
92	張汝翰		陝西幹縣	原缺	原缺	畢業後未見從軍任官記載
92	張作猷		福建永定	原缺	原缺	畢業後未見從軍任官記載
93	張志衡		江蘇無錫	原缺	原缺	無畢業亦未見從軍任官記載
94	張運榮		廣東文昌	原缺	原缺	畢業後未見從軍任官記載
95	張樹華	範良	福建永定	臺灣	原缺	抗戰勝利後任福建綏靖主任公署高級參謀
96	張淼五		廣東梅縣	原缺	原缺	畢業後未見從軍任官記載
97	張禪林	彈林	江西樂安	原缺	原缺	無畢業亦未見從軍任官記載
98	張雁南	展程	湖南醴陵	香港	原缺	抗日戰爭後期任高級參謀等職
99	張雄潮		浙江嵊縣	臺灣臺北	原缺	抗戰時任晉東南戰地黨政工作委員會副主任委員
100	張瑞勳		廣東番禺	原缺	原缺	畢業後未見從軍任官記載
101	張遴選		陝西幹縣	原缺	原缺	無畢業亦未見從軍任官記載
102	張鎮國		廣東新會	原缺	原缺	畢業後未見從軍任官記載
103	李園	廷銓	浙江富陽	臺灣臺北	原缺	抗戰時任重慶衛戍總司令部第二警備區司令
104	李岑		江蘇漣水	原缺	原缺	抗戰前任第二師補充旅第三團團長
105	李卓		原缺	原缺	原缺	無畢業亦未見從軍任官記載
106	李武		廣東高州	原缺	原缺	無畢業亦未見從軍任官記載
107	李潔	孚傑	江蘇漣水	原缺	原缺	抗戰中期任第二十七軍副軍長
108	李鈞		廣東萬寧	香港	原缺	抗戰時曾任旅長
109	李博		陝西三原	原缺	原缺	無畢業亦未見從軍任官記載
110	李焜		湖南安化	原缺	原缺	無畢業亦未見從軍任官記載
111	李模	作耕	湖南新化	臺灣臺北	原缺	1948年任陸軍總司令部部附
112	李萬堅	勁松	湖南醴陵	原缺	原缺	畢業後未見從軍任官記載
113	李士奇	特夫	江西宜黃	臺灣	原缺	1948年底任東南軍政長官公署高級參謀
114	李文淵		雲南鶴慶	原缺	原缺	畢業後未見從軍任官記載
115	李正華		湖南鄱縣	原缺	原缺	第十師第三十旅旅長，1931年10月任第五十二師（師長韓德勤）第一五五旅旅長。
116	李自迷		安徽六安	原缺	原缺	抗日戰爭爆發後任第二十一集團軍（總司令廖磊、李品仙）上校參議、少將參議
117	李伯顏	金璋	山西榮河	臺灣臺北	原缺	抗戰時任暫編第二軍暫編第八師副團長
118	李均煒		廣東德慶	香港	原缺	1948年任聯合後方勤務總司令部部附
119	李國幹	國基	廣東梅縣	臺灣臺北	原缺	曾任旅長
120	李武軍		廣西容縣	原缺	原缺	畢業後未見從軍任官記載
221	李秉聰	秉聰	黑龍江拜泉	原缺	原缺	畢業後未見從軍任官記載
122	李昭良	卻非	湖南醴陵	湖南醴陵	原缺	抗戰後期任師管區司令部參謀長
123	李榮昌		陝西城固	原缺	原缺	畢業後未見從軍任官記載
124	李振唐		湖南嘉禾	原缺	原缺	1946年12月3日參加第一期生在南京聚會
125	李冕南		原缺	原缺	原缺	無畢業亦未見從軍任官記載
126	李捷發	珍山	山西霍縣	原缺	原缺	1946年11月任陸軍上校

127	李殿春		山東廣饒	原缺	原缺	抗戰勝利後任陸軍總司令部附員
128	李源基		廣西容縣	原缺	原缺	無畢業亦未見從軍任官記載
129	李靖難	壽臣	雲南大姚	原缺	原缺	抗戰勝利後曾任師管區司令
130	杜心樹	心如	湖南湘鄉	臺灣臺北	原缺	1947 年任國防部測量局局長
131	杜成志	之才	廣東南海	香港	原缺	1949 年任廣州綏靖主任公署高級參謀
132	杜驤才		陝西臨潼	臺灣臺北	原缺	無畢業亦未見從軍記載，赴臺灣後獲黃埔一期同學會接濟
133	楊良	德慧	湖南寶慶	原缺	原缺	1948 年任國防部部員
134	楊顯	耀庭	陝西淳化	陝西西安	原缺	抗戰後期任新編第八軍代理副軍長
135	楊耀	覺天	陝西靖邊	原缺	原缺	抗戰時任第一七七師第五二九旅旅長
136	楊麟	穀九	四川銅梁	臺灣臺北	原缺	聯合勤務總司令部第一補給區司令部副司令
137	楊光文		湖南醴陵	原缺	原缺	1946.10 任上校，曾任團長、副旅長、高級參謀
138	楊挺斌		廣東梅縣	原缺	原缺	1934 年任第三師副師長
139	沈利廷		廣東羅定	原缺	原缺	畢業後未見從軍任官記載
140	邱士發	是膺	廣東陽山	原缺	原缺	抗戰勝利後任中央軍校西安督訓處副處長
141	邱企潘		湖南江華	湖南	原缺	1949 年 6 月任廣西新編第七軍第三師師長
142	邱安民		湖北黃陂	原缺	原缺	畢業後未見從軍任官記載
143	鄒公瓚	力之	湖南新化	臺灣臺北	原缺	1949 年任國防部高級參謀
144	陸傑		江西贛縣	原缺	原缺	1935.12 出席中國國民黨第五次全國代表大會
145	陳克		廣東瓊山	原缺	原缺	畢業後未見從軍任官記載
146	陳堅		安徽甯國	原缺	原缺	抗戰後期任第七十八師師長、第一軍副軍長
147	陳公憲		廣西蒼梧	原缺	原缺	畢業後未見從軍任官記載
148	陳文寶		廣西貴縣	原缺	原缺	畢業後未見從軍任官記載
149	陳以仁		江西石城	原缺	原缺	1946 年任保密局北方辦事處處長
150	陳平裘		湖南道縣	美國	原缺	1947 年任國防部部附
151	陳廷璧	廷璧 秀山	雲南昆明	原缺	原缺	曾任雲南省黨務指導委員會委員兼訓練部部長，1948 年當選國民政府監察院監察委員
152	陳志達	達夫	浙江奉化	臺灣臺北	原缺	1948 年任交通部第二交通警察總局副局長
153	陳卓才		廣西蒼梧	原缺	原缺	畢業後未見從軍任官記載
154	陳國治		廣西岑溪	原缺	原缺	抗戰前任國民政府軍政部特務團團附
155	陳圖南	式正	浙江奉化	臺灣臺北	原缺	1943 年 10 月 4 日任第六十六軍（軍長方靖）副軍長
156	陳拔詩		廣西郁林	原缺	原缺	1948 年任國防部部附
157	陳金俊		江蘇鹽城	原缺	原缺	畢業後未見從軍任官記載
158	陳顯尚		湖南醴陵	原缺	原缺	畢業後未見從軍任官記載
159	陳潀新		湖南益陽	原缺	原缺	畢業後未見從軍任官記載
160	陳德仁		陝西葭縣	原缺	原缺	無畢業亦未見從軍任官記載
161	周誠	城	陝西渭南	原缺	原缺	無畢業亦未見從軍任官記載
162	周公輔		陝西富平	原缺	原缺	1975 年 3 月 19 日獲特赦釋放
163	周世霖		四川鄰水	原缺	原缺	畢業後未見從軍任官記載

164	周啓邦	啓幫	江蘇吳縣	原缺	原缺	入學前曾任中國勞動組合書記部上海郵務友誼會委員，中國共產黨上海區委職工運動委員會第五組（吳淞特別組）組長④，中國社會主義青年團上海地方執行委員會代理委員長〔1924.1.25－2.14〕，1925年春任上海總工會第二（引翔港）辦事處副主任
165	周秉璀		廣東惠陽	原缺	原缺	抗戰後期任暫編第二軍副師長
166	官全斌		四川威遠	原缺	原缺	抗戰時任第二十三集團軍總司令部參謀長
167	尚士英	士友	陝西洋縣	原缺	抗戰病逝	三十年代任陝西洋縣財政局局長
168	岳岑	武屏	湖南邵陽	臺灣臺北	原缺	抗戰期間任中央陸軍軍官學校教育處處長
169	林大壩		廣東防城	原缺	原缺	畢業後未見從軍任官記載
170	林朱樑	安	廣東合浦	臺灣臺北	原缺	1946年任國防部部員，1947年底任廣東合浦縣長
171	林斧荊	公俠	福建閩侯	臺灣	原缺	1948年任國防部附員，據《孫元良回憶錄》記載1974年仍健在並通信聯繫
172	竺東初		浙江奉化	原缺	原缺	無畢業亦無見從軍任官記載
173	羅欽		湖南寶慶	原缺	原缺	畢業後未見從軍任官記載
174	羅照		廣西容縣	原缺	原缺	畢業後未見從軍任官記載
175	羅鑄		湖南寶慶	湖南	原缺	1925.10第二次東征時任營長，因傷重致癡呆
176	羅倬漢		廣東興寧	香港	原缺	1949年任聯合勤務總司令部廣西供應局局長
177	范振亞	一文	江西臨川	原缺	抗戰期間	抗戰時任粵漢鐵路警備司令部副司令
178	范馨德		廣西全縣	原缺	原缺	無畢業亦未見從軍任官記載
179	鄭坡	蓉湖	浙江奉化	臺灣臺北	原缺	1944年10月任滇緬康特別遊擊區總指揮部總指揮，1947年任國防部部附
180	鄭漢生		廣東香山	臺灣臺北	原缺	畢業後未見從軍任官記載
181	鄭凱楠	肯南	江蘇江寧	原缺	原缺	抗戰前任財政部稅警總團部軍務處處長
182	鄭承德		陝西幹縣	原缺	原缺	畢業後未見從軍任官記載
183	鄭南生		四川南江	原缺	原缺	抗戰前任第二十九軍司令部參謀主任
184	柏天民	天明	雲南嶍峨	原缺	原缺	雲南省保安司令部副司令，1946年7月退役
185	柳野青		湖北黃陂	原缺	原缺	曾任地方政協無黨派代表
186	段重智	若愚	安徽英山	臺灣臺北	原缺	1948年任國防部第四廳副廳長
187	洪顯成	鐵魂	浙江浦江	臺灣臺北	原缺	1948年任浙江省第三區行政督察專員兼保安司令
188	胡遜	遁	四川雲陽	原缺	原缺	第三路軍總指揮部政治部主任、中國國民黨第三十二軍特別黨部常委、江蘇省國民黨軍事訓練委員會主任委員，1937年任江蘇省保安第五團團長。
189	胡博		廣東梅縣	原缺	原缺	畢業後未見從軍任官記載
190	胡屏三		湖南嘉禾	原缺	原缺	畢業後未見從軍任官記載
191	胡琪三		湖南桂陽	原缺	原缺	1946年6月入中央訓練團將官班受訓，登記為中將團員。
192	趙廷棟		陝西武功	原缺	原缺	無畢業亦未見從軍任官記載

193	趙志超		吉林吉林	原缺	原缺	廣州大元帥府特任軍事委員會委員，中國國民黨第一次全國代表大會吉林省代表
194	趙勃然		陝西華縣	原缺	原缺	抗戰時期任中央軍校第七分校步兵大隊大隊長
195	趙能定	涇甫	江西南昌	原缺	原缺	1929年任第三十二軍第三師第九旅步兵團團長
196	趙履強		浙江嵊縣	原缺	原缺	1924.5.21在學被關禁閉，1926年南昌戰役負重傷致殘，返回原籍鄉間居住，後未見從軍記載。
197	郝瑞徵	雲五	陝西興平	原缺	原缺	1935.5任上校，任陸軍第二十八師司令部參謀長
198	鍾煥全	之覺	江西萍鄉	臺灣	原缺	抗戰前任旅長、江西省保安司令部代理參謀長
199	鍾煥群		江西萍鄉	原缺	原缺	抗戰後期任南昌市公安局局長、高級參謀
200	饒崇詩	廣予	廣東興寧	臺灣臺北	原缺	抗戰勝利後任中央政治學校教育長
201	凌拔雄		湖南長沙	原缺	原缺	1929年任獨立第四旅（旅長孫常鈞）司令部參謀長，1932年任第十一師（師長羅卓英）第三十一旅（旅長蕭乾）第六十一團團長
202	夏明瑞		原缺	原缺	原缺	無畢業亦未見從軍任官記載
203	容保輝		廣東香山	原缺	原缺	畢業後未見從軍任官記載
204	徐文龍		浙江永嘉	原缺	原缺	無畢業亦未見從軍任官記載
205	徐敦榮	志民	湖南寧鄉	臺灣臺北	原缺	抗戰前任第四十五師第一三三旅第二六七團團長
206	柴輔文		浙江寧海	原缺	原缺	無畢業亦未見從軍記載
207	袁滌清	滌捎	廣東南海	臺灣	原缺	1948年底任福州綏靖公署新編第二軍副軍長
208	袁嘉猷		雲南順寧	原缺	原缺	畢業後未見從軍任官記載
209	顧濟潮		江蘇漣水	原缺	原缺	1928年2月14日任第九軍駐京辦事處主任，1931年10月10日任江蘇省政府保安處步兵第四團中校團附。
210	賈焜		原缺	原缺	原缺	無畢業亦未見從軍任官記載
211	郭安宇		湖南許昌	原缺	原缺	1948年當選國民政府立法院立法委員
212	郭遠勤		廣東番禺	原缺	原缺	畢業後未見從軍任官記載
213	郭冠英		江西泰和	原缺	原缺	畢業後未見從軍任官記載
214	郭劍鳴		江蘇銅山	原缺	原缺	1928－1929年間任陸軍第二師國民黨特別黨部籌備委員、執行委員
215	郭濟川	渠川	江西泰和	原缺	原缺	在學期間與見習官李士官攜軍械逃亡後開除學籍
216	郭景唐	景	陝西武功	香港	原缺	抗戰中期任第九十八軍副軍長
217	陶進行	敏初	陝西雒南	原缺	原缺	無畢業亦未見從軍任官記載
218	高振鵬	定猷	湖南長沙	臺灣	原缺	抗戰前任第十四師第三旅補充第二團團長、旅長
219	高起鵾	起鯤	雲南普洱	原缺	原缺	畢業後未見從軍任官記載
220	康季元		浙江奉化	原缺	原缺	畢業後未見從軍任官記載
221	蕭洪		湖南嘉禾	原缺	原缺	1929年任廣州黃埔國民革命軍軍官學校管理部主任，1933年1月16日任第八師（師長陶峙岳）第二十二旅（旅長向超中）第四十三團（團長唐維亞）中校團附。
222	蕭振武		湖南寧遠	原缺	原缺	無畢業亦未見從軍任官記載
223	黃子琪		廣西荔浦	臺灣	原缺	1946年12月3日參加在南京第一期生聚會
224	黃奮銳	無咎	廣東惠陽	臺灣臺北	原缺	抗戰期間任軍事委員會委員長侍從室副主任
225	黃彰英		廣東化縣	原缺	原缺	1930年10月任浙江省保安第七團團長

226	黃德聚		福建閩侯	原缺	原缺	無畢業亦未見從軍任官記載
227	傅權		陝西城固	原缺	原缺	無畢業亦未見從軍任官記載
228	傅鯤翼	作師	湖南醴陵	臺灣臺北	原缺	1930年任第四十五師第一三三旅第二六五團團長，1938年2月16日任國民政府軍事訓練部國民兵教育處（處長朱為鉁）上校視察員。
229	彭兆麟		江西萍鄉	原缺	原缺	畢業後未見從軍任官記載
230	彭華興	夏盛	湖南芷江	原缺	原缺	1930年任陸軍獨立第五師司令部參謀長
231	曾廣武	純祖	湖南衡陽	臺灣	原缺	抗戰後期任國民政府軍政部高級參謀
232	曾國民	求是	湖南新化	臺灣	原缺	抗戰前任第三師第九旅第十六團團長
233	曾昭鏡		廣東始興	原缺	原缺	1934年3月18日任南昌行營運輸處輸送第三總隊第十八大隊大隊長
234	程汝繼		原缺	原缺	原缺	無畢業亦未見從軍任官記載
235	葛國樑		安徽舒城	原缺	原缺	畢業後作戰陣亡
236	董世觀		浙江象山	原缺	原缺	抗日戰爭爆發後任中央陸軍軍官學校第七分校（西安分校）學員總隊總隊附
237	蔣森		湖南衡陽	原缺	原缺	畢業後未見從軍任官記載
238	蔣魁		廣西桂林	原缺	原缺	畢業後未見從軍任官記載
239	覃學德		廣西貴縣	原缺	原缺	畢業後未見從軍任官記載
240	謝永平	夢閑	廣東開平	香港	原缺	抗戰時任第九戰區幹部訓練團教育處處長
241	謝任難	蔭南	湖南耒陽	原缺	原缺	抗戰前任浙江開化縣縣長
242	謝清灝		廣東梅縣	原缺	原缺	二三十年代任國民黨廣東平遠縣黨部籌備委員
243	謝維幹	伯仙	廣東文昌	原缺	原缺	畢業後未見從軍任官記載
244	謝瀛濱		廣東從化	臺灣臺北	原缺	畢業後未見從軍任官記載
245	韓忠		廣西修仁	原缺	原缺	畢業後未見從軍任官記載
246	詹賡陶	心傳	湖南新寧	臺灣	原缺	抗戰勝利後任國民政府軍政部附員
247	雷德		江西修水	原缺	原缺	1933年12月7日任駐豫綏靖主任（劉峙）公署上校參議，1935年2月9日任河南省政府保安處（處長馮劍飛）上校附員。
248	雷克明		陝西武功	原缺	原缺	1948年3月任陸軍少將
249	廖偉		廣東欽縣	原缺	原缺	畢業後未見從軍任官記載
250	臧本燊		原缺	原缺	原缺	無畢業亦未見從軍任官記載
251	蔡任民	華珍	河南新蔡	臺灣	原缺	抗戰時任國民政府軍政部參事
252	譚計全		廣東臺山	香港	原缺	1948年任浙江省保安司令部副司令
253	譚作校		廣西桂林	原缺	原缺	畢業後未見從軍任官記載
254	譚孝哲		湖南安仁	原缺	原缺	畢業後未見從軍任官記載
255	譚寶燦		廣東羅定	原缺	原缺	畢業後未見從軍任官記載
256	譚煜麟		福建龍溪	臺灣臺北	原缺	抗戰後期任第七十八軍副軍長
257	譚肇明		陝西臨潼	原缺	原缺	畢業後未見從軍任官記載
258	樊秉禮		陝西橫山	原缺	原缺	無畢業亦未見從軍任官記載
259	樊益友		陝西雒南	原缺	原缺	無畢業亦未見從軍任官記載
260	潘佑強	龍如	湖南長沙	臺灣臺北	原缺	1949年任川湘鄂邊區綏靖主任公署副主任
261	潘樹芳		湖北鄂城	原缺	原缺	無畢業亦未見從軍任官記載
262	潘德立	志仁	湖南湘潭	原缺	原缺	1946年任陸軍總司令部高級參謀

263	黎青雲		陝西臨潼	原缺	原缺	畢業後未見從軍任官記載
264	黎庶望		廣東羅定	臺灣臺北	原缺	抗戰後期任第九十四軍司令部高級參謀
265	薛文藻		廣東遂溪	香港	原缺	抗戰後任廣東高雷師管區副司令，廣東海康及遂溪縣縣長
266	戴翔天		安徽無為	原缺	原缺	無畢業亦未見從軍任官記載

　　據《中央陸軍軍官學校史稿》第八篇本校先烈卷記載，第一期學員截至 1934 年 12 月止，陣亡（死亡）者有九十名，負傷者有七十三名，總計一百六十三名。該項記載說明是根據畢業生調查科撫恤委員會已給撫金計算。按筆者根據掌握資料，實際數位超出此數。說明第一期學員在國民革命北伐戰爭時期，負出的傷亡是巨大的，功勳是顯著的。

　　據資料顯示，截至 2007 年 5 月 25 日止，臺灣海峽兩岸及海外最後一位黃埔軍校第一期生孫元良在臺北逝世。在大陸的最後一位第一期生是黃鶴，於 2003 年 7 月 3 日在湖南省岳陽汨羅農場家中因年事已高辭世。

注釋：

① 王健英編著，《中國共產黨組織史資料彙編——領導機構沿革和成員名錄》（增訂本），中共中央黨校出版社，1995 年 9 月。

② 原載一：中國工農紅軍第四方面軍戰史編輯委員會編纂，《中國工農紅軍第四方面軍人物志》，解放軍出版社，1998 年 10 月，第 499 頁；原載二：中國工農紅軍第四方面軍戰史編輯委員會編纂，《中國工農紅軍第四方面軍烈士名錄》，解放軍出版社，1993 年 6 月，第 142 頁。

③ 貴州省政協文史資料委員會　黔西南政協文史資料委員會編，《興義劉、王、何三大家族》，中國文史出版社，1990 年 8 月，第 134 頁。

④ 源自一是：中共上海市委組織部　中共上海市委黨史資料徵集委員會　中共上海市委黨史研究室　上海市檔案館，《中國共產黨上海市組織史資料》（1920.8－1987.10），上海人民出版社，1991 年 10 月；二是：王健英編著，《中國共產黨組織史資料彙編——領導機構沿革和成員名錄》（增訂本），中共中央黨校出版社，1995 年 9 月，第 6 頁、第 19 頁。

第二十章

參與編著翻譯撰文與出版書目情況簡述

　　本章內容是對第一期生的編著編譯和出版書目情況介紹，為了便於認識和瞭解第一期生撰文背景和相關內容，按照第一期生著述歷史時期、所在地進行劃分，涉論第一期生的文章也盡可能收集輯錄，對於宏觀和整體上瞭解第一期生的成長過程和思想脈絡情況，相信會起到幫助和引導作用。

第一節　中華人民共和國成立後編著及撰文情況

　　回憶是人類生存不可或缺的思維資源，通過每個個體的回憶和追尋，人類才能找到自然而然的搜索和尋回各自的身份；通過自我回憶和追溯，我們對於世界的看法才得以形成。1959 年 4 月 29 日，當時擔任全國政協主席的周恩來總理在政協 60 歲以上老人茶話會上指出：「戊戌以來是中國社會變動極大的時期，有關這個時期的歷史資料要從各個方面記載下來。」他殷切期望經歷了晚清、北洋、民國和新中國時期的老人都將自己的知識和經驗留下來，作為對社會的貢獻。繼全國政協文史資料研究委員會成立之後，各地於同年底相繼成立了文史資料研究委員會。居住於大陸並擔任公職的一部分第一期生，有了撰寫的刊載回憶文章的

機遇。為了較為全面的展現他們在這一時期的回憶錄撰文，將收集到的
第一期生撰文輯錄如下：

附表 128　1949 年 10 月後編著書目撰文一覽表

作者	編著翻譯圖書或篇名	刊載書目或出版機構
王萬齡	周恩來在黃埔	《黃埔》雜誌 1989 年第 4 期
王萬齡	黃埔軍校的回憶	《廣東文史資料》第 37 輯（黃埔軍校回憶錄專輯）
王萬齡	陸大函授學習的簡略回憶	《文史資料存稿選編》《軍事機構》[下]
王仲廉	台兒莊戰役親歷記	《文史資料選輯》第 124 輯
王連慶	對《我所知道的顧祝同》的訂正	《文史資料存稿選編》《軍政人物》[下]
王治歧	扶郿戰役慘敗記	《解放戰爭中的西北戰場》
王逸常	周恩來同志在黃埔軍校	《長江日報》1980 年 1 月 6 日
王逸常	回憶周恩來同志大革命時期在廣東的革命活動	《廣東文史資料》第 37 輯（黃埔軍校回憶錄專輯）
王逸常	中共黃埔特別支部的領導和主要成員	《黃埔軍校史料》廣東人民出版社 1994 年 5 月第三版
王逸常	黃埔軍校建校前後的一段回憶	《湖南文史資料選輯》
韋日上	柳江縣抗敵的回憶	《粵桂黔滇抗戰》
劉立道	我所知道的大別山慘案	《中華文史資料文庫》[第五卷]
劉立道	中國工農革命軍第二師在東江	《文史資料選輯》第 66 輯
劉梓馨	廣東講武學校第一、二隊合併為黃埔軍校第一期第六隊的經過	《湖北文史資料選輯》
劉嘉樹	第五十二師方石嶺被殲	《文史資料存稿選編》《十年內戰》
劉嘉樹等	中華復興社的內幕	《文史資料存稿選編》《特務組織》[上]
孫元良	謝晉元與八百壯士	《八一三淞滬抗戰》
湯季楠	記大本營陸軍講武學校	《湖南文史資料選輯》
何文鼎	綏包戰役回憶	《文史資料存稿選編》《全面內戰》[上]
何文鼎	整編第十七師從擔任護路到守備延安的經過	《中華文史資料文庫》[第六卷]
何文鼎	胡宗南逃蹤漢中期間的活動	《中華文史資料文庫》[第七卷]
何文鼎	整編第十七師從擔任護路到守備延安的經過	《解放戰爭中的西北戰場》
何文鼎	奉命撤出延安狼狽逃到蒲城	《解放戰爭中的西北戰場》
何文鼎	胡宗南逃蹤漢中期間的活動	《解放戰爭中的西北戰場》
何文鼎	胡宗南部在秦嶺堵截八路軍三五九旅經過	《文史資料選輯》第 141 輯
何紹周	第八軍光復松山之役述略	《文史資料存稿選編》《抗日戰爭》[下]
宋希濂	第三十六師開入西安的經過	《文史資料存稿選編》《西安事變》
宋希濂	大革命時期統一廣東的鬥爭	《中華文史資料文庫》[第二卷]
宋希濂	我參加一二八淞滬抗戰的回憶	《中華文史資料文庫》[第三卷]
宋希濂	我參加討伐十九路軍戰役的回憶	《中華文史資料文庫》[第三卷]
宋希濂	南京守城戰役親歷記	《中華文史資料文庫》[第四卷]
宋希濂	蘭封戰役的回憶	《中華文史資料文庫》[第四卷]
宋希濂	遠征軍在滇西的整訓和反攻	《中華文史資料文庫》[第四卷]

宋希濂	新疆三年見聞錄	《中華文史資料文庫》[第六卷]
宋希濂	淮海戰役期間蔣介石和白崇禧的傾軋	《中華文史資料文庫》[第六卷]
宋希濂	和談前夕我接觸到的幾件事	《中華文史資料文庫》[第六卷]
宋希濂	1948 年蔣介石在南京召集的最後一次重要軍事會議	《中華文史資料文庫》[第六卷]
宋希濂	西南戰區親歷記	《中華文史資料文庫》[第七卷]
宋希濂	血戰淞滬	《八一三淞滬抗戰》
宋希濂	富金山、沙窩戰役	《武漢會戰》
宋希濂	關於《蔣介石解決龍雲的經過》的一些補充	《文史資料選輯》第 9 輯
宋希濂	解放前夕我和胡宗南策劃的一個陰謀	《文史資料選輯》第 23 輯
宋希濂	和談前夕蔣介石的幕後操縱和李宗仁的備戰部署	《文史資料選輯》第 32 輯
宋希濂	第五次「圍剿」中的朋口戰役	《文史資料選輯》第 45 輯
宋希濂	我在西南的掙扎和被殲滅經過	《文史資料選輯》第 50 輯
宋希濂	西南解放前夕美國參議員諾蘭到重慶見蔣介石的內幕	《文史資料選輯》第 50 輯
宋希濂	對《我所知道的何應欽》的訂正	《文史資料選輯》第 55 輯
宋希濂	鷹犬將軍——宋希濂自述	中國文史出版社 1986 年 7 月
宋思一	黃埔軍校成立的前後	《廣東文史資料》第 37 輯（黃埔軍校回憶錄專輯）
宋思一	我所知道的何應欽	《文史資料存稿選編》《軍政人物》[上]
宋思一	1930 年前後我和蔣介石的幾次接觸	《文史資料存稿選編》《軍政人物》[下]
宋思一	黔南事變前後	《中華文史資料文庫》[第四卷]
宋思一	第八十五師忻口抗戰見聞	《晉綏抗戰》
宋思一	何應欽指揮的三個戰役	《興義劉、王、何三大家族》中國文史資料出版社 1990 年 8 月
宋思一	何應欽、蔣介石、陳誠之間的關係	《興義劉、王、何三大家族》中國文史資料出版社 1990 年 8 月
李仙洲	我的回憶	《山東文史資料選輯》1979 年第七輯
李奇中	黃埔精神永存	《廣東文史資料》第 37 輯（黃埔軍校回憶錄專輯）
李奇中	統一廣東革命根據地的戰爭	《文史資料選輯》第 2 輯
李奇中	棉湖戰役中一麟半爪	《文史資料選輯》第 77 輯
李奇中	浙江石灰山殲敵記	《文史資料存稿選編》《抗日戰爭》[下]
李奇中	我所知道的蔣經國	《文史資料存稿選編》《軍政人物》[下]
李奇中	袁祖銘被殺内幕（與李俠公合著）	《文史資料存稿選編》《晚清北洋》[下]
李奇中	解放戰爭中蔣介石來沈情況所見	《文史資料存稿選編》《軍政人物》[下]
李奇中	我同蔣介石接觸的一些情況	《文史資料存稿選編》《軍政人物》[下]
李奇中	回憶黃埔軍校時期的鄧演達先生（1988 年撰文）	《前進論壇》(11) 1999 年
李昭良	我所知道的國民黨兵役情況	《文史資料存稿選編》《軍事機構》[下]
李默庵	西安事變片斷回憶	《文史資料存稿選編》《西安事變》
李默庵	宋子文搞個人權力的夢想破滅	《文史資料存稿選編》《軍政人物》[上]

李默庵	憶述我當年的軍政生涯	《中華文史資料文庫》[第十卷]
李默庵	戰鬥在忻口左翼	《晉綏抗戰》
李默庵	憶述我當年在大陸工作片斷	《文史資料選輯》第 105 輯
李默庵	兩廣事變的前因後果	《文史資料選輯》第 113 輯
李默庵	南嶽遊擊幹部訓練班	《文史資料選輯》第 126 輯
李默庵	我與蘇中「七戰七捷」	《文史資料選輯》第 131 輯
李默庵	黃埔軍校是國共兩黨第一次合作的產物	《人民日報》1984.6.17
李默庵	在紀念黃埔建校六十九周年座談會上的講話	《黃埔》1993.（5）
李默庵	黃埔軍校同學會理事會議開幕詞	《黃埔》1993.（6）
李默庵	在黃埔軍校同學會理事會議上的工作報告〔1996.6.18〕	《黃埔》1996.（4）
李默庵	在和平統一事業中作出新貢獻：寫在黃埔軍校同學會第二次會員代表會議召開之前	《黃埔》1997.（5）
李默庵	黃埔軍校同學會第二次會員代表會議工作報告〔1997.11.13〕	《黃埔》1997.（6）
李默庵	黃埔軍校同學會二屆二次理事會議工作報告	《黃埔》1998.（5）
李默庵	黃埔軍校同學會二屆三次理事會議工作報告	《黃埔》1999.（4）
李默庵	世紀之——李默庵回憶錄	中國文史出版社 1995 年 10 月
杜聿明	東北保安司令長官部侵佔安東戰役紀要	《文史資料存稿選編》《全面內戰》[上]
杜聿明	南京保衛戰中的戰車部隊	《中華文史資料文庫》[第四卷]
杜聿明	中國遠征軍入緬對日作戰述略	《中華文史資料文庫》[第四卷]
杜聿明	蔣介石解決龍雲的經過	《中華文史資料文庫》[第六卷]
杜聿明	進攻東北始末	《中華文史資料文庫》[第六卷]
杜聿明	遼沈戰役概述	《中華文史資料文庫》[第六卷]
杜聿明	淮海戰役概述	《中華文史資料文庫》[第七卷]
杜聿明	古北口抗戰紀實	《從九一八到七七事變》
杜聿明	南京保衛戰中的戰車部隊	《南京保衛戰》
杜聿明	台兒莊大戰中的戰車防禦炮部隊	《徐州會戰》
杜聿明	中國遠征軍入緬對日作戰述略	《遠征印緬抗戰》
杜聿明	國民黨破壞和平進攻東北始末	《遼沈戰役親歷記》
杜聿明	塘沽協議簽訂後「中央軍」在華北的幾件事	《文史資料選輯》第 99 輯
杜聿明	國民黨機械化部隊人事變動的內幕	《文史資料選輯》第 138 輯
杜成志	梁華盛其人其事	《吉林文史資料》1987 年第十八輯
楊顯	1929 年蔣桂戰爭瑣記	《文史資料存稿選編》《十年內戰》
楊顯	回憶蔣馮戰爭（與李振西、趙子立合著）	《文史資料存稿選編》《軍事派系》[上]
楊顯	蔣馮閻大戰（與楊集賢、李德生、粟森華、任鴻猷、趙子立合著）	《文史資料存稿選編》《軍事派系》[上]
蘇文欽	共產黨人與黃埔軍校	《黃埔》雜誌 1991 年第 4 期
蘇文欽	第二次東征中第二師第四團是主攻部隊	《文史資料選輯》第 89 輯
蘇文欽	我在蔣介石身邊的點滴回憶	《中華文史資料文庫》[第二卷]
蘇文欽	策應宜昌作戰的襄西攻勢	《武漢會戰》
陳鐵	我所瞭解的衛立煌	《文史資料存稿選編》《軍政人物》[上]
陳鐵	我與衛立煌	《中華文史資料文庫》[第九卷]

陳賡	我的自傳	《文物天地》1981 年 2 月第 11－14 頁
陳明仁	我的主要經歷	《中華文史資料文庫》[第十卷]
周士第	周士第回憶錄	解放軍出版社 1979 年
周建陶	襄樊戰役第十五綏靖區被殲前後概述	《文史資料存稿選編》《全面內戰》[中]
周建陶	我所知道的浙江、四川國民黨兵役情況	《文史資料存稿選編》《軍事機構》[下]
周振強	國民黨為發動內戰在浙西徵兵的回憶	《文史資料存稿選編》《軍事機構》[下]
周振強	我對《黃埔建軍》一文的幾點補充	《文史資料存稿選編》《軍事機構》[下]
周振強	四一二事變點滴	《中華文史資料文庫》[第二卷]
周振強	教導總隊在南京保衛戰中	《中華文史資料文庫》[第四卷]
周振強	四川綦江戰幹團慘案回憶	《文史資料選輯》第 5 輯
周振強	蔣介石的鐵衛隊——教導總隊	《文史資料選輯》第 12 輯
周振強	在蔣介石身邊當侍衛官的見聞瑣記	《文史資料選輯》第 137 輯
范漢傑	「閩變」回憶	《文史資料存稿選編》《十年內戰》
范漢傑	胡宗南部在西安事變前後的活動	《文史資料存稿選編》《西安事變》
范漢傑	國民黨軍進攻中原軍區宣化店點滴回憶	《文史資料存稿選編》《全面內戰》[上]
范漢傑	進攻沂蒙山區和膠東兩戰役紀要	《文史資料存稿選編》《全面內戰》[中]
范漢傑	胡宗南和魏德邁會談的經過	《文史資料存稿選編》《軍事派系》[下]
范漢傑	胡宗南率部在川北阻截紅軍的經過	《中華文史資料文庫》[第三卷]
范漢傑	胡宗南部是如何封鎖陝甘寧邊區的	《中華文史資料文庫》[第五卷]
范漢傑	國民黨發動全面內戰的序幕	《中華文史資料文庫》[第六卷]
范漢傑	錦州戰役回憶	《中華文史資料文庫》[第六卷]
范漢傑	錦州戰役經過	《遼沈戰役親歷記》
范漢傑	蔣介石改變戰略，胡宗南部重點進攻延安	《解放戰爭中的西北戰場》
范漢傑	1946 年春蔣介石對東北的陰謀	《文史資料選輯》第 146 輯
鄭坡	相持階段的重慶見聞點滴	《文史資料存稿選編》《抗日戰爭》[下]
鄭洞國	中國駐印軍始末	《文史資料選輯》第 8 輯
鄭洞國	古北口抗戰紀要	《文史資料選輯》第 14 輯
鄭洞國	從猖狂進攻到放下武器	《文史資料選輯》第 20 輯
鄭洞國	台兒莊會戰親歷回憶	《文史資料選輯》第 54 輯
鄭洞國	昆侖關攻堅戰親歷記	《中華文史資料文庫》[第四卷]
鄭洞國	中國駐印軍始末	《中華文史資料文庫》[第四卷]
鄭洞國	從大舉進攻到重點防禦	《中華文史資料文庫》[第六卷]
鄭洞國	困守長春始末	《中華文史資料文庫》[第六卷]
鄭洞國	第五十二軍台兒莊抗敵經過	《徐州會戰》
鄭洞國	「黃埔之英，民族之雄」　紀念戴安瀾將軍殉國四十周年	《中國建設》1882.（7）
鄭洞國	國共合作與黃埔建校	《團結報》1984.4.16
鄭洞國	希望在臺灣的校友重溫孫中山先生的教導，發揚黃埔精神，共建振興中華宏圖	《人民日報》1984.6.17
鄭洞國	黃埔精神是愛國和革命的精神	《黃埔》1989.（1）
鄭洞國	繼承發揚黃埔精神實現振興中華宏圖	《黃埔》1991.（2）
鄭洞國	我的戎馬生涯　鄭洞國回憶錄	團結出版社 1992 年 1 月
侯鏡如	平津戰役蔣軍被殲紀要	《文史資料選輯》第 20 輯

侯鏡如	蔣介石在京滬杭最後的掙扎	《文史資料選輯》第 32 輯
侯鏡如	第十七兵團援錦失敗經過	《遼沈戰役親歷記》
侯鏡如	實現祖國和平統一黃埔同學的歷史使命	《黃埔》1990 年第三期《團結報》1990.6.23
侯鏡如	在黃埔同學迎接新年座談會上的講話	《黃埔》1991.（1）
侯鏡如	在台黃埔師生應站在反「台獨」前列	《黃埔》1991.（6）
宣俠父	俄拉草地的蹄跡	甘肅《甘南文史資料》1985 年第四輯
徐向前	歷史的回顧	解放軍出版社
徐向前	回顧黃埔軍校	《解放軍報》1983.10.16
徐向前	致黃埔建校紀念會全體校友同仁賀信，攜手合作完成祖國統一大業	《人民日報》1984.6.17
徐向前	廣交朋友聯絡友誼推進和平統一大業——在黃埔軍校同學會二屆二次理事會上的書面發言	《團結報》1986.11.15
徐向前	新春寄臺灣港澳海外黃埔校友	《人民政協報》1987.2.13
徐宗堯	組織軍統北平站和平起義的前前後後	《文史資料選輯》第 68 輯
郭一予	我對黃埔軍校的片斷回憶	《廣東文史資料》第 37 輯（黃埔軍校回憶錄專輯）
郭一予	回憶軍校生活片斷	《中華文史資料文庫》[第二卷]
郭一予	關於組織「非戰鬥人員還鄉隊」的情況	《淮海戰役親歷記》
郭一予	毛澤東負責上海地區考生復試	《黃埔軍校史料》廣東人民出版社 1994 年 5 月第三版
梁華盛	我在抗戰中的經歷	《廣東文史資料》1988 年第五十八輯
蔣超雄	我在黃埔軍校學習的回憶	《廣東文史資料》第 37 輯（黃埔軍校回憶錄專輯）
閻揆要	第五二九旅在忻口中央地區抗戰的回憶	《晉綏抗戰》
黃杰	南天門之激戰	《從九一八到七七事變》
黃杰	蘊藻濱、蘇州河戰鬥	《八一三淞滬抗戰》
黃杰	回憶滇西反攻	《遠征印緬抗戰》
黃維	對《陳誠軍事集團發展史紀要》一文的更正和意見	《文史資料選輯》第 72 輯
黃維	對《蔣軍贛州守城戰役親歷記》的補正	《文史資料選輯》第 91 輯
黃維	關於青年軍的回憶	《文史資料選輯》第 96 輯
黃維	第六十七師在上海吳家庫八字橋作戰情況	《文史資料選輯》第 138 輯
黃維	第十一師在宜黃以南的潰敗情況	《文史資料存稿選編》《十年內戰》
黃維	一寸山河一寸血的淞滬戰爭	《中華文史資料文庫》[第四卷]
黃維	第十二兵團被殲紀要	《中華文史資料文庫》[第七卷]
黃雍	黃埔學生的政治組織及其演變	《文史資料選輯》第 11 輯
黃雍	對於《黃埔學生的政治組織及其演變》文中的更正	《文史資料選輯》第 18 輯
黃雍	黃埔革命同學會回憶	《文史資料選輯》第 19 輯
曹利生	黃埔軍校生活雜憶	《團結報》1984.6.23
曹利生	憶中山先生在黃埔的最後一次訓話	《團結報》1986.6.28

曹利生	憶五卅英烈──黃仁	四川《自貢文史資料》1985 年第十五輯
彭傑如	第四次「圍剿」衛立煌率第十四軍進攻鄂豫皖蘇區經過	《圍剿邊區根據地親歷記》
彭傑如	衛立煌到東北	《遼沈戰役親歷記》
蔣超雄	在黃埔軍校時聽到孫中山先生的演講	江蘇《武進文史資料》第六輯 1986 年
曾擴情	何梅協議前復興社在華北的活動	《文史資料選輯》第 14 輯
曾擴情	黃埔同學會始末	《文史資料選輯》第 19 輯
曾擴情	蔣介石兩次派我入川及劉湘任「四川剿匪總司令」的內幕	《文史資料選輯》第 33 輯
曾擴情	西安事變回憶	《文史資料選輯》第 109 輯
曾擴情	蔣介石第一次下野與複職的經過	《文史資料選輯》第 138 輯
曾擴情	李宗仁與孫科競選「副總統」的內幕	《文史資料存稿選編》《政府、政黨》
曾擴情	黃埔同學會始末	《中華文史資料文庫》[第二卷]
曾擴情	國民黨軍從成都敗退及成都和平解放	《中華文史資料文庫》[第七卷]
曾擴情	短命的川陝甘邊區綏靖公署	《解放戰爭中的西北戰場》
韓浚	兩年黃埔軍校生活見聞	《廣東文史資料》第 37 輯（黃埔軍校回憶錄專輯）
韓浚	萊蕪戰役片斷	《文史資料存稿選編》《全面內戰》[上]
韓浚	第七十三軍和整編第四十六師萊蕪就殲紀實	《文史資料存稿選編》《全面內戰》[上]
韓浚	討伐夏鬥寅、楊森叛亂親歷記	《中華文史資料文庫》[第二卷]
韓浚	湘鄂西「清剿」親歷記	《圍剿邊區根據地親歷記》
韓浚	第二軍團馳援南京述要	《南京保衛戰》
韓浚	長沙南郊作戰	《湖南四大會戰》
韓浚	新化方面戰鬥	《湖南四大會戰》
韓浚	1946 年召開的徐州會議	《文史資料選輯》第 146 輯
韓浚	國民革命軍第二方面軍警衛團回應南昌起義前後	《湖北文史資料》第一輯，1980 年
韓浚	黃埔老校友憶黃埔	《團結報》1984.6.23
廖運澤	首次國共合作結碩果──對黃埔生活的回憶	《團結報》1984.6.16
廖運澤	我的戎馬生涯	《安徽文史資料》1990 年第三十五輯
廖運澤	我的片斷回憶	《江蘇文史資料》1986 年第十八輯
戴文	憶孫中山先生在黃埔軍校開學典禮時的講演	《團結報》1984.6.16

第二節　1924年6月至1949年9月編著撰文情況

　　第一期生在民國時期的編著撰文情況，形式多樣五花八門，筆者通過搜索有關資料，參閱《民國時期總書目》等才獲得了一部分資訊與情況。有些看似並不重要的「作序」或「前言」等也輯錄於此，主要考慮

可從某一側面反映作者當年所處位置與情形。經過比較與分析，無論在編著或出版數量方面，都比黃埔軍校後期生豐富和多樣。另一方面，通過第一期生的編著與撰文引發的線索，還可提供更多的情況和資訊。無論其政治或其他方面意義如何，但卻在史料方面是第一期生編著撰文的重要一翼。

附表 129　1924 年 6 月至 1949 年 9 月編著撰文篇目及出版書目一覽表

作者	編著翻譯圖書	出版機構	出版年月	頁	開
馬師恭	為《陸軍傘兵突擊總隊成立周年紀念特刊》作序 [有長官照片及表]	陸軍突擊總隊司令部編印	1946.4	160	16
馬師恭	《傘兵演習說明》載于 [傘兵演習說明及訓練概況]	國防部印行	1946.12	38	32
馬師恭	《傘兵部隊簡史》載于 [傘兵演習說明及訓練概況]	國防部印行	1946.12	38	32
馬師恭	為《傘兵總隊二周年紀念特刊》作序 [黃希珍主編]	南京傘兵總隊司令部印行	1947.4	108	16
王認曲	《中央陸軍軍官學校第 13 期南京西遷銅梁紀要》[有圖表]	中央陸軍軍官學校第 13 期學生總隊部印行	1938.9	478	32
王叔銘	《空軍參謀學校第三期教育之回顧》[空軍參謀學校學員畢業專刊]	空軍參謀學校月刊編輯委員會編印	1944.8	70	16
王惠民	《小部隊戰鬥指導計畫》[趙雲飛段長齡孫鋤非序][有圖]	原缺出版機構	1935.1	412	36
鄧文儀	由莫斯科寄黃埔諸同學 [擴情、灑度、伯濤] 的信	《黃埔旬刊》第二、三期	1926.12		
鄧文儀	《官兵心理研究的重要》	國防心理論文集第 1 輯刊印	1946.11	原缺	32
鄧文儀	《各國陸軍編制》[內外類編第 34、35 冊]	南京內外通訊社印行	1934.4	140	20
鄧文儀	《革命軍問題種種》	南京拔提書局 [有圖]	1929`10	198	36
鄧文儀	《蔣主席治兵語錄》[有蔣介石冠像照片]	南京新中國出版社 [精裝本]	1947.7	233	36
鄧文儀	《軍隊中政治工作》	中央陸軍軍官學校武漢分校	1929.9	86	32
鄧文儀	《軍隊與政治及軍隊中之政治工作》[黃埔叢書 6]	中央軍事政治學校政治部編輯委員會編 [宣傳科發行股]	1927.8	34	32
鄧文儀	《中國國民黨之建設》	1、成都中央陸軍軍官學校；2、黃埔出版社 1940 年版	1939 年版	原缺	

鄧文儀	《學習的青年時代》	重慶黃埔出版社	1940 年	原缺	
鄧文儀	為《國防部新聞工作人員訓練班第三班通訊錄》作序 [有照片]	原缺	1946.12	198	36
鄧文儀	《軍校政訓工作》	中央陸軍軍官學校印行	1941.11	196	36
鄧文儀	《黃埔軍校之建設》[革命青年叢書殷作楨主編]	真實出版社	1943.8	62	32
鄧文儀	為《美軍新聞工作》作序	國防部新聞局	1946.12	218	32
盧盛枌	為《最新德式步兵野外戰鬥動作詳解》作序	[參照中央軍校第 8 期第 2 總隊步 5 隊野外教育經驗編成]	1933.1	434	32
左權	《蘇聯紅軍步兵戰鬥條令》[第 1 部戰士班排動作][蘇聯國防人民委員會頒佈]	八路軍山東軍區司令部遼北書店 [1948.11 再版]	1943.6	129	32
伍瑾璋	為《基本政治訓練大綱》作序 [冠像有表]	淞滬警備司令部陸軍第五師政治訓練處編	1929.1	196	32
關麟徵	《軍事演進與東西戰法之片論》[講稿]	成都撥提書店	1948.1	80	32
關麟徵	《教育長訓話集》[收其 1946.4 － 1947.7 訓話]	中央陸軍軍官學校訓導處印行	1947.8	230	32
關麟徵	《抗日戰術經驗談》[王旭夫序][有圖]	成都拔提書店	1948.1	60	32
關麟徵	《剿匪戰術》[王旭夫序]	中央陸軍軍官學校印行	1947.1	33	32
劉璠	為《十七年度北伐全軍作戰計畫命令經過合編》作序	南京軍用圖書社 [精裝]	1931.8	522	23
劉詠堯	《陸海空軍人事行政講話》[業務演習參考材料]	中央訓練團黨政訓練班印行	1944.6	24	32
孫元良	譯著《拿破倫兵法》[美軍上校凡史脫爾著]	長沙維新印刷公司印行	1938.8	58	50
孫元良	為《第 5 軍第 87 師第 259 旅上海禦日陣亡烈士傳記》作序 [記述陣亡烈士 145 人簡歷]	陸軍第 259 旅司令部編印	1932.4	52	18
嚴武	《防空研究》[有圖表][1936.2 再版]	北平軍用圖書社北平分社	1935.5	146	32
嚴武	《都市之空襲與空防》[民眾防空常識]	中國防空研究社印行 [1938.8 再版]	1937.2	228	24
張鎮	為《軍用刑事法令彙編》作序 [時任憲兵學校教育長]	憲兵學校印行	1942.4	253	32
張鎮	為《憲兵上等兵教程 [第 1 部第 1、2 輯]》作序	憲兵司令部編印	1938.6	67	32
李安定	《國防論》	南京中央陸軍軍官學校印行	1934.1	220	32
楊其綱	《一年來本校之經過》	《黃埔潮》	1926.1.1		

楊其綱	《紀念列寧逝世二周年》	《黃埔潮》三日刊第29期	1926年		
楊其綱	《本校之概況》	《黃埔日刊》	1927.3.1		
杜聿明	為《新六軍三周年紀念冊》作序 [收新六軍簡史現任官佐履歷表軍師長照片傳略] [精裝]	新六軍新聞處編	1947.9	248	32
杜聿明	《戰車部隊作戰之經驗及運用要領》 [抗戰參考叢書第13種]	軍事委員會軍令部第1廳第1處印	1938.8	44	50
杜聿明	為《昆侖關戰役紀要》作序 [教育叢書5]	陸軍第五軍司令部參謀處編	1940.9	110	32
鄧公瓚	《偽裝要覽》 [介紹各種偽裝作用方法]	國民政府軍事委員會防空委員會	1935.12	68	32
范漢傑	《最新軍事小動作正誤圖解》	據德國軍事雜誌月刊編譯	1947.1	289	50
鄭洞國	為《中國駐印軍緬北戰役戰鬥紀要》作序	中國駐印軍副總指揮辦公室編	1945.4	140	18
鄭炳庚	為《中央陸軍軍官學校第13期同學錄》作序 [有學員教官照片及姓名籍貫年齡]	中央陸軍軍官學校編印	1938.9	420	8
鄭炳庚	《抗戰三周年的檢討和今後應有的認識與努力》 [載於《七七抗戰三周年紀念特刊》]	第九戰區司令長官部政治部陣中日報編	1940.1	16	16
宣俠父	《關於游擊戰爭問題的兩種傾向及其真實意義》載於 [游擊戰的真意義]	漢口全民出版社	1938.2	41	36
胡宗南	《讀了＜大軍統帥學＞之後感＝	陸軍大學印刷所	1934.8	34	24
賀衷寒	《孫文主義學會的使命》	《國民革命》第五期	1925年		
賀衷寒	《軍隊政治工作之進展》中央訓練團黨政訓練班講演錄	中央訓練團黨政訓練班編印	1939.6	34	36
賀衷寒	《軍隊黨政工作之實際與技術》 [朱家驊序]	重慶江北拔提書店 [有圖表]	1942.1	250	32
賀衷寒	《中國國防的根本問題》 [訓練教材第23]	國防部新聞局工作人員訓練班第三期編印	1946.12	17	32
賀衷寒	《現代政治與中國》	重慶黃埔出版社	1940年		
賀衷寒	為《諜報勤務草案》作序 [鄭介民著]	軍事委員會政治部 [1939.2及1941.3再版]	1938.7	278	32
鍾彬	為《青年遠征軍第二〇三師校閱特刊》作序 [附錄該師高級長官詳歷表有照片]	陸軍第203師政治部編印	1945.12	48	16
饒崇詩	為《現行兵役法令輯要》 [分徵募編練軍法3類] 作序	南韶師管區司令部南雄永昌印務局	1942.1	115	32
桂永清	為《軍事委員會戰時工作幹部訓練團第一團學生第五總隊畢業同學通訊錄》作序	戰時工作幹部訓練團編印	1939.9	244	50

桂永清	為《最新德式騎兵野外演習筆記》題詞 [汪傑胡定山編]	南京共和書局印行	1934.7	312	32
桂永清	為《最新德式騎兵野外演習筆記》題詞 [汪傑胡定山編]	南京共和書局印行	1934.7	312	32
桂永清	《中國海軍現狀》[海軍小叢書]	海軍總司令部編印	1947.2	46	32
桂永清	《中國海軍現狀及其展望》[海軍小叢書]	海軍總司令部新聞處印行	1947.4	42	32
袁仲賢	《為保衛勝利果實保衛人民利益而緊急動員起來》[載於《國民黨發動內戰之鐵證》時事類編 15]	八路軍膠東新華書店印行	1945.11	53	32
賈韞山	《江蘇省保安司令部工作報告》	江蘇省保安司令部編印	1946.1	9	32
梁華盛	《梁主任就職典禮專刊》[時任四戰區政治部主任]	第四戰區司令長官部政治部印行	1940.11	11	16
蕭贊育	《如何效法總裁》	重慶黃埔出版社成都拔提書店	1942 年版		
黃杰	黃埔軍校初創之艱難與黃埔精神	中國國民黨第一次全國代表大會史料專輯	原缺		
黃杰	《如何建設新軍》[戰時綜合叢書]	重慶獨立出版社	1939.12	50	32
黃杰	為《軍事委員會軍官訓練團第二期通訊錄》作序	軍官訓練團編印	1947.5	106	32
黃杰	《滇西作戰回憶錄》[有圖照]	著者刊	原缺	10	32
黃珍吾	《青年軍的偉大使命》[載於＜青年遠征軍第二〇八師預備幹部結訓特輯＞]	青年遠征軍第 208 師政治部編印	1946.1	94	36
黃珍吾	《景賢錄》[記述王公祠修建經過及重修瓊州王公祠文]	編者刊	1947.1	118	32
蔣先雲	《六月二十三日沙基慘案報告》	《中國軍人》第二號	1925.3.2		
蔣先雲	《北伐戰況報告》	《黃埔日刊》	1926.12.9		
蔣先雲	《勉第七十七團官佐書》	《漢口民國日報》	1927.6.4		
蔣先雲	《蔣秘書先雲答謝演說詞》	《黃埔紀念冊》	1926 年		
傅正模	《為徵兵開始敬告上海市民書》[附兵役法令 7 種]	原缺出版機構	1947.7	58	32
譚計全	《軍隊的政治工作》[黃埔叢書 6]	中央軍事政治學校政治部編輯委員會宣傳科發行股印行	1927.8	34	32
譚計全	《軍隊政訓工作的理論與實踐》	中央軍校政訓處印行	1938.11	238	32
潘佑強	譯著《步炮飛協同研究》[第 2 3 篇][日人著]	南京軍用圖書社	1933.8	260	23
鄧悌	《本校從黃埔到南京的變化》	載于《本校史概述》	1929 年		
鄧悌	《國民革命與黃埔》[中央軍校政治叢書 20]	中央陸軍軍官學校政訓處編輯委員會印行	1929.6	27	32

鄧悌	《德、英、法、意四國考察報告》	南京中央陸軍軍官學校印行	1935 年	原缺	
霍揆彰	為《中國國民黨陸軍第十四師第三次全師代表大會特刊》作序 [有照片及表]	陸軍第十四師政治部印行	1944.11	159	16

第三節　在臺灣、港澳和海外的編著撰文情況

　　這部分第一期生的撰文，主要是從臺灣、香港和海外的中文刊物收集和輯錄，編著和撰文的第一期生也主要是在大陸以外地區居住，這對於瞭解他們的歸宿、結局和去向等方面情況，相信會對讀者或研究者有所幫助。

附表 130　在臺灣、香港或海外著述書目撰文一覽表

序號	作者	編著翻譯圖書或篇名	刊載書目或出版機構	出版年月
1	丁德隆	棉湖大捷五十周年感吟	棉湖大捷五十周年紀念特刊	1975 年
2	王仲廉	投身黃埔軍校記	中外雜誌第五十一卷第一期	1992 年版
3	王仲廉	追思投考黃埔往事	臺灣《戰史論集》	1976.9
4	鄧文儀	棉湖大捷五十周年訪問記	棉湖大捷五十周年紀念特刊	1975 年
5	鄧文儀	黃埔建軍史話	臺灣：湖南文獻第九卷第三期	1961 年版
6	鄧文儀	陸軍軍官學校四十周年校慶專輯	陸軍軍官學校黃埔出版社	1964 年版
7	鄧文儀	黃埔精神	臺北黎明文化事業公司	1981 年版
8	鄧文儀	黃埔訓練的特色 [總理親臨主持一期開學典禮]	臺灣黃埔建國文集編纂委員會編纂	1985.6.16 再版
9	鄧文儀	北伐中的黃埔師生	臺灣：湖南文獻第十六卷第四期	1988 年版
10	鄧文儀	黃埔學習之回憶	會聲月報第三卷第八期	原缺
11	鄧文儀	投考黃埔記	傳記文學第十九卷第六期	
12	鄧文儀	在臺灣「中華黃埔四海同心會」成立大會上致詞	《黃埔》1991.（1）	1991 年
13	劉詠堯	棉湖大捷五十周年紀念	棉湖大捷五十周年紀念特刊	1975 年
14	嚴武	棉湖大捷五十周年紀念	棉湖大捷五十周年紀念特刊	1975 年
15	吳斌	傷兵話棉湖	棉湖大捷五十周年紀念特刊	1975 年
16	杜從戎	黃埔軍校之創建暨東征北伐之回憶	臺北臺灣國家圖書館藏	1975 年版
17	杜從戎	棉湖戰役之觀感	棉湖大捷五十周年紀念特刊	1975 年
18	李國幹	棉湖戰役五十周年紀念	棉湖大捷五十周年紀念特刊	1975 年

19	李禹祥	棉湖戰役五十周年紀念	棉湖大捷五十周年紀念特刊	1975 年
20	李鐵軍	棉湖大捷五十周年紀念	棉湖大捷五十周年紀念特刊	1975 年
21	李鐵軍	黃埔老兵親歷各戰役之深切體認	臺灣黃埔建國文集編纂委員會編纂	1985.6.16 再版
22	冷欣	血灑惠州城	臺灣：傳記文學第三卷第四期	
23	冷欣	棉湖大捷五十周年訪問記	棉湖大捷五十周年紀念特刊	1975 年
24	冷欣	黃埔生活追憶	臺灣《自由談》第 15 卷 3 期	原缺
25	陳武	棉湖戰役五十周年	棉湖大捷五十周年紀念特刊	1975 年
26	鍾偉	棉湖戰役之回憶	棉湖大捷五十周年紀念特刊	1975 年
27	袁樸	棉湖大捷五十周年訪問記	棉湖大捷五十周年紀念特刊	1975 年
28	袁守謙	黃埔建軍	臺北：對中國及世界之貢獻叢書編纂委員會	1971 年版
29	袁守謙	吾師嚴立三先生傳	《傳記文學》第三十七卷第六期	原缺
30	夏楚中	棉湖戰役五十周年紀念感懷	棉湖大捷五十周年紀念特刊	1975 年
31	黃杰	黃埔建軍	臺北：蔣總裁對中國及世界之貢獻叢書編纂委員會	1971 年版
32	黃杰	棉湖大捷五十周年訪問記	棉湖大捷五十周年紀念特刊	1975 年
33	黃珍吾	黃埔憶往	臺灣《藝文志》	1966.（4）
34	梁愷	悼關雨東 [麟征] 戴海鷗 [安瀾] 兩將軍	《傳記文學》第三十七卷第五期	原缺
35	梁漢明	棉湖大捷五十周年紀念賦	棉湖大捷五十周年紀念特刊	1975 年
36	梁華盛	第一〇九師在德安地區的阻擊戰	文史存稿－抗日戰爭 [上]	原缺
37	梁華盛	棉湖大捷五十周年訪問記	棉湖大捷五十周年紀念特刊	1975 年
38	蕭贊育	赴俄國留學及歸國後經歷紀略	臺北《湖南文獻》第 12 卷	1984.7
39	蕭贊育	黃埔一期蕭贊育先生紀念集	臺灣中華文化基金會編印	1994 年
40	蕭贊育	棉湖大捷五十周年訪問記	棉湖大捷五十周年紀念特刊	1975 年
41	譚輔烈	棉湖戰役五十周年紀念	棉湖大捷五十周年紀念特刊	1975 年

第四節　歷史上涉論第一期生的傳記撰文情況

　　歷史上涉論第一期生情況的相關回憶文章，散見於內地、臺灣、港澳或海外所在地刊物，搜尋和彙集起來比較繁瑣和困難，圖書資料與資訊情況的集聚也相對複雜，尤其是大陸以外的資訊情況難以彙集，筆者只能根據手頭資料和搜尋情況，進行整理和編排。這方面內容作為對第一期生相關情況的佐證和輔助材料，相信會起到應有的作用和效果。

附表 131　涉論第一期生傳記述評撰文一覽表

序	姓名	撰文編名	作者	刊載出版物	刊載年份
1	丁炳權	回憶先父御伯將軍	丁治平	湖北《雲夢文史資料》第二輯	1986 年
2	丁炳權	憶炳權麼叔	丁照群	湖北《雲夢文史資料》第二輯	1986 年
3	丁炳權	丁炳權和第一九七師	尹呈佐	湖北《雲夢文史資料》第二輯	1986 年
4	丁炳權	丁炳權師長在通山	尹呈佐	湖北《通山文史》第一輯	1987 年
5	丁炳權	丁炳權在廣濟	勞補奎	湖北《武穴文史資料》第一輯	1988 年
6	丁炳權	丁炳權與覺生公園	唐楚元	湖北《武穴文史資料》第一輯	1988 年
7	丁炳權	丁炳權將軍傳略	胡衛剛	湖北《雲夢文史資料》第五輯	1989 年
8	丁炳權	丁炳權在雲夢領導的國民革命起義	盛廷幹	湖北《雲夢文史資料》第五輯	1989 年
9	丁炳權	丁炳權與湖北保安第三團	張子良	湖北《雲夢文史資料》第五輯	1989 年
10	丁炳權	丁炳權任省保安處長的時候	方暾	湖北《雲夢文史資料》第五輯	1989 年
11	丁炳權	丁炳權回雲夢招兵及同張群抗衡始末	李世鵬	湖北《雲夢文史資料》第五輯	1989 年
12	丁德隆	道袍軍長丁德隆	王宗宏	陝西《岐山文史資料》第五輯	1990 年
13	刁步雲	為國捐軀的刁步雲烈士	王振鑠	山東《諸城文史資料》第十輯	1988 年
14	義明道	江永縣誌——人物志——義明道	原缺	《江永縣誌》湖南江永縣地方誌編纂委員會編方志出版社	1995.9
15	馬志超	馬志超起義	李志哲等	陝西《咸陽解放》	1989 年
16	尹榮光	國民黨軍隊茶陵籍將軍——尹榮光	雲竹	湖南《茶陵文史》第七輯	1991.12
17	方日英	方日英軍長事略	李熾康	廣東《中山文史資料》十七輯	1989 年
18	王公亮	王公亮簡介	原缺	四川《敘永縣文史資料選輯》第十一輯，原載《敘永文史》	1988 年
19	王爾琢	憶王爾琢烈士	何國誠	湖南《石門文史》第一輯	1985 年
20	王邦禦	王邦禦先生傳略	周淵博	臺灣《江西文獻》第七十三期	1973.7.2
21	王國相	我的父親——王裕民將軍	王碩儒	臺灣《山西文獻》第五十期	原缺載
22	王治岐	王治岐和第一一九軍	董樂山	甘肅《蘭州文史資料》第二期	1988 年
23	王家修	黃埔軍校第一期生王家修	徐培武	江蘇《沛縣文史資料》第五輯	1988 年
24	王泰吉	豐功偉績永垂青史——憶西北紅軍領導人之一王泰吉烈士	張秀山	陝西《西安文史資料》第五輯	1984 年
25	王泰吉	懷念革命烈士王泰吉同志	趙起民	陝西《西安文史資料》第五輯	1984 年
26	王泰吉	回憶王泰吉同志	張邦英	陝西《西安文史資料》第五輯	1984 年
27	王敬久	我所認識的王敬久	仇廣漢	江蘇《豐縣文史資料》第一輯	1983 年
28	王敬久	王敬久和生活點滴	武培軍	江蘇《豐縣文史資料》第二輯	1984 年
29	王敬久	王敬久生活軼事	呂錦亞等	江蘇《豐縣文史資料》第七輯	1988 年
30	王敬久	王敬久在魯西南慘敗紀實	馮治	江蘇《豐縣文史資料》第七輯	1988 年
31	王敬久	抗日名將王敬久晚景淒涼	趙靖東	《傳記文學》第七十九卷第六期	原缺
32	王錫鈞	念父親〔王錫鈞〕憶童年	王靜芝	臺灣《中外雜誌》第三十九卷	1986.2
33	鄧文儀	我報知道的鄧文儀	張丕聲	江西《上饒文史資料》第七輯	1987 年

34	馮聖法	馮聖法的經歷	黃震亞	浙江《諸暨文史資料》第三輯	1988 年
35	馮聖法	馮聖法的表弟談馮聖法	陳融生記	浙江《諸暨文史資料》第三輯	1988 年
36	馮達飛	馮達飛烈士簡介	丁公量	江西《上饒文史資料》第一輯	1982 年
37	馮達飛	傑出的無產階級戰士馮達飛	馮鑒川	江西《上饒文史資料》第三輯	1984 年
38	馮達飛	有關馮達飛烈士的一些材料	陳占標	廣東《連縣文史資料》第三輯	1986 年
39	馮達飛	馮達飛指揮蕭嶺戰鬥	黃兆星	廣東《連縣文史資料》第六輯	1987 年
40	馮達飛	連縣第一位紅軍飛行員	關中人	廣東《連縣文史資料》第九輯	1990 年
41	馮劍飛	我所知道的馮劍飛	王家驤	貴州《盤縣文史資料》第十輯	1988 年
42	葉幹武	起義將領葉幹武	葉少梅	廣東《梅縣文史資料》十三輯	1988 年
43	左權	抗日名將左權	姚仁雋	中共黨史出版社	1996.4
44	甘清池	甘清池傳略	陳啓著等	廣東《信宜文史》第七輯	1990 年
45	白海風	抗日戰爭後期的新三師和白海風	林澤生	《內蒙古文史資料》二十二輯	1987 年
46	白海風	關於白海風	成毓芝	內蒙古《赤峰市文史資料》二輯	1984 年
47	白海風	新三師師長白海風同志簡介	鮑宏等	內蒙古《杭錦文史》第一輯	1990 年
48	伍文濤	從江縣誌——人物志——伍文濤篇	原缺載	貴州《從江縣誌》從江縣地方誌編纂委員會編貴州人民出版社	1993.3
49	伍誠仁	憶伍誠仁將軍	劉文炯	福建《浦城文史資料》第九輯	1988 年
50	伍誠仁	伍誠仁先生重鄉誼	林樹滋	福建《浦城文史資料》十一輯	1990 年
51	伍誠仁	黃埔一期伍誠仁	薑雪峰	臺灣《中外雜誌》第十五卷	1974.2
52	關麟徵	關麟徵在咸陽	高維峻	陝西《咸陽文史資料》第三輯	1987 年
53	關麟徵	關麟徵入滇後的一段情況	陸烈武	雲南《文山壯族苗族自治州文史資料選輯》第二輯	1984 年
54	關麟徵	關麟徵將軍〔陝西戶縣政協〕	全國政協	中國文史出版社	1989.10
55	劉釗	劉釗簡介	陶穎祥	上海《奉賢文史資料》第二輯	1987 年
56	劉雲龍	蒲城縣誌——人物志——劉子潛[雲龍]	原缺	《蒲城縣誌》陝西蒲城縣地方誌編纂委員會編人民出版社	1993.7
57	劉漢珍	我所知道的劉漢珍	牟龍光	貴州《安順文史資料》第二輯	1987 年
58	劉漢珍	我們所知道的劉漢珍	牟龍光等	貴州《普定文史資料》第二輯	1989 年
59	劉希程	劉希程在靈寶	同倫先	河南《靈寶文史》第一輯	1986 年
60	劉明夏	京山縣誌——人物志——劉明夏	原缺	《京山縣誌》湖北京山縣地方誌編纂委員會湖北人民出版社	1990.10
61	劉鎮國	遵義師管區副司令劉鎮國	劉湘生楊秉淵	《遵義民國軍政人物》〔遵義文史〕第七期	2001 年
62	孫一中	碧血灑洪湖青春獻中華——回憶青年將軍孫一中同志	廖運周	安徽《淮南文史資料》第六輯	1986 年
63	孫元良	抗日戰爭中的孫元良將軍	恪敬	四川成都《金牛文史資料選輯》第五輯	1988 年
64	孫元良	孫元良其人	盧畏三	四川《雙流文史資料選輯》三輯	1984 年
65	朱一鵬	黃埔軍校第一個為國捐軀者	孫叢枚等	湖南《雙峰文史資料》第一期	1986 年
66	朱耀武	第一期黃埔軍校生——朱耀武	志孟	山西《山陰文史資料》第一輯	1986 年

67	牟廷芳	牟廷芳事略漫記	張法孫	貴州《六盤水文史資料》三輯	1988 年
68	牟廷芳	抗日將領牟廷芳事略	張景芳	貴州《貴陽文史資料選輯》第二十一輯	1987 年
69	許繼慎	許繼慎將軍傳	鮑勁夫	解放軍出版社	1986.7
70	許繼慎	北伐戰爭和反「圍剿」中屢建戰功的許繼慎烈士	林翁	《安徽文史資料》第四輯	1982 年
71	嚴崇師	記幹縣解放前後的嚴崇師先生	袁堅等	陝西省《咸陽解放》	1989 年
72	何祁	何祁傳略	原缺載	臺北永興同鄉會《永興縣誌》	1975.9
73	何文鼎	我跟隨何文鼎將軍的歲月	尚萬仁	陝西《西安文史資料》第十輯	1986 年
74	余程萬	常德守將余程萬被扣押內幕	畢勝	《江蘇文史資料選輯》第 17 輯	1986 年
75	吳展	吳展烈士傳略	符能珍	安徽《舒城文史資料》第一輯	1986 年
76	吳斌	故陸軍中將吳斌將軍事略	莫劍雄	臺灣《廣東文獻》第二十卷	1990.3.31
77	吳瑤	吳瑤二三事	包振鵬	浙江《遂昌文史資料》第三輯	1986 年
78	宋文彬	雅齋宋公傳略	宋思一	貴州《貴定文史資料》第一輯	1982 年
79	宋希濂	淞滬抗戰中的宋希濂將軍	梁志宏	全國政協《縱橫》第八期	1985 年
80	宋希濂	回憶宋希濂來津和一封神秘的勸降信	金慕儒	湖南《津市文史資料》第四期	1987 年
81	宋希濂	宋希濂被俘見聞記	吳有清	四川《樂山文史資料》第四輯	1988 年
82	宋希濂	宋希濂和《鷹犬將軍》	益仁	湖南《雙峰文史資料》第三期	1989 年
83	宋希濂	宋希濂在新疆	潘雲	湖南《湘鄉文史資料》第一輯	1986 年
84	宋希濂	宋希濂先生回鄉鏡頭	歐陽耀祥	《湖南文史通訊》第十期	1985 年
85	宋思一	宋思一	程奎朗	貴州《黔南文史資料》第六輯	1987 年
86	張渤	張渤事略	葉長青	《江蘇鹽城文史資料選輯》六	1978.5
87	張策	民國時期軍政界人士名錄——張策	原缺	《安義縣誌》江西省安義縣誌編纂領導小組南海出版公司	1990.11
88	張鎮	國民黨憲兵司令張鎮二三事	卓建安	貴州《貴陽文史資料》第 17 輯	1986 年
89	張開銓	一期同學張開銓傳	張錚	《中央陸軍軍官學校第五期畢業 57 周年紀念特刊》臺北	1984.8.15
90	張本清	記一個獨立特行的黃埔人——張本清將軍三十周年祭	楊其力	臺灣《湖南文獻》第八卷第二期	1980.2
91	張本清	新晃縣誌——人物志——張本清	原缺	湖南新晃侗族自治縣地方誌委員會編三聯書店〔北京〕	1993.5
92	張本清	張本清龍溪口被刺內幕	楊世明	《湖南文史資料》第三十八輯	1990 年
93	張本清	原國民黨旅長張本清二三事	姚國棟	湖南《新晃文史資料》第一輯	1987 年
94	張偉民	張偉民事略	張羽	廣東《梅縣文史資料》第 17 輯	1990 年
95	張彌川	張彌川當選漢口市參議會議長內幕	周官文	湖北《武漢文史資料》第 22 輯	1985 年
96	張隱韜	張隱韜烈士日記綜述	檔案館	河北省南皮縣檔案館撰稿《歷史檔案》1988 年第四期	1988.4

97	張雪中	我所知道的張雪中	張虎英	江西《樂平文史資料》第四輯	1988 年
98	張禪林	黃埔談張禪林	黃維	江西《樂安文史資料》第二輯	1986 年
99	張禪林	回憶張禪林二三事	樂學毅	江西《樂安文史資料》第一輯	1984 年
100	張禪林	憶張禪林	徐先兆	江西《樂安文史資料》第二輯	1986 年
101	張鼎銘	芷江縣誌——人物志——張鼎銘	原缺	《芷江縣誌》湖南芷江侗族自治縣誌編纂委員會三聯書店	1993.12
102	李文	國民黨兵團司令——李文	李維培	湖南《新邵文史資料》第二期	1989 年
103	李杲	往事依稀——李杲之子回憶	李任	《黃埔》1999 年第三期	1999.3
104	李杲	李杲（岳陽）傳略	楊烈光	四川《安岳文史資料》第 22 輯	1987 年
105	李強	父親李強傳略	李國權	江西《遂川文史資料》第一期	1989 年
106	李強	李強將軍軼事	鄭平	江西《遂川文史資料》第一期	1989 年
107	李強	抗戰中李強將軍指揮的幾次戰鬥	鄭平	江西《遂川文史資料》第一期	1989 年
108	李強	追記南陽各界歌頌李強將軍白河殲敵的快板書	鄭平	江西《遂川文史資料》第一期	1989 年
109	李之龍	李之龍籌備蛇山公園的往事	李之驤	《湖北文史資料》第二十一期	1987 年
110	李之龍	血花世界與新海軍社——回憶大革命時期李之龍在武漢二三事	李之驤	湖北《武漢文史資料》第五期	1982 年
111	李及蘭	李及蘭及其家庭	林玉坤	廣東《陽山文史資料》第五期	1989 年
112	李及蘭	我所知道的李及蘭	黃語宇	廣東《陽山文史資料》第五期	1989 年
113	李仙洲	李仙洲率部入魯反共紀實	賴惕安	全國政協《文史資料選輯》第四十輯	1963 年
114	李仙洲	李仙洲被俘記	戴翼	全國政協《縱橫》第十九期	1987 年
115	李正韜	我所知道的李正韜	張大定	河南《內鄉文史資料》第六輯	1988 年
116	李延年	我們所知道的李延年	鄧倫魁等	《山東文史資料選輯》第 27 輯	1989 年
117	李延年	李延年在潼關禦寇	劉殿桂	《山東文史資料選輯》第 27 輯	1989 年
118	李延年	我與黃埔校友李延年	李仙洲	《山東文史資料選輯》第 27 輯	1989 年
119	李延年	李延年軼事片斷	劉殿桂	《濟南文史資料選輯》第二輯	1983 年
120	李延年	李延年撤離淮海戰場之後	丁力之	山東東營《文史資料》第四輯	1988 年
121	李延年	李延年為祖母慶壽	李宗文	山東東營《文史資料》第四輯	1988 年
122	李延年	李延年的少兒和求學時期	鄧倫魁等	山東《廣饒文史資料》第六輯	1987 年
123	李延年	李延年在五卅慘案的前前後後	李壽山	山東《廣饒文史資料》第六輯	1987 年
124	李延年	李延年守關斬將	劉殿桂	山東《廣饒文史資料》第六輯	1987 年
125	李延年	李延年的廣益汽車公司	李守仁	山東《廣饒文史資料》第六輯	1987 年
126	李延年	李延年將軍撤離大陸退到臺灣經過	丁力之	山東《廣饒文史資料》第六輯	1987 年
127	李良榮	李良榮先生傳略	協文	福建《同安文史資料》第六輯	1986 年
128	李良榮	李良榮印象記	張聖才	《福建文史資料》第五輯	1981 年
129	李良榮	李良榮在三十六師時期	宋希濂	《福建文史資料》第五輯	1981 年
130	李良榮	黃埔同學李良榮	黃維	《福建文史資料》第五輯	1981 年

131	李良榮	李良榮的一生	李以劻	《福建文史資料》第五輯	1981 年
132	李良榮	李良榮將軍指揮的閩海三次抗日戰役	許祖義	《廈門文史資料》第九輯	1985 年
133	李良榮	李良榮三次抗日戰役	林夢飛	河南潢川《光州文史資料》三輯	1986 年
134	李良榮	回憶李良榮將軍	林夢飛	《廈門文史資料》第九輯	1985 年
135	李良榮	我對李良榮的印象	張聖才	《廈門文史資料》第九輯	1985 年
136	李良榮	原福建省政府主席李良榮	雪松	廈門《集美文史資料》第一輯	1990 年
137	李良榮	李良榮在南平幾件事	陳鄭煊	福建《南平文史資料》第 11 輯	1990 年
138	李奇中	記國務院參事李奇中先生	李少華	湖南《資興文史》第四輯	原缺載
139	李楚瀛	我所見到的李楚瀛	苗用	廣東《連縣文史資料》第一輯	1985 年
140	李默庵	葉落歸根——黃埔一期生李默庵將軍訪談錄	高建中	當代中國出版社	2002.10
141	李默庵	解放戰爭初期李默庵指揮將軍進攻蘇北解放區的回憶	羅覺元	《江蘇文史資料選輯》第三輯	1981 年
142	杜聿明	杜聿明將軍	鄭洞國等	中國文史出版社	1986.4
143	楊光鈺	楊光鈺將軍傳略	陸承裕	湖南《醴陵文史資料》第七輯	1990 年
144	楊伯瑤	憶彝族愛國人士楊伯瑤先生	李卿	貴州《大定文史資料選輯》四輯	1988 年
145	楊伯瑤	《憶彝族愛國人士楊伯瑤先生》一文之訂正	李卿	貴州《大定文史資料選輯》第五輯	1989 年
146	楊伯瑤	大方〔大定〕縣誌——人物志——楊伯瑤	原缺	《大方縣誌》貴州大方縣地方誌編纂委員會編方民出版社	1996.1
147	楊啓春	橫山縣誌－人物志－楊開山〔啓春〕	原缺	《橫山縣誌》陝西橫山縣地方誌編纂委員會編陝西人民出版社	1993.7
148	楊步飛	國民黨中將楊步飛生平簡介	黃震	浙江《諸暨文史資料》第三輯	1988 年
149	楊步飛	悼楊步飛將軍	程怡福	《浙江月刊》第 11 卷第三期	1959.3.6
150	陳沛	陳沛將軍與三次長沙大捷	陳燕茂	廣東《茂名文史》第十一輯	1989 年
151	陳綱	沙基慘案烈士陳綱	文史組	福建《建甌文史資料》第一輯	1982 年
152	陳劼	黃埔軍校一期雜記	原缺	《湖南文史通訊》	1984.2
153	陳烈	追憶已故陳烈將軍	陳善政	廣西《柳城文史資料》第一輯	1986 年
154	陳烈	陳烈將軍贈槍抗日	陳善政	廣西《柳城文史資料》第二輯	1987 年
155	陳鐵	陳鐵生平二三事	陳啓發	貴州《遵義文史資料》第一輯	原缺
156	陳鐵	陳鐵與八路軍將領的接觸及其與衛立煌的關係	朱振民	貴州《遵義文史資料》第七輯	原缺
157	陳鐵	我與陳鐵的交往	晏東薈	《貴州文史資料選輯》第 21 輯	1985 年
158	陳賡	憶陳賡學長	王之宇	江蘇《蘇州文史資料》第 15 輯	1986 年
159	陳大慶	陳大慶二三事	劉文光	江西《崇義文史資料》第二輯	1990 年

160	陳文清	武宣籍抗日陣亡將士——陳文清	原缺	《武宣縣誌》武宣縣地方誌編纂委員會編廣西人民出版社	1995.12
161	陳啓科	陳啓科烈士傳略	陳企良	湖南《長沙文史資料》第三輯	1986 年
162	陳明仁	陳明仁傳	胡峰青陳猛著	長江文藝出版社	1997.5
163	陳明仁	回憶父親陳明仁將軍	陳揚釗	《廣東文史資料》第六十一輯	1990 年
164	陳明仁	關於陳明仁的幾件事	程傑	《湖南文史資料選輯》第 12 輯	1980 年
165	陳明仁	陳明仁起義前後	唐生明	《湖南文史資料選輯》第 35 輯	1989 年
166	陳牧農	抗日將領陳牧農	桑政文	湖南《湘西文史資料》第 11 輯	1988 年
167	陳牧農	張發奎談陳牧農之死	楊伯熙	湖南《湘西文史資料》第 12 輯	1988 年
168	陳泰運	陳泰運	張申瑜	《黔南文史資料選輯》第六輯	1987 年
169	陳德法	陳德法師長抗日傳略	何炎等	浙江《諸暨文史資料》第三輯	1988 年
170	周士冕	周將軍士冕傳	胡純俞	臺灣《江西文獻》第五十七期	1970.12.2
171	周惠元	雙流縣誌——人物志——周惠元篇	原缺載	《雙流縣誌》四川雙流縣誌編纂委員會編四川人民出版社	1992.8
172	尚士英	洋縣縣誌——人物志——尚辛友 [士英]	原缺載	《洋縣縣誌》卷三十陝西洋縣誌編纂委員會編三秦出版社	1996.6
173	羅奇	羅奇生平片斷	浦維琪	廣西《容縣文史資料》第一輯	1986 年
174	羅煥榮	羅煥榮烈士事蹟略述	向棠	廣東《河源文史資料》第一輯	1989 年
175	羅毅一	赤水縣誌——人物志——羅毅一	原缺	《赤水縣誌》貴州赤水縣地方誌編纂委員會編貴州人民出版社	1990.8
176	范漢傑	原國民黨將領范漢傑先生簡歷	粵風	廣東《大埔文史》第三輯	1980 年
177	范漢傑	范漢傑乘機過潁記	張碩甫	河南《臨潁文史資料》第三輯	1986 年
178	范漢傑	東北「剿總」副總司令范漢傑被俘記	王瑞堂	全國政協《縱橫》第十一期	1985 年
179	鄭子明	黃埔軍校同學詩詞選——鄭子明簡介	原缺	遼寧人民出版社	1989.6
180	鄭作民	憶往事，思作民	陳玉武	湖南《新田文史資料》第一輯	1989 年
181	鄭作民	新田民眾哀悼鄭作民將軍追憶	文佑民	湖南《新田文史資料》第一輯	1989 年
182	鄭洞國	鄭洞國所部在拖溪	毛緒福	湖北《枝城文史資料》第三輯	1989 年
183	鄭洞國	目睹鄭洞國在長春放下武器	楊治興	《江蘇文史資料》第二十四輯	1988 年
184	金仁宣	英山縣誌——人物志——金仁宣	原缺	《英山縣誌》英山縣地方誌編纂委員會編中華書局出版	1998.12
185	侯又生	孫中山衛士話今昔——訪黃埔一期生侯爵 [又生] 先生	陳來安	《黃埔月刊》1994 年第三期	1993.3
186	侯克聖	我所知道的侯克聖	曾凈	江西《新幹文史資料》第一輯	1985 年
187	侯鏡如	侯鏡如傳略	原缺	河南《永城文史資料》第二輯	1985 年

188	俞濟時	兩任浙江省政府保安處處長的俞濟時	汪煜	《浙江文史資料選輯》第 13 輯	1979 年
189	俞濟時	我所知道的俞濟時	汪堅心	浙江《杭州文史資料》第五輯	1985 年
190	俞濟時	漫憶俞濟時	項德頤	浙江《奉化文史資料》第五輯	1989 年
191	姚光鼐	東至〔秋浦〕縣誌－人物志－姚光鼐	原缺	《東至縣誌》安徽東至縣地方誌編纂委員會編安徽人民出版社	1991.10
192	宣俠父	宣俠父在第二十五路軍營救呂丹同志的前後	萬亞新	安徽《繁昌文史資料》第二輯	1985 年
193	宣俠父	宣俠父鎮江避難記	蔣超雄	全國政協《縱橫》第三十六輯	1989 年
194	宣俠父	緬懷良師益友——宣俠父同志	黃正清	《甘肅文史資料選輯》第 22 輯	1985 年
195	宣俠父	宣俠父烈士生平瑣記	李文田	河北《武強文史資料》第一輯	1983 年
196	宣鐵吾	宣鐵吾生平事略	徐範	浙江《諸暨文史資料》第三輯	1988 年
197	宣鐵吾	懷念宣鐵吾將軍	尚季生	浙江《嘉善文史資料》第三輯	1988 年
198	宣鐵吾	回憶青兄宣鐵吾	卓永霖	浙江《嘉善文史資料》第三輯	1988 年
199	宣鐵吾	憶宣鐵吾同學	周志堅	浙江《嘉善文史資料》第三輯	1988 年
200	宣鐵吾	我所知道的宣鐵吾	馬芬蓮	浙江《嘉善文史資料》第三輯	1988 年
201	宣鐵吾	宣鐵吾在浙江的罪惡活動	鄭琴隱	浙江《嘉善文史資料》第三輯	1988 年
202	宣鐵吾	浙江黃埔系首腦宣鐵吾	章微寒	臺灣《傳記文學》	1994.9
203	洪劍雄	丹心永存照汗青——洪劍雄烈士的光輝業績	韓宏元等	海南《澄邁文史》第一輯	1985 年
204	胡宗南	胡宗南這個人	楊者聖	上海人民出版社	1996.6
205	胡宗南	胡宗南王牌軍的興起和覆滅	胡映光	《河北文史資料選輯》第 12 輯	1983 年
206	胡宗南	胡宗南其人	張新	《浙江文史資料選輯》第 23 輯	1982 年
207	胡宗南	胡宗南部逃竄西昌和覆滅實錄	李猶龍	四川《涼山文史資料》第五輯	1987 年
208	胡宗南	我任胡宗南部人事處長的見聞	張汝弼	貴州《貴陽文史資料》第三輯	1982 年
209	胡宗南	胡宗南黃埔系軍事集團的產生、發展和滅亡	王應尊	《陝西文史資料選輯》第五輯	1964 年
210	胡宗南	胡宗南部 1946－1949 反共軍事活動	裴昌會	《陝西文史資料選輯》第五輯	1964 年
211	胡宗南	回憶胡宗南侵入陝北後的一些活動	王友直	《陝西文史資料選輯》第五輯	1964 年
212	胡宗南	胡宗南逃踞漢中期間的活動見聞	何文鼎	《陝西文史資料選輯》第五輯	1964 年
213	胡宗南	胡宗南與中央陸軍軍官學校第七分校	楊健	陝西《長安文史資料》第二輯	1983 年
214	鍾彬	原國民黨將領鍾彬簡介	羅文進	廣東《興寧文史資料》第八輯	1987 年
215	項傳遠	原國民黨軍官項傳遠事略	張洪棠	山東《廣饒文史資料》第四輯	1985 年
216	唐震	革命先烈唐震	唐德等	廣東《興寧文史》第二輯	1982 年

217	唐繼盛	黃陂縣誌　　人物志　　唐繼盛	原缺	《黃陂縣誌》黃陂縣地方誌編纂委員會編武漢出版社	1992.12
218	夏楚中	夏楚中將軍口述生平	夏開元記	臺灣《湖南文獻》第二十六卷	1998.4
219	夏楚中	夏楚中傳略	夏國清	湖南《桃江文史資料》第六輯	1990 年
220	夏楚中	夏楚中略歷	夏冠俊	湖南《益陽文史資料》第七輯	1990 年
221	徐會之	憶徐會之在第二次國共合作初期事蹟	徐世江	《湖北文史資料》第十二輯	1985 年
222	徐會之	緬懷父親徐會之	徐華南	湖北《黃岡文史資料》第二輯	1987 年
223	徐會之	貫徹團結抗日精神的徐會之	徐世江	湖北《黃岡文史資料》第二輯	1987 年
224	徐會之	我所知道的徐會之	盧明哲	湖北《黃岡文史資料》第二輯	1987 年
225	徐向前	徐向前同志回故鄉	趙培成	山西《五台文史資料》第二輯	1986 年
226	徐向前	徐向前關心戰俘改造	喬錫章	《山西文史資料》第三十九輯	1985 年
227	桂永清	桂永清其人其事	吳幼元	《江西文史資料》第二十六輯	1987 年
228	桂永清	從桂永清談到國民黨海軍派系	王振中	《江西文史資料》第二十輯	1986 年
229	桂永清	桂永清的戎馬生涯	汪渡	江西《貴溪文史資料》第三輯	1987 年
230	桂永清	桂永清家世及其青少年時代	成運	江西《鷹潭文史資料》第一輯	1988 年
231	桂永清	我所知道的桂永清	王振中	江西《鷹潭文史資料》第一輯	1988 年
232	袁守謙	袁守謙詩《秋夕偶識》試注	朱曙永	《長沙文史資料》第三輯	1986 年
233	袁守謙	黃埔儒將袁守謙	吳相湘	臺灣《湖南文獻》	原缺
234	賈伯濤	忠誠捍衛國共第二次合作的賈伯濤將軍	王彬	湖北《大冶文史資料》第一輯	1986 年
235	郭安宇	郭安宇史略	賈福昌	河南《禹縣文史資料》第一輯	1985 年
236	顧希平	舊夢堪憶不堪追	顧吳蘭芬	臺北顧希平妻吳蘭芬七十歲版	1976 年
237	曹淵	曹淵	李家馨	安徽《壽縣文史資料》第一輯	1986 年
238	梁幹喬	梁幹喬	楊英	廣東《梅到文史資料》第 15 輯	1989 年
239	梁幹喬	我所知道的梁幹喬其人	郭清廉	陝西《宜君文史》第三輯	1986 年
240	梁幹喬	梁幹喬在淳化的行徑	王秉義	陝西《淳化文史資料》第一輯	1988 年
241	梁幹喬	戴笠將軍的幕僚長——梁幹喬	喬家才	臺灣《中外雜誌》	1976.1
242	梁漢明	梁漢明其人其事	梁伯彥	湖北《通城文史資料》第四輯	1988 年
243	梁漢明	第四次長沙會戰中的梁漢明將軍	陳燕茂	廣東《茂名文史資料》第 11 輯	1987 年
244	梁漢明	梁漢明的戎馬生涯及其愛好	梁伯彥	廣東《信宜文史資料》第六輯	1989 年
245	梁華盛	往事依稀憶華公	何茂先	廣東《茂名文史》第十一輯	1989 年
246	梁華盛	久不見，常相憶——思念梁華盛兄弟	沈麗坤	廣東《茂名文史》第十一輯	1989 年
247	梁華盛	我所知道的梁華盛	王振中	吉林《長春文史資料》第 33 輯	1990 年
248	梁廷驤	梁廷驤——東征陣亡烈士	閻史	廣東《雲浮文史資料》第一輯	1984 年
249	梁錫祜	梁錫祜	陳耀忠	廣東《梅縣文史資料》第 15 輯	1989 年
250	睦宗熙	睦宗熙烈士事略	眭雲章	臺北《丹陽文獻》第二十八期	1973.4.15

251	蕭乾	黃埔一期的蕭乾	亮節等	福建《長汀文史資料》第11輯	1986年
252	蕭乾	蕭乾之死	李海	福建《福鼎文史資料》第一輯	1982年
253	蕭運新	藍山縣民國時期軍政官員名單——蕭運新	原缺	《藍山縣誌》湖南藍山縣地方誌編纂委員會編中國社會出版社	1995.8
254	蕭冀勉	原國民黨陸軍中將蕭冀勉事略	黃集勝	廣東《興甯文史》第十二輯	1989年
255	蕭贊育	我所認識的蕭贊育先生	潘鑒	湖南《邵陽文史資料》第八輯	1987年
256	閻揆要	回憶閻揆要團在白水	閻則昌	陝西《白水文史資料》第二輯	1987年
257	黃杰	我所知道的黃杰	江翠竹	湖南《長沙文史資料》第五輯	1987年
258	黃杰	1949年冬黃杰入越紀實	老兵	《湖南文史資料》第二十四輯	1987年
259	黃杰	黃杰在芷江召開的一次「打氣會」	張德漢	湖南《芷江文史資料》第三輯	1990年
260	黃維	黃維在蓮荷	朱火金	江西《貴溪文史資料》第五輯	1988年
261	黃維	黃維最後一次故鄉行	李雲	江西《貴溪文史資料》第七輯	1990年
262	傅正模	起義中的傅正模將軍	韓子庚	《湖南文史資料選輯》第35輯	1989年
263	彭善	彭善其人	鄭桓武	湖北《黃陂文史資料》第三輯	1989年
264	彭幹臣	迷失了的革命功臣——彭幹臣	尹家銘	《百年潮》2000年第四期	2000.4
265	曾擴情	曾擴情剪影	佟爾倩	《遼寧文史資料》第二十一輯	1987年
266	曾擴情	曾擴情三進中南海	曾心如	遼寧《本溪文史資料》第四輯	1989年
267	曾紹文	江永縣誌——人物志——曾紹文	原缺	《江永縣誌》湖南江永縣地方誌編纂委員會編方志出版社	1995.9
268	曾潛英	曾潛英先生傳略	曾匡時	湖南《臨湘文史資料》第三輯	1987年
269	焦達悌	簡述父親焦達悌的一生	焦傳愛	《湖南文史資料選輯》第22輯	1986年
270	董釗	我所知道的董釗	石仲偉	陝西《蓮湖文史資料》第二輯	1987年
271	董釗	我所知道的董釗	陳彥傑等	《陝西文史資料》第十七輯	1986年
272	董釗	我所知道的董釗	王鶴雄	河北《安新文史資料》第一輯	1986年
273	董釗	董釗逃竄漢中西鄉的一些情況	張炳烈	陝西《西鄉文史資料》第一輯	1983年
274	蔣伏生	蔣伏生事略	蘇聯民	湖南《祁陽文史資料》第六輯	1990年
275	蔣先雲	回憶北伐軍團長蔣先雲	吳仲禧	全國政協《革命史資料》第二輯	1981年
276	蔣先雲	紀念革命烈士蔣先雲	晃淩音	河南《漯河文史資料》第一輯	1987年
277	蔣孝先	蔣孝先被處決真相	儲榮邦	《文史資料選輯》第一〇九輯	1987年
278	蔣鐵鑄	黃埔一期學員蔣鐵鑄小傳	蔣賢書	湖南《新田文史資料》第一輯	1989年
279	謝任難	民國時期耒陽人在外地軍政界任職名單表——謝任難	原缺	《耒陽市志》湖南耒陽市地方誌編纂委員會編中國社會出版社	1993.2
280	韓浚	黃埔一期老大哥韓浚訪問記	方知	《湖北文史資料》第九輯	1984年
281	韓涵	韓石安〔又名之萬〕先生行狀	原缺	臺北《江蘇文獻》季刊第六期	1978.5.15
282	韓之萬	韓涵（之萬）先生傳略	張豫先	江蘇《鹽城文史資料》第九輯	1990年
283	蔡光舉	回憶蔡光舉烈士	原缺	貴州《遵義文史資料》第四輯	1984年

284	蔡光舉	黃埔島上葬忠魂——蔡光舉烈士墓記	卜穗文	廣東廣州《黃埔文史》第四輯	1988 年
285	蔡炳炎	抗日名將蔡炳炎	周海平	《安徽文史資料》第二十九輯	1988 年
286	蔡炳炎	蔡炳炎烈士的兩封遺書	原缺	上海《寶山史話》	1989 年
287	蔡炳炎	蔡炳炎將軍血戰羅店殉國記	薛祚光	安徽《合肥文史資料》第四輯	1987 年
288	蔡炳炎	蔡炳炎年表	劉傳增	安徽《合肥文史資料》第四輯	1987 年
289	譚其鏡	譚其鏡烈士生平略述	鄧樹榮等	廣東《羅定文史》第三輯	1983 年
290	譚輔烈	譚輔烈將軍往事片斷回憶	程玉鳳錄	臺北《藝文志》第二零四期	1982.9.15
291	潘學吟	黃埔軍校第一期畢業生潘學吟	張弘	廣東《新豐文史》第三輯	1985 年
292	顏逍鵬	國民黨軍隊茶陵籍將軍簡介－顏逍鵬	原缺	《茶陵文史》第七輯	1991.12
293	顏逍鵬	黃埔軍校第一期的顏逍鵬	陳詠濤	湖南《茶陵文史》第三輯	1988 年
294	霍揆彰	霍揆彰其人其事	唐家鈞等	湖南《酃縣文史資料》第一輯	1987 年
295	戴文	起義將領戴文	蔣寧等	湖南《新邵文史資料》第三輯	1989 年
296	戴文	回憶戴文將軍	譚青如	湖南《邵陽文史資料》第十輯	1988 年

　　涉論第一期生的內容與形式應當是相當寬泛和豐富的，經過收集與整理的書目與資料輯錄，累計有 296 篇，反映出第一期生在歷史的各個時期，依然是民國軍事歷史研究關注的熱點。在第一期生成長地、任職地或知情人、同僚部屬、親朋好友等，都留下許多軼事片斷為後人記述，散見於全國各地文史資料。而通過第一期生引發的史事與人物，涉論的內容就更為廣泛了。限於篇幅，以上輯錄的僅是「滄海一粟」。

第二十一章

「黃埔嫡系」第一期生群體
——軍事領導集團述略

　　關於黃埔軍校第一期生作為國民革命軍「黃埔嫡系」引領群體或軍事領導集團，一直是民國軍事史以及現代軍事教育史研究的重點問題。從軍事觀點分析，第一期生是孫中山先生國民革命軍事思想締造的新的「軍官階層」；從政治和歷史的觀點分析，是早期的中國國民黨力圖造成政黨政治變革的時代產物；從教育與學術的觀點考察，是中華軍事傳統說教與現代軍事教育理念及其先進軍事學術的結晶，是新一代的政治與軍事因素融合一體的「軍界精英」，或稱其為「軍事精英」。

　　首先，黃埔軍校倡導的軍事與政治訓練相結合的現代軍事教育，具有強烈的民族主義救亡圖存的理想和願望。以軍事手段實現政治目的，用孫中山先生的偉大構想，就是通過北伐戰爭和國民革命運動實現理想的三民主義。這就需要締造一個嶄新的「軍事精英」群體，也就是孫中山先生「用五百人造成我理想革命軍」的偉大戰略構思初衷。第一期生這一「軍事精英」群體，並不是獨立的精英群體，他們憑藉初級軍事教育程度，倚仗政黨與軍事扶持背景，取得比較其他軍人優勢的政治支持，進而在軍事領域特別是在軍隊獲得高級指揮權，換句話說，他們與「文官精英」存有顯著區別，最為突出的一點是：以第一期生為主體形成的「軍事精英」，比較同時共存的其他「軍校生」或「後期生」而言，

更加接近於「引領群體」或「軍事領導集團」，因此將他們稱作「軍事精英」是恰如其分的。

其次是現代軍事教育中民族尚武主義的興起。中華文明傳統的民族尚武主義崇尚「文韜武略」，比較成語中強調的「武功」和「文治」同等重要，「文武全才」指的是文武素質結合，才能造就完整意義上的才能；「文經武緯」蘊含完美的人應當具備文武兩方面的才幹；「文治武功」寓意政治才幹與軍事韜略比翼齊飛，相得益彰，引申作政治與軍事的融合，或是「新一代軍人」政治教育與軍事訓練相結合，其實質也是現代意義上的民族尚武主義的核心內涵。從黃埔軍校的新型軍事教育為開端，無論是中國國民黨和國民革命軍，或是中共及其軍隊，都將其引為傳統教育形式在各自政黨統轄的軍隊和軍事領域以外的方方面面加以推行和發揚。這種新型軍事教育培養的首批學員第一期生，成長為現代意義的民族尚武主義和凝聚政黨政治傾向的「文韜武略」軍事精英群體。

再次，關於民國社會客觀存在的「軍事精英」群體的綜合分析。所謂「精英」是指社會中的傑出才能者。在任何社會中，精英都是規模很小的群體。雖然精英群體人數很少，其能量巨大，特別是始終伴隨政治社會變革的軍事精英，往往對於全社會甚至對於一個時代的國體或格局發生重大影響。並不是說所有第一期生都納入「精英」範疇，「精英」也有「良莠」之別，況且「軍事精英」在成長過程中也存在著「優勝劣汰」的自然規律，中國社會的一個突出特點就是精英人物，某個時代通過某種政治變革凸顯的精英人物往往就是軍事精英。特別是軍事精英人物在推進政治社會形態的變革過程所表現的能量和作用是十分巨大的，這可能是因為中國社會自秦以來兩千多年的中央集權制，造成政治力量主導力量——國家政權武力工具——軍事力量，尤其是軍事精英在民國社會形態本身固有的超強統轄能量，並由此形成了具有深厚根基的「精英文化」所致，黃埔軍校第一期學員引領的執政黨國民黨中央集權軍事主導力量，反映了屬於民國時代特殊的政治、軍事社會固有的、優劣共

存的文化形態和文明程度。筆者認為，任何社會的精英群體都要解決三個基本問題，這就是精英配置、精英迴圈與精英互換的問題。

下面筆者試圖通過對民國社會政治形態下曾經起過主導作用的黃埔軍校第一期學員引領的「黃埔嫡系」軍事精英群體，著重分析其在上述三個方面所起過歷史作用和影響之基本軌跡。筆者認為「精英配置」是指社會不同類型精英的量化關係，民國社會主要是由政治精英、軍事精英、專家（技術）精英三方面構成，三種形態的精英數量比例，需要一定的配置，三種中的軍事精英，在民國社會政治暨執政黨強權作用下的軍事強權，對中國國民黨二十二年的中央集權統治無疑起到了至關重要的作用。軍事力量——軍事精英在民國社會所起過的政治主導作用，充分表現了清末民國以來中國社會處於劇烈變革的特有形態，毛澤東著名論斷「槍桿子裏面出政權」，是對那個時代政黨武力形態最精闢概括。

所謂精英迴圈是指精英群體的繼承問題。義大利社會學家帕雷托指出：「精英群體要從底層吸收精英才能保持活力」。以蔣介石為核心的國民黨執政集團在處理「現有」軍事精英集團與「未來」軍事精英集團的關係處理上，居於中央集權核心高層的蔣介石集團，由廣州黃埔軍校第一期學員為核心、前六期學員為引領的「黃埔嫡系」開始了軍事勢力擴張和膨脹，處於國民革命軍軍事支柱是「黃埔嫡系」中央軍，打著黃埔軍校印記的各期各地學員源源不斷的輸送中央軍與地方軍閥勢力軍隊，形成了銘刻蔣介石個人獨裁印記的新的軍事精英群體，也由清末民國初期的以「保定軍校」師生為主體的軍事精英，蔣介石在通過對軍隊的不斷「中央化」，直接掌握軍隊軍師旅級主官，從二十世紀三十年代開始逐步由黃埔軍校第一期師生引領的「黃埔嫡系」將領循序漸進的完成了精英配置到精英迴圈的量化過程，到抗日戰爭勝利後，在蔣介石加速軍隊「中央化」的進程中，絕大部分軍隊中的師旅級及至基層主官均由「黃埔嫡系」將領或「黃埔軍校」畢業學員充任，最終實現了「黃埔嫡系」

將領取代「保定軍校系」將領的「超常態」精英互換的目標，完成了軍事精英配置、迴圈和互換三個階段的歷史過程。

在此特殊歷史形態的軍事精英群體演化進程中，黃埔軍校第一期學員許多在長期戰爭環境下成長壯大，其中相當一部分擔當了國民革命軍的軍級以上高級軍事指揮機關主官，在國民革命軍中央軍序列中逐步形成了主體核心層面，以黃埔軍校第一期學員將領為主體的軍事精英群體，曾經在民國時期獨領風騷近二十年，黃埔軍校也因此成為聞名於世的著名軍校。

由於歷史和政治原因，民國時期第一期生僅限於國民革命軍中央序列部隊形成有「黃埔嫡系」軍事領導集團。在中國共產黨方面的第一期生，主要是在北伐國民革命時期即二十世紀二十年代中期至三十年代初期，在北伐戰爭時期廣東革命根據地、一部分工農革命軍、中國工農紅軍以及部分蘇維埃根據地當中，曾經形成中共早期軍事工作骨幹組成部分。因此，我們也有理由認為，這部分為數不多的中共第一期生，是中共軍隊最初「引領群體」或「軍事領導集團」，或稱作中共的早期「軍事精英」。此後，由於國共兩黨從第一次合作演變「黨爭」破裂進而激化為敵對的「政爭」，中共軍隊內的少數第一期生，除個別仍在中共中央軍事機關或軍隊高級指揮崗位外，未能形成較為強盛的整體軍事骨幹優勢，進而被黃埔軍校「後期生」以及工農出身的武裝鬥爭軍事人才所取代。

第二十二章

第一期生群體對現代中國軍事、
政治之歷史作用與影響綜述

　　二十世紀中國的歷史學、軍事史學，似乎很難擺脫「不斷清理」的糾纏和煩擾。一方面清理千百年傳承下來的東西，另一方面免不了還要對清理再作一番清理，譬如「北伐戰爭」總結與對「國民革命運動」的歷史反思，就屬於這種史學的內容、特色。說近一些，關於抗日戰爭時期的正面戰場和敵後戰場，作為中國現代史中最為重要的「政黨戰爭觀」現象，長期為研究者視作困惑所在。在近代中國，歷史學說的始作俑意識，原本是稀薄和淡漠的，或者說並非土生土長，只是到了二十世紀初，隨著西潮東漸才在尋求現代化的知識份子頭腦中滋生起來，成為「開風氣」之中的革命歷史理想主義。但是，作為一種根底不深的思想與行為模式，歷史現實主義在中國，一開始就遭遇「保守」和「激進」兩股力量的挑戰與夾擊。過去所說的「歷史」，是「官家」範疇的始作俑，而非現代意義的「史家」，「史學」更是「官辦」的「史記」，容不得民間或學術界「班門弄斧」。現代中國社會以來，隨著歷史本身的進步和歷史現實主義的演進，「為史所記」才得以進入尋常百姓「史家」。人類對歷史的認識，如同對政治或政黨因素左右的黃埔軍校研究，是在不斷尋求具有民主法制精神、科學進步觀念和更為理性現實之歷史漫長過程，但當需要改變舊有政治社會結構時，政治家們選擇的是「改良」

途徑演進為「暴力」手段。通過殘酷戰爭或軍閥爭鬥達成的社會控制局面，歷史現象總是遭受一次又一次的循環往復。歷史學家在尋求答案和真諦過程中，困惑、迷惘、失望伴隨著搜尋、探索、追求，總是希望政治家們在民族災難與沉痛中總結教訓，引領大眾遠離戰爭與苦難。歷史學家在記述既往與總結現實中，總是希企登高遠望，從理想走向現實，由現實預示未來。假如沒有戰爭，沒有政黨和「政爭」，黃埔史跡還會出現或延續嗎？

　　形成於廣東的軍事教育現代化和革命化，是伴隨著廣東教育現代化後塵最為時尚，也是最引人注目的社會進步和時代脈搏。發源於那個歷史潮頭的軍事教育，具有鮮明的時代特徵和革命特質，是以培養高素質革命幹部和有覺悟的革命生力軍為主旨，因而以軍事教育為主流的革命教育得到了長足的發展。同時也是孫中山面對「千年未有之一大變局」，或「千載難逢」之革命大好形勢最為積極和成功的回應，在對中西文化教育差距和軍事教育理念落後的直觀認知和奮起變革腐朽禁錮的封建軍閥奴化軍事教育的強烈需求下，是孫中山為首的一批革命先驅者「順應時代進步潮流」作出的最明智抉擇也是唯一選擇。黃埔軍校之成功創辦以及第一期生群體「超乎尋常」之「卓越表現」，無疑充當了「當時革命的主導力量」，由國共兩黨共同推動和形成的黃埔軍校成功建軍經驗，應當可視為現代中國軍事教育現代化的里程碑或轉捩點，同時也是時代必然要求、社會進步潮流與代表當時先進政黨—中國國民黨與中國共產黨之成功結合範例，進一步說明了黃埔軍校的軍事教育和建軍模式是成功的。

　　軍隊是代表著國家意志的武裝力量，無疑是現代國家形態的特殊社會集團。恩格斯指出：「軍隊是國家為了進攻或防禦而維持的有組織的武裝集團」（恩格斯：《軍隊》，《馬克思恩格斯全集》第十四卷，第五頁）。軍隊的主要職責是保衛領土和主權不受外敵侵犯。因此，軍隊不幹政、不參政，不為某一政治、軍事集團所控制，是文明國家共同規則。在

二十世紀二十年代中期至四十年代末期，以「黃埔嫡系」為核心的國民革命軍中央軍，卻成了以蔣介石為代表的中國國民黨政黨政治的軍事工具，第一期生群體在其中扮演的引領和先導角色，對形成這一特殊軍事集團起到了推波助瀾的歷史作用和影響，對於現代中國的文明發展進程也起到了推進與延緩程度不同的歷史作用和影響。綜上所述，關於第一期生群體曾有過那些具有歷史上的進步意義呢？筆者認為有以下幾點：一是北伐國民革命時期成為「當時革命的主幹力量」，大體上可以認同；二是以第一期生群體為先導開創了政治訓練和軍事教育的現代軍隊建軍路線和模式，這一點也可作為歷史經驗加以總結；三是在中華民族生死攸關的十四年抗日戰爭中，相當數量的第一期生將領統率國家軍隊精銳之師始終戰鬥在抗日戰場第一線並取得顯著戰果，這個歷史功績和作用應當得到承認；四是海峽兩岸的第一期生始終堅持「一個中國」並為之進行長期不懈的努力，始終站在中華民族統一復興和引領歷史潮頭和大勢，這一歷史事實是第一期生群體最為可貴之處。

有關黃埔軍校史及其人物的研究，已經成為中國現代軍事史中必須涉論的斷代史，同時又是現代軍事教育史必須論及的學術史。這就是世所罕有的黃埔軍校和黃埔精神，黃埔軍校研究之源遠流長至今，孫中山先生生前倡導的軍事與教育並重的真諦，為國共兩黨掌握運用，成為創建軍隊建立政體之精神力量和軍事理念，以中華文化軍事學術傳承與創新，「黃埔精神」以其特有魅力，形成現代中國一代軍事精英群體。縱觀國民革命時期的黃埔軍校，集中體現了這一中華民族軍事精英群體之精神歷程，由孫中山先生倡導的北伐國民革命運動和中共早期領導人在廣東革命實踐，共同開啟了現代中國最具革命意義的軍事教育與政治訓練相結合的有益嘗試，對於國共兩黨建軍理論和治軍路線的確立，均有過程度不同、結局迥異和意義截然相反的影響與作用。

通常冠以「革命」的英雄主義，在今天的世界上仍舊具有意義深廣的含意。英雄這兩個字，在世界每個角落都是大寫的，英雄往往與民族

精神的傳承緊密相連。沒有自己值得崇敬的英雄的軍隊，是一支缺乏士氣的軍隊，是不可能打勝仗的軍隊，沒有革命意義上的英雄主義、民族尚武主義精神的軍隊，是一支沒有靈魂的軍隊！一支軍隊尚且如此，一個國家更是如此。儘管在歷史上對「英雄」的解釋各有不同，儘管並非每個第一期生都是「英雄」抑或「精英」化身，但當「英雄」作為群體蘊含著為民族、為正義、為了真理而奮鬥獻身，則是毋庸置疑的。只要是為了中華民族和社會進步，為了國家和真理而犧牲的，我們都將他們奉為「時代英雄群體」，我們都會緬懷和紀念他們！對於二十世紀二十年代國民革命和北伐戰爭，對於中華全民族偉大的抗日戰爭，對於由全民族各階層廣泛參與的民族解放戰爭，我們都要認真地加以總結和頌揚。以黃埔軍校第一期生為代表的「黃埔精神」，正是屬於那個時代「民族精神」的具體表現，是推動中華民族與社會進步的「英雄群體」。因此，為了紀念和緬懷黃埔軍校第一期英才，英名業績不致埋沒或泯滅，是筆者起草這部書時的最大心願！緬懷與紀念的另一層面意義在於：認識戰爭並遠離戰禍，研究軍史並造福後人，記述歷史並預示未來，這也是我們今天仍舊進行黃埔軍校史及其人物研究的歷史與現實意義所在。

參考徵引圖書刊物資料

陳訓正編 《國民革命軍戰史初稿》臺灣近代中國史料叢刊第七十九輯 文
　　海出版社有限公司 1978 年 1 月

劉峙著 《我的回憶》 臺灣文海出版社有限公司 1970 年印行

劉峙著 《黃埔軍校與國民革命軍》臺灣近代中國史料叢刊第八十二輯 文
　　海出版社有限公司 1980 年 1 月

臺灣近代中國史料叢刊第八十四輯 《棉湖大捷五十周年紀念特刊》 文海出
　　版社有限公司 1977 年 12 月

劉秉粹編 《革命軍第一次東征實戰記》臺灣近代中國史料叢刊第 84 輯文海
　　出版社有限公司 1980 年 1 月

臺灣中央警官學校校史編纂委員會編纂 《中央警官學校校史》臺北鴻文印
　　刷廠 1967 年 11 月出版

香港徐氏宗親會編輯委員會編印 《徐氏歷代名人錄》香港徐氏宗親會 1971
　　年 3 月

中國國民黨中央委員會黨史史料編纂委員會 《先總統蔣公百年誕辰紀念畫
　　冊》 臺北中央文物供應社 1986 年 10 月

蔣緯國總編著 《國民革命軍戰史－北伐統一》第二部（第 1 － 4 卷）臺灣
　　黎明文化事業股份有限公司 1980 年 10 月

蔣緯國總編著 《國民革命軍戰史－抗日禦侮》第三部（第 1 － 10 卷）臺灣
　　黎明文化事業股份有限公司 1978 年 10 月 31 日

王多年總編著 《國民革命軍戰史－反共戡亂》第四部（第 1 － 5 卷）臺灣
　　黎明文化事業股份有限公司 1982 年 6 月 25 日

劉紹唐主編 《民國人物小傳》第一至三十輯　　臺灣傳記文學出版社

中央陸軍軍官學校校史編纂委員會編纂 《中央陸軍軍官學校史稿》（1934 年
　　12 月印行線裝本 10 卷，藏于廣州市國家檔案館）

中央陸軍軍官學校校史編纂委員會編纂 《中央陸軍軍官學校史稿》（1 － 11
　　冊） 臺灣龍文出版社圖書有限公司 1990 年 1 月

沈雲龍主編 《傳記文學》1998 年－2005 年全年各期　臺灣傳記文學出版社

美國‧柯博文著，馬俊亞譯：社會科學出版社 2004 年 7 月《走向「最後關頭」─中國民族國家構建中的日本因素 (1931-1937)》

蔣中正著：臺北國史館編纂《蔣總統集》第二卷第 2057-2068 頁；《革命文獻》第七十二輯第 136 頁《敵乎？友乎？》

劉真主編，王煥琛編著：臺北國立編譯館 1980 年版《留學教育》（一）、（二）。

李躍幹著：九州出版社 2011 年 5 月《日據時期臺灣留日學生與戰後臺灣政治》

中國近代兵工史料徵集委員會編纂：《中國近代兵器工業──清末至民國的兵器工業》，國防工業出版社，1998 年 4 月。

《中國航空史》編審委員會姚峻主編：《中國航空史》，大象出版社，1998 年 9 月。

中國第二歷史檔案館主編萬仁元：「中國近代珍藏圖片庫」《袁世凱與北洋軍閥》，商務印書館（香港）有限公司，1994 年 7 月。

中國第二歷史檔案館，主編萬仁元：「中國近代珍藏圖片庫」《孫中山與國民革命》，臺灣商務印書館股份有限公司，1994 年 7 月。

中國第二歷史檔案館，主編萬仁元：「中國近代珍藏圖片庫」《蔣介石與國民政府》（上），商務印書館（香港）有限公司，1994 年 8 月。

中國第二歷史檔案館，主編萬仁元：「中國近代珍藏圖片庫」《蔣介石與國民政府》（中），商務印書館（香港）有限公司，1994 年 8 月。

中國第二歷史檔案館，主編萬仁元：「中國近代珍藏圖片庫」《蔣介石與國民政府》（下），商務印書館（香港）有限公司，1994 年 8 月。

中國第二歷史檔案館，主編萬仁元：「中國近代珍藏圖片庫」《汪精衛與汪偽政府》（上），臺灣商務印書館股份有限公司，1994 年 7 月。

中國第二歷史檔案館，主編萬仁元：「中國近代珍藏圖片庫」《汪精衛與汪偽政府》（下），臺灣商務印書館股份有限公司，1994 年 7 月。

中國第二歷史檔案館編：江蘇古籍出版社 1991 年 6 月《中華民國史檔案資料彙編》第一、二輯。

臺灣成文出版社有限公司 1972 年 8 月印行《國民政府公報》1925 年 7 月至
　　1948 年 10 月銓敘任官頒令。

臺灣版本《當代中國名人錄》

復旦大學歷史系資料室編：上海辭書出版社 2009 年《二十世紀中國人物傳
　　記資料索引》第 1—4 冊。

吳相湘著：臺灣傳記文學出版社 1982 年 9 月 15 日《民國百人傳》第一至四冊

吳相湘著：中國大百科全書出版社 2009 年 4 月《民國人物列傳》上下冊

吳相湘著：中國大百科全書出版社 2011 年 1 月《民國政治人物》

中國社會科學院近代史研究所編：社會科學文獻出版社 2009 年 9 月《民國
　　人物與民國政治》

劉剛、焦潔編著：廣東人民出版社 2003 年 7 月《臨時政府職官傳略》

臺灣中華文化基金會編印　《蕭贊育先生紀念集》　1994 年 4 月出版

李烈鈞著：中華書局 2007 年 6 月《李烈鈞將軍自傳》、《李烈鈞出巡記》

楊國慶編著：江蘇古籍出版社 1998 年 10 月《民國名人墓》

廣州市國家檔案館藏《北京政府陸軍部統轄官佐職員錄》（中華民國三年北
　　京印鑄局印行）

王健民著：臺北漢京文化事業有限公司 2003 年 1 月印行《中國共產黨史》（第
　　一篇・上海時期）

王健民著：臺北漢京文化事業有限公司 2003 年 1 月印行《中國共產黨史》（第
　　二篇・江西時期）

王健民著：臺北漢京文化事業有限公司 2003 年 1 月印行《中國共產黨史》（第
　　三篇・延安時期）

王健民著：臺北漢京文化事業有限公司 2003 年 1 月印行《中國共產黨史》（第
　　四篇・北平時期）

楊克林、曹紅編纂：《中國抗日戰爭圖志》（上中下三冊），香港寰宇出版機
　　構，1996 年。

廣州近代史博物館黃埔軍校舊址紀念館編纂：《國民革命與黃埔軍校——紀
　　念黃埔軍校建校 80 周年學術論文集》，吉林人民出版社，2004 年 5 月。

鍾啟河主編：《抗日戰爭中的薛嶽》，廣東樂昌市政協文史資料研究委員會，1995 年 8 月。

胡兆才著：《血戰——國民黨軍正面戰場抗戰紀實》，中國社會科學出版社，2004 年 6 月。

陳貞壽編著：《圖說中國海軍史》（上中下三冊，精裝本），福建教育出版社，2004 年 10 月。

馬毓福編著：《中國軍事航空（1908—1949）》，航空工業出版社，1994 年 6 月。

鄭梓湘著：《民國廣東空軍滄桑史》《中山文史》第 34 輯，廣東中山市政協文史資料委員會、中山市華僑港澳臺人物傳編纂委員會，1994 年 11 月。

楊克林、曹紅編著：《不能忘記的抗戰》，上海書報出版社，2005 年 4 月。

[日本]堀場一雄著：《日本對華戰爭指導史》軍事科學出版社 1988 年 3 月出版。

覃怡輝著：臺北中央研究院聯經出版公司 2009 年 11 月《金三角國軍血淚史 1950--1981》

秦孝儀主編：中國國民黨中央委員會黨史委員會出版，臺灣中央文物供應社 1985 年 11 月印行《中華民國重要史料初編－對日抗日戰爭（第五編）中共活動真相》第一至四冊；

《蔣委員長西安半月記－蔣夫人西安事變回憶錄》1977 年 10 站臺北中央文物供應社印行。

（美國）拉夫爾·鮑威爾著：中國社會科學出版社 1979 年 8 月《中國軍事力量的興起》

臺北中華學院中華戰術研究會主編：臺北國防研究院中華大典編印委員會 1968 年 6 月出版發行《中國軍事思想史》

王奇生著：華文出版社 2011 年 2 月《黨員、黨權與黨爭—1924-1949 中國國民黨的組織形態》（修訂增補本）

澳大利亞·馮兆基著，郭太風譯：上海人民出版社 1994 年 4 月《軍事近代化與中國革命》

崔之清主編：社會科學文獻出版社 2007 年 6 月《中國國民黨政治與社會結構之演變》上中下冊

師博主編：人民中國出版社《外蒙古獨立內幕》

[日本]菊池一隆著：袁廣泉譯：社會科學文獻出版社 2011 年 5 月《中國抗日軍事史》

敖文蔚著：商務印書館 2011 年 6 月「珞珈史學文庫」《民國戰爭與社會》

胡德坤著：商務印書館 2010 年 11 月「珞珈史學文庫」《中日戰爭史研究 (1931-1945)》

中國第二歷史檔案館編：江蘇古籍出版社、鳳凰出版傳媒集團／鳳凰出版社《中華民國史檔案資料彙編》第一至第五輯各編、總編目索引

全國政協文史資料委員會編纂《文史資料存稿選編──晚清北洋》（上、下）中國文史出版社 2002 年 8 月

全國政協文史資料委員會編纂《文史資料存稿選編──東征北伐》 中國文史出版社 2002 年 8 月

全國政協文史資料委員會編纂《文史資料存稿選編──十年內戰》 中國文史出版社 2002 年 8 月

全國政協文史資料委員會編纂《文史資料存稿選編──西安事變》 中國文史出版社 2002 年 8 月

全國政協文史資料委員會編纂《文史資料存稿選編──抗日戰爭》（上、下）中國文史出版社 2002 年 8 月

全國政協文史資料委員會編纂《文史資料存稿選編──日偽政權》 中國文史出版社 2002 年 8 月

全國政協文史資料委員會編纂《文史資料存稿選編──全面內戰》（上中下）中國文史出版社 2002 年 8 月

全國政協文史資料委員會編纂《文史資料存稿選編──政府、政黨》中國文史出版社 2002 年 8 月

全國政協文史資料委員會編纂《文史資料存稿選編──軍事機構》（上、下）中國文史出版社 2002 年 8 月

全國政協文史資料委員會編纂《文史資料存稿選編──軍事派系》（上、下）中國文史出版社 2002 年 8 月

全國政協文史資料委員會編纂《文史資料存稿選編──軍政人物》（上、下）中國文史出版社 2002 年 8 月

中國第二歷史檔案館供稿影印 《黃埔軍校史稿》檔案出版社 1989 年 7 月

湖南省檔案館校編 《黃埔軍校同學錄》 湖南人民出版社 1989 年 7 月

中國革命博物館編 《黃埔軍校史圖冊》 廣東人民出版社 1993 年 12 月

廣東革命歷史博物館編 《黃埔軍校史料》 廣東人民出版社 1982 年 2 月

陳以沛 鄒志紅 趙麗屏合編 《黃埔軍校史料》（續編） 廣東人民出版社 1994 年 3 月

肇慶市〔葉挺獨立團紀念館〕編 《葉挺獨立團史料》 廣東人民出版社 1991 年 1 月

北京圖書館編 《民國時期總書目－軍事》（1911 － 1949） 書目文獻出版社 1994 年 4 月

北京圖書館編 《民國時期總書目－政治》（1911 － 1949）（上、下） 書目文獻出版社 1996 年 4 月

北京圖書館編 《民國時期總書目－歷史、傳記》（1911 － 1949）（上、下） 書目文獻出版社 1994 年 8 月

徐友春 蔡鴻源 周光培等十一人編輯《國民政府公報》（共 110 冊）河海大學出版社 1989 年 7 月

丘挺 鄧演超主編 《鄧演達紀念畫冊》（《鄧演達紀念畫冊》編委會編）廣東人民出版社 1995 年 12 月

郭汝瑰 黃玉章主編 《中國抗日戰爭正面戰場作戰記》（上、下冊） 江蘇人民出版社 2002 年 1 月

黔西南州政協文史資料委員會編 《興義劉、王、何三大家族》貴州省政協文史資料委員會 中國文史出版社 1990 年 8 月

戚厚傑 劉順發 王楠編著 《國民革命軍沿革實錄》 河北人民出版社 2001 年 1 月

倪正太 陳曉明著 《民國職官辭典》 黃山書社 1998 年 10 月

陳元方 史拙農編著 《西安事變與第二次國共合作》陝西省地方誌編纂委員會主編 長城出版社陝西旅遊出版社 1988 年 11 月

單錦珩總主編 《浙江古今人物大辭典》（上、下冊） 江西人民出版社 1998 年 8 月

汪朝光著 《中華民國史》第三編第五卷《從抗戰勝利到內戰爆發前後》 中華書局 2000 年 9 月

朱宗震 陶文釗著 《中華民國史》第三編第六卷《國民黨政權的總崩潰和中華民國時期的結束》 中華書局 2000 年 9 月

陳玉堂編著 《中國近現代人物名號大辭典》（續編） 浙江古籍出版社 2001 年 12 月

余克禮 朱顯龍主編 《中國國民黨全書》中國社會科學院臺灣研究所編纂 陝西人民出版社 2001 年 4 月

中國社會科學院近代史研究所編纂 《民國人物傳》（中華民國史資料叢稿） 第 1－12 冊 中華書局 1978 年 8 月至 2006 年 1 月

姜克夫編著 《民國軍事史略稿》（中華民國史資料叢稿）第 1－4 卷六部書 中華書局 1987 年 3 月至 1995 年 6 月

《安徽近現代史辭典》編委會編 《安徽近現代史辭典》安徽省政協文史資料委員會 中國文史出版社 1990 年 6 月

中國人物年鑒社編輯部編纂 《中國人物年鑒》1997 年至 2005 年各年本 中國文學藝術界聯合會主管 中國中外名人文化研究會主辦

十九路軍淞滬抗日將屬廣州聯誼會編纂 《十九路軍一二八淞滬抗日七十周年（1932－2002）紀念冊》

樊崧甫著《龍頭將軍沉浮錄》 上海書店出版社 1998 年 10 月

湖南省岳陽市政協文史資料委員會編纂 《岳陽籍原國民黨軍政人物錄》《岳陽文史》第十輯 1999 年 8 月

宋霖 劉思祥編著 安徽省政協文史資料委員會 政協港澳臺僑和外事委員會 安徽省社會科學院人物研究所合編《臺灣皖籍人物》2001 年 8 月

遵義市政協宣教文衛委員會編纂 《遵義民國軍政人物》《遵義文史》第七期 2001 年 12 月

林建曾 肖先治等編著《貴州著名歷史人物傳》 貴州人民出版社 2001 年 10 月

唐承德 《貴州近現代人物資料》(貴州近現代史料叢書之二) 中國近現代
　　史史料學學會貴陽市會員聯絡處編纂 1997 年 7 月

湘潭市地方誌編纂委員會 《湘潭市志－人物志》 中國文史出版社 1997 年 8 月

澹泊主編 湖南省地方誌編纂委員會編纂 《湖南名人志》湖南省志叢書
　　(第 1－4 卷) 中國檔案出版社 1999 年 11 月

湖南省地方誌編纂委員會編纂 《湖南省志－人物志》(上、下冊) 湖南出
　　版社 1992 年 11 月

吳成平主編 《上海名人辭典(1840－1998)》 上海辭書出版社 2001 年 2 月

范運晰著 《瓊籍民國人物傳》 南海出版公司 1999 年 6 月

管林主編 《廣東歷史人物辭典》 廣東高等教育出版社 2001 年 6 月

郭人民 史蘇苑主編 《中州歷史人物辭典》 河南大學出版社 1991 年 8 月

寧凌慶山編著《國民黨治軍檔案》(上下冊) 中共黨史出版社 2003 年 12 月

陳謙平主編 《中華民國史新論》(政治.中外關係.人物卷) 生活.讀書.新
　　知三聯書店 2003 年 8 月

國務院參事室編纂 《新中國政府參事—紀念國務院參事室成立 50 周年》
　　中華書局 1999 年 10 月出版

中國社會科學院臺灣研究所編 《臺灣當代人物辭典》中國大百科全書出版
　　社 2003 年 11 月出版

中國歷史博物館中國第二歷史檔案館合編 《中華民國歷史照片集》團結出
　　版社 2002 年 1 月

《安徽人物大辭典》編纂委員會編纂 《安徽人物大辭典》 團結出版社
　　1996 年 11 月

楊克林 曹紅編著 《中國抗日戰爭圖志》(上中下三冊) 香港天地圖書有
　　限公司新大陸出版社有限公司 1992 年 9 月首版 1992 年 10 月再版

李明主編 《國民革命與黃埔軍校——紀念黃埔軍校建校 80 周年學術論文
　　集》廣州近代史博物館黃埔軍校舊址紀念館編纂 吉林人民出版社
　　2004 年 5 月

胡兆才著 《血戰——國民黨軍正面戰場抗戰紀實》 中國社會科學出版社
　　2004 年 6 月

馬毓福編著 《中國軍事航空 [1908 － 1949]》 航空工業出版社 1994 年 6 月

鄭光路著 《川人大抗戰》 四川出版集團四川人民出版社 2005 年 1 月

柳曉徵著 《中日常德大血戰紀實》 新疆人民出版社 2003 年 4 月

唐未之 曠順年著 《南嶽忠烈祠——抗日戰爭南嶽忠烈祠簡介》 海南出版
    社 1995 年 12 月

湖北省政協文史資料委員會編纂 《湖北文史集粹》（1 － 6 冊） 湖北人民出
    版社 1999 年 9 月

中國第二歷史檔案館編 《抗日戰爭正面戰場》〔增補本〕（上中下三冊）鳳
    凰出版社古籍部 2005 年 8 月版

熊明安著 《中華民國教育史》 重慶出版社 1997 年 12 月

中國現代史資料編輯委員會 （抗戰的中國叢刊之二）《抗戰中的中國經濟》
    時事問題研究會編 1940 年出版 1957 年 5 月再版

中國現代史資料編輯委員會 （抗戰的中國叢刊之二）《抗戰中的中國軍事》
    時事問題研究會編 1940 年出版 1957 年 5 月再版

《天津文史資料選輯》、《河北文史資料選輯》若干期

楊克林 曹紅編著《不能忘記的抗戰》 上海畫報出版社 2005 年 4 月

任海生編著 《共和國特赦戰犯始末》 華文出版社 1995 年 12 月

邢克鑫編著 《秦城戰犯改造紀實》 中共黨史出版社 2005 年 1 月

姚仁雋編 《南昌、秋收、廣州起義人名錄》 長征出版社 1987 年 7 月

齊鵬飛著 《蔣介石家世》 團結出版社 2004 年 1 月

劉國銘主編 陳予歡第一副主編 《中國國民黨百年人物全書》 團結出版社
    2005 年 12 月

廣東省政協學習和文史資料委員會編 《廣東文史資料存稿選編》（1 － 6 冊）
    廣東人民出版社 2005 年 12 月

楊天石著 《蔣氏秘檔與蔣介石真相》社會科學文獻出版社 2002 年 2 月

李明偉著 《清末民初中國城市社會階層研究》（1897 － 1927）社會科學文
    獻出版社 2005 年 5 月

〔日本〕家近亮子著 王士花譯 《蔣介石與南京國民政府》社會科學文獻
    出版社 2005 年 1 月

〔日本〕佐滕三郎編輯 《民初議員列傳》 北京寫真通信社刊行 天一出版社 1917 年印行

中共中央組織部 中共中央黨史研究室 中央檔案館 《中國共產黨組織史資料》（1921 － 1997）中共黨史出版社 2000 年 9 月

中共中央組織部 中共中央黨史研究室 《中國共產黨歷屆中央委員大辭典》（1921 － 2003）中共黨史出版社 2004 年 11 月

中共中央黨史研究室編《中國共產黨歷史第一卷人物注釋集》 中共黨史出版社 2004 年 8 月

中共中央黨史研究室第一研究部編 《中國共產黨第七次全國代表大會代表名錄》中共黨史出版社 2004 年 10 月

《中國共產黨創建史辭典》編輯委員會（倪興祥主編），《中國共產黨創建史辭典》，上海人民出版社 2006 年 6 月

軍事科學院軍事圖書館編著 《中國人民解放軍組織沿革和各級領導成員名錄》（修訂版）軍事科學出版社 1990 年 10 月

軍事科學院軍事百科研究部編纂 《軍事人物百科全書》中共中央黨校出版社 1999 年 5 月

廖蓋隆主編 《中國共產黨歷史大辭典》〔增訂本—總論‧人物〕 中共中央黨校出版社 2001 年 6 月

中國人民解放軍歷史資料叢書編審委員會 中國人民解放軍歷史資料叢書《解放戰爭時期國民黨軍起義投誠－滬蘇皖浙贛閩地區》解放軍出版社 1994 年 6 月

中國人民解放軍歷史資料叢書編審委員會 中國人民解放軍歷史資料叢書《解放戰爭時期國民黨軍起義投誠－遼吉黑熱地區》 解放軍出版社 1996 年 2 月

中國人民解放軍歷史資料叢書編審委員會 中國人民解放軍歷史資料叢書《解放戰爭時期國民黨軍起義投誠－冀晉察綏平津地區》 解放軍出版社 1996 年 3 月出版發行

中國人民解放軍歷史資料叢書編審委員會　中國人民解放軍歷史資料叢書
　　《解放戰爭時期國民黨軍起義投誠－鄂湘粵桂地區》　解放軍出版社
　　1994 年 11 月

中國人民解放軍歷史資料叢書編審委員會中國人民解放軍歷史資料叢書《解
　　放戰爭時期國民黨軍起義投誠－川黔滇康藏地區》　解放軍出版社 1996
　　年 1 月出版發行

中國人民解放軍歷史資料叢書編審委員會　中國人民解放軍歷史資料叢書
　　《解放戰爭時期國民黨軍起義投誠－魯豫地區》　解放軍出版社 1995 年
　　7 月

中國人民解放軍歷史資料叢書編審委員會　中國人民解放軍歷史資料叢書
　　《解放戰爭時期國民黨軍起義投誠－陝甘寧青新地區》　解放軍出版社
　　1995 年 12 月

中國人民解放軍歷史資料叢書編審委員會　中國人民解放軍歷史資料叢書
　　《解放戰爭時期國民黨軍起義投誠－綜合冊》　解放軍出版社 1997 年
　　11 月

中國人民解放軍歷史資料叢書編審委員會　中國人民解放軍歷史資料叢書
　　《解放戰爭時期國民黨軍起義投誠－空軍》　解放軍出版社 1995 年 5 月

中國人民解放軍歷史資料叢書編審委員會　中國人民解放軍歷史資料叢書
　　《解放戰爭時期國民黨軍起義投誠－海軍》　解放軍出版社 1995 年 6 月

中國人民解放軍軍事科學院軍事歷史研究部　南昌八一紀念館編著《軍旗升
　　起的地方──八一史畫》　江西教育出版社 1997 年 7 月

中共黨史人物研究會編　《中共黨史人物傳》（第 1－60 卷）　陝西人民出版社

中共中央黨史資料徵集委員會　中共廣東省委黨史資料徵集委員會　廣東革
　　命歷史博物館編　《廣州起義》中共黨史資料出版社　1988 年 5 月

中國共產黨廣東省委組織部、中共廣東省委黨史研究室、廣東省檔案館　《中
　　國共產黨廣東省組織史資料》（上冊）中共黨史出版社 1994 年 12 月

中共河北省委組織部　中共河北省委黨史資料徵集編審委員會　河北省檔案
　　館《中國共產黨河北省組織史資料》（1922－1987）河北人民出版社
　　1990 年 7 月

中共河南省委組織部　中共河南省委黨史研究室　河南省檔案館《中國共產黨河南省組織史資料》第一卷（1921.12 － 1987.10）中共黨史出版社 1996 年 12 月

中共上海市委組織部　中共上海市委黨史資料徵集委員會　中共上海市委黨史研究室　上海市檔案館《中國共產黨上海市組織史資料》（1920.8 － 1987.10）上海人民出版社 1991 年 10 月

中共四川省委組織部　中共四川省委黨史研究室　四川省檔案館《中國共產黨四川省組織史資料》四川人民出版社 1994 年 8 月

中共黑龍江省委組織部　中共黑龍江省委黨史研究室　黑龍江省檔案館《中國共產黨黑龍江省組織史資料》（1923 － 1987）黑龍江人民出版社 1992 年 5 月

中共陝西省委組織部　中共陝西省委黨史研究室　陝西省檔案館《中國共產黨陝西省組織史資料》（1925.10 － 1987.10）陝西人民出版社 1994 年 7 月

中共北京市委組織部　中共北京市委黨史資料徵集委員會　北京市檔案館《中國共產黨北京市組織史資料》（1921 － 1987）人民出版社 1992 年 12 月

中共湖北省委組織部　中共湖北省委黨史資料徵集編研委員會　湖北省檔案館《中國共產黨湖北省組織史資料》（1920.秋－ 1987.11）1990 年 2 月

中共遼寧省委組織部　中共遼寧省委黨史研究室　遼寧省檔案館《中國共產黨遼寧省組織史資料》（1923 － 1987）遼寧省新聞出版局 1995 年 2 月批准出版發行

中共廣西壯族自治區委員會組織部　中共廣西壯族自治區委員會黨史研究室　廣西壯族自治區檔案館《中國共產黨廣西壯族自治區組織史資料》（1925 － 1987）廣西人民出版社 1995 年 3 月

中共江西省委組織部　中共江西省委黨史資料徵集委員會　江西省檔案館《中國共產黨江西省組織史資料》第一卷（1922 － 1987）中共黨史出版社 1999 年 12 月

中共寧夏回族自治區委員會組織部　中共寧夏回族自治區委員會黨史研究室
　　寧夏回族自治區檔案館《中國共產黨寧夏回族自治區組織史資料》
　　（1926－1987）寧夏人民出版社 1992 年 12 月

中共天津市委組織部　中共天津市委黨史資料徵集委員會　天津市檔案館
　　《中國共產黨天津市組織史資料》（1920－1987）中國城市出版社 1991
　　年 6 月

中共江蘇省委組織部　中共江蘇省委黨史工作委員會　江蘇省檔案館《中
　　國共產黨江蘇省組織史資料》（1922. 春－1987.10）南京出版社 1993
　　年 9 月

中共浙江省委組織部　中共浙江省委黨史研究室　浙江省檔案館《中國共
　　產黨浙江省組織史資料》（1922.4－1987.12）人民日報出版社 1994 年
　　11 月

中共安徽省委組織部　中共安徽省委黨史工作委員會　安徽省檔案館《中國
　　共產黨安徽省組織史資料》（1921.7－1987.11）

中共湖南省委組織部　中共湖南省委黨史資料徵集研究委員會　湖南省檔案
　　館　湖南省編制委員會《中國共產黨湖南省組織史資料》第一冊（1920
　　年冬－1949 年 9 月）中共湖南省委印刷廠 1993 年 10 月印刷中共湖南
　　省組織史資料編纂領導小組出版

中共福建省委組織部　中共福建省委黨史研究室　福建省檔案館《中國共
　　產黨福建省組織史資料》（1926.2－1987.12）福建人民出版社 1992 年
　　12 月

中共海南省委組織部　中共海南省委黨史研究室　海南省檔案館》《中國共
　　產黨廣東省海南行政區組織史資料》（1926.2－1988.4）海南出版社
　　1994 年 10 月

中共惠州市委統戰部及黨史研究室編　《東征史料選編》　廣東人民出版社
　　1992 年 12 月

范寶俊　朱建華主編　（中華人民共和國民政部組織編纂）《中華英烈大辭
　　典》（上下冊）　黑龍江人民出版社 1993 年 10 月

曾慶榴著　《共產黨人與黃埔軍校》　廣州出版社 2004 年 6 月

榮孟源主編　孫彩霞編輯　《中國國民黨歷次代表大會及中央全會資料》　光明日報出版社 1985 年 10 月

孫耀文著　《風雨五載──莫斯科中山大學始末》　中央編譯出版社 1996 年 10 月

張如賢　劉培一主編《中國人民解放軍軍事家傳略》（上下冊）中國大百科全書出版社 1996 年 7 月

陳宇編著　《中華人民共和國 36 位軍事家》　上海文藝出版社 2002 年 7 月

賈若瑜主編　《中國軍事教育通史》（上、下）　遼寧教育出版社 1997 年 12 月

姚峻主編　《中國航空史》（《中國航空史》編審委員會）　大象出版社 1998 年 9 月出版發行

李永璞主編　中國近現代史料介紹與研究叢書《全國各級政協文史資料篇目索引－[1960 － 1990]》（1 － 5 冊）　中國文史出版社 1992 年 6 月

中國人民解放軍廣東省軍區軍事志辦公室編纂　《廣東軍事人物志》　廣東人民出版社 2001 年 4 月

廣東省地方誌編纂委員會編　《廣東省志－軍事志》　廣東人民出版社 1999 年 11 月

廣東省地方誌編纂委員會編　《廣東省志－人物志》（上、下）　廣東人民出版社 2002 年 11 月

（因篇幅所限不一一列舉）

後記

　　本書於 2007 年出版後，隨即吸引無數研究者與熱心讀者。如今此書因印數較少銷量迅速等原因，逐漸在許多地方脫銷缺書。可見「黃埔軍校熱」仍舊滲透著學界與擁有相當數量讀者群，成為民國軍事史學界之「顯學」與「熱門」。透過歷史的放大與微縮，宏富和細微盡顯眼前，「黃埔軍校學」漸顯其特有之魅力與蘊涵。尤其是為當今史料逐步證實，黃埔軍校之創始與崛起，關乎兩支先後造就國家政體之國民革命軍與中國人民解放軍的早期成長與其後輝煌。也許世界上沒有哪個初級軍官學校，能夠對一個國家歷史與政黨體制產生過如此深遠作用和影響，這就是「黃埔軍校」與之延伸「黃埔精神」的魅力所在。

　　「黃埔軍校研究」隨著時光的流逝，愈發感覺緊迫與亟待。首先是歷史的模糊導致認知的淡忘和遺失，其次是有興趣的研究者及讀者群日趨稀少，再次是「習慣閱讀」（書本）在「網路資訊」衝擊下陷於迷惘，這些現象困擾和誤導著人們。然而，歷史事實絕不因人們漠視而消散迷惘！忘記過去就意味背向，忘記過去歷史，更是數典忘祖！真實的歷史是什麼？是人類固有的文明與智慧，更是當今政治、政黨之終告與昭示；信史可以「告諸既往而知來者」，可以記述過去預示未來，可以記取教訓遠離戰禍；掩蓋、修飾、篡改與迴避歷史，將致當世與來者重蹈覆轍。儘管歷史復歸的步伐緩慢漸進，但是終歸隨著文明邁進與政治開明向前了。大陸的中共從未曾忘卻黃埔軍校對其之歷史作用與影響，承載著中山先生遺願的中國國民黨更應如實記述黃埔軍校歷史功績，弘揚黃埔精神，這是海峽兩岸學界交流與切磋之共同財富。黃埔軍校推進民族復興與國家進步的軍事歷史，應當是中華民族人文文化和軍事遺產，是國家和民族厚重的歷史傳承，應當永久載入中華民族現代軍事、政治、

人文史冊。我們要從民族文明進程中獲取警示與真諦，對過去政黨、政治歷史的認識與深化，同樣是歷史與社會進步文明的一個必然過程。

　　如今這部書，再次獲得完整版本的出版機會，感謝臺灣史學界與出版有識之士。

　　僅將本書奉獻黃埔軍校成立八十八周年紀念！

　　衷心感謝所有關注和支持黃埔軍校研究之各界人士！

陳予歡　於廣州

2011 年 12 月 29 日

讀歷史10　史地傳記類　PC0227

軍中驕子：黃埔一期縱橫論

作　　者 / 陳予歡
主　　編 / 蔡登山
責任編輯 / 鄭伊庭
圖文排版 / 楊尚蓁、姚宜婷
封面設計 / 蔡瑋中、王嵩賀

發 行 人 / 宋政坤
法律顧問 / 毛國樑　律師
出版發行 / 秀威資訊科技股份有限公司
　　　　　114台北市內湖區瑞光路76巷65號1樓
　　　　　電話：+886-2-2796-3638　傳真：+886-2-2796-1377
　　　　　http://www.showwe.com.tw
劃撥帳號 / 19563868　戶名：秀威資訊科技股份有限公司
　　　　　讀者服務信箱：service@showwe.com.tw
展售門市 / 國家書店（松江門市）
　　　　　104台北市中山區松江路209號1樓
　　　　　電話：+886-2-2518-0207　傳真：+886-2-2518-0778
網路訂購 / 秀威網路書店：http://www.bodbooks.com.tw
　　　　　國家網路書店：http://www.govbooks.com.tw

2012年11月BOD一版
定價：680元
版權所有　翻印必究
本書如有缺頁、破損或裝訂錯誤，請寄回更換

國家圖書館出版品預行編目

軍中驕子：黃埔一期縱橫論 / 陳予歡著. -- 一版. -- 臺北
市：秀威資訊科技, 2012. 11
　　面；　公分. -- (讀歷史；PC0227)
BOD版
ISBN 978-986-221-959-1(平裝)

1. 黃埔軍校　2. 歷史

596.71　　　　　　　　　　　　　101008137

讀 者 回 函 卡

感謝您購買本書，為提升服務品質，請填妥以下資料，將讀者回函卡直接寄回或傳真本公司，收到您的寶貴意見後，我們會收藏記錄及檢討，謝謝！
如您需要了解本公司最新出版書目、購書優惠或企劃活動，歡迎您上網查詢或下載相關資料：http:// www.showwe.com.tw

您購買的書名：_____

出生日期：_____年_____月_____日

學歷：□高中 (含) 以下　　□大專　　□研究所 (含) 以上

職業：□製造業　□金融業　□資訊業　□軍警　□傳播業　□自由業
　　　□服務業　□公務員　□教職　　□學生　□家管　□其它_____

購書地點：□網路書店　□實體書店　□書展　□郵購　□贈閱　□其他

您從何得知本書的消息？

　□網路書店　□實體書店　□網路搜尋　□電子報　□書訊　□雜誌

　□傳播媒體　□親友推薦　□網站推薦　□部落格　□其他_____

您對本書的評價：（請填代號　1.非常滿意　2.滿意　3.尚可　4.再改進）

　封面設計____　版面編排____　內容____　文／譯筆____　價格____

讀完書後您覺得：

　□很有收穫　□有收穫　□收穫不多　□沒收穫

對我們的建議：_____

_____

_____

_____

11466
台北市內湖區瑞光路 76 巷 65 號 1 樓

秀威資訊科技股份有限公司　　　收

BOD 數位出版事業部

⋯⋯⋯⋯⋯⋯⋯⋯⋯⋯⋯⋯⋯⋯⋯⋯⋯⋯⋯⋯⋯⋯⋯⋯⋯⋯⋯

（請沿線對折寄回，謝謝！）

姓　　名：＿＿＿＿＿＿＿＿　年齡：＿＿＿＿　性別：□女　□男

郵遞區號：□□□□□

地　　址：＿＿＿＿＿＿＿＿＿＿＿＿＿＿＿＿＿＿＿＿＿＿＿

聯絡電話：(日) ＿＿＿＿＿＿＿＿＿ (夜) ＿＿＿＿＿＿＿＿＿＿

E-mail：＿＿＿＿＿＿＿＿＿＿＿＿＿＿＿＿＿＿＿＿＿＿＿